CONGRÈS INTERNATIONAL

DES

VALEURS MOBILIÈRES

PARIS, 5, 6, 7, 8 JUIN 1900.

DOCUMENTS
MÉMOIRES ET NOTES
MONOGRAPHIES

1ᵉʳ FASCICULE
31 MARS 1900.

PARIS
IMPRIMERIE PAUL DUPONT
4, RUE DU BOULOI, 4

MDCCCC

Les documents, mémoires, notes et monographies contenus dans le présent fascicule ont été séparément imprimés, de manière à en permettre ultérieurement le reclassement général dans les volumes définitifs.

Il a paru que ce reclassement devait être logiquement effectué dans l'ordre des questions portées au programme du Congrès.

On a inscrit dans ce but, rappelé sur chaque document — dans l'angle inférieur gauche de sa première page — la section du programme ainsi que le paragraphe et le numéro du questionnaire auxquels se rapporte le sujet traité.

C'est, d'ailleurs, en suivant cette méthode qu'on a classé les documents de ce fascicule.

Mais, afin de faciliter les recherches et d'utiliser les tables des matières placées à la fin du fascicule, chaque document porte en outre — dans l'angle inférieur droit de sa première page — un numéro d'ordre.

Ce numéro d'ordre est celui qui figure sur chacune des deux tables respectivement consacrées aux matières et aux auteurs.

CONGRÈS INTERNATIONAL

DES

VALEURS MOBILIÈRES

DOCUMENTS
MÉMOIRES ET NOTES
MONOGRAPHIES

1ᵉʳ FASCICULE
31 MARS 1900.

PARIS

IMPRIMERIE PAUL DUPONT

4, RUE DU BOULOI, 4

--

MDCCCC

NOTE PRÉLIMINAIRE

Le Gouvernement a décidé la réunion à Paris, à l'occasion de l'Exposition Universelle de 1900, d'un Congrès international des valeurs mobilières.

Les membres de la Commission d'organisation du Congrès ont été nommés par arrêtés du Commissaire général de l'Exposition en date des 14 juin 1899, 24 novembre 1899 et 15 février 1900.

Dans sa réunion du 4 juillet 1899, la Commission a nommé son bureau et fixé la session du Congrès aux 5, 6, 7 et 8 juin 1900.

Le programme et le règlement du Congrès, ainsi que la circulaire à adresser aux personnes susceptibles de prendre part à ses travaux pour provoquer leur adhésion, ont été définitivement adoptés dans une séance plénière de la Commission tenue le 25 novembre 1899.

En même temps, la Commission a décidé que les travaux qui lui parviendraient en temps utile seraient, autant que possible, imprimés avant la session du Congrès afin que les adhérents puissent étudier à l'avance les questions qui pourront être portées à l'ordre du jour soit en assemblée générale, soit en séance de section.

C'est pour se conformer à cette décision, inscrite dans l'article 9 du règlement, que le bureau fait distribuer ce premier fascicule, qui sera suivi, à bref délai, d'un second dès maintenant en préparation.

Nous rappelons que les communications relatives aux questions à traiter au Congrès et aux travaux à publier doivent être adressées à M. Georges Cochery, président de la Commission d'organisation, avenue d'Iéna, 38, à Paris.

Le délai précédemment fixé au 15 mars pour l'envoi des mémoires, notes et monographies, est reporté au 15 mai.

PREMIÈRE PARTIE

— —

DOCUMENTS DU CONGRÈS

——

CIRCULAIRE

DE LA

COMMISSION D'ORGANISATION DU CONGRÈS

Paris, le 25 novembre 1899.

Monsieur,

Un Congrès international des valeurs mobilières se réunira à Paris, à l'occasion de l'Exposition universelle.

Il siégera au Palais des Congrès, du 5 au 8 juin 1900.

La Commission d'organisation, instituée par le Gouvernement à l'effet d'arrêter le programme des travaux, de faire les convocations et de s'occuper de toute la préparation du Congrès, fait appel aux délégués des Gouvernements, des administrations d'État, des chambres et tribunaux de commerce, des sociétés commerciales, financières, industrielles, des compagnies de chemins de fer, des sociétés savantes, etc. Elle sollicite en même temps l'adhésion de toutes les personnes que leur compétence désigne particulièrement pour participer aux études sur les diverses questions touchant aux valeurs mobilières.

Vous trouverez d'autre part le programme des questions qui seront discutées au Congrès.

Ce programme n'est pas limitatif. Chacun des adhérents peut soumettre à la Commission d'organisation les questions qu'il désire faire discuter en séance.

Le Congrès pourra être, en outre, saisi des travaux qui seront adressés à la Commission d'organisation sous forme de mémoire.

La cotisation a été fixée à vingt-cinq francs ; elle doit être versée au moment de l'adhésion.

Elle permettra, après la clôture des séances du Congrès, de publier les procès-verbaux, les mémoires et discussions en volumes, qui seront remis gratuitement à chacun des membres.

n° 2.

Nous n'avons pas besoin d'insister sur l'importance du Congrès.

Les valeurs mobilières, fonds d'État des divers pays, titres industriels et financiers, valeurs à lots, ont pris, dans le cours de ce siècle, un développement énorme ; les questions économiques, statistiques, fiscales qui s'y rattachent sont de plus en plus nombreuses et appellent l'attention des capitalistes, des rentiers et porteurs de titres, aussi bien que des gouvernements, des parlements, du monde commercial, industriel et financier.

Une large discussion, à laquelle sont conviées toutes les personnes auxquelles leur compétence permettra d'éclairer telles ou telles questions touchant aux valeurs mobilières, offrira un intérêt considérable, tant pour les porteurs de titres que pour les collectivités qui font appel au crédit.

La Commission d'organisation tiendrait tout particulièrement à compter sur votre adhésion ; elle vous demande instamment de vouloir bien la lui faire parvenir dans le plus bref délai possible. Elle vous sera reconnaissante des communications que vous voudrez bien lui faire et du concours que vous lui apporterez, soit que vous choisissiez dans le programme une des questions à traiter, soit que vous en indiquiez qui, n'ayant pas été prévues, pourraient être utilement discutées.

Veuillez agréer, Monsieur, l'assurance de mes sentiments les plus distingués.

Le Président de la Commission d'organisation,

Georges COCHERY,

vice-président de la Chambre des députés,
ancien ministre des finances.

PROGRAMME DU CONGRÈS

Le Congrès international des valeurs mobilières a pour objet d'étudier et de centraliser les documents relatifs aux principales questions qui concernent les fonds d'État et les titres mobiliers, au point de vue statistique, économique, législatif et fiscal.

I. — STATISTIQUE

1. Rechercher et examiner les meilleurs modes d'évaluation du capital et du revenu des fonds d'État et titres mobiliers, français et étrangers.

2. Examiner la constitution et le développement des diverses dettes publiques ; rechercher notamment sous quelle forme et dans quelles conditions ces dettes ont été constituées (Dette consolidée, Dette flottante, Annuités, etc.).

3. Examiner la constitution et le développement des différentes dettes coloniales, provinciales et locales ; rechercher notamment sous quelle forme et dans quelles conditions ces dettes ont été constituées.

4. Examiner et comparer les systèmes d'émission et de remboursement et les conditions d'amortissement de ces divers emprunts.

5. Rechercher sous quelle forme et dans quelles conditions se sont effectuées la création des valeurs mobilières et leur mise en circulation.

6. Rechercher sous quelle forme et dans quelles conditions des garanties d'intérêt ont été consenties par l'État en faveur de certains emprunts.

II. — ÉCONOMIE POLITIQUE

1. Étudier et comparer l'organisation et le fonctionnement des diverses bourses de valeurs mobilières.

Monographies.

2. Comparer les conditions d'admission et de négociation des valeurs mobilières et fonds d'État aux bourses françaises et étrangères.

Cotes de bourse.

3. Étudier les diverses questions qui concernent le change ; — les pertes au change ; — s'il existe un moyen de garantir les porteurs ou souscripteurs de titres contre les pertes au change ; — à qui doit incomber la responsabilité de ces pertes au change.

4. Du rôle des valeurs mobilières dans le commerce international et dans les règlements financiers internationaux.

III. — LÉGISLATION CIVILE ET FISCALE

1. Étudier et comparer les impôts qui, dans les divers pays, frappent le capital ou le revenu des fonds d'État, actions, obligations, parts d'intérêt et autres titres mobiliers.

Nature, importance, mode de perception et produit de ces impôts. Dans quelle proportion les valeurs mobilières contribuent-elles au total des recettes publiques ?

2. Législation comparée concernant : la négociation et la transmission des titres au porteur ; — la mise des titres au porteur ou au nominatif ; — les garanties à accorder ou accordées aux obligataires ; — les négociations de parts de fondateur ; — les actions d'apport ; — la négociation des valeurs à lots étrangères ; — la publication des tirages.

3. Législation comparée concernant : les oppositions ; — les titres perdus ou volés ; — l'annulation et le remplacement des titres adirés ; — la prescription des coupons.

4. Mesures à prendre pour la protection et la défense des intérêts des porteurs de fonds d'État et de valeurs mobilières étrangères.

5. Examiner s'il serait possible d'établir, en ce qui a trait aux valeurs mobilières, des règles internationales.

QUESTIONNAIRES

Pour permettre au Congrès de remplir complètement son programme, il a paru utile à la Commission d'organisation d'indiquer la liste des principales questions qui pourraient être traitées sous forme de monographies.

La Commission fait appel au concours de tous les adhérents pour traiter une ou plusieurs de ces questions.

I. — STATISTIQUE

— § 1er —

1. Quel est le montant des valeurs mobilières nationales ou étrangères existant dans votre pays, d'après les cours cotés à la bourse, ou les derniers cours connus, au 31 décembre 1898, au 31 décembre 1899 ?

2. Quel est le montant des valeurs mobilières en circulation émises par votre pays ? — Quote-part appartenant aux nationaux. — Quote-part appartenant aux étrangers.

3. Quel capital représentent ces valeurs : au prix nominal ; — au prix d'émission ; — au prix de remboursement ?

4. Quel est leur revenu annuel ?

5. Quelles sont les grandes catégories et les subdivisions de ces placements :

Capital placé en fonds d'État ? — en emprunts de villes ? — en actions et obligations de chemins de fer ? — en actions de sociétés de crédit et de banques ? — en valeurs minières, industrielles, etc. ?

6. Quels sont les modes d'évaluation de cette fortune mobilière nationale et internationale ?

7. Quels sont les procédés à employer pour établir ce que chaque pays paie aux autres pays pour le service de ses emprunts extérieurs ?

8. A quels chiffres peut-on évaluer le montant des conversions de rentes et valeurs diverses effectuées dans votre pays depuis dix ans ? Quelle a été la diminution des revenus ?

n° 4.

A quels chiffres s'élèvent les pertes subies par les capitalistes prêteurs, soit en capital, soit en intérêts, du fait des défaillances de pays
étrangers ?

— § II —

1. Statistique des valeurs négociables cotées officiellement à la bourse
de Paris. — Organisation et fonctionnement de ce marché.

2. Statistique des valeurs négociables cotées sur le marché libre. —
Organisation et fonctionnement de ce marché.

3. Statistique des valeurs locales négociables aux bourses départe-
mentales de Bordeaux, Lille, Lyon, Marseille, Nantes ou Toulouse. —
Organisation et fonctionnement de ces marchés.

4. Monographies analogues pour les bourses et marchés étrangers.

— § III —

1. Statistique des fonds d'État ; leur création et leur développement.

2. Statistique des banques d'émission.

3. Le centenaire de la Banque de France ; — statistique de ses opérations.

4. Statistique des Crédits fonciers ; — actions et obligations ; — prêts
hypothécaires ; — prêts communaux.

5. Statistique des sociétés de crédit.

6. Statistique des valeurs de chemins de fer. — Actions et obligations.

7. Statistique des valeurs d'entreprises de transports autres que les
chemins de fer.

8. Statistique des valeurs diverses : valeurs d'assurances ; — houil-
lères ; — valeurs industrielles, etc.

9. Statistique des valeurs à lots.

10. Statistique des valeurs coloniales.

11. Statistique des valeurs de mines ; — mines d'or, d'argent, de
cuivre, etc.

II. — ÉCONOMIE POLITIQUE

1. Le rôle économique des valeurs mobilières.

2. Quelle a été l'influence de la création et du développement des
valeurs mobilières sur le commerce ; — l'industrie ; — les salaires ?

3. Organisation et fonctionnement des divers marchés financiers sous les régimes suivants : monopole ; — liberté ; — système mixte.

4. Quelles sont les conditions administratives et fiscales pour l'admission aux négociations de bourse ?

Quels sont les frais de ces admissions aux négociations ?

Existe-t-il une cote officielle sur votre marché ?

Existe-t-il une cote libre ?

Comment s'effectue et se publie la cote des cours ? — Par quels agents sont-ils enregistrés ?

L'admission à la cote des bourses d'un pays étranger ne doit-elle pas donner à ce pays le droit de faire coter ses propres valeurs aux bourses des marchés emprunteurs ?

6. Quelles sont les causes qui provoquent la hausse ou la baisse du change ?

Quels pourraient être les moyens d'y remédier ?

Les États ou sociétés qui empruntent doivent-ils être responsables des pertes au change ? Ces pertes doivent-elles incomber au porteur de titres ?

7. Les crises financières ; leurs causes.

8. Les discussions sur les valeurs mobilières dans les sociétés savantes ; desiderata exprimés.

III. — LÉGISLATION CIVILE ET FISCALE

1. Examiner les divers systèmes pouvant assurer les propriétaires de valeurs au porteur contre la dépossession involontaire de leurs titres. — Jurisprudence.

Une entente internationale serait-elle possible pour l'adoption d'un système uniforme ?

2. Cette entente ne pourrait-elle pas rendre possible la publication d'un bulletin international des oppositions sur titres perdus ou volés ?

3. Quels ont été les effets de la législation en vigueur, spécialement en France (loi de 1872) ? — Y a-t-il lieu d'y apporter des modifications ?

4. Quels sont les droits de l'inventeur (celui qui a trouvé) sur les titres perdus ?

5. Du payement, par erreur, des coupons de titres sortis remboursables.

6. Quels sont les droits des obligataires dans les sociétés des divers pays ?

Dans quelle mesure les droits des obligataires sont-ils sauvegardés en cas de cession de tout ou partie de l'actif social ou de modifications au pacte social ?

7. Les marchés à terme ; — leurs conditions ; — leur validité ; — de l'exception de jeu.

8. Les valeurs à lots ; — leur émission et leur négociation ; — publication des tirages.

9. De l'insaisissabilité des rentes sur l'État.

10. Les conversions de rentes sur l'État ; — du droit de l'État emprunteur ; — du droit des souscripteurs et rentiers.

11. Les conversions de valeurs mobilières autres que les fonds d'Etat, émises avec ou sans tableau d'amortissement.

12. Le régime fiscal des valeurs nationales.

13. Le régime fiscal des valeurs étrangères.

14. Spécialement, quels sont les impôts qui frappent, en France et à l'étranger, les titres au porteur, nominatifs ou mixtes ; — les coupons d'intérêt ?

15. Quels sont les impôts successoraux qui atteignent les valeurs mobilières ?

16. Quels sont les impôts qui pèsent sur les sociétés de crédit ?

17. Quels sont les droits de courtage sur les opérations de bourse ?

18. Quels abus ont révélés les principaux procès financiers dans la seconde moitié du siècle ? — Quels sont les enseignements qui en résultent ?

19. Quelles ont été les principales faillites et liquidations de sociétés par actions ? — Quels ont été les dividendes distribués aux créanciers ?

20. De la défense des porteurs de titres nationaux et étrangers. — Contrôle ; garantie ; affectations de revenus ; sanctions.

21. N'y a-t-il pas lieu d'établir des règles ou même un droit financier international pour l'émission, la négociation, le paiement des coupons de valeurs internationales ? — Quelles seraient les mesures à prendre ?

22. Comment a été établi et comment s'exerce le contrôle financier européen, notamment en Egypte, en Turquie, en Grèce ?

23. Quelles mesures peut-on recommander aux gouvernements et quelles mesures peut-on employer pour empêcher les manquements aux engagements contractés ?

REGLEMENT DU CONGRÈS

Paris, le 25 novembre 1899.

ARTICLE PREMIER. — Le Congrès international des valeurs mobilières se tiendra à Paris, du 5 au 8 juin 1900, au Palais des Congrès de l'Exposition universelle.

ART. 2. — Sont membres du Congrès toutes les personnes qui auront envoyé leur adhésion au secrétariat de la Commission d'organisation avant l'ouverture du Congrès ou qui se feront inscrire pendant la durée de celui-ci et qui auront acquitté la cotisation de 25 francs.

ART. 3. — Les membres du Congrès recevront une carte spéciale qui leur sera délivrée par les soins de la Commission d'organisation (1).

Cette carte, strictement personnelle, ne donne aucun droit à l'entrée gratuite à l'Exposition.

ART. 4. — Le produit des cotisations servira à couvrir les frais divers d'organisation et de fonctionnement du Congrès et les dépenses d'impression des publications et comptes rendus.

ART. 5. — Les membres du Congrès recevront gratuitement toutes les publications du Congrès, ainsi que les comptes rendus de ses travaux.

ART. 6. — Les travaux du Congrès comprennent :

1° Des monographies ou études sur les questions portées au programme ;

2° Des rapports, s'il y a lieu, sur les questions ou les catégories de questions dont la Commission d'organisation jugerait utile de saisir le Congrès préalablement à sa réunion ;

3° Des lectures de notes ou mémoires ;

4° Des discussions en séance.

ART. 7. — Les membres du Congrès et les personnes spécialement invitées par la Commission d'organisation ont seuls le droit de présenter des travaux aux séances du Congrès et de prendre part aux discussions.

---

(1). Une médaille, spécialement gravée pour le *Congrès des valeurs mobilières* par l'éminent artiste Roty, sera remise en outre à chacun des membres du Congrès.

Art. 8. — Aucun travail ne peut être présenté en séance, ni servir de base à la discussion, si l'auteur n'en a, au préalable, communiqué le résumé et les conclusions à la Commission d'organisation qui prononce sur l'admission.

Art. 9. — Les travaux préparatoires du Congrès seront, autant que possible, publiés avant sa réunion, par les soins de la Commission d'organisation ; les auteurs sont invités à transmettre leurs monographies ou études au président, M. Georges Cochery, 38, avenue d'Iéna, à Paris, avant le 15 mars 1900, afin que la Commission puisse en décider en temps utile l'impression, s'il y a lieu.

La Commission statue sur l'impression et la publication *in extenso*, par extrait ou par analyse, des mémoires qui lui sont adressés.

L'analyse ou le résumé de ces mémoires sera fait par les auteurs et, à leur défaut, par le secrétariat.

Il sera procédé dans les mêmes conditions pour les comptes rendus du Congrès et les documents qui y seront annexés.

Art. 10. — Le bureau de la Commission d'organisation fera procéder, lors de la première séance, à la nomination du bureau du Congrès.

Art. 11. — Le bureau du Congrès a la direction des travaux de la session ; il fixe l'ordre du jour de chaque séance.

Art. 12. — Le Congrès peut comprendre, indépendamment des séances générales, des séances de section et des conférences. Les sections nomment leur bureau.

Art. 13. — Les orateurs ne peuvent conserver la parole plus d'un quart d'heure, ni la prendre plus d'une fois sur la même question dans chaque séance, à moins que l'assemblée n'en décide autrement.

Art. 14. — Les orateurs qui ont pris la parole dans une séance remettent au secrétariat du Congrès, dans les vingt-quatre heures, un résumé de leur communication, pour la rédaction des procès-verbaux définitifs. Dans le cas où ce résumé n'aurait pas été remis, le texte rédigé par les soins du secrétariat en tiendrait lieu, ou le titre seul serait mentionné.

Art. 15. — La langue française sera adoptée pour les procès-verbaux et les publications du Congrès. Les mémoires en langue étrangère devront être accompagnés d'un résumé qui sera traduit en langue française.

Art. 16. — La Commission d'organisation du Congrès a les pouvoirs les plus étendus pour l'administration financière et statue en dernier ressort sur tous les points non prévus dans le présent règlement.

COMMISSION D'ORGANISATION DU CONGRÈS

BUREAU DE LA COMMISSION

Président.

M. Georges Cochery, vice-président de la Chambre des députés, ancien ministre des finances.

Vice-Présidents.

MM.

Alfred de Foville, membre de l'Institut, directeur honoraire de l'Administration des monnaies et médailles, conseiller-maître à la Cour des comptes.

Alfred Neymarck, membre du Conseil supérieur de statistique, ancien président de la Société de statistique de Paris, *rapporteur général*.

Charles Lyon-Caen, membre de l'Institut, professeur à la faculté de droit de l'Université de Paris.

Émile Mercet, vice-président du conseil d'administration du Comptoir national d'escompte de Paris.

Maurice de Verneuil, syndic de la Compagnie des agents de change près la bourse de Paris.

Secrétaires.

MM.

Maurice Jobit, sous-inspecteur de l'enregistrement et du timbre à Paris, chargé du service des sociétés étrangères à la direction de la Seine.

Charles Letort, questeur honoraire de la Société d'économie politique, conservateur adjoint à la Bibliothèque nationale.

Léon Salefranque, rédacteur à la direction générale de l'enregistrement, des domaines et du timbre au ministère des finances.

Secrétaires adjoints.

MM.

Henri Lamane, chef de bureau au Crédit foncier de France.

Eugène Navarre, administrateur de sociétés près le tribunal de commerce de la Seine.

Jacques Vavasseur fils, avocat à la Cour d'appel de Paris.

MEMBRES DE LA COMMISSION D'ORGANISATION

MM.

ARNAUNÉ, directeur de l'Administration des monnaies et médailles.

BERNARD, inspecteur des finances, chef du service de l'inspection générale au ministère des finances.

BESSON, publiciste, chef du personnel à la direction générale de l'enregistrement, des domaines et du timbre au ministère des finances.

BÉTOLAUD, avocat à la Cour d'appel de Paris, ancien bâtonnier.

BONNIN, président de la Compagnie des avoués près la Cour d'appel de Paris.

BORREL, secrétaire général honoraire de la Compagnie des chemins de fer de l'Est.

BOUCHEZ, contrôleur général à la Banque de France.

BOUDON (Georges), avocat à la Cour d'appel de Paris.

BOURGOIN, président de la Compagnie des avoués près le tribunal de première instance de la Seine.

BOUTIN, conseiller d'Etat, directeur général de la Caisse des dépôts et consignations.

BRA, ancien président de la Chambre des avocats agréés au tribunal de commerce de la Seine.

BURON, administrateur de la Société générale pour le développement du commerce et de l'industrie en France.

CARLIER, secrétaire général de la Compagnie des chemins de fer d'Orléans.

CERISE, directeur de la Compagnie d'assurances " l'Union ".

CHAPERON, directeur de la dette inscrite au ministère des finances.

CHARBONNIER, syndic de la Compagnie des agents de change de Lyon.

CHEVALLIER, député de l'Oise.

CHEYSSON, inspecteur général des ponts et chaussées, ancien président de la Société de statistique de Paris.

CLAUDE-LAFONTAINE, banquier.

COCHERY (Georges), vice-président de la Chambre des députés, ancien ministre des finances. *Président.*

COLSON, conseiller d'État.

COSSON, chef de la statistique du Crédit lyonnais.

COSTE (Adolphe), publiciste, ancien président de la Société de statistique de Paris.

COURTIN, directeur du contrôle des administrations financières au ministère des finances.

CRÉPON, conseiller à la Cour de cassation.

DELAMOTTE, inspecteur des finances.

DELATOUR, conseiller d'Etat, directeur général des contributions indirectes au ministère des finances.

DEVIN, bâtonnier de l'ordre des avocats à la Cour d'appel.

DORIZON, directeur de la Société générale pour le développement du commerce et de l'industrie en France.

DUBOIS, administrateur du Crédit foncier colonial.

MM.

Dubois, syndic de la Compagnie des agents de change de Bordeaux.

Dubois de l'Estang, inspecteur général des finances, directeur honoraire au ministère des finances.

Duvivier, docteur en droit, agréé au tribunal de commerce.

Ewald (Louis), banquier.

Fabignon, secrétaire général honoraire de la Compagnie des chemins de fer du Midi.

Faure (Fernand), conseiller d'Etat, directeur général de l'enregistrement, des domaines et du timbre au ministère des finances.

Fauré-Lepage, ancien président de l'Alliance syndicale (rue de Lancry).

Fichet, directeur des finances de la ville de Paris.

Fleury (Jules), secrétaire perpétuel de la Société d'économie politique de Paris.

Fleury-Ravarin, député du Rhône.

Foulon, secrétaire général de la Compagnie des chemins de fer de l'Ouest.

Fournier (Marcel), agrégé des facultés de droit, directeur de la *Revue politique et parlementaire*.

Foville (de), membre de l'Institut, directeur honoraire de l'Administration des monnaies et médailles, conseiller-maître à la Cour des comptes. *Vice-Président*.

Garbe, ancien président de la Chambre des agréés près le tribunal de commerce de la Seine.

Gaschard, avocat à la Cour d'appel de Paris.

Gauwain, sous-gouverneur du Crédit foncier de France.

Gosset, président du Conseil de l'ordre des avocats à la Cour de cassation.

Guérin, sénateur, ancien garde des sceaux.

Habert, secrétaire général de la Compagnie des chemins de fer de Paris à Lyon et à la Méditerranée.

Hennebique, administrateur à la direction générale des contributions directes au ministère des finances.

Henrotte (Hubert), banquier.

Herbault, ancien syndic de la Compagnie des agents de change de Paris.

Houpin, directeur du *Journal des Sociétés*.

Jacquin, inspecteur des finances, directeur général des manufactures de l'Etat au ministère des finances.

Jobit (Maurice), sous-inspecteur de l'enregistrement et du timbre à Paris. *Secrétaire*

Juglar (Clément), membre de l'Institut.

Kergall, publiciste.

Krantz, député, ancien ministre des travaux publics.

Labeyrie, premier président de la Cour des comptes.

Lacan, secrétaire général de la Compagnie des chemins de fer du Nord.

Lacombe, ancien sénateur, vice-président de l'Association nationale des porteurs français de valeurs étrangères.

Lamane, chef de bureau au Crédit foncier de France. *Secrétaire-adjoint*.

Lamoureux, syndic de la Compagnie des agents de change de Marseille.

Lasaulce, chef du personnel à la direction générale des contributions directes au ministère des finances.

MM.

Laurent (Charles), conseiller d'État, directeur général de la comptabilité publique au ministère des finances.

Lehideux, banquier.

Lemercier, secrétaire général de la Compagnie des chemins de fer de l'Est.

Leroy-Beaulieu (Paul), membre de l'Institut.

Letort, conservateur adjoint à la Bibliothèque nationale. *Secrétaire.*

Levasseur (Émile), membre de l'Institut, professeur au Collège de France, président de la Société de statistique de Paris.

Leven, avocat à la Cour d'appel de Paris.

Lévy (Raphaël-Georges), publiciste, professeur à l'École des Sciences politiques.

Limousin, président de la Chambre syndicale des industries diverses.

Liron d'Airolles (de), sous-gouverneur de la Banque de France.

Lombardo, directeur de la Banque internationale.

Lyon-Caen (Charles), membre de l'Institut, professeur à la Faculté de droit de l'Université de Paris. *Vice-président.*

Machart, inspecteur général honoraire des finances, président de l'Association nationale des porteurs français de valeurs étrangères.

Manchez (Georges), publiciste.

Marquès di Braga, sous-gouverneur du Crédit foncier de France.

Masson (Georges), président de la Chambre de commerce de Paris.

Mazerat, directeur général du Crédit lyonnais.

Mercet (Émile), vice-président du conseil d'administration du Comptoir national d'escompte de Paris. *Vice-président.*

Millaud (Édouard), sénateur du Rhône.

Monplanet (de), président du conseil d'administration de la Société générale de crédit industriel et commercial.

Morel, gouverneur du Crédit foncier de France.

Moron, ingénieur en chef des ponts et chaussées, directeur honoraire de l'office du travail au ministère du commerce et de l'industrie.

Muzet (Alexis), député, président du Syndicat général de la rue des Pyramides.

Navarre, administrateur de sociétés près le tribunal de commerce de la Seine. *Secrétaire adjoint trésorier.*

Neymarck (Alfred), membre du Conseil supérieur de statistique, ancien président de la Société de statistique de Paris. *Vice-président, rapporteur général.*

Neymarck (Pierre), licencié ès-lettres et en droit, rédacteur au *Rentier.*

Offroy, président de l'Union des banquiers de Paris et de la province.

Olagnier, président de la Chambre des notaires de Paris.

Oudin, président du Comité des banquiers en valeurs à terme, membre du Syndicat des valeurs au comptant.

Pajot, syndic de la Compagnie des agents de change de Lille.

Pallain, gouverneur de la Banque de France.

Périvier, premier président honoraire de la Cour d'appel de Paris.

Pérouse, directeur des chemins de fer au ministère des travaux publics.

Pinard, ancien président de l'Alliance du Commerce.

MM.

PLOYER, avocat à la Cour d'appel de Paris, ancien bâtonnier.

RAFFALOVICH, correspondant de l'Institut.

RENDU, secrétaire général de la Chambre syndicale des agents de change de Paris.

ROBLOT, adjoint au syndic de la Compagnie des agents de change de Paris.

ROCHET, adjoint au syndic de la Compagnie des agents de change de Paris.

ROSTAND, directeur général du Comptoir national d'escompte de Paris.

SABATIER, ancien président de la Chambre des avocats agréés au tribunal de commerce de la Seine.

SALEFRANQUE (Léon), rédacteur à la direction générale de l'enregistrement, des domaines et du timbre au ministère des finances. *Secrétaire.*

SAYOUS (André), docteur en droit.

SIEGFRIED (Jacques), banquier à Paris.

STOURM, membre de l'Institut.

THALLER, professeur à la faculté de droit de l'Université de Paris.

THÉRY, publiciste.

TONY-CHAUVIN, directeur de l'Association nationale des porteurs français de valeurs étrangères.

TRÉGOMAIN (DE), directeur du mouvement général des fonds au ministère des finances.

VAVASSEUR (A.), avocat à la Cour d'appel de Paris, rédacteur en chef de la *Revue des Sociétés.*

VAVASSEUR (J.), avocat à la Cour d'appel de Paris. *Secrétaire adjoint.*

VERNEUIL (DE), syndic de la Compagnie des agents de change de Paris. *Vice-Président.*

VIDAL-NAQUET (Emmanuel), publiciste.

VILLARS, directeur de la Banque de Paris et des Pays-Bas.

WAHL, professeur à la faculté de droit de l'Université de Lille.

ADHÉRENTS AU CONGRÈS

LISTE PROVISOIRE AU 31 MARS 1900.

MM.

ADAM, agent de change à Paris.

ADAN (Henri), directeur général de la compagnie d'assurances sur terre et contre les accidents " La Royale Belge " à Bruxelles.

ADDA (César), avocat au Caire.

ANSBACHER, banquier à Paris.

ANTOINE, trésorier-payeur général du Gard.

ARNAUNÉ, directeur de l'Administration des monnaies et médailles à Paris.

ARON, notaire à Paris.

ASSOCIATION NATIONALE DES PORTEURS FRANÇAIS DE VALEURS ÉTRANGÈRES.

AUBÉ, agent de change à Paris.

AUBLET, SAINTOMER et Cⁱᵉ, banquiers à Paris.

AUBOYNEAU (Gaston), directeur général adjoint de la Banque impériale ottomane à Constantinople.

AUBRY, agent de change à Paris.

AUSPITZ (Stéphane), banquier à Vienne (Autriche).

AUVRAY, receveur des finances à Pithiviers.

AVICE (Gustave), à Allones (Sarthe).

BACOT, agent de change à Paris.

BADON-PASCAL (Edouard), avocat à la Cour d'appel de Paris.

MM.

BAILLY, notaire à Montargis.

BANQUE CANTONALE VAUDOISE, à Lausanne.

BANQUE DE FRANCE.

BANQUE DE L'ÉTAT, à Fribourg.

BANQUE DE L'ÉTAT, à Saint-Pétersbourg.

BANQUE DE PARIS ET DES PAYS-BAS.

BANQUE D'ITALIE.

BANQUE DU PÉROU ET DE LONDRES, à Lima.

BANQUE IMPÉRIALE OTTOMANE, à Constantinople.

BANQUE INTERNATIONALE, à Saint-Pétersbourg.

BANQUE PRIVÉE, INDUSTRIELLE, COMMERCIALE ET COLONIALE, à Marseille.

BANQUE RUSSE POUR LE COMMERCE ÉTRANGER, à Saint-Pétersbourg.

BANQUE RUSSO-CHINOISE, à Saint-Pétersbourg.

BARASCH et Cⁱᵉ, banquiers à Paris.

BARBAUT, banquier à Paris.

BARBIER (Aimé), ancien élève diplômé de l'École des sciences politiques, à Paris.

BARGETON, trésorier-payeur général de Seine-et-Marne, administrateur du Crédit foncier de France.

BARK (Pierre), directeur de la Banque de l'Etat, à Saint-Pétersbourg.

BARTAUMIEUX (Victor), architecte à Paris.

MM.

BAUMANN, juriste à Paris.

BAUR (Charles), banquier à Paris.

BEAUREGARD (Jean), à Paris.

BELMANN frères, banquiers à Paris.

BÉJOT, agent de change à Paris.

BENOIT et Cie, banquiers à Paris.

BÉREND (Michel), banquier à Paris.

BERGER, trésorier-payeur général du Finistère.

BERGER (Le commandant Léon), président du conseil d'administration de la Dette ottomane, à Constantinople.

BERLINER HANDELSGESELLSCHAFT, à Berlin.

BERNARD (Fernand), inspecteur des finances à Paris.

BERNARD-CAILLIAU (Michel), banquier à Douai.

BERNARD (Louis) et Cie, banquiers à Paris.

BERTEAUX, agent de change à Paris.

BESNARD, notaire à Ballée.

BESNIER, agent de change à Paris.

BESSON (Emmanuel), publiciste, chef du personnel à la direction générale de l'enregistrement des domaines et du timbre au ministère des finances à Paris.

BÉTOLAUD, avocat à la Cour d'appel de Paris, ancien bâtonnier.

BIGATTI (Cavr-Ambrogio), administrateur de la Banque commerciale d'Italie, à Milan.

BIRMAN (Rodolphe), banquier à Paris.

BIVEL (Charles), banquier à Paris.

BLACQUE, agent de change à Paris.

BLECK, administrateur de la Société Torladès à Lisbonne.

BLIN, agent de change à Paris.

BLOCH (David), banquier à Paris.

BLONDEAU et Cie, banquiers à Paris.

BLUM (Jules), directeur de la Société I. R. P.

autrichienne de crédit pour le commerce et l'industrie à Vienne.

BOISSEVAIN (G. M.), banquier à Amsterdam.

BOIVIN (Edouard), directeur de la Banque foncière du Jura à Bâle.

BOMHOFF (Karl), directeur en chef de la Banque de Norvège à Christiania.

BONNEAU, agent de change à Paris.

BONNIN, président de la Compagnie des avoués près le tribunal de première instance de la Seine.

BONZON, agent de change à Lyon.

BOSSE, receveur particulier des finances à Etampes.

BOUCHER, contrôleur général de la Banque de France, à Paris.

BOUDON, avocat à la Cour d'appel de Paris.

BOURGOIN, président la Compagnie des avoués près le tribunal de première instance de la Seine.

BRA, ancien président de la Chambre des agréés près le tribunal de commerce de la Seine, à Paris.

BRAULT, agent de change à Paris.

BRAUN, notaire à Saint-Maur-les-Fossés.

BROUSSOIS (Albert), docteur en droit, à Paris.

BRUEL (Jean-Jacques), licencié en droit, à Paris.

BRUNEAU, agent de change à Paris.

BRUNET DE LARGENTIÈRE, agent de change à Paris.

BURAT, agent de change à Paris.

BURON, administrateur de la Société générale pour le développement du commerce et de l'industrie en France, à Paris.

MM.

Caisse des Dépôts et Consignations, à Paris.

Capitalisation (la), compagnie d'assurances, à Paris.

Calzado (Adolffo), ancien député aux Cortès espagnoles, à Paris.

Cardozo (Henri), ingénieur à Paris.

Cardozo de Béthencourt, directeur du *Moniteur maritime*, à Paris.

Carlier, secrétaire général de la Compagnie du chemin de fer d'Orléans, à Paris.

Carmine (le commandeur Pietro), ministre des finances à Rome.

Caron (Georges), banquier, ancien maire de Suresnes.

Casaens (Joaquin de), professeur d'économie politique à l'Ecole des mines, membre de la Chambre des députés, à Mexico.

Castelbolognesi (Jacques), de la banque Manzi et Cie, à Rome.

Catusse, trésorier-payeur général de l'Allier.

Ceillier, agent de change à Paris.

Cerise (le baron G. Laurent), directeur de la compagnie d'assurances " L'Union ", à Paris.

Chabert, agent de change à Paris.

Chabert (le baron Jérôme), trésorier-payeur général de l'Aveyron.

Chambre de commerce d'Alger.

Chambre de commerce d'Auxerre.

Chambre de commerce de Bordeaux.

Chambre de commerce du Havre.

Chambre de commerce de Nimes.

Chambre de commerce d'Orléans.

Chambre de commerce de Paris.

Chambre des notaires de Lyon,

Chambre des notaires de Versailles.

Chanlaire, banquier à Paris.

MM.

Chaperon, directeur de la dette inscrite au ministère des finances, à Paris.

Charbonnier, syndic de la Compagnie des agents de change de Lyon.

Chardon (Louis), avocat, liquidateur judiciaire et syndic de faillites, à Paris.

Chauvin, notaire à Tours.

Chauzeix, trésorier-payeur général de l'Indre-et-Loire.

Chevallier, député de l'Oise.

Cheysson, inspecteur général des ponts et chaussées, ancien président de la Société de statistique de Paris.

Chomereau-Lamotte, trésorier-payeur général du Loiret, régent de la Banque de France.

Chopy (Louis), secrétaire-trésorier du syndicat des banquiers au comptant, à Paris.

Chopy et Cie, banquiers à Paris.

Clarke (M. Théo), banquier à Paris.

Claude-Lafontaine, banquier, membre trésorier de la Chambre de commerce de Paris.

Claus, agent de change à Paris.

Clémot, agent de change à Angers.

Cocagne, sous-directeur de la Banque hypothécaire d'Espagne, à Madrid.

Cochery (Georges), vice-président de la Chambre des députés, ancien ministre des finances, à Paris.

Cohen (Georges), banquier à Paris.

Colomb, trésorier-payeur général du Puy-de-Dôme.

Collin (Louis), banquier, à Paris.

Colson, conseiller d'Etat à Paris.

Compagnie des agents de change de Bordeaux.

Compagnie des agents de change de Lille.

MM.

Compagnie des agents de change de Lyon.

Compagnie des agents de change de Marseille.

Compagnie des agents de change de Paris.

Compagnie des agents de change de Toulouse.

Compagnie générale transatlantique.

Comptoir national d'escompte de Paris.

Concha Castañeda (de la), gouverneur de la Banque d'Espagne à Madrid.

Contuzzi (Francesco-Paolo), professeur de droit à l'Université de Naples.

Cook (Arthur), directeur de la compagnie d'assurances sur la vie " La Victoria ", membre de l'institut des journalistes Memorial Hall Buildings, à Londres.

Coste (Adolphe), ancien président de la Société de statistique de Paris, publiciste à Paris.

Costermans (Léon), banquier à Bruxelles.

Cottenet, notaire à Paris.

Courtin, inspecteur des finances, directeur au ministère des finances, à Paris.

Couturier, agent de change à Paris.

Cramer (Guillaume), agent de change, président de la commission de la bourse de Bruxelles.

Crédit algérien.

Crédit foncier de France.

Crédit lyonnais.

Crépon, conseiller à la Cour de cassation, à Paris.

Cugnin (Emile), à Paris.

Czamanski (Daniel), administrateur de la Banque de commerce de Saint-Pétersbourg et de l'Azoff, à Saint-Pétersbourg.

Dablin, banquier à Paris.

MM.

Dal Piaz (John), secrétaire général de la Compagnie transatlantique, à Paris.

Dansette (Paul), président de la Caisse générale de reports à Bruxelles.

Darcy (Henry), à Sèvres.

Delahaye, agent de change à Paris.

Delamotte, inspecteur des finances à Paris.

Delombre (Paul), député, ancien ministre du commerce, à Paris.

Delpeuch (Louis), liquidateur de sociétés à Paris.

Del Porto et Cie, banquiers à Paris.

Del Porto (A.) et Cie, banquiers à Paris.

Département des finances du Grand-Duché de Luxembourg.

Département fédéral des finances à Berne.

Desfossés, banquier à Paris.

Desmaze, trésorier-payeur général du Calvados.

Deutsche Bank, à Berlin.

Deutsche Effekten und Wechselbank, à Francfort-sur-le-Mein.

Devin, bâtonnier de l'ordre des avocats à la Cour d'appel de Paris.

Direction générale des finances du gouvernement tunisien.

Disconto Gesellschaft-Bank, à Berlin.

Dollfus, agent de change à Paris.

Doriaga (Joaquin-Lopez), à Madrid.

Dorizon, directeur de la Société générale pour le développement du commerce et de l'industrie en France, à Paris.

Drapeau, notaire à Grand-Couronne.

Dresdener Bank, à Berlin.

Dreydel, fondé de pouvoirs d'agent de change à Paris.

Dubois, syndic de la Compagnie des agents de change de Bordeaux.

Dubois (Alfred), ancien député, président

MM.

du conseil d'administration de la compagnie d'assurances " Le Phénix ", à Paris.

DUBOIS, chef adjoint du service des fonds publics à la Société générale pour le développement du commerce et de l'industrie en France, à Paris.

DUBOIS (Paul), administrateur du Crédit foncier colonial, à Paris.

DUBOIS DE L'ESTANG, inspecteur général des finances, directeur honoraire au ministère des finances, à Paris.

DUFRESNE, trésorier-payeur général de la Manche.

DUHAMEL, directeur de la succursale de la Banque de France à Nimes.

DUMAS, notaire à Jouy-en-Josas.

DURAND, ancien conseiller à la Cour de cassation, député au Corps législatif, avocat à Gonaives (Haïti).

DUREMBERGER, membre du conseil d'administration autonome des monopoles de Serbie, à Belgrade.

DUTILLEUL, agent de change à Paris.

DUVAL (Edmond), directeur du Mont-de-Piété de Paris.

DUVERGER, agent de change à Paris.

DUVIGNAU, trésorier-payeur général de l'Ariège.

DUVIVIER, avocat agréé au tribunal de commerce de la Seine.

EDINGER, WORMS et Cⁱᵉ, banquiers à Paris.

EGGLY, banquier à Paris.

EMDEN et Cⁱᵉ, banquiers à Paris.

EMPAIN (Edouard), banquier à Bruxelles.

EWALD (Louis), banquier à Paris.

FABIGNON, secrétaire général honoraire de la Compagnie des chemins de fer du Midi, à Paris.

MM.

FARINA Y CISNERO, sous-gouverneur de la Banque d'Espagne, à Madrid.

FAURE, agent de change à Paris.

FAURE (Fernand), conseiller d'Etat, directeur général de l'enregistrement, des domaines et du timbre au ministère des finances, à Paris.

FESSART, agent de change à Paris.

FICHET, directeur des finances de la ville de Paris.

FILLIAU, notaire à Rebais.

FIRNIN ANTÉNOR, avocat, ancien ministre des finances, du commerce et des relations extérieures, de la République d'Haïti.

FONTAINE, trésorier-payeur général de la Creuse.

FONTAINE DE LAVELEYE (Léon), directeur du *Moniteur des intérêts matériels*, à Paris.

FOULON, secrétaire général de la Compagnie des chemins de fer de l'Ouest, à Paris.

FOUQUE et Cⁱᵉ, banquiers à Marseille.

FOURNIER (Marcel), agrégé des facultés de droit, directeur de la *Revue politique et parlementaire*, à Paris.

FOVEZ, directeur de la banque de Vervins, à Vervins.

FOVILLE (DE), membre de l'Institut, directeur honoraire de l'Administration des monnaies et médailles, conseiller-maître à la Cour des comptes, à Paris.

FOY, banquier à Paris.

FRANCESCO DI LAIGLESIA, vice-président du Congrès espagnol, à Madrid.

FRANK ET WOLLFSOHN, banquiers à Paris.

FREITAS (José de), administrateur de la Société Torladès à Lisbonne.

FRENWALD (Isidore), à Paris.

FURSTENBERG (Carl), associé de la Berliner-Handels-Gesellschaft, à Berlin.

MM.

GADALA, agent de change à Paris.

GAILLARD, agent de change à Paris.

GALLET (V.) et Cie, banquiers à Paris.

GALLET (Etienne), banquier à Paris.

GALLIARD (L. C.), banquier à Paris.

GALICIER, banquier à Paris.

GARBE, ancien président de la Chambre des agréés près le tribunal de commerce de la Seine.

GARDAIS et TRANNOY, banquiers à Paris.

GASCHARD, avocat à la Cour d'appel de Paris

GATINE, inspecteur des finances à Paris.

GAULET (Léopold), administrateur délégué de la Société anonyme du gaz de Maubeuge et extensions, à Paris.

GAULT, banquier à Paris.

GAUTIER, agent de change à Marseille.

GAUWAIN, sous-gouverneur du Crédit foncier de France, à Paris.

GEIGY (Alfred), à Bâle.

GÉNICOUD, agent de change à Lyon.

GÉRIN, directeur du journal *La Semaine financière*, à Paris.

GERMAIN, membre de l'Institut, président du conseil d'administration du Crédit lyonnais, à Paris.

GERS, banquier à Paris.

GILBERT-BOUCHER, agent de change à Paris.

GIOT (Henri), banquier à Paris.

GIRAUDEAU, agent de change à Paris.

GOGUEL (Charles), régent de la Banque de France.

GOLDSCHMIDT (Samuel), banquier à Paris.

GOLDSCHMIDT (DE), FURST et Cie, banquiers à Paris.

GOMBAULT, directeur de l'enregistrement d'Eure-et-Loir.

GRADWOEL, GLOTZ et Cie, banquiers à Paris.

GRANDGAIGNAGE, directeur de l'Institut supérieur du commerce, à Anvers.

MM.

GRANDJEAN, directeur de la Société du Tombac, à Constantinople.

GRAS (Achille), à Paris.

GRINGOIRE, banquier à Paris.

GROUSELLE, notaire à Noncy.

GRUNEBAUM et LYON, banquiers à Paris.

GUASTALLA, agent de change à Paris.

GUICHES, banquier à Montpellier.

GUILLEMET, syndic de la Compagnie des agents de change de Nantes.

GUINCHARD, imprimeur à Paris.

GUINDE et JACQUEMIN, banquiers à Paris.

GUTTMANN FRÈRES, banquiers à Paris.

GUYOT (Yves), directeur politique du *Siècle*, à Paris.

HABERT, notaire à Ronchampt.

HABERT, secrétaire général de la Compagnie des chemins de fer de Paris à Lyon et à la Méditerranée, à Paris.

HALLE et Cie, banquiers à Paris.

HALIMBOURG, agent de change à Paris.

HAMILTON (R. Lang), directeur général adjoint de la Banque impériale ottomane, à Constantinople.

HARJÈS, banquier à Paris.

HAYAUX DU TILLY (Louis), agent de change à Paris.

HAYAUX DU TILLY (Jean), commis d'agent de change, à Paris.

HECHT (Ernest), docteur en droit, à Paris.

HECHT (le Dr Félix), directeur de la Banque rhénane hypothécaire et de la Banque du Palatinat, à Mannheim.

HEILBRONN et HERMANN, banquiers à Paris.

HEINE (Michel), banquier à Paris, régent de la Banque de France.

HEINTZ, FORTIN et Cie, banquiers à Paris.

HENNEBIQUE, administrateur à la direction générale des contributions directes au ministère des finances, à Paris.

MM.

HENROTTE, banquier à Paris.

HERBAULT, agent de change honoraire, à Paris.

HERZ (Rodolphe), banquier à Paris.

HIRIART (Pierre), banquier à Paris.

HJELT (Otto), directeur de la Banque finlandaise pour l'agriculture et l'industrie, à Helsingfors.

HOTTINGUER (Joseph), banquier, administrateur de la Banque russo-chinoise, à Paris.

HOTTINGUER (le baron Rodolphe), régent de la Banque de France, à Paris.

HOUPIN, directeur du *Journal des Sociétés* à Paris.

HUBERT-BRUNARD, avocat à la Cour d'appel de Bruxelles.

HUTTER, directeur de l'agence de la Société générale pour le développement du commerce et de l'industrie en France, à Lyon.

IBRAHIM FOUAD PACHA, ministre de la Justice, au Caire.

ITALIN, GAUTIER et Cie, banquiers à Paris.

JACOB, agent de change à Paris.

JACQUIN, inspecteur des finances, directeur général des manufactures de l'Etat au ministère des finances, à Paris.

JAHAM-DESRIVAUX, ancien sous-inspecteur de l'enregistrement à Paris, chef du contentieux général du Crédit foncier de France, à Paris.

JARLAULD (Georges), négociant à Paris.

JAUBERT (Joseph), avocat à Marseille.

JEHN, agent de change à Paris.

JÉLIN, agent de change à Paris.

JOANNY (J.-B.) et Cie, banquiers à Paris.

JOBIT (Maurice), sous-inspecteur de l'enregistrement et du timbre à Paris.

MM.

JOLLY, directeur de la succursale de la Banque de France à Saint-Quentin.

JONGE (DE) et KAYSER, banquiers à Paris.

JORDAN DIEDERICH (Bernard), banquiers à Paris.

JOSEPHUS JITTA (Daniel), professeur de droit à l'Université d'Amsterdam.

JOUBAIRE, censeur du Crédit foncier de France, à Paris.

JOURNEL (B.) et Cie, banquiers à Saint-Quentin.

JULLIEN et A. DREYFUS, banquiers à Paris.

KAESTLIN, directeur-administrateur de la Banque russe pour le commerce étranger à Saint-Pétersbourg.

KASSEL et NEUBERGER, banquiers à Paris.

KERGALL, publiciste à Paris.

KIMMERLING, directeur de la Société lyonnaise de dépôts et comptes courants et de crédit industriel, à Lyon.

KINDBERG, agent de change à Paris.

KINLEY (David), professeur à l'Université d'Illinois, à Urbana (Etats-Unis).

KIRCHEIM, banquier à Paris.

KLOTZ (Victor), de la parfumerie Ed. Pinaud à Paris.

KHON, directeur de la Banque de commerce de Saint-Pétersbourg et d'Azoff, à Saint-Pétersbourg.

KOHN (Georges), banquier à Paris.

KRANTZ (Camille), député, ancien ministre des travaux publics, à Paris.

LABEYRIE, premier président de la Cour des comptes, à Paris.

LACAN, secrétaire général de la Compagnie du chemin de fer du Nord, à Paris.

LACOMBE, ancien sénateur, vice-président de l'Association nationale des porteurs français de valeurs étrangères, à Paris.

MM.

Lacroix, banquier à Paris.

Lafaurie (le baron Alphonse), à Paris.

Lafon, directeur de la Banque d'Algérie, à Alger.

Laforcade (de), agent de change à Paris.

Lagagne-Delpon (Charles), banquier à Clermont-l'Hérault.

Laglenne et Cⁱᵉ, banquiers à Paris.

Lamane, chef de bureau au Crédit foncier de France, à Paris.

Lamansky, ancien gouverneur de la Banque de Russie, à Saint-Pétersbourg.

Lamoureux, syndic de la Compagnie des agents de change de Marseille.

Larsen (Hans-Christian-Julius), conseiller d'Etat, directeur de la Banque privée de Copenhague.

Lartigue (Henri), à Paris.

Lasaulce, chef du personnel à la direction générale des contributions directes au ministère des finances, à Paris.

Laurent, agent de change à Paris.

Laveleye (Georges de), directeur du *Moniteur des intérêts matériels*, à Bruxelles.

Lazarus, administrateur du Comptoir national d'escompte de Paris, à Londres.

Le Chartier, directeur de l'*Avenir économique*, à Paris.

Lecomte, agent de change à Paris.

Le Coq (A), banquier à Paris.

Le Dru, banquier à Paris.

Legat et Cⁱᵉ, banquiers à Paris.

Legrand, agent de change à Paris.

Le Guay, agent de change à Paris.

Lemoine, agent de change à Paris.

Lepel-Cointet, agent de change à Paris.

Leroy-Beaulieu (Paul), membre de l'Institut, à Paris.

Lestiboudois, agent de change à Paris.

MM.

Leuba, agent de change à Paris.

Levasseur (Emile), membre de l'Institut, professeur au Collège de France, président de la Société de statistique de Paris.

Leven, avocat à la Cour d'appel de Paris.

Levent, sous-chef du contentieux de la Compagnie des chemins de fer d'Orléans, à Paris.

Lévy (Raphaël-Georges), publiciste, professeur à l'Ecole des sciences politiques, à Paris.

Lhoste, administrateur de la Société commerciale française, à Valparaiso.

Liévin, agent de change à Paris.

Ligier, trésorier-payeur général de l'Orne.

Lilienthal (Sigismund), négociant à Paris

Limousin, président de la Chambre syndicale des industries diverses, à Paris.

Liron d'Airoles (de), sous-gouverneur de la Banque de France, à Paris.

Livron (comte Henri de), officier à Périgueux.

Lombardo, directeur de la Banque internationale de Paris.

Lorta (Charles), directeur des contributions indirectes de la Meuse.

Luc et Cⁱᵉ, banquiers à Paris.

Lusson, agent de change à Paris.

Lyon (Edmond), banquier à Paris.

Lyon-Caen (Charles), membre de l'Institut, professeur à la faculté de droit de l'Université de Paris.

Machart, inspecteur général honoraire des finances, président de l'Association nationale des porteurs français de valeurs étrangères.

Mallet, banquier à Corbeil.

Manchez, publiciste à Paris.

MM.

Maneuvrier, sous-directeur général de la Société des mines et fonderies de zinc de la Vieille-Montagne, à Paris.

Manzi Fé (Georges), de la banque Manzi et Cie, à Rome.

Manzi Fé (Victor), de la banque Manzi et Cie, à Rome.

Marais (Georges), avocat à la Cour d'appel de Paris.

Marc-Léon et Cie, banquiers à Paris.

Maréchal (Constantin), avocat à la Cour d'appel de Paris.

Margaritis, agent de change à Paris.

Marquès di Braga, sous-gouverneur du Crédit Foncier de France, à Paris.

Marshall (Alfred), à Cambridge.

Marsilly (Jacques de), propriétaire à Versailles.

Martel, gérant du Comptoir de l'industrie linière à Paris.

Métairie-Martin, trésorier-payeur généra de la Gironde.

Masbrenier, banquier, président du Tribunal de commerce de Bergerac.

Masson, président de la Chambre de commerce de Paris.

Mayer (Henri), agent de change à Paris.

Mayer (Paul), et Cie, banquiers à Bruxelles.

Mercet (Emile), vice-président du conseil d'administration du Comptoir national d'escompte de Paris.

Mercier, directeur général des mines de Béthune (Pas-de-Calais).

Merzbach, banquier à Paris.

Meyer banquier à Paris.

Michaut, inspecteur des services administratifs du *Petit Journal* à Paris.

Milliaud (Georges), banquier à Paris.

Ministère des finances de la Principauté de Bulgarie.

Ministère des finances de la République française.

Ministère des finances du royaume d'Italie.

Ministère des finances des États-Unis du Mexique.

Ministère des finances du royaume de Norvége.

Ministère des finances de l'empire de Russie.

Mintge (Ribeiro), gouverneur de la Compania général de Credito Prediel Portugez, à Lisbonne.

Miquel, percepteur à Nogent-l'Artaud.

Miron, président du conseil d'administration de la Société générale industrielle, à Paris.

Mirtil (Eugène), banquier à Paris.

Mitteldeutsche Crédit Bank, à Berlin.

Molénes (de), avocat à la Cour d'appel de Paris.

Monplanet (de), président du conseil d'administration de la Société générale de crédit industriel et commercial, à Paris.

Montaudon, agent de change à Paris.

Monteaux (E.) et Dorville (L.), banquiers à Paris.

Morel (Hippolyte), gouverneur du Crédit foncier de France, à Paris.

Morel (Marcel), ancien avocat, banquier à Lausanne.

Moret (Edmond), sous-directeur à la direction générale du Crédit lyonnais, à Paris.

Morin (Paul-Jules), banquier à Pithiviers.

Mouchard, banquier à Paris.

Moulier (Alexandre), juge de paix du XXe arrondissement de Paris.

Moulusson, agent de change à Paris.

Moyse, agent de change à Paris.

Mulaton, agent de change à Paris.

MM.

Munroe et Cⁱᵉ, banquiers à Paris.

Muranyi (Alfred), administrateur-directeur de la Banque de commerce privée, à Saint-Pétersbourg.

National Bank fur Deutschland, à Berlin.

Navarre (Eugène), administrateur des sociétés près le tribunal de commerce de la Seine.

Neugass Borsendisponent Rudolf, à Francfort-sur-le-Mein.

Neymarck (Alfred), membre du Conseil supérieur de statistique, ancien président de la Société de statistique de Paris.

Neymarck (Pierre), licencié ès-lettres et en droit, rédacteur au *Rentier*, à Paris.

Nierstrasz (Johannes Leonardus), docteur en droit, directeur de la compagnie d'assurances sur la vie " La Nederland ", à Amsterdam.

Noradounghian (Gabriel-Effendi), conseiller légiste de la Porte ottomane, à Constantinople.

Odier (Gabriel), docteur en droit, avocat à Genève.

Offroy, agent de change à Paris.

Offroy, Guiard et Cⁱᵉ, banquiers à Paris.

Olagnier, président de la Chambre des notaires de Paris.

Olanesco, sénateur, ministre des finances de Roumanie.

Olmer et Cⁱᵉ, banquiers à Paris.

Olry, sous-inspecteur de l'enregistrement et du timbre à Paris.

Oppenheim (Hugo), banquier à Berlin.

Oudin (A.), banquier à Paris.

Oukhtomsky (le prince Hespère), président de la Banque russo-chinoise, à Saint-Pétersbourg.

MM.

Pallain, gouverneur de la Banque de France.

Parizot, agent de change à Paris.

Penso (Giochino), membre du conseil de la Chambre de commerce italienne à Paris.

Pérouze, directeur des chemins de fer au ministère des travaux publics, à Paris.

Perquel, banquier à Paris.

Petit (Georges), liquidateur à Lille.

Peyrot (Édouard), agent de change à Genève.

Peytel, président du conseil d'administration de la Compagnie des chemins de fer de l'Ouest-Algérien, à Paris.

Pierrot-Deseilligny, agent de change à Paris.

Pillas, trésorier-payeur général du Jura.

Pinard, ancien président de l'Alliance du Commerce à Paris.

Pinot, trésorier-payeur général de la Dordogne.

Pion, directeur de la succursale de la Banque de France, à Compiègne.

Pohl et Schnapper, banquiers à Paris.

Ponselle et Cⁱᵉ, banquiers à Paris.

Pouquet, agent de change à Paris.

Praquin, notaire à Sartrouville.

Propper-Siegfried, banquier à Paris.

Provost et Cⁱᵉ, banquiers à Paris.

Quantin (Ferdinand), de la maison F. Quantin et Cⁱᵉ, banquiers à Paris.

Quiquet (Albert), actuaire de la compagnie d'assurances sur la vie " La Nationale " à Paris.

Rabouin (Charles), banquier à Paris.

Raffalovich, (Arthur), correspondant de l'Institut, à Paris.

MM.

RAIMBAULT (Henri), banquier à Paris.
RAIMBAULT ET Cie, banquiers à Paris.
RAMUS, agent de change à Paris.
RAPHAEL (Edward), banquier à Paris.
RATH (Pierre DE), directeur général de la société Kassa-Oderbergi Vasut Igazgatosaga, à Budapest.
RAUBARDEAU, notaire à Meung-sur-Loire.
RAVENEAU, agent de change à Paris.
REINCKE, administrateur de la Société Torladès, à Lisbonne.
REINGPACH (Paul), président de l'Association amicale des employés de banque et de bourse, à Nanterre.
RENDU, secrétaire général de la Chambre syndicale des agents de change de Paris.
RENOUL, agent de change à Nantes.
REULET, ancien inspecteur de l'enregistrement, chef du service des sociétés à la direction de la Seine, à Paris.
RICHARDOT, président de la chambre syndicale des fabricants d'étalages en cuivre, à Paris.
RIVIÈRE, avoué à Paris.
RHEIMS, FRAY ET Cie, banquiers à Paris.
ROBLOT, agent de change à Paris.
ROCHET, agent de change à Paris.
RODIER, vice-président de la compagnie d'assurances " La Paternelle " à Paris.
ROGER, notaire à Perthes-en-Gâtinais
ROGUIN (DE), banquier à Lausanne.
ROLLAND, trésorier-payeur général de l'Yonne.
ROLLAND-GOSSELIN, agent de change à Paris.
ROLLAND (Guillaume), banquier, administrateur de la Banque d'Espagne, à Madrid.
ROQUES (Alexandre), banquier à Paris.
ROSARIO (le baron DE), administrateur de la banque de la République du Brésil, à Rio-de-Janeiro.
ROSEMBERG (Hermann), associé de la Berliner-Handelz-Gesellschaft, consul général à Berlin.
ROSTAND, directeur général du Comptoir national d'escompte de Paris.
ROTHSTEIN, administrateur de la Banque internationale de commerce, à Saint-Pétersbourg.
ROTIVAL ET Cie, banquiers à Paris.
ROUSSEAU (Rodolphe), avocat à la Cour d'appel de Paris.
ROUSSELLE, de la maison Batiste et Rousselle, banquiers à Paris.
ROUSSEN (DE), trésorier-payeur général du territoire de Belfort.
ROUXEL, secrétaire général du Crédit foncier de France, à Paris.
ROY (Henry), banquier à Paris.
ROZET, trésorier-payeur général des Basses-Alpes.
RUINAT DE GOURNIER, fondé de pouvoirs au Crédit lyonnais, à Paris.
SABATIER, ancien président de la Chambre des agréés au tribunal de commerce de la Seine
SACILLY, banquier à Paris.
SAINT-VEL, agent de change à Paris.
SALEFRANQUE (Léon), rédacteur à la direction générale de l'enregistrement des domaines et du timbre au ministère des finances, à Paris.
SALVATELLI (Paul) et Cie, banquiers à Paris.
SAPPIN, (J.-A.), vice-président de la Chambre de commerce à Auxerre.
SARAFOV, ancien ministre des finances, député, directeur de la société d'assurances " Balkan ", à Sophia.

MM.

Sargenton, agent de change à Paris.

Sauphar (Lucien) et Cⁱᵉ, banquiers à Paris.

Sayous (André), docteur en droit à Paris.

Schlesinger et Cⁱᵉ, banquiers à Paris.

Schmelkin, directeur général de la Banque internationale de commerce de Moscou.

Schmieder J. et Cⁱᵉ, banquiers à Paris.

Schneider, sous-directeur de la Banque I. R. P. des Pays Autrichiens à Paris.

Schuhmann et Cⁱᵉ, banquiers à Paris.

Selves (de), préfet de la Seine.

Siegfried (Jacques), banquier à Paris.

Singer frères, banquiers à Paris.

Skousès, député, ancien ministre, à Athènes.

Société générale d'assurances otto-manes, à Constantinople.

Société générale de crédit industriel et commercial, à Paris.

Société générale pour favoriser le développement du commerce et de l'industrie en France.

Société marseillaise de crédit industriel et commercial et de dépôts.

Sous-comptoir des entrepreneurs.

Spanjaard, Levié et Cⁱᵉ, banquiers à Paris.

Spitzer (Hermann), administrateur-directeur de la Banque internationale de commerce de Saint-Pétersbourg, à Saint-Pétersbourg.

Spitzer (Jacques), directeur de la Société générale pour l'industrie en Russie, à Paris.

Stanislas, directeur de la Banque d'Indo-Chine, à Paris.

Stern et Wiener, banquiers à Paris.

Stéhelin, trésorier-payeur général de la Côte-d'Or.

Stiebel et Cⁱᵉ, banquiers à Paris.

Stolz, agent de change à Paris.

Strauss (Jules), banquier à Paris.

Strauss et Cⁱᵉ, banquiers à Paris.

Strauss (William), directeur de la Banque I. R. P. des Pays Autrichiens à Paris.

Susane, trésorier-payeur général des Deux-Sèvres.

Sussmann (Maurice), banquier à Paris.

Symons et Cⁱᵉ, banquiers à Paris.

Swarte (de), trésorier-payeur général du Nord.

Tamet, banquier à Saint-Étienne.

Tardieu, agent de change à Paris.

Tarruela, administrateur de la société " L'Union espagnole des explosifs ", à Barcelone.

Tète, agent de change à Paris.

Théry (Edmond), publiciste à Paris.

Thiébaut et Cⁱᵉ, banquiers à Paris.

Thierrée et Chaulin, banquiers à Paris.

Thiéry et Cⁱᵉ, banquiers à Paris.

Thomas, notaire à Montrouge.

Thomas et Cⁱᵉ (E. et H.), banquiers à Longwy-Bas.

Thorsch Sohove (le docteur Alphons), à Vienne (Autriche.)

Tony-Chauvin, directeur de l'Association nationale des porteurs français de valeurs étrangères, à Paris.

Tornos y cano (Michel-Jean), bibliothécaire de la Banque d'Espagne, à Madrid.

Tournus, trésorier-payeur général de Seine-et-Oise.

Tourreille, administrateur du Crédit foncier de France, à Paris.

Tranchau, trésorier-payeur général de la Charente.

MM.

Trésorerie du Royaume-Uni de Grande-Bretagne et d'Irlande.

Trèves (Guido), avocat, administrateur de la compagnie d'assurance sur la vie " la Fondiaria ", à Florence.

Trévoux, notaire à Lyon.

Tribouillard, notaire à Bourg-Achard.

Tribunal de commerce de Lyon.

Tricart (Alexis), banquier à Paris.

Tricart et Cie, banquiers à Paris.

Truelle, agent de change à Paris.

Urban (Ernest), vice-président de la Banque de Bruxelles, à Bruxelles.

Urban (Jules), président de la Banque de Bruxelles, à Bruxelles.

Vahé, notaire à Lille.

Van Asch Van Wyck, directeur de la Banque hypothécaire d'Utrecht, à Utrecht.

Van Brock, président de la Société des mines des Malines, à Paris.

Van Gelder, directeur de la succursale de la Banque de France, à Niort.

Varennes (P.-E.), banquier à Paris.

Vavasseur (A.), avocat à la Cour d'appel de Paris, rédacteur en chef de la *Revue des sociétés*.

Vavasseur (J.) fils, avocat à la Cour d'appel de Paris.

Vassor, notaire à Tours.

Velasco (Emilio), avocat, ancien ministre du Mexique en France, à Mexico.

Vernes (Adolphe), banquier à Paris.

Verneuil (de), syndic de la Compagnie des agents de change près la bourse de Paris.

Verstraete (Maurice), secrétaire d'ambassade, chargé de mission du gouvernement français, à Saint-Pétersbourg.

Veyrac, agent de change à Paris.

Vidal-Naquet (Edmond), docteur en droit, avocat à la cour d'appel de Paris.

Vidal-Naquet (Emmanuel), publiciste à Paris.

Vié, trésorier-payeur général des Hautes-Alpes.

Villars, directeur de la Banque de Paris et des Pays-Bas, à Paris.

Ville de Montpellier.

Von Inama-Sternegg, président de la Commission centrale de statistique d'Autriche et de l'Institut international de statistique, à Vienne.

Wahl, professeur à la faculté de droit de l'Université de Lille.

Waldmann, agent de change à Lyon.

Waubert, agent de change à Paris.

Weber, notaire à Fontainebleau.

Weiner et Cie, banquiers à Paris.

Weinstein (Jules), banquier à Paris.

Wellhoff (Gustave), banquier à Paris.

Wertheim, banquier à Paris.

Weyer (Eugène), administrateur délégué de la Banque parisienne, à Paris.

Wischnegradski, chancelier des opérations de crédit au ministère des finances, à Saint-Pétersbourg.

Wisengrund (Joseph), banquier à Paris,

Wormser et Cie, banquiers à Paris.

Yvo Bosch, banquier à Paris, président du comité de la Compagnie des chemins de fer du Sud de l'Espagne.

Zadoks et Cie, banquiers à Paris.

DEUXIEME PARTIE

MÉMOIRES, NOTES, MONOGRAPHIES

(Voir les tables à la fin du fascicule.)

LES VALEURS MOBILIÈRES

COTÉES A LA BOURSE DE VIENNE

1. — Capital nominal et cours à la fin de l'année 1899. — Comparaison avec les résultats des années précédentes (1893-1898).

2. — Cours et mouvement comparés des valeurs de toute nature cotées en 1898 et 1899.

[D'après les tableaux communiqués par **M.** von Inama-Sternegg, président de la Commission centrale de statistique de Vienne et de l'Institut international de statistique.]

	VALEURS COTÉES EN OR						
DÉSIGNATION DES VALEURS	CAPITAL nominal d'après les titres.	CAPITAL nominal d'après la parité des monnaies (1).	SURCHANGE 1,004 % (2).	CAPITAL nominal converti en monnaie autrichienne.	COURS à la fin de 1899	DIFFÉRENCE du cours par rapport au capital nominal. En plus.	En moins.
1	2	3	4	5	6	7	8
	millions de gulden d'or.	millions de gulden d'or.	millions de florins autrichiens.	millions de florins autrichiens.	millions de florins autrichiens.	millions de florins autrichiens.	million de florins autrichiens
A — Dette publique générale....................	»	»	»	»	»	»	»
1. — Dette publique des royaumes et provinces représentées au Reichsrath.	490,8	584.3	5,866	590,2	568,4	»	21,8
2. — Obligations des chemins de fer de l'État.	43,6	51.9	0,521	52,4	50,6	»	1,8
3. — Actions de chemins de fer assimilées aux obligations d'État............	»	»	»	»	»	»	»
4. — Obligations de priorité des chemins de fer à paiement garanti par l'État...	96.8	113,6	1,141	114.7	112,6	»	2,1
C. — Dette publique des provinces hongroises.	851,5	1.013,6	10,176	1.023,8	992,5	»	31,3
D. — Autres emprunts publics...............	»	»	»	»	»	»	»
E. — Lettres de gage, obligations des communes, des chemins de fer, des établissements de crédit et des banques......	4,5	5,3	0,c86	5,3	4.7	»	0,6
F. — Obligations de priorité des chemins de fer.	1.217,2	1.446,0	14,518	1.460,5	1.116,6	»	343,9
G. — Obligations des autres entreprises de transport.........................	23,9	28,2	0,283	28,5	26.9	»	1,6
H. — Obligations des sociétés industrielles.....	15,6	17.4	0,174	17,6	17,3	»	0,3
I. — Loteries diverses.....................	»	»	»	»	»	»	81,3
K. — Actions des entreprises de transport......	271,1	322.7	3,240	325.9	244,6	58,7	»
L. 1. — Actions des banques.................	24,6	29,3	0,294	29.6	88,3	»	»
L. 2. — Actions des compagnies d'assurances.	»	»	»	»	»	»	»
M. — Actions des entreprises industrielles.....	21,6	25.7	0,258	26,0	31,2	5,2	»
Total (1899)..................	3.061,2	3.638.0	36.5 (2)	3.674,5	3.263,7	»	420,8

COMPARAISON AVEC L[...]

1893 { Emprunts publics.....................	2.760,3	3.281.3	144,3 (3)	3.425,7	2.783,7	»	642,0
Actions.............................	285.8	340,1	15,0 (3)	355.0	341.4	»	13,6
Ensemble.....................	3.046,1	3.621.4	159,3 (3)	3.780.7	3.125.1	»	655.6
1894 { Emprunts publics.....................	2.751.3	3.274.3	112,4 (4)	3.286,7	3.059.7	»	327,0
Actions.............................	301,4	358,8	12,3 (4)	371,1	427.4	56.3	»
Ensemble.....................	3.052,7	3.633,1	124,7 (4)	3.757,8	3.487.1	»	270,?
1895 { Emprunts publics.....................	2.782.2	3.308.4	32,1 (5)	3.340,5	3.038,6	»	301,?
Actions.............................	301.1	358.5	3.4 (5)	361.9	387,9	26,0	»
Ensemble.....................	3.083,3	3.666,9	35,5 (5)	3.702.4	3.426,5	»	275,?
1896 { Emprunts publics.....................	2.777.8	3.302,7	2.18 (6)	3.304,9	3.071.6	»	233,?
Actions.............................	309,9	365,9	0,24 (6)	366,1	393,6	27,5	»
Ensemble.....................	3.087,7	3.668,6	2,4 (6)	3.671,0	3.465,2	»	205,?
1897 { Emprunts publics.....................	2.760.3	3.284,4	33,0 (7)	3.317.4	3.054.4	»	263,0
Actions.............................	313.7	373,7	3.8 (7)	377.5	376.2	»	1,?
Ensemble.....................	3.074,0	3.658,1	36,8 (7)	3.694.9	3.430.6	»	264,?
1898 { Emprunts publics.....................	2.783,1	3.286,6	33,0 (2)	3.319,6	3.046,8	»	272,?
Actions.............................	316.7	376,9	3.8 (2)	380,7	379.6	»	1,?
Ensemble.....................	3.099,8	3.663,5	36,8 (2)	3.700.3	3.426.3	»	274,?
1899 { Emprunts publics.....................	2.743.9	3.260.3	32,7 (2)	3.293.0	2.889,6	»	403,?
Actions.............................	317,3	377,7	3.8 (2)	381.5	364,1	»	17,?
Ensemble.....................	3.061,2	3.638,0	36,5 (2)	3.674,5	3.253.7	»	420,?

(1) 200 marks = 117 florins 56 kreutzers (monnaie autrichienne); 250 francs = 119 florins 3 kreutzers (monn[aie...] surcharge. — (4) 3,434 % de surcharge. — (5) 0,967 % de surcharge. — (6) 0,c66 % de surcharge. — (7) 1,005 %

LA BOURSE DE VIENNE
A FIN DE L'ANNÉE 1899

ALEURS COTÉES EN ARGENT ET EN PAPIER				VALEURS COTÉES EN OR, ARGENT OU PAPIERS RÉUNIES					
CAPITAL nominal.	COURS à la fin de 1899	DIFFÉRENCE DU COURS par rapport au capital nominal.		CAPITAL nominal.	COURS à la fin de 1899	DIFFÉRENCE DU COURS par rapport au capital nominal.			
						EN VALEUR		POUR CENT	
		En plus.	En moins.			En plus.	En moins.	En plus.	En moins.
9	10	11	12	13	14	15	16	17	18
millions de florins autrichiens.	millions de florins autrichiens.	millions de florins autrichiens.	millions de florins autrichiens.	millions de florins autrichiens.	millions de florins autrichiens.	millions de florins autrichiens.	millions de florins autrichiens.	millions de florins autrichiens.	millions de florins autrichiens.
2.667.8	2.703,2	35,4	»	2.667,8	2.703,2	35.4	»	1,33	»
.318,1	307,5	»	10,6	908,3	875,9	»	32,4	»	0,03
116,2	123,8	7,6	»	168,6	174,4	5,8	»	3,39	»
65,6	68,6	3,0	»	65,6	68,6	3,0	»	4,58	»
366,9	350,0	»	16,9	481,6	462,6	»	19,0	»	5,19
1.164,2	1.140,2	»	24,0	2.188,0	2.132,7	»	55,3	»	2,52
379,0	397,7	18,7	»	379,0	397,7	18,7	»	4,95	»
.702,3	1.657,5	»	44.8	1.707,6	1.662,2	»	45.4	»	2,66
610,6	609,6	»	1,0	2.071,1	1.726,2	»	344,9	»	16,65
15,7	15,2	»	0,5	44,2	42,1	»	2,1	»	4,74
18.2	17.7	»	0,5	35,8	35,0	»	0,8	»	2,20
44,6	83,0	38.4	»	44,6	83,0	38,4	»	86,20	»
418,3	651,7	233,4	»	744.2	896.3	152,1	»	20,44	»
415,7	654.5	238,8	»	445,3	742,8	297.5	»	66,80	»
14,5	46,1	31,6	»	14,5	46,1	31,6	»	217.49	»
268,3	573,4	305,1	»	294,3	604.6	310,3	»	105,44	»
.586,0	9.399,7	813,7	»	12.260,5	12.654,0	392,9	»	3,20	»
ULTATS DES ANNÉES PRÉCÉDENTES									
.335,2	6.404.9	69,7	»	9.760,9	9.188.6	»	»	572,3	5,86
971,6	1.474,8	503,2	»	1.326,6	1.816.2	489.6	36,91	»	»
.306,8	7.879,7	572,9	»	11.087,5	11.004.8	»	82,7	»	0,74
.552,6	6.794.6	242.0	»	9.939,3	9.854,3	»	85,0	»	0,85
898,2	1.835,5	837,3	»	1.369.3	2.262,9	893,6	»	65,26	»
.550,8	8.630,1	1.079,3	»	11.308,6	12.117.2	808.6	»	7,15	»
.740.6	6.933,0	192,4	»	10.081.1	9.971,6	»	109,5	»	1,09
.025,5	1.746,4	720,9	»	1.387,4	2.134.3	746.9	»	53.83	»
.766,1	8.679.4	913,3	»	11.468,5	12.105.9	637,4	»	5,56	»
.949,3	7.237,0	287,7	»	10.254,2	10.308,6	54.4	»	0.53	»
.060.5	1.834,9	774.4	»	1.426.6	2.188.5	761.9	»	53.41	»
.009.8	9.071,9	1.062,1	»	11.680,8	12.497,1	816.3	»	6,99	»
.173.5	7.421,4	247.9	»	10.490.9	10.475.8	»	15,1	»	0,14
.060,3	1.894,2	833,9	»	1.437.8	2.270.4	832,6	»	57,91	»
.233.8	9.315.6	1.081,8	»	11.928,7	12.746,2	817,5	»	6,85	»
.354,3	7.529.6	175,3	»	10.673,9	10.576,4	»	97.5	»	0,91
.065,9	1.955,6	889.7	»	1.446.6	2.335,1	888.5	»	61.43	»
.420,2	9.485.2	1.065,0	»	12.120,5	12.911,5	791,0	»	6,53	»
.469,2	7.474,0	4.8	»	10.762,2	10.363.6	»	398,6	»	3,70
.116.8	1.925,7	808.9	»	1.498,3	2.289,8	791,5	»	52.81	»
.586,0	9.399,7	813,7	»	12.260,5	12.653,4	392.9	»	3,20	»

itrichienne. — (2) Calculé d'après le cours du mark allemand : 59,025 = 1,004 % de surchange. — (3) 4.40 % de rchange. — (8) Calculé d'après les chiffres non arrondis.

Tableau II

COURS ET MOUVEMENT

DES

VALEURS MOBILIÈRES DE TOUTE NATURE

COTÉES A LA BOURSE DE VIENNE

ANNÉES	VALEURS MOBILIÈRES cotées à Vienne.		COURS MOYEN DE CERTAINES ACTIONS		
	Valeur nominale.	Cours moyen.	Valeurs de transport.	Valeurs de banque.	Valeurs industrielles.
	2	3	4	5	6
	millions de florins.	millions de florins.	millions de florins.	millions de florins.	millions de florins.
1898..	12.120	12.911	1.085	683	521
1899..	12.260	12.653	896	743	604
Différences à 1899.. { En plus.............	140	»	»	60	83
{ En moins..........		258	189	»	»

LES VALEURS MOBILIÈRES

DU

ROYAUME-UNI

Le bulletin officiel de la bourse d'un pays est, pour ainsi dire, un miroir où sont réfléchis la richesse, l'esprit d'entreprise et, — eu égard aux fonds d'Etat et aux fonds garantis par l'Etat y compris, — les responsabilités d'une nation.

Le bulletin officiel de la bourse de Londres (*The Stock-Exchange Daily Official List*) ne donne pas le total des placements pour chaque catégorie de valeurs. L'aide des statistiques qui sont publiées dans un ouvrage annuel et officiel de la bourse de Londres (*Stock-Exchange*) qu'on appelle *The Stock-Exchange official Intelligence* — ou jusqu'à 1899, *Burdett's Official Intelligence*, — parvenu à dresser le tableau et le résumé que nous donnons à la suite de cette note.

J'ai groupé ensemble et additionné d'une part toutes les valeurs nationales et de l'autre, les valeurs étrangères, cotées au Stock-Exchange le 31 décembre 1898 et le 30 décembre 1899 de façon à présenter un total distinct pour chacune de ces deux catégories.

Il est impossible d'établir quelle est la quote-part de ces capitaux appartenant à des étrangers, mais, il est certain que la plupart des capitaux placés en valeurs nationales et en valeurs des colonies et possessions britanniques appartiennent aux habitants du Royaume-Uni.

Je dois faire remarquer que le tableau et le résumé que j'ai donnés ne comprennent pas les capitaux placés en actions, stocks, bons et obligations dans toutes les compagnies industrielles et autres du Royaume-Uni.

Les compagnies comprises dans le *List* du 30 décembre 1899

n'excédent pas 1,400 en nombre; alors qu'au mois d'avril 1899, il n'y avait pas moins de 27,969 compagnies par actions existantes.

Un grand nombre des compagnies de premier ordre n'ont pas demandé l'admission de leurs noms au *List* du *Stock-Exchange*. Conséquemment ni leurs noms ni leurs capitaux n'y paraissent; leurs actions sont néanmoins, fréquemment achetées et vendues par les courtiers ou les ventes sont effectuées par contrat privé. Je dirai même que les actions de quelques-unes de ces compagnies sont rarement vendues; ces actions sont considérées par leurs porteurs comme placements permanents.

En outre, il y a une foule de compagnies — dont quelques-unes sont de premier ordre — qui ne pourraient pas obtenir l'admission de leurs noms au *List*. Il faut qu'une compagnie soit considérée par le comité du Stock-Exchange d'une importance suffisante — « *of sufficient magnitude and importance* ». Ce règlement du Stock-Exchange tend à diminuer les dangers qui peuvent exister de l'extrême libéralité de la loi anglaise à l'égard de la formation d'une compagnie. Toutefois, ceci ne s'applique pas à une compagnie d'assurances sur la vie.

Chaque nouvelle compagnie d'assurances sur la vie, soit anonyme, soit mutuelle, est obligée de déposer un cautionnement de 20,000 livres sterling entre les mains du Gouvernement, pour une certaine période. En ce qui concerne les autres catégories de compagnies, l'écart entre le capital social et le capital versé est fréquemment très disproportionné. La loi se tait sur cette matière importante. Le comité du Stock-Exchange lui-même se déclare satisfait à cet égard si la moitié du capital social d'une Compagnie est souscrite et si 10 $\%$ du capital souscrit est versé ; à moins qu'une Compagnie se forme pour continuer une affaire existante, auquel cas les deux tiers du capital social doivent être souscrits.

Ce serait une tâche énorme de chercher à découvrir le montant des actions, stocks, bons et obligations de toutes les compagnies qui ne sont pas cotées au Stock-Exchange; mais il est certain que ces capitaux s'élèveraient à plusieurs centaines de millions de livres sterling.

Nonobstant l'exclusion de ces compagnies, mon résumé démontre que les capitaux placés en actions, stocks, bons et obligations des compagnies qui sont comprises dans le *List* du Stock-Exchange s'élevaient au 30 décembre 1899 à la somme énorme de 2,040,624,145 livres sterling (fr. 51,015,603,672) ou 62-18 $\%$ de toutes les valeurs que j'ai groupées ensemble comme valeurs nationales, coloniales et des possessions du Royaume-Uni.

Je dois aussi vous rappeler que les valeurs comprises sous la désignation « Emprunts de Villes » (Stocks), qui ne sont remboursables qu'après beaucoup d'années de la date de leur commencement, ne com-

prennent pas tous les capitaux prêtés aux Villes qui empruntent aussi,
sur hypothèque, jusqu'aux limites fixées par les Acts du Parlement, des
sommes qu'elles peuvent rembourser ou que les prêteurs peuvent retirer en donnant avis six mois à l'avance.

Arthur J. Cook, de Londres,

*Directeur de la Compagnie d'assurances
sur la vie la « Victoria »
Membre correspondant de la Société de Statistique de Paris.*

[Tableaux]

TABLEAU DES VALEURS MOBILIÈRES QUI FIGUREN
(*The Stock Exchange Daily Official-Li*

NUMÉROS D'ORDRE	DÉSIGNATION DES VALEURS
1	2
	ROYAUME-
1	Fonds d'Etat 2 3/4 % et 2 1/2 % (2)...............................
2	Fonds garantis par le gouvernement....... ....
3	Emprunts de villes et de comtés...........................
	ACTIONS, STOCKS, BONS ET OBLIGATIONS
	de
	Compagnies nationales.
4	Chemins du Royaume-Uni..................
5	de fer des Indes.................
6	des Colonies et des Possessions britanniques....................
7	Banques...................
8	Brasseries et distilleries...
9	Canaux et docks..........
10	Industrielles..............
11	Foncières, d'hypothèques, etc................
12	Trust financières................
13	Gaz et éclairage électrique..............
14	Assurances (incendie, vie, etc.)............
15	Fers, charbons et aciers.............
16	Mines...
17	Maritimes ....
18	Plantations de thé et café............
19	Télégraphes et téléphones.................
20	Tramways et omnibus.............
21	De distribution des eaux..........
	Ensemble.............
	COLONIES DU
22	Fonds de gouvernements coloniaux.................
23	Emprunts de villes coloniales (3).............
	PAYS
	Fonds de gouvernements étrangers :
24	Coupons payables à Londres................
25	Coupons payables en dehors du Royaume-Uni.............
	Ensemble............
26	Compagnies de chemins de fer américains..................
27	Compagnies de chemins de fer d'autres pays étrangers...............

(1) En quelques cas, le montant ne représente pas la somme originale qui a été autorisée.

(2) Ajoutant les fonds d'Etat qui ne sont pas compris dans le *List* du *Stock-Exchange*, la dette nationale au 30 avril 1899 s'élevait à 635.041.000 livres sterling. En 1816, la dette nationale dépassait 900,000,000 livres sterling.

	1898		1899		RAPPEL des NUMÉROS D'ORDRE
	ÉMISSIONS autorisées (1)	CAPITAL VERSÉ (Valeur nominale)	ÉMISSIONS autorisées (1)	CAPITAL VERSÉ (Valeur nominale)	
	3	4	5	6	7
	livres sterling.	livres sterling.	livres sterling.	livres sterling.	
UNI					
	562.433.476	561.052.863	559.141.754	559.141.754	1
	225.889.112	218.398.312	223.927.801	216.176.101	2
	183.651.339	123.209.765	136.549.861	125.493.432	3
	1.066.365.101	1.039.929.724	1.032.740.939	1.018.512.737	4
	104.927.846	98.733.280	125.641.525	122.378.751	5
	133.213.891	125.289.807	133.757.050	127 627.515	6
	179.778.607	56.472.082	196.383.600	53.840.763	7
	104.898.310	91.523.589	136.363.070	101.088.345	8
	44.150.789	41.873.441	44.029.156	42.142.655	9
	186.790.479	153.348.311	229.942.195	199.393.340	10
	118.135.150	74.530.009	121.503.517	84.049.962	11
	74.718.210	56.310.441	81.376.450	63.838.753	12
	53.763.158	49.154.558	67.456.663	48.059.721	13
	78.547.966	14.478.099	68.319.881	12.378.581	14
	21.255.799	17.976.974	24.853.914	22.630.849	15
	44.552.130	42.345.319	52.972.380	51.334.093	16
	19.685.478	14.634.655	28.276.718	18.856.839	17
	9.299.925	5.555.143	11.505.825	9.158.423	18
	44.382.353	38.197.681	49.512.414	31.915.720	19
	16.001.593	13.338.253	17.131.893	13.304.188	20
	21.691.815	19.463.120	23.537.835	20.112.910	21
	2.322.158.600	1.954.214.486	2.436.305.078	2.040.624.145	
ROYAUME-UNI					
	341.820.449	298.113.504	344.149.713	295.489.391	22
	51.202.999	46.868.222	49.438.648	44.749.289	23
ÉTRANGERS					
	1.051.728.889	948.023.371	1.084.559.392	986.641.988	24
	2.108.601.107	1.933.371.016	2.294.471.499	2.136.521.350	25
	3.160.329.991	2.881.394.387	3.397.030.991	3.123.163.338	
	1.155.927.953	918.069.660	1.308.589 502	972.172.261	26
	617.142.822	607.796.035	642.365.908	621.746.175	27

(3) Dans cette somme sont compris les emprunts — qui ont été presque entièrement réalisés à l'aide de l'émission d'obligations remboursables en livres sterling — d'un petit nombre de villes étrangères.

NUMÉROS D'ORDRE	DÉSIGNATION DES VALEURS
1	2
	ROYAUME
1	Fonds d'État 2 3/4 % et 2 1/2 % (2)............
2	Fonds garantis par le gouvernement.... ...
3	Emprunts de villes et de comtés.....
4	Actions, stocks, bons et obligations de Compagnies (3).............
	COLONIES DU
5	Fonds de gouvernements coloniaux..............
6	Emprunts de villes coloniales (4).............
	TOTAL (Royaume-Uni et ses colonies)...........
	PAYS
7	Fonds d'États étrangers.... .....
8	Compagnies de chemins de fer américains...........
9	Compagnies de chemins de fer d'autres pays étrangers..........
	TOTAL (Pays étrangers).......... .. ....
	TOTAL GÉNÉRAL..............

(1) En quelques cas le montant ne représente pas la somme originale qui a été autorisée.
(2) Ajoutant les fonds d'État qui ne sont pas compris dans le *List* du *Stock-Exchange*, la dette nationale au 30 avril 1899 s'élevait à 635.041.000 livres sterling. En 1816, la dette nationale dépassait 900.000.000 livres sterling.

COTÉES A LA BOURSE DE LONDRES
Exchange)

| SITUATION AU 31 DÉCEMBRE 1898 | | SITUATION AU 30 DÉCEMBRE 1899 | | RAPPEL |
ÉMISSIONS autorisées (1)	CAPITAL VERSÉ (Valeur nominale)	ÉMISSIONS autorisées (1)	CAPITAL VERSÉ (Valeur nominale)	des NUMÉROS D'ORDRE
3	4	5	6	7
livres sterling.	livres sterling.	livres sterling.	livres sterling.	
UNI				
562.433.476	561.052.863	559.141.754	559.141.754	1
225.889.112	218.398.312	223.927.801	216.176.101	2
133.651.339	123.209.735	136.549.831	125.493.432	3
2.322.158.600	1.954.214.486	2.436.305.028	2.040.624.145	4
ROYAUME-UNI				
341.820.449	298.113.504	344.149.713	295.489.391	5
51.202.999	46.868.222	49.438.648	44.749.289	6
3.637.155.975	3.201.857.152	3.749.512.805	3.281.674.112	
ÉTRANGERS				
3.160.329.991	2.881.394.387	3.373.020.991	3.123.163.338	7
1.155.927.953	918.069.660	1.308.589.502	972.172.251	8
617.142.822	607.796.035	642.365.908	621.746.175	9
4.933.400.766	4.407.260.082	5.329.986.401	4.717.081.764	
8.570.556.741	7.609.117.234	9.079.499.206	7.998.755.876	

(3) Y compris les compagnies de chemins de fer, etc., fondées dans le Royaume-Uni pour développer les Indes, colonies et possessions britanniques.

(4) Dans cette somme sont compris les emprunts — qui ont été presque entièrement réalisés à l'aide de l'émission d'obligations remboursables en livres sterling — d'un petit nombre de villes étrangères.

LES VALEURS MOBILIÈRES

ET

L'IMPOT SUCCESSORAL EN FRANCE, AU XIXe SIÈCLE

I. — ROLE DE LA STATISTIQUE SUCCESSORALE
DANS L'ÉVALUATION DE L'ENSEMBLE DES FORTUNES PRIVÉES.

Le développement de la richesse mobilière restera une des caractéristiques, sinon le trait dominant de ce siècle de science et de liberté. Inconnue hier, pour ainsi dire, cette richesse, représentée par les fonds d'État, les actions et les obligations des sociétés, a progressivement envahi tous nos marchés industriels, financiers et commerciaux, restreignant de plus en plus, par sa redoutable concurrence, la sphère d'action de l'antique placement hypothécaire. L'intensité de la vie économique contemporaine, le mouvement toujours croissant des échanges, la mise en œuvre des inventions de la science, l'exécution des gigantesques travaux qui multiplient les relations internationales et solidarisent les différents peuples, tous ces phénomènes grandioses de notre temps, qui naissent de l'alliance féconde du capital et du travail, ont donné aux valeurs mobilières, dans la seconde moitié du siècle qui s'achève, une incalculable force d'expansion.

Et cependant, cette rivale de la propriété foncière est, bien mieux que celle-ci, à la portée de tous. Fractionnée presque à l'infini, elle s'adapte aux situations les plus diverses. Elle alimente les portefeuilles de la haute finance, elle sollicite l'épargne la plus modeste. Toutes les classes de la société sont également ses tributaires. Par sa diffusion, par son universalité, elle réalise vraiment la propriété individuelle sous sa forme la plus démocratique. Elle coopère à l'aisance des simples particuliers, en même temps qu'elle accroît la prospérité générale du pays.

Ce n'est pas seulement dans le domaine des intérêts économiques et sociaux que les valeurs mobilières affirment leur bienfaisante influence. Elles ont un autre mérite, auquel les hommes d'État ne sauraient se montrer indifférents, celui de verser au Trésor public un tribut annuel de plus de 200 millions. Revenus des actions et des obligations des sociétés, des villes et des établissements publics, négociations de ces titres sous la forme nominative ou au porteur, opérations de bourse, il n'est pas une de ces manifestations de la richesse mobilière qui ne tombe sous l'atteinte du fisc. Parmi les nombreuses taxes établies sur la transmission de ces valeurs, il en est une qui s'impose particulièrement à l'attention de l'économiste et du statisticien : c'est l'impôt des successions. A la différence des autres droits d'enregistrement et de timbre qui ne frappent la circulation des valeurs que d'une manière incomplète et intermittente, les taxes successorales affectent, chaque année, une fraction à peu près constante de la fortune privée. Tous les éléments de la richesse mobilière et immobilière passent, tour à tour, à des intervalles périodiques, par la filière des transmissions à cause de mort. Aussi est-il vrai de dire de la taxe des successions qu'elle est, par excellence, un impôt de statistique. Par les valeurs héréditaires qu'elle met en évidence, elle donne la mesure des variations survenues dans la masse des fortunes privées. La courbe de l'annuité successorale est, en quelque sorte, le tracé graphique de la richesse individuelle, de celle qui se transmet par voie d'hérédité testamentaire ou *ab intestat*. C'est un instrument de précision, qui saisit au passage, dans leurs manifestations les plus délicates, les valeurs que le jeu de la dévolution héréditaire amène successivement dans le champ de son objectif. Par la juxtaposition de ces épreuves partielles, on recompose l'image totale, sans doute plus ou moins déformée, mais suffisamment véridique pour autoriser des conclusions raisonnées sur l'ensemble de la situation.

C'est ce travail de synthèse que nous allons tenter aujourd'hui. Nous nous proposons d'interroger les statistiques successorales qui, au cours de ce siècle, se sont déposées et stratifiées dans nos archives, un peu à la manière des formations géologiques. A la lumière de ces chiffres, dont le témoignage ne peut être récusé, nous essayerons d'esquisser dans ses grandes lignes l'histoire des valeurs mobilières, d'en marquer les phases dominantes, d'en mesurer les alternatives de progrès et de recul. Certes, le terrain n'est point inexploré. Des économistes érudits ont cherché, avant nous, à élucider ce problème. Nous avons nous-même, dans une communication récente, appelé l'attention de la Société de statistique de Paris sur les précieuses inductions qui nous sont fournies relativement à l'évolution de la fortune privée mobilière par les variations de l'annuité successorale (1). Mais, bien que la question ait été soumise à une discussion approfondie, l'intérêt n'en est pas épuisé, l'actualité n'en est point diminuée. Aussi allons-nous la reprendre, mais à un point de vue un peu plus spécial, en éliminant à dessein du champ de notre enquête tout développement relatif à la propriété foncière, pour n'envisager l'annuité fiscale des successions que dans ses rapports avec les biens meubles et avec les valeurs négociables qui entretiennent l'activité de notre marché financier.

Dans cette étude comparative de la statistique successorale et de l'évolution de la fortune mobilière, nous distinguerons, pour plus de méthode et de clarté, trois phases principales :

La première, qui se prolonge jusqu'en 1850, se caractérise, sinon par l'absence, tout au moins par la médiocre et lente progression de l'élément mobilier: c'est la période de formation.

La deuxième, qui embrasse les vingt années écoulées de 1850 à 1870, est signalée par l'apparition d'un nouveau facteur. Les fonds d'État français et étrangers prennent place, pour la première fois, dans le cortège des valeurs assujetties à l'impôt.

Enfin, la troisième période, qui s'ouvre au lendemain des événements de 1871, est celle de l'expansion de la richesse mobilière ; au groupe des fonds d'État s'ajoute l'armée imposante des valeurs négociables de toute nature, actions ou obligations françaises et étrangères. Grossie de ces affluents considérables, l'annuité successorale prend une ampleur de plus en plus grande. A la fois tributaire du fisc et de la statistique, elle procure au premier des plus-values inespérées; elle met aux mains de la seconde un incomparable instrument d'observation.

II. — PÉRIODE ANTÉRIEURE A 1850.
FAIBLE EXPANSION DE L'ANNUITÉ SUCCESSORALE MOBILIÈRE

Il suffirait, pour le but que nous poursuivons, de prendre comme point de départ les premières années de ce siècle. Cependant on nous permettra de franchir cette limite et de jeter un rapide coup d'œil sur la période immédiatement antérieure à la Révolution.

Il ne faut pas craindre d'élargir les bases de nos recherches et de multiplier les termes de comparaison.

A la veille des événements de 1789, les statistiques financières sont très incomplètes, très intermittentes. Les indigestes compilations qui,

(1) *La progression des valeurs successorales et le développement de la fortune privée au dix-neuvième siècle* (Séance du 19 avril 1899 ; *Journal de la société de statistique de Paris.* p. 143).

sous le nom d'*états au vrai*, avaient la prétention de résumer les recettes et les dépenses de l'exercice, ne doivent être consultées qu'avec une juste défiance. Mélange de réalités et d'hypothèses, de faits positifs et de données conjecturales, les fameux états au vrai de l'ancien régime n'étaient le plus souvent, pour me servir de l'expression spirituelle de M. Fernand Faure, que « des états de mensonges ».

C'est donc sous les plus expresses réserves que nous allons un instant interroger le compte rendu de Loménie de Brienne en 1788, pour essayer d'y découvrir, au milieu des broussailles inextricables d'une comptabilité aussi peu méthodique que peu sincère, une trace de l'annuité successorale.

Une seule constatation de l'état au vrai nous permet de dégager approximativement cette annuité. C'est le produit du droit de centième denier. En 1788, cette taxe, qui frappait autrefois les transmissions entre vifs et les mutations par décès, fit au Trésor royal un apport de 9 millions de livres. On peut admettre que, sur cette somme, 5 millions environ s'appliquaient aux successions.

Le budget des recettes de la monarchie s'élevait à 500 millions.

La taxe successorale représentait donc à peu près 1 °/₀ de l'ensemble des revenus publics.

Aujourd'hui la proportion s'est accrue : elle atteint 6,60 °/₀.

Remarquons que cette recette de 5 millions avait une base exclusivement immobilière. Non seulement le centième denier épargnait les successions en ligne directe, mais encore il se restreignait aux héritages fonciers. Les biens meubles échappaient légalement à l'impôt.

Pouvait-il en être autrement ? Sans doute, la richesse mobilière, au sens moderne du mot, n'était pas chose absolument inconnue. Des titres de rente, émis en représentation des emprunts de l'État, circulaient dans le public. D'autre part, une nouvelle forme de société, qui, jusqu'alors n'avait donné lieu qu'à de rares manifestations, la société par actions, s'implantait définitivement dans la pratique commerciale. Toutes les grandes compagnies privilégiées de la fin du XVIIIᵉ siècle constituaient de véritables associations de capitaux et correspondaient exactement aux sociétés anonymes d'aujourd'hui. Ce caractère appartenait, notamment, à la célèbre Compagnie des Indes, investie du monopole du commerce avec l'Inde et les côtes d'Afrique : 58.000 actions de cette société étaient possédées par des particuliers. Mentionnons aussi la Caisse d'escompte, fondée pour les dépôts en compte courant, les opérations de banque et d'escompte, et dont le capital de 12 millions était divisé en 4.000 actions de 3.000 livres. A côté des actions de la Compagnie des Indes et de la Caisse d'escompte, circulaient celles de la Compagnie des eaux, des Caisses d'assurances sur la vie et contre l'incendie, des cristalleries de Saint-Gobain, les deniers des mines d'Anzin.

Les titres de ces compagnies faisaient l'objet de transactions journalières ; mais ils servaient surtout d'aliment aux spéculations des agioteurs et n'inspiraient à l'épargne qu'une salutaire défiance. Un édit du 14 janvier 1785 nous apprend, dans son préambule, « qu'il s'était fait pour les actions de la Caisse d'escompte un trafic tellement désordonné, qu'il s'en était vendu quatre fois plus qu'il n'en existait... De pareils actes, déclare l'édit, enfantés par un vil esprit de cupidité, ont le caractère de ces jeux infidèles que la sagesse des lois du royaume a proscrits ». Ainsi détournées de leur destination naturelle par les jeux de bourse et les spéculations à la hausse ou à la baisse, ces valeurs n'entraient que pour une très faible part dans la composition des fortunes privées ; elles n'avaient la faveur que d'un public restreint. Quand les gros sous de l'épargne s'aventuraient hors du classique bas de laine, c'était pour s'employer, non en achat d'actions, mais en un placement immobilier.

Les lois fiscales de l'ancienne monarchie pouvaient donc, sans compromettre les intérêts du trésor royal, négliger ce médiocre élément de la richesse successorale et ne frapper que les héritages fonciers, la seule valeur imposable qui offrît alors quelque fixité.

Mais il serait superflu de s'attarder à ces recherches historiques, car elles n'offrent guère qu'un intérêt rétrospectif. La Révolution a aboli, avec les autres taxes royales, le droit de centième denier naguère exigé sur les successions, ou plutôt elle l'a transformé. L'ancienne redevance successorale est devenue une contribution publique, assise sur la valeur des biens transmis par décès. Elle a élargi, en même temps, son cercle d'action. Les dévolutions en ligne directe, autrefois affranchies, rentrent sous le joug. Les héritiers de cette catégorie bénéficieront d'une certaine atténuation du tarif ; mais ils payeront l'impôt comme les autres.

Ainsi le veut le principe d'égalité fiscale inscrit dans la Déclaration des droits de l'homme.

Toutefois, la base de l'impôt des successions n'est que très imparfaitement constituée. La loi fiscale repousse désormais tout privilège, toute exception quant aux personnes ; mais, relativement aux biens, elle n'a point la même universalité. La plus forte part de l'impôt est versée au Trésor par les héritages fonciers.

Parmi les valeurs mobilières, les créances et les meubles corporels forment la principale ressource du fisc. Dans les déclarations de succession souscrites à cette époque, on ne rencontre que quelques traces fuyantes et discontinues de ces valeurs négociables qui, aujourd'hui, jouent un rôle si prépondérant.

Qui pourrait en être surpris? Au début de ce siècle, la fortune mobilière, encore privée de l'aliment des grandes entreprises, montrait une circonspection, une défiance, en somme, bien naturelles; elle avait subi, au cours de la Révolution, de redoutables épreuves. Dans leur ardeur à réagir contre l'esprit d'association, et sous prétexte de réprimer l'agiotage, les incorruptibles philosophes de nos assemblées révolutionnaires n'avaient pas hésité à supprimer, par décrets du 24 août 1793 et du 26 germinal an II, toutes les compagnies financières, toutes les sociétés par actions, faisant défense expresse « à tous banquiers, négociants et autres personnes quelconques de former aucun établissement de ce genre ».

L'association commerciale, ce merveilleux instrument de progrès et de richesse, disparut alors de nos mœurs ou, du moins, elle ne se révéla que sous sa forme la moins parfaite et la plus facile à cacher : sociétés en participation pour l'achat des biens ecclésiastiques ou d'émigrés, sociétés pour la fourniture aux armées. Les angoisses politiques du temps, l'absence de sécurité, l'incertitude du lendemain, autant que les prohibitions d'une loi inintelligente, excluaient toute possibilité d'une manifestation plus large de l'esprit d'association. Il est vrai qu'une loi ultérieure, celle du 30 brumaire an IV, releva les sociétés par actions de l'interdit dont les avait frappées le législateur de l'an II. Mais cette tentative de reconstitution des sociétés de capitaux n'était point viable ; en fait, elle demeura infructueuse.

Il était réservé au génie organisateur de Napoléon de rétablir l'ordre dans le chaos législatif qui naissait du conflit des réformes de la Révolution avec les traditions encore vivaces du régime antérieur. Ce vaste travail de refonte et de coordination fut achevé, de 1804 à 1807, pour tout ce qui a trait aux sociétés civiles et commerciales. Les sociétés par actions obtinrent de nouveau droit de cité et le marché financier s'ouvrit aux négociations de leurs titres. Mais l'obligation imposée par le code de commerce aux sociétés anonymes de se pourvoir de l'autorisation préalable du Gouvernement n'entrava pas peu le progrès de cette forme d'association. Pendant toute la durée de l'Empire, on ne s'écarta guère de la société en nom collectif ou de la commandite simple. Jusqu'en 1815, il n'y eut d'autres sociétés anonymes autorisées que la Banque de France, la Compagnie des ponts sur la Seine, celle des canaux d'Orléans et du Loing, celle des messageries et quelques compagnies industrielles.

On s'explique, dès lors, sans peine la faiblesse, nous devrions dire l'insignifiance de l'annuité successorale des valeurs mobilières, durant cette période de transition. En 1815, la France, épuisée par les guerres de l'Empire, n'avait plus ni finances, ni crédit. L'œuvre de réfection

tentée par Mollien n'avait pu porter ses fruits ; la politique napoléonienne l'avait d'avance frappée de stérilité. Au sage gouvernement de la
Restauration il fut donné de réparer ces ruines. Mais cette reconstitution des forces nationales, honneur du régime parlementaire, ne pouvait être improvisée. La stabilité des finances, le contrôle vigilant du
budget, le crédit de l'État, toutes ces conditions de la prospérité générale, ne sauraient se réaliser en un jour.

Voilà pourquoi, dans la première moitié de ce siècle, la circulation
des valeurs est si étroite, si peu active. Un économiste, dont les savantes
études financières sont toujours consultées avec plaisir et profit, M. Alfred Neymarck, nous apprend qu'à la fin de l'an VIII (1800), 10 valeurs
seulement figuraient à la cote officielle. Le 30 décembre 1815, 5 valeurs
s'y trouvaient inscrites. Au 31 décembre 1830, leur nombre s'élevait à
30. Il était de 130 en 1840 et de 152 le 31 décembre 1852. On se rendra
compte de la faiblesse de ces résultats, en considérant qu'aujourd'hui
les négociations de la bourse roulent sur un total de plus de 1.100 titres,
sans compter les valeurs en banque (1).

La loi fiscale pouvait donc, sans rien abdiquer de ses légitimes exigences, considérer, à cette époque, les fonds publics et les autres valeurs
de bourse comme des quantités négligeables. De là le silence observé, par
cette loi, à l'égard des titres négociables en général. De là l'exemption
d'impôt accordée par la loi organique du 22 frimaire an VII aux mutations de toute nature, entre vifs ou par décès, des inscriptions de rente
sur l'Etat.

La statistique successorale de 1826 à 1850 reflète exactement cette
situation. L'annuité imposable ne progresse que très lentement dans
cet intervalle d'un quart de siècle et les accroissements dont elle bénéficie s'équilibrent à peu près également entre les deux facteurs, mobilier
et immobilier, de l'annuité. L'année 1849, comparée à l'année 1826, fait
ressortir pour chacune de ces deux branches de la valeur taxée un gain
de 275 millions. La proportion est plus forte pour les meubles (60 %)
que pour les immeubles (31 %) ; mais, de part et d'autre, le chiffre
absolu de l'augmentation est le même.

Il est temps de laisser la parole aux faits, en transcrivant ici la statistique des valeurs annuellement soumises au droit de succession, de
1826 à 1849. La période observée est assez large pour que nous n'ayons
pas à nous préoccuper des dépressions ou des plus-values accidentelles
qui peuvent affecter le cours d'une année isolée :

---

(1) Alfred Neymarck, *Une nouvelle évaluation du revenu des valeurs mobilières.* Mémoire
lu à l'Académie des sciences morales et politiques en 1893, page 5.

ANNÉES	ANNUITÉ SUCCESSORALE		
	ANNUITÉ totale.	MEUBLES	IMMEUBLES
1	2	3	4
	millions de francs.	millions de francs.	millions de francs.
1826	1.337.3	457.0	880.3
1827	1.360.2	474.2	886.0
1828	1.355.8	470.4	885.4
1829	1.412.5	495.0	917.5
1830	1.451.1	508.1	943.0
1831	1.286.3	453.8	832.5
1832	1.653.1	588.9	1.064.2
1833	1.462.3	524.3	938.0
1834	1.459.4	519.1	940.3
1835	1.540.3	554.0	986.3
1836	1.539.7	565.5	974.2
1837	1.676.4	613.5	1.062.9
1838	1.515.7	561.2	954.5
1839	1.530.2	573.7	956.5
1840	1.608.5	609.0	999.5
1841	1.640.4	615.3	1.025.1
1842	1.768.1	668.2	1.099.9
1843	1.747.8	651.5	1.096.3
1844	1.788.6	668.4	1.120.2
1845	1.742.2	659.8	1.082.4
1846	1.700.8	649.5	1.051.3
1847	2.055.0	784.0	1.271.0
1848	1.995.6	750.9	1.244.7
1849	1.889.6	735.5	1.154.1

Ainsi, dans cette période de 25 années, l'annuité successorale s'est accrue de 552 millions, passant de 1.337 à 1.889 millions. C'est une augmentation de 41 %. Elle s'applique aux biens meubles jusqu'à concurrence de 278 millions et aux immeubles pour 274 millions.

Le progrès est certes appréciable. Il correspond, dans une certaine mesure, au développement normal de la valeur imposable.

Il s'explique d'abord par le relèvement du revenu des propriétaires fonciers. Ces revenus nets, qui étaient de 1.440 millions en 1791, de 1.580 millions en 1821, atteignaient 2 milliards et demi en 1851.

D'autre part, si les fonds d'Etat et les valeurs étrangères ne font, dans la première moitié de ce siècle, aucun apport au budget, il convient cependant de remarquer qu'à partir de 1826, les actions et obligations des compagnies nouvellement créées en France ont pu coopérer à l'expansion de l'annuité mobilière successorale. Il se fonda, vers cette époque, un millier de sociétés en commandite, qui, pour la plupart, il est vrai, sombrèrent lamentablement. Suivant la vive expression du regretté Léon Say, les bourgeois et les rentiers de cette période de transition furent pris de vertige et, « comme les papillons, se brûlèrent à toutes les chandelles » (1). Ce n'étaient pas ces hasardeuses expériences, renouvelées de l'aventure de Law, qui pouvaient ranimer la vitalité de l'annuité successorale.

Sans doute, des entreprises plus sérieuses, entre autres les compagnies d'assurances à primes fixes *la Générale, le Phénix* et *la Nationale*, nos grandes sociétés anonymes de chemins de fer et de navigation, qui commençaient alors à apparaître, ramenèrent la faveur du public vers les placements mobiliers et préludèrent à la transformation de la fortune du pays. Mais, soit impuissance de la loi fiscale à les atteindre dans cette période de début, soit pour toute autre raison, il ne semble pas que ces nouveaux affluents aient de beaucoup relevé l'étiage du courant successoral. En tout cas, les statistiques financières ne permettent pas de déterminer leur part d'influence, car elles ne livrent, pour l'annuité mobilière, qu'un chiffre global.

Du reste, la progression réalisée, par l'annuité successorale, de 1826 à 1850, ne reconnaît pas seulement des causes d'ordre économique. Des mesures fiscales ont coopéré à ce résultat. De ce nombre est la loi du 25 juin 1841, qui organisa, avec une rigueur plus grande, la perception de l'impôt sur les transmissions d'offices entre vifs et par décès.

Notons que, malgré le gain obtenu, dans cet intervalle, par l'annuité mobilière, la priorité reste acquise à l'élément immobilier. En 1826, les

---

(1) Léon Say, *Les interventions du Trésor à la bourse depuis cent ans*, page 23.

biens meubles n'entrent dans l'ensemble des valeurs taxées que pour
34 %, la part des immeubles étant de 66 %. En 1849, la proportion
ne s'est pas notablement modifiée ; elle est, pour l'annuité mobilière, de
39 % et, pour les biens fonciers, elle se maintient à 61 %.

La distance entre ces deux facteurs de l'annuité successorale ne
s'effacera pas de sitôt. Longtemps encore les immeubles affirmeront leur
prééminence financière et économique. C'est seulement au déclin de la
période suivante que l'annuité immobilière commence à perdre du
terrain et recule peu à peu devant les empiétements de sa rivale.

III. — DEUXIÈME PÉRIODE (1850-1870).
TAXATION DES FONDS PUBLICS ET DES ACTIONS DES SOCIÉTÉS ÉTRANGÈRES.

Nous entrons, avec l'année 1850, dans la deuxième phase de notre
enquête.

Cette période s'ouvre par une loi fiscale de la plus haute importance
au point de vue de notre sujet. Il s'agit de la loi du 18 mai 1850, qui
soumet à l'impôt des successions les fonds publics français et étrangers,
jusqu'alors exonérés de cette taxe. Le législateur ne se borne pas à
frapper les titres de rente français et étrangers ; il étend le même régime
aux actions des compagnies « d'industrie et de finances » étrangères,
dépendant d'une succession régie par la loi française. Extension des
plus légitimes. La concurrence des titres étrangers serait devenue
redoutable, si ces valeurs étaient restées en possession d'une immunité
fiscale retirée aux titres français.

Seules, les obligations des sociétés étrangères demeurèrent provisoirement affranchies de l'impôt successoral.

Ainsi, par l'effet de la loi de 1850, trois nouvelles sources de richesse
étaient désignées aux entreprises du fisc : la rente française, les fonds
publics étrangers et les actions des sociétés étrangères faisant partie
d'une succession ouverte dans notre pays.

Ces trois groupes de valeurs répondirent, avec une louable émula-
tion, à l'appel de la loi. Dès 1851, elles ajoutent à l'annuité successorale
un tribut de 86 millions. Et cet apport qui va, maintenant, grossir
d'année en année, coopère puissamment à la marche ascensionnelle des
valeurs taxées.

Il suffit, pour s'en convaincre, de consulter le tableau suivant, qui
exprime, en millions de francs, l'importance de l'annuité successorale
et de ses divers éléments, de 1850 à 1872 :

ANNÉES	ANNUITÉ totale.	ANNUITÉ MOBILIÈRE				IMMEUBLES
		RENTE française.	FONDS PUBLICS et actions étrangères.	AUTRES meubles.	TOTAL	
1	2	3	4	5	6	7
	millions de francs.	millions de francs.	millions de francs.	millions de francs.	millions de francs.	millions de francs.
1850.............	2.025.3	9.8	3.8	791.4	805.0	1.220.2
1851.............	1.831.3	71.6	14.7	658.8	745.1	1.086.2
1852.............	2.046.8	99.2	18.1	711.8	829.1	1.217.7
1853.............	2.016.2	85.5	15.5	738.7	839.8	1.176.4
1854.............	2.006.3	90.1	11.3	724.6	826.0	1.180.2
1855.............	2.406.9	92.8	15.6	869.5	977.9	1.428.9
1856.............	2.193.9	96.1	17.3	838.2	951.7	1.242.2
1857.............	2.241.3	108.3	23.3	830.2	962.9	1.279.4
1858.............	2.568.1	98.1	26.8	987.1	1.111.9	1.456.1
1859.............	2.443.4	108.3	28.4	928.5	1.065.2	1.378.2
1860.............	2.723.9	109.0	30.2	1.040,7	1.180.0	1.543.9
1861.............	2.462.8	108.5	33.5	937.2	1.079.2	1.383.6
1862.............	2.679.5	108.2	40.1	1.005.6	1.154.0	1.525.5
1863.............	2.731.0	108.7	39.4	1.065.8	1.214.0	1.516.9
1864.............	2.996.3	125.3	43.5	1.165.7	1.334.5	1.661.8
1865.............	3.029.0	136.5	55.8	1.182.1	1.374.5	1.654.5
1866.............	3.271.8	135.0	55.9	1.264.1	1.455.0	1.816.8
1867.............	3.322.2	175.3	47.2	1.332.3	1.555.0	1.767.2
1868.............	3.455.0	144.7	59.4	1.394.5	1.598.6	1.856.3
1869.............	3.636.7	152.3	44.4	1.457.5	1.654.2	1.982.5
1870.............	3.372.2	128.4	47.3	1.373.8	1.549.5	1.822.7
1871.............	5.010.9	150.2	98.3	2.100.5	2.349.1	2.661.8
1872.............	3.951.2	118.8	63.5	1.620.5	1.802.9	2.148.3

Ces constatations sont, par elles-mêmes, suffisamment démonstratives. Un long commentaire risquerait d'en obscurcir la portée.

Il suffira de quelques brèves indications.

Un premier fait se dégage de ce tableau : c'est la continuité, la régularité avec lesquelles se poursuit l'évolution de la richesse successorale. La courbe générale de l'annuité ne présente ni dépressions inattendues, ni brusques sursauts. Elle se développe harmonieusement, sous l'action constante et graduelle des forces économiques.

La progression s'exerce dans toutes les directions. Toutes les branches de la matière imposable y participent. Dans son ensemble, elle se chiffre par les résultats ci-après :

ANNUITÉ SUCCESSORALE (valeurs taxés)	ANNÉE 1826	ANNÉE 1850	ANNÉE 1869	DIFFÉRENCE en faveur de 1869, par rapport à 1850	RAPPORT %
	millions de francs.	millions de francs.	millions de francs.	millions de francs.	
Meubles et immeubles réunis.........	1.337.3	2.025.3	3.636.7	1.611.4	79
Meubles...........................	. 457.0	805.0	1.654.2	849.2	105
Immeubles.........................	880.3	1.220.2	1.982.5	762.3	62

Comme on le voit, c'est surtout dans le sens de la richesse mobilière que se manifeste la force d'expansion de l'annuité successorale. La masse des capitaux mobiliers annuellement taxés a doublé, de 1850 à 1869 ; elle a presque quadruplé si l'on prend l'année 1826 comme premier terme de comparaison. C'est évidemment au compte des valeurs frappées par la loi de 1850 que doit s'inscrire cet important résultat.

Une seconde loi, celle du 13 mai 1863, a influé aussi, dans une appréciable mesure, sur le développement de l'annuité mobilière, en généralisant l'application de l'impôt des successions aux obligations des compagnies étrangères, exclues précédemment de la taxe. Les effets de cette loi additionnelle se font sentir, dès l'année 1864, par un accroissement sensible de la valeur taxée.

Avons-nous besoin d'ajouter que, lorsque nous parlons de l'action exercée par la loi fiscale sur la progression de l'annuité successorale, nous attachons à ces mots un sens tout à fait relatif ? Il est clair que le fisc ne crée rien, ne développe rien. Sa force est plutôt déprimante. Il agit à la façon de la mouche du coche. Il vit aux dépens de l'attelage qu'il harcèle de ses piqûres et de son bourdonnement.

C'est donc aux causes économiques, à l'essor de l'esprit d'entreprise, à la plus grande intensité de la vie commerciale et industrielle du pays, à l'attrait plus vif des spéculations financières qu'il faut demander le secret du développement survenu de 1850 à 1869, dans l'annuité des successions mobilières. Les deux lois du 23 mai 1863 et du 24 juillet 1867 ont puissamment contribué à cet heureux résultat, en affranchissant les sociétés anonymes de la nécessité de l'autorisation préalable et en leur restituant, avec la liberté, toute la plénitude de leurs moyens d'action.

Nous ne saurions nous éloigner de la période que nous étudions en ce moment sans constater un nouvel et très remarquable effort de l'annuité mobilière à s'équilibrer avec l'élément immobilier. Cette tendance, qui s'annonçait à peine de 1826 à 1850, se dessine maintenant et s'accentue de jour en jour. L'écart qui existait, à l'origine, entre les deux branches de valeurs s'atténue progressivement. En 1855, les biens meubles représentaient 39 % seulement de l'annuité totale, et les immeubles 61 %. Or, en 1869, la part des valeurs mobilières s'élève à 45 %, tandis que celle des biens fonciers s'est abaissée à 55 %.

Encore quelques étapes, et cette légère supériorité de l'annuité immobilière va s'évanouir définitivement.

IV. — PÉRIODE CONTEMPORAINE.
ACTION DES VALEURS MOBILIÈRES SUR L'ACCROISSEMENT DE L'ANNUITÉ.

Dans son étude magistrale sur *les Valeurs mobilières*, M. Neymarck a inscrit cet observation, qui mérite d'être retenue et que nous allons vérifier tout à l'heure : « Depuis le commencement du siècle jusqu'au 31 décembre 1869, il s'est créé moins de valeurs que dans l'espace qui s'est écoulé depuis cette dernière date jusqu'en 1890 (1). » Et, par une série de déductions ingénieuses, dans le détail desquelles nous regrettons de ne pouvoir entrer, ce publiciste si bien informé est conduit à cette conclusion : « que nous possédons en France 28 milliards de titres en plus de ceux que nous avions en 1870 ».

En ajoutant aux valeurs créées depuis la guerre celles qui existaient avant cette époque, on peut proposer, avec M. Neymarck, « le chiffre de 80 milliards comme représentant, à deux ou trois milliards près, en plus ou en moins, la valeur actuelle du portefeuille français » (2).

Les statisticiens les plus sévères — ils ont le droit de l'être quand ils

---

(1) *Op. cit.*, page 13.

(2) *Ibid.*, page 26.

sont MM. Coste et de Foville — acceptent dans ses grandes lignes l'évaluation de M. Neymarck. De son côté, M. Théry fixe à 87 milliards 119 millions le montant des valeurs circulant au 1er août 1897, y compris 26 milliards pour les fonds et titres étrangers (1).

On voit, par ce bref exposé, quelle riche matière imposable s'est offerte à l'impôt des successions, au lendemain des événements de 1871. Pour faire face aux charges de l'année tragique, le législateur a puisé largement à cette source nouvelle. Il s'est appliqué à circonvenir les valeurs mobilières de toutes parts, les atteignant à la fois par l'impôt direct du revenu, par la surtaxe des droits de timbre et de transmission entre vifs, et, enfin, par une aggravation sensible du régime fiscal des mutations par décès.

On peut affirmer, sans crainte d'exagérer, que la fortune mobilière a supporté, pour une très large part, le poids accablant de nos désastres. Elle a été, n'en déplaise à ses détracteurs, l'un des principaux auxiliaires de notre relèvement national. Gardons-nous de tarir cette précieuse ressource par des expériences aventureuses. Elle n'est pas inépuisable. Qu'elle reste la suprême réserve des mauvais jours.

On connaît l'objet et la portée des réformes inaugurées, en matière de droits de succession, par la loi du 23 août 1871. Cette loi efface les restrictions que celles de 1850 et de 1863 avaient laissé subsister. Elle assujettit à l'impôt tous les fonds publics étrangers, toutes les actions ou obligations étrangères, en un mot, toutes les valeurs mobilières étrangères, de quelque nature qu'elles soient, dépendant d'une succession régie par la loi française. La règle est générale. Elle s'applique même à celles de ces valeurs qui font partie de l'hérédité d'un étranger domicilié en France, avec ou sans autorisation.

Ce n'est pas tout. Quelques années après la mise à exécution de la loi de 1871, le fisc, jugeant qu'il avait eu la main trop légère, réclama de nouvelles rigueurs contre la richesse successorale. Une loi du 21 juin 1875 lui accorda cette nouvelle satisfaction, d'abord en relevant de 20 à 25 le multiple de capitalisation du revenu des immeubles ruraux, et, d'autre part, en déclarant passible de l'impôt le bénéfice des assurances sur la vie.

Le résultat auquel tendaient ces aggravations de taxes ou ces développements de la base de l'impôt ne se fit pas attendre.

Sans nous arrêter à l'année 1871, dont le produit budgétaire, exceptionnellement élevé, correspond à un excès de mortalité, nous voyons,

---

(1) *Les Valeurs mobilières en France.*

presque au lendemain de la loi du 23 août, l'annuité totale des successions toucher à la cote de 4 milliards. Dès l'année 1875, cette ligne est franchie définitivement. L'annuité poursuit, sans obstacle, sa marche en avant. Telle est sa force d'expansion, qu'en quatre ans elle gagne un nouveau milliard. L'exercice 1879 se signale par une annuité de 5 milliards, applicable aux valeurs mobilières de toute nature jusqu'à concurrence de 2 milliards 392 millions.

A partir de ce moment, la situation se consolide plutôt qu'elle ne s'accentue. L'annuité reste stationnaire, jusqu'aux environs de l'année 1884. Mais, dès 1885, elle se remet en route. Soutenue par le contingent de plus en plus fort de la richesse mobilière, elle se hâte vers la conquête du sixième milliard. Ce but est atteint en 1892 : l'annuité successorale de cet exercice se chiffre exactement par 6 milliards 404 millions, dont 3 milliards 275 millions prélevés sur les biens meubles et 3 milliards 129 millions sur les immeubles.

Nous voilà bien loin des humbles commencements de l'année 1826.

Depuis 1892, l'annuité successorale semble obéir à un léger mouvement de recul ; tout au moins peut-on dire qu'elle est rentrée provisoirement dans ses positions de la veille, oscillant de 5 milliards et demi à 5 milliards 800 millions. En réalité, les forces de l'annuité n'ont nullement fléchi. La brusque progression qui distingue l'année 1892 est, en effet, jusqu'à un certain point accidentelle. L'une de ses causes déterminantes fut, paraît-il, une épidémie d'influenza, plus meurtrière que de coutume. C'est le *Bulletin de statistique et de législation comparée du ministère des finances* qui nous l'atteste.

L'explication ne doit point être négligée. Lorsqu'on voit monter la courbe des honoraires des médecins, il est prudent d'appliquer un coefficient de réduction à l'annuité successorale. Nous risquerions autrement d'attribuer au développement de la richesse les conséquences d'un accroissement de mortalité.

Mais laissons parler les chiffres inscrits depuis 1873 jusqu'à ce jour dans nos comptes de finances, à l'article des successions. Nous ne nous occupons, bien entendu, que des valeurs taxées, éliminant, à dessein les produits de l'impôt du champ de notre enquête.

[TABLEAU.]

ANNÉES	ANNUITÉ totale.	ANNUITÉ MOBILIÈRE				IMMEUBLES
		FONDS D'ÉTAT français et étrangers.	VALEURS mobilières françaises et étrangères.	AUTRES meubles.	TOTAL des valeurs mobilières.	
1	2	3	4	5	6	7
	millions de francs.	millions de francs.	millions de francs.	millions de francs.	millions de francs.	millions de francs.
1873............	3.711.6	164.9	257.5	1.308.6	1.731.1	1.980.5
1874............	3.931.5	202.2	231.7	1.424.3	1.858.3	2.073.2
1875............	4.253.6	236.3	289.3	1.511.3	2.037.0	2.216.6
1876............	4.701.7	252.2	336.4	1.534.6	2.123.2	2.578.5
1877............	4.438.2	248.8	318.6	1.473.7	2.041.3	2.396.8
1878............	4.748.4	297.5	419.9	1.537.2	2.254.6	2.493.8
1879............	5.003.7	363.6	488.6	1.540.5	2.392.8	2.610.9
1880............	5.265.6	339.3	488.1	1.650.1	2.477.6	2.787.9
1881............	4.914.2	357.2	522.9	1.528.7	2.408.9	2.505.2
1882............	5.026.9	298.3	493.5	1.576.2	2.368.1	2.658.8
1883............	5.242.7	319.4	610.0	1.618.1	2.547.5	2.695.1
1884............	5.078.4	274.4	568.8	1.583.6	2.426.9	2.651.5
1885............	5.406.9	315.4	625.7	1.681.6	2.622.8	2.784.1
1886............	5.369.2	351.4	634.7	1.630.1	2.616.3	2.752.8
1887............	5.409.0	405.7	771.1	1.471.9	2.648.8	2.760.2
1888............	5.372.1	372.4	786.4	1.465.7	2.624.6	2.747.5
1889............	5.058.5	404.6	738.6	1.370.2	2.513.5	2.545.3
1890............	5.811.2	467.1	893.7	1.528.1	2.889.0	2.922.1
1891............	5.791.8	418.7	1.086.7	1.413.9	2.919.4	2.872.3
1892............	6.404.8	443.8	1.267.7	1.563.7	3.275.2	3.129.6
1893............	5.741.3	424.5	999.2	1.472.5	2.896.3	2.844.9
1894............	5.749.9	416.5	967.1	1.479.8	2.863.4	2.886.5
1895............	5.976.1	478.5	1.113.9	1.340.8	2.933.2	3.042.9
1896............	5.503.2	438.9	1.072.7	1.286.8	2.798.4	2.704.8
1897............	5.621.7	459.0	1.092.5	1.302.6	2.854.1	2.767.6
1898............	5.695.2	584.1	1.207.1	1.244.9	3.036.1	2.659.1

Ces chiffres n'ont pas l'agrément des beaux discours. Ils n'en sont pas moins significatifs et concluants. Pour en dégager toute la portée, il suffit d'opposer les résultats de l'année 1896 à ceux des exercices 1826, 1850 et 1869, déjà pris comme termes de comparaison :

ANNUITÉ SUCCESSORALE (valeurs taxées) —	ANNÉE 1826	ANNÉE 1850	ANNÉE 1869	ANNÉE 1896	DIFFÉRENCE en faveur de 1896, par rapport à 1869	RAPPORT
	millions de francs.	millions de francs.	millions de francs.	millions de francs.	millions de francs.	°/₀
Meubles et immeubles réunis.	1.337.3	2.025.3	3.636.7	5.503.2	1.865.5	51
Meubles..................	457.0	805.0	1.654.2	2.798.4	1.144.2	68
Immeubles...............	880.3	1.220.2	1.982.5	2.704.8	722.3	36

Le tableau suivant fait ressortir la part qui revient aux valeurs mobilières proprement dites (fonds publics, actions et obligations) dans l'accroissement de l'annuité successorale mobilière constaté pour la période de 1873 à 1896.

ANNUITÉ SUCCESSORALE mobilière —	ANNÉE 1873	ANNÉE 1896	DIFFÉRENCE en faveur de 1896	RAPPORT
	millions de francs.	millions de francs.	millions de francs.	°/₀
Annuité totale.....	1.731.1	2.798.4	1.067.3	61
Fonds d'État français et étrangers..............	164.9	438.9	274.0	166
Actions et obligations françaises et étrangères..............	257.5	1.072.7	815.2	317
Autres meubles (créances, numéraires, etc.)................	1.308.6	1.286.8	»	»

Ce simple rapprochement montre, mieux que ne sauraient le faire de longues explications, l'intensité et la continuité du développement de la richesse privée au cours de ce siècle, et surtout l'essor vraiment prodigieux de ces valeurs mobilières, tenues autrefois pour méprisables et corruptrices. Quelle magnifique revanche pour la *res vilis* des siècles d'ignorance et d'absolutisme! Et quelle ne serait pas l'indignation du chancelier d'Aguesseau d'assister à un tel débordement de cette richesse nouvelle, qu'il déclarait contraire « à l'esprit des plus sains législateurs, à la loi de Dieu même, qui a condamné l'homme à gagner son pain à la sueur de son front »!

Mais nous ne sommes plus au siècle de d'Aguesseau. Les remontrances de l'illustre chancelier seraient aujourd'hui sans écho. Et c'est, au contraire, avec un profond sentiment d'admiration reconnaissante que

n° 10.
★★

nous saluons, dans la richesse mobilière, la plus active des forces éman-
cipatrices de la société moderne.

Pour revenir à notre annuité successorale, c'est aux valeurs mobilières qu'elle doit la principale part de son accroissement. Les immeubles
y ont certes coopéré dans une efficace mesure, tant par la progression
du revenu foncier que par la plus-value un peu artificielle résultant de
la capitalisation au denier 25 du revenu des héritages ruraux. Mais, tout
compte fait, le gain de l'annuité successorale immobilière, dans l'intervalle écoulé de 1869 à 1896, se réduit à 36 %, tandis que, pour la même
période, l'annuité mobilière réalise une majoration de 68 %.

Un autre fait, encore plus décisif, met en lumière le rôle prépondérant
que la richesse mobilière a joué dans la formation de l'annuité successorale actuelle.

On a vu plus haut quelles étaient, en 1869, les positions respectives
des deux éléments générateurs de cette annuité : 45 % pour les biens
meubles ; 55 % pour les héritages fonciers. La lutte entre ces deux
rivaux s'est poursuivie au cours des vingt-cinq dernières années, avec
des alternatives diverses. Mais, comme cela était à prévoir, c'est la
richesse mobilière qui est restée maîtresse du terrain. Elle ne s'est pas
contentée de marcher de pair avec la fortune immobilière ; elle l'a
dépassée. Depuis 1891, l'équilibre paraît définitivement rompu en faveur
de l'annuité des biens meubles. Vainement l'annuité foncière a-t-elle
cherché, en 1894 et en 1895, à regagner l'avance perdue. Ce mouvement
offensif n'a pas eu de suite. En 1896, l'annuité mobilière a pris de nouveau le pas sur les immeubles, en inscrivant à son actif une différence
en plus de près de 100 millions.

Pour rendre plus saisissante encore cette progression merveilleuse
de la richesse mobilière, nous allons, si vous le voulez bien, établir un
rapide parallèle entre le mouvement de l'annuité successorale en biens
meubles et celui des revenus assujettis à la taxe de 4 %. Cette taxe, on
le sait, n'atteint pas les fonds d'État, mais elle frappe toutes les autres
valeurs du marché financier, à savoir les titres d'actions et d'obligations
françaises et étrangères. L'impôt de 4 % (qui était de 3 % à l'origine)
affecte, dès lors, d'une manière permanente, un groupe considérable
des valeurs mobilières qui passent, chaque année, par la filière des
successions.

Si donc nous constatons une certaine concordance générale entre la
progression de l'annuité successorale mobilière et le développement des
revenus soumis à la taxe de 4 %, nous serons autorisés à en conclure
que ces dernières valeurs ont puissamment contribué au relèvement de
la courbe des successions.

Voici le tableau annoncé :

ANNÉES	ANNUITÉ SUCCESSORALE mobilière.	REVENUS ASSUJETTIS à la taxe de 3 ou 4 %.	CAPITAL DES VALEURS passibles de la taxe de 3 ou 4 %.
1	2	3	4
	millions de francs.	millions de francs.	millions de francs.
1873	1.731	1.053	26.450
1874	1.858	1.139	28.475
1875	2.037	1.155	28.895
1876	2.123	1.165	29.143
1877	2.041	1.137	28.440
1878	2.254	1.142	28.550
1879	2.392	1.214	30.037
1880	2.477	1.303	32.580
1881	2.408	1.481	37.045
1882	2.368	1.594	39.870
1883	2.547	1.599	39.980
1884	2.426	1.560	39.000
1885	2.622	1.528	38.220
1886	2.616	1.574	39.360
1887	2.648	1.629	40.700
1888	2.624	1.680	42.000
1889	2.513	1.638	40.950
1890	2.889	1.693	42.320
1891	2.919	1.778	44.450
1892	3.275	1.748	43.700
1893	2.896	1.676	41.900
1894	2.863	1.655	41.370
1895	2.939	1.639	40.970
1896	2.798	1.573	39.320
1897	2.854	1.711	42.770
1898	3.036	1.754	43.850

On le voit, il existe un parallélisme remarquable entre la ligne de l'annuité mobilière et celle des revenus frappés par la taxe de 4 %. Comparativement à l'année 1873, l'annuité mobilière successorale de 1896 réalise un gain de 60 %; pour les revenus taxés, l'augmentation est de 45 % et de 56 %, si l'on considère les années 1895, 1894, 1892, et 1891.

Nous ne croyons donc pas trop nous avancer en rapportant à une même cause, également agissante dans les diverses directions, le progrès de l'annuité successorale mobilière et celui des revenus justiciables de la taxe de 4 %.

V. — ANALYSE DES ÉLÉMENTS DE L'ANNUITÉ SUCCESSORALE MOBILIÈRE.

Le moment est venu de pousser plus loin notre analyse et d'examiner de près les éléments qui concourent à la genèse de cette annuité successorale, dont nous venons de retracer, à grands traits, l'évolution.

Nous avons pu distinguer déjà les lignes directrices de sa structure.

Actuellement, les cinq milliards et demi de l'annuité se distribuent à peu près également entre les meubles et les immeubles. Toutefois, nous en avons fait la remarque tout à l'heure, le contingent des valeurs mobilières l'emporte, d'une centaine de millions, sur celui des immeubles.

Les résultats de l'année 1896 se résument ainsi qu'il suit:

		millions de francs.
Meubles.	Fonds d'État français et étrangers	438.9
	Actions et obligations françaises et étrangères	1.072.7
	Autres biens meubles	1.286.8
	Total de l'annuité mobilière	2.798.4
Immeubles		2.704.8
	Ensemble	5.503.2

Les statistiques de nos comptes budgétaires ne révèlent pas la composition particulière de chacune des grandes catégories de valeurs que nous venons de mettre en évidence. Quelle est, au juste, la part des valeurs françaises, celle des titres étrangers, celle des créances, des dépôts en compte courant, des meubles corporels? C'est ce que les comptes n'éclaircissent point.

Pour résoudre cette intéressante question, on ne saurait mieux faire que de consulter les résultats de l'enquête effectuée par l'administration de l'enregistrement sur les valeurs comprises dans les déclarations de succession souscrites en 1898. Il est vrai que M. Salefranque a déjà mis en lumière les principales données de ce recensement, dans sa récente et remarquable communication à la Société de statistique de Paris (1). Il nous permettra cependant de puiser, à notre tour, dans cette statistique si complète et si suggestive, quelques indications au point de vue de la répartition de la fortune privée et, plus particulièrement, de la richesse mobilière dans notre pays.

Il importe auparavant de faire remarquer que cette enquête ne se confine pas dans le domaine purement fiscal; elle ne se borne pas à dégager les divers éléments de la matière annuellement imposée; elle fait ressortir, ce qui est bien différent, pour chaque catégorie de biens meubles ou immeubles, l'importance des valeurs *taxées ou non* qui apparaissent dans les déclarations de succession. Il existe donc un certain écart entre l'annuité successorale, telle que nous l'avons envisagée jusqu'ici, et les constatations que nous allons emprunter à la statistique de 1898. En général, il faut réduire de 14 % environ les chiffres recueillis dans cette dernière enquête, pour obtenir l'annuité fiscale des diverses valeurs déclarées. Ainsi, l'ensemble des biens de toute nature mis en évidence dans les déclarations de succession de 1898 n'est pas inférieur à 6 milliards 621 millions, alors que, pour la même période, l'annuité successorale, c'est-à-dire la masse des valeurs imposées, s'abaisse à 5 milliards 695 millions. On ne sera point surpris de cette différence, si l'on considère qu'une notable partie de l'actif apparent de l'hérédité est absorbée par les prélèvements et les reprises de l'époux survivant. C'est le résultat net de cette liquidation qui constitue la base de l'impôt.

D'ailleurs, pour prévenir toute confusion, nous aurons soin d'inscrire, en regard de chacune des évaluations puisées dans l'enquête de 1898, l'annuité fiscale correspondante. Il se peut que ce travail de transposition n'ait pas une certitude mathématique et que le coefficient de réduction de 14 % soit trop fort pour telle branche de la masse successorale, trop faible pour telle autre. Mais n'eussent-ils qu'une valeur approximative, nos chiffres n'en permettront pas moins d'apprécier et de comparer l'importance respective de chacun des éléments de l'annuité héréditaire en 1898. Si nous réussissons à donner une vue exacte de l'ensemble de

---

(1) Séance du 19 juillet 1899, *Journal de la société de statistique de Paris*, octobre 1899, page 325.

la situation, même au prix de certaines erreurs de détail, notre but sera atteint.

Voici, tout d'abord, les résultats généraux de l'enquête de 1898 :

DÉSIGNATION DES CATÉGORIES DE VALEURS	VALEURS DÉCLARÉES en 1898. millions de francs.	ANNUITÉ SUCCESSORALE (valeurs taxées) millions de francs.
Biens meubles. Valeurs mobilières (Rentes sur État, actions, obligations, etc.).	2.082.1	1.791.2
Autres meubles (Créances, numéraire, dépôts, etc.)..........	1.449.0	1.244.9
Total des biens meubles.	3.531.1	3.036.1
Biens immeubles. Immeubles urbains.............	1.570.4	1.351.4
Immeubles ruraux.............	1.519.8	1.307.7
Total des immeubles....	3.090.2	2.659.1
Annuité totale.........	6.621.3	5.695.2

Au point de vue de la *nature* des titres, les valeurs mobilières proprement dites, c'est-à-dire les rentes sur l'État, les actions et obligations *françaises et étrangères*, se distribuent ainsi qu'il suit :

DÉSIGNATION DES CATÉGORIES DE VALEURS	VALEURS DÉCLARÉES millions de francs.	ANNUITÉ TAXÉE millions de francs.
Rentes et effets publics....................	679.2	593.1
Actions....................	558.2	473.0
Obligations....................	747.4	641.4
Parts d'intérêt et commandites simples........	97.3	83.7
Total..............	2.082.1	1.791.2

Considérés sous le rapport de leur *nationalité*, les mêmes titres se classent dans la proportion suivante :

DÉSIGNATION DES CATÉGORIES DE VALEURS	VALEURS DÉCLARÉES millions de francs.	ANNUITÉ TAXÉE millions de francs.
Valeurs françaises. Rentes sur l'État	491.8	431.9
Actions	475.3	401.8
Obligations................	576.6	494.5
Parts d'intérêt et commandites..	96.5	83.0
Total..............	1.640.2	1.411.2

DÉSIGNATION DES CATÉGORIES DE VALEURS	VALEURS DÉCLARÉES — millions de francs.	ANNUITÉ TAXÉE — millions de francs.
Rentes et effets publics.........	187.4	161.2
Valeurs étrangères. { Actions	82.7	71.2
Obligations......	170.8	146.9
Parts d'intérêt et commandites ..	0.9	0.7
Total...............	441.8	380.0

Pour le surplus de l'annuité mobilière, à savoir pour les biens meubles autres que les valeurs négociables, la statistique de 1898 fournit les résultats ci-après :

DÉSIGNATION DES CATÉGORIES DE VALEURS	VALEURS DÉCLARÉES — millions de francs.	ANNUITÉ TAXÉE — millions de francs.
Numéraire............................	79.3	68.1
Assurances sur la vie...................	37.8	32.5
Dépôts dans les banques, comptes courants....	111.4	98.4
Livrets de caisse d'épargne................	76.7	66.0
Créances................................	826.2	706.6
Fonds de commerce.....................	83.4	71.8
Meubles corporels......................	234.2	201.5
Total...............	1.449.1	1.244.9

Après avoir montré comment l'annuité successorale des valeurs mobilières se subdivise entre ses divers éléments, il nous resterait à en étudier la répartition territoriale. Mais nous croyons superflu d'entrer dans de longs développements à ce sujet. Il suffira d'un rapide aperçu pour mettre pleinement en lumière les lois générales de cette distribution géographique et ses principaux résultats.

La densité de la population, la valeur de la propriété foncière, l'abondance des capitaux, l'activité commerciale et économique présentent, d'un département à l'autre, des écarts considérables ; et, comme ce sont là les facteurs les plus importants de la richesse privée, il en résulte forcément que cette richesse et l'annuité successorale qui en offre l'image réduite se répartissent très inégalement entre les diverses régions. Le plus fort contingent de l'annuité est fourni par les départements les plus peuplés et les plus riches, ceux où les décès sont les plus fréquents et où s'ouvrent les plus grosses successions.

Il est donc tout naturel que le département de la Seine, qui réunit au plus haut degré ces deux conditions, arrive en première ligne. Il a fait à l'annuité successorale de 1898 un apport total de 1 milliard 849 millions, savoir :

NATURE DES VALEURS	VALEURS DÉCLARÉES millions de francs.	ANNUITÉ TAXÉE millions de francs.	RAPPORT DE L'ANNUITÉ TOTALE %
Meubles... { Valeurs mobilières...	923.6	794.4	44
{ Autres bien meubles..	296.4	255.0	20
Immeubles	629.0	541.0	20
Total.......	1.849.0	1.590.4	28

Comme on le voit, le département de la Seine, à lui seul, contribue à l'annuité successorale des valeurs mobilières (fonds d'État, actions, obligations, etc.) jusqu'à concurrence de 44 0/0 environ (794 millions sur 1791).

Les six départements du Nord, de Seine-et-Oise, de la Seine-Intérieure, du Rhône, de la Gironde et du Pas-de-Calais, se classent immédiatement après celui de la Seine, mais en le suivant d'assez loin. Leur part contributive à l'annuité totale de 1898 a varié de 289 à 126 millions (valeurs déclarées), et, pour l'annuité des valeurs mobilières négociables, de 82 à 37 millions. Pour les départements de l'Oise, de l'Aisne, de la Marne, de la Somme, de Seine-et-Marne, du Loiret, du Calvados et des Bouches-du-Rhône, les valeurs déclarées en 1898 s'échelonnent entre 98 millions (dont 30 pour les valeurs mobilières) et 94 millions (dont 21 applicables aux valeurs mobilières). Mais la proportion s'abaisse graduellement, à mesure qu'on se rapproche des départements dont la population est moins dense et la richesse plus rare. L'Ariège, la Lozère, les Basses-Alpes, les Hautes-Alpes et la Corse occupent le dernier rang (10 millions à 2 millions).

VI. — ÉVALUATION DU TOTAL DE LA FORTUNE PRIVÉE AU MOYEN DE L'ANNUITÉ SUCCESSORALE.

Pour conclure, nous allons essayer d'exprimer par des chiffres, l'accroissement total de la richesse privée dont l'annuité successorale nous offre la réduction.

Si nous prenions comme termes extrêmes de notre comparaison les deux années 1826 et 1898, et si nous nous arrêtions aux apparences, nous serions tentés de dire que, dans cet intervalle de soixante-douze années, la fortune individuelle a plus que quadruplé. Les annuités de 1826 (1,337 millions) et de 1898 (5,695 millions) sont, en effet, à peu près dans le rapport de 1 à 4,25.

Mais il nous paraît très dangereux, pour la sûreté de nos conclusions, de rapprocher deux époques aussi distantes l'une de l'autre. En 1826, l'annuité successorale ne renfermait qu'une partie des éléments de l'annuité actuelle. Les fonds publics français et étrangers en étaient exclus. L'administration, faiblement armée contre la fraude, ne pouvait pas encore, comme elle le fait aujourd'hui, ramener dans les filets du fisc les valeurs qui tentent de s'évader. Pour toutes ces raisons et d'autres encore, l'annuité successorale de 1826 et celle de 1898 ne sauraient être utilement comparées.

Pour ne rien livrer au hasard des conjectures, nous ne sortirons pas de la période qui s'ouvre en 1871 et se continue encore à l'heure présente. Ici les quantités sont exactement comparables. La législation est restée la même. Le milieu économique n'a point subi de perturbations radicales. Il n'y a, dès lors, aucune témérité à confronter les données homogènes que nous offre la statistique successorale des vingt-cinq dernières années.

Nous allons donc considérer les deux annuités extrêmes de cette période, celle de 1873 et celle de 1898. Nous éliminons celle de 1872, encore influencée par la liquidation définitive des deux exercices antérieurs, que signale une mortalité exceptionnelle.

Voici les résultats de cette comparaison :

	ANNUITÉ SUCCESSORALE TOTALE — millions de francs.	VALEURS MOBILIÈRES DE TOUTE NATURE — millions de francs.	IMMEUBLES — millions de francs.
1873........................	3.711.6	1.731.1	1.980.5
1898........................	5.695.2	3.036.1	2.659.1
Différence en plus pour 1898.	1.983.6	1.305.0	678.6

Il s'agit maintenant de rechercher à quel accroissement du capital entier des fortunes privées correspond cette augmentation de près de deux milliards réalisée, de 1873 à aujourd'hui, par l'annuité successorale.

On connaît le rapport établi par la généralité des économistes entre cette annuité et l'ensemble de la richesse individuelle. On admet communément que les biens meubles et immeubles entrent, tous les trente-cinq ans, dans le courant de la transmission successorale. Ceci revient à dire que chaque annuité imposée représente le 35ᵉ de la masse des patrimoines privés. Ce rapport se confond, suivant la remarque de M. de Foville, avec la moyenne de survie, évaluée d'abord à 31 ans, puis à 33, enfin à 35 ans.

Mais cette moyenne a été calculée sur l'ensemble des décès et tous les décès ne sont pas, il s'en faut, suivis de déclarations de succession. Ces déclarations n'excèdent guère le nombre de 400,000. La moitié ou, plus exactement, 60 % des décès restent donc improductifs et n'apportent aucun tribut à l'annuité des valeurs taxées.

Dans ces conditions, pouvons-nous, sans imprudence, adopter comme régulateur de la dévolution des valeurs héréditaires la durée moyenne de survie? Est-il permis d'appliquer à ces deux quantités différentes une commune mesure?

La question mérite d'autant plus d'être posée que le multiple 35 ne semble point procéder d'une observation rigoureuse des faits et contient, peut-être, une certaine part d'hypothèse. Il faut bien avouer que la détermination de ce coefficient est entachée de quelque empirisme. Il y a cinquante ans, lors de l'enquête qui précéda l'établissement de la taxe des biens de mainmorte, on crut pouvoir affirmer que les immeubles faisaient, tous les vingt ans, l'objet d'une mutation, soit à titre gratuit, soit à titre onéreux. Depuis lors, on a constaté que les transmissions de la seconde catégorie se renouvelaient au bout de quarante-cinq ans pour le même immeuble. De la combinaison de ces deux éléments on a dégagé le coefficient moyen de 32 $\left(\frac{20 + 45}{2} = 32\right)$. Mais quel degré de confiance mérite, au juste, cette singulière opération? Offre-t-elle une base rationnelle à l'évaluation de la survie moyenne des héritiers? Nous n'oserions l'affirmer, et les appréciations divergentes émises à cet égard par les statisticiens les plus autorisés, MM. Coste, de Foville, Neymarck, ne sont pas faites pour dissiper notre scepticisme.

Nous ne saurions d'ailleurs rattacher la solution définitive de ce difficile problème à l'enquête démographique organisée en 1892 par M. Turquan, et qui lui a permis d'arbitrer à trente-deux ans l'âge moyen des parents au moment des naissances. Cette enquête, limitée aux successions en ligne directe n'autorise aucune conclusion générale quant à l'ensemble des dévolutions à cause de mort. Le multiplicateur 32, que M. Turquan a cru pouvoir en dégager, ne concerne que la survie moyenne des enfants à leurs père et mère ; rien ne prouve qu'il s'adapte aux autres ordres de succession.

Il est donc à désirer que, par une observation directe et complète des faits, on arrive à fixer, d'une façon précise, cette durée de survie, actuellement supposée égale à 35, qui joue un si grand rôle dans l'estimation de la fortune privée. Pour donner cette satisfaction aux statisticiens, il ne tiendrait qu'à l'administration de l'enregistrement de faire rechercher, dans ses bureaux de recette, au vu des déclarations qui lui sont faites, quelle est la survie moyenne des héritiers. A la condition d'embrasser une période suffisamment large et d'être conduite avec méthode, cette enquête administrative nous renseignerait scientifiquement sur les corrections en plus ou en moins que comporte le multiplicateur actuel.

Quoi qu'il en soit, et tout en faisant des réserves, nous nous servirons, après MM. de Foville et Neymarck, de ce multiple 35 pour arriver à l'évaluation de la masse des fortunes privées et de l'accroissement dont elles ont bénéficié depuis 25 ans. Il va de soi que, pour l'année 1873, qui forme le premier terme de notre comparaison, nous abaisserons ce multiple de quelques unités. La durée de survie était en effet, à cette époque, moins grande qu'aujourd'hui; elle ne dépassait pas 32 ans.

ÉLÉMENTS DE L'ANNUITÉ SUCCESSORALE	VALEURS DE L'ENSEMBLE DE LA FORTUNE PRIVÉE		ACCROISSEMENT DES DIVERS ÉLÉMENTS de la fortune privée de 1873 à 1898
	en 1873. (multiple 32).	en 1898. (multiple 35).	
	millions de francs.	millions de francs.	millions de francs.
Fonds d'État français et étrangers	5.280	20.758	15.478
Actions et obligations françaises et étrangères	8.240	41.933	33.693
Autres meubles	44.875	43.571	1.696
Total des meubles.	55.395	106.262	50.867
Immeubles	63.376	93.068	29.692
Total général....	118.771	199.330	80.559

Hâtons-nous de le dire, nous n'entendons nullement attacher aux chiffres de ce tableau une signification absolue. Ils n'ont d'autre valeur que celle d'une simple indication.

Plusieurs raisons nous dictent cette réserve. D'abord, l'incertitude où nous sommes quant à l'exactitude des multiples employés. Il se peut très bien que la durée de survie 32 ou 35, qui a servi de base à nos calculs, ne soit pas ici de mise. Nous venons d'en faire l'observation.

D'un autre côté, nous n'ignorons pas que l'annuité successorale sur laquelle nous avons opéré est sujette à correction. Dans la période que nous observons, elle a été artificiellement grossie par des mesures d'or dre fiscal, notamment par le nouveau mode d'évaluation des héritages ruraux. La règle actuellement en vigueur pour la taxation de l'usufruit ajoute également à l'annuité réelle une valeur fictive qui n'est pas sans importance. Enfin, le passif héréditaire n'est pas déduit de l'actif de la succession déclarée; c'est sur la valeur brute de l'héritage, fût-elle absorbée par les dettes, que le droit de mutation est perçu. Il est clair que l'annuité se trouve notablement surélevée par ces doubles emplois.

Par contre, il ne faut pas oublier qu'une fraction de la matière imposable élude la recherche du fisc. Les titres au porteur échappent plus d'une fois à l'impôt. Et cette évasion plus ou moins fréquente de la valeur successorale n'est pas sans imprimer une certaine déviation à la ligne de l'annuité.

On dira que ces causes d'erreur agissent en sens inverse l'une de l'autre et, par suite, se neutralisent mutuellement. Mais cette compensation est-elle complète ? Parce qu'elle est soumise à plusieurs risques de déformation, l'annuité successorale doit-elle nous inspirer plus de confiance?

Il serait téméraire de l'affirmer.

C'est donc comme simple élément de contrôle, et sans aucune prétention à l'exactitude des résultats, que le tableau comparatif qui précède essaie d'établir un parallèle entre la courbe de l'annuité et le mouvement général de la fortune privée (1).

Il n'en est pas moins vrai que ces chiffres, s'ils n'atteignent pas à la certitude, nous donnent mieux que des hypothèses. Un fait se dégage de leur rapprochement, c'est l'énorme progression de tous les éléments de la fortune privée, et plus particulièrement de la richesse mobilière. D'après les calculs auxquels on vient de se livrer, cette richesse s'élèverait aujourd'hui à 106 milliards. C'est là, certainement, un minimum. En tenant compte de l'évasion des titres au porteur, on est forcément conduit à majorer cette évaluation.

Il est vrai que, dans ces dernières années, une légère dépression semble affecter la courbe de l'annuité successorale. Dans le très intéressant discours qu'il a prononcé récemment à la Chambre des députés (2), M. Jules Roche a constaté que, depuis 1880, cette annuité ne poursuit son mouvement ascensionnel ni avec la même régularité, ni avec la même énergie. Dans l'espace de huit ans, de 1872 à 1880, la valeur des

---

(1) En prenant comme terme de comparaison l'annuité successorale de 1894, on obtient une évaluation totale quelque peu supérieure : 201 milliards 246 millions au lieu de 199 milliards 330 millions (Voir *Journal de la Société de statistique de Paris*, mai 1899).

(2) Séance de la Chambre des députés du 16 mars 1900.

héritages taxés a réalisé un gain total de près de un milliard et demi, correspondant à une augmentation annuelle de 164 millions; au contraire, de 1880 à 1898, l'accroissement global ne serait plus que de 430 millions, ce qui réduirait à 24 millions environ la plus-value annuelle. Mais doit-on, avec M. Jules Roche, conclure de ces résultats que l'annuité successorale et, avec elle, la fortune privée sont à la veille d'entrer dans une phase de déclin? Nous ne le croyons pas. Que l'annuité successorale n'ait plus, à l'heure actuelle, la même force d'expansion qu'au lendemain des événements de 1871, nous le concédons volontiers. Dans la période écoulée entre 1872 et 1880, trois causes également actives ont tour à tour coopéré au brusque relèvement de l'annuité : l'excès de mortalité déterminé par la guerre, l'aggravation du régime fiscal des successions et l'émission de nos grands emprunts publics. On s'explique sans peine que, sous le choc de ces trois forces combinées, l'annuité successorale ait atteint, d'un seul bond pour ainsi dire, les points culminants de sa courbe et que, depuis lors, sa marche ascensionnelle se soit, sinon ralentie, tout au moins régularisée. Il n'y a là, somme toute, qu'un fait normal, auquel il convient de ne pas attacher une signification alarmante qu'il ne comporte point.

Peut-être M. Jules Roche se serait-il montré moins pessimiste si, au lieu de prendre comme terme de comparaison l'annuité de 1880, qui est exceptionnellement élevée, il avait envisagé dans son ensemble la grande période comprise entre 1873 et 1898. Il aurait pu reconnaître avec nous qu'entre les deux annuités extrêmes de cette phase de vingt-cinq ans, la ligne des valeurs taxées se développe suivant une loi constante, présentant sans doute de nombreuses oscillations, mais, en dépit de ces alternatives inévitables, n'en poursuivant pas moins sa marche progressive, avec une remarquable régularité. Il suffit, pour s'en convaincre, de se reporter au tableau comparatif où nous avons essayé de mettre en lumière le mouvement des valeurs héréditaires déclarées de 1873 jusqu'à nos jours. Si, pour la dernière période triennale (1896-1898), la courbe de l'annuité s'abaisse un peu au-dessous de la cote qu'elle avait atteinte de 1890 à 1895, ce résultat provient principalement de la diminution de la mortalité à partir de 1896. Qu'on nous permette d'invoquer, à cet égard, le témoignage si autorisé de M. Edmond Théry : « Pendant la période 1871-1880, dit-il, la proportion des décès annuels par 1000 habitants a été de 23.7. Pendant la période 1881-1890, cette proportion s'abaisse à 22.5, et nous la trouvons finalement à 20.3 pour la période 1896-1898 (1). »

---

(1) *L'Economiste européen*, étude de M. Théry, sur *le Marché intérieur français*, numéro du 16 mars 1900, p. 328, col. 2.

Une dernière considération, selon nous décisive, achève de nous mettre en garde contre les conclusions décourageantes de l'honorable député. Des deux éléments, mobilier et immobilier, de l'annuité successorale, c'est le premier, sans contredit, qui nous offre, par sa progression, l'image la plus fidèle de l'accroissement de la fortune individuelle. Puisque, pour nous servir du mot expressif de M. Théry, « la petite épargne est devenue aujourd'hui, dans son ensemble, le grand réservoir de la fortune mobilière française » (1), il est clair que, pour apprécier si la richesse privée est en progrès ou en recul, nous ne saurions mieux faire que d'observer l'annuité fiscale des actions, obligations, fonds d'État et autres valeurs mobilières proprement dites. Or le mouvement ascensionnel de cette annuité ne s'est ni arrêté ni ralenti depuis 1880. De 1873 à 1880, l'annuité successorale mobilière s'est accrue de 400 millions, soit de 50 millions par an. Pour la période postérieure à 1880, l'augmentation définitive est de 964 millions, ce qui implique, pour chacune des dix-huit dernières années, un gain de 53 millions (2).

Nous n'insisterons pas autrement sur ces constatations ; quelque sommaires qu'elles soient, elles suffisent à nous rassurer sur l'avenir de l'annuité successorale et de la fortune privée. Sans parti pris d'optimisme, nous croyons fermement que la richesse mobilière développera de jour en jour sa puissance et, malgré des épreuves passagères, poursuivra son évolution féconde, pour le plus grand bien de l'humanité et de la civilisation.

On voudra bien remarquer qu'il ne s'agit ici que de la fortune privée, de celle qui se transmet par voie de succession. Il n'est pas question, dans notre statistique, de la richesse mobilière ou foncière, très importante, qui s'accumule et s'immobilise dans le patrimoine des établissements d'utilité publique, des congrégations religieuses, des compagnies d'assurances et des autres collectivités anonymes. Ces êtres fictifs ne meurent jamais. Leurs biens ne traversent pas la filière des successions. Si nous avions égard à cette mainmorte des personnes morales, il faudrait augmenter notre estimation d'un nombre respectable de milliards.

Terminons ce trop long exposé par une constatation à laquelle on ne saurait rester indifférent : c'est que cette richesse mobilière, dont l'admirable développement soutient l'essor du commerce et de l'industrie, et qui fait fructifier les plus humbles ressources, contribue, à l'heure actuelle, dans une très large mesure, à la prospérité de nos impôts pu-

---

(1) Théry, *op. cit.*, p. 359, col. 1.

(2) C'est ce que M. Caillaux, ministre des finances, a mis très bien en lumière, dans un récent discours au Sénat (séance du 30 mars 1900).

blics. Ce n'est pas le moment de dresser le bilan de ses charges ; nous ferons peut-être un jour ce travail de synthèse. Constatons seulement aujourd'hui que les valeurs de bourse sont frappées de toutes parts.

Cette richesse qui, au début du siècle, était réputée négligeable, constitue, de nos jours, une des branches les plus fructueuses de nos revenus fiscaux. En droits de succession, de donation entre vifs, de transfert et de timbre, du chef de la taxe de 4 % sur le revenu et de l'impôt sur les opérations de bourse, les valeurs mobilières négociables supportent un prélèvement de près de 200 millions.

La productivité de cette source de nos revenus publics ne pourra que s'accroître dans l'avenir, à mesure que la vie économique du pays deviendra plus intense, que se multiplieront les échanges internationaux, que le génie humain ou le hasard des découvertes offriront aux capitaux de nouveaux emplois. Mais cette richesse est prompte à s'alarmer. Une atteinte trop brutale du fisc pourrait la mettre en fuite. Dans nos projets de réformes fiscales, ayons toujours présente à l'esprit la leçon du fabuliste, et ne tuons pas la poule aux œufs d'or. Les valeurs mobilières ont soldé la lourde rançon de 1871. Sachons nous réserver leur précieuse alliance pour les éventualités de l'avenir.

Emmanuel BESSON,

*Chef du personnel à la Direction générale
de l'enregistrement et des domaines.*

LES FONDS D'ÉTAT FRANÇAIS

CRÉATION ET DÉVELOPPEMENT

I

Les fonds d'État constituent la portion la plus importante de la dette publique de la France (85 %). Leur valeur nominale est de 23,864,431,138 francs.

La presque totalité de cette dette a été constituée pendant ce siècle et surtout pendant les cinquante dernières années. Toutefois, les fonds d'État français comprennent encore, pour une portion bien faible à la vérité, — et cela en raison des réductions imposées aux rentiers ou consenties par eux au moment des conversions, — une part de la dette de l'ancienne monarchie. Il n'est donc pas inutile de faire connaître, en peu de mots, à quelle époque et dans quelles conditions ont été créées les premières rentes sur l'État.

Leur origine remonte au commencement du xvie siècle. Un édit du 15 octobre 1522 autorisa une aliénation de rentes « à perpétuel rachat et rémeré ». Le service de ces rentes devait être assuré par la municipalité de Paris, moyennant l'abandon par le Trésor royal, du produit de certaines taxes. C'est de là qu'elles prirent le nom de « rentes sur l'hôtel de ville ». Ce mode de placement ayant été apprécié par les capitalistes, et les besoins du Trésor ne faisant que s'accroître, des émissions nouvelles furent ordonnées par François Ier et par ses successeurs. En 1638, la dette publique constituée dépassait 17 millions de rentes.

Sous Louis XIV, Louis XV et Louis XVI, la dette s'accroît encore en dépit des réductions plus qu'arbitraires fréquemment imposées aux rentiers. En 1790, les rentes perpétuelles représentaient une charge de 61 millions et ce n'était là qu'une partie de la dette publique, car, à côté de la dette perpétuelle, il existait pour plus de 100 millions de rentes viagères et près de 900 millions de dettes exigibles.

Ce qui caractérisait les fonds d'État de l'ancienne monarchie, c'était, d'une part, leur extrême diversité en ce qui touche les taux nominaux auxquels les emprunts avaient été contractés et les impôts ou prélèvements que les rentiers avaient à supporter; c'était, d'autre part, l'affectation au service des divers emprunts, de certaines branches des revenus publics. La complexité des éléments de la dette publique était telle que la connaissance des titres et leur vérification exigeait une science particulière.

La Convention s'imposa la mission de mettre de l'ordre dans ce chaos et d'uniformiser la dette. La loi du 24 août 1793, votée sur le rapport de Cambon, créa le « Grand-Livre de la Dette publique », qui devint le titre unique et fondamental de tous les rentiers. Un court extrait du rapport présenté par Cambon fera ressortir la nécessité et la portée de la réforme réalisée par la Convention :

« Les principales bases du projet de votre commission pour annuler promptement tous les anciens titres de créance, pour simplifier les mutations, les oppositions et la comptabilité et pour faciliter le paiement annuel, consistent à former un livre qu'on appellera : Grand-Livre de la Dette publique. Il sera composé d'un ou plusieurs volumes; on y inscrira toute la dette non viagère; chaque créancier y sera crédité en un seul et même article et sous un même numéro, du produit net, sans déduction de la contribution foncière, des rentes provenant de la dette constituée et des intérêts annuels qui sont dus ou, lorsqu'ils ne seront pas déterminés, à raison de 5 $\%_0$ des capitaux provenant de la dette exigible à terme ou de la dette exigible soumise à la liquidation.....

« Par cette opération simple et facile, toute la dette publique non viagère reposera sur un titre unique; on verra disparaître tous les parchemins et paperasses de l'ancien régime..... Que l'inscription sur le Grand-Livre soit le tombeau des anciens contrats et le titre unique et fondamental de tous les créanciers; que la dette contractée par le despotisme ne puisse être distinguée de celle qui a été contractée depuis la Révolution, et je défie à Monseigneur le Despotisme, s'il ressuscite, de reconnaître son ancienne dette lorsqu'elle sera confondue avec la nouvelle. »

Malheureusement, quatre ans plus tard, les espérances que la création du Grand-Livre avaient pu faire naître dans l'esprit des rentiers étaient singulièrement déçues. La loi du 9 vendémiaire an VI (30 septembre 1797) réduisait au tiers les inscriptions au Grand-Livre et prescrivait le remboursement des deux tiers restant en bons au porteur. Le tiers de la dette publique, conservé en inscriptions de rentes et déclaré exempt de toute retenue présente ou future, devint le tiers consolidé. Les rentes 5 $\%_0$

inscrites à la suite de cette « consolidation » se sont élevées à 40,216,000 francs (1). C'est là l'origine de nos fonds d'État actuels.

II

Depuis le commencement du siècle, sous l'influence de nécessités politiques, les fonds d'État ont pris en France un développement considérable. La liquidation de l'arriéré du premier Empire; l'indemnité de guerre aux puissances alliées, l'indemnité des émigrés, sous la Restauration; l'exécution des travaux publics, sous la Monarchie de Juillet; les guerres de Crimée, d'Italie et du Mexique, sous le second Empire; enfin, depuis 1870, la guerre avec l'Allemagne et l'exécution d'un nouveau programme de travaux publics, telles sont les causes principales de l'accroissement des fonds d'Etat. Le tableau ci-après en fait connaître l'importance aux différentes époques de ce siècle.

[TABLEAU.]

____

(1) Le total des rentes inscrites était de 174,716,000 francs avant la reduction au tiers. Mais une partie de ces rentes ont été admises en paiement de domaines nationaux; en outre, les rentes des émigres et des mainmortables ont été confisquées et annulées. Le montant des rentes inscrites sur le Grand-Livre du tiers consolidé a été ainsi réduit à 40,216,000 francs.

DEVELOPPEMENT DES RENTES PAR NATURE DE FONDS

DATES	DESIGNATION DES FONDS								TOTAUX
	5 % ancien.	4 1/2 % ancien.	4 %	5 % 1871 et 1872	4 1/2 % 1883	3 1/2 %	3 %	3 % amortissable.	
1	2	3	4	5	6	7	8	9	10
1er Janvier 1800.........	40.216.000	»	»	»	»	»	»	»	40.216.000
1er Avril 1814.........	63.307.637	»	»	»	»	»	»	»	63.307.637
1er Août 1830.........	163.777.690	1.027.696	3.125.210	»	»	»	34.450.584	»	202.381.180
1er Janvier 1852.........	185.788.145	895.302	2.371.911	»	»	»	53.719.120	»	242.774.478
1er Janvier 1871.........	»	37.450.476	446.096	»	»	»	365.080.944	»	402.977.516
1er Janvier 1880.........	»	37.442.436	446.096	344.996.919	»	»	363.039.704	16.401.240	762.326.395
1er Janvier 1890.........	»	»	»	»	305.540.285	»	433.862.605	117.041.880	856.444.770
1er Janvier 1899.........	»	»	»	»	»	237.638.395	456.390.456	115.852.425	809.881.276

On voit par ce tableau qu'il existe actuellement trois fonds d'Etat, le 3 %, le 3 1/2 % et le 3 % amortissable. Nous indiquerons brièvement comment s'est constitué chacun de ces trois fonds.

RENTES 3 %

Les rentes 3 % proviennent :

1° D'emprunts, au nombre de 18, successivement réalisés dans la période de 1841 à 1891, pour une somme de 259.498.657 francs;

2° De conversions effectuées à trois époques différentes, savoir :

	Rentes 3 % créées.
Conversion de rentes 5 % (mai 1825).	24.459.035 »
Conversion de rentes 4 1/2 et 4 % (février 1862). . . .	135.255.410 »
Conversion de rentes 4 1/2 et 4 % (novembre 1887). .	37.632.997 »
Total.	197.347.442 »

Les rentes 4 1/2 et 4 % converties en 1862 et 1887 avaient une double origine : les rentes 4 % et une partie des rentes 4 1/2 % correspondaient à des emprunts réalisés en rentes 4 %, de 1828 à 1845, en rentes 4 1/2 % pendant les années 1854, 1855 et 1859; le reliquat des rentes 4 1/2 % était le résultat des deux conversions des rentes 5 % réalisées en 1825 et 1852;

3° D'émissions de rentes remises à divers et de consolidations pour une somme de 163.628.415 francs. L'indemnité aux émigrés (loi du 27 avril 1825) entre dans cette somme pour 25.995.310 francs, et les consolidations des réserves de l'amortissement pour 110.430.463 francs.

Si l'on cumule les rentes provenant de ces diverses origines, on obtient un total de . . . . 620.474.514 »

Il faut en déduire le montant des rentes qui ont été annulées après avoir fait retour à l'Etat, soit . . . . . 164.084.058 »

La plus grosse part des rentes annulées appartenait à la Caisse d'amortissement (151.486.810 francs). Le reliquat représente les rentes qui ont fait retour à l'Etat par suite de déshérence, extinction de majorats et autres causes.

Les rentes 3 % restant en circulation s'élevaient ainsi, au 1er janvier 1899, à . . . . 456.390.456 »

Rentes 3 1/2 %

Les rentes 3 1/2 % proviennent de la conversion, opérée en 1894, des rentes 4 1/2 % qui elles-mêmes ont remplacé, en 1883, les rentes 5 % émises en 1871 et 1872 à la suite de la guerre avec l'Allemagne.

Les rentes 5 % émises s'élevaient, à l'origine, à. .   346.001.605   »

Convertie en 3 1/2 %, cette somme de rente serait de . . . .   242.201.123   »

En fait, le montant des rentes 3 1/2 % en circulation n'était, au 1er janvier 1899, que de. . . . .   237.638.395   »

La différence, soit. . . . .   4.562.728   »

représente les rentes qui depuis 1871 et 1872 ont fait retour à l'Etat, et qui, pour la presque totalité, ont été acquises par la Caisse des retraites pour la vieillesse et annulées conformément à la législation en vigueur jusqu'à l'année 1884. Cette législation avait créé un amortissement véritable de la dette publique : le budget de l'Etat prenait à sa charge le paiement des arrérages dus aux rentiers viagers, moyennant le versement au Trésor par la Caisse des retraites, de rentes perpétuelles représentant la valeur en capital des rentes viagères devenues exigibles.

Rentes 3 % amortissables

Le fonds 3 % amortissable est une innovation dans l'histoire financière de la France; il était destiné, dans la pensée de son créateur, M. Léon Say, à couvrir les dépenses du programme de grands travaux publics conçu en 1877 par M. de Freycinet. Le caractère de ce nouveau fonds était ainsi défini dans l'exposé des motifs de la loi présentée par le Ministre des Finances :

« Le titre de crédit auquel nous nous sommes arrêtés après mûre délibération est calqué, comme type et comme délai d'armortissement, sur celui des obligations de chemin de fer........ Nous avons adopté le délai d'amortissement de 75 ans; c'est un terme rapproché de celui des obligations qui sont aujourd'hui en circulation. La seule différence qui pourra subsister entre cette nouvelle rente et les autres rentes émises par l'Etat, c'est que ces dernières sont rachetables, remboursables et convertissables, mais ne sont pas amortissables, tandis que la nouvelle rente sera amortissable par tirages annuels, mais ne sera pas conversible. Elle jouira d'ailleurs de toutes les immunités qui appartiennent aux rentes inscrites ».

En fait, le nouveau fonds n'a pas été exclusivement émis dans le but de faire face aux dépenses des travaux publics. Des émissions ont été autorisées soit pour consolider les capitaux de la dette flottante, soit pour remplacer dans le portefeuille de la Caisse des Dépôts et Consignations des rentes 3 % perpétuelles que le Trésor a ensuite offertes au public.

Le montant des rentes 3 % amortissable ainsi émises s'est élevé à la somme de 127.624.395 francs, savoir :

Rentes émises par voie de souscription publique en 1878, 1881 et 1884 . . . . 66.237.105 . »

Rentes remises directement à divers établissements publics de 1883 à 1891 . . . . 61.387.290 »

Total égal. . . . . 127.624.395 »

Ces rentes vont divisées en 175 séries, appelées successivement au remboursement par voie de tirage au sort dans la période de 1879 à 1953. Une seule série est remboursable dans chacune des années 1879 à 1907 ; pendant les 18 années suivantes, on remboursera deux séries ; pendant les 28 dernières années, on remboursera annuellement trois, quatre, cinq et enfin six séries. Au 1er janvier 1899, vingt séries étaient remboursées et le montant des rentes inscrites n'était plus que de 115.852.425 francs.

III

Le tableau inscrit à la page 4 montre que le montant des fonds d'Etat est aujourd'hui vingt fois plus considérable qu'au commencement du siècle.

Aux appels qui leur ont été si souvent adressés, les capitalistes ont répondu avec empressement, parfois même avec enthousiasme. Il faut chercher les causes du succès des émissions de nos fonds d'Etat dans le développement de la richesse publique, dans le respect absolu avec lequel les gouvernements qui se sont succédé ont toujours, depuis un siècle, fait honneur aux engagements pris par leurs devanciers ; dans les modifications apportées au mode d'émission des fonds d'Etat par la substitution de la souscription publique à l'adjudication faite à des maisons de banque ; enfin, dans les facilités de toute nature accordées aux propriétaires de rentes et dans les privilèges et immunités qui leur ont été reconnus.

S'il n'entre pas dans le cadre de cette notice de faire l'historique des nombreux emprunts contractés depuis le commencement du siècle, et d'apprécier l'influence des causes multiples qui ont facilité l'extension des fonds d'Etat, il convient cependant, en indiquant les caractères généraux de nos titres de rentes, de mettre en relief les avantages matériels qui les font rechercher par le public des capitalistes et ont amené leur diffusion.

Les rentes sur l'Etat sont délivrées sous trois formes différentes. A l'origine, elles étaient exclusivement nominatives. Sous cette forme, le paiement des arrérages en est effectué au détenteur du titre et sur la présentation de l'extrait d'inscription. C'est en 1831 que les rentiers ont été admis à se faire délivrer des titres au porteur. Les rentes mixtes, rentes nominatives munies de coupons payables au porteur, ont été créées en 1864. Les rentes au porteur et les rentes mixtes ne sont remises qu'aux rentiers qui ont la pleine et entière disposition de leurs rentes. Sauf cette restriction, tout rentier peut, à son gré, choisir et modifier le type de ses rentes et obtenir la réunion de ses titres ou la division, dans le cas où ils sont au porteur.

Quelle que soit la forme des titres, les rentes sont payables par les trésoriers-payeurs généraux, les receveurs des finances et les percepteurs des contributions directes. Les coupons des rentes au porteur ou mixtes sont, en outre, payables sans frais par la Banque de France et ses succursales. Le Trésor met ainsi à la disposition des rentiers près de 6.000 guichets de paiement.

Jusqu'en 1862, les arrérages des rentes sur l'Etat étaient acquittés par semestre. A cette époque les rentes du fonds 3 % sont devenues payables par quart de trois mois en trois mois. L'échéance des rentes 4 1/2 et 4 % est restée semestrielle jusqu'à leur conversion opérée en 1887. Quant aux rentes émises depuis 1871 leurs arrérages ont toujours été payables en quatre termes.

Le minimum de rentes inscriptibles, qui était de 50 francs lors de la création du Grand-Livre, a été successivement abaissé pour permettre l'accès des fonds d'Etat aux petits capitaux. Fixé à 10 francs en 1822, il a été abaissé à 5 francs en 1848, à 3 francs (pour la rente 3 %) en 1870. Enfin la loi du 27 avril 1883 qui a autorisé la conversion du 5 % en 4 1/2 % abaissa le minimum inscriptible à 2 francs pour le nouveau fonds. Ce minimum a été maintenu pour le fonds 3 1/2 %. Dans le fonds 3 % amortissable, la plus faible coupure est de 15 francs et le montant d'une inscription doit être un multiple de ce minimum.

Aucun maximum n'a été assigné aux inscriptions de rentes *nominatives*. Au contraire les inscriptions au porteur ou mixtes ne peuvent dépasser 3.000 francs de rentes.

Les rentes sur l'Etat ont été déclarées exemptes de toute retenue présente et future par l'article 98 de la loi du 9 vendémiaire an VI. C'est cette disposition législative, confirmée par la loi du 1er juin 1878, qui a été invoquée toutes les fois qu'il a été question de frapper d'un impôt spécial les arrérages des rentes, ou de les assujettir aux autres impôts qui frappent les valeurs mobilières, tels que le droit de timbre, le droit de transmission et la taxe sur le revenu. Toutefois, la loi du 18 mai 1850 a soumis aux droits établis pour les successions et les donations les mutations par décès et les transmissions entre vifs, à titre gratuit, des inscriptions sur le Grand-Livre de la dette publique, qui en étaient jusqu'alors exemptes en vertu de la loi du 22 frimaire an VII.

Les rentes sur l'Etat sont insaisissables, tant pour le capital que pour les arrérages, aux termes des lois des 8 nivôse an VI, 21 floréal an VII, 11 juin 1878, 27 avril 1883 et 17 janvier 1894. Seul, le propriétaire d'inscriptions nominatives est admis à faire opposition au paiement des arrérages en cas de perte ou de vol du certificat d'inscription. Quant aux rentes au porteur elles ne sont susceptibles d'aucune opposition.

Le capital des rentes est imprescriptible par l'Etat, attendu que dans aucun cas et à aucune époque le propriétaire d'une inscription n'a le droit d'en réclamer le remboursement. Dans ces conditions, il ne peut y avoir aucun point de départ à une prescription acquisitive pour l'Etat, ni à une déchéance contre le rentier.

La solution serait tout autre en ce qui touche le capital des rentes 3 % amortissable, dans le cas où ces rentes feraient partie d'une série sortie au tirage et appelée au remboursement.

IV

Les privilèges et les facilités de toute nature accordés aux propriétaires des fonds d'Etat français ont puissamment contribué à amener la diffusion de la rente chez les petits capitalistes.

Indiquons tout d'abord comment les 810 millions de rentes sont répartis par nature d'inscription. Le tableau ci-après en donne la décomposition à la date du 1er janvier 1899.

[Tableau.]

DÉCOMPOSITION DES FONDS D'ÉTAT FRANÇAIS PAR NATURE D'INSCRIPTIONS

AU 1er JANVIER 1899

NATURE DES RENTES	INSCRIPTIONS NOMINATIVES		INSCRIPTIONS MIXTES		INSCRIPTIONS AU PORTEUR		TOTAL	
	NOMBRE	MONTANT des rentes.	NOMBRE	MONTANT des rentes.	NOMBRE	MONTANT des rentes.	NOMBRE	MONTANT des rentes.
1	2	3	4	5	6	7	8	
3 %	817.080	345.484.073	84.641	9.559.945	1.860.418	101.346.438	2.262.139	456.390.456
3 1/2 %	324.798	125.836.816	97.205	8.087.386	1.489.730	103.714.193	1.911.733	237.638.395
3 % amortissable	39.174	93.079.785	»	»	398.043	22.772.640	437.217	115.852.425
TOTAUX	1.181.052	564.400.674	181.846	17..647.331	3.248.191	227.883.271	4.611.089	809.881.276

Les rentes nominatives figurent pour près de 70 %; la proportion est surtout élevée (75 %) pour le fonds 3 %, tandis qu'elle n'est que de 53 % pour le fonds 3 1/2 %. Cet écart tient à ce que le fonds 3 1/2, de création relativement récente, est infiniment moins bien classé que le fonds 3 %. Quant au fonds 3 % amortissable, la proportion considérable des inscriptions nominatives qui ressort du tableau ci-dessus a une cause spéciale : une part très importante de ce fonds, près de 75 millions de rentes, appartient, sous la forme nominative, à la Caisse des dépôts et consignations.

Les inscriptions au porteur et mixtes sont divisées en 19 coupures de quotités différentes. Au 1er janvier 1899, il existait 3.430.037 inscriptions de ces deux natures; la moyenne ressort à 71 fr. 50 par inscription, mais les coupures les plus nombreuses correspondent aux quotités de rentes de faible importance ainsi que le montre le tableau suivant :

[TABLEAU.]

RÉPARTITION DES RENTES MIXTES ET AU PORTEUR PAR COUPURES DE RENTES, AU 1er JANVIER 1899.

DÉSIGNATION des COUPURES	NOMBRE DE PARTIES	MONTANT DES RENTES
10 francs et au-dessous	1.219.866	7.224.622 ·
15 à 100 francs	1.850.415	76.069.880
150 francs	22.278	3.341.700 (1)
200 francs	141.682	28.336.400
300 francs	97.209	29.162.700
500 francs	46.638	23.319.000
600 francs	3.268	1.960.800 (1)
1000 francs	28.235	28.235.000
1500 francs	9.005	13.507.500
3000 francs	11.441	34.323.000
	3.430.037	245.480.602

(1) Les coupons de 150 et de 600 francs n'existent que pour le 3 % amortissable.

Quant à la quotité moyenne des inscriptions nominatives, elle était, à la même époque, de 477 francs.

Cette même moyenne s'élevait à 463 francs au 1er avril 1814 ; — 1.044 francs au 1er janvier 1830 ; — 416 francs au 1er janvier 1871 ; — 399 francs au 1er janvier 1880 ; — 477 francs au 1er janvier 1890.

Mais ces chiffres appellent une observation. En réalité, la valeur moyenne des inscriptions nominatives s'est modifiée, dans les trente dernières années, bien autrement que ne peut le faire supposer le tableau qui précède. Depuis l'année 1880, sous l'influence de la création de la Caisse d'épargne postale et des modifications apportées à la législation sur les caisses d'épargne et sur la Caisse des retraites pour la vieillesse, la Caisse des dépôts et consignations, chargée de la gestion des fonds appartenant à ces trois caisses, est devenue titulaire de quantités de rentes qui vont sans cesse en croissant. Il est donc indispensable de faire une distinction dans le montant des rentes nominatives inscrites aux diverses époques considérées, entre celles qui appartiennent aux particuliers et celles qui appartiennent à des établissements publics et à des sociétés telles que la Caisse des dépôts et consignations, la Banque de France, l'Institut, la Légion d'honneur, la Caisse des invalides de la marine, l'Assistance publique de Paris, les Compagnies d'assurances, etc., et qui, au 1er janvier 1899, n'étaient pas inférieures à 203.632.000 francs de rentes.

Cette distinction faite, on constate que la moyenne des inscriptions nominatives possédées par les particuliers (1) n'est plus :

au 1er janvier 1830 que de 720 fr. au lieu de 1.044 fr. (2)

—	1871	—	314 fr.	—	416 fr.
—	1880	—	338 fr.	—	399 fr.
—	1890	—	340 fr.	—	477 fr.
—	1899	—	308 fr.	—	477 fr.

Depuis 70 ans, la valeur moyenne des rentes nominatives inscrites

(1) Les rentes appartenant aux communes, hospices, bureaux de bienfaisance, fabriques paroissiales, n'ont pu être isolées. Elles sont confondues avec les rentes appartenant aux particuliers auxquelles elles sont d'ailleurs parfaitement comparables au point de vue de leur quotité.

(2) Les archives du ministère des finances ayant été détruites en 1871, il n'a été possible d'établir la moyenne des rentes inscrites au nom des particuliers que depuis cette même année. Une situation de la dette publique insérée dans le *Système financier de la France* du marquis d'Audiffred (tome I, page 345) a permis de fournir cette moyenne à la date du 1er janvier 1830.

s'est donc réellement abaissée de 720 francs à 308 francs, soit plus de 57 %.

Quant à la répartition par quotités des inscriptions nominatives, elle exigerait des travaux statistiques considérables. Il est toutefois possible de donner quelques indications résultant de recherches entreprises en 1830 et 1888. L'opération faite en 1830 n'a porté que sur les rentes 5 % qui représentaient, il est vrai, la majeure partie des rentes émises à cette époque. Les résultats généraux qu'elle a fournis sont les suivants :

Inscriptions de	10 fr. à	50 fr...............	9,30 %
—	51 fr. à	600 fr...............	62,99 %
—	601 fr. à	1.000 fr...............	7,97 %
—	1.001 fr. à	1.500 fr...............	5,91 %
—	1.501 fr.	et au-dessus..........	13,83 %

En 1888, la statistique a été faite sur les trois fonds d'État, mais partiellement et par épreuves. Les résultats s'en résument ainsi :

Inscriptions de	2 fr. à	50 fr...............	35,90 %
—	51 fr. à	500 fr...............	50,11 %
—	501 fr. à	1.000 fr...............	7,33 %
—	1.001 fr. à	1.500 fr...............	2,61 %
—	1.501 fr.	et au-dessus..........	4,05 %

Le nombre des inscriptions de 50 francs et au-dessous s'est donc sensiblement accru au détriment des inscriptions d'une valeur supérieure. Depuis 1888, à la suite des mesures prises pour amener les déposants des caisses d'épargne à convertir en rentes les dépôts atteignant une certaine importance, il est probable que la proportion des petites coupures n'a fait que s'accroître.

Il resterait à aborder une question qui a été souvent posée : quel a été, à différentes époques, le nombre des rentiers de l'État? On ne peut faire à cet égard que des hypothèses. Le nombre des rentiers n'est nullement représenté par celui des inscriptions. Un même rentier peut être titulaire de plusieurs inscriptions nominatives, soit dans des fonds différents, soit dans le même fonds, si les rentes ont été acquises à des dates différentes ; un détenteur de rentes au porteur a rarement une seule inscription ; enfin il arrive qu'un titulaire de rentes nominatives est en même temps propriétaire d'inscriptions au porteur.

En 1830, on a évalué à 125.000 le nombre des rentiers ; la rente n'existait alors que sous la forme nominative et il était plus facile de déduire le nombre des rentiers du nombre des inscriptions.

Le chiffre de 5 à 600.000 a été donné par M. Leroy-Beaulieu comme étant celui des rentiers en 1869.

Si nous nous hasardions, à notre tour, à présenter un chiffre, nous indiquerions celui de 1.500.000 comme se rapprochant de la vérité. On peut admettre que chaque rentier nominatif possède en moyenne deux inscriptions, que chaque propriétaire d'inscriptions mixtes et au porteur en détient de trois à quatre. C'est en partant de ces données, que corroborent les résultats de l'expérience, qu'il est possible d'indiquer le chiffre de 1.500.000 rentiers.

Si l'on répartit entre ces 1.500.000 intéressés le montant des rentes inscrites, en ayant soin de faire abstraction des 203.632.000 francs de rentes possédées par les établissements et sociétés désignés à la page 13, on obtient, pour la moyenne des rentes revenant à chaque propriétaire, un chiffre de 404 francs. Mais il ne faut pas perdre de vue que ce n'est là qu'une moyenne et que, d'après les indications fournies au cours de cette notice au sujet de la répartition des inscriptions par quotités de rentes, la grande masse des rentiers ne doit être intéressée dans nos fonds d'État que pour un chiffre notablement inférieur à cette moyenne.

A. CHAPERON,

Directeur de la dette inscrite
au ministère des finances.

LE COMPTOIR NATIONAL D'ESCOMPTE

DE PARIS

HISTORIQUE

Fondé par décret du Gouvernement provisoire, en date du 8 mars 1848, pour venir en aide au commerce parisien cruellement éprouvé par la crise financière qui suivit la Révolution, le COMPTOIR NATIONAL D'ESCOMPTE DE PARIS est le premier établissement de crédit qui ait fonctionné en France.

Il commença ses opérations avec un capital réalisé en espèces de 1.587.021 fr. 45 sur l'ensemble du capital nominal de garantie de 20 millions, dont les deux tiers étaient fournis par l'État et la ville de Paris. On sait quel rapide développement prit ce nouvel instrument de crédit et quels éminents services il rendit au commerce parisien ainsi qu'aux intérêts français à l'Étranger, notamment en Extrême-Orient. Son succès même et l'extension de ses affaires l'avaient amené, dès 1853, à augmenter son capital et à dégager progressivement l'État et la ville de Paris de la garantie qu'ils lui avaient accordée. Il modifiait en même temps son titre et devenait le COMPTOIR D'ESCOMPTE DE PARIS.

Ce n'est pas ici le lieu de faire un historique développé de l'ancien Comptoir. Il suffira de rappeler qu'en 1866, le capital fut définitivement élevé à 80 millions (avec 20 millions de réserve) et que, de 1860 à 1889, le Comptoir porta son action directe dans les pays d'outremer par la création de nombreuses agences, et seconda, par son concours, le fonctionnement des banques établies dans les colonies françaises. Il avait également établi et exploitait avec fruit des agences à Lyon, Marseille et Nantes.

En 1889, après une longue ère de prospérité, le Comptoir d'escompte de Paris dut entrer en liquidation à la suite des événements qui sont encore dans toutes les mémoires. C'est alors que, sur l'initiative de M. Denormandie, sénateur et ancien gouverneur de la Banque de France, et avec les encouragements du gouvernement, un groupe se forma pour recueillir et utiliser les éléments de force, l'outillage perfectionné, la clientèle étendue et les affaires importantes que renfermait l'actif de la liquidation.

CONSTITUTION

Le COMPTOIR NATIONAL D'ESCOMPTE DE PARIS fut reconstitué le 2 mai 1889, sous forme de société anonyme régie par la loi de 1867, avec des statuts offrant à ses actionnaires et aux tiers qui traitent avec lui toutes les garanties désirables. C'est ainsi qu'une commission de contrôle, émanant directement de l'assemblée générale des actionnaires, exerce, d'une manière permanente, une surveillance sur la gestion sociale, indépendamment de la vérification légale, par les commissaires, des comptes présentés en fin d'année.

Un conseil d'escompte, composé des principales notabilités commerciales et industrielles de la place, fonctionne auprès du siège social et de quelques-unes de ses agences de province, pour apprécier avec la direction la valeur des effets présentés à l'escompte.

CAPITAL SOCIAL ET RÉSERVES

Le capital social primitivement fixé à 40 millions, dont moitié versée, était divisé en 80.000 actions de 500 francs, qui furent souscrites par les actionnaires de l'ancien Comptoir, en vertu du droit de préférence qui leur était réservé.

Pour tenir compte de la valeur de l'apport à ceux des anciens actionnaires qui ne pouvaient contribuer à la constitution du nouveau comptoir, 60.000 parts de fondateurs ont été créées, qui donnent droit à un prélèvement statutaire sur les bénéfices nets après dotation de la réserve légale, paiement d'un premier dividende de 5 $^0/_0$ aux actions et attribution d'un tantième au conseil d'administration. Ce prélèvement, primitivement fixé à 30 $^0/_0$ du solde disponible, ne s'exerce, par suite dès augmentations successives du capital, que dans la proportion du capital initial par rapport au capital augmenté.

Dès les premiers mois, les dépôts et le chiffre d'affaires atteignirent des montants très considérables, de telle sorte que le capital versé de 20 millions devenait insuffisant et que le fonds social de 40 millions cessait d'être en rapport avec l'ensemble des engagements contractés. Par décisions des assemblées générales des 5 novembre 1889 et 18 janvier 1890, le capital social fut porté de 40 à 80 millions, dont moitié versée, par la création de 80.000 actions nouvelles qui furent émises le 23 novembre 1889 et réservées par préférence aux actionnaires, au prix de 530 francs.

Ce nouveau capital devint lui-même rapidement insuffisant; aussi, en 1892, intervint une combinaison qui permit au Comptoir national d'absorber la Banque des dépôts et comptes courants, suite de la Société de dépôts entrée en liquidation en 1891, et qui lui apporta, avec un capital intact de 15 millions versés, une clientèle intéressante et un local admirablement situé au centre de Paris, où il put installer une succursale, 2, place de l'Opéra.

Aux termes de cet accord, le Comptoir appela 125 francs par action, soit 20 millions sur ses 160.000 actions, et échangea ces titres contre 120.000 actions libérées représentant les 60 millions versés. La Banque de dépôts reçut 30.000 actions nouvelles, libérées, du Comptoir national, dont le capital se trouvait ainsi élevé à 73 millions entièrement versés.

Enfin, par décisions des assemblées des 25 avril et 11 juillet 1895, le capital social a été porté de 75 à 100 millions, par la création de 50.000 actions nouvelles de 550 francs, qui ont été souscrites par les anciens actionnaires à 500 francs.

Ainsi, le capital social est actuellement de 100 millions de francs entièrement versés et divisé en 200.000 actions complètement libérées et au porteur.

Le développement des opérations justifie ces augmentations successives et, si l'assemblée générale convoquée pour le 26 avril, ratifie les propositions du conseil d'administration, le capital social sera porté à 150 millions et l'ensemble des réserves à 45 millions.

Opérations

Le Comptoir national d'escompte de Paris est autorisé par ses statuts à escompter les effets de commerce payables à Paris, dans les départements, dans les colonies françaises et à l'étranger, les effets, bons et

valeurs émises par le Trésor public, les villes, les communes et les départements, les warrants ou bulletins de gage concernant les marchandises
déposées dans les docks, entrepôts, magasins généraux, et, en général,
toutes sortes d'engagements à ordre et à échéances fixes résultant
de transactions commerciales ou industrielles, ou d'opérations faites
par toutes administrations publiques, et à négocier ou réescompter
les valeurs ci-dessus ; — à faire des avances sur rentes françaises ou
fonds publics étrangers, sur valeurs émises par l'Etat, les départements, villes et communes et toutes autres administrations publiques,
les actions, obligations, parts d'intérêt, des compagnies de chemins de
fer français et étrangers, et généralement de toutes entreprises industrielles ou de crédit ; — à effectuer tous paiements et recouvrements, à
fournir et à accepter tous mandats, chèques, traites, lettres de
change, cautions et notamment cautions en douane ; — à opérer, pour
le compte de tiers, l'achat ou la vente de toutes espèces de fonds publics
et valeurs industrielles ; — à soumissionner et émettre tous emprunts
publics et toutes actions et obligations et à ouvrir toutes souscriptions
pour le compte de tiers ou en participation ; — à fournir et à recevoir des
fonds en comptes courants, à un taux d'intérêt déterminé par le conseil
d'administration ; — à recevoir en dépôt moyennant un droit de garde,
toutes espèces de titres et de valeurs ; — à établir des agences succursales
tant en France que dans les colonies françaises et à l'étranger.

Il tient à la disposition du public des titres des principales valeurs de
la ville de Paris, du Crédit foncier, des grandes compagnies de chemins
fer, etc.

Il garantit les titres contre les risques de remboursement au pair.

Il se charge de toutes opérations, telles que versements, libérations,
renouvellements de feuilles de coupons, timbrages, conversions, transferts, productions aux faillites, encaissements de dividendes.

Il envoie des fonds dans toutes les localités de la France et de l'étranger par correspondance et par télégraphe.

Il délivre des lettres de crédit payables dans le monde entier.

Il consent des prêts hypothécaires sur navires français ou francisés.

Il fait, en un mot, aussi bien à l'étranger qu'en France, toutes opérations de banque, de commerce et de finance.

Le Comptoir national d'escompte met en location, à la disposition du
public, pour la garde des valeurs, papiers, bijoux, argenterie, etc., des
coffres-forts entiers ou des compartiments de coffres-forts, dans les
sous-sols de son siège social, 14, rue Bergère, de sa succursale, 2, place
de l'Opéra, et de ses principales agences.

Conseil d'administration — direction

Le conseil d'administration est composé de huit à quinze membres, nommés pour six ans, et devant être propriétaires de 50 actions (art. 16 et 17 des statuts).

Le conseil compte actuellement onze membres : MM. Denormandie, président; Mercet, vice-président; Thiébaut; de Sinçay (tous quatre formant, avec le directeur, le comité de direction) J.-Charles Roux, Carraby, Méliodon, Jules Rostand, Cambefort, Lazarus et Krantz.

La commission de contrôle est composée de MM. G. Martin, président; G. Robert et Dieterlen.

Les commissaires des comptes sont MM. Baron et Blondeau.

La direction générale de l'établissement est confiée à M. Alexis Rostand, secondé par MM. Gallay et Ulmann, sous-directeurs, et G. Bordo, secrétaire général.

Assemblée générale

L'assemblée générale ordinaire se réunit chaque année avant la fin du mois d'avril. Elle se compose de tous les actionnaires possédant 10 actions depuis trois mois au moins, chaque membre ayant autant de voix qu'il possède de fois 10 actions, soit en son nom, soit comme mandataire. Le conseil d'administration a le droit d'abréger, par mesure générale, les délais de propriété et de dépôt ci-dessus stipulés (art. 29, 30 et 35 des statuts).

Outillage

Le Comptoir national possède aujourd'hui, indépendamment de son siège central — toujours installé dans ses immeubles de la rue Bergère — de sa succursale, place de l'Opéra, et de l'agence qui fonctionnera à l'Exposition, 20 bureaux de quartier dans Paris, 4 bureaux de banlieue, 84 agences en France, 7 agences dans les colonies ou pays de protectorat, 10 agences à l'étranger, au total 128 sièges.

Il est également le correspondant à Paris de la Banque de l'Algérie et des autres Banques coloniales, et s'est ménagé des relations étroites avec la Banque de l'Indo-Chine et divers établissements de crédit de l'étranger, tels que la Banque russo-chinoise, la Banque française du Brésil, le Credito Italiano, etc.

Documents statistiques

Voici quelle a été, depuis l'origine du nouveau Comptoir, comparativement au capital versé, la progression des comptes de chèques et d'escompte, des bons à échéance, ainsi que des autres comptes courants créditeurs :

ANNÉES (au 31 décembre)	CAPITAL VERSÉ	DÉPOTS à ÉCHÉANCE	COMPTES de CHÈQUES et d'escompte	COMPTES COURANTS créditeurs	TOTAL
1	2	3	4	5	6
	millions de francs.	millions de francs.	millions de francs.	millions de francs.	millions de francs.
1889.................	20.0	»	90.1	50.4	140.5
1891.................	40.0	»	109.0	66.2	175.2
1894.................	75.0	»	192.6	112.9	305.1
1895.................	100.0	32.8	182.0	108.2	323.0
1899.................	100.0	69.1	273.0	158.3	500.4

Par périodes quinquennales, on constate les variations suivantes :

De 1889 à 1894, l'augmentation est de 164 millions 6, soit 32 millions 9 en moyenne par an ;

De 1894 à 1899, l'augmentation est de 195 millions 3, soit 39 millions 1 en moyenne par an.

Le chiffre d'affaires a progressé dans des proportions identiques ; nous n'en voulons d'autres preuves que la comparaison du mouvement des entrées de la caisse et du portefeuille français et étranger :

ANNÉES	CAISSE	PORTEFEUILLE
1	2	3
	millions de francs	millions de francs.
1889................................	2.081.0	1.122.5
1894..............................	9.255.0	5.227.0
1899................................	15.078.0	8.583.0

Résumé. — conclusion

Ainsi, en dix ans, le Comptoir national d'escompte qui, à ses débuts, ne disposait que de 20 millions versés, de 25 millions de dépôts, d'un seul siège à Paris, de 3 agences en province, de 13 agences lointaines, a aujourd'hui 100 millions de capital versé, 9 millions et demi de réserves, 500 millions de dépôts et comptes courants espèces, et 128 sièges divers.

Les bénéfices ont passé de 2.924.000 francs en 1890, pour un capital versé de 50 millions, à 4.025.000 francs en 1894, pour un capital de 75 millions, et à 6.013.000 francs en 1899 pour un capital de 100 millions, se maintenant ainsi dans une allure constante, et permettant la distribution régulière d'un dividende de 25 francs pour les exercices 1893 à 1897. La première étape du développement du Comptoir national heureusement franchie, le dividende de 1898 a été porté à 26 fr. 25.

Quant à l'exercice 1899, la répartition suivante sera proposée à l'assemblée générale :

Bénéfice net.	6.013.500 fr.
Réserve statutaire.	300.700
Reste.	5.712.800 fr.

permettant d'attribuer un dividende de 27 fr. 50 par action et 1 fr. 34 par part de fondateur, sous déduction des impôts.

Alexis Rostand,
Directeur du Comptoir national d'escompte de Paris.

LE CRÉDIT LYONNAIS

Constitution et durée

Le CRÉDIT LYONNAIS a été constitué en société à responsabilité limitée
le 6 juillet 1863; il a été transformé en société anonyme, par statuts
dressés le 6 avril 1872, et définitivement constitué sous cette forme le
25 avril suivant. Sa durée a été fixée à 50 ans: du 25 avril 1872 au
25 avril 1922.

Sièges

Le siège social est à Lyon. Le siège central est à Paris.

En dehors de ces deux sièges principaux, le Crédit lyonnais possède
actuellement 33 agences dans Paris, 137 en province (1) et 17 à l'étranger, dont 12 en Europe (2), 2 en Asie (3), 3 en Égypte (4).

Capital social

A l'époque de la constitution de la société, en 1863, le capital
social a été fixé à 20 millions.

Lors de la transformation en société anonyme en 1872, il fut porté
50 millions représentés par 100.000 actions de 500 francs, libérées

---

(1) Les agences de Bruxelles et de Genève, ainsi que celles établies en Algérie au nombre
de quatre, figurent dans le groupe des agences de province.

(2) Barcelone, Constantinople, Lisbonne, Londres (Lombard street), Londres (West end),
Madrid, Moscou, Odessa, Ostende, Porto, Saint-Pétersbourg, Valencia.

(3) Jérusalem et Smyrne.

(4) Alexandrie, le Caire et Port-Saïd.

de 250 francs, sur lesquelles 80.000 furent attribuées à l'ancienne société en représentation de l'apport de son actif et 20.000 souscrites au pair et libérées de 250 francs.

Par décision de l'assemblée générale du 16 avril 1875, le capital a été porté à 75 millions par la création de 50.000 actions nouvelles de 500 francs émises en mai 1875 et réservées aux anciens actionnaires à raison d'une action nouvelle pour deux anciennes. Les nouvelles ont été libérées comme les anciennes de 250 francs; une répartition de réserve de 62 fr. 50 par action ancienne, soit 125 francs par action nouvelle, a été appliquée jusqu'à due concurrence à ce versement.

Par décision du 5 avril 1879, le capital a été porté à 100 millions par la création de 50.000 actions nouvelles de 500 francs, émises en avril 1879 au prix de 625 francs (375 fr. versés dont 125 fr. affectés à la réserve), par souscription réservée aux anciens actionnaires à raison d'une action nouvelle pour trois anciennes.

Le capital a été élevé, enfin, à 200 millions par décision des assemblées générales des 12 mars et 25 avril 1881 au moyen de la création de 200.000 actions nouvelles de 500 francs.

Le 10 avril 1894, le conseil d'administration a décidé la libération complète des actions. Cette libération a été réalisée au moyen de cinq versements de 50 francs chacun, échelonnés sur une période de deux ans et demi qui a pris fin le 26 septembre 1896.

Le capital social s'élève donc maintenant à 200 millions, représentés par 400.000 actions de 500 francs, entièrement libérées.

Réserves

Les réserves du Crédit lyonnais qui s'élevaient à 60 millions viennent d'être portées à 70 millions, par décision de l'assemblée générale du 17 mars 1900.

Les immeubles que possède l'établissement servent exclusivement à son industrie. Leur évaluation figure au bilan pour le chiffre de 30 millions.

Les dépenses pour travaux de construction, de transformation et d'entretien auxquels ils peuvent donner lieu sont amorties dans l'année au cours de laquelle ils ont été effectués.

Il en est de même de toute dépense de premier établissement de quelque nature qu'elle soit.

En fait, sur un chiffre total de 270 millions, capital et réserves, une somme de 30 millions est affectée aux immeubles sociaux ; le surplus, soit 240 millions, est employé en opérations courantes de banque.

Opérations

Le Crédit lyonnais est autorisé par ses statuts à escompter tous effets de commerce, warrants ou bulletins de gage et, en général, toutes sortes d'engagements à échéance fixe résultant de transactions commerciales ou industrielles ; — à négocier et à réescompter ces valeurs après les avoir revêtues de son endos ; — à fournir et à accepter tous mandats, traites et lettres de change ; — à faire des avances sur effets publics, actions, obligations, warrants ou autres valeurs pouvant être donnés en nantissement ; — à se charger de tous paiements et recouvrements pour compte d'autrui, soit au moyen de chèques, soit de toute autre manière ; — à opérer, pour le compte de tiers, l'achat ou la vente de fonds publics et de valeurs industrielles ; — à ouvrir toutes souscriptions pour la réalisation d'emprunts publics ou autres, sous quelque forme que ce soit ; — à fournir ou recevoir de l'argent en comptes courants productifs d'intérêts ; — à donner tous engagements, avals et cautions pour quelque motif que ce soit et notamment en douane ; — à prêter et à emprunter en acceptant et conférant toutes affectations hypothécaires et toutes garanties mobilières ; — à soumissionner tous emprunts d'États, de départements, de communes, d'établissements publics, etc. ; — à acquérir ou vendre tous titres de rentes, effets publics, actions et obligations de sociétés industrielles et financières, civiles ou commerciales.

Il tient à la disposition du public des titres des principales valeurs de placement : obligations de la ville de Paris, du Crédit foncier, des grandes compagnies de chemins de fer, etc.

Il prête sur la plupart des valeurs françaises et étrangères, au porteur ou nominatives, cotées ou non cotées à la bourse de Paris.

Il garantit les titres contre les risques de remboursement au pair.

Le Crédit lyonnais se charge de toutes opérations telles que versements, libérations, renouvellements de feuilles de coupons, timbrages, conversions et transferts. Il se charge également, moyennant commission, de produire aux faillites les valeurs de bourse, ainsi que les créances, et d'encaisser les dividendes.

Il envoie des fonds dans toutes les localités de la France et de l'étranger par correspondance et par télégraphe.

Il délivre des lettres de crédit sur tous pays.

Il se charge de l'encaissement des titres appelés au remboursement, en décomptant au change le plus avantageux ceux payables en monnaies étrangères.

Il reçoit en dépôt, moyennant un droit de garde, tous titres et valeurs.

Il fait, en un mot, aussi bien à l'étranger qu'en France, toutes opérations de banque, de commerce et de finance,

Le Crédit lyonnais met en location à la disposition du public, dans les sous-sols de son siège central et des principales agences en province et à l'étranger, des coffres-forts entiers ou des compartiments de coffres-forts, de diverses contenances, destinés à renfermer des papiers, des valeurs, des bijoux, de l'argenterie et tous autres objets.

CONSEIL D'ADMINISTRATION

Le conseil d'administration est composé de dix à quinze membres, nommés pour cinq ans, et devant être propriétaires de 300 actions chacun. Ce conseil est renouvelable par cinquième chaque année.

Le conseil d'administration est actuellement composé de MM. Henri Germain, président; H. Bouthier, vice-président; E. Bethenod, M. Bô, René Brice, Baron Brincard, G. Broleman, E. Fabre Luce, E. Kleinmann, E. de la Martinière, L. Masson, H. Morin-Pons, J. Rosselli.

Les commissaires des comptes sont MM. des Vallières, Vautier et Tresca.

La direction générale de l'établissement est confiée à M. A. Mazerat.

ASSEMBLÉE GÉNÉRALE

L'assemblée générale ordinaire a lieu avant la fin du mois d'avril. Elle est composée de tous les actionnaires propriétaires de vingt actions depuis trois mois au moins, chaque membre ayant autant de voix qu'il possède de fois vingt actions, sans que ce nombre de voix puisse dépasser un maximum de vingt, soit comme propriétaire, soit comme mandataire.

Le conseil a le droit de réduire, par mesure générale, le délai de trois mois imposé pour la possession des actions donnant le droit de prendre part aux assemblées.

Année sociale

L'année sociale commence le 1ᵉʳ janvier et se termine le 31 décembre.

A. MAZERAT,
Directeur général du Crédit lyonnais.

[Pour qu'on puisse se faire une idée du développement des opérations du Crédit lyonnais, nous avons dressé le tableau suivant qui donne, par période de cinq ans, les moyennes annuelles des principaux chapitres du bilan].

ANNÉES	ESPÈCES EN CAISSE et DANS LES BANQUES	PORTEFEUILLE D'ESCOMPTE	AVANCES SUR GARANTIES et reports.	COMPTES COURANTS DÉBITEURS
1	2	3	4	5
	francs.	francs.	francs.	francs.
1863	1.032.000	6.285.000	3.862.000	6.421.000
1868	6.620.000	41.120.000	18.730.000	13.945.000
1873	9.517.000	42.776.000	60.891.000	46.333.000
1878	28.294.000	113.439.000	115.029.000	80.936.000
1883	37.500.000	172.233.000	104.515.000	93.091.000
1888	50.221.000	314.575.000	162.057.000	222.571.000
1893	77.247.000	639.449.000	163.306.000	269.917.000
1898	125.582.000	637.314.000	276.073.000	364.478.000
1899	131.893.000	668.139.000	284.780.000	334.028.000

(1) La diminution des dépôts à échéance fixes a pour cause la suppression des dépôts à 3, 4 et 5 ans.

DÉPOTS et BONS A VUE	COMPTES COURANTS CRÉDITEURS	DÉPOTS ET BONS à ÉCHÉANCE FIXE	ACCEPTATIONS
6	7	8	9
francs.	francs.	francs.	francs.
7.160.000	1.730.000	2.930.000	1.388.000
18.692.000	17.158.000	17.958.000	7.958.000
37.463.000	50.187.000	30.978.000	22.960.000
100.064.000	91.469.000	79.463.000	22.433.000
82.437.000	119.858.000	90.040.000	31.331.000
195.145.000	335.233.000	48.284.000	83.118.000
307.026.000	377.751.000	127.650.000	129.057.000
454.423.000	540.390.000	(1) 38.671.000	134.288.000
457.238.000	589.415.000	(1) 32.065.000	137.346.000

LA DEUTSCHE BANK

Fondée en avril 1870, avec un modeste capital de 15 millions de marks, la Deutsche Bank représente aujourd'hui par son capital, ses réserves, le nombre de ses clients et l'étendue de ses affaires, le plus important des établissements financiers et la plus forte association de capitaux en Allemagne.

Conformément à ses statuts, la Deutsche Bank s'est livrée, en premier lieu, aux opérations de banque proprement dites, escompte, dépôts, remboursements et changes.

En même temps l'activité de la banque a été féconde sur le terrain des valeurs mobilières. Le nombre des valeurs de l'espèce dont les intérêts sont payables aux guichets de la Deutsche Bank s'élevait, au 1ᵉʳ janvier 1900, à 435. Une grande partie représentait des emprunts d'État émis par la Banque ou des valeurs de sociétés créées par elle.

La Deutsche Bank a été contractant ou émetteur d'emprunts des gouvernements soit en Allemagne, soit à l'étranger, savoir :

Fonds d'État allemands. — Allemagne; — Prusse; — Bavière; — Wurtemberg; — Hesse; — Mecklembourg; — Hambourg; — Brême; — et autres gouvernements et villes d'Allemagne.

Fonds de gouvernements étrangers. — Autriche; — Argentine; — Chili; — Danemark; — Finlande; — Italie; — Mexique; — Norvège; — Roumanie; — Suède; — Turquie; — Egypte; — États-Unis, etc.

La Deutsche Bank a participé à la création ou à l'émission de valeurs mobilières dans un grand nombre de sociétés importantes, dont le champ de travail couvre la plupart des pays du globe.

Nous citerons la Banque allemande transatlantique; — la Banque allemande asiatique; — les Chemins de fer d'Anatolie, de la Macédoine, du Northern-Pacific; — A. Goerz et Cᵒ limited; — Allgemeine Elektricitats Gesellschaft; — Siemens et Halske, etc.

En trente ans, la Deutsche Bank a décuplé son capital, réparti 250 % de dividendes à ses actionnaires, porté à ses réserves 48 millions de marks.

Le mouvement des comptes pendant le dernier exercice dépasse 50 milliards de marks.

Nous donnons ci-après un tableau faisant connaitre, pour chacun des exercices 1870 à 1897, le montant du capital et des réserves de la banque, le mouvement des comptes, l'importance des dividendes distribués aux actionnaires.

Von Siemens et Gwinner.

RÉSULTATS OBTENUS PAR LA DEUTSCHE BANK

(1870-1899.)

ANNÉES	CAPITAL et RÉSERVES	MOUVEMENT des COMPTES	IMPORTANCE des DIVIDENDES distribués aux actionnaires.
1	2	3	4
	marks.	marks.	
1870	15.036.215	289.342.864	5 %
1871	30.161.192	951.445.036	8 %
1872	30.703.611	2.891.276.883	8 %
1873	46.308.987	3.765.140.668	4 %
1874	47.341.569	5.509.649.588	5 %
1875	48.434.506	5.512.596.664	3 %
1876	49.412.581	7.132.497.077	6 %
1877	49.857.429	7.325.231.848	6 %
1878	40.472.928	7.129.850.865	6 1/2 %
1879	51.646.742	8.834.737.806	9 %
1880	52.776.419	10.484.497.746	10 %
1881	54.354.059	12.898.953.540	10 1/2 %
1882	73.816.631	12.054.513.781	10 %
1883	74.381.884	13.205.456.803	9 %
1884	75.309.710	15.650.971.110	9 %

RÉSULTATS OBTENUS PAR LA DEUTSCHE BANK
(1870-1899) [*Suite*].

ANNÉES	CAPITAL et RÉSERVES	MOUVEMENT des COMPTES	IMPORTANCE des DIVIDENDES distribués aux actionnaires.
1	2	3	4
	marks.	marks.	
1885	75.748.039	15.647.999.465	9 %
1886	76.212.611	16.180.649.366	9 %
1887	76.659.769	18.062.819.201	9 %
1888	98.108.580	23.381.792.352	9 %
1889	98.852.467	28.125.250.988	10 %
1890	99.650.094	28.304.126.996	10 %
1891	100.162.756	25.559.236.637	9 %
1892	100.592.566	25.331.274.743	8 %
1893	101.025.280	29.152.668.709	8 %
1894	101.590.882	36.617.185.805	9 %
1895	138.634.390	37.900.537.501	10 %
1896	139.651.027	35.497.085.015	10 %
1897	195.275.637	37.913.360.703	10 %
1898	196.456.129	44.395.084.329	10 1/2 %
1899	198.049.268	50.770.285.211	11 %

LA SOCIÉTÉ GÉNÉRALE

POUR

FAVORISER LE DÉVELOPPEMENT DU COMMERCE ET DE L'INDUSTRIE

EN FRANCE

CRÉATION ET DURÉE DE LA SOCIÉTÉ

LA SOCIÉTÉ GÉNÉRALE POUR FAVORISER LE DÉVELOPPEMENT DU COMMERCE ET DE L'INDUSTRIE EN FRANCE a été créée suivant décret du 4 mai 1864, — modifiée par décrets du 25 août 1867 et du 13 août 1870, — constituée en société anonyme libre, avec l'autorisation du gouvernement, par acte passé devant Mᵉ Portefin, notaire à Paris, le 20 juin 1899.

La durée de la société qui devait être primitivement de 50 ans à partir de 1864, a été, en même temps, fixée à une nouvelle période de 50 années à compter du 1ᵉʳ janvier 1899.

SIÈGE

Le siège social est établi à Paris, rue de Provence, 54 et 56.

La Société générale a 292 sièges fixes dont 42 à Paris, 14 dans la banlieue, 236 dans les départements. — 32 bureaux fonctionnent en outre une ou deux fois par semaine dans certaines localités.

La Société générale a une agence à Londres.

CAPITAL SOCIAL

Le capital social, primitivement fixé à 120 millions, a été élevé par décision de l'assemblée générale extraordinaire du 7 août 1899, à 160 millions représentés par 320.000 actions de 500 francs, libérées de 250 francs; il pourra être porté à 200 millions par simple décision du conseil d'administration.

La réserve statutaire s'élève à 12.526.253 fr. 07, indépendamment d'une réserve spéciale de 6 millions.

OBJET DE LA SOCIÉTÉ

La Société générale prête son concours aux associations déjà constituées ou à celles qui se constituent sous la forme de sociétés en nom collectif, en commandite, anonymes ou à responsabilité limitée, et ayant pour objet, soit des entreprises financières, industrielles ou commerciales, mobilières ou immobilières, soit des entreprises de travaux publics. Elle se charge de constituer ces sociétés, d'émettre leur capital, de placer leurs actions et leurs obligations et d'ouvrir, à cet effet, toute souscription nécessaire; d'accepter au nom des actionnaires de ces sociétés, tout mandat de contrôle et de surveillance sur les opérations, tout pouvoir de les représenter où besoin sera. Enfin, elle peut prendre dans les sociétés constituées ou à constituer, une ou plusieurs parts d'intérêt.

La Société générale ouvre des crédits avec ou sans nantissements, connaissements, etc., à toutes sociétés ou à tout négociant et industriel ou à tous particuliers; — cautionne ou garantit l'exécution de toutes opérations et de tous engagements; — fait aux associations patronnées par elle des prêts avec ou sans hypothèque; — consent des prêts et ouvre des crédits sur garanties hypothécaires, transports en garantie, ou nantissements, à tous entrepreneurs de travaux publics et autres et à tout constructeur; — cède et transporte les prêts effectués avec ou sans garantie de la part de la société; — fait des avances à tout constructeur, propriétaire ou armateur de navires, sur sûretés et garanties régulières.

La Société générale assure au Crédit foncier de France le paiement des

annuités d'emprunt à long terme, reposant sur les immeubles industriels
des entreprises ayant son patronage.

La Société achète des matières d'or ou d'argent ou des métaux précieux destinés à être revendus en nature ou monnayés.

La Société générale escompte les effets de commerce payables à Paris,
dans les départements et à l'étranger ; — les effets, bons et valeurs émis
par le Trésor public, les villes, communes et départements ; — les warrants ou bulletins de gage concernant les marchandises déposées dans les
docks, entrepôts ou magasins généraux ; — et en général toutes sortes d'engagements fixes résultant de transactions commerciales et industrielles,
et d'opérations faites par toutes administrations publiques. Elle négocie
et réescompte ces valeurs. Ces effets et valeurs de commerce doivent être
à six mois d'échéance, au plus.

La Société se charge de tous les recouvrements pour le compte des
associations patronnées, clients et correspondants. Elle paye tous coupons
d'intérêt et de dividendes, accepte et paie tous mandats, chèques,
traites ou lettres de change dont la couverture a été faite soit par crédits
ouverts, soit en espèces, valeurs ou marchandises données en nantissement.

La Société générale fournit sur les clients et correspondants de la
Société tous mandats, traites, lettres de change à échéance fixe, à vue ou
à plusieurs jours de vue. Elle émet des engagements portant intérêt
dont l'exigibilité ne peut être moindre de quatre-vingt-dix jours, ni
excéder cinq années.

Elle fait des avances sur les rentes françaises et étrangères, sur les
valeurs émises par l'Etat, les départements, villes, communes et toutes
autres administrations publiques, françaises ou étrangères, actions et
obligations des chemins de fer français ou étrangers ou des sociétés
industrielles françaises ou étrangères, jusqu'à concurrence des quatre
cinquièmes de leur valeur et à la condition que ces avances ne seront
faites que pour une durée de quatre-vingt-dix jours au plus.

La Société reçoit, moyennant un droit de garde, des dépôts volontaires
de tous titres, lingots, monnaies et matières précieuses. Elle accepte, en
compte courant, les fonds versés à un taux d'intérêt fixé par le conseil
d'administration ou sans intérêt, et sous la condition que le solde de
ces comptes soit toujours représenté par des espèces, par des effets de
commerce à deux signatures et à quatre-vingt-dix jours, des rentes,

des bons du Trésor et d'autres valeurs sur lesquelle la Banque de France consent des avances.

La Société contracte et négocie aux conditions arrêtées par le conseil d'administration, tous emprunts publics ou autres ; elle ouvre toute souscription pour leur émission, participe à ces emprunts et à ces souscriptions, même à celles qui seraient ouvertes par d'autres pour les dits emprunts.

Elle effectue au mieux des intérêts de la société, le placement des fonds disponibles provenant du capital social, de son fonds de réserve et de ses bénéfices ; vend les valeurs ainsi achetées ; fait tous emplois du produit de ces ventes, conformément aux décisions du conseil d'administration.

Enfin, la Société fait généralement toutes les opérations d'une maison de banque soit en France, soit à l'étranger.

Les opérations à terme sur les fonds publics français et étrangers et sur les actions des compagnies lui sont interdites. Cette interdiction ne s'applique pas toutefois aux reports ou aux opérations prévues plus haut, ou se rattachant à des valeurs émises par la Société.

CONSEIL D'ADMINISTRATION

M. Edw. Blount, président ;
M. le baron Hély d'Oissel, vice-président ;
MM. Bartholoni, Le Bègue, Brodin, Buron, Dejardin-Verkinder, Gaudet, le baron de Lassus Saint-Geniès, Lefèvre-Pontalis, de Sainte-Anne, Wagner, administrateurs.

CENSEURS-COMMISSAIRES

MM. le baron Chaudruc de Crazannes, Thirria, et Welche.

DIRECTION

M. Louis Dorizon, directeur ;
MM. Maxime Duval, Defontaine, Génébrias de Fredaigues, sous-directeurs ;
M. Kolb, secrétaire général.

ASSEMBLÉE GÉNÉRALE

L'assemblée générale annuelle a lieu dans le 1ᵉʳ trimestre de l'année
et généralement dans la deuxième quinzaine de mars.

ANNÉE SOCIALE

L'année sociale commence le 1ᵉʳ janvier et finit le 31 décembre.

DORIZON,
*Directeur de la Société générale pour favoriser le commerce
et l'industrie en France.*

[Nous donnons en annexe un tableau des opérations de la Société générale à différentes dates].

| ANNÉES | NOMBRE DES GUICHETS DE LA SOCIÉTÉ | | | COMPTES DE CHÈQUES | | DÉPOTS |
| | Guichets à Paris et dans la banlieue. | Guichets, Agences et Bureaux rattachés. | TOTAL | Nombre. | Sommes. | A ÉCHÉANCE fixe. |
1	2	3	4	5	6	7
					francs.	francs.
1865................	»	»	»	1.640	15.716.000	41.679.000
1875................	26	90	116	34.703	118.075.000	87.571.000
1880................	41	106	147	42,888	189 645.000	114.064.000
1885................	44	116	160	50.123	153.698.000	89.828.000
1890................	36	118	154	55.922	157.167.000	94.740.000
1895................	42	168	210	64.691	150.366.000	99.012.000
1898................	50	222	272	79.946	189.058.000	116.582.000
1899................	56	235	291 (1)	87.023	209.237.000	119.029.000

(1) Non compris 32 bureaux qui fonctionnent seulement une ou deux fois par semaine, dans certaines

COMPTES COURANTS créditeurs	CAISSE et BANQUE	PORTEFEUILLE	PORTEFEUILLE (Entrées dans l'année). NOMBRE d'effets.	SOMMES	COUPONS ENCAISSEMENTS dans l'année.	TOTAL DU BILAN
8	9	10	11	12	13	14
francs.	francs.	francs.		francs.	francs.	francs.
»	15.000.000	25.605.000	150.002	493.172.000	65.092.000	210.000.000
37.594.000	24.000.000	102.424.000	4.045.308	3.802.469.000	211.097.000	407.000.000
73.843.000	31.000.000	108.312.000	4.810.163	4.971.088.000	230.167.000	495.000.000
69.225.000	34.000.000	129.384.000	11.409.323	6.125.871.000	239.789.000	477.000.000
100.714.000	39.000.000	146.956.000	11.949.707	7.093.395.000	293.170.000	522.000.000
160.385.000	44.000.000	136.583.000	19.000.210	7.924.828.000	299.027.000	591.000.000
201.171.000	54.000.000	226.574.000	29.348.869	11.868.067.000	359.619.000	710.000.000
240.197.000	58.000.000	284.251.000	31.465.615	12.836.921.000	380.450.000	828.000.000

localités.

LES CHEMINS DE FER DU MIDI

(FRANCE)

ORGANISATION DE LA COMPAGNIE. STATISTIQUE DE SES TITRES

I. — CONSTITUTION DE LA COMPAGNIE.

La Compagnie des chemins de fer du Midi s'est constituée en société anonyme en vertu d'un décret d'autorisation du 6 novembre 1852 ; ses statuts, plusieurs fois modifiés, portent les dates des 6 novembre 1852, 7 août 1856, 10 août 1868, 21 janvier 1870 et 21 juillet 1898. L'étendue du réseau de chemins de fer dont elle a reçu la concession est d'environ 4.300 kilomètres, sur lesquels 3.506 kilomètres étaient exploités au 31 décembre 1899.

Le canal latéral à la Garonne qui lui avait été concédé en 1852, en même temps que les premières lignes de chemin de fer, a été, suivant convention du 3 novembre 1896, rétrocédé à l'État, à partir du 1er juillet 1898, et à cette même date a pris fin le bail du canal du Midi que lui avait consenti en 1858 la compagnie propriétaire.

La durée de la concession de la Compagnie du Midi est de quatre-vingt-dix-neuf années expirant le 31 décembre 1960.

II. — ACTIONS.

Le capital social de la Compagnie des chemins de fer du Midi, au chiffre nominal de 125 millions de francs, se divise en 250.000 actions de 500 francs émises en deux séries, l'une de 134.000 titres en exécution des statuts primitifs de 1852, l'autre de 116.000 en exécution des statuts modifiés du 7 août 1856.

Les 134.000 actions de la première série, ainsi que 15.000 des actions de la seconde affectées au rachat de l'ancienne Compagnie du chemin de fer de Bordeaux à La Teste, ont été émises au pair et ont fourni un capital de . . . .   74.500.000 fr.

89.334 actions de la deuxième série souscrites, soit au prix de 700 francs par les porteurs des actions anciennes usant du privilège qui leur avait été réservé, soit par des tiers, au prix de 760 francs, ont produit une somme de 62.876.380

Enfin, par la vente en bourse du solde de 11.666 actions au prix moyen de 813 fr. 087, il a été réalisé une somme de 9.485.471

Le capital social de la Compagnie, qui nominalement n'est que de 125 millions de francs, s'élève donc en réalité à . . . .   146.861.851 fr.

Montant des versements effectués par les actionnaires.

Toutes les actions, quelle que soit leur origine, ont droit à une part égale dans le partage des bénéfices. La loi du 28 mai 1853 approbative des stipulations financières du décret de concession, avait accordé une garantie d'intérêts à 4 pour % sur le capital primitif de 67 millions de francs affecté à la construction de la grande artère de Bordeaux à Cette et des deux lignes qui, partant de Bordeaux d'un côté, et de Narbonne de l'autre, se dirigent vers la frontière d'Espagne. Cette clause est inscrite dans le corps des titres, mais elle est aujourd'hui abrogée et remplacée par les dispositions plus larges de l'article 13 de la convention du 9 juin 1883, dont voici le texte :

Art. 13. — Les dispositions des conventions antérieures concernant la garantie d'intérêts à la charge de l'État et le partage des bénéfices sont remplacées, à compter du 1er janvier 1884, par les dispositions suivantes :

La Compagnie ne pourra avoir recours à la garantie de l'État que dans le cas d'insuffisance du produit net résultant du compte unique d'exploitation dont il est parlé à l'article 10 ci-dessus, pour faire face aux dépenses suivantes :

1° Les charges effectives, intérêts, amortissement et frais accessoires des emprunts faits par la Compagnie jusqu'au 31 décembre de l'année précédente, jusqu'à concurrence de la somme totale (déduction faite des subventions) dépensée, jusqu'à cette date, par la Compagnie, soit pour frais de rachat de lignes, travaux et dépenses de premier établissement, dépenses d'approvisionnements effectifs dans la limite d'une somme maxima de 25 millions de francs, travaux et dépenses complémentaires exécutés à toute époque avec approbation du ministre des Travaux publics, soit pour frais généraux, insuffisances de produit net et charges d'intérêt et d'amortissement pendant la période d'exploitation au compte de premier établissement, soit enfin pour paiements non remboursables faits ou à faire à l'État, en vertu des conventions antérieures et de l'article 11 de la présente convention, et en général, pour des dépenses dûment justifiées dans les conditions fixées par le décret du 6 mai 1863.

2° Une somme de douze millions cinq cent mille francs.

Les excédents qui se produiront seront employés par la Compagnie à rembourser à l'État, avec intérêts simples à quatre pour cent (4 °/₀) l'an, les avances qu'il lui aura faites à titre de garant.

Ces remboursements effectués, la part d'excédent, au delà de deux millions cinq cent mille francs, sera partagée entre l'État et la Compagnie dans le rapport de deux tiers pour l'État et un tiers pour la Compagnie.

La somme de 12.500.000 francs attribuée au capital-action représente un dividende de 50 francs, celle de 15 millions (12.500.000 + 2.500.000) un dividende de 60 francs. La Compagnie ayant dû, depuis 1884, faire tous les ans appel à la garantie d'intérêts, n'a pu jusqu'ici distribuer à ses actionnaires que le dividende minimum de 50 francs. Cette somme se divise en 25 francs d'intérêt et 25 francs de dividende proprement dit, elle est payée en trois termes, savoir : acompte de 15 francs le 1ᵉʳ juillet de l'exercice en cours, acompte de 25 francs le 1ᵉʳ janvier suivant, solde de 10 francs six mois après. L'échéance de juillet comprenant avec les 10 francs de solde de l'exercice expiré un acompte de 15 francs sur l'exercice en cours, s'élève, au total, à 25 francs comme l'échéance de janvier.

L'amortissement des actions commencé en 1871 se terminera en 1955, cinq ans avant l'expiration de la concession ; il s'effectue par voie de tirage au sort dans le courant du mois d'avril. Les actions sorties au tirage sont remboursées au pair le 1ᵉʳ juillet suivant ; avec la somme de 500 francs montant du remboursement, les propriétaires de titres amortis reçoivent le solde de 10 francs sur l'exercice expiré, plus 12 fr. 50 d'intérêt pour les six premiers mois de l'exercice en cours, au total 22 fr. 50. Il leur est, en même temps, délivré des actions de jouissance ayant droit à la somme annuelle distribuée aux actions de capital, moins les 25 francs d'intérêts ; le paiement de ce dividende est effectué en un seul terme, le 1ᵉʳ juillet qui suit la clôture de l'exercice. Le nombre des actions de jouissance en circulation au 31 décembre 1899 est de 12.513.

Le cours des actions de la Compagnie du Midi, étant donnée la fixité du dividende qui depuis 1884 n'a pas dépassé le minimum garanti et ne pourra s'accroître qu'après le remboursement des avances du Trésor, atteignant déjà le chiffre de 218 millions, ne saurait être influencé par les résultats de l'exploitation, il suit le mouvement que détermine la situation générale du marché des valeurs mobilières. Le cours moyen des actions de capital était de 1.163 fr. 06 en 1884, celui des actions de jouissance de 571 fr. 04 ; ces cours se sont élevés progressivement jusqu'à 1.449 fr. 06 et 776 fr. 19 en 1898, puis sont retombés à 1.368 fr. 05 et 725 fr. 87 en 1899.

III. — Obligations

La Compagnie des chemins de fer du Midi a émis trois séries d'obligations, faisant chacune l'objet d'une cote distincte à la bourse de Paris : les obligations 3 %, dites anciennes ; — les obligations 3 % dites nouvelles ; — les obligations 2 1/2 %.

Les deux séries d'obligations 3 % ne diffèrent que par la date du paiement des coupons (obligations anciennes, 1er janvier et 1er juillet ; obligations nouvelles, 1er avril et 1er octobre) et celle du remboursement des titres amortis (obligations anciennes, 1er juillet ; obligations nouvelles 1er octobre).

Les coupons des obligations 2 1/2 % sont à échéance des 1er mars et 1er novembre, l'amortissement est semestriel et le remboursement des titres amortis a lieu aux mêmes dates que le paiement des coupons. Les trois séries d'emprunt seront intégralement remboursées en 1957, trois ans avant l'expiration de la concession.

Les obligations 3 % anciennes émises de 1856 à 1884, au nombre de 2.900.000 ont procuré à la Compagnie un capital de...................... 879.800.627 fr.

Les obligations 3 % nouvelles émises de 1884 à 1897, au nombre de 572.130, un capital de........ 229.143.087

Et les obligations 2 1/2 % dont il a été vendu 148.130 de 1897 à 1899 un capital de.............. 62.489.275

Ensemble.................... 1.171.432.989 fr.

Le prix moyen d'émission et le taux d'intérêt ressortent aux chiffres suivants :

	PRIX D'ÉMISSION fr. c.	TAUX D'INTÉRÊT fr.
Obligations 3 % anciennes	303.76	4.938 %
— 3 % nouvelles	403.21	3.720 %
— 2 1/2 %	425.75	2.936 %

De 1856 à 1899, il a été amorti 374.740 obligations ; par suite, le nombre des titres en circulation se trouve ainsi réduit aujourd'hui :

Obligations 3 % anciennes... ....   2.565.210
    —   3 % nouvelles.............. . ...   535.113
    —   2 1/2 %........ ....   145.197

De 1884 à 1897, le cours des obligations 3 % a toujours progressé ; de 371 fr. 163 (série ancienne) et 367 fr. 574 (série nouvelle), il s'est élevé à 480 fr. 428 et 482 fr. 088, cours moyens de 1897. Depuis, une légère réaction s'est produite et les cours moyens de 1899 ne sont plus que de 461 fr. 396 et 463 fr. 127. Quant aux obligations 2 1/2 %, dont l'émission a commencé l'année même où les 3 % atteignaient les plus hauts prix, leur cours moyen a été de 452 fr. 850 en 1897, puis il a fléchi à 441 fr. 953 en 1898 et à 418 fr. 334 en 1899.

Sur le produit de ses emprunts, la Compagnie du Midi a avancé à l'Etat une somme de 270.300,000 fr. (1) en chiffre rond, destinée au paiement des travaux de construction mis à sa charge par les conventions, elle a employé 32.446.404 fr. 05 au remboursement des avances de garantie à elle faites sous le régime des conventions anciennes, et elle a appliqué le surplus au paiement des dépenses de premier établissement et des autres dépenses énumérées dans l'article 13 précité de la convention de 1883. Les sommes versées à l'Etat à titre d'avances sont remboursées par annuités ; la Compagnie n'est donc, pour la partie des emprunts qui a servi à les réaliser, qu'un intermédiaire entre l'Etat et les porteurs de titres. Pour l'autre partie des emprunts, le service de l'intérêt et de l'amortissement est assuré par le produit net de l'exploitation et, en cas d'insuffisance, par la garantie de l'Etat. Les titres d'obligations 3 % anciennes mentionnent les dispositions relatives à la garantie d'intérêts en vigueur à l'époque où ils ont été émis ; de là une

---

(1) Savoir :

		fr.	c.
Avances de la convention de 1868............... ..		118.291.344	85
Avances de la convention de 1872...		5.602.352	28
Avances de la convention de 1875		38.400.000	00
Avances de la convention de 1883.................		108.800.000	00
Soit en chiffre rond........		270.000.000	00

Le chiffre des avances faites en exécution de la convention de 1883 n'est qu'approximatif, les comptes de l'exercice 1899 n'étant pas arrêtés à la date de la rédaction de la présente note.

certaine diversité dans le libellé des titres. Toutes ces dispositions étant aujourd'hui abrogées et remplacées par celles de l'article 13 de la convention de 1883, il n'y a, au point de vue du droit à la garantie d'intérêts, aucune distinction à faire entre les emprunts de la Compagnie, quelle que soit leur date et quelque énonciation que portent les titres.

IV. — Répartition des actions et des obligations en titres nominatifs et titres au porteur

Les titres de la Compagnie du Midi sont, à la volonté de leurs propriétaires, délivrés au porteur ou sous la forme de certificats nominatifs ; on trouvera annexé à la présente note un tableau indiquant, pour la dernière période décennale, le nombre et la proportion pour cent des deux espèces de titres.

La proportion des titres nominatifs tend toujours à s'accroître : elle était en 1890 de 38.3 % pour les actions, de 64.7 % pour les obligations. Elle est, en 1896, de 40.1 % pour les premières, de 67.7 % pour les secondes. La préférence des capitalistes pour cette forme de titres a des causes bien connues : elle constitue la meilleure des garanties contre les risques de perte ou de détournement, elle permet de constater les origines de propriété, se prête à toutes les combinaisons des contrats et sauvegarde les droits des femmes mariées, des mineurs et des incapables. En outre, le droit de transmission sur les mutations de titres nominatifs est moins lourd que l'abonnement imposé aux titres au porteur, lorsqu'il est perçu sur des valeurs que l'on conserve longtemps en portefeuille. Entre la proportion des actions nominatives et celle des obligations de même type, l'écart est sensible, 40.1 % contre 67.7 %. Les actions, on le sait, ont gardé dans une certaine mesure le caractère de valeurs de spéculation que n'ont jamais eu les obligations et elles donnent lieu à d'assez fréquentes opérations à terme, tandis que les obligations se négocient presque exclusivement au comptant ; c'est pour cette raison sans doute que le premier titre est moins complètement classé que le second.

Les deux dernières colonnes de l'annexe indiquent, pour la même période décennale, le nombre de certificats nominatifs et le nombre moyen de titres par certificat. Ces nombres étaient les suivants en 1899 : 10.704 certificats d'actions et 65.107 certificats d'obligations avec une moyenne de 9 4/10 actions et de 33 8/10 obligations par certificat ; aux cours de l'année, chaque certificat représentait donc en moyenne un capital de 12.800 fr. en actions et de 15.500 fr. en obligations. Sans attri-

buer à ces données statistiques plus de valeur qu'il ne convient, et tout
en tenant compte du fait qu'elles ne fournissent aucun renseignement
sur la répartition des titres au porteur, on doit cependant en conclure
qu'une fraction importante des titres de la Compagnie du Midi se trouve
entre les mains de fort modestes capitalistes, et que, soit comme actionnaires, soit comme obligataires, un très grand nombre de personnes
sont appelées à participer aux bénéfices de l'exploitation de son réseau.

FABIGNON,

Secrétaire gén'ral honoraire
de la Compagnie des chemins de fer du Midi.

[TABLEAUX.]

ACTIONS ET OBLIGATIONS

COURS MOYEN 1884-1899

ANNÉES	ACTIONS DE CAPITAL	ACTIONS DE JOUISSANCE	OBLIGATIONS ANCIENNES	OBLIGATIONS NOUVELLES	OBLIGATIONS 2 1/2 %
1	2	3	4	5	6
	francs.	francs.	francs.	francs.	francs.
1884	1.163.06	571.03	371.16	367.67	»
1885	1.166.26	562.44	380.88	380.33	»
1886	1.157.10	563.98	388.83	388.71	»
1887	1.150.88	556.05	393.40	394.13	»
1888	1.164.62	571.39	400.48	401.45	»
1889	1.193.75	587.24	412.19	413.59	»
1890	1.262.72	636.23	435.10	437.03	»
1891	1.305.50	683.13	444.78	447.72	»
1892	1.300.28	675.44	460.70	462.82	»
1893	1.334.14	692.05	461.82	462.74	»
1894	1.209.45	617.72	456.98	458.93	»
1895	1.290.36	673.87	468.68	471.59	»
1896	1.288.13	692.75	472.23	473.61	»
1897	1.375.15	729.63	480.43	482.09	452.85
1898	1.449.06	776.19	477.25	478.79	441.95
1899	1.368.05	725.87	461.40	463.13	418.33

OBLIGATIONS

ÉMISSIONS 1856-1899

ANNÉES	NOMBRE DES OBLIGATIONS	PRODUIT DES ÉMISSIONS	TAUX D'ÉMISSION
1	2	3	4
1°. — Obligations 3 0/0 anciennes			
		fr. c.	fr. c.
1856	149.788	42.536.690 »	283 97
1857	100.000	25.259.035 21	252 59
1858	88.372	24.190.864 97	273 73
1859	111.628	31.012.935 20	277 82
1860	99.825	28.707.807 98	287 58
1861	96.422	27.930.954 66	289 66
1862	239.345	71.746.892 48	299 76
1863	179.046	52.719.209 10	294 44
1864	192.850	54.556.061 17	282 89
1865	192.150	55.472.176 35	288 69
1866	69.900	20.472.582 81	292 88
1867	»	»	»
1868	86.711	27.279.164 35	314 59
1869	117.724	38.068.064 95	323 36
1870	54.269	18.018.486 15	332 02
1871	89.932	26.068.965 27	289 87
1872	55.374	15.667.955 88	282 95
1873	82.835	22.287.596 92	268 96
1874	79.565	21.615.966 51	271 67
1875	158.930	47.462.073 54	298 52
1876	53.341	16.834.657 02	315 60
1877	89.525	29.135.941 54	325 41
1878	108.553	37.035.676 48	341 17
1879	86.072	31.867.854 80	370 24
1880	38.265	14.618.457 37	382 03
1881	17.014	6.548.515 10	384 88
1882	59.926	21.991.317 35	366 97
1883	162.366	57.771.605 77	355 81
1884	36.582	12.923.118 97	353 26
	2.896.410	879.800.627 60	303 76
Obligations amorties avant émission	3.590		
Total	2.900.000		

OBLIGATIONS

ÉMISSIONS 1856-1899

ANNÉES	NOMBRE DES OBLIGATIONS	PRODUIT DES ÉMISSIONS	TAUX D'ÉMISSION
1	2	3	4

2°. — Obligations 3 0/0 nouvelles

ANNÉES	NOMBRE DES OBLIGATIONS	PRODUIT DES ÉMISSIONS		TAUX D'ÉMISSION	
		fr.	c.	fr.	c.
1884	136.773	49.606.183	96	362	68
1885	64.476	24.251.314	86	376	13
1886	85.489	32.927.041	48	385	16
1887	35.857	14.049.491	93	391	82
1888	44.877	17.895.741	14	398	77
1889	32.930	13.463.621	13	408	85
1890	17.906	7.616.143	99	425	34
1891	13.202	5.882.276	10	445	56
1892	15.807	7.182.653	33	454	40
1893	29.981	13.795.424	93	460	14
1894	23.457	10.777.489	98	459	45
1895	»	»		»	
1896	58.920	27.618.004	25	468	74
1897	8.623	4.077.699	74	472	89
	568.298	229.143.086	82	403	21
Obligations amorties avant émission	3.832				
Total	572.130				

3°. — Obligations 2 1/2 0/0

ANNÉES	NOMBRE DES OBLIGATIONS	PRODUIT DES ÉMISSIONS		TAUX D'ÉMISSION	
		fr.	c.	fr.	c.
1897	34.935	15.563.820	96	445	51
1898	36.256	15.975.886	50	440	64
1899	75.586	30.949.567	73	409	46
	146.777	62.489.275	19	425	75
Obligations amorties avant émission	1.353				
Total	148.130				

SITUATION DES TITRES, EN NOMBRE, AU 31 DÉCEMBRE 1899

NATURE DES TITRES	OBLIGATIONS ÉMISES	OBLIGATIONS AMORTIES	OBLIGATIONS EN CIRCULATION
1	2	3	4
Obligations 3 % anciennes	2.900.000	334.790	2.565.210
Obligations 3 % nouvelles	572.130	37.017	535.113
Obligations 2 1/2 %	148.130	2.933	145.197
Totaux	3.620.260	374.740	3.245.520

ACTIONS ET OBLIGATIONS

LEUR RÉPARTITION EN TITRES AU PORTEUR ET EN TITRES NOMINATIFS 1890-1899

| ANNÉES | TITRES AU PORTEUR | | TITRES NOMINATIFS | | NOMBRE TOTAL | NOMBRE | NOMBRE moyen de TITRES par certificat |
| | NOMBRE | Pro-portion %. | NOMBRE | Pro-portion %. | DE TITRES | DE CERTIFICATS nominatifs. | |
1	2	3	4	5	6	7	8
I. — ACTIONS.							
1890	154.165	61.7	95.835	38.3	250.000	7.601	12.7
1891	152.152	60.9	97.848	39.1	250.000	8.002	12.2
1892	149.863	60.0	100.137	40.0	250.000	8.515	11.7
1893	147.240	58.9	102.760	41.1	250.000	9.082	11.3
1894	154.762	61.9	95.238	38.1	250.000	9.144	10.9
1895	156.719	62.7	93.281	37.3	250.000	9.242	10.1
1896	154.803	61.9	95.197	38.1	250.000	9.627	9.9
1897	151.580	60.6	98.420	39.4	250.000	10.069	9.7
1898	150.161	60.1	99.839	39.9	250.000	10.452	9.5
1899	149.766	59.9	100.234	40.1	250.000	10.704	9.4
II. — OBLIGATIONS.							
1890	1.098.109	35.3	2.008.576	64.7	3.106.685	56.681	35.4
1891	1.066.158	34.3	2.038.903	65.7	3.105.061	57.742	35.3
1892	1.056.402	34.0	2.048.940	66.0	3.105.342	58.642	34.9
1893	1.047.790	33.6	2.071.303	66.4	3.119.093	59.739	34.7
1894	1.056.951	33.8	2.068.873	66.2	3.125.824	60.157	34.4
1895	1.039.565	33.4	2.069.035	66.6	3.108.600	60.717	34.1
1896	1.040.373	33.2	2.109.104	66.8	3.149.477	62.166	33.9
1897	1.039.085	32.6	2.137.841	67.4	3.173.926	63.170	33.8
1898	1.035.202	32.4	2.155.557	67.6	3.190.759	63.883	33.6
1899	1.047.555	32.3	2.197.965	67.7	3.245.520	65.107	33.8

LES VALEURS A LOTS

STATISTIQUE

I. — Valeurs inscrites a la cote officielle de la bourse de Paris

Les valeurs à lots inscrites à la cote officielle des agents de change de la bourse de Paris sont au nombre de trente-deux.

Trente valeurs sont françaises ; deux seulement sont étrangères : les lots d'Autriche 1860 et les lots du Congo.

Ces deux valeurs sont, par suite, les seules qui puissent être négociées sur les marchés français et dont les journaux soient autorisés à publier les tirages.

Nous groupons ces valeurs dans le tableau ci-après d'après le revenu décroissant qu'elles procurent aux porteurs de titres.

[Tableau.]

DÉSIGNATION des VALEURS (1)	NOMBRE des OBLIGATIONS émises.	NOMBRE des OBLIGATIONS en circulation.	NOMBRE de TIRAGES annuels.	NOMBRE total DES LOTS par an.
1	2	3	4	5
Canal maritime de Suez 5 %.	383.333	218.108	4	100
Ville de Paris, emprunt 1886	258.065	234.891	4	52
— — 1875	500.000	456.075	4	136
— — 1865	600.000	451.487	4	84
Ville d'Amiens 1871	72.000	47.516	2	68
Crédit Foncier { Obligations foncières, 1895	500.000	496.809	4	224
— — 1880	1.000.000	838.642	6	318
— — 1885	1.000.000	984.745	6	318
Obligations communales, 1892	500.000	491.010	4	152
— — 1891	1.000.000	969.871	6	98
Obligations foncières, 1879	1.800.000	1.509.448	6	600
Ville de Lyon, 1889	685.076	258.625	2	45
Crédit Foncier. — Obligations communales, 1899.	500.000	499.812	6	201
Ville de Paris, emprunt 1894-96.	448.000	400.481	4	84
— — 1871	1.296.300	1.090.740	4	852
— — 1892	588.285	583.561	4	136
Crédit Foncier. — Obligations communales, 1879.	1.000.000	833.042	6	318
Lots d'Autriche, 5 %, 1860	400.000	228.800	2	100
Ville de Paris, 1898	689.672	685.498	4	200
Ville de Marseille, 1877.	259.462	149.141	2	30
Ville de Paris, emprunt 1899	280.487 (4)	412.467	4	132
— — 1869	753.623	274.032	4	60
Département du Nord 1870	225.000	59.810	2	132
Crédit Foncier { Bons 1887	230.000	224.504	1	444
Bons 1888	150.000	148.351	1	141
Canal interocéanique de Panama, oblig. et bons.	2.000.000	1.995.791	6	316
Congo, lots 1888	1.500.000	1.478.100	6	150
Ville de Lille, 1860	175.000	18.465	2	111
Ville de Roubaix-Tourcoing	60.000	24.977	2	1.626
Bons de la Presse	500.000	498.200	1	300
Bons de l'Exposition de 1900	3.250.000	3 246.386	6	955
— 1889	1.200.000	1.197.917	1	131
TOTAUX GÉNÉRAUX	23.754.753	21.002.297	120	8.114

(1) Ces valeurs sont classées d'après le revenu décroissant qu'elles procurent aux porteurs (col. 14).

(2) Trois tirages comportant un lot de 150.000 francs ; — les trois autres, un lot de 100.000 francs.

(3) Trois tirages comportant un lot de 500.000 francs ; — les trois autres un lot de 250.000 francs.

LOTS

ENTS DE CHANGE DE LA BOURSE DE PARIS

Janvier 1900.

MONTANT annuel DES LOTS	LOT PRINCIPAL à chaque tirage.	REVENU brut annuel.	PRIX AU COURS du 31 décembre 1899	VALEUR totale DES OBLIGATIONS en circulation.	ÉPOQUE de L'AMORTISSEMENT final.	VALEUR DES LOTS par obligation en circulation.	REVENU NET, prime d'assurance déduite, y compris la valeur des lots.	REVENU % d'après le cours au 31 déc. 1899
6	7	8	9	10	11	12	13	14
francs.	francs.	francs.	francs.	millions de francs.		fr. c.	fr. c.	
1.000.000	150.000	25	600	130.8	1918	4.58	23.08	3.84
500.000	100.000	20	548	128.7	1950	2.12	19.36	3.53
900.000	100.000	20	547	294.4	1950	2. »	19.36	3.53
1.140.000	150.000	20	542	244.7	1928	2.52	18.70	3.45
50.000	25.000	4	117	5.5	1921	1.05	3.65	3.11
800.000	100.000	14	452	224.5	1970	1.61	14.07	3.11
1.200.000	100.000	15	492	412.6	1939	1.43	14.83	3.01
1.200.000	100.000	14	452	445.1	1980	1.21	13.65	3.01
800.000	100.000	15	468	229.7	1967	1.62	14.08	3. »
810.000	100.000	12	385	373.3	1966	0.82	11.54	2.99
2.160.000	100.000	15	497	750.1	1939	1.43	14.83	2.98
60.000	50.000	3	99	25.8	1913	0.23	2.91	2.93
1.050.000	150.000 (2)	13	473	236.4 (5)	1974	2.10	13.60	2.87
646.000	100.000	10	365	146.1	1973	1.61	10.41	2.85
1.500.000	100.000	12	414	451.5	1946	1.37	11.65	2.81
800.000	100.000	10	363	211.8	1973	1.36	10.14	2.79
1.200.000	100.000	13	473	394.0	1939	1 44	12.92	2.73
1.050.000	750.000 (6)	50	1.411	322.8	1917	4.59	39.19	2.70
1.400.000	200.000	10	402	275.5	1972	2.04	10.76	2.67
300.000	100.000	12	485	72.3	1917	2.01	12.71	2.62
600.000	100.000	10	395	162.9 (4)	1978	1.45	10.25	2.59
1.000.000	200.000	12	418	114.5	1909	3.64	10.30	2.45
48.000	25.000	3	107	6.3	1905	0.80	1.80	1.68
198.000	100.000	»	45	10.1	1963	0.88	»	»
134.000	100.000	»	44	6.5	1963	0.90	»	»
3.390.000	500.000 (3)	»	100	199.5	1988	1.69	»	»
700.000	150.000	»	81	119.7	1987	0.47	»	»
114.000	25.000	3	126	2.3	1902	6.17	»	»
100.000	5 000	»	45	1.1	1915	4. »	»	»
50.000	10.000	»	11	5.4	1961	0.11	»	»
1.160.000	100.000	»	11	35 7	»	0.35	»	*
72.000	50.000	»	7	8.3	1964	0.06	»	»
26.632.000	»	332	10.975	6.047.9	»	»	»	»

(4) Il a été émis seulement 280.487 obligations, mais sur la totalité de l'emprunt, il reste 462.467 obligations.

(5) Tout payé.

(6) 300.000 florins.

Les résultats que fait apparaître cette statistique sont particulièrement intéressants :

Le nombre des obligations à lots s'élève à 23.754.753.

Par suite des remboursements et amortissements déjà effectués, le nombre des obligations restant en circulation se chiffre par 21.002.297 obligations.

Le nombre des tirages annuels de ces titres divers est de 120.

Le nombre des lots que donnent, par an, ces obligations s'élève à 8,114 en chiffres ronds.

Le montant annuel des lots est de 26.632.000 francs.

Sur ces 26 millions de lots, les obligations foncières et communales du Crédit foncier distribuent annuellement plus de 9 millions. Elles donnent droit à 3 lots de 150.000 francs; — 47 lots de 100.000 francs; — 4 lots de 30.000 francs; — 29 lots de 25.000 francs, etc.

La Ville de Paris, à son tour, donne 1.104 lots s'élevant à près de 8 millions de francs par an.

Les plus gros lots sont ceux des lots d'Autriche 1860, qui sont de 300.000 florins, soit 750.000 francs au change de 2 fr. 50 le florin. Viennent ensuite : les lots Panama, 500.000 francs; — ceux des bons de l'Exposition de 1900, 500.000 francs; — de la Ville de Paris 1869 et 1898, qui sont de 200.000 francs; — de Suez 5 0/0, 150.000 francs ; — Ville de Paris 1865, 150.000 francs; — Communales 1899 et lots Congo 1888, qui sont de 150.000 francs. Les plus petits lots sont : de 50.000 francs, Ville de Lyon 1880; — de 25.000 francs, Ville d'Amiens 1871 ; — de 25.000 francs, Département du Nord, 1870; — de 5.000 francs, Ville de Roubaix 1860.

La valeur totale de ces obligations, au cours du 31 décembre 1899, s'élève à 6 milliards 47 millions 9.

Un capitaliste qui achèterait une obligation de chacun de ces emprunts débourserait 10.975 francs. Il participerait, tous les mois, à des tirages d'obligations remboursables avec un lot.

Il recevrait un revenu annuel brut de 332 francs et de 320 francs environ net en titres nominatifs ; son placement ressortirait à 2.84 %; mais, comme toutes ces obligations se négocient bien au-dessus du pair, il aurait à s'assurer contre le risque du remboursement au pair, sans quoi il supporterait une perte assez importante dans le cas où les obligations sortiraient remboursables.

Si l'on tient compte de la valeur des lots par obligation en circulation et de la prime d'assurance à payer pour être garanti contre le remboursement au pair, le revenu %, d'après les cours au 31 décembre 1899, sur 22 de ces titres, varie de 1.68 % au plus bas à 3.84 % au plus haut.

On voit, par ce qui précède, que les valeurs à lots occupent une place importante dans le portefeuille de l'épargne. Elles représentent un capital de 6 milliards environ sur un ensemble de 80 à 85 milliards de valeurs mobilières dont 60 à 65 milliards de titres français et 20 milliards de titres étrangers : elles constituent donc la dixième partie des valeurs françaises. Avec les rentes sur l'Etat, les obligations des grandes Compagnies de chemin de fer, ce sont elles qui sont le plus répandues, le plus morcelées à l'infini dans les petites bourses ; ces trois groupes de placements, rentes, obligations de chemins de fer, représentent en chiffres ronds, aux cours actuels, de 48 à 50 milliards ! Les obligations à lots ont toujours été recherchées parce que, offrant une sécurité absolue, elles laissent la porte ouverte à la fortune, ou, du moins, à l'amélioration de la situation que l'on possède.

Il n'est pas un porteur d'obligations à lots de la Ville de Paris et du Crédit foncier qui ne rêve de gagner un jour le gros lot. Pour lui, le revenu de l'obligation à lots est chose secondaire : il n'a acheté cette valeur que pour participer à ses nombreux tirages et bénéficier d'une prime, si le sort le favorise.

Sur cet ensemble de 6 milliards, les obligations à lots de la Ville de Paris et du Crédit foncier forment un total de près de 5 milliards.

Les valeurs à lots ont puissamment développé le goût de l'épargne. Le journalier, le salarié, l'employé, le petit travailleur qui commence par mettre de côté quelques francs pour acquérir un titre à lots, apprend à économiser, à se priver de choses futiles : il travaille encore avec plus d'ardeur pour arrondir son modeste avoir.

A ce point de vue, la création de valeurs à lots par la Ville de Paris et le Crédit foncier a eu un résultat moralisateur ; elle mérite donc d'être développée.

A ce point de vue encore, les grands établissements de crédit qui se sont chargés du placement de ces valeurs, en offrant à leur clientèle les plus grandes facilités, soit pour l'achat de ces titres en fractionnant le paiement de leur prix, soit même par des ventes à option, ont beaucoup contribué à la dissémination et au classement de ces valeurs dans le portefeuille de l'épargne.

Ces « ventes à option », c'est-à-dire la vente d'un titre avec faculté pour l'acheteur de le revendre à un prix déterminé, soit immédiatement, soit quelques jours après son acquisition, tout en profitant du tirage et du lot pouvant échoir au titre acheté, avaient pris, dans ces dernières années, une grande extension. Les établissements financiers y ont renoncé à la suite d'un avis officieux, faisant connaître que ces opérations pourraient être assimilées à une loterie et tomber sous l'application de la loi de 1836.

II. — Valeurs étrangères cotées et se négociant sur le marché libre

Nous avons vu que deux valeurs à lots étrangères, seulement, étaient cotées à la bourse de Paris : les lots d'Autriche et ceux du Congo.

Nous donnons ci-après la statistique des valeurs à lots étrangères qui sont cotées et se négocient sur le marché libre.

VALEURS A LOTS

COTÉES SUR LE MARCHÉ LIBRE ET SE NÉGOCIANT SUR CE MARCHÉ

à la date du 1er Janvier 1900.

DÉSIGNATION des VALEURS	NOMBRE DES TITRES émis.	VALEUR NOMINALE	NOMBRE DES TITRES restant à amortir.	COURS fin janvier.	VALEUR TOTALE des titres en circulation.
1	2	3	4	5	6
				francs.	millions de francs.
Chemins ottomans : lots turcs...	1.980.000	400 fr.	1.890.300	130	245.7
Lots d'Autriche. { 1854	200.000	250 fl.	39.000	882	34.3
Lots d'Autriche. { 1858	420.000	100 fl.	166.600	395	65.8
Lots d'Autriche. { 1864	400.000	100 fl.	170.700	385	65.7
Banque hypothécaire de Grèce.	181.791	400 fr.	151.428	399	60.4
Egypte, obl. foncières 3 %	400.000	250 fr.	363.896	267	97.1
Croix blanche hollandaise	350.000	10 fl.	339.300	17	5.7
Croix rouge autrichienne	600.000	10 fl.	549.100	40	21.9
Croix rouge italienne	600.000	25 l.	561.800	21	11.8
Lots Russes. { 1864	1.000.000	100 r.	715.700	790	565.4
Lots Russes. { 1866	1.000.000	100 r.	734.100	710	521.2
Lots serbes 2 %	330.000	100 fr.	294.450	71	20.9
Ville d'Anvers, 1887	1.834.400	100 fr.	1.770.525	103	182.3
Ville de Bari	90.000	100 l.	71.280	41	2.9
Ville de Barletta	300.000	100 l.	290.950	16	4.6
Ville de Bruxelles, 1886	2.890.000	100 fr.	2.776.550	105	291.5

VALEURS A LOTS

DÉSIGNATION des VALEURS	NOMBRE DES TITRES émis.	VALEUR NOMINALE	NOMBRE DES TITRES restant à amortir.	COURS fin janvier.	VALEUR TOTALE des titres en circulation.
1	2	3	4	5	6
				francs.	millions de francs.
Ville de Fribourg, 1861..........	400.000	15 fr.	190.950	28	5.3
— — 1878..........	270.000	10 fr.	230.000	15	3.4
Ville de Liège, 1853............	90.000	100 fr.	40.525	88	3.5
— — 1897............	842.225	100 fr.	838.000	87	7.2
Ville de Madrid, 1868...........	425.000	remb. p. tir.	347.474	37	12.8
Ville de Milan, 1861	400.000	45 l.	130.100	43	5.5
— — 1866............	750.000	10 l.	425.000	9	3.8
Ville de Neufchâtel............	125.000	10 l.	48.800	29	1.4
Ville de Venise...............	390.000	30 l.	186.375	23	4.2
Totaux..................	16.268.416		13.322.903		2.244,3

Le nombre total des titres restant à amortir s'élève à 13.322.903; la valeur totale des titres en circulation représente un capital de 2.244 millions.

Sur ces 2.244 millions, la France possède un minimum de 500 millions, c'est à peu près 25 %.

Il y aurait donc, à l'heure actuelle, circulant ou pouvant circuler sur le marché français, un capital de plus de 8 milliards de valeurs à lots, tant françaises qu'étrangères.

Ces simples chiffres indiquent combien il est nécessaire d'appeler l'attention du législateur sur la revision de la loi de 1836.

Alfred NEYMARCK,
Membre du Conseil supérieur de statistique.

LA BOURSE ANGLAISE

I. — Organisation du Stock-Exchange.

Les deux traits fondamentaux du tempérament anglais, l'initiative et la discipline, se retrouvent dans le fonctionnement de la bourse anglaise. Le Stock-Exchange est une corporation privée, indépendante au regard des pouvoirs publics, mais qui, à défaut d'un monopole légal, jouit d'un privilège de fait exclusif.

Sauf quelques dispositions générales sur les ventes à livrer, atteignant par contre-coup les marchés à terme, la législation anglaise est muette sur la question des bourses de commerce. Le régime du Stoc - Exchange est donc celui du self government : à aucun degré, l'autorité législative ou administrative n'intervient dans son fonctionnement.

Les statuts du Stock-Exchange, publiés pour la première fois en 1812, ont été remaniés à diverses reprises. Leur forme actuelle date de 1890.

Le Stock-Exchange est administré par un conseil de 30 membres : *The Comittee for general Purposes* (le comité des affaires générales ou comité de direction). Ce conseil est élu chaque année par l'assemblée générale ; la durée de ses fonctions est d'un an à partir du 20 mars qui suit l'élection, jusqu'au 20 mars de l'année suivante.

Le comité communique avec la compagnie par l'entremise du secrétaire, qui est chargé de l'instruction des affaires et de l'exécution des décisions de la direction.

Chaque année, le premier lundi de mars, le comité statue sur les demandes d'admission ou de réadmission des membres du Stock-Exchange. Assurément, nul ne peut être admis à faire partie de la bourse anglaise sans remplir certaines conditions qui sont autant de garanties pour le marché ; mais la sauvegarde essentielle de ce dernier consiste en ce que tous ses membres sont soumis à la réélection annuelle.

Les membres du Stock-Exchange ont le droit de s'associer entre eux, ce que ne peuvent faire, en France, les agents de change. Mais ce droit est limité par d'assez étroites restrictions et, d'autre part, les sociétés entre broker et jobber sont interdites (1).

Toutefois, en dehors des associations régulières et indépendamment des significations officielles, le règlement de la bourse anglaise reconnaît certaines sociétés de fait, à raison de l'intérêt qu'il peut y avoir pour le marché à déclarer solidaires des boursiers qui, sans être liés par un acte régulier, opèrent habituellement ensemble comme de véritables associés.

Cette solidarité est même étendue aux membres qui confient aux autres, pour les faire valoir, leurs titres, valeurs ou capitaux et participent aux résultats des spéculations engagées.

Les membres du Stock-Exchange peuvent se faire assister de commis et même confier à certains d'entre eux, appelés « clercs autorisés », le pouvoir de négocier en leurs lieu et place et sous leur responsabilité.

Le personnel de la bourse est soumis au contrôle disciplinaire du comité de direction. Toute infraction au règlement, tout manquement aux usages de l'institution ou aux principes élémentaires de la loyauté, est frappé de pénalités qui varient de l'amende à la suspension temporaire et à la radiation.

II. — Droits et obligations des membres du Stock-Exchange.

Les règles relatives aux droits et obligations des membres de la bourse sont le développement naturel des principes organiques de l'institution.

Le Stock-Exchange se contente d'une infime caution de 37.500 francs, à laquelle il renonce après quatre années d'épreuve ; en sorte que les neuf dixièmes des boursiers anglais sont exempts de cautionnement.

Les garanties du marché se trouvent dans la surveillance permanente de la direction et dans le droit conféré à chaque agent de refuser

---

(1) Nous verrons plus loin que le jobber est un marchand de valeurs ; le broker, l'intermédiaire entre le client et le jobber. Ce rôle très différent de l'un et de l'autre dans les négociations de valeurs de bourse explique très bien l'interdiction inscrite dans le règlement du Stock-Exchange.

en paiement le chèque d'un collègue douteux, ou encore d'exiger que le règlement de l'opération ait lieu avec le contractant direct.

Les membres du Stock-Exchange ont toute liberté pour former des associations, sauf à respecter les stipulations du règlement interdisant les sociétés de plus de deux membres, ou entre brokers et jobbers, ou les associations avec les tiers. Ils ne sont pas tenus au secret professionnel et, pour eux, il n'y a pas de livres obligatoires. L'essentiel est qu'il y ait assez d'ordre dans leurs comptes pour permettre, le cas échéant, aux agents du fisc de contrôler les déclarations relatives à l'income-tax. Leur ministère n'est pas obligatoire et ils peuvent librement opérer pour leur propre compte.

Bien que son rôle soit de servir d'intermédiaire entre les clients et les jobbers qui sont des négociants en valeurs mobilières, rien ne s'oppose à ce que le broker fasse lui-même la contre-partie des ordres reçus. Dans ces conditions, on comprend qu'à Londres les courtages ne soient pas tarifés.

Au Stock-Exchange, aucun marché n'est annulable, à moins qu'il ne soit manifestement entaché de fraude ou de mauvaise foi. En conséquence, les transferts s'opèrent aux risques et périls des parties, même lorsqu'ils ont été passés en présence d'un broker. Celui-ci n'a, à cet égard, aucune responsabilité envers le Trésor. De même, en cas de négociation de titres perdus ou volés, l'ayant droit dépossédé est sans recours contre les agents entre les mains desquels ses titres ont passé. Enfin, le broker n'encourt aucune responsabilité au profit des incapables.

Les membres du Stock-Exchange ne paient pas patente et, pour eux, aucune aggravation n'est ajoutée aux pénalités de droit commun en cas d'infraction à la loi ou de déconfiture. Enfin, l'exclusion motivée par la cessation des paiements n'est jamais définitive.

Certains droits et certains devoirs sont communs à tous les membres de la bourse; d'autres sont spéciaux à leur qualité de broker ou de jobber. Leur premier droit est d'être seuls admis à négocier au Stock-Exchange. Les membres du Stock-Exchange ont encore la faculté d'opter entre la fonction de jobber et celle de broker et de passer de l'une à l'autre autant qu'il leur convient. Tel est broker à une liquidation et jobber à la suivante. Toutefois, en raison de l'opposition d'intérêts entre les deux carrières, il est, en principe, interdit de les exercer simultanément. Mais cette règle n'est pas d'une bien rigoureuse observation. Certains membres même ne prennent jamais qualité.

Les membres du Stock-Exchange ont la faculté d'exiger que le règlement d'une opération ait lieu uniquement avec le premier contractant, et même de stipuler que les paiements auront lieu non en chèques, mais en billets de banque. Ils peuvent encore vis-à-vis des tiers exiger que les conventions soient interprétées suivant les usages du Stock-Exchange. Enfin, pour leurs paiements ou règlements, ils ont le droit de n'être jamais en rapport qu'avec un confrère.

Si les droits des membres du Stock-Exchange sont plus étendus que ceux des agents de change en France, leurs obligations sont d'autre part moins rigoureuses.

Avant tout, le boursier anglais doit éviter tout ce qui peut être une cause de trouble pour le marché. L'insubordination, la résistance de sa part aux injonctions du conseil, est punie d'exclusion définitive.

Il est formellement interdit à tout membre du Stock-Exchange d'entreprendre des négociations personnelles avec le clerc ou l'associé d'un de ses confrères. Cette prohibition s'étend même aux spéculations faites pour le compte des agents des établissements financiers.

Défense est faite aux agents, sous peine d'exclusion immédiate, de porter leurs différends devant les tribunaux, de plaider sans autorisation contre le client d'un collègue, d'intenter une action judiciaire à un confrère failli, et même de céder les créances qu'ils pourraient avoir contre lui, afin que la liquidation ne puisse échapper à la juridiction du Stock-Exchange,

Les autres causes d'exclusion sont : l'association avec un individu ne faisant pas partie de la corporation ; le mariage avec une femme qui se livre au commerce ; l'entreprise d'opérations étrangères à la bourse. Les faillis, États ou particuliers, sont, jusqu'à réhabilitation, exclus du Stock-Exchange.

Enfin, sous les mêmes pénalités, il est interdit de négocier les titres d'un emprunt émis par un État étranger, au moment où cet État était en guerre avec la Grande-Bretagne.

Toutes ces causes d'exclusion dérivent du même principe : écarter tout ce qui met directement ou indirectement en péril les intérêts de la corporation.

Les statuts du Stock-Exchange contiennent ensuite des règles d'administration et de police intérieure dont la violation entraîne toujours une répression rigoureuse et immédiate, mais qui laissent place à l'admission de circonstances atténuantes.

Ainsi, la publicité, les annonces, sont absolument prohibées. Seul est autorisé l'envoi de circulaires à la clientèle.

En cas d'infraction aux statuts, lorsqu'il n'y a pas lieu à exclusion, le coupable est frappé, le plus souvent, d'une suspension de quelques jours, de deux mois au maximum.

Certaines règles enfin, pourtant très importantes, n'emportent pas, à proprement parler, de sanctions pénales et quelques-unes affectent même la forme d'un simple conseil. C'est que là l'interêt privé des agents est seul en question.

Pour achever le tableau des obligations des membres de la bourse, il nous reste à énumérer les devoirs particuliers qui naissent soit des usages du marché, soit du droit commun.

III. — DROITS ET DEVOIRS SPÉCIAUX AUX JOBBERS ET AUX BROKERS.

Le jobber est un marchand de valeurs. Il n'opère qu'à la bourse et avec un collègue spéculant pour son compte; il ne doit, en principe, accepter aucun ordre du public, ses seuls clients sont les brokers.

Le broker, au contraire, est un intermédiaire entre le client et le jobber.

Les statuts du Stock-Exchange ont établi un taux maximum pour les marchés faits sans stipulation de chiffres.

On critique vivement en Angleterre l'absence de fixité et de contrôle des courtages. Le taux de ces derniers varie perpétuellement d'une maison à l'autre.

Le broker a la faculté de prendre à son compte l'opération dont on l'a chargé pourvu qu'il en avertisse son client. Dans ce cas, le marché ayant eu lieu de gré à gré, le donneur d'ordre est en droit de contester la légitimité du courtage et il peut exiger que le bordereau porte le nom du contractant. Si, sur ce point, satisfaction n'est pas donnée au client, l'opération est nulle; il y a donc nullité lorsque la vente a été faite par le broker lui-même au moyen de personnes interposées. Il en est de même dans le cas où le broker, faisant la contre-partie des ordres de son commettant, dissimule en quelle qualité il opère.

Les fonds versés à la caisse du broker ainsi que les valeurs remises entre ses mains constituent de véritables dépôts. La propriété de ces fonds ou valeurs reste au donneur d'ordre et par suite, en cas de faillite du broker, le client est en droit de les revendiquer. Toutefois, dans le cas de non-paiement de ses frais ou avances, le broker, après une mise en demeure restée sans résultat, est autorisé par l'usage à se couvrir au moyen de ces dépôts.

IV. — LES MARCHÉS

En Angleterre, toutes les opérations sur valeurs mobilières sont licites, quelles que soient leur nature et leur provenance, en vertu du principe général que tout ce qui est dans le commerce peut être vendu. Mais, au Stock-Exchange, les seuls marchés admis par le comité sont ceux qui ont été faits en bourse, aux heures réglementaires, et qui ont pour objet des titres admis à la cote officielle. Cette admission a lieu après enquête et vote favorable de la direction, conformément aux statuts du Stock-Exchange qui, sur ce point, pour les compagnies privées d'origine anglaise, enchérissent singulièrement sur les précautions de la loi commune en matière de sociétés.

La validité de la société ne peut donc jamais être suspectée, puisqu'elle n'est enregistrée qu'à la condition d'être en tous points conforme à la loi ; la responsabilité des promoteurs et administrateurs est aussi mieux définie et précisée. Enfin, le contrôle personnel de l'actionnaire est sérieux et efficace.

En Angleterre comme en France, les marchés ont pour objet des titres au porteur ou des titres nominatifs. Ils se traitent aussi soit au comptant, soit à terme.

Le jobber qui opère sans savoir s'il va être acheteur ou vendeur est rarement en possession des titres qu'il s'engage à livrer.

La majeure partie des titres négociés au Stock-Exchange sont nominatifs.

Les opérations du comptant sont même tellement exceptionnelles au Stock-Exchange que pas un article du règlement n'en fait mention, en sorte qu'elles se trouvent régies par les articles relatifs aux négociations à terme pour un jour spécifié.

Les titres négociés au Stock-Exchange affectent diverses formes. Ce sont tantôt des rentes, des obligations, des actions, comme sur le marché français, tantôt des Shares Warrants to bearer, ou des certificats transmissibles par voie d'endossement.

La bourse de Londres ne possède pas, comme celle de Paris, un service chargé de recevoir les oppositions sur titres perdus ou volés et d'en publier la liste et les numéros. En Angleterre, lorsqu'un capitaliste a été dépossédé de ses titres, il en informe la police et publie des affiches ou des insertions dans les journaux. Il faut avouer que ces mesures sont assez illusoires. Bien plus, d'après la loi anglaise, le possesseur de bonne foi d'un titre au porteur peut le négocier sur le marché, alors même qu'un précédent détenteur aurait acquis ce titre par vol ou par fraude. Cette disposition est applicable aussi bien aux valeurs anglaises qu'aux valeurs étrangères.

Pour les titres nominatifs, la mutation de propriété s'opère à l'instant même où le contrat est conclu ; mais ensuite il y a lieu de procéder à la formalité du transfert. Le délai accordé au vendeur pour faire régulariser le transfert varie suivant l'origine des titres.

Les transferts en blanc sont, en principe, interdits par le comité ; il en est cependant fait usage dans de nombreux cas, notamment en cas d'emprunt sur titres.

Les marchés à terme, fermes ou à prime, sont ceux pour l'exécution desquels a été stipulé un certain délai fixé à l'avance.

En Angleterre comme en France, la législation sur les marchés à terme a souvent varié. Le marché à terme est licite lorsqu'il a pour objet des livraisons ou des paiements effectifs. Sont nulles, au contraire, les opérations à terme qui cachent sous la forme d'un marché un simple pari sur des différences. Mais, dans ce cas, le marché n'est pas nul de plein droit ; la nullité doit en être prononcée par les tribunaux qui décident si la transaction est un marché sérieux ou un jeu de bourse. Toutefois, cette nullité n'affecte en rien les droits du broker ; elle ne fait pas obstacle à ce qu'il poursuive judiciairement le recouvrement de ses avances et de son courtage.

Telles sont les distinctions de la législation anglaise en matière de marchés à terme, mais la jurisprudence spéciale du Stock-Exchange ne les reconnait pas et, sauf les négociations de dividendes à venir prohibées par les statuts du Stock-Exchange, elle valide tous les marchés à terme, quelle qu'en soit la nature, même ceux qui sont manifestement contraires au Leeman's Act.

Il y a au Stock-Exchange trois liquidations par mois, suivant les valeurs.

Les liquidations n'ont pas lieu à époques fixes comme à Paris et sur la plupart des autres places. Le comité a tout pouvoir de leur assigner le jour qui lui convient ; il est seulement tenu de donner avis de ses décisions à l'avance, dans un délai raisonnable. Pour les valeurs anglaises, ce délai est ordinairement de six semaines ; pour les valeurs étrangères, de deux mois. Quant aux valeurs nouvellement émises, la liquidation a lieu à une date spéciale, également arrêtée par le conseil.

En Angleterre, on ne pratique pas — au moins couramment — des primes différentes pour une même échéance et l'écart entre le cours du ferme et celui auquel la prime est traitée reste toujours fixe ; il est exactement représenté par le montant de la prime, accru de l'intérêt moyen du report.

Il y a trois sortes de marchés à prime ou à option : le « put », le « call » et le « put and call »

Acheter un « call » correspond au droit de lever un titre à l'échéance moyennant une indemnité qui est le montant même de la prime ; acheter un « put », au droit inverse de livrer le titre ; acheter un « put and call », au double droit de lever ou de livrer le titre.

A Londres, il n'existe pas comme à Paris un taux officiel des reports et, sur cette place, ce sont en général les banquiers qui, par l'intermédiaire des brokers, pratiquent les reports. Aussi le taux en varie, non seulement en raison de la position de place, mais encore d'après le crédit très inégal de chaque agent.

Le bulletin officiel des cours est publié quotidiennement sous les auspices du comité, en vertu d'un privilège conféré à l'un des membres de la compagnie. Défense est faite à tout autre de mettre en circulation un document similaire, sans l'autorisation de la direction ; mais, en fait, chaque maison importante édite une cote qu'elle adresse à sa clientèle. La cote contient deux colonnes. La première (closing) n'est pas officielle ; ce sont des prix de clôture ou censés tels, fournis directement à l'éditeur par les agents et n'ayant pas passé sous les yeux du comité. La seconde colonne (business done, affaires conclues), est seule officielle ; elle contient les prix de onze heures à trois heures, inscrits préalablement sur un tableau *ad hoc* exposé dans l'intérieur de la bourse.

V. — EXÉCUTION DES MARCHÉS.

La liquidation comprend l'ensemble des opérations affectées au règlement des marchés à terme.

Le cours de compensation est un taux conventionnel établi au moment de chaque liquidation par la direction de la bourse — à Londres par le secrétaire — et d'après lequel sont balancés tous les marchés arrivés à échéance.

A Londres, le règlement a lieu d'agent à agent et les titres et feuilles de transfert passent de main en main. Mais les statuts ne prévoient pas l'institution d'une liquidation centrale analogue à celle des bourses de Paris et de Vienne.

Une société libre, le « Stock-Exchange Settlement department », réunit un certain nombre d'adhérents en société, ne liquide que leurs affaires et ne s'intéresse qu'à quelques valeurs.

Nous avons dit que les jours de liquidation au Stock-Exchange sont arrêtés plusieurs semaines d'avance par la direction. Ajoutons que la liquidation des marchés de province se pratique sur le modèle de celle de Londres, mais elle est toujours fixée quelques jours plus tôt afin de pouvoir faire concorder les règlements de comptes existant entre ces places.

Sont soumises à une seule liquidation par mois les valeurs qui figurent à la cote sous la rubrique « British funds » (consolidés, fonds indiens, etc.). Toutes les autres valeurs sont soumises à deux liquidations par mois.

Les rachats et reventes officiels peuvent résulter de deux causes : 1° le retard dans la passation des tickets le jour où cette opération doit être effectuée ; 2° le retard dans la livraison pour le paiement à l'échéance. Ces exécutions se font sans mise en demeure préalable et par le seul effet du retard. Elles ont lieu par les soins de brokers officiels relevant du département des exécutions forcées (Bying-in and Selling-out Department) et désignés à cet effet par la direction de la bourse.

L'exécution officielle résulte encore de la faillite. Il se produit, en moyenne, de trente à cinquante faillites par an au Stock-Exchange. Dans ce cas, la faillite se règle à la bourse même, sans intervention des tribunaux et sans frais. Les clients trouvent fort avantageux de s'en rapporter à la procédure en usage au Stock-Exchange.

VI. — Régime fiscal des valeurs mobilières

On dit parfois qu'en Angleterre les sociétés par actions se constituent à peu près gratis ; cela n'est pas exact. Contrairement aux nôtres, elles peuvent légalement fonctionner sans que le capital social soit souscrit, mais les frais de constitution en eux-mêmes n'en sont pas moins assez élevés.

Ils sont de trois sortes : le droit d'apport (conveyance duty) ; le droit de timbre et le droit d'enregistrement.

Les droits de timbre auxquels sont assujetties les valeurs mobilières comprennent :

1° Le timbre imprimé (impressed stamp) ;

2° Le droit de transmission (transfer duty stamp ;

3° Le droit de négocier ;

4º Les droits accessoires perçus sur les lettres de change, billets à ordre, chèques, procurations, etc.

L'income-tax frappe aussi le revenu des valeurs mobilières.

Toutefois, les étrangers porteurs de titres dont les coupons sont payables en Angleterre, sont affranchis de cette contribution sans avoir à s'adresser aux commissaires de l'income-tax.

Pour obtenir l'exemption de l'income-tax, il suffit que l'étranger fasse, par lui-même ou par ses mandataires, une déclaration ou affidavit, établissant que les coupons présentés proviennent de titres qui sont sa propriété et qu'aucun sujet anglais ou étranger, résidant dans l'empire britannique, n'a un droit quelconque sur ces valeurs ou leurs dividendes.

Si les coupons sont en dépôt hors du Royaume-Uni, l'étranger fait lui-même l'affidavit devant le consul anglais. Sa déclaration doit être confirmée par un banquier ou agent résidant en Angleterre, lequel prend envers le Trésor l'engagement de rembourser le montant des exemptions au cas où la déclaration viendrait à être reconnue fausse.

Si les titres sont en dépôt dans le Royaume-Uni, la déclaration est rédigée par le dépositaire lui-même qui se porte également garant du remboursement de la taxe en cas de fraude.

Enfin, un banquier résidant hors d'Angleterre peut remplir l'affidavit aux lieu et place de son client; mais, en ce cas, le Trésor exige qu'un agent anglais appuie le certificat et en prenne la responsabilité.

Dans les trois cas, le verso de la déclaration doit contenir un bordereau détaillé spécifiant les titres, les échéances des coupons, les noms et adresses des propriétaires et ceux des dépositaires. L'administration peut, en outre, exiger la production des valeurs d'où proviennent les coupons présentés.

Les affidavit sont remis à la compagnie qui les présente pour la justification de ses comptes au Board of Inland Revenue.

Lorsque l'étranger veut réclamer la remise des sommes que, dans l'ignorance de ses droits, il a, depuis moins de trois ans, indûment versées au Trésor en acquittant l'income-tax, il lui suffit également de faire un affidavit indiquant son nom, son adresse, sa qualité d'étranger, la nature des titres, le nombre et autant que possible les numéros des coupons sur lesquels le droit a été indûment payé. Cette déclaration, accompagnée d'un mémorandum, est remise et déposée au Board of Inland Revenue, par l'intéressé ou par un mandataire spécial.

Disons quelques mots, en terminant, sur les taxes successorales en tant qu'elles s'appliquent aux valeurs mobilières.

Lorsqu'un étranger, domicilié en Angleterre, vient à décéder, sa succession supporte les mêmes droits que celle des citoyens du Royaume-Uni. Ses héritiers sont tenus d'acquitter le droit de mutation *(estate duty)* et le droit de succession (legacy duty), non seulement sur la valeur du portefeuille anglais, mais sur la totalité de la fortune mobilière.

Si le *de cujus*, propriétaire de titres dont les coupons sont payables en Angleterre, était domicilié, au moment de son décès, hors du territoire britannique, le droit de mutation ne serait dû que du chef de ces titres.

L'époux survivant ne paye que le droit de mutation. Il est dispensé du droit de succession.

Au cas d'une succession entre époux français, mariés sous le régime de la communauté, le fisc anglais s'est décidé, — et cela récemment, — à exonérer l'époux survivant du droit de mutation sur la part que, conformément à notre Code civil, il recueille à titre de propriétaire.

Pour obtenir cette exonération, il faut adresser au Trésor britannique une demande en ce sens, accompagnée de toutes justifications utiles, affidavit ou pièces nécessaires à établir le régime matrimonial.

Emile Cosson.

LES BOURSES ANGLAISES

THE STOCK EXCHANGE OF THROGMORTON STREET (1)

L'origine du Stock-Exchange date des dernières années du xvIII° siècle. A cette époque, les affaires étaient traitées principalement dans les
salles d'un café.

Au commencement du xIX° siècle, une compagnie par actions était
fondée et la somme de 20.000 livres sterling souscrite par les habitués
du café, pour bâtir un édifice plus adapté à leurs besoins.

A l'origine, les membres étaient seulement obligés de payer une
cotisation annuelle de 10 livres sterling et demie.

Aujourd'hui, les actionnaires doivent être membres du Stock-
Exchange ; ils sont stockbrokers (courtiers) ou jobbers.

Les courtiers peuvent traiter directement entre eux la vente ou
l'achat des valeurs; mais, ordinairement ils s'adressent aux jobbers. Les
jobbers ont des spécialités; par exemple, il y a les jobbers de fonds
d'Etat, les jobbers de valeurs étrangères; il y en a d'autres pour les
autres catégories de valeurs.

Ce qui distingue le jobber, c'est qu'il s'engage volontiers à vendre ou
à acheter une valeur à un certain prix qu'il fixe. Il subit les chances de
la hausse ou de la baisse de la valeur avant la complétion de son contrat.

Aucun membre du Stock-Exchange ne peut exercer une autre profession ; sa femme ne doit en avoir aucune.

Les membres seuls et leurs commis peuvent pénétrer dans le Stock-
Exchange.

---

(1) Je suis redevable à **M.** Julius J. Wyler, courtier du Stock-Exchange pour quelques-uns
des renseignements de cette étude.

Toutes difficultés entre les membres du Stock-Exchange doivent être soumises à l'arbitrage du comité dont les décisions sont sans appel.

Pour devenir membre du Stock-Exchange, il faut adresser au comité une demande apostillée par trois membres. Ceux-ci doivent s'engager à payer 500 livres sterling chacun aux créanciers du postulant dans le cas où il viendrait à faire faillite dans les quatre ans de la date de son admission.

Le postulant élu est tenu de payer des honoraires d'entrée; ces honoraires s'élèvent à 525 livres sterling. Il doit également verser une cotisation annuelle de 31 livres sterling et demie.

Mais la garantie ci-dessus mentionnée est réduite à 300 livres sterling pour chacun et les honoraires d'entrée à 15 livres sterling et demie quand le postulant a été le commis d'un membre du Stock-Exchange pendant quatre ans au moins.

Les membres du Stock-Exchange ne paient au gouvernement aucune patente annuelle.

Un étranger n'est éligible au Stock-Exchange qu'à la double condition d'être naturalisé depuis deux ans et domicilié dans le pays depuis sept ans (1).

Il y a plus de 4.300 membres du Stock-Exchange. Ce nombre était seulement de 3.229 membres en 1890. Le nombre s'accroît un peu tous les ans. Cette augmentation est causée principalement par l'élection des commis des membres dont j'ai déjà parlé.

La réélection des membres se fait annuellement.

Il est défendu aux membres d'afficher leur profession.

Les administrateurs et directeurs (the trustees and managers) du Stock-Exchange font publier un bulletin officiel quotidien qu'on appelle *The Stock-Exchange Daily Official List*.

Les renseignements donnés dans le *List* sont classés de la manière suivante :

1. — Désignation de chaque valeur cotée.

2. — Montant du capital social, etc., autorisé de chaque valeur cotée.

3. — Montant de la somme versée par le public, par rapport à chaque valeur cotée.

4. — Dates auxquelles les dividendes ou l'intérêt fixe des valeurs sont payables.

---

(1) Un étranger ne peut être naturalisé qu'après un séjour de cinq ans dans le pays à moins qu'il n'obtienne un act du Parlement.

5. — Pourcentage du dernier dividende ou de l'intérêt fixe payable pour chaque valeur.

6. — Date à laquelle la valeur sera remboursable, s'il y a lieu.

7. — Montant nominal (dans le cas d'une compagnie par actions) d'une action, bon ou obligation.

8. — Date des tirages périodiques, s'il y en a.

9. — Dernière cote de chaque valeur.

10. — Dates auxquelles le prix d'achat ne donne pas droit au prochain dividende ou intérêt.

11. — Prix des ventes (s'il y en a eu) pendant les heures officielles — 11 à 3 heures — du jour de la publication du *List*.

Les droits de courtage ne sont pas réglés par le Comité du Stock-Exchange. Les membres s'entendent sur ce point avec leur clientèle. Cependant, le courtage habituel pour la vente ou l'achat de fonds d'État du Royaume-Uni ou de valeurs étrangères, est de 2 schillings et 6 pence % de la valeur au pair. Pour les autres valeurs nationales ou les valeurs coloniales le courtage ordinaire est de 5 schillings % de la valeur au pair.

Le terme « Stock-Exchange » est employé par certaines autres compagnies, mais quand les banquiers et les autres personnes du monde financier parlent de *The Stock-Exchange* de Londres, ils entendent désigner la bourse de ce nom dans *Throgmorton street*.

Il y a des Stock-Exchanges reconnus dans les provinces ; ils s'occupent spécialement des valeurs locales. Pour les autres valeurs, leurs cotes quotidiennes reproduisent ordinairement celles qui leur sont télégraphiées du Stock-Exchange de Londres. Les affaires d'arbitrages ont été aussi effectuées entre les membres de ces Stock-Exchanges de province et les membres du Stock-Exchange de Londres.

Les affaires politiques qui se produisent et l'importance des demandes d'argent sont les principales causes de la hausse ou de la baisse du change.

ARTHUR J. COOK,

Directeur de la Compagnie d'assurances
sur la vie " La Victoria "
Membre correspondant de la Société de statistique de Paris.

LA BOURSE DE GENÈVE

L'admission à la cote de la bourse de Genève est gratuite.

Les titres suisses et étrangers n'ont à subir à Genève aucun droit de timbre quelconque, pour être négociés à la bourse.

Pour qu'une valeur soit admise à la cote de la bourse de Genève, il suffit d'en faire demander l'admission par cinq titulaires de la Société des agents de change. La demande doit être adressée au comité de la Société qui statue sur l'opportunité de l'admission et n'accepte que les valeurs qui ont déjà donné lieu à des transactions sur le marché.

Il n'existe qu'une cote sur le marché de Genève : la cote officielle de la Société des agents de change. — Il n'y a pas de cote libre.

La cote officielle ne publie que les cours qui ont été pratiqués dans l'intérieur de la corbeille pendant la séance de bourse et entre deux agents de change. Les opérations doivent être traitées à haute et intelligible voix.

Les cours sont enregistrés dans l'ordre des négociations, tant par le commissaire près la bourse de Genève, salarié par l'État, que par un employé de la Société des agents de change.

A l'issue de chaque séance, il est donné lecture des prix faits et tenu compte, s'il y a lieu, des modifications demandées par les intéressés. Les contestations sont tranchées par le comité sans appel.

La publication de la cote a lieu sous la surveillance d'un membre du comité.

Tous les cours inscrits à la cote s'entendent « intérêts compris » et « en francs ».

Par exception, sont inscrites en rentes les valeurs suivantes :

Les rentes suisses fédérales et cantonales;

L'Autriche, or 4 %; — l Italien, 5 %; — la rente de Naples, 5 %; et la rente extérieure d'Espagne, mais toujours intérêts compris.

Les cours des actions sont établis par écart minimum de 50 centimes pour les titres valant 50 francs et davantage, par écart de 25 centimes pour ceux dont la valeur est inférieure à 50 francs.

Les cours des obligations sont établis par écart de 25 centimes, ceux des valeurs négociées en rente par variations de 5 centimes.

II. — Droits de courtage sur les opérations de bourse.

Pour toutes les opérations au comptant et à terme en fonds publics, actions ou obligations, le courtage est fixé à 1/8 %, calculé sur le prix entier, que ce prix soit ou ne soit pas entièrement versé et sans que ce taux puisse être inférieur à 25 centimes par titre.

Il n'est fait que deux exceptions à l'application du taux de 1/8 % :

1° Pour les parties de 1.500 francs de rente 3 % fédérale des chemins de fer et les multiples de ce chiffre. — Le courtage est réduit à 25 francs par 1.500 francs de rente.

2° Pour les parties de 2.500 francs de rente 5 % italienne et les multiples de ce chiffre, le courtage est de 25 francs par 2.500 francs de rente.

III. — Négociations des valeurs a lots.
Usages de la bourse.

Le danger de la négociation des valeurs à lots, tant pour l'acheteur que pour le vendeur est de notoriété publique. Malgré tous les soins pris par les intermédiaires pour assurer la vérification des tirages, la livraison d'un titre sorti avec prime se présente quelquefois.

Voici les principes admis dans ce cas par le comité de la Société des agents de change de Genève :

A. — Ne sont réputés négociables que les titres réguliers.

B. — Or les titres sortis au tirage ne sont pas réguliers.

C. — Il en découle logiquement que le vendeur d'un titre à lots sorti au tirage, à une date antérieure à la négociation, doit, si ce titre a été livré, le remplacer à son acheteur par un titre régulier.

En ce qui concerne l'obligation pour l'acheteur de rendre au vendeur un titre sorti avec prime, nous savons qu'il existe différentes manières de voir, particulièrement entre les places françaises et suisses.

Il y a là une question intéressante que nous souhaitons de voir élucider par le congrès.

E. Peyrot,
Membre du comité
de la Société des agents de change de Genève.

LE MARCHÉ FINANCIER DE PARIS

ORGANISATION ET FONCTIONNEMENT

Si l'on n'écoutait que ses aspirations naturelles, on se prononcerait toujours et en toutes choses pour le régime de la liberté sans limite. Ce régime est très simple à établir. Il suffit de le proclamer puis de laisser faire chacun suivant son bon plaisir et dans la mesure de sa responsabilité. Certes, si tous les hommes étaient sages, honnêtes, soucieux du bien d'autrui, aucune règle ne serait nécessaire pour les conduire, aucune loi ne devrait prévoir les peines à encourir par ceux qui auraient causé un dommage aux autres. La perfection de la nature humaine ne comporterait aucune mesure de surveillance et de sauvegarde. Mais à quoi sert d'évoquer l'irréalité dans les choses de ce monde? Pourquoi supposer la liberté absolue pour des êtres si dissemblables dont les uns, plus intelligents et plus forts que les autres, auraient bien vite asservi cette liberté à leur profit exclusif?

Certes, si l'on n'avait pas à se préoccuper du côté pratique des choses, la question de l'établissement d'un marché financier serait nécessairement résolue par la proclamation du principe de la liberté. On conçoit fort bien que l'économie politique qui est une science d'observation et de principes, qui n'a pas à s'occuper de leur mise en pratique, condamne tout monopole de droit, quand bien même il serait prouvé que le monopole de fait est plus préjudiciable aux intérêts de tous que le premier. Théoriquement, l'économie politique a raison; mais souvent l'application de principes trop rigoureux constitue un obstacle pour le bon fonctionnement de la machine humaine. La liberté illimitée est un de ces principes; c'est-à-dire qu'en tant que principe, elle peut produire des effets pratiques moins satisfaisants qu'une liberté limitée.

Nous essaierons dans le cours de cette étude, de justifier cette opinion.

Il est un abus contre lequel nous voulons aussi protester tout de suite. C'est celui qui consiste à comparer nos usages avec ceux de nos

voisins. Avons-nous quelque organisation qui déplaise à quelques-uns ?
On ne se contente pas de la critiquer en soi. Pour la condamner, on fait
appel aux pratiques différentes de nos voisins : voyez les Anglais, voyez
les Américains, voyez les Allemands, dit-on ; ils agissent tout différem-
ment ; pourquoi ne faisons-nous pas de même ? La comparaison est sans
valeur. Nous pourrions renverser la question et demander d'ailleurs,
nous aussi, pour quelle raison les Anglais, les Américains, les Allemands
n'adopteraient pas nos différentes organisations et notamment nos
usages financiers. Les leurs ne sont sans doute pas sans défauts. Chaque
peuple pense et agit suivant son tempérament ; il a son originalité, ses
traditions ; il ne saurait s'en départir sans inconvénient.

Si, par exemple, nous adoptions les usages du marché financier
anglais, il n'y aurait pas de raison pour nous refuser ensuite à emprunter à l'Angleterre son régime militaire, sa politique coloniale, ses
mœurs ; pour ne pas nous identifier, en un mot, à un peuple dont nous
aurions apprécié les qualités. Cette conception est irréalisable.

Un économiste anglais, S. Bageot, examinant l'Act de 1844 qui réor-
ganisa la Banque d'Angleterre, écrivait :

> Je considère comme puéril de rechercher si l'Act de 1844 est plus ou moins parfait
> théoriquement. La Banque d'Angleterre, telle qu'elle est, est la base de notre système
> de crédit. On ne change pas un système qui s'est plié au courant des affaires et qui
> s'est empreint, pour ainsi dire, de l'esprit du monde commercial, parce que des théo-
> riciens ne l'approuvent pas, ou parce que l'on écrit des ouvrages contre lui. La France
> a fait autrement, elle a eu ses raisons pour cela et elle fera bien de s'en tenir à son
> système de banque.

Sous peine de tout bouleverser dans un pays, on ne change pas ses
traditions. Nous sommes Français, nous ne sommes ni Anglais, ni
Américains, ni Allemands. Nous avons nos usages, notre manière d'être,
perfectionnons-les autant qu'il est possible par nos seuls moyens, en
restant fidèles au génie de notre race ; mais ne songeons pas à nous
dénaturaliser. Nous passons notre temps à nous dénigrer, alors que
nous valons bien autant que les autres peuples.

Enfin, on peut se demander quelle est l'utilité pratique de revenir
sur une question qui, après de longues discussions, a été résolue dans
notre pays.

Pendant longtemps, notre marché financier a fonctionné plus ou
moins mal, en vertu d'un système boiteux que tout le monde a été
d'accord pour condamner et réformer. La réforme a eu lieu. La nouvelle
organisation fonctionne ; nous verrons plus loin dans quelles conditions.
Elle constitue la démonstration la plus claire qu'on puisse apporter à

l'appui d'un système de bourse. L'exposé qui va suivre n'a donc qu'une valeur historique et théorique. Car l'apaisement qui s'est fait dans les milieux intéressés, prouve que tout le monde a accepté le fait accompli sous la forme d'un régime qui répondra certainement aux intérêts de tous, lorsque quelques perfectionnements y auront été apportés.

Nous croyons que la forme la plus simple à adopter dans la discussion théorique des différents systèmes d'organisation du marché financier est celle qui consiste à montrer la bourse de Paris avant la réforme de 1898, puis au moment de cette réforme, enfin après la réorganisation définitive. On pourra suivre ainsi commodément les phases diverses que la question a traversées.

I. — AVANT LA RÉFORME DU MARCHÉ

Historique. — L'établissement d'un grand marché financier à Paris semblait avoir déjoué, jusqu'en 1898, toutes les tentatives. Si nous remontons seulement à l'année 1859, c'est-à-dire à l'époque où le parquet des agents de change prend la décision d'en finir une bonne fois, avec la concurrence de la coulisse, nous entendons Berryer, l'illustre avocat des coulissiers prévenus (1), faire la déclaration que voici :

Depuis un temps immémorial, deux marchés des effets publics se sont trouvés en présence : un marché légal, dans lequel des fonctionnaires qui ont reçu l'investiture officielle, sont les intermédiaires exclusifs ; un marché libre où tout le monde peut en pleine liberté vendre, acheter, spéculer, à condition de s'abstenir de certains actes qu'il n'appartient qu'aux intermédiaires officiels d'accomplir.

La lutte entre ces deux marchés est bien ancienne, aussi ancienne que la concurrence qui existe entre eux et que les secours réciproques qu'ils se donnent. Depuis le commencement du siècle, ces deux marchés sont en présence ; on devait croire que la suite des temps et la continuité des rapports empêcheraient des rivalités préjudiciables de naître, et des orages sérieux d'éclater. On ne comprend pas cette lutte violente à notre époque ; on ne comprend pas qu'alors que le nombre des acheteurs et des vendeurs devient de jour en jour plus nombreux, les agents de change et la coulisse ne trouvent pas, dans cette circonstance, une source de bénéfices assez considérables pour qu'ils puissent vivre ensemble en paix.

Ces réflexions qui remontent à près de quarante ans, ne sont-elles pas aujourd'hui encore de toute actualité, ne manquait-on pas de dire encore en 1898 dans certains groupes de la Bourse ? Comment concevoir

---

(1) L'existence de la coulisse paraît remonter à une époque aussi ancienne que la création des offices d'agents de change. (Bozérian, *de la Bourse*, n°s 137 et suivants).

qu'avec le développement prodigieux de la fortune mobilière et de l'accroissement du nombre de titres qui la représentent, les agents de change n'aient pu trouver en effet, ajoutait-on, le moyen de vivre en paix. Dès 1810, disait encore en substance le défenseur des coulissiers, les agents de change demandèrent la suppression de la coulisse; le conseil d'Etat déclara alors qu'il n'y avait pas lieu d'obtempérer à leurs réclamations. Plus tard, sous le ministère de M. de Villèle, les protestations des agents de change restèrent encore sans effet.

En 1835, nouvelle tentative et même insuccès; en 1843, mémoire au ministre des finances, même refus de la part du gouvernement.

Enfin, le parquet se décide à obtenir, par une condamnation, ce qu'il n'a pu obtenir par des protestations et des mémoires. Vingt-cinq coulissiers sont condamnés chacun à une amende de 10,500 francs et aux frais pour tous dommages et intérêts.

Qu'est-il arrivé à la suite de cette exécution? La coulisse est-elle morte? Non, puisqu'elle vit encore.

Toutefois, lisons-nous dans un journal financier de l'époque, les agents de change qui avaient espéré que la suppression de la coulisse ramènerait les affaires au parquet, se sont trompés. Les affaires de la coulisse ont disparu avec la coulisse elle-même. Le marché a été frappé, éteint, mais ne s'est pas déplacé. L'administration qui avait pensé que la suppression de la coulisse élèverait le niveau du crédit public, a vu ses prévisions s'évanouir.

Aussi, que devait-il arriver? Les coulissiers reparurent peu à peu avec le besoin des affaires et de la spéculation. Un nouvel arrêt du 21 février 1868 confirma, il est vrai, la jurisprudence de la chambre criminelle de la cour suprême.

Les coulissiers survécurent cependant à cet arrêt.

La fièvre de spéculation qui suivit de près les désastres de la guerre de 1870, dit M. Ambroise Buchère (1), ramena aux coulissiers une certaine faveur. A Paris, ils comprirent qu'il était de leur intérêt, pour sauver leur situation, de régulariser leur organisation par des règlements plus sévères.

Ils vivent aujourd'hui en parfaite intelligence avec les agents de change qui leur confient certaines opérations sur les valeurs non portées à la cote officielle et dont ils hésitent à se charger.

Vitalité de la coulisse, cause principale. — Ainsi, pendant près d'un

---

(1) Ambroise Buchère, conseiller à la cour d'appel de Paris, *Traité théorique et pratique des opérations de la bourse.*

siècle, rien, ni la loi, ni les tribunaux, ni la force, ne put mettre fin aux opérations irrégulières de la coulisse.

Pourquoi?

C'est la question — nous le présumons — que dut se poser M. Georges Cochery, ministre des finances, avant de songer à concevoir un projet de réorganisation du marché financier. En relisant l'histoire des nombreux conflits du parquet et de la coulisse, il dut être frappé par ce fait que, si les agents de change ont à plusieurs reprises revendiqué, comme c'était leur droit, la négociation exclusive des effets publics, ce fut toujours plutôt dans leur intérêt particulier, pour sauvegarder un monopole qu'ils avaient payé, que dans l'intérêt du public et de l'État et pour mieux répondre aux besoins de la spéculation.

Le ministre put se dire que si la coulisse avait survécu à toutes les tentatives de suppression, c'est que la spéculation utile et de bon aloi n'avait pas trouvé jusqu'alors dans le parquet des agents de change, un organe suffisamment souple et actif.

Nécessité de réformer le parquet des agents de change. — Les agents de change avaient-ils agi comme ils le devaient, pour se rapprocher du monde des affaires et pour le disputer à la concurrence irrégulière des coulissiers? L'honorable M. Georges Cochery n'a pu, à ce sujet, que constater les lacunes de l'organisation. Il dut ainsi s'inspirer de ces circonstances, dans les grandes lignes du projet qu'il soumit aux Chambres, en 1898, et qui était conçu dans un sens favorable aux intérêts du grand public, de l'État et des hommes d'affaires.

Sanction de la réforme. — « La tentative est heureuse, disions-nous en 1898; elle mérite d'être bien accueillie. Si l'organisation nouvelle est prudemment conçue, si elle répond aux nécessités de toutes les affaires indispensables à un grand marché, la coulisse, rendue inutile pour les négociations qu'elle a usurpées, se verra forcée d'abandonner la partie sur ce point.

« Si, au contraire, le programme du ministre des finances est insuffisant, la nature des choses, plus forte que la volonté humaine, reprendra ses droits et la coulisse reconquerra la place dont elle aura été privée pendant quelque temps.

« C'est la seule sanction possible qu'il faille attendre de la réalisation du projet que le ministre des finances a l'intention d'appliquer à la réorganisation du marché financier de Paris, après l'avoir soumis aux débats des Chambres. »

On ne niera pas que les événements aient justifié notre confiance.

La liberté des transactions doit-elle être illimitée et sans contrôle? — Dans cette fin de siècle, la liberté a pris un grand essor, c'est indéniable. Elle vivifie toutes les formes de l'activité, elle est partout. Jamais le commerce et l'industrie, notamment, ne furent plus libres dans leurs manifestations, jamais la concurrence qui, en matière commerciale, est l'expression même de la liberté, ne fut plus active. Les grands magasins de marchandises, comme les grandes maisons de capitaux, emploient dans la recherche de la clientèle, les moyens les plus nouveaux, les plus ingénieux. Or, ces moyens constituent les preuves irréfutables d'un régime de liberté.

Toutefois, cette liberté doit-elle être illimitée? Oui, pourrait-on répondre, lorsqu'elle a pour effet de servir les intérêts du public; non, lorsqu'elle va à l'encontre de ces intérêts (1).

Marchandises et titres mobiliers. Rôle différent des intermédiaires. — Certes, la liberté absolue des négociations est une formule fort alléchante. Elle est la première qui vient à l'esprit, car elle répond à ce besoin qu'a l'homme d'initiative de se dégager de plus en plus de la protection et de la tutelle de l'État.

Dans la vie commerciale de tous les jours, la loi n'intervient pas entre le public qui achète et le marchand qui lui vend; pourquoi, objecte-t-on, ne pas admettre dans les négociations de valeurs de bourse la même liberté?

Cette assimilation n'est pas exacte. Le commerçant n'est pas un intermédiaire au même titre que l'intermédiaire de bourse. Il ne perçoit pas un courtage sur les opérations d'achat et de vente qu'il effectue, d'un côté, avec le fabricant et, de l'autre, avec le client. Il fait ce qu'on appelle un achat et une vente directs. Il achète pour son compte la marchandise et la revend à la clientèle à ses risques et périls. Celle-ci le sait, elle n'a aucune justification à exiger, aucune récrimination à présenter sur le prix; la marchandise est sous ses yeux avec le prix demandé. La loi n'a pas à intervenir dans une circonstance où les parties contractantes savent ce qu'elles font et connaissent toutes les conditions du marché.

---

(1) Il est peut-être intéressant de rappeler ici, au cours de cette dissertation économique, les termes d'un arrêt de la cour d'appel de Paris du 20 mars 1888 dans une affaire où il s'agissait aussi de définir la liberté. — C'est la liberté de circulation des voitures à Paris qui était en cause :

« Mais considérant que la réglementation de la circulation et des transports en commun faite dans l'intérêt de l'ordre et de la sécurité publique dans les rues de Paris, ne constitue pas une violation du principe de la liberté;

« Qu'elle n'est autre chose que la garantie même de la liberté de circulation pour tous, laquelle serait entravée, sinon anéantie, par la concurrence sans frein des entrepreneurs... »

Il n'en est pas de même de l'achat et de la vente des valeurs mobilières. Les valeurs mobilières représentent une grosse partie — 80 milliards au moins — de la fortune publique. Cette forme de la propriété emprunte à la facilité de mobilisation un de ses principaux avantages. Or, cette facilité ne saurait être absolue, sans l'aide d'un grand marché financier. Comme acheteurs et vendeurs auraient éprouvé de grandes difficultés à s'aboucher les uns avec les autres et à se servir réciproquement de contreparties, il a bien fallu instituer sur ce marché une corporation d'intermédiaires dont le rôle consistât à placer les acheteurs en présence des vendeurs, moyennant une rémunération basée sur le prix des valeurs échangées et appelée courtage.

Les intermédiaires n'ont droit qu'à ce courtage; ils ne peuvent rien retenir sur le prix même des valeurs dont on leur a confié la négociation : ils n'ont aucun intérêt à influencer les cours. Par les offres et les demandes faites par eux, à haute voix, sur le marché public, le cours des valeurs s'établit; il est inscrit sur une cote dite officielle qui en assure l'authenticité.

Nous ne voyons pas qu'il y ait, dans l'organisation par la loi d'un marché des valeurs mobilières, une atteinte à la liberté de négociation. La transmission de la fortune mobilière de la France a besoin de grandes sécurités qu'un organe financier trop étendu, illimité, risquerait de ne pas lui assurer.

Une liberté absolue dans l'organisation du marché financier en France, pourrait peut-être faire l'affaire de quelques professionnels. N'irait-elle pas à l'encontre des intérêts publics, en affaiblissant la solidité du rouage intermédiaire entre les acheteurs et les vendeurs de titres?

Marché commercial et marché financier ; courtiers en marchandises et agents de change. — Les partisans de la suppression d'un marché restreint s'appuient volontiers sur l'exemple de la liberté du marché commercial, décrétée en 1866 et appliquée à partir du 1er janvier 1867.

Depuis cette date, en effet, les fonctions de courtiers en marchandises sont libres. La loi a seulement réservé la nomination par l'État de quelques courtiers assermentés dont le ministère est requis dans les ventes publiques de marchandises aux enchères et en gros, et pour les expertises et estimations judiciaires.

L'exemple nous paraît mal choisi; ce précédent ne saurait être invoqué dans le cas actuel.

En effet, quelles sont les personnes qui fréquentent le marché commercial? Qui a recours à l'intermédiaire du courtier en marchandises? Le grand public? Non. Ce sont, en majeure partie, des professionnels, des spécialistes ou des spéculateurs qui vont sur ce marché. Toutes ces personnes ont les moyens de contrôle nécessaires pour éviter que des erreurs volontaires ou non, soient commises à leur préjudice. Les marchandises ne représentent pas cette partie de la fortune publique qu'on appelle l'épargne. Elles circulent entre les mains de gens de métier, pour qui elles contituent leur instrument de travail et dont rien de ce qui s'y rapporte, ne doit leur être étranger.

Il n'en est pas de même pour les valeurs mobilières. Elles sont aux mains de tous, des gros et des petits capitalistes, des rentiers et de l'ouvrier économe des villes et des campagnes, des mineurs, des interdits et des incapables; elles constituent le patrimoine des caisses d'épargne et de retraite. Or, comment concevoir que tous les détenteurs de cette forme de l'épargne puissent surveiller leurs intérêts comme le font les commerçants et les industriels sur le marché commercial?

Est-il antilibéral de demander l'organisation et la surveillance d'un marché où les moindres variations de cours se chiffrent par centaines de millions? Est-ce méconnaître les principes de l'économie politique que de vouloir entourer l'organe de transmission de la fortune mobilière d'une surveillance officielle que ne justifie pas, au même degré, le marché commercial ?

Diminution du marché financier authentique. — Jusqu'à l'époque de sa réforme, le marché financier se trouva presque annihilé par la concurrence irrégulière des sociétés de crédit.

Sans doute, la constitution des grandes sociétés de crédit a eu pour conséquence, par les énormes dépôts de fonds accumulés dans leurs caisses, de précipiter l'abaissement du taux de l'argent qui, sans cette centralisation, se serait produit plus lentement. Elle a donc déterminé d'incontestables facilités pour les affaires.

Mais l'afflux des disponibilités du public dans ces grands magasins financiers, a eu aussi des inconvénients ; nous ne signalerons que ceux qui ont rapport au sujet qui nous occupe. Nous voulons essayer de démontrer que la liberté laissée autrefois à tous et sans mesure de négocier les effets publics à titre d'intermédiaires, eut peu à peu pour effet de diminuer l'importance et la valeur du marché authentique, de fausser les cours et d'enlever aux opérations de transmission de la fortune mobilière, la sécurité que doit comporter un grand marché où tous les ordres d'achats et de vente sont apportés et exécutés.

Les « applications » par les agents de change. — Nous prétendons que l'authenticité des cours des valeurs mobilières ne peut être obtenue qu'à la condition que toutes les négociations convergent vers un marché unique et s'y opèrent publiquement.

L'article 43 du règlement d'administration publique du 8 octobre 1890 relatif à l'organisation du marché financier, ne prescrit-il pas que « les prix offerts et demandés soient, dans tous les cas, dans les bourses pourvues d'un parquet, annoncés à haute voix ».

Les mêmes règles doivent être suivies pour l'exécution, par voie d'application, des ordres en sens contraire reçus par le même agent de change. L'agent de change, avant de réaliser l'application, fait constater, par un des membres de la chambre syndicale, l'absence de demandes ou d'offres plus favorables.

La cote des cours est entourée des mêmes précautions, tant les pouvoirs publics ont attaché d'importance à leur sincérité et à leur authenticité.

L'article 43 du règlement des agents de change, que nous venons de citer, signale l'opération d'application. Cette opération vise le cas suivant : un agent de change reçoit un ordre de deux clients : de l'un un ordre de vente, de l'autre un ordre d'achat d'une même valeur, soit au cours moyen, soit au mieux, soit à un même cours désigné par chacun d'eux. La première pensée qui vient à l'esprit de l'intermédiaire est d'appliquer à l'acheteur le titre du vendeur, sans chercher de contre-partie sur le marché public, puisqu'il trouve cette contre-partie dans les convenances de ses deux clients.

Or, on voit que le règlement des agents de change prescrit que même pour une opération qui, au premier abord, parait si simple, il devra être pris telle précaution qu'il indique.

Les applications par les établissements de crédit. — Mais, jusqu'en 1898, les ordres de bourse de la clientèle ne convergeaient pas tous vers le marché authentique, un grand nombre restait en chemin dans les sociétés de crédit.

On sait en effet que les grandes sociétés de crédit, qui, sous tant de formes, prêtent un concours utile au public, pratiquaient sur une large échelle, le système des applications. Elles faisaient, assure-t-on, dans leurs bureaux, un premier travail de bourse, exécutant les ordres d'achat et de vente qui pouvaient trouver entre eux des contre-parties, sans passer par l'intermédiaire des agents de change, et n'envoyaient à ceux-ci que le solde des ordres n'ayant pu être ainsi appliqués.

On voit combien d'ordres de bourse échappaient au marché public. Ces ordres, s'ils y avaient été portés, auraient influé forcément sur les cours dans le sens d'une plus grande sincérité et auraient donné à la cote, par leur masse, un niveau différent; car il n'est pas indifférent, pour la tenue des cours, que les ordres d'exécution soient plus ou moins nombreux. Il y a ainsi un grand intérêt, pour l'ampleur de la bourse, à ce qu'aucun ordre ne soit « appliqué » en dehors du marché officiel.

Les reports hors bourse. — Et maintenant, lorsqu'il s'agit des opérations à terme et du signe qui est comme le baromètre de la spéculation et qu'on appelle le taux des reports, ne convient-il pas de s'attacher encore davantage à réaliser, pour le public et pour l'Etat lui-même, la sincérité des cours par la tractation, sur le marché officiel, de toutes les opérations de reports?

En effet, il n'est pas de question qui soit plus étroitement liée à l'essence même des opérations de bourse. Le report est comme le nerf de la spéculation; car il lui permet de se maintenir de liquidation en liquidation, en un mot, de se continuer jusqu'à la réalisation ou à la confusion des prévisions faites.

Or, c'est précisément parce qu'il est l'unique soutien de la spéculation et qu'il donne en même temps la mesure de ses engagements, qu'on doit s'efforcer de rendre ce signe visible aux yeux de tous.

Si la généralité des reports se pratique en bourse, sur le marché officiel pour les valeurs de parquet et en coulisse pour les valeurs non cotées, les taux de ces reports traduisent exactement la situation de la place. Il n'y a pas de surprise pour les gens avisés, sachant que l'élévation excessive du taux des reports est un indice de crise prochaine.

Comment se fait-il qu'au krach de 1882, cette indication ait été donnée au marché?

Comment explique-t-on qu'à la veille de la crise qui a éclaté à la liquidation de septembre 1895, elle ait fait défaut?

Comment on pratiquait les reports autrefois. — Ceux qui assistaient aux bourses de 1881 et de 1882 n'ont pas perdu le souvenir des spéculations énormes qui furent faites sur certaines entreprises dont les titres étaient cotés au parquet. Les reports se pratiquaient alors en majeure partie sur le marché officiel.

Mais ils constituaient pour le grand public une opération nouvelle; aussi les fonds mis à la disposition de la spéculation pour reporter ses positions, étaient-ils moins considérables que maintenant. Nous le montrerons tout à l'heure.

Quoi qu'il en soit, ce genre de placement révélé par les nécessités du moment, détermina la création de sociétés spéciales de reports.

Les sociétés de crédit n'avaient pas encore fait à cette époque, une large application de la formule des banques de dépôts; elles faisaient des opérations d'émission de titres leur principal objet. Elles n'avaient pas encore drainé la majeure partie des capitaux flottants et leurs opérations de reports n'avaient pas l'ampleur qu'elles prirent plus tard.

Cependant, peu à peu, les sociétés de crédit prirent la place des reporteurs d'autrefois. Trois sociétés spéciales sur quatre disparurent et les agents de change virent chaque jour diminuer le chiffre des reports officiels directement effectués par eux.

Quels furent les avantages, quels furent les inconvénients de cette modification dans les usages boursiers?

En 1881 et 1882, le taux des reports bonifié par les sociétés spéciales à leurs déposants, variait entre 7 et 11 %, ce qui donne une idée des taux fantastiques payés par les spéculateurs reportés. Chez les agents de change, c'était la même chose; il fallait ajouter au taux de l'argent des reports fixé par les cours, le courtage plein prélevé par ces intermédiaires.

Les établissements de crédit reporteurs. Avantages et inconvénients. — Les sociétés de crédit, poussées par la nécessité de faire fructifier les masses énormes de fonds qu'elles reçoivent, ont certainement contribué par leurs offres de capitaux, à la baisse du taux de l'escompte, du prêt sur titres et des reports (1).

Le spéculateur à la hausse, grevé des frais de courtage de l'intermédiaire, à l'achat et à la vente, était porté tout naturellement à rechercher pour ses reports, l'argent là où il lui était offert au meilleur marché, sous la forme très précise du tant pour cent.

Cette circonstance expliquait les reports hors bourse. Toutefois, cet avantage était obtenu par les spéculateurs au prix de graves inconvénients pour eux et pour le public.

Pour les spéculateurs? Ils étaient dans la main de l'établissement reporteur qui pouvait à la veille d'une liquidation, leur signifier que tout crédit nouveau leur serait refusé.

Ce sont surtout les spéculateurs ayant obtenu des reports à longue échéance (deux et trois mois) qui avaient le plus à souffrir de ces exécutions. A quelque distance de l'échéance d'un de ces gros reports, remar-

---

(1) La rareté du papier de commerce a déterminé aussi les compagnies de chemins de fer et d'autres grandes entreprises qui ont des fonds de caisse disponibles, à accepter de prendre en pension des valeurs mobilières sous la forme de reports à échéances fixées à leur volonté. Cette circonstance a contribué aussi à faire fléchir le taux des reports. Aujourd'hui que les reports doivent tous passer par la bourse, certaines de ces sociétés tournent la difficulté en transformant les reports en prêts sur titres.

quait-on la baisse d'une valeur? Elle était le plus souvent le fait du reporteur qui, étant décidé par avance à ne pas continuer ses bons offices au spéculateur reporté, escomptait par des ventes à découvert, l'exécution de ce dernier dont les intérêts — il est à peine besoin de le dire — étaient pris en médiocre considération.

Pour le public? Il était dans l'impossibilité de se rendre compte de la situation de place, les taux des reports côtés officiellement au parquet n'étant pas l'expression exacte de l'importance des spéculations engagées, puisqu'une grosse partie des positions d'acheteurs était reportée hors bourse, c'est-à-dire à l'insu de tous.

En ne s'en tenant qu'aux taux des reports cotés sur le marché, si ces taux étaient modiques, il était permis de penser que la place n'était plus chargée à la hausse et qu'un mouvement de reprise pouvait raisonnablement être entrevu. Il n'en était rien cependant, car chaque jour amenait des exécutions de positions que ne faisait pas pressentir la cote officielle des reports. N'était-on donc pas en droit de conclure que ces reports, dissimulés au marché, en faussaient le niveau naturel, tout en le mettant à la discrétion de ceux qui avaient le pouvoir de les dénoncer suivant leur fantaisie ou leurs besoins? Et l'observation nous paraît d'autant plus grave que le capital réuni dans une seule caisse était plus considérable.

Il en résultait que la spéculation qui aurait gagné beaucoup à ce que les fonds mis à sa disposition par le moyen des reports, vinssent de sources multiples et par l'organe du marché officiel, se trouvait le plus souvent à la merci de quelques-uns.

Les sociétés de crédit ne devraient faire de reports que sur l'ordre de leurs déposants. — Notre savant confrère et ami, M. Neymarck disait en 1895, au cours d'une séance de la Société d'économie politique, qu'on avait critiqué à tort les grandes sociétés de crédit de n'être pas venues au secours de la place, de n'avoir pas aidé les spéculateurs en détresse, de ne leur avoir pas facilité la prorogation de leurs affaires à terme. « Mais on a oublié, ajoutait-il, qu'elles doivent avoir constamment le souci de leur clientèle de déposants et qu'il leur faut conserver des ressources disponibles constamment liquides. Elles ont dû agir avec prudence et on ne peut vraiment les en blâmer. »

Cette excuse est la condamnation même des opérations de reports excessifs faites par les sociétés de crédit. Quelques-unes ont mis autant d'ardeur à fournir de l'argent à la place, qu'elles ont apporté d'empressement et même de rigueur à le retirer. En 1895, elles ont commencé par exciter et par encourager la spéculation à la hausse à l'aide des faci-

lités de reports offertes aux coulissiers; elles l'ont ensuite ruinée et ont
mis à mal bon nombre d'intermédiaires en retirant brusquement des
crédits trop libéralement ouverts la veille.

A cela on a répondu par l'incident du « boycottage » à Londres. On
a prétendu que, tout à coup, les signatures des grands établissements de
crédit français et allemands avaient été mises à l'index par les banquiers
anglais. La conséquence immédiate de ce « boycottage » ne devait-elle
pas être une restriction violente des crédits à Paris et à Berlin ?

A supposer que cet incident n'ait pas été un prétexte — et la personnalité de ceux qui l'ont rapporté nous fait un devoir d'y croire — cela
ne prouve-t-il pas tout au moins que nos grandes sociétés de crédit
s'étaient beaucoup trop engagées en 1895 à la suite de la spéculation à
la hausse ? Cela ne constitue-t-il pas la démonstration la meilleure que
des sociétés de dépôts devraient autant dans l'intérêt de la spéculation
que dans le leur, ne pas faire des reports une de leurs principales
opérations, à moins que ce ne soit sur l'ordre exprès de leurs déposants ?

La question spéciale des reports doit être jointe à celle des applications et être solutionnée comme elle, dans le sens le plus favorable à
l'authenticité des cours.

Nous avons voulu montrer par cet exposé, combien il importait pour
la sécurité de la fortune mobilière de la France, de ramener sur un
marché unique et authentique, toutes les transactions pouvant avoir
pour conséquence d'assurer aux cours des titres mobiliers, le maximum
de sincérité.

En recommandant ce résultat, nous avons la prétention de servir
beaucoup mieux les intérêts du public que ceux qui, au nom de la
liberté, réclament le droit de monopoliser en fait et de dissimuler aux
yeux de tous, les moyens de diriger ces intérêts à leur seule fantaisie.

Car la question de la réorganisation du marché financier se résume
dans ces deux termes : le marché financier sera-t-il autonome et indé-
pendant, ou sera-t-il peu à peu absorbé, annihilé par les sociétés de
crédit ou tout au moins placé sous leur dépendance ?

Les transactions sur valeurs mobilières au comptant et à terme
seront-elles assurées d'être effectuées à des cours authentiques qui ne
peuvent être obtenus que par la division naturelle des ordres d'achat et
de vente, ou, au contraire, doivent-elles être concentrées entre les mains
de quelques-uns, mises à la discrétion d'associations puissantes devenues ainsi maîtresses du marché de l'offre et de la demande ?

Monopole pour monopole, mieux vaut un monopole de droit,
constitué au profit du public et dont l'exercice est réglé par des pres-

criptions légales, qu'un monopole de fait qui n'a d'autre limite que les intérêts de ceux qui l'ont constitué à leur profit.

La pénurie des affaires est la cause principale du conflit entre intermédiaires. — Une des causes, on pourrait dire la seule cause de la lutte qui s'engagea périodiquement entre le parquet et la coulisse, a toujours été l'absence d'affaires. Lorsque les affaires ont été nombreuses, il y en a eu pour tout le monde et les intermédiaires, préoccupés surtout de profiter de la période des vaches grasses, ont déposé les armes pour se livrer aux travaux pacifiques de la moisson. Le conflit ne renaissait jamais qu'au lendemain d'une crise et sous le régime des vaches maigres. Les affaires étaient-elles arrêtées et les bilans faisaient-ils ressortir des situations en perte ou tout au moins sans profits? on trouvait alors que le nombre des intermédiaires des deux marchés était bien élevé pour l'importance de la clientèle qui restait ; on se disposait à en venir aux mains.

Nécessité d'envisager l'organisation d'un marché financier au point de vue des crises. — L'erreur commise par un grand nombre de partisans de la réorganisation du marché, c'est de n'envisager que les facilités à donner aux affaires et de perdre de vue l'éventualité des crises.

Il est bien certain que tous les systèmes résisteraient à l'essai, si la spéculation restait dans des limites raisonnables. Dans ces conditions, un marché libre, ouvert à tous, se concevrait à la rigueur. Mais, il ne faut pas oublier qu'un marché doit être organisé surtout en vue de résister le mieux possible dans les périodes de crise. Or, qui ne voit que le marché serait d'autant plus rapidement entraîné au cataclysme final, que le nombre des intermédiaires serait plus grand? Une concurrence très vive s'établirait entre les courtiers, la lutte pour le courtage les inciterait à la recherche de la clientèle de spéculation et celle-ci, encouragée, excitée par l'intermédiaire en quête d'affaires, commettrait en beaucoup moins de temps encore que par le passé, les excès, signes précurseurs et causes déterminantes de la crise.

Dans quel état serait alors l'organe des transactions mobilières? Que pèseraient les garanties matérielles, les cautionnements effectifs des courtiers de valeurs dans l'un des plateaux de la balance, alors que dans l'autre s'accumuleraient les engagements formidables d'une spéculation immodérée ?

La défiance réciproque des coulissiers en 1895. — On a vu, à la fin de 1895, après la crise survenue sur les fonds ottomans et sur les mines d'or, la plupart des intermédiaires de la coulisse se refuser réciproquement toute confiance, de sorte qu'en fait, ce marché désemparé fut arrêté dans son fonctionnement. On n'y pouvait, à vrai dire, ni vendre, ni acheter, parce que les intermédiaires hésitaient à accepter les contreparties de leurs confrères. Ceci est de l'histoire; nous en retrouvons la trace dans les journaux de l'époque et nous constatons qu'à ce moment, personne, devant l'évidence des faits, n'osa nier la situation que nous rappelons.

Difficulté d'un contrôle réciproque sur un marché ouvert à tous. — La même cause ne déterminerait-elle pas les mêmes effets sur un marché unique ouvert à tous? Quelle que soit l'organisation qui lui serait donnée, pense-t-on que 300, 400, 1.000 personnes pourraient suffisamment se contrôler les unes et les autres, pour accepter l'obligation de solidarité qui se conçoit à la rigueur entre les membres, en nombre limité, d'une même corporation?

Et puis trouverait-on, en cas d'embarras survenus dans les charges des intermédiaires à la suite d'une crise de bourse, le crédit en banque qui a permis en 1882, le relèvement du marché officiel de Paris?

Le public et l'Etat peuvent-ils accepter de semblables éventualités? Devraient-ils supporter les conséquences d'une situation à laquelle ils seraient restés étrangers? La fortune mobilière de la France pourrait-elle, encore une fois, sans de grands dangers, être entravée quelque temps dans ses échanges, par l'impossibilité où elle serait de trouver des intermédiaires solvables et disposés à accepter les contre-parties douteuses de leurs confrères?

On voit que le système d'un marché libre en France soulèverait, en temps de crise, des questions de la plus haute gravité.

Nécessité d'un marché unique. — Tout le monde a été d'avis, en 1898, qu'il y avait nécessité absolue de réformer le marché financier et que le principe qui s'imposait était celui d'un marché unique pour les valeurs cotées officiellement. Qu'autour de ce marché opérassent les banquiers, les hommes d'affaires dont le rôle devrait être surtout de créer des entreprises et d'assurer leur mobilisation par l'admission de leurs titres sur le marché financier, rien de mieux. Mais il y aurait un grand inconvénient à ce qu'il existât deux marchés, l'un authentique, l'autre libre, pour négocier les même valeurs.

Si l'on conçoit que, vu les distances, les variations de change et les appréciations différentes, des opérations d'arbitrage soient effectuées d'une place sur une autre, on ne saurait comprendre que ces opérations fussent pratiquées sur une seule de ces places financières. Peut-on admettre, à Paris, deux cours différents pour un fonds d'Etat ou une action de société? Quel serait le vrai, quel serait le faux? Dans cette circonstance, l'authenticité serait contestable, l'absence de sincérité flagrante.

On ne peut être à la fois intermédiaire et spéculateur. — Il y a aussi une autre question de principe à résoudre avant d'aborder l'étude des systèmes de réorganisation du marché financier; c'est la suivante :

Dans un marché libre, les courtiers de valeur seraient-ils uniquement des intermédiaires, se contentant des courtages comme bénéfices, ou pourraient-ils se livrer à toutes opérations de bourse aussi bien pour leur propre compte que pour le compte de tiers ?

Si des courtiers de valeurs en nombre illimité étaient réduits au simple rôle d'intermédiaires, qui ne voit que l'élément spéculatif disparaitrait, noyé dans ce syndicat d'intermédiaires dont le règlement les empêcherait de se livrer à leurs opérations favorites? Les partisans du marché libre auraient réalisé une organisation qui serait en contradiction absolue avec la prétention qu'ils ont de doter la France d'un grand marché financier, puisqu'ils en auraient exclu l'élément de spéculation par excellence.

Si, au contraire, dans un marché libre ainsi que ses partisans le conçoivent, les courtiers de valeurs avaient toute liberté pour joindre aux fonctions d'intermédiaire moyennant courtage, la faculté de faire pour eux-mêmes des opérations de spéculation, c'est alors qu'il faudrait craindre à brève échéance l'effondrement du marché financier. On ne peut, en effet, être tout à la fois intermédiaire et spéculateur, mandataire et contre-partie. Un courtier de valeurs de cette nature ne mériterait aucune confiance, car il n'offrirait aucune sécurité.

L'intermédiaire des négociations de titres mobiliers doit offrir les mêmes garanties que l'intermédiaire institué pour les transmissions de la propriété immobilière. La fortune mobilière de la France a droit aux mêmes sécurités que la fortune foncière. L'opinion publique accepterait-elle que les notaires fussent autorisés, en dehors de leurs fonctions de receveurs et d'enregistreurs d'actes et de contrats, à spéculer sur les affaires confiées à leurs soins et à leur discrétion? Pourquoi voudrait-on que le courtier de la fortune mobilière ne fût pas tenu aux mêmes interdictions ?

Un marché officiel agrandi n'est pas incompatible avec le marché des valeurs internationales. — Les partisans du système mixte de marché financier qui fonctionnait à Paris, avant la réorganisation de 1898, déclaraient que le marché des valeurs internationales, c'est-à-dire les grandes opérations d'arbitrage, disparaitrait, si l'on en interdisait l'accès à la coulisse qui, avant le mois de juillet 1898, l'alimentait en grande partie.

Cette prétention a été démentie par les faits.

La suppression de l'intermédiaire de la coulisse pour les opérations d'arbitrage en valeurs internationales, ne s'entendait pas sans la substitution d'un marché officiel agrandi et adapté à ces opérations indispensables. Au lieu d'avoir deux marchés différents et, par conséquent, une cote incertaine, les banquiers arbitragistes devaient trouver, pour faire et défaire leurs opérations, un unique marché où l'authenticité des cours leur fût absolument assurée. Voilà tout.

Est-ce que les choses ne se passaient pas déjà ainsi pour la rente italienne, avant la réforme de 1898? Toutes les opérations d'arbitrage sur ce fonds d'Etat s'effectuaient au parquet, réduit aux proportions qui furent précisément l'objet de la critique générale. Est-ce que cette organisation a néanmoins entravé, lorsqu'elles ont porté sur des chiffres importants, les opérations d'arbitrage qui se sont faites maintes et maintes fois sur la rente italienne? En aucune façon. Ce qui a eu lieu pour l'Italien s'est produit aussi facilement pour les autres fonds et valeurs, depuis que l'Extérieure, le Portugais, les fonds Ottomans, le Rio ont été ramenés dans les groupes du marché officiel agrandi. Les opérations d'arbitrage n'ont été en aucune façon gênées par la réorganisation du marché de Paris.

Ce qu'on peut emprunter à la Bourse de Londres. — Au cours de la discussion à laquelle a donné lieu autrefois et donne encore lieu aujourd'hui la réorganisation du marché financier, quelques personnes ont proposé d'introduire à Paris l'organisation et les usages de la bourse de Londres.

Nous ne pouvons donc passer sous silence cette proposition et nous devons l'examiner.

Le marché de Londres, fermé pour le public, est libre pour les intermédiaires dont le nombre est illimité.

Or, les partisans d'un marché libre à Paris accepteraient-ils, pour se conformer tout à fait à l'usage de Londres, une bourse fermée au public? C'est douteux, car ils n'ignorent pas que les facilités d'accès données à celui-ci dans les bourses françaises, sont un des éléments les moins négligeables de leurs affaires. La fermeture au public du marché financier pourrait refroidir considérablement l'ardeur de la clientèle et la rejetterait de plus en plus vers les sociétés de crédit dont le grand pouvoir de centralisation s'affirme déjà beaucoup trop au détriment du marché officiel.

En 1856, on voulut écarter le public de la Bourse, en y établissant un droit d'entrée. La mesure tomba sous la réprobation générale; on fut obligé de la rapporter.

Le Stock-Exchange dont quelques personnes voudraient adapter l'organisation au marché de Paris, est, nous le répétons, une corporation fermée. Il suffit de considérer aussi l'institution des jobbers (1), pour trouver entre elle et le monopole tant combattu ici un petit air de famille.

« Jobbers et Brokers ». — Les jobbers ne sont, en somme, que des spéculateurs privilégiés admis dans l'enceinte de la bourse à l'exclusion du public, à la condition de ne pas faire office d'intermédiaires et de ne travailler sur le marché qu'avec les brokers. N'y a-t-il pas là vraiment une sorte de monopole? Et pendant que le public qui procure aux brokers le plus clair de leurs bénéfices, est relégué dans la rue, il ne trouve même pas une compensation à ce désavantage, dans la solidarité matérielle ou morale de ces courtiers.

Comparaison entre les courtages de Paris et ceux de Londres. — Les partisans de l'adaptation des usages de Londres au marché de Paris, ont-ils envisagé les frais de négociations qu'on perçoit sur cette dernière place? Ils nous permettront d'établir une comparaison fort instructive entre les courtages de Londres et ceux de Paris qu'on accuse d'être si élevés.

A Londres, au dessous de 125 francs, les valeurs donnent lieu à un courtage fixe de 62 centimes et demi. Sur les titres de 125 francs, le courtage est de 1 fr. 25 par titre. Au-dessus de 500 francs par titre, le courtage est de 2 fr. 50 par unité.

A Paris, le courtage officiel est, depuis 1898, de 1 $^{0}/_{00}$ sur toutes les valeurs.

Prenons, comme exemple de valeurs cotées tout à la fois à Paris et à Londres, les Nitrates Railways valant 200 francs environ. Pour acheter 100 Nitrate Railways à Londres, on paiera un courtage de 125 francs, alors qu'à Paris on ne paiera que 20 francs.

Pour 100 Rio coté 1.140 francs, on paiera à Londres 250 francs, alors qu'à Paris on ne paiera que 114 francs.

Pour les fonds d'Etat étrangers, le courtage à Paris est également fixé à 1 $^{0}/_{00}$ avec un maximum de 50 francs par unité de rente; le cour-

---

(1) *Jobber* ou *dealer* veut dire agioteur ou marchand achetant ou vendant. Le jobber est toujours acheteur ou vendeur à deux cours différents, dont l'écart constitue son bénéfice et qui servent à l'établissement de la cote authentique. Il ne paie pas courtage. Le *broker* est le courtier ou agent de change, intermédiaire entre la clientèle et le jobber.

tage à Londres est de 1/16 % du capital nominal. Exemple : 50 francs pour 5,000 Italien négociés à Paris ; 62 fr. 50 pour la même négociation à Londres.

A Londres, dit-on, on ne paie pas de courtage sur les opérations de reports, tandis qu'à Paris on paie au moins un demi-courtage sur ces opérations.

Mais, ce qu'on ne dit pas, c'est qu'à Londres on prélève au moins 1 à 2 % d'écart sur le taux du report entre l'acheteur et le vendeur, quand il s'agit de fonds d'Etat et quelquefois 3 à 4 % d'écart lorsque la négociation porte sur des chemins américains ou des actions de mines. Or, cet écart ne compense-t-il pas largement le demi-courtage payé à Paris sur les reports ?

Les questions ont toujours plusieurs faces ; l'habileté est de n'en montrer qu'une ; la sincérité, au contraire, consiste à les montrer toutes.

Quoi qu'il en soit, nous ne prétendons pas que le marché de Paris n'ait rien à emprunter à celui de Londres. Qui empêche par exemple, les membres actifs de la coulisse de se transformer en jobbers pour toutes les valeurs internationales cotées officiellement, tout en conservant leur droit de courtage pour les valeurs non cotées au parquet ?

Les jobbers, à Londres, arrêtent directement des affaires avec des banquiers de la cité ou de l'étranger et les apportent aux brokers (agents de change) qui sont ainsi assurés de trouver auprès d'eux toutes les contre-parties de leur clientèle.

Les coulissiers de Paris ont, en s'entendant avec les agents de change sur la question du courtage, toutes facilités pour pratiquer ces opérations de la même manière. Le droit qui leur est contesté, c'est d'établir entre eux un marché sur les titres cotés au parquet et de les soustraire ainsi au contrôle du cours authentique.

Prétendue insuffisance du nombre des agents de change. — L'argument en quelque sorte traditionnel qu'on a fait valoir contre le maintien du monopole des 60 agents de change de Paris, c'est que leur nombre ne répond plus à l'importance des valeurs mobilières aujourd'hui en circulation. On pourrait répondre à cette objection qu'en 1824, ils étaient trop nombreux pour la fonction et que d'ailleurs, à cette époque, les offices d'agents de change n'étaient guère productifs. Il est probable aussi que l'agent de change de 1724 devait résumer en sa seule personne toutes les fonctions de la charge. Depuis, bien des réformes avaient été faites, quoi qu'on dise, pour permettre à l'agent de change de répondre aux nécessités d'un marché financier sans cesse grandissant. D'abord, l'agent de change a abandonné à des courtiers spéciaux le monopole des négociations des lettres de change et des matières d'or et d'argent. Cet abandon n'a-t-il pas équivalu, en quelque sorte, à une augmentation de l'efficacité des soins consacrés à la négociation des valeurs mobilières ? Puis, ses bureaux se sont augmentés peu à peu d'un personnel de fondés de pouvoirs, de commis, d'employés en rapport avec les besoins de la clientèle et c'est ce qui explique en réalité que, malgré les critiques qui ont été adressées jusqu'en 1898, à l'organisation des agents de change, celle-ci a pu faire face progressivement à la négociation de valeurs mobilières qui ont passé, au cours du siècle, d'une importance de quelque 700 millions à celle de 150 milliards environ.

On peut être assuré que si les choses ne s'étaient pas passées ainsi, si ce travail intérieur d'augmentation du personnel et des moyens d'action des charges ne s'était pas fait, le cadre des 60 agents de change aurait été brisé, malgré le monopole, par la seule force des choses.

Mais c'est précisément ce qui s'est produit, nous objectera-t-on, par la constitution et le fonctionnement de la coulisse à côté du parquet pendant de nombreuses années, en vue de la négociation à terme de fonds et valeurs réservés par la loi au marché officiel. Nous verrons par l'examen de la situation présente que cette substitution de l'ancienne coulisse au parquet pour la négociation à terme de certaines valeurs appartenant de droit à ce dernier marché, a été le fait d'un accaparement au détriment d'intermédiaires bénévoles et insouciants et non une conséquence nécessaire de l'organisation du monopole des agents de change. Toutefois ce chapitre de la question des agents de change ne serait pas épuisé, si nous n'ajoutions tout de suite qu'au nombre actuel des titulaires des charges d'agent de change qui est de 70, il convient d'ajouter, six commis par charge autorisés à négocier pour le compte des titulaires. Si à ce chiffre, nous ajoutons celui des coulissiers et de leurs commis (environ 300), nous nous trouvons en présence d'un nombre de négociateurs de 800 environ pour un chiffre de valeurs mobilières de près de 90 milliards. A Londres, les membres du Stock-Exchange sont sans contredit beaucoup plus nombreux ; mais ils ont 190 milliards de valeurs à négocier. En sorte que toute proportion gardée, la bourse de Paris n'est pas, en réalité, dans les proportions d'infériorité, quant à l'importance de son personnel, que les adversaires de son organisation se sont toujours plus à mettre en évidence.

Le maintien de la coulisse des rentes françaises. — L'objection la plus sérieuse en apparence qui a pu être adressée au projet de réorganisation du marché financier sur la base de l'agrandissement du parquet, est celle visant le maintien des opérations de la coulisse en rentes françaises.

Comment admettre, disait-on, qu'on reconnaisse l'utilité des coulissiers dans leurs rapports avec le marché de la rente nationale et qu'on la méconnaisse, lorsqu'il s'agit du marché des fonds internationaux ?

La réponse est cependant bien simple.

Quelle que soit l'ampleur des opérations de la coulisse des rentes, le marché officiel conserve toujours un contrôle sur ces opérations. Si le parquet trouve des facilités de contre-partie dans la coulisse des rentes, celle-ci ne peut rien faire sans l'intervention du parquet ; elle ne pourrait, comme elle a fait pour les valeurs internationales, créer un marché de rentes françaises absolument distinct du marché officiel, car elle est amenée nécessairement à liquider ses opérations au parquet, de sorte que ces deux marchés se complètent l'un par l'autre.

Leur juxtaposition, même dans la salle de la bourse est une nécessité matérielle. Ne constitue-t-elle pas une démonstration visible du concours mutuel qu'ils se prêtent ?

Quelques opérations de la coulisse des rentes. — Mais voici une description sommaire des opérations de la coulisse des rentes qui justifiera tout à fait le maintien de ce marché.

Les spéculateurs qui opèrent à la coulisse des rentes, sont des spéculateurs au jour le jour ; ils ne travaillent, la plupart du temps, que sur des différences à encaisser ou à payer ; ils ne livrent ni ne lèvent aucun titre en liquidation. Tels sont, par exemple, les échelliers, ainsi nommés parce qu'ils montent en quelque sorte les degrés de la cote en faisant la même opération : ils achètent du ferme et vendent le double ou le triple à prime. Aussitôt que le ferme a atteint la hauteur de la prime, ils achètent le ferme pour la quantité qu'ils ont vendue à prime et revendent de nouvelles primes à un échelon plus élevé. A la réponse des primes, ils se liquident. Ces opérations successives sont pour ainsi dire mécaniques. Ce ne sont pas, d'ailleurs, les seules opérations qui se pratiquent sur ce marché de la bourse de Paris. Il serait trop aride et inutile de les énumérer.

Contrôle du parquet. — Quoiqu'il en soit, il se trouve, en liquidation, des vendeurs et des acheteurs de rentes devant les livrer ou les lever, ou étant dans l'obligation de trouver des prêteurs de titres ou d'argent disposés à prendre leur place. Il se fait à ce moment, un mouvement de rentes dont tous les transferts passent nécessairement par l'intermédiaire des agents de change. Dans ces conditions, le marché officiel exerce un premier contrôle sur les opérations de la coulisse des rentes.

Il ne faut pas perdre de vue non plus que le marché du comptant des rentes françaises, au parquet, est suffisamment large pour avoir une action continue sur le marché à terme de la coulisse. Les cours au comptant, sous la surveillance directe des agents de change, servent de régulateurs aux cours du terme, et ceux-ci ne peuvent guère longtemps s'écarter de ceux-là sans être ramenés au niveau officiel par l'intervention du comptant. C'est un second contrôle qu'exerce le parquet la coulisse des rentes.

Les choses ne se passaient pas ainsi avant le mois de juillet 1898, pour les valeurs et les fonds internationaux dont les titres sont exclusivement au porteur. Le marché de la coulisse pour le Turc, l'Extérieure et le Rio, par exemple, pouvait très bien se passer de l'intervention du parquet. Et, de fait, c'est ce qui se produisait. Le parquet n'avait aucun contrôle sur les cours de ces fonds et valeurs dont la négociation cependant devait lui être légalement réservée.

Pour ces motifs, on conçoit qu'il ait été possible et nécessaire, tout en enlevant à la coulisse la négociation des valeurs internationales, de lui laisser la faculté de négocier les rentes françaises à côté du parquet.

Intérêt de l'Etat au maintien de la coulisse des rentes. — Et maintenant, est-il utile d'insister sur l'intérêt majeur qu'il y a pour l'Etat à avoir un marché de rentes tout à la fois sincère et large? Sincère, il l'est, grâce au contrôle du parquet auquel il ne peut être soustrait par suite de la nécessité exposée tout à l'heure d'opérer toutes les liquidations, reports, transferts par l'intermédiaire des agents de change. Large, il ne peut manquer de l'être avec cette clientèle de spéculateurs au jour le jour, assurant aux porteurs des fonds français, dans les grands mouvements d'affaires, la vente et l'achat de n'importe quelle quantité de rentes.

Ce qui manque au marché officiel, ce sont moins les intermédiaires que les hommes d'affaires. — Une des objections que l'on a l'habitude d'adresser aux partisans d'un marché limité est la suivante : Aussitôt qu'une valeur est admise aux négociations du marché officiel, elle ne donne plus lieu qu'à de rares transactions ; elle est pour ainsi dire figée à des cours nominaux, elle perd en facilité de mobilisation ce qu'elle peut gagner en prestige.

L'objection manque son but. Ce n'est pas le fait de l'admission à la cote officielle qui cause réellement la stagnation des transactions sur une valeur. Cette stagnation provient plutôt de l'absence de financiers ou d'intéressés quelconques disposés à s'en occuper. L'agent de change 'a pas été institué pour spéculer sur les valeurs du marché officiel. C'est aux gens d'affaires et aux financiers de créer un marché sur les valeurs de bourse ; la cote officielle est si peu un empêchement de négociations que des affaires très suivies se traitent journellement sur quelques-uns des titres qui y sont inscrits.

La spéculation a-t-elle jamais songé autrefois à se plaindre de l'organisation du marché officiel, quand elle a fait des mouvements considérables sur le Suez, sur les Chemins de fer, sur le Crédit Foncier, sur les Métaux, etc. Les partisans d'un marché libre ne sont-ils pas les premiers à reprocher au parquet les campagnes de l'Union générale, de la Banque de Lyon et de la Loire, de la Banque nationale, etc. ?

Et aujourd'hui, depuis la réorganisation de 1898, les transactions sur l'Extérieure et sur le Rio, notamment, ne sont-elles pas plus nombreuses qu'elles n'ont jamais été autrefois sur le marché de la coulisse?

La coulisse et les affaires industrielles. — Les affaires ne manqueraient pas aux intermédiaires de la coulisse, disions-nous autrefois, s'ils appliquaient leur intelligence et leur activité à autre chose qu'à la négociation des valeurs cotées officiellement.

En France, on crée peu de petites sociétés anonymes ayant pour objet des affaires industrielles parce que l'instrument financier propre à ces créations fait absolument défaut. Les grandes sociétés de crédit ne consentent généralement à s'occuper d'une affaire que si cette affaire comporte un capital de plusieurs millions et si ses actions sont susceptibles d'être admises immédiatement aux négociations du marché officiel. Encore préfèrent-elles, depuis plusieurs années, le rôle de courtier à celui de créateur d'affaires.

Pourquoi les coulissiers, que les risques du jobber ou de l'arbitragiste ne tentent guère, ne se consacreraient-ils pas à la création de ces affaires industrielles ou commerciales à un moment où, par nécessité, l'esprit d'entreprise se développe en France. Les jeunes ingénieurs ne manquent pas pour se livrer à l'étude de procédés nouveaux et les capitaux sont constamment à la recherche de placements rémunérateurs, comportant par contre certains risques. L'entreprise est donc assez facile à réaliser ; elle n'est pas au-dessus des forces d'hommes entreprenants, intelligents, travailleurs et pourvus de capitaux par eux-mêmes, par leurs amis ou par leurs clients.

De plus, en créant des affaires nouvelles, les coulissiers alimenteraient le marché libre qui leur appartient et paraît assez dépourvu de titres à négocier, surtout si on le compare avec les bourses de Londres et de Bruxelles.

Ce double résultat n'est-il pas de nature à attirer leur attention ?

II. — RÉORGANISATION DU MARCHÉ

Les décrets réorganisant le marché financier, au nombre de trois, ont été rendus le 29 juin 1898 ; ils sont contresignés par M. Peytral, ministre des finances.

Ces décrets ont été insérés le lendemain au *Journal officiel*, qui a publié, en même temps, le règlement particulier de la Compagnie des agents de change de Paris, modifié en conséquence.

Premier décret. — Le premier décret modifie les articles 17, 55 et 56 du décret du 7 octobre 1890.

L'article 17 détermine les conditions dans lesquelles sont constituées les Chambres syndicales d'agents de change.

L'article 55 règle le droit du donneur d'ordre et le devoir de la Chambre syndicale dans le cas de retard de livraison ou de paiement par l'agent de change.

L'article 56 prescrit qu'en cas de défaillance d'un agent de change, la Chambre syndicale devra liquider les marchés dans les conditions déterminées par les règlements prévus à l'article 82, en prenant pour base le cours moyen du jour de la défaillance. Les donneurs d'ordre sont mis en demeure d'opter sans délai entre la liquidation de leur marché dans les conditions ci-dessus spécifiées et le maintien de leur position chez l'agent de change défaillant.

Deuxième décret. — Le second décret a pour objet la création de dix nouveaux offices d'agents de change près la bourse de Paris. Les titulaires de ces nouveaux offices seront choisis par la Chambre syndicale des agents de change et nommés par décrets rendus sur la proposition du ministre des Finances.

Troisième décret. — Le troisième décret vise la réduction des courtages dont nous dresserons plus loin un relevé, en les comparant avec les tarifs antérieurs.

Règlement de la Compagnie des agents de change de Paris. — Le règlement des agents de change a subi quelques modifications, le 29 juin 1898, à la suite de la publication des décrets que nous venons d'analyser. Les agents de change ont, notamment, reçu l'autorisation de s'adjoindre des commis principaux jusqu'au nombre de six.

Les titres négociés au comptant doivent être livrés par l'agent vendeur avant la cinquième bourse qui suit la négociation. Le règlement contient ensuite les sanctions de la non livraison dans ce délai.

Les négociations à primes peuvent se traiter jusqu'au terme de la troisième liquidation à partir du jour de la négociation, pour les valeurs soumises à la liquidation de quinzaine, et jusqu'au terme de la seconde liquidation, pour les valeurs soumises à la liquidation mensuelle.

La Chambre syndicale peut d'ailleurs modifier, selon les besoins du marché, les modalités des primes.

A la bourse du dernier jour du mois, ou, si ce jour est un jour férié, à la première bourse du mois suivant, a lieu la liquidation générale des opérations sur les fonds d'État français et les autres valeurs.

A la bourse suivante, opérations de reports. Le cinquième jour de la liquidation, la remise des titres et le paiement des capitaux entre agents s'opèrent par l'intermédiaire de la Chambre syndicale.

Les mêmes dispositions ont été arrêtées pour la liquidation de quinzaine.

Quelques autres modifications ont été portées au même règlement des agents de change, le 30 janvier 1899: trois délégués ont été adjoints au syndic des agents de change pour l'aider dans la surveillance de l'application des règlements ; un quatrième a été nommé pour présider la commission de comptabilité.

Le délai de livraison des titres au porteur négociés au comptant qui, antérieurement, avait été fixé pour les agents à cinq jours, a été étendu à la dixième bourse suivant celle de la négociation.

Les fonds provenant d'une vente de titres au porteur doivent être remis au donneur d'ordre le surlendemain de la remise des titres ; les titres doivent lui être livrés le lendemain de la livraison à l'agent acheteur, et dans tous les cas, le jour de la quinzième bourse qui suit celle de la négociation.

Pour les titres nominatifs, le transfert doit en être déposé, au plus tard, le surlendemain du jour de la remise des noms ou acceptations et les titres doivent être livrés à l'agent acheteur le lendemain de la consommation du transfert.

Les fonds provenant de la vente de titres transmissibles par voie de transfert, doivent être à la disposition du donneur d'ordre dès le surlendemain de la consommation du transfert. Les titres doivent être à la disposition du client dès le lendemain de la livraison à l'agent acheteur et, au plus tard, le jour de la vingtième bourse qui suit celle de la négociation.

Cependant, à titre exceptionnel, les valeurs au porteur amortissables par voie de tirage au sort, négociées avant les cinq bourses qui précèdent le jour du tirage, doivent être livrées pour le tirage.

Pour les valeurs nominatives négociées sept jours avant le tirage, elles doivent être transférées pour le tirage.

Les conditions des liquidations de fin de mois et de quinzaine ont subi aussi des modifications. La liquidation de quinzaine ne dure plus que quatre jours au lieu de cinq jours. Les opérations de reports qui s'effectuaient le second jour de la liquidation, le matin entre onze heures et midi moins un quart, se font dorénavant le premier jour de la liquidation.

III. — APRÈS LA RÉORGANISATION DU MARCHÉ

Ampleur de la bourse réorganisée. — Lorsque la discussion de la réorganisation de la bourse de Paris est venue au Parlement et devant le public, les partisans du *statu quo* prétendirent que l'organisation du marché, telle qu'elle avait été conçue par **M.** Cochery et ses collaborateurs, serait absolument insuffisante pour répondre aux besoins d'un grand marché et aux nécessités des arbitragistes, pour maintenir en un mot, à Paris, les transactions sur les valeurs et fonds internationaux. On a ajouté que les agents de change n'étaient pas des hommes d'affaires, que d'ailleurs leurs règlements leur interdisant d'arrêter directement les opérations de Bourse, banquiers, gens de finance, public boursier leur auraient bien vite tourné le dos et transporteraient leurs opérations sur une place étrangère quelconque, notamment à Bruxelles. Et, de fait, un mouvement d'émigration d'intermédiaires commença à se produire, encouragé par des personnalités du monde des affaires qui ne voulaient pas, n'y ayant aucune confiance, attendre l'expérience de la nouvelle organisation de la bourse de Paris.

Cependant, nous n'avons cessé de soutenir une opinion contraire. Nous avons prétendu que si, autrefois, le parquet des agents de change n'avait pas été une entrave aux grandes affaires, à plus forte raison aujourd'hui réorganisé, étendu en même temps qu'assoupli, il pouvait répondre aux besoins d'une grande clientèle de spéculation. Nous prévoyions qu'il ne serait pas un obstacle aux transactions internationales, et nous avons été d'avis que lors d'une reprise sérieuse d'affaires, le mouvement aurait d'autant plus de solidité et, par conséquent, de durée sur la place de Paris, que les intermédiaires présenteraient, aussi bien pour la clientèle de l'étranger que pour la clientèle française, plus de surface et de solidarité.

Or, nous le demandons aujourd'hui à tous nos contradicteurs de bonne foi : l'organisation actuelle a-t-elle gêné, en quoi que ce soit, l'expansion d'affaires qui s'est produite sur les autres places financières? Détenteurs de capitaux ou de titres ont-ils été empêchés de profiter, par exemple, de la hausse des valeurs de cuivre, des valeurs espagnoles? N'a-t-on pas pu négocier, dans les différents groupes réservés à ces valeurs, n'importe quelle quantité de titres ? Nous dirons plus : A-t-on jamais eu en coulisse, alors que le Rio et l'Extérieure s'y négociaient, un marché aussi large, aussi actif, que celui qui a été ouvert depuis, au parquet, à ces deux valeurs ? Les faits ne répondent-ils pas d'une façon décisive à ces différentes questions ?

Le classement des valeurs par le marché officiel. — Il est une circonstance qui se distingue des autres et qui mérite d'être spécialement signalée; car elle constitue un des avantages les plus précieux de la réorganisation de la Bourse de Paris : c'est le progrès réalisé dans le classement des valeurs par le transfert des négociations sur le marché officiel des titres qui, avant 1898, étaient accaparés par le marché de la coulisse.

Ce progrès résulte de la différence qui existe encore, mais qui tendra peut-être à disparaître avec la réorganisation de la coulisse, entre la clientèle des agents de change et celle des intermédiaires du marché libre (compartiment du terme).

Tandis que celle-ci est formée principalement de spéculateurs se souciant assez rarement de lever ou de livrer les titres négociés, celle-là, composée de rentiers et de capitalistes, procède le plus souvent par opérations au comptant. Tant que l'Extérieure Espagnole, les fonds Turcs, le Rio ont été négociés sur le marché libre, le nombre des titres flottants n'a guère diminué. Ces titres passaient d'une liquidation à l'autre, des mains de spéculateurs dans celles d'autres spéculateurs, des caisses de sociétés de reports dans les coffres de sociétés de crédit; ils ne se classaient pas. Aussitôt transférés sur le marché officiel, ils ont commencé à bénéficier d'un classement rapide dans une clientèle qui lève ceux qu'elle a achetés. De sorte que la quantité de titres disponibles pour la spéculation a sensiblement diminué et les cours ont naturellement progressé. Ce progrès est incontestable et les sociétés de crédit les plus hostiles, autrefois, à la réorganisation du marché à l'aide de la consolidation du monopole des agents de change, ont été amenées à le reconnaitre. Autrefois, lorsqu'elles introduisaient un titre nouveau sur le marché de la coulisse, elles étaient finalement forcées de le reprendre à la spéculation une fois que celle-ci s'en était désaffectionnée, à moins qu'elles ne se résignassent à laisser les cours de la valeur s'effondrer. Aujourd'hui, le titre admis au parquet trouve, dans la clientèle des agents de change, un soutien immédiat et un classement assez rapide pour que la société de crédit émettrice n'ait plus guère à le reprendre au marché ; l'émetteur peut ainsi procéder à d'autres opérations ; l'organe du marché financier a rempli sa fonction, qui est celle de la diffusion de la valeur mobilière.

IV. — PROGRÈS NOUVEAUX A RÉALISER

Toutefois, nous ne nions pas que l'œuvre de réorganisation de la bourse de Paris ne soit pas terminée et nous sommes d'avis que les agents de change ne doivent pas se contenter des résultats acquis. Au contraire, qu'ils s'inspirent du présent pour améliorer l'avenir, qu'ils sachent se tenir à la hauteur des autres marchés financiers. La création de groupes spéciaux de valeurs a été, par exemple, une innovation heureuse du parquet ; chaque groupe créé a été une facilité donnée aux besoins de la spéculation. Il faut multiplier le nombre de ces groupes. Assurément, la clientèle ne leur manquera pas. Il ne suffit pas qu'une valeur soit inscrite à la cote officielle pour qu'elle remplisse complètement sa fonction de valeur mobilière. Il faut qu'elle soit aisément mobilisable.

La création du groupe donne la mesure des services qu'on peut attendre de cette disposition nouvelle du marché officiel. L'idéal d'une organisation de la bourse ne serait-il pas la suppression de la corbeille qui tient l'agent de change et les cours cotés beaucoup trop loin de la clientèle, et son remplacement par une certaine quantité de groupes comprenant les valeurs par spécialités ? La conséquence de cette extension des groupes pourrait être la subdivision du carnet unique de l'agent de change en autant de carnets que celui-ci aurait de représentants et qu'il y aurait de groupes créés. Le progrès consiste à substituer à une obligation de travail matériel, auquel bien souvent l'agent de change ne suffit pas, une charge de surveillance sur tous les groupes où chaque agent de change aurait un teneur de carnet. Le groupe a fait ses preuves ; ne pourrait-on pas en étendre la pratique à toutes les valeurs ? Pour notre part, nous croyons cette mesure indispensable. L'innovation ne peut rester partielle. Les facilités de négociation données à certaines valeurs auraient bien vite montré l'insuffisance de l'organisation de la bourse en ce qui concerne la négociation des autres.

Nécessité du relèvement des courtages. — Une des réformes qui a failli compromettre la nouvelle organisation de la bourse de Paris, et qui en est encore un des côtés faibles, est la diminution des courtages.

Le tort des auteurs de la réorganisation de la bourse a été de croire que les agents n'avaient pas besoin des remisiers pour maintenir sur le marché de Paris le volume d'affaires qui s'y traitaient autrefois et qu'héritant théoriquement des opérations des coulissiers, ils pouvaient bien supporter une diminution du taux de leur rémunération. Qu'est-il arrivé ? C'est que les agents de change, avec la marge de bénéfice si restreinte qui leur a été laissée, ne pouvaient avoir la prétention de retenir ou d'attirer des intermédiaires qui sont cependant les véritables créateurs des affaires. De ces intermédiaires, les uns sont partis pour Bruxelles ; les autres, aussi découragés mais plus attachés au sol français, attendent avec patience que le ministre des finances restitue au marché de Paris le nerf des affaires.

Nous résumons très exactement dans le tableau suivant les conditions des courtages et des remises sur les opérations de bourse, depuis 1895. Il n'est pas sans intérêt de rappeler, en effet, que les courtages des agents de change avaient été déjà diminués avant la réforme de 1898.

[TABLEAU.]

COURTAGES

	AVANT 1896	DE 1896 AU 1er JUILLET 1898	DU 1er JUILLET 1898
	1	2	3
Rente française 3 %.. { Terme...	40 fr. par 3,000 fr. de rente.	40 fr. par 3,000 fr. de rente	25 fr. par 3,000 fr. de rente.
Comptant	1/8 minimum 1 fr.	1/8 minimum 1 fr.	1/10 minimum 50 cent. par *bordereau*.
Fonds d'Etat étrangers { Terme...	50 fr. par 4,000 Extérieure.	50 fr. par 4,000 fr. Extérieure.	1/10 41 fr. sans minimum.
—	— par 5,000 Italien.	— par 5,000 Italien.	maximum fixé 50 fr.
Comptant	1/8 minimum 1 fr. par nature de titre.	1/8 minimum 1 fr.	1/10 minimum 50 cent. pa *bordereau*.
Autres valeurs { Terme...	1/10 minimum 50 cent. Banque de France, Crédit foncier, Chemins de fer français et valeurs se négociant une fois par mois, 1/8.	au-dessus de 500 fr., 1/10. / au-dessous, 50 cent. minimum. / au-dessous de 350 fr., 35 cent. pour les valeurs de quinzaine. / au-dessous de 200 fr., 25 cent. pour les valeurs mensuelles.	1/10 sans minimum.
Comptant	1/8 minimum 1 fr.	1/8 minimum, 1 fr. par *bordereau*	1/10 minimum 50 cent. par *bordereau*.
Reports.	Même courtage.	Même courtage.	1/20 et 1/12 pour les valeurs mensuelles. Fonds d'Etat, cours supérieur à 60 fr., 15 fr. sur la plus petite coupure.

REMISES

	AVANT 1896	DE 1896 AU 1er JUILLET 1898	DU 1er JUILLET 1898
Remise à terme { Sur affaires 35 à 50 %. / Sur reports 35 à 50 %. } non définie.	{ Affaires. 33 % / Reports. 50 %		Banquiers. 20 %. sur reports, rien. / Remisiers. 30 %. sur reports 15 %. / Agents province. 40 %. sur reports 15 %.
Remise comptant 20 à 50 % non définie.	20 %.		Banquiers. rien. / Remisiers. 10 %. / Agents province. 20 %.

On voit, d'après ce tableau, que, pour les rentes françaises, la négociation de 3.000 francs de rente à terme coûte aujourd'hui 25 francs, au lieu de 40 francs avant le 1er juillet 1898.

Autres exemples :

	COURTAGES SUR AFFAIRES	
	AVANT LA RÉFORME	APRÈS LA RÉFORME
4.000 Turc...................	50 fr. »	22 fr. 50
100 Saragosse à 250 fr.......	50 fr. »	25 fr. »
100 Lagunas à 30 fr..........	25 fr. »	3 fr. »
100 Banque de France à 4.200.	525 fr. »	420 fr. »
100 Nord de l'Espagne à 200 fr.	25 fr. »	20 fr. »

Autrefois, le courtage était le même pour les reports que pour les affaires. Aujourd'hui, il est réduit de moitié pour les reports concernant les valeurs en liquidation de quinzaine.

Exemple :

	COURTAGE SUR REPORTS	
	AVANT LA RÉFORME	APRÈS LA RÉFORME
100 Suez.....................	370 fr. »	185 fr. »
100 Saragosse................	5 fr. »	7 fr. »
100 Lagunas	25 fr. »	1 fr. 50

A la lecture de ces chiffres, une remarque se présente immédiatement à l'esprit. Les plus petites valeurs, celles qui sont cotées au-dessous de 100 francs, donnent lieu à des courtages si réduits que pas plus les agents de change que les remisiers n'ont intérêt à inciter la clientèle à opérer sur ces valeurs. Il en résulte qu'une catégorie très importante de titres cotés officiellement est de plus en plus délaissée, au grand détriment du public. Pourquoi n'avoir pas maintenu, sur les titres de moins de 250 francs, le minimum d'autrefois ?

A ces conditions trop réduites, les remisiers prétendent qu'ils ne peuvent continuer à assumer la responsabilité des opérations à terme de leur clientèle et préfèrent abandonner la partie.

On a donc diminué les résultats de la réforme du marché financier par la restriction des courtages que le public ne demandait pas, et dont l'intérêt général commande aujourd'hui l'annulation.

Le public réclamait si peu la diminution des courtages qu'avant la réforme, il consentait à payer des tarifs bien plus élevés, lorsqu'il confiait ses ordres à d'autres intermédiaires que les agents de change. S'il avait voulu bénéficier d'une économie de courtage, il lui aurait suffi. d'adresser ses ordres de bourse directement à ceux-ci. S'il ne l'a pas fait, c'est que le prix ancien des courtages n'entrait guère dans ses préoccupations ni dans ses calculs.

Et si on s'était donné la peine de comparer le prix des courtages payés ici même avant la réforme avec ceux payés au Stock-Exchange, que les partisans d'un marché libre aiment souvent à prendre pour exemple, on se serait arrêté aux mêmes conclusions que nous.

Ce fut une erreur de dire à la Chambre que les courtages des agents de change français étaient trop élevés. On aurait dû songer, d'ailleurs, que les courtages constituent pour eux la seule couverture qu'ils aient à opposer aux défaillances de la clientèle. Cette couverture étant trop réduite, les agents de change ont, en principe, un intérêt opposé à l'extension des opérations de bourse ; car leur bénéfice diminué ne compense plus pour eux le risque augmenté des opérations d'une trop nombreuse clientèle de spéculation.

Et c'est dans les périodes de grande hausse, comme celle que nous avons traversée en 1899, que cette faiblesse de la réorganisation de la bourse apparait avec le plus d'évidence. C'est par la constitution de fortes réserves que les agents de change peuvent faire face aux défaillances de la clientèle. Or, ces réserves dépendent de l'importance des courtages. Ce n'est qu'en envisageant les périodes de prospérité qu'on a fixé le taux de ces courtages. Ils sont insuffisants pour les temps de crise. Il faut les réformer dans ce sens.

Facilité des reports. — Les personnes dont c'est la profession ou l'intérêt de suivre et d'étudier les différentes modifications qui s'opèrent dans les transactions du marché financier, ont dû remarquer que, depuis la réorganisation de la bourse, le taux des reports est modéré relativement au grand mouvement d'affaires constaté depuis le 1er janvier de l'année 1899. Pourquoi l'argent se maintient-il, en somme, à un niveau si raisonnable, alors que les besoins en sont plus grands qu'ils n'ont jamais été ? Ne semble-t-il pas que si, avant la réforme du marché, une explosion d'affaires spéculatives, semblable à celle du premier trimestre de 1899 par exemple, s'était manifestée, l'argent aurait eu des prétentions bien plus grandes qu'aujourd'hui ? Sans doute, les disponibilités des banques et du public ont été considérablement accrues dès le début de 1899. Mais il n'y a jamais eu, en 1898, rareté d'argent à proprement parler. Seulement, les reports étaient faits presque exclusive-

ment par les gros détenteurs de capitaux soit à la bourse, soit hors
bourse ; le public participait fort peu à ces opérations spéciales. Le taux
des reports était ainsi, on ne peut le méconnaître, fixé assez arbitraire-
ment par les capitalistes auxquels nous faisons allusion.

Mais, depuis dix-huit mois, les choses ont changé. Tous les reports
sur valeurs cotées doivent passer par le marché officiel. Et les intermédiaires de ce marché ont dû battre le rappel des capitaux de leur clientèle, pour n'avoir pas à subir les conditions des établissements de crédit seuls. Ils ont été, d'ailleurs, très secondés par les événements, c'est-
à-dire par la campagne d'affaires qui s'est ouverte dès les premiers
jours de l'année dernière. Mais la spéculation a tout de même déterminé
le renchérissement des reports. Ces opérations devenaient ainsi un placement rémunérateur tout indiqué pour cette clientèle, placement d'autant plus sûr que les décrets de 1898 ont établi la solidarité de tous les
agents de change.

L'argent est devenu si abondant dans les offices d'agents de change,
que quelques-uns de ces offices trouvent, dans les ressources de leur
seule clientèle, la contre-partie entière des positions de leurs acheteurs.
Et si nous ajoutons que la majeure partie de cette clientèle ne songe
guère à stipuler un minimum pour l'intérêt à recevoir de ces emplois
temporaires d'argent, on conçoit la facilité avec laquelle se sont effectuées, jusqu'à présent, les liquidations successives.

La conséquence principale de ce nouvel état de choses est, nous le
répétons, la facilité jointe à la modicité relative du taux des reports.

Une autre conséquence de la nouvelle pratique des reports est le
secret mieux assuré aux positions d'acheteurs. Le spéculateur n'a plus
besoin, comme autrefois, de porter sa position aux guichets d'un banquier ou d'un établissement de crédit.

Cette position est plus ignorée ; elle est ainsi plus solide. Nous ne
voulons pas rééditer ce que nous avons dit ailleurs à ce sujet. Nous avons
montré les inconvénients des reports hors bourse. Ce fut longtemps
notre thèse favorite. Elle a prévalu et l'on voit maintenant que son
application n'a eu que des effets favorables sur l'allure générale du
marché.

Nous ne dirons pas d'une façon absolue que les établissements de
crédit ne sont plus les maîtres du marché de la spéculation à la bourse.
Mais nous constatons que le public, en apportant en toute sécurité son
argent dans les charges des agents de change, a fait, dans une certaine
mesure, office de contrepoids à la suprématie antérieure de ces grands
magasins de capitaux, et cela sans porter atteinte à leurs bénéfices,
ceux-ci n'ayant jamais été aussi considérables. Tout est donc pour le

mieux, puisque, sans nuire à des situations acquises, le public, par son intervention, a vulgarisé sur le marché des reports, l'application de la loi naturelle de l'offre et de la demande.

Les reports dans un marché libre. — Un bon fonctionnement des opérations est la condition première d'un marché financier. C'est grâce à la facilité des reports qu'un mouvement de hausse peut avoir quelque étendue et être durable. Cette facilité ne peut être réalisée que par la confiance du public dans les intermédiaires du marché financier. Cette condition sera toujours en France l'écueil du marché libre.

Jamais le public et les banquiers ne feront crédit indistinctement à tous les membres d'un marché libre. Jamais les quelques membres de ce marché qui présenteraient une surface suffisante pour inspirer confiance, n'accepteraient la responsabilité de porter à eux seuls, à titre d'intermédiaires, toutes les positions à la hausse de la place.

Une répartition des risques est nécessaire et c'est à ce point de vue que l'organisation actuelle de la bourse française répond à toutes les exigences.

Reports et prêts sur titres dans les sociétés de crédit. — Une des conséquences de la réforme de la bourse de Paris, avons-nous dit, a été la participation du public, beaucoup plus grande qu'autrefois, dans les opérations de reports et l'abaissement du taux moyen de l'argent prêté sous cette forme, à la spéculation.

Maintenant, il convient de se demander si l'obligation de faire passer toutes les opérations de reports par le ministère des agents de change, n'a pas déterminé les sociétés de crédit à tourner la difficulté en substituant le prêt sur titres au report.

Nous avons démontré l'inconvénient qu'il y avait, à notre sens, pour les spéculateurs, à se faire reporter directement par les sociétés de crédit. Nous avons signalé le danger de ces positions reportées en dehors du marché des valeurs et dépendant exclusivement du bon vouloir des reporteurs. Il se peut néanmoins que certains spéculateurs trouvent convenance à continuer leurs pensions dans les sociétés de crédit. Mais, pour échapper à l'obligation de le faire sous forme de reports par ministère d'agents de change, les sociétés de crédit paraissent avoir suggéré à ces spéculateurs l'idée de remplacer le report par le prêt sur titres qui est une opération ordinaire de banque et ne comporte pas l'intervention de l'agent de change.

La comparaison des chapitres des reports et des prêts sur titres dans les bilans des sociétés de crédit, pris à trois années d'intervalle, semble justifier notre observation :

SITUATION
des
REPORTS
au 31 décembre.

	1897	1899
	francs.	francs.
Crédit lyonnais................	165.215.000	132.271.000
Société générale...............	8.237.000	7.289.000
Comptoir national d'escompte.....	49.693.000	40.854.000
Crédit industriel...............	5.087.000	25.698.000
Banque de Paris	54.092.000	33.865.000
Banque internationale de Paris....	11.958.000	9.644.000
Société française de reports......	45.534.000	21.797.000
	339.816.000	271.418.000

SITUATION
des
PRÊTS SUR TITRES
ou
autres garanties
au 31 décembre.

	1897	1899
	francs.	francs.
Banque de France...............	370.164.000	486.913.000
Crédit foncier	16.519.000	19.207.000
Crédit lyonnais................	131.042.000	137.457.000
Société générale...............	101.418.000	112.673.000
Comptoir national d'escompte.....	56.135.000	53.955.000
Crédit industriel..............	13.954.000	22.296.000
Banque de Paris................	17.528.000	11.200.000
Banque internationale de Paris....	9.168.000	12.575.000
Société française de reports.......	11.822.000	31.427.000
	727.750.000	887.503.000

Ainsi, le chapitre des prêts sur titres a pris en deux années, dans les principales sociétés de crédit, un développement important, tandis que celui des reports a subi une dépression sensible. Dans quelle mesure la relation de ces deux phénomènes peut-elle être admise ? Il serait assez difficile de le dire. Qu'il nous suffise de constater un effet, après en avoir supposé la cause.

Solidarité des agents de change. — La condition de solidarité légale imposée aux membres du parquet par le décret du 30 juin 1898, a causé quelque émotion dans le monde des agents de change. L'idée d'avoir à courir le risque des pertes de confrères imprudents, leur a paru tout d'abord insupportable. La pratique leur a montré, en somme, que cette obligation, en même temps qu'elle a été la cause du développement des opérations de bourse, est loin jusqu'ici d'avoir lésé leurs intérêts. Tenus à plus de surveillance sur les engagements généraux du marché, ils sont amenés à donner de fréquents avis de modération à leur clientèle. Les transactions ne sont pas entravées pour cela. Au contraire, des liquidations de positions déterminées en temps opportun, sont suivies forcément de reprises et la bourse gagne, à cette manière de faire, de chômer moins rarement qu'autrefois.

L'établissement de la solidarité des agents de change, non seulement a donné plus d'ampleur aux opérations de reports, mais il a modifié aussi leur pratique. Avant la réforme de 1898, certains capitalistes spécifiaient les valeurs qu'ils désiraient reporter ; quelques-uns ne voulaient reporter que les rentes et les grandes valeurs de placement. Aujourd'hui la garantie de la solidarité des intermédiaires les dispense de toute distinction ; ils reportent indifféremment toutes valeurs de bourse ; cette circonstance explique l'ampleur qu'a prise le marché de quelques-unes d'entre elles.

Maintien et réorganisation de la Coulisse. — Au cours de la discussion qui a précédé les décrets de réorganisation de la bourse, nous avons toujours prétendu, malgré des affirmations contraires, que la coulisse survivrait à la réforme et nous avons bien souvent exposé les raisons sur lesquelles nous fondions notre opinion.

Les faits nous ont donné raison. Après la publication des décrets, une tentative de transfert des opérations d'arbitrage à Bruxelles à eu lieu ; elle semble avoir définitivement échoué, puisque quelques-unes des maisons de coulisse parisiennes qui avaient émigré à Bruxelles sont rentrées parmi nous à la fin de l'année dernière. Il faut bien convenir que la place de Bruxelles n'était pas en mesure de mettre à la disposition des coulissiers français les millions nécessaires aux reports de leur clientèle. Bruxelles est une place de négociations de valeurs mobilières au comptant. Les nouveaux venus ne pouvaient trouver, auprès de la clientèle belge, la faveur et les crédits sur lesquels ils comptaient.

Cependant, il s'en était fallu de beaucoup que toute la coulisse eût transféré ses opérations à Bruxelles. De nombreuses maisons préférèrent à cet expédient, le maintien des affaires à la bourse de Paris. Au lieu de se séparer violemment des agents de change, elles n'ont cessé de se tenir en négociations avec eux, conservant l'espoir d'aboutir à un arrangement de nature à donner satisfaction aux uns et aux autres.

La première condition pour inspirer confiance non seulement au parquet des agents de change mais au public, c'était de refondre l'association des coulissiers en un syndicat pourvu de statuts et d'un règlement. Ce premier travail est fait. D'autres réformes ont suivi, telle que la publication d'une cote officielle des valeurs négociées en banque à terme et au comptant. L'admission des valeurs nouvelles sur le marché du syndicat est entourée de précautions spéciales. On ne peut que féliciter ceux des membres de la coulisse qui, ne désespérant pas de son avenir, ont su, grâce à de la persévérance, à un grand esprit de conciliation et à leur intelligence des affaires, mettre leur syndicat en mesure de vivre et de prospérer.

V. — CONCLUSION

En résumé, le monopole que détiennent les agents de change n'a pas été constitué exclusivement à leur profit, il faut le reconnaître. Croit-on que si le public avait un intérêt contraire à l'existence de ce monopole, celui-ci aurait survécu aux discussions et aux attaques violentes dont il a été l'objet depuis un demi-siècle? Pense-t-on que l'Etat et les municipalités constituent des monopoles dans un autre intérêt que celui du public?

Ceux qui attaquent ces monopoles, sont ceux surtout qui voudraient les détenir à leur tour. Nous ne voulons pas dire cependant que le monopole n'a pas ses inconvénients. Mais pour l'exercice d'un service public, il en a beaucoup moins que la liberté sans restriction. Un monopole comporte des obligations; la liberté, au contraire, tend à se dégager de toute entrave. Si la liberté des transports en commun était substituée au monopole, on verrait les compagnies rivales se disputer le trafic des centres populeux et déserter les autres, de sorte qu'une portion de la population se trouverait privée de moyens de tranports. La concurrence aboutirait comme toujours à une fusion d'intérêts et le monopole de fait aurait bien vite remplacé le monopole légal. C'est-à-dire que le public serait livré, sans aucun recours, au bon vouloir d'une compagnie puissante déchargée de toute obligation. Encore une fois, le monopole n'est pas l'idéal en toutes choses; mais, au moins dans certains cas, défend-il le public contre l'exigence des syndicats et des trusts, contre la hausse des prix exagérés concertée entre les producteurs, en vertu du principe de liberté.

Ce qu'on a toujours recherché en France dans l'organisation d'un grand marché ouvert à tous et dégagé de la tutelle des lois, c'est la liberté de prélever sur la fortune publique, sous des formes variées, la plus grande marge de bénéfices ; c'est, en réalité, l'asservissement du public à une masse d'intermédiaires de bourse.

Entre le monopole et la liberté, l'homme de bourse au fait de tous les usages d'un marché financier, en situation de prendre ses précautions, se prononcera le plus souvent pour cette dernière ; le public sans défense, recherchant surtout la sécurité des transactions, restera constamment attaché au monopole.

La dernière crise monétaire a déterminé au Stock-Exchange de nombreuses faillites. Ces faillites ont fait des victimes. Demandez donc à cette clientèle ruinée si elle ne préférerait pas, sur le marché de Londres, un nombre limité de négociateurs solidaires les uns des autres. Prononçons-nous pour la liberté, sans doute, mais à la condition que liberté ne signifie pas abus de spéculation et de crédit. Nous estimons que les théoriciens, défenseurs les plus ardents d'un marché libre, ne seraient pas aujourd'hui les derniers à reconnaître, s'ils se résignaient à quelque franchise, combien dans la pratique, l'organisation actuelle de la bourse leur donne plus de liberté pour la tractation de leurs affaires, que les différents systèmes basés sur la liberté des transactions qu'ils ont préconisés.

On ne saurait, en effet, trop insister sur ce fait que les détenteurs du monopole des négociations de valeurs mobilières sur le marché officiel en ont été chargés, non pour l'exploiter à leur guise et à leur seul profit, mais pour l'exercer surtout dans l'intérêt du public.

La condition de solidarité qui leur a été imposée par les décrets de 1898, n'a certes pas été imaginée dans un autre but que celui d'accroître la sécurité du public et de l'Etat. L'abaissement du taux des courtages qui constitue un affaiblissement de la corporation, sans compensation sérieuse pour le public, n'a pas été inspiré par le désir de favoriser les intérêts des agents de change.

Si ceux-ci ont été enfermés dans des règlements rigoureux, c'est pour que le public, qui a aliéné entre leurs mains une portion de ses libertés, trouve dans l'organisation du monopole de la bourse les garanties que ne lui assurerait pas l'établissement d'un marché libre.

L'exercice du monopole depuis la réforme de 1898, a démontré l'efficacité des nouvelles mesures dont il a été doté. Le public a trouvé depuis dix-huit mois dans les charges d'agent de change un surcroît de facilités et de sécurité qui l'attache de plus en plus à cette forme de marché financier.

De plus, en lui apportant un chiffre d'affaires chaque jour croissant, il contribuera à créer un contrepoids nécessaire à l'omnipotence des grandes sociétés de crédit dont le monopole de fait est autrement redoutable que le monopole légal.

Enfin, l'Etat lui-même, grâce à l'accroissement du chiffre des opérations de bourse depuis le second semestre de 1898, a trouvé dans la réorganisation du marché financier l'avantage qu'il s'était proposé.

Les ressources provenant de l'impôt sur les opérations de bourse établi au mois de juin 1893, qui avaient sensiblement fléchi en 1896 à la suite de la réduction de la quotité afférente aux opérations sur rentes françaises, se sont, en effet, très sensiblement relevées en 1899 ainsi que permet de le constater le tableau récapitulatif suivant :

| ANNÉES | PRODUITS | ANNÉES | PRODUITS |
1	2	3	4
	francs.		francs.
1893 (1)	4.387.000	1897	5.526.000
1894	10.536.000	1898 (3)	5.104.000
1895	10.082.000	1899	6.883.000
1896 (2)	5.064.000		

(1) L'impôt n'a commencé à fonctionner que le 1er juin.
(2) Le taux de l'impôt a été réduit des trois quarts, à partir du 1er janvier 1896, sur les négociations de rentes françaises.
(3) La réorganisation de la bourse a jeté quelque trouble dans les transactions mobilières.

Cette constatation achève de démontrer que la réorganisation de la bourse a été favorable tout à la fois aux intérêts du public et à ceux de l'État.

Georges MANCHEZ,
Publiciste.
Rédacteur au " Temps ".

LES CRISES COMMERCIALES ET FINANCIÈRES

DEPUIS 1889

La chute de puissantes maisons de banque, l'effondrement des cours à la bourse, sont des faits brutaux qui rappellent d'une façon tangible et frappante l'existence de lois économiques, qu'on ne viole pas impunément. L'étude des crises est intéressante ; elle présente parfois des épisodes dramatiques et elle peut amener à des conclusions pratiques, non pas qu'on puisse se flatter de prévenir et de supprimer les crises, mais il s'en dégage certaines règles dont les particuliers et les gouvernements peuvent faire leur profit.

I

Dans l'article que nous avons consacré aux crises dans le *Dictionnaire du Commerce,* nous avons ainsi nommé les perturbations qui viennent troubler la marche régulière des affaires. On a souvent fait appel au langage médical pour définir, par analogie, ce qu'il fallait entendre par ce terme. Littré, dans son *Dictionnaire de médecine,* dit que la crise est : « le changement qui survient dans le cours d'une maladie et s'annonce par quelques

---

(1) Peu de matières ont donné lieu à un plus grand nombre d'études que les crises : on en trouve une bibliographie très complète dans le *Handwörterbuch der Staatswissenschaften* (tome IV, p. 910 et suivantes), dans le *Dictionnaire d'économie politique,* à la suite de l'article de M. Juglar (p. 650). M. Bergmann a consacré un volume de 440 pages uniquement à exposer les différentes théories des crises économiques (*Geschichte der Krisentheorieen*).

phénomènes particuliers; la crise est parfaite quand elle amène aussitôt le malade en état de convalescence, imparfaite quand elle produit seulement un soulagement; elle est salutaire ou fatale suivant le résultat. » Cette définition de Littré n'est exacte, en matière commerciale, industrielle et monétaire, que si l'on considère la crise comme constituant l'explosion du mal, le point aigu d'un état maladif préalable; elle n'aurait aucun sens si on voulait l'appliquer à un état prolongé de langueur, de marasme, à une condition morbide chronique, pour laquelle les Anglais emploient le mot de dépression, tandis qu'ils réservent l'expression de « crise » aux accidents subits, qui ont souvent un caractère de panique.

Joseph Garnier a défini la crise une situation anormale dans laquelle la nature des choses lutte contre la cause morbide pour revenir à une situation meilleure. « Les crises commerciales, dit-il, sont des perturbations soudaines de l'état économique naturel et, plus particulièrement, des perturbations dans la fonction générale de l'échange, la manifestation d'une altération plus ou moins profonde de cette fonction essentielle et générale, d'une gêne, d'une obstruction dans la circulation ou le courant des échanges, par suite de laquelle des quantités notables de produits et de services viennent à manquer de débouchés, en sorte qu'ils ne peuvent en trouver qu'à des prix inférieurs aux frais de production, à des prix ruineux pour les producteurs et les travailleurs. »

Les crises sont la conséquence d'un gaspillage de ressources, d'un mauvais emploi de capitaux qui ont été mal dépensés, immobilisés dans des entreprises qui ne sont pas rémunératrices ou qui ne le seront que plus tard, placés dans des valeurs mobilières à des prix de fantaisie, confiés à des banques qui deviennent insolvables. Ceux qui ne voient les choses que par le dehors font naître les crises d'un excès de production, alors que d'autres esprits, plus judicieux, prennent comme point de départ un excès de consommation, entendant le mot de consommation dans son sens le plus vaste et ne le rapportant pas seulement à la consommation journalière. Il y a excès de production en apparence, absence de débouchés, absence d'acheteurs, parce qu'il y a eu appauvrissement, déséquilibre entre l'offre et la demande. On a construit trop de fabriques; les bénéfices réalisés antérieurement dans certaines branches y ont amené des concurrents, qui produisent dans de meilleures conditions, qui vendent à de plus bas prix. Les fabriques anciennes, qui travaillent avec un outillage suranné ou qui n'ont pas amorti leur capital dans des périodes de prospérité antérieure, souffrent, travaillent à perte : c'est la crise industrielle, que la concurrence étrangère rend plus aiguë, mais qui provient aussi de ce que les droits de douane ayant écarté cette concurrence étrangère et réservé le marché intérieur à l'industrie indigène, celle-ci a développé outre mesure son outillage, si bien qu'elle finit par souffrir d'un excédent de marchandises qui ont coûté fort cher à fabriquer.

Les crises commerciales et financières sont celles qui atteignent plus particulièrement la distribution des produits, le marché des capitaux. C'est ici que l'on rencontre surtout les accidents d'un caractère aigu et subit qui méritent spécialement le nom de crises et dont quelques-unes sont devenues mémorables dans l'histoire économique du xixᵉ siècle.

On a remarqué que les perturbations économiques présentent le phénomène d'une certaine périodicité et reviennent tous les sept, huit ou dix ans ; on a bâti là-dessus des théories dont nous nous bornerons à indiquer l'existence sans les discuter.

La solidarité de plus en plus grande des divers pays au point de vue commercial et industriel, la connexité et la complication des intérêts engagés ont créé une corrélation des phénomènes commerciaux et financiers et une répercussion générale.

Si l'on considère les crises comme étant l'explosion aiguë d'un état morbide antérieur, il faut rechercher dans quelles conditions cet état morbide a pu se produire, et ici on est amené à faire une distinction. Il peut s'agir d'accidents indépendants de la volonté des intéressés tels qu'une guerre, une disette, des troubles politiques et sociaux qui viennent entraver la marche des affaires, amènent une réduction des ressources, encouragent les gens à faire rentrer leurs capitaux et à se prémunir contre les dangers ; il peut aussi s'agir de troubles survenant à la suite d'excès commis pendant plusieurs années, d'exagérations de la spéculation à la bourse, sur les immeubles, sur les marchandises, etc.

Si l'on se demande quels sont les symptômes et la marche ordinaire des crises, on voit qu'elles éclatent surtout dans les périodes qui ont été marquées par un esprit d'entreprise immodéré ? Le goût du jeu, de l'agiotage s'est étendu à presque toutes les classes ; le public a témoigné d'une crédulité croissante à l'égard des entreprises nouvelles qu'on lui offre, le prix des marchandises, de la main-d'œuvre, des valeurs mobilières et immobilières, hausse rapidement. Les financiers ont su exploiter habilement l'engouement du public, soit pour les actions industrielles, les valeurs de banque, les actions de mines d'or, de chemins de fer, d'entreprises appliquant des découvertes nouvelles. Après avoir été sérieuses et réelles, les fondations de sociétés finissent par ne plus représenter que du papier, et un beau jour, par suite d'une cause ou d'une autre, l'édifice chancelle, les cours baissent, les prêteurs d'argent s'émeuvent, ils veulent forcer les débiteurs qui ont emprunté sur nantissements de marchandises ou de valeurs mobilières à rembourser. On jette sur le marché des paquets de titres ou d'importantes quantités de marchandises qui ne rencontrent plus des acheteurs qu'à des prix beaucoup plus bas. Les prêteurs sont obligés de rester acquéreurs de la marchandise. Comme pendant toute cette période d'engouement, d'inflation générale, on s'est créé des ressources en recourant au crédit, en mettant plus de papier en circulation, le portefeuille des banques est très grossi, leur circulation fiduciaire a augmenté, leur encaisse métallique s'est dégarnie et, dans les pays à bonne monnaie, il est sorti de l'or. Lorsque la catastrophe survient, on ne trouve plus de capitaux qu'à des taux très onéreux, nous l'avons déjà dit; les acheteurs font défaut, les faillites s'accumulent, puis, au bout de quelques jours, le calme commence à renaître, les affaires demeurent restreintes, la confiance manque, personne ne veut s'engager, les capitaux reparaissent très timides, ils redoutent de s'immobiliser, ils se contentent d'une rémunération très modeste, puis, peu à peu, au bout de quelques années, l'esprit d'entreprise renaît, la prospérité revient, de nouveaux débouchés sont créés, et l'on passe une fois de plus par les phases que nous avons décrites.

Parmi les facteurs qui, d'une façon indirecte et lointaine, mais cependant certaine, agissent pour préparer le terrain, amener les grands engouements et les grandes débâcles, il faut faire une place aux conversions. La réduction du taux de l'intérêt sur les fonds nationaux (et ceux-ci sont un peu les régulateurs du taux courant dans le pays), touche les détenteurs ; quelques-uns ne peuvent ou ne veulent pas s'en contenter, ils cherchent des placements plus rémunérateurs et peu à peu le mouvement prend de l'extension. Les grandes conversions anglaises et allemandes du milieu et de la fin du siècle ont été suivies de périodes d'inflation, qui se sont terminées par des crises ; il y a là plus que de simples coïncidences.

Comme l'activité des affaires nécessite des capitaux considérables, que négociants, fabricants, spéculateurs ne disposent pas de ressources qui dépassent leurs propres capitaux, il faut qu'ils s'adressent aux banques et aux banquiers pour escompter leur papier, faire des avances sur titres ou sur marchandises ; les banques et banquiers, à leur tour, s'adressent à l'institution centrale du pays, dont le portefeuille grossit, dont l'émission fiduciaire augmente, dont l'encaisse métallique elle-même (dans les pays à bonne monnaie) est mise à contribution, surtout s'il y a des paiements à faire au dehors. Il arrive un moment où l'institution centrale est obligée de resserrer le crédit, de refuser du papier parce que celui-ci ne présente plus les mêmes qualités que par le passé, parce qu'au lieu de servir à liquider des opérations véritables, la lettre de change est devenue un moyen de se créer de l'argent, un effet de circulation, ou elle est obligée de défendre son encaisse en haussant l'escompte contre le drainage vers l'étranger. Quoi qu'il en soit, il faut surveiller les fluctuations dans les bilans des grandes banques d'Europe et d'Amérique, parce que la tension s'y traduit, y trouve son expression. Une hausse d'escompte à Londres est souvent comme un signal d'alarme ; cela a été notamment le cas au mois de juillet 1890 ; ceux qui ont su le comprendre ainsi ont eu le temps de prendre leurs précautions et de se trouver prêts, lorsque la crise éclata en novembre.

Il y a dans les crises une part d'imagination et une part de vérité : un pays peut être embarrassé parce qu'on y aura construit trop rapidement trop de chemins de fer pour le trafic existant ou le trafic prochain ; les capitaux nécessaires ont été fournis par le public en échange de titres qui auront même fait de la prime au moment de l'émission et qui se déprécieront, ou pour toujours ou pour une période plus ou moins longue. L'imagination s'en mêlera, quand les faiseurs d'affaires feront miroiter les résultats merveilleux d'entreprises (banques, mines, brasseries). Une mauvaise constitution monétaire se traduit par des crises, comme nous l'avons vu dans la République Argentine, au Brésil, aux États-Unis, dans beaucoup de pays d'Europe. Aux États-Unis, en 1893, lorsque le paiement en or parut menacé par suite du maintien du Sherman Act (lequel obligeait le Trésor à acheter tous les mois du métal blanc), une panique éclata ; l'or fit prime, et non seulement l'or, tous les signes monétaires furent recherchés et thésaurisés par le public. La situation devint désastreuse, elle fut marquée par la faillite de nombreuses banques, de nombreuses compagnies de chemins de fer. Avec l'abrogation du Sherman Act, elle devint meilleure, mais les conséquences en furent encore ressenties pendant longtemps. L'Europe rejeta sur le marché de New-York les titres américains, ce qui aggrava encore la crise par le drainage de l'or.

Nous avons dit que la solidarité des marchés entre eux est très étroite aujourd'hui. On en a un exemple frappant dans la crise australienne de 1893 : celle-ci fut la conséquence directe des fautes commises par les banques australiennes qui avaient immobilisé en avances hypothécaires les sommes prêtées par les capitalistes anglais et écossais, et indirectement la conséquence de la crise de 1890-91, qui pesa sur le marché de Londres, trop engagé en valeurs sud-américaines, argentines surtout et sud-africaines. Les capitalistes anglais avaient été alléchés, lors de la baisse de l'intérêt, par le taux plus rémunérateur offert en Australie ; lorsque la crise arriva à Londres, ils redemandèrent leur argent, les banques australiennes luttèrent, puis, en 1893, beaucoup succombèrent et durent conclure des arrangements avec leurs créanciers.

Nous ne saurions avoir la prétention de faire l'historique des crises qui ont éprouvé les différents pays, soit simultanément, soit isolément, et dont voici une liste :

France	Angleterre	Etats-Unis
	1803	
1804		
1810	1810	
1813-1814		1814
	1815	
1818	1818	1818
1825	1825	
		1826
1830		
1836-1839	1836-1839	1837-1839
1847	1847	
1857	1856	1848
1864	1864-1866	1857
	1873	1873
1882	1882	1882

En Allemagne, on cite : 1837 — 1847-1848 — 1855-1856 — 1873-1879 — 1882-1886 ; — en Belgique, 1837 — 1848 — 1855-1856 — 1864 — 1873 — 1882.

En 1890, une crise a éclaté en Angleterre, laissant relativement indemnes les marchés du Continent ; elle venait après des essais de spéculation et a gardé le nom de crise Baring.

L'Allemagne eut une petite crise en 1892, marquée par des faillites de banquiers et qui a contribué à la déplorable réforme de la loi sur les bourses ; l'Australie a eu la sienne en 1893, les États-Unis, la leur, également en 1893.

Nous nous bornerons à esquisser rapidement quelques-unes des crises des dix dernières années : la crise Baring, en Angleterre, la crise australienne de 1893, la crise américaine de la même année, la crise russe de 1899.

II. — LA CRISE BARING EN ANGLETERRE (1890)

A tour de rôle, dans l'espace de dix-huit mois, les quatre principales places financières du monde : Paris, Berlin, New-York, Londres, ont subi en 1889-1890 des chocs douloureux. Le Comptoir d'escompte succomba pour avoir voulu dicter la loi aux producteurs et aux consommateurs de cuivre ; la bourse de Berlin traversa une crise des plus intenses parce que sur la foi de la prospérité un peu artificielle, résultant du régime protectionniste, on l'avait gorgée d'émissions de titres de sociétés industrielles ou d'actions de banque vendues à des taux très élevés ; les Américains eurent le Silver Act et le bill Mac Kinley qui faussèrent la condition du marché, stimulèrent la spéculation et donnèrent une valeur factice à des actions de chemins de fer qui ne rapportent aucun dividende. A Londres, la série des erreurs fut longue. La cause prédominante des embarras se trouve dans le crédit exagéré que les capitaux européens avaient ouvert principalement par l'entremise anglaise, à la République Argentine. Celle-ci, grisée par l'offre de capitaux que la concurrence des banquiers anglais, allemands, belges et français lui offrait à des conditions de bon marché inouï, a gaspillé des sommes gigantesques, et retombant dans les pires errements du papier-monnaie sous toutes ses formes, fait mieux comprendre Law et son système. Des causes plus lointaines, plus latentes, ont amené l'état morbide dont la crise est sortie, notamment le déplacement, le déclassement des capitaux résultant des conversions répétées d'emprunts d'Etats, d'obligations de villes, de banques hypothécaires ou de sociétés industrielles. Les capitaux s'accumulent plus rapidement que par le passé. Dans les périodes d'affaissement qui suivent les périodes de prospérité brillante, au lieu de chercher des débouchés plus aléatoires et plus rémunérateurs dans l'industrie et le commerce, devenus craintifs, ils s'attachent aux placements temporaires ou aux achats de valeurs mobilières de tout repos.

Le ralentissement des grands travaux publics en Europe, le transfert du réseau des chemins de fer de la Prusse à l'Etat ont également eu leur part dans cette évolution.

Il en résulta un abaissement sensible du taux de l'intérêt, dont les gouvernements profitèrent pour faire des conversions, non seulement l'Angleterre, l'Allemagne, la Russie, mais encore les Etats de second ordre.

Les banquiers poussèrent vigoureusement à la roue : le public se laissa faire ; les banquiers, par suite de la paix en Europe et de la concurrence plus grande entre eux, recherchent à défaut de fonds d'Etats européens, des valeurs donnant une rémunération satisfaisante ; le public qui veut de gros intérêts de son argent, qui s'abandonne aveuglément aux conseils des journaux et qui, dans les prospectus, se borne à regarder sous quel patronage l'affaire est lancée, suivit avec entrain dans la voie ouverte. C'est ainsi que la Serbie, la Grèce et le Portugal, ont pu placer des emprunts à des taux qui étaient en rapport peut-être avec le taux courant du marché, mais celui-ci n'était plus en proportion du danger que pouvaient courir les créanciers : la prime d'assurance qui vient relever le taux habituel de l'argent, lorsque le débiteur est douteux, avait en quelque sorte disparu. Ces réflexions s'appliquent à plus forte raison, aux pays sud-américains, qui se distinguent par l'instabilité politique et par le mépris des règles élémentaires d'une bonne gestion financière. Pendant longtemps, l'Angleterre, par suite de ses relations commerciales, avait été le banquier de ces pays; elle y avait construit des chemins de fer, fondé des banques, conclu des emprunts. Tant qu'elle domina sur le marché, elle put forcer les Argentins à une certaine modération, mais lorsque les banquiers et les entrepreneurs allemands et français vinrent apporter leurs capitaux et leurs concours, lorsque l'exportation de la Plata, par suite du développement des voies de communication et de l'exploitation des richesses naturelles, prit une extension considérable, les habitants succombèrent à un accès de la folie des grandeurs; ils trouvèrent en Europe des prêteurs bénévoles pour escompter le présent et l'avenir du pays; ils crurent qu'il suffisait de mettre en mouvement la presse à imprimer pour créer des valeurs véritables; ils crurent qu'on pouvait tout transformer en papier.

Il convient d'ajouter à ces considérations, que de 1887 à 1889 il y avait eu en Angleterre une reprise très accentuée des affaires; le commerce extérieur progresse de 15 %, les recettes des chemins de fer de 8 1/2 %, le total des opérations du Clearing house de 25 %; depuis trois ans, on y avait créé pour 12 milliards et demi de valeurs nouvelles, actions, obligations, fonds d'Etat. Une portion de ces émissions peut ne figurer que sur le papier et n'avoir pas abouti, mais il n'en restait pas moins assez pour alimenter la spéculation (1).

Les affaires industrielles et commerciales étant très actives, il y avait eu hausse sur un grand nombre de produits bruts ou fabriqués, élévation des salaires (2).

Dans les dernières années, l'influence des grandes maisons comme celle des Baring avait cessé d'être un facteur salutaire; ces grandes banques avaient été les guides, les conducteurs légitimes du marché tant qu'ils lui apportaient la direction d'un jugement supérieur et des ressources mieux organisées. Mais la supériorité intellectuelle disparut, le

---

(1) M. Georges de Laveleye a évalué le chiffre des émissions, en 1890, à 1.411 millions de rancs à Berlin, 3.368 à Londres, 561 à Paris en dehors des conversions dont le total est de 1.816 millions. Le chiffre des compensations du Clearing house de Londres dépassa 7.800 millions.

Le total des émissions, d'après l'*Economist*, fut de 142 millions en 1890, de 190 millions en 1889, de 160 millions en 1888, de 98 millions en 1887.

(2) Les *Index Number* de l'*Economist* sont de 2.241 en décembre 1890, 2.248 en 1889, 2.187 en 1888. Le fer a oscillé, en 1890, entre 60 et 43 shellings la tonne, les rails d'acier entre 140 et 95, le cuivre entre 49, 50 et 52 livres. Les bénéfices des industriels, très grands au début de la reprise, ont diminué avec le renchérissement de la main-d'œuvre et des produits.

crédit doré sur tranche ne fut plus qu'un masque, et avant la crise de novembre, le public commença déjà à s'en apercevoir: il se laissait moins prendre aux noms qui figuraient au bas des prospectus. La haute finance avait perdu de l'autorité, on lui reprochait de mal protéger contre de mauvais placements. Tant qu'elle n'avait pas mis la main à des spéculations de second ordre, il était sage de la suivre, mais dans les dernières années, elle était descendue dans la rue, presque dans le ruisseau pour y coudoyer la foule ordinaire des lanceurs d'affaires. Autour de ces grandes maisons, il se groupa tout un monde d'amis, d'intermédiaires, de satellites qui étaient favorisés aux émissions, qui obtenaient des participations à charge de créer un marché, de faire mousser la prime. Comme on jalousait ces privilégiés, qui plus tard ont succombé sous le poids onéreux de titres dépréciés et invendables! On pratiqua sur une vaste échelle le système des syndicats de garantie; lorsque le public se présentait aux guichets, on lui accordait une maigre répartition et le syndicat gardait un gros paquet qu'il espérait écouler avec un fort bénéfice. Les souscripteurs qui n'avaient presque rien reçu ne se précipiteraient-ils pas à la bourse pour acheter? Mais tout a une fin. Les trust companies (que l'on appelle des omniums sur le continent) appartiennent au même ordre d'idées. La première pensée en est bonne, de répartir sur un grand nombre de placements les capitaux engagés, afin de diminuer le risque et d'arriver à une moyenne de rendement. C'est ce que les trust companies ont eu la prétention de faire pour le public. Malheureusement bien peu d'entre elles sont restées dans le cadre primitif. Elles ont cédé à la tentation de figurer sur la liste des syndicats de garantie, de prendre leur part des grosses commissions et des bénéfices des lanceurs d'affaires. Malheureusement pour leurs actionnaires et obligataires, la débâcle est arrivée avant qu'elles aient eu le temps d'écouler leur marchandise. Beaucoup furent créées par des financiers pour se dégager et diminuer leur responsabilité. Les trust companies, dont il fut créé pour 21 millions de livres en 1890, ont contribué à lancer la bourse dans la voie de la hausse.

Il nous faut dire quelques mots du rôle qui incombe à la Banque d'Angleterre: Londres, par suite du commerce étendu des Anglais, de l'accumulation des capitaux dans leur pays, est la grande place de liquidation, le guichet par lequel passent une grande partie des remboursements pour les achats de marchandises, de matières premières et auquel on verse les fonds nécessaires pour payer les coupons sur les emprunts de tout pays et de toute nature. Par suite d'habitude prises, par suite d'une tendance à l'économie des forces, la Banque d'Angleterre est le dépositaire de la réserve des banques et des banquiers, chacun ne gardant que le strict nécessaire. La législation de 1844, faite en haine des abus du cours forcé et de l'émission exagérée du papier monnaie restreint l'expansion des billets de la Banque d'Angleterre et paralyse quelque peu celle-ci dans les heures critiques. La Banque est obligée de se montrer gardienne jalouse de son stock d'or, qui lui servira à gager ses billets au delà de la limite étroite que lui concède l'Act de sir. R. Peel et de lord Overstone (1).

On a résumé en une phrase les causes qui peuvent amener la sortie de l'or : « lorsque nous avons de trop grosses dettes à l'étranger ou lorsque nous avons trop libéralement accordé des crédits au dehors », c'est la seconde qui a agi en 1890 ; le drainage dont eut à souffrir la banque était dû à une exagération des crédits ouverts à l'Amérique du Sud et aussi parce qu'on s'était surchargé de valeurs mobilières de l'Amérique du Nord.

Le 31 juillet 1890, quelques semaines après la révolution qui ensanglanta les rues de Buenos-Ayres, la Banque d'Angleterre haussa l'escompte à 5 %. On trouva à Londres que le bilan (2) ne justifiait pas l'élévation de l'escompte, mais que le gouverneur, M. Lidderdale, aussi énergique que prudent, avait de bonnes raisons. Il savait en effet qu'on était dans la période de l'année où une expansion de la circulation fiduciaire et des sorties d'or sont des phénomènes réguliers pour les

---

(1) Nous conseillons de lire la discussion qui a eu lieu à la Société d'Economie politique de Paris le 5 février 1900, et notamment les observations présentées par MM. Raphaël Georges Lévy, Juglar et des Essars sur une communication de M. Sayous. « Le marché de Londres, en temps de crise, quoique imparfait, est celui qui résiste le mieux, parce qu'il applique les vrais principes économiques, a conclu M. Juglar, tandis que M. des Essars a montré pourquoi sir Robert Peel a imposé à la Banque d'Angleterre une législation qui l'oblige à suivre pas à pas les fluctuations du prix des capitaux. Le but est atteint au prix de certains inconvénients qui ne sont cependant pas sans compensation puisque la faible circulation des billets a amené le grand usage des chèques et du Clearing House. M. Levasseur, en résumant le débat, a dit qu'on était d'accord sur ce point que l'Angleterre doit en partie la supériorité de l'universalité de son marché à l'excellence de son système monétaire fondé sur un étalon d'or. Dans quelque coin du monde, qu'on soit créancier ou débiteur, qu'on ait à payer ou à recevoir en livres sterling, on sait précisément quel poids d'or fin on aura à donner ou à recevoir. Pour avoir un marché large et solide, il faut une bonne monnaie ; l'unité d'étalon et l'étalon d'or sont des conditions essentielles d'une bonne monnaie ; quand la base est solide, le crédit et les moyens de liquidation peuvent s'y développer largement sans danger.

(2) La réserve était de 12 millions de livres, la proportion aux engagements de 38 % après avoir été au-dessous de 35 %.

On compara la hausse de l'escompte à une douche glaciale, à un signal d'alarme, à un avertissement que la situation du marché de Londres était dans une passe dangereuse par suite des engagements trop considérables avec l'Amérique du Sud.

On a raconté que, dès cette époque, M. Lidderdale avait conseillé aux Baring de modérer leurs acceptations qui s'élevaient à plus de 30 millions de livres sterling.

besoins agricoles, pour les achats de matières premières, pour les voyages; il fallait rester sur la défensive contre les conséquences possibles de la crise argentine.

Les changes étant devenus plus favorables, l'or ayant commencé à refluer, l'escompte fut abaissé à 4 % le 21 août, pour être relevé à 5 % le 25 septembre. Les appréhensions qui s'étaient calmées, se renouvelèrent. On redouta les conséquences d'un renchérissement de l'argent sur les spéculations en train. La révolution de Buenos-Ayres, la hausse de la prime sur l'or, les embarras croissants du gouvernement et de tous les débiteurs de la Plata à payer leurs créanciers européens, une situation tout aussi mauvaise à Montevideo portaient atteinte au crédit des Etats sud-américains, rendant impossible un appel au public et portant surtout atteinte au crédit des banquiers qui avaient émis les emprunts argentins et avec qui se négociaient de nouvelles avances. On discute ouvertement à Londres, en la nommant, que telle ou telle grande maison était engagée de façon à être entièrement immobilisée, et lorsque la combinaison d'un trust sud-américain auquel on aurait cédé toutes les valeurs invendables fut mise en avant, on ne se gêna pas pour déclarer que Baring, Murrieta et d'autres avaient cru possible de se dégager une fois encore sur le dos du public; la combinaison tomba d'elle-même, mais il resta un levain de suspicion. On rechercha moins les traites portant l'acceptation de Baring; on trouva qu'il y avait trop de papier tiré de Buenos-Ayres par S. B. Hale, l'agent de Baring, sur la maison de Londres. Mais lorsqu'on formulait des inquiétudes trop accentuées, on vous répondait en haussant les épaules: les Baring n'étaient-ils pas la première maison de banque de l'univers, celle qui avait les relations les plus étendues et constituait un rouage en quelque sorte indispensable du commerce extérieur de l'Angleterre? Mais depuis une dizaine d'années, on était devenu moins prudent, on ne se bornait plus aux anciennes opérations, on se jetait à corps perdu dans les transactions avec la République Argentine et l'Uruguay. De 1882 à 1890, les Baring ont émis, dit-on, pour 2 milliards 1/2 de francs de titres, dont 700 millions en 1888.

L'été finit assez sombrement, l'automne n'apporta aucune amélioration. Les pourparlers entamés à Londres par le délégué financier de la République Argentine n'avançaient pas; il s'agissait d'obtenir des avances des banquiers, en vue d'assurer le paiement des coupons pendant un an ou dix-huit mois, et les banquiers voulaient, avant tout, arranger l'affaire des eaux et égouts de Buenos-Ayres, au capital de 10 millions, fondée sous le patronage des Baring, émise par eux en 1889 et dont l'émission avait totalement échoué, le public n'ayant pas pris 10 % des titres

offerts. Les Baring avaient accepté pour 8 millions de livres de traites de
S. B. Hale qui se rapportaient à cette transaction ; ils allaient se trouver incapables de payer la dernière moitié, 4 millions échéant en novembre. L'atmosphère était chargée d'orages à Londres ; à New-York,
une crise de bourse terrible éclatait à la fin d'octobre, accumulant les
ruines et les faillites (1). Le Stock-Exchange en ressentit très durement
le contre-coup. Un gros spéculateur dont les engagements représentaient
250 millions de francs dut demander des délais pour se liquider. La liquidation de fin octobre est marquée par cinq faillites. Au bilan du 30 octobre, la proportion de la réserve aux engagements est de 35 1/3 contre
40 3/4 % en 1889, l'encaisse métallique inférieure de 650.000 livres à
celui du 6 novembre, la réserve est de 11.206.000 livres, représentant 34
7/8 %. La Banque d'Angleterre n'annonce aucune modification dans la
journée de jeudi ; on fut d'autant plus surpris d'apprendre le lendemain
vendredi que l'escompte est porté à 6 %, à la suite d'un retrait d'or de
90,000 livres, fait par un changeur parisien, lequel avait vendu à la Banque de Paris et des Pays-Bas 400.000 livres à destination d'Espagne.
L'effet de la mesure fut considérable, les consolidés tombèrent de 0,50
à 94 1/8, le chèque sur Londres monta à 25,35 à Paris. Le véritable motif de la hausse de l'escompte, c'est la connaissance que le gouverneur
et quelques-uns des régents avaient de la situation où se trouvaient les
Baring. Depuis quelques jours, ceux-ci s'étaient ouverts à l'un de leurs
amis, chef de l'une des grandes maisons de Londres, et celui-ci accepta
d'être leur intermédiaire auprès de la Banque d'Angleterre. Ce fut une
semaine pleine d'anxiété. Le souvenir de la panique de 1866 qui avait
suivi la faillite d'Overend Guiney avec un passif de 150 millions de francs,
le souvenir du Black Fridy pèse sur les banquiers, de l'escompte à 10 %,
sur l'esprit des banquiers, des négociants, de M. Goschen et de lord Salis-
bury ; avec les 525 millions de francs d'engagements des Baring et leur
position de banquiers universels, la crise eût été autrement lamentable,
si on les eût laissé suspendre. Le bilan du 14 novembre porte la trace
des préoccupations : on avait apporté beaucoup de papier à la Banque,
versé en compte courant une partie du produit de l'escompte et des réa-
lisations pour augmenter ses ressources ; la proportion de la réserve est
de 33 1/4, l'encaisse métallique de 19.137.000 livres, la réserve de
11.104.000 livres. Ce bilan n'indique pas qu'une transaction a été négociée
entre la Banque de France et la Banque d'Angleterre. Le 12 novembre
(mardi) le courtier de la Banque d'Angleterre put se précipiter au Stock-
Exchange et annoncer un envoi d'or de 37 millions 1/2 de francs de
Paris. C'était la moitié de la somme que la Banque de France consentait
à avancer à la Banque d'Angleterre (à 3 %, renouvelable pendant plu-

sieurs trimestres contre nantissement de bons du Trésor anglais. La
Banque de France a parfaitement bien fait de prêter sur un gage excellent 75 millions à la Banque d'Angleterre, de même qu'elle avait eu raison de le faire en 1839 lorsqu'elle donna 48 millions contre escompte des
traites de Baring sur Paris.

La Banque de France a empêché la crise de Londres d'avoir un contre-coup en France et les régents ont eu raison de protéger les intérêts
de la place de Paris engagée à la hausse et où l'on détenait beaucoup
d'acceptations de Baring.

Le gouverneur de la Banque d'Angleterre n'a pas été moins bien inspiré. Pendant que les pourparlers pour sauver Baring se poursuivaient,
que la Banque consentait à faire honneur aux acceptations de la grande
maison à condition qu'il se formât un syndicat de garantie pour les engagements en cours, M. Lidderdale négociait avec la Banque de France
pour 3 millions de livres et pour 1.500.000 livres avec le gouvernement
russe à 5 0/0 pour six mois (1).

Les pourparlers eurent lieu d'accord avec M. Goschen et lord Salis-
bury. On a même prétendu que le Chancelier de l'Echiquier offrit au
Gouverneur de la Banque, si celui-ci en faisait la demande, de l'autoriser
à violer l'Act de 1844 et que M. Lidderdale déclina d'avoir recours à
un moyen aussi exceptionnel.

Le secret fut admirablement gardé, mais dans le public l'inquiétude
était grande, on faisait circuler toutes sortes de rumeurs fâcheuses sur
les banquiers qui avaient introduit des fonds sud-américains à Londres;

---

(1) L'année 1890 a été mémorable dans l'histoire de l'argent fin; le métal a débuté à
43 $^1/_8$ pence l'once, l'intervention de l'État en faveur des Silvermen, l'attente du nouveau
Silver Act voté en août font monter le prix à 54 $^1/_2$; à la suite de divers incidents, tels
que l'accumulation d'un stock de 10.000.000 onces, le métal fléchit; il clot l'année à 47 $^1/_2$.

Le *Bulletin russe de statistique financière et de législation* (6ᵉ année, 1899, page 455)
dit qu'en 1890, le Trésor impérial et la Banque de Russie possédaient à Londres un solde
créditeur de plusieurs millions de livres sterling chez la plus illustre maison de banque,
MM. Baring frères et cᵉ. Il s'agissait d'un compte courant à vue. La Banque de Russie ayant
avisé Messrs Brothers et cᵉ qu'elle tirerait sur eux à telles et telles dates jusqu'à concurrence d'une partie de ces sommes, la maison dut faire appel à l'aide de la Banque d'Angle-
gleterre. Celle-ci se chargea du passif de la maison, mais il fut demandé que la Russie ne
disposerait pas de son avoir avant telles et telles dates. Le ministre des Finances de Russie,
conscient de la solidarité qui devrait exister entre les principaux marchés, consentit non
seulement à entrer dans ces vues, mais ajourna à des termes éloignés le retrait des très nombreux millions de livres que le Trésor et la Banque de Russie possédaient à Londres dans
d'autres maisons de tout premier ordre ou sous d'autres formes que des comptes courants
créditeurs. Le retrait brusque de ces sommes immenses à une époque où l'encaisse or de la
Banque oscillait entre 19 et 23 millions, devant avoir pour effet probable une crise monétaire qui eût fait pâlir la mémoire du Black Friday, le ministre des Finances d'alors, M. I.
A. Wischnegradski, accorda à la place de Londres des facilités de paiement.

on ne prononçait pas encore le nom de Baring. Les mesures de défense prises (on dit que M. Lidderdale convoqua les directeurs des banques de dépôt à Londres pour les engager à ne pas couper tous les crédits, comme on leur en prêtait l'intention, surtout les crédits de report à la bourse, afin de ne pas créer la panique) on laissa échapper la vérité : le samedi 15 novembre, on sut à Paris quel avait été le danger et comment il avait été conjuré à Londres. Le *Times* de ce jour ne parlait encore qu'à mots couverts, tout en indiquant clairement la maison en détresse, sans la nommer. Il s'agissait de Baring Brothers, c'est-à-dire de la première maison de banque anglaise, dont la signature avait été recherchée, dans le monde entier ; la laisser tomber cût entraîné un désastre incalculable. Ses embarras étaient pressants parce qu'il arrivait à échéance les 4 millions de livres tirés de Buenos-Ayres par S. B. Hale. Ayant épuisé leurs ressources liquides, les Baring étaient dans l'impossibilité d'y faire face.

Agissant dans le même ordre d'idées qui a amené l'intervention de M. Rouvier et des banquiers de Paris en faveur du Comptoir d'escompte, dans un esprit de solidarité et de protection, il se forma à Londres un syndicat qui garantissait les acceptations et les autres engagements de la maison Baring. Le montant de la garantie, auquel participèrent les Rothschild, les Hambro, la London and Westminster Bank, la London Joint Stock Bank, Glyn Mills et c°, les grandes banques écossaises et toute l'aristocratie financière de la cité s'éleva à 17.250.000 livres. En tête de la liste des garants figurait la Banque d'Angleterre pour 1 million de livres. La maison Baring frères et les associés individuellement ont fait abandon de tout leur actif à la liquidation qui devait être faite par les soins de la Banque d'Angleterre dans l'espace de trois ans.

Le 1er novembre 1890, le passif de la maison Baring était de 21 millions, l'actif de 24.800.000 livres. L'actif dépassait donc le passif de 3.8 millions, mais il demandait à être réalisé avec beaucoup de précaution : une partie n'en avait qu'une valeur aléatoire ; il n'était pas facile de trouver des acheteurs pour des titres argentins, pour des eaux de Buenos-Ayres, sans parler des 20 millions avancés au Portugal en compte courant.

Le 1er mars 1891, la liquidation avait réduit les engagements vis-à-vis du public à 3.522.000 livres, d'autre part la dette à la Banque s'élevait à 6.650.000 livres, ensemble 10.172.000 livres ; l'actif en effets à recevoir et en caisse était de 849.000 livres, les débiteurs 3.367.000 livres. Pour cou_vrir la différence de 6.000.000, il y avait les terres et maisons des associés, 1 million de titres dont la valeur était facile à établir, le solde consistait en valeurs sud-américaines beaucoup plus difficiles à apprécier. Au

commencement de 1892, M. Lidderdale exprima une opinion optimiste :
« Malgré la dépréciation d'une bonne partie du portefeuille de la liquidation Baring, dit-il, je crois qu'en l'absence de grosses complications politiques dans l'Amérique du Sud et avec de la patience, il est
peu probable que les garants courent un risque. » La liquidation
progressa comme le montre le tableau suivant :

	1er MARS 1893	24 FÉVRIER 1894
	LIVRES STERLING	LIVRES STERLING
Engagements	4.558.000	3.557.000
Dette à la Banque	5.420.000	3.450.000
Actif	4.908.000	4.023.000
Excédent d'actif	350.080	465.000

La maison Baring entra aussitôt en liquidation ; le fonds de commerce
fut repris par une société à responsabilité limitée (plus exactement une
commandite par actions, puisque M. Th. Baring, un associé retiré,
entrait dans la combinaison et plaçait toute sa fortune à la disposition
de celle-ci) au capital de un million de livres sterling en 2.000 actions
de 500 livres. La nouvelle société fut enregistrée sous le nom de Baring
brothers and Company, limited. Les premiers souscripteurs ont été des
membres de la famille Baring et quelques-uns des grands *Bankers* de
Londres (1).

La liquidation Baring, pour aboutir à des résultats qui ne fussent pas
désastreux, avait pour corollaire l'assainissement des finances argentines
dans lequel la haute banque anglaise était intéressée. On forma un
comité composé de personnages influents, sous la présidence de
M. Goschen, régent de la Banque d'Angleterre, qui représentait les
intérêts du syndicat de garantie ; on fit place dans ce comité à M. de
Hansemann pour les Allemands, à M. Cahen d'Anvers pour les Français.
Après des négociations prolongées, on aboutit au compromis connu sous
le nom d'arrangement Rothschild, qui suspendait en partie le paiement
intégral de la dette argentine, pourvoyait à l'émission de *funding bonds*,
qui fut modifié d'accord avec le Dr Romero ; il répartit une somme de
1.000.000 livres par an entre les créanciers à partir de 1899 ; le 5 % 1886
recevrait 4 %, le 6 % funding loan 5 %, le 5 % Buenos-Ayres

---

(1) Dans la troisième année de son existence, la Compagnie Baring Bros a gagné
109,178 livres sterling sur son capital de 1.000.000 livres sterling. En 1892, un dividende
de 10 % fut distribué, 50.000 livres mis à la réserve et 10.280 livres reporté à nouveau ;
pour 1893, le dividende fut de 7 % avec une distribution de 15 livres comme boni ;
9.978 livres reporté à nouveau.

watenworks 5 %, les autres emprunts 6 % de leur coupon. Au bout de cinq ans devait avoir lieu la reprise complète.

Revenons au marché de Londres : la nouvelle que l'intervention de la Banque d'Angleterre et du syndicat de garantie avait assuré le paiement des acceptations fut accueillie avec un soupir de soulagement. Mais le Stock-Exchange n'en eut pas moins à traverser quelques journées d'émotion pendant lesquelles les principales valeurs de spéculation et même les titres de premier ordre subirent une dépréciation des plus considérables ; le mercredi 19 novembre fut la pire journée (1). Après cela, le calme se rétablit, les consolidés regagnent 3 %. Le bilan de la Banque au 20 novembre refléta la situation : le portefeuille avait grossi parce qu'on s'était précipité à la Banque afin de se faire des ressources liquides et que l'on versait à son crédit en compte courant, l'encaisse métallique avait augmenté, grâce au prêt de la Banque de France et parce que l'élévation de l'escompte a attiré de l'or, soit par suite du taux avantageux auquel on put employer ces capitaux, soit parce que les banquiers du continent ont voulu renforcer leur position. En huit jours le portefeuille augmente de 7 millions ; il entre 3.321.000 livres d'or de l'étranger, la réserve gagne 3 millions ; elle est de 36 % des engagements. L'encaisse métallique est de 22 millions $^1/_2$. Le bilan de la Banque enregistre la sortie de 3.174.000 en fonds publics. La semaine suivante la proportion de la réserve est de 42 $^1/_2$ %. La situation monétaire se détendit lentement. La Banque avait escompté à 7 et 8 %, au-dessus par conséquent du taux officiel. Elle revint ensuite au taux de 6 %, puis de 5 %.

Le *Bankers' Magazine* exprima l'avis que les crises comme celle que nous avons décrite, frappant la haute banque et les financiers de profession ne sont pas de très longue durée. Quoi qu'il en soit, l'année qui suivit marqua comme une année de liquidation douloureuse ; à diverses reprises, on crut à une amélioration, à un retour d'activité, mais la confiance faisait défaut. Le contre-coup de la crise fut sensible surtout pour un certain nombre d'États obérés qui vivaient d'expédients financiers, qui dépensaient pour leurs armements, leurs travaux publics plus qu'ils ne pouvaient, qui comblaient le déficit chronique à l'aide d'appels ouverts ou déguisés au crédit, qui payaient leurs coupons à l'étranger à l'aide d'avances de banquiers, consolidées plus tard par des émissions d'emprunt. Lorsque les banquiers ne voulurent plus continuer, on a vu sans guerre dispendieuse, en pleine paix, le crédit de quelques États

---

(1) Du 11 novembre au 19 novembre, le 5 % Argentin baisse de 12 points, le 6 % Uruguay de 20 points, le 4 % Brésilien de 12, le 3 % Portugais de 2 $^1/_2$.

s'écrouler sous le poids de leurs fautes économiques. Le Portugal se vit supprimer les facilités, succombant à la méfiance qu'avait fait naître la faillite de l'Argentine, au contre-coup des embarras financiers du Brésil. La Grèce n'était pas davantage dans une bonne posture et l'Italie se débattait contre une crise dont elle était redevable à la mégalomanie de M. Crispi, au protectionnisme, aux dépenses exagérées, à la rupture avec la France. Les embarras des États ne se sont pas seulement traduits par la baisse de leurs fonds, par l'impossibilité pour quelques-uns de trouver des capitaux autrement qu'à des conditions usuraires et avec la banqueroute en perspective ; leurs embarras se révélèrent d'une façon tangible par la dépréciation de leur change qui est un indicateur d'une rare précision et qu'il est assez difficile, sinon impossible de fausser. Le public européen a eu tout à coup la révélation de ce que peut signifier la perte sur le change.

En 1891, il y eut une diminution de 16 millions ou 6 % dans l'exportation des produits de l'industrie indigène anglaise. La baisse des prix d'un grand nombre de marchandises, notamment de la houille, du coton, explique en partie cette diminution, qui était due surtout à ce que les pays sud-américains ont moins acheté en Angleterre (1).

L'année 1892 et encore plus l'année 1893 ne furent pas brillantes. Notamment 1893, marqué par une stagnation des affaires commerciales et industrielles, se signala par une série d'incidents ou plutôt d'accidents dans le domaine financier et monétaire, que nous allons décrire. La liquidation des excès commis de 1887 à 1890 s'est poursuivie au milieu de conditions défavorables, qui ont compliqué et enchevêtré les choses. On procède au déblaiement des débris laissés par la crise de 1890, mais en y mettant toute sorte de ménagement (2). Nous voyons la marche des affaires troublée en 1893 par une grève des mineurs qui se prolonge pendant seize semaines et englobe 300.000 ouvriers mineurs,

---

(1) Au mois de décembre 1891, M. Goschen fit connaître son plan de réforme monétaire qui fut assez mal accueilli et qui n'a pas abouti. Il proposait que la Banque d'Angleterre fût autorisée à émettre des billets d'une livre, l'émission au delà du chiffre actuel de la circulation (38 millions) et jusqu'à 50 millions étant faite pour un cinquième contre des fonds publics et pour quatre cinquièmes contre de l'or. Au delà de 50 millions, l'émission ne pourra se faire que contre de l'or. En temps de crise, la Banque pourra avoir la permission d'augmenter la circulation fiduciaire à condition d'élever considérablement le taux d'escompte, le bénéfice de la surélévation allant au gouvernement.

(2) Les chiffres du commerce de l'exportation et du clearing house sont en moins-value.

	1893	1890
	millions de livres.	millions de livres.
Exportation	218	265
Clearing	6.478	7.801

impliquant par répercussion 600.000 ouvriers engagés dans d'autres industries.

Parmi les victimes de 1893, il faut compter beaucoup de ces trust companies, dont nous avons parlé plus haut. Si l'on prend une trentaine de ces trusts, on voit que le capital versé s'élève à 6.954.000 livres, sur lequel la dépréciation est de 5.706.000 livres (1).

En 1895, on peut constater les symptômes d'une reprise des affaires. Le public qui avait eu soif de sécurité et qui n'avait eu d'yeux que pour es valeurs de tout repos, prend goût de nouveau aux valeurs industrielles.

III. — LA CRISE AUX ÉTATS-UNIS (1893)

Les États-Unis ont traversé, en 1893, une crise dont l'intensité est comparable à celle de 1837, qui ébranla les assises de la fortune publique et privée.

Cette crise a été la conséquence directe d'une mauvaise politique monétaire dont la première étape avait été faite près de quinze ans auparavant, peu de temps après l'adoption de l'étalon d'or (1875), et à la veille de la reprise des paiements en espèces.

· Les inflationnistes, pour lesquels la circulation des billets était trop restreinte, dont le mot d'ordre était une monnaie plus abondante, s'unirent avec les producteurs d'argent qui voulaient que l'État leur garantit la rente de leurs mines. C'est ainsi que naquit le *Bland act*, imposant l'achat de 2 à 4 millions de dollars par mois, qu'il fallait frapper et mettre en circulation. La circulation n'avait pas une aussi grande faculté d'absorption ; les pièces d'argent eurent une tendance à rentrer dans la Trésorerie ; on eut recours à l'expédient d'y substituer des certificats d'argent que le Clearing-House de New-York refusa de recevoir pour liquider les soldes débiteurs ; ce ne fut qu'à l'aide de toutes sortes de manœuvres que le gouvernement réussit à les faire circuler. Ce premier essai d'augmenter artificiellement la circulation n'eut pas de conséquences bien mauvaises, en partie à cause de l'essor économique qui se produisit vers 1880, en partie parce que les banques nationales réduisirent leur circulation à peu près dans la proportion de l'émission des certificats d'argent.

Arrive la seconde tentative en faveur du métal blanc ; la loi du

---

(1) La Banque d'Angleterre elle-même, qui avait été très libérale dans des avances sur les nouveaux titres (actions, obligations d'une valeur douteuse), s'est trouvée créancière de 500.000 livres aux Murrieta sur lesquels elle dut procéder à un amortissement considérable.

14 juillet 1890, connue sous le nom de « Sherman Act », qui oblige le Gouvernement à acheter 4 millions 1/2 d'onces d'argent par mois, avec une émission correspondante de billets du Trésor pourvus d'une force libératoire. Cette loi était un compromis intervenu après une longue lutte entre les partisans de la libre frappe du métal blanc et ceux dont le programme était moins radical.

Au début, l'objet que les fanatiques de l'argent avaient en vue, semble atteint, puisque le métal hausse de 85 à 121 cents l'once ; quant à la perte de métal jaune à laquelle on était exposé, on espérait la compenser, grâce à la balance active du commerce (solde visible de 200 millions en faveur des exportations).

Le premier symptôme inquiétant part d'Europe. Le marché de Londres, anxieux depuis la crise Baring, condamne le Sherman Act et se débarrasse de tous les titres américains non libellés expressément en or. Son exemple est suivi par les capitalistes allemands et hollandais ; parallèlement avec ce reflux de titres, les recettes du Trésor américain en or tombent à un minimum ; pour les douanes, elles ne donnent plus que 2 à 3 % en métal jaune, au lieu de 95 %, la réserve d'or tombe, en 1890, à 117 millions et ne se relève plus au-dessus de 120. On ferme les yeux à la réalité des faits, on ne veut pas croire à l'éventualité d'une crise ; cependant, sept ou huit mois plus tard, on se trouve presque dans une situation désespérée.

Depuis trente ans, l'opinion publique en Europe a subi bien des vicissitudes, bien des modifications à l'égard de la stabilité du crédit des États-Unis. Pendant la guerre de sécession, elle était pleine d'inquiétude et de scepticisme ; on trouvait la dette trop lourde, le tarif excessif, la prospérité improbable. Ce pessimisme a été déçu ; après la paix, la population et les richesses ont augmenté ; les entreprises américaines ont ouvert des débouchés au capital européen. Au régime du papier-monnaie, à la perte sur l'or, a succédé la reprise des paiements en espèces ; les douanes ont doté le Trésor d'excédents qui ont servi à amortir la Dette publique, puis, lorsque l'amortissement eut diminué la dette de 2.756 à 841 millions, à payer de scandaleuses pensions.

Les effets d'une fausse politique économique sur le commerce et l'industrie ont été, en partie, dissimulés par la libéralité avec laquelle les Américains ont obtenu de l'argent en Europe pour toutes sortes d'entreprises indépendantes du gouvernement. En présence de l'admirable élasticité dont avaient preuve les États-Unis, il s'était produit un changement d'avis en Europe sur la solidité des placements américains ; l'extension du réseau des chemins de fer depuis trente ans a été gigantesque. De 49.600 kilomètres en 1861, les États-Unis sont arrivés à posséder, en 1892, 288.000 kilomètres, dont la plupart ont été construits avec de l'argent européen, fourni par l'Angleterre, la Hollande et l'Allemagne. Cela représente, en obligations, une dette de près de 25 milliards de francs.

Il faut y ajouter la participation des compagnies hypothécaires et des entreprises industrielles. Depuis deux ou trois ans cependant, les capitalistes européens avaient fait peu de placements aux États-Unis en nouvelles valeurs et même ils avaient revendu une bonne partie de ce qu'ils possédaient. Pendant longtemps l'endettement véritable des États-Unis à l'étranger a été complètement caché par l'afflux des capitaux étrangers (1).

L'introduction dans la circulation de 4 millions 1/2 de dollars par mois a graissé les roues de la spéculation. L'Exposition de Chicago fit surgir des projets de toute sorte, des spéculations de terrains ; il y eut la manie des entreprises électriques dont les fonds furent fournis principalement par Boston et Philadelphie, la folie immobilière dans le Sud, où la Virginie, la Tennessee, l'Alabama se couvrirent de villes dont on a pu acheter les débris pour un vingtième de l'argent qui y fut dépensé par les États de l'Atlantique et aussi par les Anglais (2); à New-York, il y eut les trusts qui combinaient les monopoles commerciaux avec des placements fantaisistes. Le tarif Mac Kinley fit croire aux Américains qu'ils pourraient se rendre bientôt indépendants de l'importation étrangère ; de nouvelles fabriques, fondées en partie avec des capitaux empruntés, surgirent aussitôt, mais au lieu de s'arrêter, l'importation ne cessa de grandir, même pour les marchandises européennes les plus taxées dont le luxe américain ne pouvait se passer. Les nouvelles fabriques ont fait une concurrence désastreuse aux établissements anciens, et tous ont souffert du retrait des commandes, de la restriction de la consommation, de la baisse des prix, de la diminution des bénéfices. Les chemins de fer, qui participent à toutes les crises, ont apporté leur contingent : dès le mois de février 1893, la faillite du Philadelphia and Reading donna un choc comparable à celui produit par les pires scandales de l'Erié et ouvert toute une série de désastres qui entraînèrent 75 compagnies exploitant 50.000 kilomètres (3).

Le système monétaire des Etats-Unis, l'organisation des banques

---

(1) Intérêts sur les obligations de chemins de fer, obligations industrielles et municipales, sur les placements industriels.

(2) Middlesborough et Harrogate.

(3) Les banquiers américains purent exploiter une nouvelle branche lucrative, celle de la réorganisation des compagnies en déconfiture.

étaient de nature à faciliter la propagation du mal, qui prit la forme d'une véritable fièvre de suspicion.

Tandis qu'en Angleterre, il y a deux espèces seulement de billets, l'une, dont l'émission est limitée strictement par la législation, l'autre garantie par l'or, on trouve aux États-Unis huit ou neuf billets garantis, les uns par l'or, d'autres par l'argent, d'autres enfin, ayant simplement le caractère que donne le cours légal.

Dans le nombre choisi de ses banques et la simplicité de son système monétaire, l'Angleterre a eu une double sauvegarde contre les paniques financières, sans que l'immunité absolue fût possible. Le péril particulier des banques américaines était dans leur nombre, dans l'espace qu'elles couvraient, dans le système monétaire hétéroclite avec lequel elles avaient à faire.

Si la concentration par trop gigantesque des dépôts dans une seule institution peut faire naître des appréhensions plus ou moins raisonnées, la situation peut être tout aussi incommode, si les capitaux sont éparpillés entre quelques centaines de banques. Les sociétés financières et les caisses d'épargne présentent, aux États-Unis, une liquidité plus grande que les banques nationales, dont la proportion des avances semble excessive à des idées européennes. Presque chaque dollar dû aux déposants a été prêté aux agriculteurs, aux négociants, aux industriels, qui ont mis ces capitaux dans leurs affaires et ne peuvent les en extraire qu'au prix de terribles sacrifices. En temps ordinaire, les banques aux États-Unis rendent gratuitement des services multiples à leurs clients, et cela les rend peut-être moins prudentes. Elles sont obligées d'avoir toutes leurs ressources employées, de réduire au minimum leur encaisse.

Les faillites des banques, qui ont été nombreuses en 1893 et dont nous parlerons plus loin, ont porté, presque exclusivement, sur de petites banques ; mais la gravité de la crise se reconnaît aux expédients, aux palliatifs employés. Les banques affiliées au Clearing House à New-York, Boston, Philadelphie, Chicago, ont dû émettre 70 ou 80 millions de bons de liquidation ; New-York seul a créé 30 millions de cette monnaie supplémentaire, qui était destinée à combler la lacune créée par le retrait des dépôts. Les remises de ville à ville ont été impossibles, sauf avec une prime qui a atteint 3 %. Le Sherman Act a augmenté la quantité de monnaie et, cependant, il y a une véritable famine monétaire. Avant la crise de 1893, il y avait près de 1.100 millions de dollars de papier-monnaie, soit une somme amplement suffisante, avec un bon système de banque. Cependant, la destruction du crédit pendant la crise a créé un vide énorme. Avant la crise, 90 % des affaires journalières se traitaient à l'aide de chèques ; à un moment, le rôle des instruments de crédit a été réduit à 50 % ; le reste a dû être liquidé en espèces ou en billets.

Un des inconvénients du système monétaire des Etats-Unis, c'était aussi d'être sans élasticité. La même quantité d'instruments d'échange et de billets existait, que les affaires fussent actives ou non.

Le terrain était préparé de toutes parts, l'ensemble des faits tendait à la crise.

Jusqu'au commencement de 1893, il y avait peu d'indices que la loi de 1890 serait bientôt abrogée (1). On avait fait ressortir, il est vrai, que la quantité de signes monétaires, émise en conformité avec la loi, était probablement excessive et que la continuation mettrait en danger les paiements en or de la trésorerie. Mais ni en 1891 ni en 1892, il n'y avait eu l'indication d'un danger assez pressant pour exiger des mesures immédiates. Après la dépression, en automne 1890, en relation avec le désastre Baring, il y avait eu une reprise en 1891, résultant en grande partie de la récolte extraordinairement abondante de 1890. En 1891 et 1892 il y avait eu une prospérité relative et peu de prodromes d'une crise prochaine.

Dès le début de 1893, il y eut plusieurs incidents perturbateurs, notamment un drainage considérable d'or. Dans les cinq premiers mois de 1893, l'exportation de l'or dépassa 60 millions de dollars. La balance des paiements internationaux, contraire aux Etats-Unis et cause de ce drainage, était due à diverses causes. Les récoltes de 1892-1893 n'avaient pas été aussi considérables que celles des années antérieures et la demande étrangère pour les produits agricoles, moindre. Tandis que les exportations avaient diminué, il y avait une légère augmentation dans les importations. Mais, fait capital, il y avait eu reflux considérable de valeurs de chemins de fer, d'Europe, et notamment d'Angleterre. Il est difficile d'estimer exactement un mouvement de cette nature, et encore plus difficile d'en découvrir exactement les causes.

La crainte du passage à l'étalon d'argent et la crise à l'étranger ont eu leur part dans les ventes effectuées à New-York pour compte de l'Europe et qui ont été le plus important facteur dans le drainage de l'or.

Cette sortie de métal jaune fut accompagnée d'une autre modification, qui a augmenté le malaise général. La réserve d'or, maintenue par la trésorerie américaine, sur laquelle repose la grande masse des engagements monétaires du gouvernement, s'affaiblit lentement, mais d'une manière continue.

---

(1) Nous suivons le récit de la crise fait par M. Taussig.

La trésorerie des Etats-Unis a une double position et une double fonction. Elle encaisse les recettes et paie les dépenses du gouvernement national, et sa force financière dépend de la relation entre les recettes ordinaires et les dépenses ordinaires. C'est aussi une banque d'émission, responsable d'une grosse masse d'obligations circulant comme monnaie, et contre laquelle elle garde une réserve d'or. Mais ses fonctions financières et sa fonction de banque ne sont aucunement séparées. Le numéraire qu'elle détient sert aussi bien à couvrir les dépenses journalières courantes du gouvernement qu'à faire face à la demande résultant de la présentation au remboursement des billets en circulation.

Il existe en effet une tradition d'après laquelle une somme de 100 millions de dollars en or constitue la réserve spéciale pour le remboursement d'une partie des billets, les greenbacks émis pendant la guerre civile. Mais le Congrès n'a jamais expressément créé une réserve de cette sorte ; il n'y a pas d'obligation pour les fonctionnaires de la trésorerie de conserver une partie de l'or, exclusivement pour le remboursement de ces billets.

La réserve en numéraire du Trésor était exposée à un drainage pour deux raisons.

Les recettes ordinaires du gouvernement ne suffisaient pas à couvrir les dépenses ordinaires. Le tarif douanier de 1890 avait réduit les recettes, notamment par l'admission en franchise du sucre ; d'autre part, la loi sur les pensions avait augmenté les dépenses du gouvernement. Affaiblie de la sorte, la trésorerie était aussi exposée à un drainage, par suite des exportations d'or dont nous avons déjà parlé. Ces exportations auraient pu venir du stock considérable dans les maisons de banque, et, en partie, elles en furent alimentées ; mais le malaise concernant le maintien du paiement en or par la trésorerie, produisit une disposition générale de ne pas se défaire de l'or, et le fardeau de l'exportation fut rejeté sur la trésorerie, à laquelle on présenta les billets au remboursement. La conséquence fut un déclin dans la réserve d'or du Trésor. Celle-ci s'élevait à 120 millions au début de l'année, elle tomba constamment : à la fin d'avril elle était inférieure à 100 millions, et au commencement de juin, elle ne dépassait jamais 90 millions.

En même temps, les journaux financiers, tous les organes de l'opinion publique, prêchaient que la sortie de l'or et la diminution de la réserve étaient les conséquences directes de la loi de 1890 et que, tant que celle-ci ne serait pas abrogée, ces phénomènes continueraient jusqu'à ce qu'on fût précipité dans un abîme.

Le malaise grandit ; banques et institutions financières font rentrer leurs ressources, le crédit commercial est atteint. De grandes faillites, aussi bien de maisons de commerce que de banque, se produisent dans le cours du printemps et dans les premiers jours de juin, des runs sur les banques dans des places importantes, comme Chicago, Kansas-City et Milwaukee. Dans toute l'étendue du pays, les banques qui gardaient une partie de leurs réserves en dépôt dans les grandes banques de New-York commencent à faire rentrer les fonds, dans l'attente d'un drainage de leurs ressources provoqué par leurs propres déposants.

Les banques de New-York avaient perdu de leur encaisse par suite de l'exportation de numéraire au printemps ; au début de juin, elles subirent un drainage actif vers l'intérieur. En deux semaines, du 4 au 17 juin, elles perdirent 18 millions de dollars sur leur encaisse, et le 15, elles résolurent d'adopter la mesure, employée déjà dans des circonstances critiques : l'émission des certificats du Clearing-House. Ceux-ci sont créés contre dépôt de valeurs entre les mains du Clearing-House, et servent à la liquidation des balances entre les banques associées. Ils servent à affranchir les banques de la nécessité de payer comptant les balances à leur débit, et donnent libre disposition des ressources en monnaie pour les demandes provenant du public. On s'attendait que cette mesure, prise dès le début à titre de précaution, servirait à rétablir la confiance et à détourner la crise imminente.

Elle ne réussit pas à produire ce résultat ; presque aussitôt après son adoption, arriva la suspension de la frappe illimitée de l'argent aux Indes. On ne saurait dire que celle-ci ait affecté directement le système monétaire des États-Unis, ni augmenté le danger d'une suspension de paiements en or. Mais elle entraîna une baisse soudaine de l'argent métal. On était déjà en proie à un malaise, relativement à la possibilité d'une cessation des paiements en or, et la perspective d'une dépréciation illimitée de l'argent, sur lequel le système monétaire était fondé, le jour où la réserve d'or serait épuisée, cette perspective eut sa part en amenant une disparition générale de la confiance.

. Il est probable que bien peu parmi les hommes d'affaires, les banquiers ou les capitalistes, dont les craintes furent la cause principale de la panique subséquente, avaient une idée distincte des véritables probabilités de la situation monétaire. Le degré jusqu'auquel le maintien de l'étalon d'or était compromis, le mode dans lequel une suspension des paiements d'or affecterait le commerce et l'industrie, la relation entre l'action du gouvernement indien et la situation financière des États-Unis, ces questions compliquées étaient comprises par une faible minorité. Mais l'on avait tellement parlé des périls dont on était menacé, tant de choses funestes étaient survenues, qu'il en résulta le collapse de confiance, qui est la cause immédiate de toute crise financière. Les faillites se succèdent rapidement en juillet et en août : faillites de banques, de grandes maisons de commerce, de grandes compagnies de chemins de fer comme l'Erié et le Northern Pacific. Beaucoup de ces faillites étaient simplement des suspensions de paiement par des maisons et des institutions parfaitement solvables. Un nombre considérable de banques nationales furent contraintes par la crise à fermer leurs portes, bien que plus tard on constatât qu'elles étaient en mesure de tenir leurs engagements avec un capital et un actif intacts. Celles-ci furent, entre temps, autorisées à rouvrir leurs portes et à recommencer leurs opérations. Également beaucoup de maisons de commerce solvables furent forcées de suspendre. D'autre part, la crise jeta à bas des banques et des maisons dont la situation en réalité était l'insolvabilité, mais qui, dans des temps calmes, auraient pu vivre longtemps et auraient pu même, avec de la chance, se tirer d'affaire. S'il y avait eu une grande proportion d'entreprises malades, si les années précédentes avaient été des années de spéculation active et de placement de capitaux dans des entreprises risquées, la proportion des faillites sérieuses et des ruines définitives aurait été beaucoup plus grave. Mais les conditions d'où naissent ordinairement les crises financières et qui en fournissent les éléments, ne se rencontraient que dans une faible mesure, et la panique semble avoir été simplement une déroute due à des appréhensions générales et non raisonnées, plutôt qu'à une fausse direction donnée aux forces productives.

Le phénomène le plus caractéristique de la crise a été la rareté du numéraire et la demande d'argent comptant. Cela se reflète clairement dans les diminutions des réserves des banques de New-York. Leur encaisse diminue rapidement en juin, fléchit en juillet et, au moment le plus bas, mi-août, montre une perte de 65 millions contre le chiffre de six mois avant. Leur plus grande perte était en papier monnaie.

	En espéces.	En papier monnaie.
26 mai	70.7	64.0
19 juin	78.2	42.2
12 août	53.6	22.9
2 septembre	66.9	25.1
7 octobre	84.4	44.3

Les banques de Boston, Philadelphie, Saint-Louis et d'autres grandes villes ressentirent le même drainage que les banques de New-York, et si grandes étaient les pertes de l'encaisse, qu'il résulta une véritable suspension des paiements de banque.

Il est à remarquer que les banques de Chicago furent comparativement bien approvisionnées durant la période critique. L'afflux de milliers de voyageurs, arrivant chacun avec de l'argent dans ses poches, apportait un courant continu de monnaie qui tôt ou tard trouvait son chemin dans les caisses des banques.

Le drainage provenait de divers côtés. Les banques rurales et les banques dans les petites villes s'adressèrent aux détenteurs de leurs dépôts, notamment à New-York, pour obtenir les fonds en vue de se renforcer. Les caisses d'épargne, exposées à des runs de la part de déposants facilement impressionnables, retirèrent également leurs dépôts des grandes banques dans le même but. On a dit que beaucoup de déposants inquiets sur la solvabilité de leurs banques, reprirent leur avoir et enfermèrent l'argent dans les coffres-forts de Safe-Deposit Companies. Quoi qu'il en soit, le drainage fut si grand qu'une suspension partielle des paiements se produisit. Les banques de New-York honoraient les chèques ou refusaient de les honorer, d'une façon tout arbitraire.

Si elles étaient convaincues que le besoin du déposant était réel et pressant, elles payaient, sinon elles refusaient de le faire. Dans quelques cas on a soupçonné que l'argent était retiré et thésaurisé par des spéculateurs désireux d'accroître la dépression et de profiter de la baisse générale des prix. Si cela a été fait, de semblables manœuvres n'ont pu jouer de rôle prédominant dans l'effondrement général. Pendant des semaines, les clients d'une banque étaient dans l'incertitude sur le sort d'un chèque un peu considérable. Tous les chèques étaient reçus en dépôt ; la banque portait au crédit du compte du déposant le chèque sur une autre banque, et, en tant que banque, les balances étaient liquidées au moyen des certificats du Clearing-House. L'expédient des Clearing-House Certificates fut employé dans toutes les grandes villes, et même dans un nombre considérable de petites, et la plupart des grandes transactions furent liquidées par l'intermédiaire des Clearing-Houses de la façon habituelle, sans recours à la monnaie effective.

C'est une mesure exceptionnelle à laquelle on a eu recours en 1873, en 1884, et, en dernier lieu, en novembre 1890. Au lendemain de l'effondrement de la spéculation à New-York, en octobre 1890 et après la crise de Baring, il y eut de grosses faillites aux États-Unis. Trois banques de New-York, dont les ressources avaient été immobilisées, ne purent faire face à leurs engagements au Clearing-House et solder la balance à leur débit ; il y avait un déficit de 6 millions de francs environ. Neuf autres banques avancèrent aussitôt chacune 500.000 francs contre nantissement. Le danger écarté, on créa des Clearing-House Certificates, c'est-à-dire des bons de liquidation pour solder le débit des banques à court de ressources disponibles. Ces bons sont couverts par la garantie solidaire des banques faisant partie du Clearing-House. Ils sont remis par un comité de cinq présidents de banques, après examen de la situation et contre nantissements de valeurs suffisantes pour garantir le montant du prêt. Le 19 novembre 1890, le total des bons de liquidation émis s'éleva à 40 millions de francs ; dans les premiers jours de décembre à 75 millions. Les banques de Philadelphie, de Boston et de Baltimore imitèrent l'exemple de New-York.

La nécessité obligea d'avoir recours de nouveau, en 1893, à cet expédient (1). Dans les trois villes de New-York, de Boston et de Philadelphie, les Clearing House ont eu en circulation, en bons de liquidation, jusqu'à 55 millions de dollars, c'est-à-dire un total équivalent à 32 % de la circulation totale des banques nationales. A New-York, le maximum de l'émission a été atteint le 29 août avec 38.200.000 dollars, c'est-à-dire une somme égale à 44 % de la réserve des banques de New-York à la date du 26 août et sept fois plus considérable que toute la circulation fiduciaire des banques de New-York, à la date du 1er juillet. Il est évident que le Clearing House Certificate est un instrument singulièrement puissant, qui peut être mis en activité à brève échéance, sur une vaste échelle, dans les grands centres financiers.

On a dit que cette méthode devait faire face à des éventualités impérieuses, se rapprochant beaucoup de celle employée par la Banque d'Angleterre, lorsqu'elle a été autorisée par le gouvernement à sortir en 1847, en 1857, en 1866 du cadre étroit imposé par la loi de 1844. Si, en 1847 et en 1866, la Banque d'Angleterre n'eut pas besoin de faire usage de la faculté que lui avait accordée le gouvernement, en 1857 le département de la banque a transféré au département d'émission, des fonds publics en échange desquels le premier reçut du second 4 millions de livres de banknotes. La différence, au point de vue de la forme entre les deux méthodes, est considérable ; dans un cas, l'action part d'un groupe de banques, dans l'autre, elle est le fait d'une seule banque privilégiée. Dans le premier cas, cette œuvre spontanée est d'initiative privée ; dans le second, il faut la sanction du gouvernement.

ÉMISSION DES PREMIERS certificats		DATE DE L'ÉMISSION MAXIMUM	MONTANT MAXIMUM ÉMIS	DATE DU RETRAIT DES DERNIERS certificats	MONTANT EN CIRCULATION AU 31 OCT.
New-York	21 juin	29 août au 6 sept.	38 200.000	1er nov.	3.835.000
Philadelphie..	16 —	15 août	10.965.000		3.835.000
Boston........	37 —	23 août au 1er sept.	11.445.080	20 oct.	
Baltimore....	26 —	24 — 9 —	1.475.000		845.000
Pittsbourg ...	11 août	15 septembre	987.000		332.000

Aux États-Unis, il en résulte l'émission de certificats qui n'ont aucun pouvoir libératoire et qui ne circulent que parmi un groupe restreint de banques, et cela encore seulement pour un but bien déterminé.

En Angleterre, on procède à l'émission de billets dotés des mêmes privilèges que les billets déjà existants.

Si différents que soient les deux procédés, cependant dans leur essence même, ils sont bien voisins l'un de l'autre, puisqu'ils servent à mobiliser de bonnes valeurs et à transformer celles-ci en garantie d'un supplément d'instruments de circulation.

Cependant, et cela était inévitable, il y avait beaucoup de transactions pour lesquelles cet expédient ne pouvait être employé. De grands chefs d'industrie, avec de grandes listes de salaires, avaient besoin d'argent comptant ; des banques hors des villes, exposées à des runs de leurs déposants et manquant du prestige qui permettait aux grandes institutions de refuser de payer avec une impunité relative, étaient désireuses d'obtenir des fonds. En conséquence, il apparut, au début d'août, le phénomène anormal d'une prime sur la monnaie, non pas une prime sur l'or, mais sur toute forme de cash, or, argent ou billets ayant cours légal d'ancienne date, ou certificats émis en vertu de la loi de 1890, ou même sur les simples dollars d'argent. Les personnes qui achetaient du « cash » le payaient en chèques certifiés sur les banques, chèques qui passaient ensuite par le Clearing house. Le numéraire et les billets étaient ramassés principalement à la caisse des grands magasins de détail, où les affaires se faisaient comme à l'ordinaire, et qui revendaient avec une prime l'argent encaissé aux courtiers, qui à leur tour en disposaient à leurs clients avec une marge plus considérable. L'action des maisons de commerce qui se livraient à ce trafic a été violemment attaquée, on supposait que leur devoir patriotique eût été de déposer l'argent dans les banques, où il aurait servi à rétablir le calme. Mais la tentation de récolter était très forte, et les money brokers purent recueillir des sommes considérables. La prime s'éleva jusqu'à 5 %, et pendant la plus grande partie du mois d'août, elle s'est maintenue à 2 %. Elle a commencé à baisser dans les premiers jours de septembre, et elle a disparu complètement au milieu du mois.

La rareté de l'argent conduisit à faire tous les efforts pour s'en procurer un grand approvisionnement. Quelques-uns de ces efforts ont été normaux, d'autres étrangements anormaux et irréguliers. La plus simple méthode a été l'importation de numéraire d'Europe. Aussitôt que la panique se déclara, des arrangements furent conclus pour de grands emprunts en Europe et pour de fortes expéditions d'or.

Ces arrangements furent faits principalement par les banques des grandes villes en vue de renforcer leurs réserves, quelques-unes par des money brokers qui vendaient l'or avec bénéfice grâce à l'existence de la prime du cash. Les banques nationales, spécialement celles de New-York, s'arrangèrent pour augmenter l'approvisionnement de monnaie en augmentant leur émission fiduciaire. En vertu de la législation régissant le système des banques nationales, les billets peuvent être émis jusqu'à concurrence de 90 °/₀ de la valeur nominale des obligations de la dette fédérale, déposées entre les mains du Comptroller of the Currency à Washington.

Les obligations fédérales, comme les autres fonds publics, avaient baissé durant la panique; elles pouvaient être achetées facilement, tandis que la demande de monnaie rendait précieuse la possession de billets des banques nationales. Aussi une augmentation considérable de la circulation fiduciaire s'ensuivit. Mais comme il fallait préparer, imprimer, signer les billets, ce qui exigeait un délai de quelques semaines, cette mesure donnait la perspective d'un soulagement à date rapprochée plutôt que les moyens de faire face à la demande immédiate. Un expédient plus rapide fut employé dans diverses localités : l'émission de chèques certifiés ou de clearing house certificates pour de petits appoints, qui devaient circuler de main en main comme signe monétaire. Ces chèques furent émis en coupures de 5, de 10, de 20 dollars, et servirent dans quelques-uns des États de l'Est pour payer les ouvriers, dans des États de l'Ouest pour être remis aux fermiers en paiement de leurs récoltes. Dans quelques localités, des arrangements furent pris avec de grands établissements de détail qui consentirent à recevoir ces chèques en paiement des achats. On ne saurait dire que cet expédient ait été très satisfaisant. Les ouvriers auxquels de semblables chèques furent donnés en paiement de salaires, trouvèrent difficiles de s'en servir pour des achats, ou de les convertir sans perte en appoints plus petits et plus commodes.

Un aspect de la crise monétaire mérite d'être signalé. La prime n'était pas sur l'or, elle n'avait en rien la nature d'un agio sur l'or. Ce que l'on demandait, c'était de la monnaie, et principalement du papier-monnaie de petit appoint. Il était même difficile de mettre l'or en circulation. Durant les mois de juillet et d'avril, lorsque la crise était à son comble, les banques de New-York, dont la réserve en papier-monnaie s'affaiblissait rapidement, déboursèrent des sommes considérables en monnaie d'or, mais ces monnaies ne pouvaient pas trouver leur chemin dans la circulation active, principalement parce que le public n'avait pas l'habitude de s'en servir. Une conséquence de cette phase de la crise a déjà été mentionnée : la perte de la réserve en papier-monnaie, subie par les banques de New-York, tandis que leur réserve en numéraire ou en or restait comparativement intacte. Une autre conséquence curieuse a été la modification dans les opérations de la sous-trésorerie du gouvernement à New-York. Cette branche de la trésorerie est la plus importante de toutes, comme elle est le plus grand payeur et l'un des plus forts encaisseurs des recettes publiques. Les revenus de l'État peuvent être payés dans une des formes quelconques de la monnaie créée par le Trésor : en or ou argent, monnaie ou certificats, et en legal tender, billets anciens ou billets émis depuis 1890. Dans les premiers mois de l'année, la perte de confiance dans la Trésorerie avait causé une cessation à peu près complète des paiements en or. Les banques et les autres institutions qui fournissaient les importateurs et les autres contribuables avec leur argent, étaient disposées à donner du silver et du papier plutôt que de l'or. Mais, au comble de la panique, le papier et l'argent étaient prisés si haut et l'or était tellement peu satisfaisant pour faire face aux demandes de monnaie, que l'on gardait les premiers pour s'en servir dans la panique tandis que l'or était employé pour les droits de douane et les autres dettes au gouvernement. Ainsi les recettes gouvernementales en or pour paiement des droits d'entrée, qui pendant des mois avaient été nulles, montèrent subitement à la moitié des paiements totaux en août et septembre. Tout cela indique que la panique, lorsqu'elle arriva à sa phase aiguë, n'était pas une panique d'or, et que la prime sur la monnaie n'était en ancun sens une prime sur l'or. Quant à la question de savoir si la crainte d'une suspension des paiements en or a été ou non la cause de la panique, la forme spéciale que la panique a prise a été celle d'une demande pour de la monnaie ou des signes monétaires, se produisant dans beaucoup d'endroits.

Pendant les mois d'été, les affaires furent dans un état de stagnation. Et en fait, il y eut une grande diminution dans le volume des transactions. Les clearings des banques, en juillet, août, septembre, furent d'un tiers environ inférieurs aux chiffres de la période correspondante de 1892.

Premiers neuf mois.	1892	1893
	milliards.	milliards.
1er trimestre....	16,2	16,5
2e —	15,1	14,8
3e —	14,0	10,9

pour le total des clearings.

Beaucoup de fabriques durent cesser leurs opérations, soit parce que leurs agents ou clients ne voulaient pas acheter de produits ni avancer des fonds, ou parce qu'elles ne pouvaient se procurer la monnaie pour

payer les salaires. Le procédé normal de faire des achats au comptant
ou des contrats à paiement futur, par anticipation, en vue des ventes à
venir et du flot continu des marchandises vers le consommateur, fut pour
le moment tout à fait dérangé. Les transactions de détail s'effectuèrent
beaucoup moins que les transactions en gros ; c'étaient les stages intermédiaires dans la machinerie de la production qui ont ressenti le choc.
Les négociants rencontrèrent des difficultés à se procurer des avances.
Ceux dont le crédit était le meilleur pouvaient obtenir des prêts remboursables sur demande, à des taux d'intérêt variant de 12 à 18 %. Ces
avances en tout cas représentaient, en général, le droit de tirer des chèques
non pas payables en cash, mais pouvant être employés par l'intermédiaire
du clearing house, un mode de paiement qui certainement répondait à
presque tous les besoins du commerce de gros.

La crise a atteint son point culminant au milieu d'août ; à cette date,
la suspension partielle des paiements par les banques était presque universelle. Chaque jour a apporté une récolte de faillites commerciales et
de suspensions de banques, la prime sur la monnaie se maintenait à
3 %. A la fin d'août et au commencement de septembre, une amélioration se produit. La fièvre avait eu son cours et épuisé son ardeur ; la
confiance renaît lentement.

Au milieu de septembre, les banques de New-York, qui reflètent la
condition financière du pays et qui, à leur tour, donnent la note à ses
opérations financières, voient progresser leur réserve. Elles gagnent
du numéraire par l'importation et elles commencent à gagner du papier
qui sort des cachettes où on le thésaurisait et revient à ses dépositaires
habituels. Comme on l'a vu plus haut, elles avaient gagné, au commencement d'octobre, près de 20 millions de papier-monnaie en comparaison du point le plus bas en août.

A la fin d'octobre, leur encaisse aussi bien en billets qu'en numéraire,
était plus considérable qu'elle ne l'a été à aucune époque antérieure de
l'année et plus même que la moyenne. La période habituelle de stagnation et de surabondance d'argent, qui marque la réaction de la crise,
entre en scène. Au mois de novembre, l'argent devient « a drug in the
market ».

Les élections de 1892 avaient abouti au choix de M. Cleveland comme
président, et à l'avènement d'une majorité de *democrats* dans le *House
of Representatives* et dans le Sénat. Le président Cleveland prit le pouvoir
en mains au mois de mars 1892, mais le Congrès qui avait été élu en
même temps que lui ne devait se réunir pour sa première session
régulière qu'en décembre. Pendant le printemps, et longtemps avant
qu'on s'attendît à une crise aiguë pour l'été, M. Cleveland avait été im-

portuné de nombreux côtés pour convoquer une session extraordinaire du Congrès aussi bien pour doter le gouvernement de plus grandes ressources que pour abroger le Sherman Act. Cette insistance à prédire un désastre imminent à défaut de promptes mesures, a eu sa part dans la catastrophe qu'il s'agissait de prévenir. Le président Cleveland refusa sagement de convoquer une session extraordinaire, tant que la nécessité n'en était pas devenue absolue. A la fin de juin, lorsque la panique eut commencé, et que la situation fut devenue incontestablement critique, il convoqua le Congrès.

La session extraordinaire motivée par la crise monétaire s'est ouverte le 7 août et le Congrès saisi, dès le lendemain, du message préparé par le président Cleveland.

Le président analysait avec la plus grande clairvoyance les causes de la situation lamentable où l'on se trouvait et qui ne provenait pas d'événements accidentels. Il exprimait l'avis que tous ces malheurs étaient imputables surtout aux dispositions législatives qui prescrivaient au gouvernement fédéral l'achat et la frappe de l'argent. Celles-ci avaient facilité l'émigration de l'or, créé des inquiétudes sur le maintien du remboursement en or des dettes américaines et, à moins de contracter constamment de nouveaux emprunts pour reconstituer une encaisse incessamment épuisée, la loi de 1890 tend à substituer complètement l'argent à l'or dans le trésor fédéral. M. Cleveland montrait comment la méfiance était née, comment le capital s'était caché dans des mains de plus en plus timides. Le peuple des Etats-Unis avait droit à une monnaie solide, stable, considérée comme telle sur le marché universel. « Il n'était pas permis à son gouvernement ni de lui infliger des expériences financières que condamne la politique des autres Etats ni d'abuser du sentiment que nous avons de notre puissance et de notre savoir faire pour risquer la solidité de la monnaie nationale..... L'homme, qui plus que tout autre a besoin d'un bon régime monétaire, c'est celui qui gagne son pain, au jour le jour, en travaillant. »

M. Cleveland insistait pour que le Congrès agit sans retard, « c'est donner deux fois que de donner vite ». Parmi toutes les mesures à prendre, il en était une dont la nécessité ne saurait faire doute, c'était l'abrogation aussi prompte que possible d'un régime qui n'était que trop condamné par la désastreuse expérience des trois dernières années. Il concluait en ces termes :

« Je demande instamment la prompte abrogation des dispositions de la loi du 14 juillet 1890 qui règlent l'achat des lingots d'argent et en outre toutes autres mesures législatives propres à affirmer solennellement que le gouvernement des Etats-Unis veut et saura faire face à toutes ses obligations pécuniaires avec la monnaie qui a pour elle l'unanime suffrage des Etats civilisés. »

La forte influence de l'administration, la force incontestée de M. Cleveland dans l'opinion publique et, plus que tout le reste, la crise financière, produisirent une action rapide et favorable dans la Chambre des représentants. En août, lorsque le Congrès s'assembla, la panique était au comble, et de toutes parts retentissait le cri que le Sherman Act en était la cause. Que cela fût ou non, l'abrogation était un moyen important, sinon le seul de rétablir la confiance générale. On tomba vite d'accord que le bill pour l'abrogation, sans condition, de la clause sur les achats du Sherman Act serait discuté pendant deux semaines, que les amendements proposant la frappe libre sur le pied de 16 à 1, de 17 à 1, de 18 à 1, de 19 à 1, de 20 à 1, feraient l'objet de votes respectifs, et qu'alors un vote final aurait lieu.

Le 21 août, les amendements en faveur de la frappe libre furent rejetés, et la loi (Repeal Bill) adoptée avec l'écrasante majorité de 239 contre 108.

Au Sénat, la situation était quelque peu différente de celle de la Chambre. La majorité en faveur de l'abolition était plus petite, et la minorité, plus factieuse dans son opposition contre le Sherman Act, était la plus forte dans les États de l'Est et du Centre ; ceux-ci ayant la plus grande population, avaient le plus grand nombre de représentants dans la Chambre ; dans le Sénat, chaque Etat a deux sénateurs, et les Etats de l'Ouest et du Sud, avec une population relativement faible, ont une représentation relativement plus forte. Parmi les sénateurs républicains des Etats de l'extrême Ouest, il s'en rencontrait quelques-uns dont les électeurs dépendaient en grande partie de l'industrie minière de l'argent et qui étaient presque au désespoir à la perspective d'une suspension des achats américains, suivant de si près la cessation de la frappe libre aux Indes. Le Colorado et le Nevada, plus particulièrement, sont des producteurs d'argent, et leurs sénateurs étaient énergiquement, furieusement opposés à l'abrogation. Ils furent renforcés par quelques sénateurs d'autres Etats de l'Ouest, dans lesquels le nouveau populist party avait gagné le contrôle dans les élections de 1892 et avait élu les sénateurs.

Les traditions du Sénat rendirent faciles les manœuvres de l'opposition. L'absence de règles pour mettre fin à un débat, rend facile l'obstruction. Lorsque la loi votée par la Chambre fut introduite au Sénat, les Silver sénateurs déclarèrent ouvertement qu'ils n'en permettraient pas l'adoption ; une lutte longue et fatigante commença. Le bill fut amendé par l'addition d'une déclaration formelle en faveur des principes du bimétallisme. C'est sous cette forme qu'il arriva devant le Sénat, et les adversaires cherchèrent à le tuer sous des flots de paroles.

La lutte dura deux mois. Un effort fut fait de rompre les rangs des Silvermen par une séance ininterrompue, sans suspension ni jour, ni nuit, dans l'espoir d'amener la capitulation par épuisement des forces physiques. Mais les Silver sénateurs tinrent aisément tête. Avec la continuation de la lutte, des tentatives furent faites pour improviser un compromis soit en suspendant les achats d'argent pour deux ou trois ans, soit en diminuant simplement la quantité de métal acheté. Quelques-uns de ces compromis semblent avoir eu l'adhésion d'un grand nombre de sénateurs, sinon de la majorité, et il est probable qu'une mesure de compromis aurait fini par passer, sans la fermeté du président Cleveland. Mais il avait déclaré d'une façon positive qu'aucun compromis ne recevrait sa sanction, et la perspective d'un veto présidentiel, avec la certitude que la grande masse était derrière M. Cleveland, dans son attitude ferme, tua tous les compromis. Finalement, après avoir annoncé que jamais ils n'abandonneraient la lutte, les Silver sénateurs capitulèrent brusquement. Les discours cessèrent. Divers amendements furent mis aux voix et promptement rejetés. Le Bill original amendé par l'insertion d'une clause en faveur du bimétallisme en général, fut voté par le Sénat le 30 octobre. Deux jours plus tard (1er novembre), il revint à la Chambre avec l'amendement sénatorial, qui fut adopté, signé par le président et promulgué.

L'abrogation du Sherman Act a marqué la fin des achats d'argent par les Etats-Unis. La déclaration en faveur du bimétallisme devait servir à adoucir à leurs propres yeux la défaite des silvermen's dont les espérances n'ont jamais été satisfaites et qui ont subi toute une succession de déceptions et de désillusions (1).

La crise de 1893 a été plus funeste aux institutions financières des

---

(1) On sait quelle série de désillusions successives les partisans du bimétallisme ont été contraints de traverser. Leurs prophéties ont été démenties par les faits. Sur la foi d'experts en géologie, ils avaient prédit la diminution de la production de l'or, ils calculaient le jour où la dernière once d'or d'alluvion aurait été découverte. Or, en dix ans, la production de l'or a doublé. De même, on avait affirmé que M. Balfour, dès qu'il serait au pouvoir, amènerait un ministère bimétallique; il n'en a rien été. On a insisté sur les avantages que retirent les pays à monnaie avariée: successivement ces pays s'efforcent d'arriver à la stabilité monétaire. On a cru au succès de William Bryan, le protagoniste du métal blanc et le démagogue révolutionnaire qui a reçu les hommages et les voix des conservateurs allemands. C'est M. Mac Kinley qui a été élu. Et, deux ans après, le Sénat américain compte 20 voix de majorité en faveur du « sound money » ; la Chambre des représentants, une majorité de 19 voix. Les Etats de l'Ouest ont passé dans le camp des défenseurs du bon étalon et, en 1900, le Congrès a voté le Gold Currency Bill décrétant l'adoption de l'étalon d'or. C'est une évolution qui s'imposait.

Etats-Unis que les crises antérieures. Au 31 décembre 1893, le chiffre total des banques nationales, banques privées, institutions financières qui ont fait faillite, s'est élevé à 642 avec 234 millions d'actif et 200 millions de passif. Ce sont les Etats de l'Ouest et du Centre qui ont fourni le plus gros contingent.

Le commerce proprement dit a relativement mieux soutenu le choc ; les établissements industriels ont été moins heureux. La fermeture d'un nombre très considérable de fabriques au mois de juillet et au mois d'août a été l'un des traits caractéristiques de la panique. Les bourses de New-York et des autres villes eurent à supporter le contre-coup des difficultés générales et de plus celui de la chute de grandes entreprises industrielles, de chemins de fer auxquels l'année fut néfaste. Voici l'ordre chronologique des déclarations de faillites des compagnies de chemins de fer :

20 février, le Philadelphia et Reading ; 25 juillet, l'Erié ; 16 avril, le Northern-Pacific ; 13 octobre, l'Union-Pacific ; 23 décembre, l'Atchison, qui est le plus grand réseau du monde ; 27 décembre, le New-York et New-England.

De grosses dettes flottantes, un crédit mal assis, une diminution incroyable des recettes ont été les causes principales du désastre.

ANNÉES	COMPAGNIES EN FAILLITE	LONGUEUR DU RÉSEAU EN MILLES	CAPITAL ACTIONS ET OBLIGATIONS EN MILLIONS DE DOLLARS
1893....	74	32.413	1.611
1892....	36	10.508	357
1891....	21	2.159	84
1887....	0	1.046	90
1884....	37	11.038	714

Les Compagnies ont succombé aux conséquences de la pire des gestions, à des guerres de tarifs ruineuses, à des frais généraux inouïs, à la distribution de dividendes fictifs qui servaient à lancer de nouvelles émissions d'obligations, ou à de simples spéculations de bourse.

On ne saurait dire qu'une grande activité dans la construction de chemins de fer, immobilisant trop de capitaux, ait eu la moindre part dans la crise de 1893 ; il y avait même depuis quelques années, un ralentissement marqué dans l'extension du réseau qui atteignait alors 178.000 milles. Il n'a été construit en 1893 que 2.600 milles, contre 4.428 en 1892, 4.471 en 1891, 5.738 en 1890, 12.983 en 1887.

La répercussion de la crise sur les classes ouvrières a été cruelle D'après une enquête de Bradstreet, dans 119 villes, il y avait en chômage,

801.000 ouvriers, avec 1.956.000 personnes dépendant d'eux. Le nombre d'établissements fermant leurs ateliers, réduisant les heures de travail, abaissant les salaires, fut considérable.

Les caisses d'épargne ont naturellement éprouvé le contre-coup de la crise; dans l'État de New-York, les retraits ont dépassé les dépôts de 34.518.000 dollars, alors qu'en 1891 il y avait eu un excédent de dépôts de 17.031.000 dollars.

Une partie des retraits a été provoquée par le désir de profiter soit de la prime que faisait l'argent comptant, soit afin d'acheter des valeurs solides qui avaient été fortement éprouvées par la baisse.

Le marché monétaire de New-York a été soumis, en 1893, à de véritables convulsions; les prêts à courte échéance ont varié entre 74 et 1 $\%$ par an. Pendant les cinq premiers mois de l'année, le marché avait été d'une sensibilité extrême : 60 $\%$ en mars, 40 $\%$ en mai; le maximum a été atteint le 29 juin, lorsqu'on exigeait 74 $\%$ pour les avances sur titres. C'est alors que les banquiers prirent 6 millions en certificats du Clearing house et ramenèrent le taux à 3 $\%$. Le soulagement ne fut que passager; en juillet et en avril, la demande de monnaie, sous toutes ses formes' fut extrême; et l'on paya jusqu'à 5 $\%$ pour obtenir n'importe quel instrument monétaire afin de faire face à ses échéances et payer ses ouvriers. Cela dura jusqu'au commencement de septembre.

Les additions au stock monétaire ou fiduciaire du pays, de juillet à septembre, furent de 54.641.013 dollars en or importés de l'étranger, 63.152.000 certificats émis par les différents Clearings house, près de 30 millions de billets nouveaux émis par les banques nationales, soit un total de 144 millions qui triompha de la famine créée par les appréhensions du public.

Faillites, recettes des chemins de fer, bank clearings racontent la même triste histoire; celle d'une dépression intense, accompagnée d'une grande diminution dans le volume des affaires. Les compensations ne sont pas toujours un indicateur parfait relativement au commerce légitime, parce que l'on ne saurait éliminer les affaires de spéculation, mais lorsqu'un pays traverse une crise mercantile et financière, avec une baisse universelle des prix, avec une limitation de la spéculation et de l'esprit d'entreprise, l'effet s'en montre mieux dans les chiffres des compensations que partout ailleurs, et en outre ceux-ci permettent les comparaisons de semaine en semaine.

Si l'on prend le total pour l'ensemble des clearing houses, la diminution de 1893 sur 1892 est de 8 milliards de dollars, c'est-à-dire un total de 54.330 millions au lieu de 62.231 millions, soit 13 $\%$ environ. Ce qu'il importe de constater, c'est que la diminution porte tout entière sur le second semestre : celui-ci a diminué de 8 milliards, soit 25 % à lui tout seul.

L'activité des émissions s'est ressentie de la situation générale et le chiffre des obligations émises à New-York (139 millions) a été le plus bas depuis 1887.

Le marché de New-York conserve de l'année 1893 le souvenir de l'année la plus désastreuse qu'il ait encore traversée.

La dépréciation des valeurs mobilières a été extrème et, bien qu'à la fin de l'année on ait été témoin d'un relèvement relatif, on ne saurait nier que la baisse a été plus durable que cela n'a été le cas antérieurement, même dans les paniques les plus sérieuses. Tension fiancière, désorganisation des affaires en général, diminution des recettes des compagnies, nombre inouï de compagnies en faillite, voilà les traits caractéristiques de la situation au point de vue des spéculateurs — les mêmes causes ont agi sur le capital, qui en d'autres temps aurait absorbé les titres que ceux-ci auraient jetés sur le marché.

La participation de l'Europe dans le marché américain a été nulle, les doutes concernant la stabilité du système monétaire ont amené un retrait continu des fonds placés aux Etats-Unis et, même avec l'abolition du Sherman Act et la renonciation à une politique d'achat du métal blanc, les intérêts européens se sont sentis peu encouragés; ils n'ont pas donné l'appui qui aurait été indispensable pour rétablir la confiance et le niveau des cours.

A quelques exceptions près, on est tombé plus bas en 1893 que durant les douze années précédentes.

Quant au mouvement du commerce extérieur dans la première moitié de l'année, les exportations sont inférieures au total de la période de 1892, tandis que les importations ont augmenté : le 30 juin, il y a un solde de 68 3/4 millions en faveur de l'importation alors qu'en 1892 il y avait un excédent des exportations de 47 1/2 millions, soit une différence de 116 millions au détriment de 1893. Dans la seconde moitié de l'année, sous l'influence de la panique et de la dépression industrielle, la situation change. L'exportation dépasse celle de 1892, les importations diminuent et se restreignent.

Si l'on veut résumer les enseignements de cette crise, on peut emprunter la conclusion à l'exposé d'un économiste autrichien : « Il est impossible pour un seul pays, si riche qu'il soit, d'adopter tout seul le double étalon; la menace de la frappe de l'argent a provoqué une panique désastreuse; le crédit est plus important que la monnaie : les pays débiteurs de l'étranger, dans le règlement de la question monétaire, doivent prendre en considération qu'en comparaison des intérêts dépendant de la confiance, les intérêts de certaines classes de producteurs sont insignifiants, ainsi les intérêts des silvermen et les intérêts de ceux qui prétendent souffrir d'un renchérissement de l'or. »

IV. — LA CRISE AUSTRALIENNE (1893)

Les fautes et les folies que l'on commet sur le terrain économique ou financier se paient toujours et si, par un concours de circonstances, le châtiment tarde, l'effet n'en est que plus sévère. Cette sanction pénale à laquelle s'exposent ceux qui transgressent les lois naturelles, est universelle : elle est aussi implacable à Paris qu'à Lisbonne, à Buenos-Ayres qu'à Londres, à Melbourne qu'à New-York. Les pays jeunes, qui se croient appelés à un grand avenir ne jouissent pas d'une immunité privilégiée, supérieure à celle de vieux États, parvenus à une condition de prospérité régulière et normale. Lorsque ceux-ci ont succombé à des entraînements et qu'ils ont traversé les périodes d'agiotage, d'inflation, la réaction inévitable reste localisée ; elle atteint les habitants du pays qui ont fourni les capitaux mal dépensés. Dans les pays d'outre mer, qui ont dû recourir aux ressources de l'Europe, une double répercussion se produit, frappant à la fois ceux qui ont avancé l'argent et ceux qui l'ont gaspillé. Une crise aiguë a éclaté à Melbourne en 1893, alors que l'on croyait sortir des embarras et des difficultés résultant d'une crise plus ancienne.

Ce ne sont certes pas à des erreurs de jugement aussi grossières que celles qui ont ruiné la République Argentine, qui ont compromis le Brésil ; ce n'est pas à l'émission de papier-monnaie par centaines de millions que l'on doit faire remonter l'origine du mal. La race anglo-saxonne échappe, par suite d'une éducation commerciale et financière meilleure, à des entraînements irrésistibles pour les Américains du Sud. Mais les voies qui conduisent à l'abus du crédit public ou privé, à l'endettement irraisonné, à la fondation d'entreprises mal constituées sont nombreuses.

Si l'on veut aller au fond des choses, on trouvera que la cause première du désastre a été la trop grande facilité avec laquelle l'Europe a placé ses capitaux à la disposition des pays éloignés. Ceux-ci ont été grisés par les débouchés complaisants qu'ils ont rencontrés en Europe pour l'écoulement de leurs titres de dette, de leurs actions et de leurs obligations. Affolés par l'abaissement du taux de l'intérêt qui a suivi les grandes conversions des dix dernières années, les capitalistes et les spéculateurs européens ont prêté leur argent à des taux plus rémunérateurs sans doute que ceux qu'ils pouvaient obtenir dans leur patrie :

mais, oubliant les risques et les dangers qu'ils couraient, ils ont négligé d'ajouter au loyer de l'argent la prime d'assurances qu'ils eussent été en droit d'exiger de leurs débiteurs.

L'ébranlement qui a suivi la crise Baring à Londres a porté un coup funeste à tous les États débiteurs dont la situation n'était pas suffisamment assise. Successivement la République Argentine, le Portugal, la Grèce ont subi les conséquences de la restriction du crédit. Tous ceux qui payaient leurs créanciers anciens en contractant des dettes nouvelles se sont trouvés acculés à des difficultés de plus en plus insurmontables. Il y aurait certainement injustice à mettre sur le même plan et les colonies australiennes et les États obérés que nous venons de nommer ; néanmoins, les colonies australiennes ont vu le marché de Londres devenir récalcitrant, les coffres de la cité ne se sont plus ouverts avec la même libéralité lorsque l'on y mit en souscription des emprunts coloniaux et le cours de ceux-ci a beaucoup fléchi après 1890.

La colonie de Victoria et, dans une moindre mesure, celle de la Nouvelle-Galles du Sud, ont été le théâtre d'une spéculation effrénée qui s'est portée principalement sur les terrains, qui a pris la forme de sociétés de constructions, de banques hypothécaires, dont un grand nombre a disparu dans des faillites retentissantes. Les capitaux réels qui ont servi de base à cette superstructure imaginaire ont été fournis en grande partie par la métropole, notamment par l'Écosse. Sur 3 milliards 1/2 de francs déposés dans les banques d'Australie, près d'un milliard appartient au public de la Grande-Bretagne.

Les habitants de Victoria, qui ont eu la bonne fortune de fournir 2 milliards 1/2 d'or de 1852 à 1861, 1.500 millions de 1861 à 1870, et 600 millions de 1881 à 1890, ont été grisés par la richesse aurifère et se sont lancés dans des dépenses inconsidérées. Peu de pays nouveaux ont fait autant pour retenir la population dans les villes : 43 °/₀ de la population se trouvent à Melbourne et cette population, où domine l'élément ouvrier, a dicté une législation empreinte du socialisme d'État le plus accentué.

La protection de l'industrie indigène, de l'ouvrier australien, la construction de chemins de fer par l'État sont devenues la règle et, plutôt que d'imposer des taxes intérieures, on a vécu à l'aide de ressources provenant de l'emprunt ou de droits de douane.

On a décrit la stagnation des affaires à Melbourne en 1892. On voyait des hommes bien vêtus sonner à la porte des Boarding Houses et demander les restes du repas ; dans Bourke Street, on avait organisé un réfectoire où, chaque jour, l'on nourrissait gratuitement quelques centaines de personnes ; la mendicité avait visiblement augmenté. L'industrie du bâtiment, après avoir déployé une activité fiévreuse, chômait entièrement. Melbourne possède un admirable réseau de tramways dont les actions ont valu 8 livres et furent invendables à 13 shellings; le trafic a tellement diminué qu'il fallut compter sur une moins-value de 2.000 livres par semaine. Ce sont les petits côtés de la situation, les conséquences de la liquidation qui suit les folies de la spéculation et celle-ci a été inouïe, gigantesque. Melbourne compte aujourd'hui plus de cinq cent mille habitants, alors que la colonie de Victoria tout entière en renferme 1.250.000. La ville occupe une étendue très considérable ; les spéculateurs indigènes n'en ont pas été satisfaits : ils ont acheté tous les terrains disponibles dans un rayon de 10 kilomètres et ont tracé des rues suffisantes pour élever des maisons capables d'abriter dix millions d'habitants. On avait conscience de l'absurdité de la chose, mais on s'y est intéressé dans l'espoir de revendre avant la débâcle.

Un moment, on a pu douter si les banques ou les sociétés de construction (au nombre de 40), succomberaient les premières. Les sociétés de construction, qui reçoivent également des dépôts, ont péri d'abord ; tout le capital avait été engagé dans des terrains ou des maisons, payés beaucoup trop cher : on cite l'exemple d'un terrain qui, acheté 10.000 £, a été vendu 80.000 sur le papier et qui, faute de paiement, est revenu entre les mains du premier propriétaire. A Melbourne, en 1892, 83 faillites se sont produites avec 7.810.000 £ de passif et 3.957.000 d'actif. Depuis lors, les désastres des banques australiennes se sont succédé coup sur coup en avril et en mai ; on est arrivé à en enregistrer 14.

Le passif vis-à-vis des déposants atteint près de 1.850 millions de francs, dont 515 millions de francs sont dus à des déposants de la métropole, principalement en Ecosse. Quant aux actionnaires, ils sont responsables de 275 millions de francs.

Si l'on prend l'ensemble des banques australiennes à la fin de 1892, nous voyons qu'elles avaient près de 3 milliards de dépôts, 125 millions de billets en circulation, 500 millions en caisse, 3 milliards d'avance. La proportion de leur réserve aux engagements, était de 17 $^0/_0$. Un milliard était dû à des déposants en Europe.

On a fait observer qu'il y a un rapport étroit entre la position financière d'un pays et celle des grandes institutions de crédit. Ordinairement la chute du crédit public accompagne ou suit celle du crédit des établissements financiers. L'Italie en a donné, depuis quelques années, un terrible exemple. Sans que les créanciers de l'Etat en Australie aient été atteints dans la même mesure que les créanciers de l'Italie, le crédit colonial a cependant souffert un coup terrible au mois de mai 1893, lorsque les fonds coloniaux sont tombés de 10 à 15 $^0/_0$.]

La façon de procéder des banques dans les colonies, diffère considérablement, au point de vue des dépôts, des principes qui sont appliqués en Angleterre et sur le continent où l'attention se porte surtout sur la liquidité de l'actif.

En Australie, au contraire, les avances ont pris plus facilement une forme fixe. En outre, les succursales que les banques australiennes possèdent, étaient pour elles une source de dangers. Jusqu'à la crise, l'or seul avait pouvoir libératoire et, bien que Sydney et Melbourne possédassent des hôtels de monnaie, l'or frappé en Australie avait tendance à émigrer en Angleterre. Il n'existe pas en Australie de grande institution centrale qui soit à même de fournir, sous forme de billets ayant cours légal, des ressources qu'on puisse diriger par la poste sur les points les plus éloignés. Il n'existait pas davantage de grande bourse alimentée par les capitaux où l'on pût, à tout moment, vendre des consolidés. Les banques établies dans les colonies ont été tentées par la possibilité d'obtenir des intérêts élevés ; elles ont immobilisé leurs ressources dans des valeurs difficiles à convertir en monnaie à courte échéance et qu'on ne saurait considérer du tout comme pouvant entrer dans le portefeuille d'un banquier prudent.

Un trop grand réseau de succursales a fait naître aussi une concurrence désastreuse qui s'est traduite par la bonification d'intérêts trop élevés sur les dépôts, afin de conserver la clientèle.

Il est intéressant de remarquer que, durant la crise australienne comme aux Etats-Unis, des personnes passant pour très aisées ont eu de la peine à payer leurs dépenses de ménage, faute de pouvoir convertir en monnaie des valeurs qu'elles possédaient.

En 1888, Melbourne était menacée d'une crise immobilière sur une grande échelle. Si l'on n'avait eu à compter qu'avec ses propres ressources, on se serait mis à l'œuvre pour liquider tant bien que mal, mais le malaise aux antipodes coïncidait avec le bon marché des capitaux en Europe, avec les grandes conversions, avec la baisse du taux de l'intérêt en Angleterre. Les financiers australiens surent habilement profiter de la situation, les banques coloniales attirèrent les dépôts à longue échéance en promettant de gros intérêts et en payant de grosses commissions aux agents qu'elles avaient, surtout en Ecosse. Ceux qui menaient le mouvement étaient au mieux avec les hommes politiques qu'ils encourageaient à emprunter largement sur le marché de Londres, pour maintenir l'apparence de prospérité et le crédit des colonies. La crise Baring a eu un contre-coup funeste, même pour celles-ci, qui n'ont plus trouvé le marché de Londres aussi bien disposé ; leurs emprunts ont échoué, alors que l'édifice chancelait chez elles, que les sociétés de con-

struction faisaient banqueroute. On a cru, àdiver s es reprises, être sorti
de la crise aiguë, mais c'était uneillusion. Le tour des banques est venu,
et celles-ci ont vu que ni de fortes réserves métalliques, ni le fait d'a-
voir des engagements à longue échéance (dépôts à échéance de deux ou
trois ans) ne pouvaient les sauver. Elles avaient commis la faute irrépa-
rable d'immobiliser leurs ressources, de se transformer en banques
hypothécaires ou en sociétés de crédit agricole, au lieu de se borner à
faire l'escompte ou à pratiquer des avances sur nantissement de gages
immédiatement réalisables. Quatorze ont été emportées dans la tour-
mente. On essaya d'en reconstituer la plupart, en transformant des
déposants en actionnaires privilégiés et en créanciers remboursables en
sept ou·dix ans.

L'Etat est naturellement intervenu : le gouvernement de Victoria a
décidé au début de mai, la fermeture des banques de dépôts pour cinq
jours, celui de la Nouvelle-Galles du Sud a garanti le remboursement
des billets émis par les banques coloniales ; plusieurs colonies ont eu
recours à la mesure prise par Pitt, en 1793, d'émettre des bons du Trésor
que l'on avance aux déposants.

V. — LA CRISE DE BOURSE A SAINT-PÉTERSBOURG (1899)

La bourse de Saint-Pétersbourg a subi un choc comme il s'en produit
d'une façon en quelque sorte chronique, à tour de rôle, sur les principales places. Ce qui a contribué à rendre l'épreuve plus dure, c'est que
la bourse de Saint-Pétersbourg, comme celles de Vienne et de Budapest,
est principalement un marché de valeurs locales, dont les valeurs internationales, à l'exception des fonds d'Etat indigènes, sont exclues. L'importance, toutefois, de la bourse de Saint-Pétersbourg, a grandi avec le
développement industriel, avec la création de nouvelles sociétés par
actions ; la cote s'est allongée et elle renferme aujourd'hui, en dehors
des fonds d'Etat, 27 banques de commerce, 9 banques foncières, 11 compagnies de chemins de fer, 16 obligations de chemins de fer, 16 obligations de banques foncières, 25 obligations industrielles, 19 compagnies
d'assurances, 9 compagnies de navigation, avec 6 catégories d'obligations, 7 sociétés se rapportant à l'industrie textile, 4 d'eau, de gaz et
d'électricité, 4 monts-de-piété, 6 brasseries, 6 charbonnages et entreprises minières, 9 valeurs de naphte, 13 valeurs se rapportant à l'industrie métallurgique et mécanique, 2 fabriques de ciment, 2 verreries,
4 fabriques de papier, 3 tramways, 12 valeurs diverses dont 2 mines
d'or, 1 fabrique de tabac, 1 hôtel. Pendant longtemps, les valeurs indus-

trielles y figuraient à peine ; c'étaient les actions de chemins de fer qui prenaient la place ; elles ont bien diminué depuis les rachats par l'Etat, de même que les grandes conversions ont modifié la physionomie de la dette publique et que la reprise des paiements en or a fait entrer le métal jaune en circulation.

La secousse que la bourse de Saint-Pétersbourg a éprouvée n'est pas la première ni sans doute la dernière. Si l'on passe rapidement en revue son histoire dans ces dernières années, on constate que le mouvement de hausse sur les actions des banques et des compagnies industrielles, surtout des compagnies métallurgiques, qui avait signalé la fin de l'année 1893, a fait de rapides progrès au début de 1894. Le mouvement s'est communiqué aux valeurs similaires ; on a vu tour à tour monter de 5 à 10 points en une seule journée les actions des compagnies de navigation, d'assurances, de chemins de fer. Au mois d'avril 1894, la hausse semble devenir de l'emballement, notamment pour les actions de banque ; à la fin de l'année, pour les actions métallurgiques (usines de Poutilow, Banque russe, Banque internationale), qui avançaient par bonds de 20, 25 roubles. La spéculation a eu une part considérable dans ce mouvement, mais on ne saurait méconnaître le rôle important du grand développement, en 1894, des affaires industrielles et commerciales, ainsi que le changement profond survenu en Russie dans le taux de capitalisation, depuis les grandes conversions des emprunts intérieurs 5 % en 4 1/2 % (plus d'un milliard de roubles).

Le nombre des actions industrielles était encore très restreint et il a suffi qu'une faible partie des porteurs des anciens titres 5 % n'aient pas trouvé à leur convenance de s'accommoder de la réduction de leurs revenus ; ils ont, en plaçant leurs capitaux en valeurs industrielles, donné une base sérieuse au mouvement de hausse que la spéculation a exagéré. L'année se termina aux plus hauts cours. Si l'on compare les cours du 30 décembre 1892 et ceux du 30 décembre 1894, on constate qu'en deux ans les actions de la Banque d'escompte ont progressé de 492 à 661 roubles, de l'Internationale de 457 à 677, de la Banque russe de 286 à 464, de Volga-Kama de 805 à 1.020, de la Foncière de Bessarabie de 568 à 720, de l'Usine Briansk de 95 à 388, de la Première Compagnie d'assurances de 1.185 à 1.500.

Au commencement de 1895, le ministère des finances crut devoir intervenir pour mettre le public en garde contre les excès de la spéculation, en faisant insérer, dans le *Messager officiel*, une note où l'on pouvait lire : « La marche générale des affaires justifie, dans une certaine mesure, cette tendance à la hausse, mais un agiotage effréné y joue incontestablement son rôle. Le ministère des finances n'est intéressé en rien dans les résultats définitifs de chaque cas relevant de cet ordre de choses qui ne touche, d'aucune façon, ni le Trésor public, ni les porteurs de fonds de l'Etat ou de valeurs garanties par le gouvernement. Toutefois, dans l'intérêt de cette partie du public qui se laisse facilement aller à l'appât d'un gain facile sans une connaissance suffisante des affaires de bourse, le ministère considère comme son devoir de prévenir qu'à ce jeu-là, le public en question risque en fin de compte, dans la majorité des cas, de devenir la victime de son entrainement. »

L'année 1895 vit se continuer, avec des fortunes diverses, le mouvement de spéculation qui avait commencé en 1894 et qui a suivi les grandes conventions intérieures dues, en partie, à l'abondance et au bon marché des capitaux ; il coïncidait avec l'essor de l'industrie indigène. Les nouvelles créations de sociétés anonymes ont dépassé 120 millions de roubles. Le maximum des cours fut atteint dans le courant de l'été ; des retours en arrière étaient inévitables ; la baisse fut particulièrement sensible le 22 septembre et le 4 octobre.

	JANVIER 1894 (roubles)	AOUT 1895 (roubles)	OCTOBRE 1895 (roubles)
Briansk	130	550	450
Poutiloff	76	180	130
Sormovo	175	370	310
Mines d'or	"	420	370
Banque russe	330	534	520
Banque d'escompte	490	880	800
Banque Volga-Kama	905	1.375	1.290
Banque internationale	498	725	680

L'argent fut très serré, notamment vers la fin de l'année ; les banques durent restreindre les crédits et refuser des avances. Une reprise suivit la baisse d'octobre, mais les cours de la fin de l'année étaient plus bas que ceux de l'automne. Notons, en passant, que les valeurs de naphte maintiennent leur cours ; les parts Nobel se cotent, le 31 décembre 1895, à 10.650 roubles, contre 4.800 au commencement de l'année.

De même qu'il l'avait fait en 1894, le ministère des finances donna des avertissements au public par l'intermédiaire de son organe spécial. Au mois d'octobre 1895 notamment, le journal du ministère des finances publia un article pour expliquer que la baisse soudaine et véhémente n'avait eu rien d'inattendu et, pour rappeler qu'il avait indiqué à plusieurs reprises les conséquences probables du jeu de bourse, dans son rapport à l'Empereur sur le budget de 1896, M. de Witte traita la question de la spéculation en quelques pages excellentes : « Quoique cet entraînement dans la société russe ait été moins intense et moins général que la fièvre de spéculation dans l'Europe occidentale, il n'en est pas moins certain que le dénouement habituel de ces sortes d'accès, sous forme de pertes et de ruines, a été particulièrement douloureux et a produit un profond abattement comme quelque chose d'inattendu, d'anormal, d'inadmissible. Il ne semble guère possible d'imputer cette sensibilité particulière de notre société à une autre raison qu'à la nouveauté de la spéculation en Russie; cette nouveauté relative des entraînements de la spéculation dans la société russe donne lieu de souhaiter que la dure leçon de cette année ne soit pas perdue. »

M. de Witte ajoutait que la défense la plus sûre contre les dangers de la spéculation consiste dans une meilleure appréciation par le public des limites dans lesquelles la spéculation a le caractère d'une fonction économique normale et au delà desquelles elle s'engage sur un terrain glissant et qui l'entraîne avec une force invincible à des déceptions et à des désastres (1).

---

(1) « Si l'on considère la spéculation dans ses rapports avec le marché des titres, actions et obligations, c'est-à-dire sous celui de ses aspects qui attire le plus l'attention, il n'y a pas lieu davantage, à moins de méconnaître les conditions et les besoins de la vie économique, de la condamner ni de la proscrire sans réserve. En cette matière, il convient tout d'abord de délimiter très exactement la sphère où la spéculation s'exerce avec le plus d'activité. Elle se porte de préférence sur les valeurs dites commerciales et industrielles, dont le rendement annuel dépend des profits des entreprises respectives et, par suite, est exposé à des fluctuations autrement fréquentes et sensibles que celui des valeurs dont la productivité est, à tout moment, en rapport nécessaire avec le taux moyen de l'argent sur le marché, valeurs telles que les fonds d'État, les obligations foncières municipales, etc., qui, pour cette raison, n'offrent pas un terrain favorable à la spéculation. Quant aux valeurs commerciales et industrielles, le fond même des opérations dont elles sont l'objet comporte l'intervention de l'élément spéculatif, il suppose nécessairement des calculs, des conjectures, une prévision de l'avenir — l'achat d'une valeur industrielle n'étant autre chose que l'échange d'une richesse existante contre un revenu qui n'est qu'espéré et probable. Sans le calcul de cette probabilité, tout placement de capitaux en valeurs industrielles serait inconcevable. Ainsi la spéculation fait affluer les capitaux dans les entreprises pour lesquelles ont lieu des émissions de titres, en même temps qu'elle contribue à une répartition plus égale en amenant les capitaux momentanément disponibles à chercher un emploi provisoire dans les valeurs de placement et, lorsque le besoin s'en fait sentir, en rendant disponibles les capitaux placés à long terme.

« Telle est la sphère d'application dans laquelle la spéculation remplit une fonction économique normale. Dans ces limites, elle est un des facteurs les plus importants, on pourrait même dire l'âme des affaires commerciales et industrielles. La permanence et l'énergie de cette spéculation font voir le degré de culture économique d'un pays. Mais la spéculation peut prendre, et il arrive souvent en effet qu'elle prenne, une autre direction, où elle devient une force négative, dans nombre de cas même malfaisante au plus haut degré. »

M. de Witte faisait un tableau saisissant des procédés, des résultats du jeu de bourse et il concluait que, pour venir à bout de ce mal, on ne doit guère compter sur les moyens ordinaires d'action dont dispose le gouvernement.

L'année 1896 fut une période de réaction. Le courant à la baisse s'accentua en été et en automne ; un petit nombre de valeurs seulement fut coté plus haut à la fin de l'année qu'au commencement ; notamment encore les valeurs de pétrole. Durant cette baisse des valeurs industrielles, les fonds d'Etat restèrent fermes ; il sembla que le public commençait à s'habituer à l'intérêt de 4 % et que, grâce à la réaction contre la hausse spéculative des deux années précédentes, les capitaux disponibles cherchaient davantage un placement stable et sûr.

L'année 1897 fut encore une année de repos et de calme, la réaction continua ; à la fin de l'année la plupart des valeurs ont été cotées 15, 20 et même 30 % plus bas qu'au début ; la baisse du prix des rails eut une influence sur les actions des sociétés métallurgiques. Cette fois encore, les fonds d'Etat sont demeurés fermes et ont progressé. Dans le courant de 1897, le nombre des Compagnies par actions cotées à la bourse de Saint-Pétersbourg s'élevait à 171 dont 11 nouvelles.

En 1898, les affaires restèrent sans animation ; on réussit à échapper au contre-coup des perturbations monétaires qui s'étaient fait sentir sur le marché international. Le cours des valeurs industrielles fut régi par les causes spéciales à chaque branche d'industrie ; le marché des fonds d'Etat demeura ferme. Si l'on compare les cours du commencement et de la fin de 1898, on s'aperçoit que la plupart des valeurs ont progressé, notamment les actions de quelques banques et de quelques entreprises industrielles. Pour un certain nombre de valeurs cependant, l'année 1898 fut mauvaise.

Au début de l'année 1899, le ministre des finances donna un avertissement aux banques et aux banquiers pétersbourgeois dont il avait réuni les principaux représentants dans son cabinet, pour leur rappeler les inconvénients que présente l'immobilisation de leurs ressources, les dangers d'une spéculation excessive du public dans les valeurs industrielles achetées à crédit et mises en report. L'avertissement était donné en connaissance de cause et ceux mêmes qui l'ont le plus mal accueilli furent obligés, plus tard, de rendre hommage à la clairvoyance et à la perspicacité du ministre des finances. Celui-ci fit preuve de la même décision lors du désastre qui atteignit au mois d'août deux gros faiseurs, l'un à Saint-Pétersbourg, l'autre à Moscou. Il n'a point facilité les opérations tendant à un replâtrage impossible ; il a laissé les individualités supporter les responsabilités et les conséquences de leurs erreurs et de leurs fautes. Une fois la catastrophe personnelle survenue, il se montra libéral dans le concours que la Banque de Russie a apporté au marché. Le renchérissement général des capitaux dans le monde avait eu son contre-coup en Russie ; le désastre qui avait frappé les deux grands financiers créa une atmosphère de méfiance, un resserrement général du crédit, qui a abouti à un effondrement à la bourse.

La bourse du 23 septembre fut déplorable : si l'on prend les cours à cette date et qu'on les compare à ceux du 2 janvier, on constate une baisse de 141 roubles sur la Banque internationale, de 100 roubles sur la Banque d'escompte et la Banque privée, de 82 roubles sur la Banque russe, de 127 roubles sur la Banque d'industrie, alors que les banques foncières ont mieux résisté. Voici les cours de quelques valeurs industrielles.

	2 JANVIER	23 SEPTEMBRE
	roubles	roubles
Nicopol..........................	261	200
Kolomna..........................	595	430
Poutiloff.........................	135	113
Briansk...........................	485	443
Sormowo..........................	187	94
Donez-Juriew......................	580	475
Est-Sibérie.......................	125	28
Hartman...........................	247	132
Aciéries du Volga.................	255	40
Fabrique baltique de wagons.......	2.400	1.375
Phénix (wagons)...................	465	108
Mines d'or........................	136	60

Les fonds d'État ont fléchi de 1 % seulement.

Après ce krach bien caractérisé des valeurs de bourse, une intervention a eu lieu. La Banque de Russie, considérant que, par la force même des choses, un assainissement s'était produit, a mis des capitaux à la disposition des établissements de crédit solvables et accordé des facilités de nature à ramener le calme. Le marché s'en est ressenti

COURS COMPARÉS	1899 2 JANV.	1900 3 JANV.	DIFFÉR.	COURS COMPARÉS	1899 2 JANV.	1900 3 JANV.	DIFFÉR.
Alexandrovsky. Métall.	373	170	— 203	Caspienne.....Pétrole	5.800	7.275	+ 1.445
Briansk .... »	482	470	— 12	Nobel.......... »	11.550	14.000	÷ 2.450
Donez-Youriew... »	575	475	— 100	Verreries de Moscou.	245	180	— 65
Nicopol-Marioupol »	260	195	— 65	Banque russe.......	428	334	— 94
Bromley .... »	220	188	— 32	Banque sino-russe ..	263	250	— 13
Sormowo........ »	186	99	— 87	Banque d'escompte de			
Kolomna .... »	590	438	— 152	Saint-Pétersbourg.	773	662	— 75
Maltzeff......... »	640	610	— 30	Banque internationale	580	425	— 155
Russo baltique... »	2.400	1.275	— 1.125	Banque privée	527	420	— 107
Hartmann....... »	245	146	— 99	Banque Volga Kama.	1.225	1.200	— 25
Phénix......... »	465	128	— 337	Ch. Mosc. Voronège.	350	340	— 10
Ciments Mer				Moscou Kasan	492	450	— 42
Noire	660	500	— 160	Moscou Arkhangel...	700	500	— 200

aussitôt, et, si l'on prend les cours du 27 septembre (9 octobre), on voit les Donez-Juriew à 550, les Nicopol à 224, les Sormowo à 123, les Phénix à 132.

Si l'on compare les cours du commencement de janvier 1899 et de janvier 1900, on voit cependant que la dépréciation a fait de nouveaux progrès. L'arrêt dans l'activité fiévreuse des constructions, le renchérissement du combustible, la concurrence croissante des usines et fabriques, l'absence de fonds de roulement suffisant, la majoration indue du capital par les actions d'apports ont eu leur contre-coup très vif sur la cote. Il ne faut pas oublier que les grands capitaux qu'exige la mise en valeur d'une usine, d'une mine, d'un chemin de fer, ne se rémunèrent qu'au bout de quelque temps et qu'on traverse souvent ce qu'on appelle une crise de premier établissement. Les valeurs de naphte et de charbon ont progressé.

La baisse a été bien moins importante sur les valeurs de placement en fonds d'État, obligations foncières, etc. Il est hors de doute que si la Russie avait été encore sous le régime du papier-monnaie, l'état général du marché universel aurait exercé une influence beaucoup plus sensible, influence qui se serait traduite par une baisse du change avec toutes les conséquences fâcheuses de celle-ci. C'est bien à tort qu'on a voulu rendre le manque de moyens monétaires responsable de la crise. Les chiffres suivants semblent concluants pour justifier la résistance opposée à ceux qui, au risque de détériorer le régime monétaire national, auraient voulu qu'on recourût à des émissions de billets et à l'inflation fiduciaire avec toutes ses suites déplorables.

	OR		ARGENT AU TITRE DE 0.900		BILLETS DE CRÉDIT	
	A LA BANQUE DE RUSSIE ET DANS LES TRÉSORERIES	EN CIRCULA-TION	A LA BANQUE DE RUSSIE ET DANS LES TRÉSORERIES	EN CIRCULA-TION	A LA BANQUE DE RUSSIE ET DANS LES TRÉSORERIES	EN CIRCU-LATION
Fin 1898.	1.146	445	48	142	41	683
Fin 1899.	927	639	56	164	112	517

La masse globale de la monnaie en circulation a augmenté.

Les espèces métalliques constituent la majeure partie des instruments d'échange; dans la circulation, l'or l'emporte de 122 millions sur les billets et représente 45.2 % du total général de la monnaie métallique et fiduciaire, alors que, à la fin de 1898, il n'y entrait que pour 33 %. La couverture métallique des billets en circulation, c'est-à-dire l'encaisse de la Banque et du Trésor atteint 179.2 % des émissions de billets effectives contre 168 % en 1898.

Le *Messager officiel* a publié, au mois de novembre, un exposé du ministère des finances auquel nous empruntons quelques passages caractéristiques :

Les plaintes sur le manque d'argent dans le pays sont, pour l'ordinaire, accompagnées de critiques à l'adresse de la Banque de Russie et du ministère des finances, auxquels on reproche de ne pas faciliter la mise en circulation du numéraire (or et billets). Ces critiques reposent sur un malentendu. En effet, de quelle voie dispose la Banque de Russie pour faire entrer de l'argent dans la circulation ? Evidemment d'une seule : celle que lui ouvrent les opérations autorisées par ses statuts, l'escompte de papier fait (billets à ordre et lettres de change portant de bonnes signatures) et avances sur des garanties sûres. Toute autre voie aboutirait, non à une émission normale de monnaie, mais à une simple distribution, c'est-à-dire au gaspillage de la fortune publique. La Banque a dans ces derniers temps accordé, sur des instructions reçues du ministre des finances, certaines facilités nouvelles en matière de crédit de banque. Du 1ᵉʳ août au 16 octobre, le solde des prêts et escomptes a passé de 268,9 à 324 millions de roubles, augmentant ainsi de 55 millions de roubles. *Il est d'ailleurs à noter que les crédits ouverts par la Banque ne sont pas même épuisés jusqu'à concurrence de la moitié de leur montant global.* Si, dans ces circonstances, les avances et escomptes de la Banque présentent aujourd'hui un solde inférieur au maximum qu'ils ont atteint dans le cours des dernières années (406 millions de roubles à la fin de 1895), il y a lieu d'admettre l'une des deux hypothèses suivantes : ou bien les besoins d'argent ne sont pas aussi grands qu'on le prétend (chose très probable si l'on considère le développement qu'ont pris les escomptes et avances des banques privées, dont les escomptes, à eux seuls, ont progressé de plus de 200 millions de roubles depuis 1896); ou bien les individualités et les sociétés qui sollicitent du crédit n'ont à présenter ni bons effets de commerce ni garanties suffisantes.

Enfin, quand on aura rappelé que les ouvertures de crédit et les admissions d'effets à l'escompte ont lieu suivant les décisions de comités spéciaux composés de l'élite des négociants et des industriels, il apparaîtra clairement combien sont peu fondés les reproches auxquels est en butte l'administration financière. Car enfin, on ne saurait sérieusement demander que la Banque dilapidât les ressources de l'État et de la nation en les distribuant à tous les amateurs et sur des garanties problématiques.

Des sociétés de crédit, des capitalistes, malgré les conseils et les recommandations du ministère des finances, ont fait preuve d'une prudence insuffisante dans la conduite de leurs affaires, oubliant ce principe fondamental en matière d'opérations de banque, que les disponibilités à brève échéance de l'actif doivent être proportionnées aux engagements à court terme du passif. Une certaine quantité de titres créés par des sociétés commerciales ou industrielles n'ont jamais été bien classés et, dans plus d'un cas, ils ont été émis à des prix fort élevés, en vue surtout de simples spéculations de Bourse, où le public s'est laissé entraîner malgré les avertissements du ministère des finances. Ces titres pèsent, cela s'entend de soi, sur le marché. D'autre part, il s'est rencontré des entrepreneurs qui ont lancé des affaires sans aucun capital et sans autre chance de succès que la probabilité plus ou moins grande de pouvoir emprunter sur des valeurs douteuses. Tous ces imprudents, relativement peu nombreux d'ailleurs, se trouvent sans aucun doute dans l'embarras. Ce sont eux surtout qui se plaignent de la pénurie d'argent, en partie pour s'excuser, en partie dans l'espoir d'amener le ministère des Finances à leur faire délivrer des prêts sur des garanties insuffisantes. Mais, les difficultés qu'ils éprouvent, ils en sont les premiers coupables, quoique — on doit e reconnaître — les fautes et les erreurs commises soient en partie imputables aux vices de la législation vieillie qui régit les bourses et les sociétés par actions. Encore les affaires sujettes à caution constituent-elles une faible minorité, qui se perd dans la masse des institutions de crédit et des entreprises commerciales ou industrielles reposant sur des bases solides et fonctionnant d'une manière satisfaisante. C'est pourquoi il est permis d'espérer que les plaintes de ce genre cesseront bientôt de jeter l'alarme. En fait, des circonstances comme celles d'à présent se sont toujours produites et ne cessent de se produire — sur une bien plus grande échelle — dans tous les pays du monde ; mais, à l'étranger, personne ne s'inquiète autrement des embarras que peuvent éprouver des entreprises isolées ou des individus. Chacun n'est-il pas responsable de ses fautes, de sa mauvaise gestion et de ses insuccès ? Chez nous, au contraire, au moindre embarras, tous les intéressés jettent des regards de détresse vers le Trésor et réclament à cor et à cri l'aide gouvernementale. On oublie trop souvent que les ressources de l'Etat et la fortune publique ne sont pas un fonds d'assurance à l'usage des entreprises risquées. Lorsque, d'ailleurs, les embarras de ces entreprises nuisent, par contre-coup, à la marche régulière des affaires solidement organisées, celles-ci peuvent compter sur la Banque de Russie, qui leur accorde son soutien dans les limites de la prudence.

De tout ce qui vient d'être dit, on peut tirer les déductions suivantes :

I. Le renchérissement de l'argent, tant en Russie que dans tous les autres pays, est un fait incontestable, avec lequel doivent compter la production et le commerce ; c'est un état fâcheux, sans doute, mais dont il ne faut pas exagérer l'importance.

II. On doit éviter de généraliser des faits isolés, de considérer la situation difficile de quelques affaires mal conçues ou mal dirigées, ou créées pour exploiter la crédulité du public comme s'étendant à tout l'ensemble des entreprises russes, qui reposent sur des bases solides et se développent d'une manière normale.

III. Il est indispensable de remanier notre législation sur les bourses et les sociétés par actions ; les matériaux de ce travail sont, dès à présent, rassemblés et la question va suivre la marche qu'il convient.

IV. Dans les circonstances actuelles, il ne saurait être parlé sérieusement de quoi que ce soit de menaçant ni pour le remboursement des billets en espèces, ni pour la solidité de la Banque de Russie, ni pour la situation du Trésor impérial, ni pour l'état économique du pays.

En terminant, le ministère des finances exprime l'opinion, que le meilleur moyen de dissiper de vaines alarmes est de répandre des notions exactes sur l'état réel des choses, de ne pas accueillir sans les vérifier des bruits frivoles et de ne pas se faire l'écho de rumeurs mensongères. C'est là un important rôle social que la presse raisonnable est mieux que personne à même de remplir.

Si nous avons cité assez longuement le *Messager officiel* russe, c'est que les idées qui y sont exprimées, nous semblent des plus raisonnables et des plus conformes aux véritables principes qui doivent régler les rapports de l'Etat et la bourse. Nous conseillerions à tous ceux que la question des crises intéresse, de lire ou de relire un admirable chapitre d'histoire financière, *Les interventions du Trésor à la Bourse depuis cent ans*, par M. Léon Say, publié dans les *Annales de l'Ecole des Sciences politiques* (tome Ier).

« Toutes les crises ont une cause, elles ne naissent pas d'un état des esprits. Elles sont la conséquence d'une trop grande spéculation à la hausse et du développement exagéré de certaines affaires. C'est vrai, de la bourse et de l'industrie... Or, il y a ceci de bien particulier, c'est que toutes les fois qu'une crise a éclaté, le jour où elle paraît à tout le monde être le plus à craindre et où l'on est en réalité à la veille de la catastrophe, on entend la presse, le public, quelquefois même la tribune émettre ce jugement singulier et proposer ce remède étrange. Il y a une crise, parce qu'on a construit trop de maisons, il faut construire encore des maisons et c'est à l'Etat à le faire. Il y a une crise parce qu'on a acheté trop de rentes, il faut qu'on en achète encore davantage et c'est à l'Etat de le faire. Une pareille argumentation dénote un état d'esprit bien troublé. Ne se met-on pas, en effet, en contradiction flagrante avec la raison, quand on prétend guérir un mal, dont la cause est reconnue, par l'exagération des faits qui l'ont produit? Dans toutes les crises, quel que soit le genre d'affaires sur lequel la crise soit produite, lors même que tout le monde est d'accord sur ce que le mal provient d'une production surabondante ou d'une spéculation déraisonnable, les intéressés demandent toujours qu'on invente un moyen d'accroître encore la production et de consolider les prix excessifs...

« S'il est vrai qu'on puisse, grâce à l'intervention des pouvoirs publics, faciliter la liquidation de certaines individualités, il en résulte par contre les inconvénients les plus grands pour le pays en général. Le gouvernement prend la responsabilité d'une part, de soustraire les individus aux conséquences de leur imprudence, et d'autre part, d'empêcher ou de retarder une baisse des prix qui, seule, peut rétablir l'équilibre nécessaire entre l'offre et la demande. »

M. Léon Say terminait l'étude à laquelle nous empruntons cette page si remarquable par ces mots : « Les entraînements à la hausse sont les pires ennemis des affaires sérieuses. Ils sèment toujours la ruine ; et cependant, au moment où tombe cette terrible semence, on la reçoit comme une manne du ciel, et on la célèbre comme un bienfait ».

Arthur RAFFALOVICH,

Correspondant de l'Institut de France.

DE LA PERTE DES TITRES AU PORTEUR

ET DE LEUR RESTITUTION

I. — ÉTAT ACTUEL DE LA LÉGISLATION EN FRANCE

LOI DU 15 JUIN 1872

La loi du 15 juin 1872, complétée par le règlement d'administration publique du 10 avril 1873, règle actuellement, en France, les droits respectifs des propriétaires dépossédés, des établissements débiteurs et des tiers porteurs en matière de titres perdus ou volés.

Bien que cette loi ait été votée sous l'empire de circonstances spéciales (déprédations de la guerre franco-allemande et de la Commune) et qu'elle ait fait l'objet d'une discussion très rapide, elle n'a cependant point été le résultat d'une improvisation hâtive.

Dès 1862, à la suite de pétitions présentées au Sénat, M. le Président Bonjean avait indiqué, dans un rapport, l'opportunité d'une loi nouvelle destinée à garantir les intérêts des propriétaires de titres au porteur perdus ou volés.

Les événements de 1870-71 avaient paru donner à ces mesures protectrices un véritable caractère d'urgence et, dès le 12 mai 1871, une loi spéciale avait déclaré inaliénables les propriétés, même mobilières, qui auraient été saisies ou soustraites, à Paris, pendant la durée du Gouvernement du 18 mars.

A cette loi votée en vue de circonstances particulières a succédé celle du 15 juin 1872 qui est actuellement en vigueur.

Avant cette époque, les titres au porteur étaient soumis au régime des autres meubles corporels. L'acquéreur d'un de ces titres était couvert par l'application de la règle : « En fait de meubles, possession vaut titre. »

Il est vrai que cette règle se complétait par la disposition contenue au deuxième alinéa de l'article 2279 du Code civil : pendant trois ans après la dépossession, le titre au porteur pouvait être revendiqué, même vis-à-vis d'un acquéreur de bonne foi, sauf à celui-ci à se retourner contre son vendeur. Cette ressource laissée par la loi au propriétaire dépossédé était d'une application bien restreinte.

En premier lieu, il pouvait arriver que le propriétaire dépossédé ne retrouvât pas, pendant le délai de trois ans, le nouveau possesseur de son titre.

En outre, lorsque le titre perdu ou volé avait été acheté par le nouvel acquéreur, soit en bourse, soit chez un marchand vendant des choses pareilles (selon les termes de l'article 2280 du Code civil), le propriétaire dépossédé devait, pour retirer les titres des mains du possesseur actuel, rembourser préalablement à celui-ci le prix payé pour leur acquisition.

Enfin, quand la dépossession résultait d'un fait autre que la perte ou le vol, — d'un abus de confiance, par exemple, — le propriétaire dépossédé ne pouvait revendiquer, même pendant le délai de trois ans, contre l'acquéreur de bonne foi.

§ 1ᵉʳ. *Analyse de la loi de 1872.*

A ce système plus favorable à la facile négociation des titres qu'à la garantie de leurs propriétaires, la loi de 1872 a substitué un mode de protection dépendant de l'emploi, par l'intéressé, de deux procédures parallèles ayant l'une et l'autre pour point de départ une signification par acte extrajudiciaire faite par le propriétaire dépossédé. L'une de ces significations doit être adressée à l'établissement débiteur et constitue une opposition au paiement des revenus et du capital. L'autre, à la chambre syndicale des agents de change de Paris, est une opposition à la négociation des titres en bourse.

Si, les articles de la loi de 1872 sous les yeux, on suit les effets de ces deux significations, on voit que celle faite à l'établissement débiteur produit les conséquences suivantes : à partir de la signification qui lui a été faite, cet établissement doit s'abstenir de tout paiement sur les titres qui lui ont été dénoncés, car les paiements faits en pareilles circonstances seraient sans valeur au regard de l'opposant. L'établissement débiteur doit, en outre, retenir les titres dénoncés, s'ils lui sont présentés, et en avertir l'opposant. Cet avertissement a pour effet de permettre à l'opposant la revendication de ses titres.

La signification à l'établissement débiteur permet encore à l'opposant, moyennant une autorisation du président du tribunal civil et, en cas de refus de ce dernier, du tribunal lui-même, de toucher les sommes venues ou venant à échéance sur les titres. Cette autorisation est d'ailleurs subordonnée, soit à la prestation d'une caution, soit à un nantissement.

Enfin, la signification à l'établissement débiteur est la condition requise pour faciliter au propriétaire dépossédé l'obtention de la délivrance d'un nouveau titre. Cette délivrance pourra avoir lieu dix ans après l'autorisation donnée de toucher les revenus, et à la condition que l'opposition ait été, pendant ce délai de dix ans, l'objet d'une publicité continue.

Tels sont les effets de la signification faite à l'établissement débiteur. Voici maintenant ceux de l'acte extrajudiciaire adressé à la Chambre syndicale des agents de change de Paris.

La Chambre syndicale est obligée de faire publier, un jour franc au plus tard après la signification, les numéros des titres dénoncés dans le bulletin quotidien qu'elle édite conformément aux prescriptions du règlement de 1873. A partir de cette publication, toute négociation demeure sans effet vis-à-vis de l'opposant. Le titre devient ainsi désormais indisponible, et c'est cette indisponibilité qui vaut au propriétaire dépossédé la plus sérieuse des garanties.

Quels ont été, depuis la mise en vigueur de la loi de 1872, les effets de cette législation ? — Pour s'en rendre compte, il convient de les examiner suivant les différentes catégories de personnes auxquelles cette loi est applicable: 1° Le propriétaire dépossédé ; — 2° Les établissements débiteurs ; — 3° Les intermédiaires chargés des négociations ; — 4° Enfin, les tiers porteurs acquéreurs de titres perdus ou volés.

Il importe, en effet, de considérer dans quelle mesure la loi de 1872 satisfait et concilie les intérêts souvent contraires de ces quatre catégories de personnes. Ainsi que le disait, en 1872, M. le rapporteur Grivart devant l'Assemblée nationale : « La légitime sympathie qui s'attache à la situation malheureuse des propriétaires spoliés ne doit pas faire perdre de vue qu'il existe d'autres intérêts dont la loi doit aussi se montrer préoccupée. » Aussi, le rapporteur ajoutait-il, avec franchise et modestie, qu'il croyait avoir tenté le possible pour opérer un règlement équitable entre des intérêts si divergents, mais sans se dissimuler que la pratique pourrait faire naître la nécessité de certaines modifications.

C'est donc aux résultats d'une pratique de vingt-huit années qu'il faut maintenant faire appel, en se préoccupant successivement des quatre catégories d'intéressés précités et notant, à propos de chacune d'elles, les questions controversées que la loi de 1872 a suscitées et que la jurisprudence a tranchées, essayer ainsi de déterminer comment et dans quelle mesure cette loi a rempli le but que ses auteurs s'étaient proposé.

§ 2. *Effets de la loi de 1872 au regard des propriétaires dépossédés.*

Parlons d'abord des propriétaires dépossédés.

C'est dans leur intérêt, nous l'avons dit, que la loi a été faite et, en l'analysant sommairement, nous avons passé en revue les avantages qu'elle leur a procurés.

Auparavant, ils n'avaient aucun moyen d'empêcher la négociation et la transmission de leurs titres ; désormais, le *Bulletin* leur en donne la faculté.

Autrefois, ils étaient tenus d'attendre cinq ans avant de toucher les revenus échus ; désormais, ils peuvent être payés, au bout d'un an, à charge de déposer caution et, au bout de trois ans, sans caution. ·

Ils ne pouvaient obtenir de titres nouveaux qu'après trente années écoulées, tandis qu'actuellement dix ans de publication au *Bulletin* suffisent pour l'obtention des duplicatas.

Les quarante-huit pages de ce *Bulletin des oppositions*, de même format que le *Journal Officiel*, se décomposent en trois pages pour le catalogue des valeurs, trente quatre et demi pour les numéros de titres français, dix et demi pour ceux de titres étrangers.

En ce qui concerne les valeurs françaises, un travail de récolement a été opéré avec tout le soin possible ; il en résulte que le nombre de titres publiés s'est élevé, en janvier 1900, à 50.911, représentant une somme de 24.843.961 francs.

Sur ces 50.911 titres, 36.157 sont placés sous la rubrique : « titres ordinaires », et 14.754 sous celle de « titres frappés de déchéance ». Les titres dits « ordinaires » représentent une somme de 15.834.861 francs ; quant aux 14.754 « frappés de déchéance », s'élevant à 9.009.100 francs, ce sont ceux qui depuis 1883, c'est-à-dire depuis dix-sept ans, ont fait l'objet de la délivrance de duplicatas (1).

Ce *Bulletin* se compose aujourd'hui de quarante-huit pages de chiffres; son prix est de 50 centimes par numéro et par an. Cette publication constitue un véritable service public, qui grève d'une lourde charge la Compagnie des agents de change de Paris.

A tous les points de vue, les propriétaires dépossédés n'ont donc eu qu'à se féliciter de la loi de 1872 et, même, quelques-uns d'entre eux,

---

(1) Cette date de 1883 comporte une explication : la loi de 1872 exigeant dix ans de publication pour l'obtention de duplicatas et aucune réclamation n'ayant pu se produire avant avril 1873, époque de la création du *Bulletin*, c'est seulement à partir d'avril 1883 que les établissements débiteurs ont pu commencer la délivrance des duplicatas.

dépossédés des valeurs étrangères suivantes (obligations Cordoue-
Séville, Madrid-Saragosse et Vieille-Montagne) sont assez heureux
pour que, malgré l'extranéité de ces titres, les établissements débiteurs consentent à exécuter en son entier la loi française et à délivrer des
duplicatas.

Par contre, certains propriétaires dépouillés de leurs titres, même
français, sont privés du bénéfice de la loi : ce sont ceux qui ont été dépossédés de titres spéciaux tels que Bons de la Presse, Bons fonciers, Bons
des expositions et autres similaires, toutes valeurs qui ne produisent
aucun revenu, auxquelles s'ajoutent celles émises par des compagnies
qui ont cessé de payer intérêts ou dividendes.

En effet, l'obtention des duplicatas est subordonnée à la condition
d'une publication décennale dont le point de départ est l'autorisation
judiciaire prévue par l'article 3 de la loi de 1872. Or, cette autorisation
ne peut être demandée et obtenue qu'au cas seulement où, depuis l'opposition, deux termes au moins de revenus ont été mis en distribution.
Ainsi : pas de revenus payés, pas d'ordonnance ; pas d'ordonnance, pas de
point de départ efficace pour la publication décennale, pas de duplicata.

Le législateur de 1872 n'avait pas prévu cette hypothèse. La question ayant été accidentellement soumise au tribunal civil (1re chambre)
par un porteur de bons de la Garantie foncière, elle a été tranchée contre
l'opposant suivant jugement du 18 mai 1898 : « La loi du 15 juin
1872, dit ce jugement longuement motivé, ne s'applique pas aux titres
qui ne produisent pas d'intérêts (1). »

Avant d'en finir avec les propriétaires dépossédés, un dernier mot
sur une difficulté de procédure les concernant :

Quand leur opposition est tardive ou mal fondée et qu'ils se trouvent
en face de tiers demandeurs à fin de main levée, il a été soutenu en leur
nom qu'étant défendeurs, ils devaient être assignés devant le tribunal
de leur domicile. Mais la jurisprudence a fait justice de cette prétention
et divers jugements et arrêts ont décidé que le tribunal compétent est
celui du domicile élu dans l'exploit d'opposition (2).

§ 3. *Effets de la loi de 1872 au regard des établissements débiteurs.*

Passons maintenant aux établissements débiteurs.

Parlant des intérêts autres que ceux des propriétaires dépossédés

---

(1) Voir le *Droit* du 31 août 1898.
(2) *Gazette des tribunaux*, 2 février 1887 ; — Tribunal civil de la Seine, 3e chambre,
10 mars 1888 ; — même tribunal, 6e chambre, 5 mars 1898, 22 juillet 1897 ; — Cour de Paris,
7e chambre, 3 février 1893 ; — *Gazette des tribunaux*, 23 mars 1899.

dont le législateur avait également le devoir de se préoccuper, M. le député Grivart, dans son rapport, plaçait au premier rang ceux de l'établissement débiteur qui, disait-il, « a droit à une sécurité entière et qui, lorsqu'il paie suivant les prescriptions de la loi, doit pouvoir compter sur une libération définitive. »

A cet égard, il semble permis d'affirmer, après vingt-huit ans de pratique, tout au moins en ce qui touche les établissements débiteurs français, que la loi de 1872 a atteint à peu près complètement son but.

Dès que l'opposition lui est notifiée, l'établissement débiteur refuse tout service de revenu et d'amortissement; il retient le titre contre récépissé, quand il est présenté à ses guichets, et reste à partir de ce moment dans une attitude expectante.

Si aucun tiers porteur ne s'est présenté, il paie les coupons à l'opposant, aux conditions et dans les délais prévus par la loi ; il contracte avec ce même opposant un nantissement et, à l'expiration du délai décennal, lui délivre le duplicata du titre disparu. Ainsi, tout est organisé de façon que l'établissement débiteur ne soit point exposé au risque de payer deux fois.

Les relations de l'établissement débiteur et de l'opposant soulèvent d'ailleurs quelques problèmes dignes d'examen, et sur quelques-uns desquels les tribunaux n'ont point eu encore l'occasion de statuer.

A l'article 5 qui vise le remboursement, moyennant certaines conditions, du capital des titres frappés d'opposition, il n'est point parlé de la publication au *Bulletin* des numéros de ces titres ; c'est seulement à l'article 11 qu'il en est question.

Toutefois, certaines compagnies ont prétendu qu'elles avaient le droit d'exiger la publication de l'opposition au *Bulletin* et cela, disent-elles, pour empêcher qu'à défaut de celle-ci un tiers ne devienne propriétaire régulier d'un titre qu'elles auraient déjà remboursé à l'opposant. Cette prétention paraît en contradiction avec l'article 9 de la loi qui dit formellement que les paiements faits à l'opposant suivant les règles prescrites aux articles précédents libèrent l'établissement débiteur envers tout tiers porteur qui se présenterait ultérieurement; or, dans les articles précédant l'article 9, il n'est point question de la signification au Syndicat et de ses suites, qui sont réglées par les articles 11, 12, 13 et 14. Néanmoins, cette prétention, produite par les établissements débiteurs, doit être relevée : elle montre qu'il y aurait intérêt à établir une connexité obligatoire entre les deux significations prévues par la loi de 1872 : la première à l'établissement débiteur, la seconde à la Chambre syndicale des agents de change.

Si, dans l'hypothèse que nous venons d'examiner, le défaut de connexité obligatoire ne lèse pas l'établissement débiteur, il peut préjudicier au tiers porteur de bonne foi qui aura acquis un titre dépourvu de toute valeur, puisque le capital en aura déjà été remboursé sans que le numéro du titre ait été inséré au *Bulletin*.

Un second problème intéressant pour les établissements débiteurs résulte des termes de l'article 15 qui prescrit une publication décennale à partir de l'autorisation judiciaire pour parvenir à l'obtention d'un duplicata. En parlant de dix années de publication, l'article 15 entend-il dix ans de publication consécutive et ininterrompue? Supposons un opposant qui a payé l'insertion pendant neuf ans à dater de l'ordonnance et qui, n'ayant plus qu'un an de délai, a laissé rayer d'office le numéro du titre : aux termes du § 3 de l'article 11, les neuf ans d'insertion resteront-ils infructueux et faudra-t-il recommencer une publicité décennale? La jurisprudence n'a pas eu à s'expliquer sur ce point, mais la doctrine s'est généralement prononcée en ce sens que dix années de publicité ininterrompue étaient nécessaires. Dans cette situation, les établissements débiteurs croiraient évidemment engager leur responsabilité en négligeant d'exiger que les publications soient accomplies sans interruption.

Un troisième point, au sujet duquel n'est pas non plus intervenu de décision judiciaire, mérite également d'être signalé. Au moment où l'opposant retire de l'établissement débiteur le duplicata, il est obligé d'acquitter les frais d'insertion nécessaires pour que la publication du primata au *Bulletin*, parmi les titres frappés de déchéance, se continue pendant dix nouvelles années; cette précaution était indispensable pour empêcher sur le marché la circulation du titre original. Ainsi, supposons un duplicata délivré en 1886 ; le numéro du titre a figuré au *Bulletin* jusqu'en 1896, mais ne devait pas y figurer au delà. En fait, quoique non rémunérée de l'insertion et dans un intérêt public, la Chambre syndicale voulant éviter la remise en circulation sur le marché d'un primata annulé que rien ne signalerait plus aux acheteurs de bonne foi maintient au *Bulletin* ce numéro qu'elle aurait strictement le droit de supprimer. L'éventualité dans laquelle on se trouve ainsi placé n'avait pas échappé au législateur de 1872, car elle est mentionnée au rapport de M. le député Grivart dans les termes suivants : « Cette éventualité, qui a éveillé notre attention, ne peut pas se produire avant un délai de vingt et un ans à compter de la mise en application de la loi et, d'ici là, rien n'empêchera de mettre à l'étude, de concert avec les compagnies, le moyen d'y remédier. » Plus de vingt et un ans se sont écoulés à l'heure présente depuis la mise en vigueur de la loi de 1872 et la prévision s'est réalisée, mais à défaut du remède dont la nécessité était prévue par le législateur, la Chambre syndicale se croit moralement tenue de continuer des insertions purement gratuites, sans y être légalement obligée. C'est là un point de détail, il est vrai, mais qui comporterait néanmoins l'intervention du législateur.

Entre propriétaires dépossédés et établissements débiteurs, une contestation, d'ailleurs tranchée par la jurisprudence, s'est élevée au sujet du sens que l'on devait donner aux mots « contradiction d'une opposition ».

Les articles 3, 4 et 5 renferment les expressions « lorsqu'il se sera écoulé une période de .... depuis l'opposition, sans qu'elle ait été contredite ». A l'article 15, le mot « contredit » ne se retrouve plus et l'article contient ces mots « sans que personne se soit présenté pour recevoir les intérêts ou dividendes ».

En pratique, il arrive le plus souvent que les coupons d'intérêts ou de dividendes sont présentés par des tiers, la Chambre syndicale des agents de change et les établissements de crédit offrant au public de telles facilités que les propriétaires de titres se dispensent généralement d'encaisser eux-mêmes aux guichets des établissements débiteurs. D'autre part, une quantité considérable de coupons sont détachés et présentés à l'échéance par des tiers qui, tout en étant détenteurs des coupons, ne sont nullement propriétaires des titres. Dans ces divers cas, la compagnie débitrice est en face de coupons présentés à ses guichets et il ne lui appartient pas de faire de distinction entre ceux qui en réclament le paiement.

Le coupon d'un titre frappé d'opposition est-il présenté, sous une forme quelconque, aux guichets d'une compagnie, celle-ci refuse de payer et retient le coupon dont elle donne récépissé à la personne venue pour encaisser; puis, aussitôt après, prévient l'opposant afin de lui permettre d'entrer en rapports avec le détenteur du coupon.

Bien souvent, celui qui a présenté, ou au nom duquel a été présenté le coupon, se dissimule ou fait disparaître le titre, s'il en est irrégulièrement détenteur. Il arrive souvent, aussi, qu'aucune suite n'est donnée à l'affaire lorsque, par exemple, le coupon a été présenté par un banquier ou un changeur qui l'avait simplement escompté et qui préfère s'abstenir en cas de difficulté.

Quoi qu'il en soit de ces diverses hypothèses, cette présentation d'un coupon suffit-elle pour constituer la contradiction à l'opposition prévue par les articles 3 et suivants de la loi de 1872? La question a fait l'objet de quelques décisions en sens divers (1).

____

(1) Voir notamment : Seine (6e chambre), 26 décembre 1876, *Le Droit* du 4 avril 1877; —

Áprès bien des tâtonnements, la jurisprudence paraît s'être arrêtée à la solution suivante :

Le propriétaire dépossédé obtient son duplicata si personne ne s'est présenté pour toucher les intérêts ou dividendes. Par ce mot « personne », il faut entendre une personne avec laquelle l'opposant peut discuter le droit de propriété des coupons et des titres eux-mêmes. En conséquence, ce n'est pas uniquement au fait matériel de la présentation du coupon qu'*il faut* s'attacher. *Il faut*, pour que la contradiction existe juridiquement, qu'il y ait une prétention expressément manifestée soit à la propriété des coupons, soit à celle des titres dont les coupons ont été détachés (1).

Dans l'intérêt des opposants, une entente s'est établie entre la plupart des établissements et la Chambre syndicale, qui présente elle-même à l'encaissement un nombre considérable de coupons pour le compte des clients des diverses charges. Lorsqu'un délai suffisant s'est écoulé depuis l'opposition et que la personne au nom de laquelle l'agent de change avait demandé le paiement du coupon ne se manifeste pas, la Chambre syndicale se conformant au dernier état de la jurisprudence déclare par écrit à l'établissement débiteur qu'elle n'a aucune prétention à la propriété du coupon ni du titre, ajoutant que cette déclaration est faite pour lui permettre, s'il le juge à propos, de délivrer à l'opposant un duplicata de son titre aux conditions et dans les délais prévus par la loi.

Il est possible et, dans tous les cas, désirable qu'une entente du même genre s'établisse entre tous les établissements débiteurs et les banquiers qui se chargent d'encaisser les coupons de leurs clients. Une pareille entente serait certainement conforme à l'esprit de la loi et de la jurisprudence, car la loi n'a certainement pas voulu imposer, pour chaque présentation de coupons, des procédures coûteuses et compliquées.

Les diverses observations qui précèdent sont applicables quand il s'agit de titres émis par des établissements débiteurs français, même lorsque les titres ont été négociés à l'étranger (2), mais il n'en est plus de

---

Seine 4° chambre, 29 mai 1875, *Gazette des tribunaux*, 3 novembre 1875 ; — Seine 2° chambre, 5 janvier 1885, *Gazette des tribunaux*, 21 janvier 1885 ; — Seine, 30 octobre 1874 ; cour de Paris (6° chambre, 5 avril 1887, *Le Droit* du 24 avril ; — Seine 2° chambre, 17 novembre 1882.

(1) Jugement du tribunal de la Seine du 9 juillet 1896, *Gazette des tribunaux*, 9 octobre 1896.

(2) Plusieurs auteurs, entre autres M. Wahl, estiment que les dispositions de la loi de 1872 sont inapplicables aux négociations de titres au porteur français conclues à l'étranger. Ils reconnaissent au propriétaire dépossédé le droit de faire opposition entre les mains de l'établissement débiteur, conformément à la loi française, mais ils soutiennent que cette opposition a pour effet unique d'empêcher l'établissement débiteur de se libérer entre les mains du porteur, non d'évincer le droit de ce porteur. L'opinion contraire est admise sans conteste

même lorsqu'il s'agit de titres émis par des établissements débiteurs étrangers. C'est ce que faisait observer, par avance, M. Bonjean dans son rapport au Sénat, inséré au *Moniteur officiel* du 2 juillet 1862. C'est ce que confirme le rapport à l'Assemblée nationale de 1872 par son silence absolu sur les valeurs étrangères; et, en effet, le but de la loi de 1872, tel qu'il ressort de ses propres termes et des explications du rapporteur, a été de fermer l'accès du marché français aux titres insérés dans le *Bulletin*.

Ces titres étant désormais exclus du marché français, les opposants qui se sont conformés aux formalités prescrites, touchent leurs coupons et obtiennent des duplicatas dans les délais convenus. De leur côté, les voleurs, recéleurs et autres détenteurs suspects de titres signalés dans le *Bulletin* n'ont plus entre les mains que des chiffons de papier sans valeur.

En somme, à l'égard des propriétaires de valeurs françaises dépouillés de leurs titres (sauf pour les rentes sur l'État auxquelles la loi de 1872 est inapplicable), le but que s'est proposé le législateur est atteint, puisque quiconque achèterait ces valeurs, même hors de France, ne pourrait en toucher les coupons ni s'en faire rembourser le capital par des établissements français.

Il en va tout autrement pour les valeurs étrangères, qui circulent partout. Hors de France, le *Bulletin* n'a plus d'autorité et les coupons sont payés par des établissements placés sous l'empire des lois de leurs nationalités respectives. Aussi, rien d'étonnant que, hors du territoire français, voleurs, recéleurs et détenteurs suspects se défassent aisément des titres étrangers frappés d'opposition. Il importe peu que le propriétaire spolié ait ou non rempli des formalités qui, par la force même des choses, sont inapplicables aux titres étrangers. Telle était bien la situation prévue, dès 1862, par M. Bonjean lorsqu'il disait :

Une loi de ce genre, en supposant que le gouvernement se décidât à la proposer, ne serait applicable qu'aux valeurs françaises. Quant aux valeurs étrangères, les propriétaires resteraient exposés aux refus péremptoires qui, jusqu'à ce jour, leur ont été presque toujours opposés. En admettant que, malgré notre exemple, les compagnies et les gouvernements étrangers persistassent dans leur refus, ce serait pour

---

par la jurisprudence. La seule décision citée par M. Wahl comme se rapprochant de son opinion (Cour de Paris, 14 décembre 1883), nous paraît, elle aussi, se prononcer dans le même sens que tous les autres jugements et arrêts. Par suite, malgré l'autorité des jurisconsultes qui se sont rangés au même avis que M. Wahl et malgré les arguments par eux présentés à l'appui de cette thèse, nous devons considérer, en fait, les dispositions de la loi de 1872 comme entièrement applicables à tous les titres au porteur émis par des établissements français, même ceux négociés à l'étranger.

les capitalistes un avertissement salutaire de préférer les valeurs de notre pays. Or, il y aurait à cela un double avantage : celui de rehausser notre crédit et celui, plus considérable encore, de détourner nos concitoyens de ces fonds étrangers qui, dans certaines hypothèses qu'il n'est pas défendu de prévoir, pourraient devenir une cause de ruine pour leurs propriétaires.

La citation que nous venons de faire est curieuse au point de vue historique, mais ce langage date de trente-huit ans déjà et, depuis lors, la situation économique s'est bien modifiée. La possession de titres étrangers s'est généralisée en France et, de là, sont résultés des efforts, d'ailleurs restés infructueux en grande partie, pour étendre aux valeurs étrangères le bénéfice de la loi de 1872.

C'est ainsi que, pour les fonds d'Etat russes, régis par un ukase spécial du 27 janvier 1895, on voit, parmi les établissements de crédit chargés du service de ces titres, les uns payer les coupons au porteur sans tenir aucun compte des oppositions et se conformer ainsi à la loi du pays dont ils sont les mandataires, tandis que les autres en refusent le paiement sur la vue d'une opposition ; — de telle sorte que le détenteur peut être payé ou non, suivant le guichet auquel il s'adresse.

Pour les valeurs égyptiennes, l'établissement chargé des paiements à Paris retient le coupon frappé d'opposition contre récépissé portant la mention suivante : « Récépissé de coupons retenus en vertu de la loi du 15 juin 1872. » Or, ce même coupon, qui serait retenu s'il était présenté au guichet spécial de Paris, serait payé sans difficulté dans tout autre pays.

A l'exception des obligations des chemins de fer de Madrid à Saragosse ou de Cordoue à Séville et des actions de la Vieille-Montagne, dont les établissements débiteurs étrangers exécutent la loi française jusques et y compris la délivrance des duplicatas, qu'il s'agisse de valeurs autrichiennes, américaines ou autres, la loi de 1872 ne peut produire aucun effet ; la succursale française de l'établissement débiteur se borne à retenir les coupons des titres frappés d'opposition, tout en laissant aux tiers porteurs la faculté de négocier ces mêmes titres hors de France au préjudice des opposants.

Au surplus, la jurisprudence semble admettre que, du moment où une loi analogue à la nôtre n'existe point dans un état étranger, le représentant de cet Etat en France n'a pas à se préoccuper des intérêts des opposants, plus et mieux que l'Etat même dont il est le mandataire. Cette solution ressort d'un arrêt rendu par la cour de Paris, le 31 décembre 1877, dans un procès intenté à MM. de Rotschild frères par un propriétaire dépossédé de Rente italienne : « La loi italienne, dit cet arrêt, dispose que les titres au porteur sont aux risques et périls de leurs propriétaires et ne peuvent être l'objet d'une opposition. En conséquence, le banquier, chargé en France de payer les coupons et d'échanger les titres de Rente italienne quand les coupons sont épuisés n'engage pas sa responsabilité en payant les arrérages et en remettant de nouveaux titres, malgré une opposition. »

Il est vrai que, depuis lors, un jugement du tribunal civil de la Seine, du 20 mars 1894, a condamné le Crédit mobilier, chargé de payer les coupons du Gouvernement ottoman, pour n'avoir pas retenu, en 1882 et 1883, des titres étrangers frappés d'opposition ; mais ce jugement isolé et d'ailleurs rendu dans des circonstances assez particulières, ne semble pas suffisant pour ébranler l'autorité du principe établi par l'arrêt précité de la cour de Paris du 31 décembre 1877.

En réalité, les banquiers chargés en France des paiements en revenus et capitaux des titres étrangers n'obéissent à aucune règle fixe ; l'arbitraire de chacun s'exerce librement et il serait certainement désirable qu'une entente s'établit entre eux pour faire cesser cet état de choses.

Nous avons déjà insisté sur le silence de la loi de 1872 à l'égard des titres étrangers. Néanmoins, la jurisprudence a dû plusieurs fois s'occuper de procès portés devant des tribunaux français à propos d'oppositions pratiquées sur des valeurs étrangères ; car, si l'opposition signifiée aux établissements débiteurs demeure impossible lorsque ceux-ci n'ont pas de siège ou d'agence en France, et lorsqu'ils en ont, est généralement inefficace, l'autre opposition, signifiée à la Chambre syndicale, aura toujours pour conséquence, par l'insertion au *Bulletin,* d'entraver, sur le marché français, la circulation des titres étrangers.

Un jugement du tribunal civil de la Seine du 7 juin 1878 avait décidé que la loi de 1872 était, pour le tout et en son entier, inapplicable aux valeurs étrangères ; mais cette décision est demeurée isolée, et les nombreux jugements et arrêts intervenus depuis lors sur la même question ont unanimement statué dans un sens contraire (Voir notamment Cassation, req., 13 février 1884 ; — Aix, 15 mars 1887). Nous résumerons d'un mot la doctrine de ces arrêts : ils reconnaissent que la loi française de 1872 contient des dispositions auxquelles échappent forcément les titres étrangers, notamment celles qui concernent les rapports du propriétaire des titres avec l'établissement débiteur ; mais ils ajoutent, cependant, que cette loi doit s'appliquer aux titres étrangers dans tous les cas où il n'en résulte pas une violation du droit international. Les mesures qui y sont édictées ne sont autres que des mesures de police et de sûreté dont l'effet pèse sur toutes les valeurs perdues ou volées, françaises ou étrangères, dès qu'elles circulent sur notre marché et sous la seule condition que les formalités prescrites par la loi française aient été accomplies.

Bien que cette jurisprudence soit aujourd'hui constante, elle n'en rencontre pas moins encore parmi les auteurs des adversaires énergiques et compétents. Il suffira de citer MM. Lyon-Caen et Renault (1), et M. Wahl (2).

Quoi qu'il en soit, d'ailleurs, des mérites théoriques de ces deux systèmes, notons seulement ce fait : que le propriétaire dépossédé de titres étrangers ne peut profiter de la loi de 1872 qu'au cas où ceux-ci seraient retrouvés en France : c'est là une circonstance exceptionnelle, et la preuve en ressort du nombre des procès engagés, relativement très restreint, eu égard à la quantité considérable de titres étrangers frappés d'opposition.

§ 4. *Effets de la loi de 1872 au regard des intermédiaires préposés à la négociation des titres.*

Nous avons dit qu'après les propriétaires dépossédés et les établissements débiteurs, la loi de 1872 intéressait aussi les intermédiaires préposés à la négociation des titres.

Avant cette loi, lorsque le propriétaire dépossédé apprenait que ses titres avaient apparu sur le marché, il arrivait fréquemment qu'il intentât une demande de dommages-intérêts à l'intermédiaire par le ministère duquel s'était opérée la négociation. C'est à ce propos que le rapporteur de la loi de 1872 faisait justement remarquer que les agents de négociation de titres se trouvaient placés sous le coup d'une responsabilité pour ainsi dire discrétionnaire, qui rendait leurs fonctions fort périlleuses. La loi de 1872 a tout au moins porté remède à cette situation en organisant la publicité du *Bulletin* et en fixant les obligations des agents de change par les paragraphes 1 et 2 de l'article 12.

Désormais, de deux choses l'une : ou le titre figurait au *Bulletin* lors de la négociation et alors l'agent de change doit à l'acheteur un autre titre (art. 48 du décret du 7 octobre 1890), tout en conservant celui signalé au *Bulletin* à propos duquel il discutera avec l'opposant le bien ou le mal fondé de l'opposition ; — ou le titre n'était pas publié dans le *Bulletin* et, dans ce cas, l'agent de change n'a à craindre aucune réclamation, pas plus de la part de l'acheteur que de celle de l'opposant.

En cet état des faits, les intermédiaires pourraient se désintéresser

---

(1) *Précis de droit commercial*, tome I, page 198.
(2) Tome II, page 356.

des oppositions tardives et irrégulières et laisser leurs clients acheteurs discuter avec les opposants le sort de ces oppositions. Mais les agents de change, à Paris tout au moins, ont estimé qu'ils ne devaient pas laisser à leurs clients acheteurs le soin exclusif de poursuivre, à leurs frais et sans aucun concours, la mainlevée des oppositions. Ils transmettent donc les réclamations de leurs clients à la Chambre syndicale qui centralise ces sortes d'affaires, recherche la filière des titres litigieux, entre en rapports avec les opposants et obtient à l'amiable, dans l'intérêt des clients acheteurs, des mainlevées de ces oppositions irrégulières ou tardives. Ces mainlevées sont obtenues, pour cette catégorie d'oppositions, dans une proportion qui n'est pas inférieure à 90 %. C'est là un service que, sans aucune contrainte légale, les agents de change rendent à leurs clients et qui méritait, pensons-nous, d'être signalé au passage.

Ici se pose une question très intéressante : celle de savoir si les agents de change sont tenus de se constituer séquestres des titres frappés d'opposition lorsque ceux-ci passent dans leurs mains.

Que devient, disait M. le conseiller Lepelletier, dans un rapport à la chambre des requêtes du 13 février 1884, le titre arrêté par une opposition formée entre les mains de la Chambre syndicale et inscrite au *Bulletin officiel*? L'agent de change auquel il a été remis pour le négocier, ou pour le livrer en exécution d'une négociation déjà faite, doit-il simplement s'abstenir d'en faire la négociation ou la livraison? Est-il tenu, comme le prétend le mémoire, de le remettre au tiers porteur de qui il l'a reçu, purement et simplement, dans le premier cas, — en échange d'un autre titre, dans le second? Est-ce que l'agent de change dépasserait la loi, est-ce que surtout il la violerait en refusant de remettre ainsi dans la circulation le titre suspect, au mépris de l'opposant qui a eu pour but de l'arrêter entre ses mains et avant qu'il ait été statué sur le mérite de cette opposition? S'il en était ainsi, il nous semble que l'intérêt du légitime propriétaire, cet intérêt qui est, ne l'oubliez pas, la principale préoccupation de la loi, serait bien peu sauvegardé et que la protection qu'elle lui accorde serait quelque peu platonique. Si, en effet, l'agent est obligé de remettre le titre à celui qui le lui a livré, quelle utilité le propriétaire retirera-t-il de son opposition? Que lui importe qu'il soit dans telle ou telle main de tiers porteur s'il ne peut demeurer dans la seule où il puisse l'atteindre, celle du tiers saisi? Il ne lui en échappera pas moins, et l'impossibilité de le négocier en bourse de Paris ne le lui rendra pas. Et, non seulement le propriétaire opposant n'aura rien gagné si son opposition ne permet pas à l'agent de retenir le titre et ne lui en interdit que la négociation, il pourra même arriver que cette interdiction, si elle est le seul effet de la loi; si l'agent est contraint de restituer le titre à celui qui le lui a remis, soit plus préjudiciable que favorable aux intérêts du propriétaire. Supposons, en effet, qu'il s'agisse d'un titre volé et que ce soit le voleur lui-même qui se présente à l'agent de change. Si celui-ci refuse de le recevoir parce qu'il est frappé d'opposition et qu'il le restitue à celui qui le lui offre, ce dernier, averti que le marché français lui est fermé, le négociera à l'étranger où la loi française ne peut l'atteindre et pourra ainsi le soustraire aux effets de l'opposition ; ce danger sera plus grand encore s'il s'agit d'un titre de valeurs étrangères qui, négocié à l'étranger, y sera remboursé par l'établissement débiteur, de sorte que le propriétaire n'aura même pas la ressource d'espérer qu'après ces transmissions successives, son titre arrivera enfin, le jour du paiement, là où son opposition pourra le retenir.

.....En résumé, l'opposition a pour objet de permettre la revendication par le propriétaire dépossédé ; comment pourrait-il l'exercer si le titre échappait à ses recherches en sortant de la main du tiers saisi pour rentrer dans la main du tiers porteur qui peut lui être inconnu et faire passer le titre là où il est insaisissable ?

C'est sur ces conclusions que la chambre des requêtes a rendu l'arrêt suivant :

Sur le deuxième moyen pris de la violation de l'article 2 de la loi du 15 juin 1872 :

Attendu que ni cette loi ni les règles du droit commun n'obligent l'agent de change auquel les titres au porteur frappés d'opposition ont été remis, soit pour opérer la négociation, soit en exécution d'une négociation antérieure, à restituer des titres au tiers porteur de qui il les a reçus, avant qu'il ait été fait droit entre le tiers porteur et l'opposant ;

Que l'article 12, visé par le pourvoi, et qui déclare nulles la négociation et la transmission des titres au porteur frappés d'opposition, n'interdit pas à l'agent aux mains duquel les titres suspects sont parvenus, de les retenir jusqu'à ce qu'il ait été statué sur l'opposition ;

Qu'il résulte, au contraire, de l'ensemble des dispositions de la loi de 1872 et du but qu'elle a voulu atteindre, que l'agent, lorsque, comme dans l'espèce, il est constitué détenteur des titres, ne saurait s'en dessaisir en dehors de l'opposant sans exposer sa responsabilité envers ce dernier ;

Attendu que l'inscription de l'opposition au *Bulletin officiel* équivaut pour l'agent qui tient le titre, à une signification ;

Que l'opposition saisit la valeur qui en est frappée et l'immobilise entre les mains du tiers détenteur, et que celui-ci, ne pouvant se faire juge de l'opposition, ne se dessaisirait, qu'à ses risques et périls....

M. Crépon, dans son savant ouvrage *De la négociation des effets publics et autres*, fait remarquer que la portée doctrinale de cet arrêt dépasse de beaucoup l'espèce sur laquelle il est intervenu :

L'arrêt, dit-il, pose une thèse générale : d'une façon absolue, quand à la suite de perte ou de vol d'un titre, le propriétaire dépossédé a formé opposition en remplissant les formalités prescrites par la loi du 15 juin 1872, que son opposition a été régulièrement insérée au *Bulletin officiel des oppositions*, si ce titre arrive entre les mains d'un agent de change, peut-il s'en dessaisir sans engager sa responsabilité vis-à-vis du propriétaire opposant ? — Nous répondons sans hésiter, non. — Comme l'a très bien expliqué M. le conseiller Lepelletier, décider le contraire serait se mettre en flagrante contradiction avec l'esprit de la loi de 1872 qui a essentiellement eu pour objet de sauvegarder les droits du propriétaire, de prendre toutes les mesures par l'effet desquelles le titre pourrait revenir aux mains du dépossédé, et nous ajoutons qui a voulu faire de l'agent de change le principal instrument de la rentrée en possession.

du légitime propriétaire. — Et qu'on n'invoque pas les principes du mandat pour prétendre que l'agent de change n'est que le mandataire de celui qui lui a remis le titre, que le mandat étant retiré, la restitution du titre s'ensuit nécessairement. Au-dessus du mandat, il y a l'opposition formée par le propriétaire dépossédé conformément aux sûretés que non seulement la loi lui a permis de prendre, mais qu'elle a organisées spécialement pour lui; ainsi que le dit justement l'arrêt des requêtes, l'inscription de l'opposition au *Bulletin* vaut signification à l'agent de change, et comme l'opposition immobilise la valeur entre les mains du tiers détenteur, que par la remise du titre il est devenu tiers détenteur, il ne peut plus s'en dessaisir au mépris de l'opposition sans devenir responsable vis-à-vis de l'opposant : comprendre autrement la loi de 1872 serait enlever la majeure partie des salutaires effets qu'elle peut produire.

La doctrine de l'arrêt du 13 février 1884, même appuyée par la haute autorité de M. Crépon, nous paraît cependant prêter à contestation.

L'article 10 de la loi de 1872 impose aux établissements débiteurs, seuls, l'obligation de se constituer séquestres des titres frappés d'opposition. En présence de cet article, la jurisprudence est-elle fondée à imposer aux agents de change une obligation similaire ? La Cour de Paris ne l'avait pas pensé car, à la date du 10 janvier 1882, elle rendait un arrêt dont le sens était diamétralement opposé à celui de l'arrêt de la Chambre des requêtes du 13 février 1884. Quant à nous, nous opinerions volontiers en ce sens que les agents de change, s'ils doivent refuser de négocier les titres insérés au *Bulletin*, ne sont point obligés pour cela de retenir eux-mêmes lesdits titres. Le but de la loi, n'est-il pas, en effet, rempli lorsque l'accès du marché français est interdit aux titres frappés d'opposition ?

Voici une autre question d'un intérêt capital pour les agents de change qui s'est présentée et se présente fréquemment à propos de la loi de 1872 : un agent de change reçoit d'un client vendeur des titres avec ordre de les négocier ; il opère la négociation suivant les formes prescrites, c'est-à-dire qu'il vend à un confrère acheteur un nombre égal de titres *in genere* de la nature de ceux qu'il est chargé de vendre ; l'opération faite et après constatation que les titres à lui remis par son client vendeur ne figuraient point au *Bulletin*, l'agent règle avec son mandant et lui remet le montant de la vente ; c'est à ce moment que les titres entrent dans le *portefeuille* de l'agent, ou plutôt dans la *masse flottante* des valeurs détenues par la charge, pour nous servir d'une expression employée dans un jugement du tribunal civil de la Seine du 12 août 1884 ; puis, avant que l'application ou la livraison des titres ait été consommée, soit par l'agent de change vendeur à son confrère acheteur, soit par ce dernier à son client acheteur, une opposition surgit au *Bulletin*, et, par suite, l'agent vendeur se trouve nécessairement dans l'obligation de remplacer, par des titres libres et réguliers, ceux frappés d'opposition.

Quelle est donc, vis-à-vis de l'opposition, la situation de cet agent de change vendeur qui demeure, comme forcé et contraint, nanti des titres sur lesquels porte l'opposition ? Peut-il soutenir que la négociation en bourse de titres *in genere*, précédée de la remise des titres *in specie* par le client vendeur et suivie du versement du prix des titres à ce client, le tout effectué avant l'apparition de l'opposition, peut-il soutenir, disons-nous, qu'une opération ainsi accomplie constitue la négociation et la transmission prévues par l'article 12 de la loi de 1872 ? Faut-il dire, au contraire, que les titres vendus ayant été remis par le client vendeur et à lui soldés après négociation par son agent de change, mais sans qu'il y ait eu application ni livraison à un acheteur déterminé antérieure à la publication de l'opposition, cette opposition conserve et produit tous ses effets au profit de l'opposant ?

La jurisprudence penche pour le second de ces deux systèmes et il en résulte, pour les agents de change, des conséquences qui leur sont singulièrement onéreuses. L'agent de change qui, lors de la réception des titres a constaté, en consultant le *Bulletin*, que les titres remis n'y figuraient pas, qui en a effectué la vente et en a payé, avant l'apparition de l'opposition, le montant à son client dans le délai réglementaire, peut se voir refuser la mainlevée d'une opposition qu'il ignorait quand il a opéré et payé et, si son client a disparu ou est insolvable, l'agent subira, comme cela s'est vu maintes fois, des pertes importantes, bien qu'il n'ait aucune faute à se reprocher.

Tel est le système le plus en faveur dans la jurisprudence. N'est-il pas permis de voir là une survivance de la vieille idée de l'application directe, très répandue parmi les personnes étrangères aux choses de la bourse et qui consiste à supposer que, dans les marchés qui y sont conclus par ministère d'agent de change, un acheteur déterminé doit être placé en présence d'un vendeur également déterminé ?

Rien n'est moins exact ni moins conforme aux exigences de la pratique. Les prescriptions des règlements ne permettent pas cette manière de procéder. Ces règlements admettent au contraire que les titres, avant d'être transmis du vendeur à l'acheteur, doivent séjourner dans la charge. C'est ainsi que l'article 48 du décret du 7 octobre 1890 oblige les agents de change à se procurer des titres pour le compte de leur propre charge, puisqu'ils sont tenus d'échanger les titres amortis ou irréguliers qu'ils auraient pu livrer. De même, l'article 41 du règlement particulier des agents de change de Paris les oblige à payer leurs clients vendeurs le surlendemain de la vente opérée, tandis que le paragraphe 2 du même article leur impartit un délai de quinze jours pour livrer à l'acheteur. Et, de ces dispositions résulte l'existence, dans chaque charge, de ce que le tribunal civil de la Seine a appelé la *masse flottante* des titres.

Un jugement récent n'en a pas moins été jusqu'à admettre que l'opposition conserve tout son effet tant qu'un client n'est pas encore devenu propriétaire du titre signalé au *Bulletin* par son numéro, ce titre fût-il antérieurement passé dans les mains de deux ou trois agents de change successifs. La jurisprudence n'est cependant pas formelle pour déclarer qu'en pareil cas ou dans les espèces de même ordre, la publication est ou n'est pas tardive. M. Thaller observe, dans un langage juste et pittoresque, que pour un grand marché de valeurs, ces doutes sont « énervants » (1).

Quant à nous, la solution la plus juridique et la plus équitable nous paraît contenue dans plusieurs jugements rendus par la 6e chambre du tribunal civil de la Seine : la prise en charge, disent-ils, par l'agent de change avant toute publication et en exécution d'une négociation préalable en bourse, de titres spécialisés par leurs numéros, constitue la négociation et la transmission prescrites par la loi de 1872 ; à partir de ce moment, l'agent de change vendeur a réglé avec son client son compte de mandat ; il ne détient plus les titres pour le compte de son mandant, mais bien pour celui du confrère acheteur auquel il devra les livrer et qui, lui-même, devra à son tour les livrer à son client acheteur. L'agent de change vendeur n'est donc plus le mandataire du client vendeur, puisque entre eux le contrat de mandat a épuisé tous ses effets ; il est, en réalité, le mandataire substitué de l'acheteur et, dès lors, les titres se trouvent avoir été, avant toute publication, l'objet d'une transmission de propriété.

Quels que soient le mérite juridique et l'équité de cette théorie, il n'en faut pas moins reconnaître que la plupart des documents de jurisprudence sont conçus dans un sens différent : les uns considèrent la transmission comme parfaite, seulement quand l'agent de change vendeur a livré les titres à son confrère acheteur ; les autres vont plus loin encore et exigent, pour que l'opposition soit qualifiée de tardive, que l'agent de change acheteur ait lui-même livré ou, tout au moins, appliqué les titres spécifiés à un client acheteur déterminé.

---

(1) Seine (6e chambre), 16 février 1898, *Le Droit*, 1er avril 1898 ; — Seine (1re chambre), 28 février 1899, *La Loi*, 22 juin 1899 ; — Seine (6e chambre), 24 juillet 1894 ; (6e chambre), 27 juillet 1897 ; — Seine (1re chambre), 24 mars 1899, *Gazette des tribunaux*, 7 juin 1899 ; — Cassation, 17 décembre 1878, *Le Droit*, 18 décembre 1878 ; — Cour de Paris (3e chambre), 16 juin 1899, *Le Droit*, 21 octobre 1899 ; — Cour de Paris (1re chambre), 26 juillet 1895, *Le Droit*, 8 août 1895 ; — Seine (6e chambre), 4 décembre 1895, *Le Droit*, 5 décembre 1895.

Ce problème, dont l'intérêt pratique est, comme nous l'avons dit précédemment, considérable, mériterait à tous égards d'attirer l'attention bienveillante du législateur.

§ 5. *Effets de la loi de 1872 au regard des tiers porteurs de titres perdus ou volés.*

Arrivons, enfin, à la quatrième catégorie de personnes intéressées à l'application de la loi de 1872 : les acheteurs de bonne foi de titres frappés d'opposition.

Dans la plupart des législations étrangères, ainsi qu'on le verra plus loin, on semble s'être préoccupé avant tout des intérêts des acheteurs de titres et, le plus souvent, les propriétaires dépossédés sont sacrifiés à la libre circulation, sur le marché, des titres au porteur.

La pensée du législateur français a été toute différente et il est permis de se demander si, dans son désir de garantir les propriétaires dépossédés, il ne s'est point laissé aller quelquefois au sacrifice des acheteurs de bonne foi. Présentement, en France, il advient que des oppositions soient formées sans aucun motif sérieux ni légitime et cela, moyennant un abonnement annuel de 50 centimes par numéro inséré au *Bulletin*; le premier venu peut ainsi empêcher la circulation des titres, sans être obligé d'en justifier la raison. N'a-t-on pas vu des spéculateurs raréfier tout à coup sur le marché certaines valeurs et réaliser ensuite des profits scandaleux en employant ce moyen facile comme base de leur opération? N'a-t-on point vu des particuliers, voire même des sociétés, qui, ne pouvant ou ne voulant point payer, à l'échéance, une dette gagée par un emprunt sur titres, usaient de ce subterfuge afin d'empêcher la réalisation du gage sur lequel devait se rembourser le prêteur? Et surtout, n'a-t-on point vu des héritiers soupçonneux frapper d'opposition, au hasard, des titres dont ils avaient rencontré les numéros dans les papiers de leur auteur, sans avoir mis la main sur les valeurs elles-mêmes?

En tout cas, l'opposition étant pratiquée et publiée, beaucoup d'opposants restent passifs, même en présence d'un tiers porteur qui invoque sa propriété; ils attendent paisiblement la demande de mainlevée sans redouter les frais qu'ils encourent quand ils sont insolvables et ils s'inquiètent encore moins des dommages-intérêts qui pourraient leur être réclamés, les tribunaux n'en accordant presque jamais.

Il est arrivé qu'après une décision judiciaire ayant occasionné des frais de procédure s'élevant à 200 francs environ, de nouvelles oppositions formées par de précédents opposants faisaient subir au malheureux tiers porteur une dépense égale à la première.

Il y a pis, des opposants ont poussé la mauvaise foi jusqu'à élever des prétentions sur des valeurs à lots ne leur appartenant pas, sorties au tirage mais non immédiatement réclamées; ils escomptaient ainsi le désir naturel du porteur d'entrer le plus tôt possible en possession du remboursement de sa valeur ou du montant de son lot et supposaient qu'on se débarrasserait promptement d'eux et de leur opposition moyennant une somme plus ou moins considérable.

En présence de ces oppositions illégitimes, comme aussi des oppositions sérieuses mais tardives, la loi n'offre au tiers porteur que la ressource de contester l'opposition opérée sans droit, c'est-à-dire d'engager un procès et d'exposer ainsi des frais relativement considérables quand il s'agit d'un intérêt minime et que la solvabilité de l'opposant est douteuse.

Il est permis de regretter que, dans sa sollicitude, le législateur n'ait pas mis à la disposition du tiers porteur le moyen d'obtenir rapidement et à bon marché la mainlevée des oppositions, de celles-là notamment dont nous venons de parler.

Il est vrai que, sur la détention des valeurs mobilières, comme sur celle des autres meubles, peuvent s'élever des procès singulièrement délicats, notamment ceux relatifs à des dons manuels. Néanmoins, les tiers porteurs dont la situation est telle que la mainlevée ne comporte aucune discussion sérieuse, — ceux, par exemple, qui justifient d'un bordereau d'achat portant les numéros des titres achetés, antérieur à l'opposition, — pourraient probablement être dispensés d'introduire, avec les formes lentes et coûteuses de la procédure ordinaire, une instance qu'ils doivent quelquefois suivre devant la juridiction du second degré. Une réforme, à cet égard serait possible, nous le croyons du moins, et nous essaierons de l'indiquer.

En résumé, les effets de la loi de 1872, tels qu'ils se révèlent après une expérience de vingt-huit ans, sont pleinement favorables aux propriétaires dépossédés; ils n'ont rien de contraire à l'intérêt des établissements débiteurs; mais ils négligent parfois ceux des intermédiaires, même vigilants et attentifs, et, plus gravement encore, ceux des tiers porteurs de bonne foi, dont le législateur ne s'est peut-être pas toujours suffisamment préoccupé.

II. — LÉGISLATIONS ÉTRANGÈRES

La loi française, ainsi que nous venons de le voir, protège le proprié-taire dépossédé à un double point de vue. Par l'opposition à paiement, le propriétaire dépossédé empêche le porteur de toucher les arrérages ou le capital du titre disparu ; il les touche lui-même et obtient la délivrance d'un duplicata ; il parvient à connaître le porteur. Par l'opposition à négociation et la publicité qui lui est donnée, il frappe en quelque sorte le titre d'indisponibilité et constitue les porteurs antérieurs à la publi-cation en état de faute présumée, cette présomption de droit n'admet-tant pas de preuve contraire.

Si les législations étrangères autorisent, sous des formes plus ou moins variées et dans des limites plus ou moins étroites, le propriétaire dépossédé à obtenir la reconstitution du titre disparu et le paiement du capital devenu exigible ou des intérêts, si elles facilitent, dans une mesure plus ou moins large, au propriétaire dépossédé la connaissance du tiers porteur, il faut reconnaître que la presque totalité se refusent à entraver au détriment du porteur la circulation du titre perdu.

Nous ne saurions grouper d'une manière absolue ces différentes législations d'après les affinités ou les différences qu'elles ont avec la loi française. Nous préférons, par suite, en examiner successivement l'éco-nomie en nous bornant à signaler, en passant, ces affinités ou ces diffé-rences, et en en tenant compte le plus possible dans notre énumé-ration.

Législation roumaine. — A la différence de la loi française, la loi roumaine du 18 janvier 1883 s'applique aux titres de l'Etat ; mais, comme en France, elle ne concerne pas les billets de banque (ni les billets hypothécaires).

Comme en France, le propriétaire dépossédé peut faire, entre les mains du débiteur, opposition au paiement du capital et des arrérages échus ou à échoir. Cette opposition, pratiquée par ministère d'huissier, contient des énonciations analogues à celles que prescrit notre loi de 1872.

Comme en France, le propriétaire dépossédé peut obtenir le paiement des arrérages échus ou à échoir et du capital devenu exigible ou la délivrance d'un duplicata. A cet effet, son opposition est publiée dans le *Moniteur officiel* et dans deux journaux, l'un paraissant dans le district du domicile du débiteur, et l'autre dans le district du domicile de l'opposant. Deux ans après cette publication, si dans ce délai un coupon a été payé, sinon deux ans après le premier coupon mis en paiement, l'opposant actionne le débiteur en justice et le fait condamner à lui verser le montant du coupon échu ou à échoir. Il est tenu de verser à la Caisse des dépôts un cautionnement qui ne peut être inférieur à la valeur de cinq années de revenus (1). S'il n'a pas les moyens de verser ce cautionnement, le tribunal ordonne le dépôt des revenus à la Caisse des dépôts, conserve les récépissés et n'autorise la restitution de chacun d'eux à l'opposant que cinq ans après l'échéance des coupons qu'ils représentent.

Si l'opposition a pour objet des titres exigibles ou qui le deviendraient dans les dix ans de la publication, le tribunal peut ordonner la consignation des sommes échues et autoriser l'opposant à les encaisser à l'expiration des dix ans à partir de la publication.

Si les titres ne sont pas exigibles, le tribunal peut ordonner la remise à l'opposant, à ses frais, d'un duplicata du titre perdu qui confère les mêmes droits que le titre primitif. Les dispositifs des décisions qui autorisent ou rejettent la demande de duplicatas ou le paiement du capital ou des revenus — sont publiés par le *Moniteur officiel* à la diligence de la partie intéressée et aux frais de l'opposant.

Le cautionnement n'est restitué que dix ans après la date des publications (2).

Comme en France, la remise des duplicatas, le paiement ou la consignation du capital libèrent valablement le débiteur. Le porteur du titre primitif ne conserve qu'une action personnelle contre l'opposant.

Comme en France, si le porteur des titres ou coupons disparus se présente avant la libération du débiteur, celui-ci retient les titres et coupons contre récépissé et avertit l'opposant. Les effets de l'opposition sont alors suspendus jusqu'à l'issue du procès entre le porteur et l'opposant.

Comme en France enfin, le propriétaire dépossédé peut s'opposer à la négociation du titre. Cette opposition résulte du fait seul de la publication dans le *Moniteur officiel* de l'opposition pratiquée entre les mains du débiteur ; à dater de cette publication, tout achat, vente, échange, gage ou report de titres sont nuls au regard de l'opposant.

---

(1) Ce cautionnement est fourni en numéraire ou en effets d'État ou garantis par l'État. Lorsqu'il est fourni en titres, les titres déposés sont comptés à 80 % du cours du jour.

(2) La loi prend diverses mesures pour accélérer la procédure : pas d'opposition au jugement, appel dans les dix jours. Pas d'opposition ni de requête civile contre l'arrêt d'appel. Pourvoi en cassation dans les trois jours. Signalons un point intéressant de cette procédure relatif à la preuve : pour mieux assurer les droits du porteur, le débiteur peut déférer le serment à l'opposant.

C'est le débiteur qui procède à cette publicité. A cet effet, le premier numéro du *Moniteur officiel* de chaque trimestre contient une liste de toutes les valeurs frappées d'opposition. L'insertion est gratuite. Cette publication dure dix ans, à dater de la première publication, sauf mainlevée de l'opposition consentie par l'opposant ou ordonnée par jugement avant l'expiration de ce délai.

L'opposant qui a recouvré la possession du titre disparu doit avertir le débiteur et faire publier ce recouvrement dans le *Moniteur officiel*, à peine de dommages-intérêts.

La loi roumaine autorise, dans tous les cas, le propriétaire dépossédé à revendiquer son titre contre tout détenteur pendant dix ans à dater de la publication dans le *Moniteur officiel*. Mais si le détenteur a été un acquéreur de bonne foi, en vertu d'une négociation faite par un agent de change ou par une maison de banque, avant la publication de l'opposition, le détenteur a droit au remboursement du prix qu'il a payé.

Ajoutons que les agents de change et maisons de banque sont tenus d'inscrire sur leurs registres : 1° les numéros des titres qui font l'objet d'une négociation quelconque ; 2° les noms, domiciles et professions des personnes avec lesquelles elles traitent ; 3° la date de l'opération, sous peine d'amende et de dommages-intérêts et sans préjudice des peines de faux. Ils sont responsables des opérations faites par leur intermédiaire postérieurement à la publication de l'opposition et même antérieurement, s'ils ont négligé d'observer les prescriptions que nous venons d'indiquer et s'ils ne peuvent justifier avoir pris toutes les mesures nécessaires pour s'assurer de l'identité des personnes avec lesquelles ils ont traité.

Mentionnons encore deux points : Au cas où il est constaté, d'une manière indubitable, que les titres ont été détruits, le tribunal saisi peut autoriser le paiement ou la délivrance d'un duplicata sans attendre l'expiration des délais fixés par la loi. Mais c'est une faculté pour le tribunal, et il est toujours nécessaire d'effectuer les publications et de fournir un cautionnement ; — L'opposant de mauvaise foi est passible de peines correctionnelles.

Législation espagnole. — Les dispositions qui régissent la matière qui nous occupe sont contenues dans le Code de commerce de 1885. Elles se rapprochent de la loi française, de moins près cependant que la loi roumaine.

L'opposition à paiement n'est point faite directement par le propriétaire dépossédé : elle émane du juge.

En effet, le propriétaire dépossédé saisit le juge du district du domicile du débiteur par une dénonciation contenant les mêmes indications que l'opposition prescrite par la loi française, et c'est le juge qui, après avoir vérifié les preuves de la légitimité de l'acquisition du titre disparu, ordonne la communication de la demande au débiteur, afin que celui-ci suspende le paiement du capital et des intérêts. En même temps, le juge prescrit la publication de la dénonciation dans la *Gazette de Madrid*, le *Bulletin officiel* de la province et le *Journal officiel des annonces* de la localité, s'il y en a un ; il fixe un bref délai pour permettre au porteur du titre de se présenter.

Comme en France, le propriétaire dépossédé peut obtenir le paiement des revenus échus ou à échoir et du capital, s'il est exigible.

Lorsque, après accomplissement des formalités susvisées, un an s'est écoulé depuis la dénonciation sans qu'elle ait été contredite, et que, durant ce délai, deux coupons ont été mis au paiement, le dénonçant peut obtenir du juge l'autorisation de toucher le montant des coupons échus ou à échoir, au fur et à mesure de leur exigibilité, ainsi que le capital du titre devenu exigible. Il fournit alors une caution solvable, dont l'engagement s'étend au montant des annuités exigibles et à une valeur double de la dernière annuité échue. La caution peut être remplacée par un nantissement en rentes sur l'Etat. Le dénonçant peut aussi requérir le dépôt des revenus échus ou du capital exigible. La caution est déchargée, le cautionnement est restitué, les sommes déposées sont retirées après deux ans, si l'opposition n'a pas été contredite.

Si le capital ne devient exigible qu'après l'autorisation de toucher les revenus, le propriétaire dépossédé peut le recevoir en fournissant une caution ou un cautionnement, ou exiger le dépôt. Cinq ans après l'autorisation ou dix ans après l'exigibilité, la caution sera déchargée, le cautionnement restitué ou les sommes déposées retirées, si aucune contradiction ne s'est manifestée.

Dans le cas où l'opposition ne porte que sur des coupons au porteur séparés du titre, l'opposant peut les toucher trois ans après l'approbation de l'opposition par l'autorité judiciaire.

Comme en France, les paiements faits en conformité de ces prescriptions libèrent le débiteur ; le porteur lésé ne conserve qu'une action personnelle contre l'opposant qui aurait procédé sans juste cause.

Comme en France, si avant la libération du débiteur, un tiers porteur des titres frappés d'opposition se présente, le débiteur retient les titres et informe l'opposant ; les effets de l'opposition demeurent suspendus jusqu'à ce que le juge ait statué.

Comme en France enfin, le propriétaire dépossédé peut s'opposer à la négociation des titres. Il semble que, pour les valeurs non cotées à la bourse, les publications ordonnées par le juge vaillent opposition. Pour les valeurs cotées, le propriétaire dépossédé qui veut en empêcher la négociation dénonce à la Chambre syndicale des agents de change de Madrid le vol, la soustraction ou la perte, en y joignant tous renseignements utiles. La Chambre syndicale, le jour même ou le jour suivant, affiche un avis sur le tableau des annonces, public à l'ouverture de la bourse la dénonciation faite et informe les autres Chambres syndicales d'Espagne. L'opposition est en outre publiée, aux frais de l'opposant, dans la *Gazette de Madrid*, le *Bulletin* de la province et le *Journal officiel des annonces* de la localité. Dans les neuf jours de la dénonciation à la Chambre syndicale des agents de change de Madrid, l'opposant doit faire ratifier par le juge la défense de négocier les titres disparus et aviser la Chambre syndicale de cette ratification.

Ces formalités remplies exactement et dans les délais prévus, la négociation accomplie postérieurement aux publications est nulle et l'acquéreur n'a de recours que contre son vendeur ou l'agent qui a fait l'opération.

Nous avons laissé de côté la possibilité pour le dépossédé d'obtenir un duplicata du titre disparu dont le capital n'est pas exigible. — Ce duplicata lui est accordé dans les circonstances et aux conditions suivantes. Cinq ans après la publicité ordonnée par le juge ou le tribunal sur la dénonciation qui lui est faite et les formalités spéciales aux valeurs cotées terminées par le jugement de ratification, le juge, au cas où la dénonciation n'a pas été contredite, prononce la nullité du titre soustrait ou perdu et notifie cette décision au débiteur en ordonnant la délivrance d'un duplicata au profit de celui qui justifie être le véritable propriétaire. Si, dans ce délai de cinq ans, le porteur s'est présenté, le délai reste suspendu jusqu'à ce que le juge ait statué.

Indiquons, en terminant, les points suivants :

1° Comme en France, tout au moins pour les valeurs cotées en bourse, il y a deux procédures parallèles : l'une d'opposition à paiement, l'autre d'opposition à négociation, qui sont cumulées en pratique, mais dont on peut théoriquement concevoir un emploi séparé.

2° Lorsque les valeurs perdues ont été acquises en bourse et que le propriétaire dépossédé peut joindre à sa dénonciation le certificat d'un agent de change qui permet d'établir leur identité, ce propriétaire peut accélérer un peu les effets de la procédure et adresser directement sa dénonciation au débiteur et à la Chambre syndicale des agents de change pour s'opposer au paiement et demander les publications nécessaires. Mais, en ce cas, la dénonciation reste sans résultat, et le débiteur et la Chambre syndicale demeurent non responsables, si le juge n'a pas, dans le mois, interdit au débiteur de payer et ordonné la publication.

3° Si le propriétaire dépossédé n'a pas usé des avantages que lui confère la loi, ou s'il n'a agi que postérieurement à la négociation, le possesseur de bonne foi est à l'abri de la revendication, quand il a acquis le titre disparu par l'intermédiaire d'un agent de change, d'un notaire public ou d'un courtier.

4° Les dispositions que nous venons d'analyser s'appliquent aux titres de créance contre l'État, les provinces et les villes, émis légalement; aux titres de la dette de l'État et du Trésor (loi du 4 septembre 1896), aux titres d'États étrangers admis à la cote; aux titres de créance d'entreprises nationales, émis conformément à leurs statuts, ou étrangères régulièrement constituées; enfin, aux titres émis par des particuliers, pourvu qu'ils soient hypothécaires ou suffisamment garantis. Mais, comme la loi française, la loi espagnole ne s'applique pas aux billets de banque ni aux billets au porteur.

Législation mexicaine. — Le Code de commerce de 1889 reproduit littéralement, dans ses articles 619 à 634, les dispositions du Code de commerce espagnol en ce qui concerne l'opposition à paiement.

En ce qui concerne l'opposition à négociation, il reproduit encore, mais en les simplifiant un peu, les dispositions du même code, s'il s'agit de titres cotés. Le juge donne avis de l'opposition à la bourse, et, là où il n'y en a pas, à deux courtiers, ou à leur défaut, à deux des commerçants de la place et la négociation faite postérieurement à cet avis est nulle. L'acquéreur ne conserve son recours que contre son vendeur et contre l'agent par l'intermédiaire de qui l'opération a été faite.

Il ne paraît pas exister de simplifications au cas où le dépossédé a acquis son titre en bourse et peut produire un certificat de l'agent établissant son acquisition.

Notons en terminant que ces dispositions concernent: les « documents de crédit » légalement émis sur la Fédération, les Etats ou les Municipes, les titres étrangers admis à la cote; les « documents de crédit » au porteur des entreprises étrangères régulièrement constituées et qui ne sont pas soumises aux dispositions du code de commerce mexicain ; enfin, les « documents de crédit » au porteur émis, conformément à la loi qui les constitue, par les entreprises nationales.

Législation belge. — La jurisprudence belge est sous l'empire des articles 2279 et 2280 du Code civil français. Toutefois, il y a lieu de noter qu'elle tend à assimiler, en ce qui concerne l'application de ce dernier article, l'abus de confiance au vol.

Le propriétaire dépossédé peut, par une opposition pratiquée entre les mains de l'établissement débiteur, empêcher celui-ci de payer valablement le porteur.

Le débiteur peut alors, soit consigner les sommes exigibles en capital et intérêts au fur et à mesure des échéances, soit payer le propriétaire dépossédé après les délais de prescription.

La jurisprudence n'admet pas que les publications de la perte ou du vol qui seraient faites dans les journaux constituent de plein droit l'acquéreur du titre perdu ou volé en état de présomption de faute.

Ajoutons qu'en cas de perte ou de vol, aucune réclamation n'est admise pour les valeurs de l'État; il n'y a d'exception que lorsque la dépossession résulte d'une destruction : en faisant la preuve de cette destruction et en fournissant une caution au Trésor, le dépossédé sera restitué dans ses droits.

Nous verrons plus loin que la Chambre des représentants, mise en demeure d'adopter le système français de la loi de 1872, n'a point pris parti en ce sens et a conservé la législation en vigueur.

Législation hollandaise. — Les dispositions qui régissent la matière sont inscrites dans une loi de mai 1847 et dans celles du 2 mai 1851 et du 17 avril 1887.

Lorsqu'il s'agit de titres de l'État, le propriétaire dépossédé doit, dans l'année de sa dépossession, à peine de déchéance, présenter au souverain une requête afin d'obtenir, soit le paiement, soit un nouveau titre.

Il précise, dans cette requête, la nature et l'identité du titre disparu, ainsi que les circonstances de sa disparition. Le souverain statue, le Conseil d'État entendu. En cas d'admission de la requête, le ministre des Finances fait quatre publications, de six mois en six mois, dans le *Journal officiel*.

Si, pendant les deux mois qui suivent la dernière publication, le titre n'a pas été présenté, une décision royale rendue, le Conseil d'État entendu, ordonne la délivrance au requérant d'un certificat nominatif et incessible, muni de coupons pour une période de dix ans, à charge par lui de fournir une garantie personnelle, égale à la somme des revenus à échoir pendant ces dix ans.

Après ce délai de dix ans, le requérant reçoit un duplicata en échange de son certificat; le Trésor est libéré et le porteur du titre originaire perdu n'a plus de droits que contre le porteur du duplicata.

Le porteur du titre originaire se présente-t-il au cours de ces délais, il doit faire une opposition tant entre les mains du ministre des Finances qu'entre celles du demandeur, et le procès s'engage ensuite.

Quant aux titres autres que ceux de l'État — même les billets privés — le propriétaire dépossédé peut signifier au débiteur une opposition au paiement et faire, dans les journaux, des publications qui, suivant l'appréciation des tribunaux dans chaque espèce, constitueront ou ne constitueront pas le porteur en état de présomption de faute.

La revendication des titres au porteur est régie par des principes analogues à ceux des articles 2279 et 2280 du Code civil français (2014 et 637 du Code civil hollandais); par conséquent, dans la plupart des cas, la revendication sera sans utilité pour le dépossédé contre l'acquéreur de bonne foi à titre onéreux.

Législation portugaise. — Sous l'empire du Code de commerce portugais de 1888, le propriétaire dépossédé peut, à la condition de justifier de ses droits à la propriété du titre et des circonstances qui motivent la restitution, demander au tribunal de commerce, soit du lieu du paiement du titre, soit du siège de l'établissement émetteur, la reconstitution de son titre.

Cette reconstitution ne peut être ordonnée sans qu'un appel public ait été ordonné aux intéressés inconnus et sans que les représentants de l'établissement émetteur aient été cités. Aussitôt l'instance engagée, le demandeur peut user de tous les moyens propres à conserver ses droits. Une fois le jugement de reconstitution passé en force de chose jugée, le demandeur peut obtenir du débiteur un nouveau titre : au refus du débiteur, le jugement en tient lieu.

L'établissement débiteur est tenu au paiement du capital et des revenus, seulement contre la constitution d'une caution suffisante pour assurer la restitution éventuelle de ce qu'il verse. Cette caution est déchargée de plein droit cinq ans après avoir été fournie si dans l'intervalle personne n'a introduit contre le propriétaire rentré dans ses droits une action en restitution, ou si ladite action a été déclarée non fondée.

Aux termes de l'article 533 du Code civil portugais de 1867, lorsqu'un bien meuble a été perdu par son propriétaire ou obtenu au moyen d'un crime ou d'un délit et qu'il passe entre les mains d'un tiers de bonne foi, il n'est prescrit au profit de celui-ci qu'après six ans accomplis. Mais lorsque la chose a été achetée par le tiers de bonne foi à un marché, sur une foire publique ou à un marchand faisant le commerce de choses semblables ou du même genre, le propriétaire revendiquant est obligé de la payer à ce tiers détenteur le prix qu'elle lui a coûté, sauf son recours contre l'auteur du vol ou de la violence ou contre celui qui l'a trouvée (art. 534).

Législation suisse. — Le Code fédéral suisse de 1881 reconnait au propriétaire dépossédé le droit de faire annuler le titre perdu et d'obtenir un nouveau titre après un certain délai écoulé et certaines formalités effectuées.

En se plaçant à un point de vue purement théorique, il semble que les intérêts du propriétaire soient pleinement sauvegardés. En fait, il n'en est rien. Le porteur de bonne foi se présentera toujours et, dans le conflit qui s'élève entre lui et le propriétaire dépossédé, tout dépendra du point de savoir à quelles conditions la revendication peut être exercée.

Or, le conflit est ainsi réglé (art. 205, 206 et 208). Le propriétaire dépossédé par perte ou vol — et la jurisprudence tend à assimiler l'escroquerie au vol — conserve le droit de revendication pendant cinq ans à partir du jour où s'est produit la perte ou le vol. Si la chose a été acquise de bonne foi dans un marché, dans une vente publique ou d'un marchand vendant des choses pareilles, le détenteur a droit au remboursement du prix qu'il a payé. Nous sommes donc amenés à classer la législation fédérale suisse dans le groupe de celles qui reconnaissent au propriétaire dépossédé un droit de revendication contre le tiers porteur de bonne foi.

Le propriétaire dépossédé peut conserver ses droits contre le débiteur (art. 849 et suivants) en établissant tout d'abord devant le juge du domicile du débiteur sa possession originaire et la perte de son titre ; il fait suffisamment cette preuve en produisant le titre même s'il n'a à se plaindre que de la disparition de la feuille de coupons ou de celle du talon.

Si les preuves fournies paraissent suffisantes, le juge, par un avis rendu public dans la *Feuille officielle du commerce*, somme le détenteur inconnu de produire ce titre dans un délai de trois ans à dater de la première publication. Il y a une feuille officielle dans chaque canton et, à ce point de vue, la publicité serait bien restreinte ; mais le juge a la faculté d'ordonner une publicité complémentaire de toute autre manière qu'il croira utile. L'avis porte l'indication que, faute par le détenteur de se conformer à la sommation qu'il renferme, l'annulation du titre sera prononcée.

Le juge peut aussi, à la requête du demandeur, faire défense au débiteur de payer, sous peine de payer deux fois.

Le titre est-il produit, un délai est imparti au demandeur pour en vérifier l'identité et l'authenticité et formuler toutes conclusions, notamment en vue d'obtenir des mesures provisionnelles pour une action en revendication ou une poursuite pénale. Si le demandeur ne conclut pas dans ce délai, le juge ordonne la restitution au porteur du titre produit, lève la défense de payer et rejette la demande d'annulation.

Quand le titre n'a pas été produit dans les trois ans, le juge peut en prononcer l'annulation qui est alors publiée dans la *Feuille officielle du commerce* et par tels autres moyens que le juge estime convenables. Une fois l'annulation prononcée, celui qui l'a poursuivie a le droit d'exiger la remise, à ses frais, d'un titre nouveau, une nouvelle feuille de coupons ou le paiement du capital si le titre bénéficie du remboursement.

Les règles précédentes ne s'appliquent pas aux coupons isolés ni aux titres au porteur qui ne donnent pas droit à des redevances périodiques ou qui ne sont munis ni de feuille de coupons, ni de talon. Pour ces valeurs, le juge du domicile du débiteur peut, à la requête de la personne qui justifie les avoir possédées et perdues, ordonner que la somme à payer sera consignée en justice, soit immédiatement, soit à l'échéance, suivant les cas, pour être délivrée au demandeur après l'expiration du delai de la prescription, si aucun ayant droit ne s'est présenté avant cette époque.

Ajoutons deux observations :

1° En ce qui concerne les billets de banque ou autres valeurs au porteur analogues payables à vue (Bons de caisse de l'État, des communes, etc.), le propriétaire dépossé dé ne peut se faire restituercontre les conséquences de sa dépossession.

2° La revendication des billets de banque et coupons échus est interdite ; il en est de même des titres au porteur étrangers à la Suisse et émis dans un pays où la loi n'en admet pas la revendication, si ces titres ont été reçus par le porteur à titre onéreux et de bonne foi.

Législation allemande. — La législation allemande s'inspire de cette idée que le détenteur de bonne foi d'effets au porteur ne peut être inquiété par le propriétaire dépossédé, même en cas de perte ou de vol.

Cette solution découlait, avant la promulgation du Code civil et du Code de commerce de 1897, de l'article 307 du Code de commerce de 1861. En matière civile ou commerciale, l'acquéreur de bonne foi pourvu d'un juste titre d'acquisition était à l'abri de la revendication, que son titre d'acquisition fût gratuit ou onéreux.

Le Code civil a respecté cette conception : l'acquéreur de bonne foi devient propriétaire, et cette règle ne souffre pas d'exception lorsqu'il s'agit d'espèces ou de titres au porteur, même si les espèces ou les titres ont été perdus ou volés (art. 935 du Code civil). — Est de bonne foi celui qui, sans avoir à se reprocher une faute lourde, ignorait que la chose acquise par lui n'appartenait pas à l'aliénateur. La publicité donnée à la perte ou au vol n'est pas exclusive de la bonne foi ; elle la rend seulement plus douteuse. (Voir cependant, pour les banquiers et changeurs, l'article 367 du Code de commerce.)

À un autre point de vue, le Code civil prévoit l'annulation éventuelle, au profit du propriétaire dépossédé, du titre perdu ou détruit, au moyen de la procédure provocatoire (art. 799 du Code civil et 228 du Code de commerce). Le propriétaire pourra ainsi faire valoir les droits résultant du titre dont il est dépossédé et exiger la délivrance d'une nouvelle obligation au porteur, à la place de celle qui aura été annulée.

Les règles de la procédure provocatoire, qui a pour but de faire prononcer l'annulation de valeurs perdues ou détruites, sont énoncées au Code de procédure civile de 1877 (art. 837 et suivants).

C'est le dernier porteur qui est autorisé à poursuivre la procédure provocatoire. Le Code civil fait une obligation au souscripteur du titre de lui donner toutes les instructions nécessaires et les pièces indispensables pour mener à fin la procédure. Les frais sont à la charge du demandeur. Le tribunal compétent est celui du lieu indiqué comme lieu de paiement ; à défaut d'indication, c'est le tribunal compétent, d'après le statut général de juridiction du souscripteur ; à défaut de ce dernier tribunal, c'est celui dont dépendait le souscripteur, d'après son statut général de juridiction lorsque le titre a été émis ; si les droits qui font l'objet du titre ont été inscrits sur un registre foncier ou hypothécaire, le tribunal compétent est exclusivement le tribunal de la situation de la chose.

Le demandeur doit établir l'identité du titre perdu, le fait de sa perte et offrir d'affirmer par serment la vérité de ses allégations.

Sommation est faite par le tribunal au porteur inconnu de faire valoir ses droits éventuels à une audience ultérieure et de représenter le titre, sous peine d'annulation. Cette sommation est affichée au tableau du tribunal et à la Bourse. Elle est publiée par insertions dans l'*Indicateur de l'Empire* et dans un journal local. La loi exige qu'un délai suffisant soit donné au porteur inconnu pour se présenter. C'est ainsi que, pour les valeurs dont les revenus sont distribués à intervalles irréguliers, l'audience de renvoi est fixée à une date postérieure au moins de six mois à l'échéance du premier coupon de la nouvelle série de coupons délivrée depuis l'époque de la disparition du titre. Le demandeur doit produire, avant le jugement de forclusion, un certificat émané de l'établissement débiteur, établi après l'expiration du délai de six mois et portant que, depuis l'époque de la disparition du titre, ce titre n'a pas été présenté pour la délivrance de nouveaux coupons.

Des dispositions particulières et des délais différents sont édictés suivant qu'il s'agit de valeurs pour lesquelles des coupons d'intérêts ont été délivrés en dernier lieu pour une période de plus de quatre ans, ou de valeurs dont l'échéance, portée sur le titre lui-même, n'était pas encore survenue lors de l'insertion de la sommation à l'*Indicateur de l'Empire*.

Dans tous les cas, la première insertion à l'*Indicateur de l'Empire* et l'audience de renvoi doivent être séparées par un délai de six mois.

Le jugement de forclusion déclare le titre annulé ; il est publié dans l'*Indicateur de l'Empire* (1).

La procédure provocatoire ne peut être employée lorsqu'il s'agit de coupons d'intérêts, de rentes ou de dividendes ou d'obligations non productives d'intérêts payables à vue.

Ajoutons enfin que le Code de procédure civile laisse subsister les dispositions législatives des États qui exigent pour la procédure provocatoire des dispositions plus rigoureuses.

Dans le cas où ce sont des coupons d'intérêts, de rentes ou de dividendes qui ont été perdus ou détruits, le propriétaire, en dénonçant la perte au débiteur avant l'expiration du délai de présentation (quatre ans à dater de l'échéance), peut, ce délai écoulé, exiger le paiement. Ce droit n'existe plus lorsque, au cours du délai, le coupon perdu a été présenté au paiement.

En cas de perte du talon, le porteur de l'obligation peut toujours réclamer la feuille de renouvellement en produisant l'obligation.

Législation autrichienne. — Comme en Allemagne, le droit du propriétaire dépossédé contre le porteur de bonne foi n'existe pas. Les lois commerciales de l'Allemagne et de l'Autriche étant identiques, il suffit de renvoyer sur ce point aux indications que nous avons données précédemment

Quant à l'amortissement du titre disparu, il est réglé par des lois

---

(1) Le projet du Code civil prescrivait, au début de la procédure provocatoire, diverses formalités. Sur les conclusions du demandeur, le tribunal informait l'établissement débiteur de l'introduction de la demande et lui faisait défense de faire de nouveaux paiements, comme aussi de fournir de nouveaux coupons ou des titres de renouvellement. Toute prestation faite à l'encontre de cette prohibition et postérieurement à elle était nulle à l'égard du demandeur, sauf en ce qui concernait les coupons échus.

Lorsque l'introduction de la demande était impossible, en raison de certaines des règles de la procédure provocatoire, la défense pouvait être faite avant l'introduction de la procédure ; elle devait être alors rendue publique par une affiche au tableau du tribunal, par l'insertion dans l'*Indicateur* de l'*Empire* et par deux autres insertions dans le journal désigné pour les publications officielles dans le ressort du tribunal.

Ces formalités paraissent avoir disparu dans la rédaction définitive du Code civil. Cependant l'article 802 de ce code, au même chapitre, attribue à la défense de payer un effet suspensif, en ce qui concerne la prescription, au profit du demandeur. La suspension prend fin au jour du jugement qui termine la procédure provocatoire. Il pourrait donc être permis de se demander si cette défense de payer n'a pas été conservée par le Code civil avec les caractères qu'elle avait dans le projet. — Quoi qu'il en soit, il semble certain que le Code civil reconnaît ainsi au propriétaire dépossédé le droit d'empêcher le débiteur de s'acquitter valablement entre les mains du porteur.

spéciales (Patentes impériales des 28 mars 1803 et 15 août 1817, — décrets des 31 janvier 1824 et 12 février 1841, — loi du 3 mai 1868).

Le propriétaire d'un effet public ou d'un titre d'État, dépossédé par perte ou vol, adresse une requête au tribunal du domicile du débiteur (Vienne pour les titres de l'État). Le tribunal rend un édit par lequel il ordonne des publications par affiches et une insertion trois fois publiée dans les journaux; il ordonne en même temps au débiteur de lui faire savoir si l'on a présenté à sa caisse le titre ou les coupons disparus.

Les publications font sommation au porteur inconnu de se présenter, sous peine d'annulation de son titre, dans un délai de un an, six semaines et trois jours, à dater de l'exigibilité, si le capital est remboursable dans un délai fixé; dans un délai de trois ans après l'échéance du dernier coupon délivré avec le titre (1), si le capital n'est pas remboursable dans un délai fixé; dans un délai d'un an, six mois et trois jours après l'échéance de chaque coupon, s'il s'agit de coupons perdus.

Si le porteur se présente dans ce délai, un procès s'engage entre lui et le demandeur; s'il ne se présente pas, le tribunal rend un second jugement annulant le titre primitif et ordonnant au débiteur d'admettre le demandeur à faire valoir ses droits. Ce jugement est publié comme le précédent.

Jusqu'à ce moment, les paiements faits par le débiteur au porteur du titre sont valables.

Quant aux talons de titres au porteur, la procédure d'amortissement ne les concerne pas. On se contente de mentionner la perte du talon sur le titre, les coupons sont délivrés à celui qui le détient et leur délivrance est énoncée sur le titre.

Législation hongroise. — Comme dans les législations précédentes, le droit du propriétaire dépossédé, contre le porteur de bonne foi, n'existe pas. Le paragraphe 299 du Code de commerce hongrois reproduit les dispositions de l'article 306 du Code de commerce allemand de 1861.

Quant à l'amortissement du titre disparu, les dispositions qui y sont relatives sont contenues dans une loi du 17 mai 1881. Cette loi s'applique aux titres privés et aux effets publics, mais non aux billets de la Banque austro-hongroise, aux bons du Trésor portant intérêts, aux coupons ou talons, aux billets de loterie ou au papier monnaie.

Le propriétaire dépossédé peut adresser au tribunal une demande d'annulation des titres disparus en précisant la nature et l'identité de ces titres et en fournissant les preuves de leur perte ou de leur destruc-

---

(1) Lorsque la demande est postérieure à cette date, dans les trois ans de cette demande.

n° 23.
***

tion. Cette demande interrompt à son profit la prescription du titre, à moins qu'elle ne soit rejetée ou que la procédure d'amortissement soit interrompue.

Avant de statuer, et seulement au cas où il s'agit de titres émis par l'État ou par une corporation municipale, le tribunal fait vérifier par le débiteur, si les allégations du demandeur sont vraisemblables. Puis il rend une ordonnance, informe le demandeur et le débiteur, prescrit l'affichage de l'ordonnance dans la salle du tribunal et trois insertions au *Journal officiel*.

Le porteur est tenu de se présenter dans les trois ans ou, si la prescription du titre doit être acquise avant ces trois ans, dans un délai fixé à la moitié du temps qui reste à courir jusqu'à l'époque de la prescription et qui ne peut être moindre de six mois pour les titres de l'État et des corporations municipales, et de quarante-cinq jours, pour les autres titres.

Passé ce délai, le demandeur s'adresse au tribunal du domicile du débiteur pour requérir l'amortissement. S'il s'agit de titres de l'État ou de corporations municipales, le tribunal communique la demande au débiteur. Il lui interdit, en outre, d'émettre provisoirement de nouveaux coupons ou de payer le capital. Mais les intérêts sont toujours valablement payés.

Si le titre a été remboursé ou si de nouveaux coupons ont été délivrés, la demande d'amortissement est rejetée ; si le jugement d'annulation a été rendu postérieurement au paiement du titre ou à la délivrance de nouveaux coupons, il est tenu pour nul.

Quand le porteur se fait connaître avant le jugement d'annulation (ou la communication au débiteur, pour les titres de l'État et des corporations municipales), le tribunal interrompt la procédure par un jugement non susceptible d'appel. Dans les autres cas, le jugement d'annulation est publié par affiches dans les mêmes conditions que la première ordonnance. Une fois le jugement passé en force de chose jugée, le débiteur n'est plus tenu par le titre originaire, mais il doit fournir un nouveau titre au propriétaire dépossédé ou lui payer le capital suivant le cas. — L'annulation du titre n'ayant pas d'effet en ce qui concerne les coupons, celui auquel est fourni un nouveau titre doit restituer à la caisse débitrice les coupons ou lui en fournir la valeur.

S'il s'agit de coupons perdus, soit séparément, soit avec le titre dont ils dépendent, le propriétaire dépossédé peut obtenir du tribunal une ordonnance par laquelle le débiteur est sommé de les payer si personne ne les présente avant la prescription, mais il doit alors exiger le paiement dans les trois mois du jour auquel est acquise la prescription, à peine de déchéance. Si le talon est perdu et si les coupons n'ont pas été délivrés au porteur, le demandeur peut exiger qu'ils ne le soient que sur la présentation du titre et, lorsque le titre a été annulé, à lui-même.

Législations danoise et norvégienne. — En Danemark et en Norvège le fait de la possession de bonne foi d'un effet public au porteur paraît conférer la propriété, même en cas de perte ou de vol. Le propriétaire dépossédé est donc dénué de toute protection.

En ce qui concerne l'amortissement (Ordonnance de février 1823, pour le Danemark, — Loi du 6 mars 1869, pour la Norwège), la procédure est ouverte par un jugement ; des publications sont faites au porteur inconnu avec sommation de se présenter dans un certain délai. S'il se présente, le procès s'engage entre le propriétaire dépossédé et le porteur ; sinon, un jugement déclare le titre annulé et un duplicata est délivré ou le capital et les intérêts sont payés. Jusqu'au jugement qui termine la procédure, le débiteur peut payer entre le mains du détenteur de bonne foi.

Législation italienne. — L'article 57 du Code de commerce italien porte que la revendication, en cas de perte ou de vol, est admise seulement contre celui qui a trouvé le titre au porteur et contre celui qui l'a reçu avec connaissance du vice. Il n'y a donc pas lieu à revendication contre un possesseur de bonne foi, et comme la mauvaise foi est constituée, aux termes de l'article 57 lui-même, par la connaissance du vice, la négligence grossière n'est pas, en général, assimilée à la mauvaise foi, sauf dans les cas expressément prévus par un texte, par exemple, en matière de chèque.

En ce qui concerne l'amortissement du titre disparu, le Code de commerce n'a pas définitivement tranché les controverses qui s'élevaient antérieurement dans la jurisprudence. La plupart des tribunaux refusent aujourd'hui tout droit au propriétaire dépossédé, même après les délais de prescription. Il y a toutefois lieu de noter que si tel est le sens de la jurisprudence, quelques divergences se sont produites : certains tribunaux accordent au propriétaire dépossédé le droit de demander le paiement ou la délivrance d'un duplicata ou d'un nouveau titre ; quelques autres lui accordent le paiement des intérêts, moyennant un cautionnement, mais lui refusent la délivrance d'un duplicata.

Si la disparition résulte d'une destruction, le propriétaire peut demander le paiement, si le titre était exigible ou, au cas contraire, un duplicata ou un nouveau titre (article 56 du Code de commerce), sous les garanties que l'autorité judiciaire estime nécessaires. Ces articles 56 et 57 du Code de commerce sont applicables aux lettres de gage (Crédit foncier), aux termes du décret du 22 février 1885.

En ce qui concerne les titres d'État, ils sont aux risques du porteur qui n'a par suite, en cas de disparition, aucune réclamation à faire valoir (Lois des 9 juin 1861 et 10 juillet 1863, — Décret du 13 décembre 1863).

Nous ajouterons que l'amortissement d'un titre au porteur ne parait prévu et admis par la loi qu'en matière de livrets de Caisse d'épargne, de comptes courants et de bons à intérêts (Lois du 14 juillet 1887 et du 15 juillet 1888); sous les conditions et formalités énoncées auxdites lois, et aussi en matière de chèque (art. 341 du Code de commerce), au cas de perte ou de vol. La pratique a étendu les effets de ce dernier texte à tous les effets privés au porteur.

Législation anglaise. — La jurisprudence anglaise admet rigoureusement le principe que l'acquéreur de bonne foi est propriétaire du titre, celui-ci eût-il été perdu ou volé, à tel point que, si cet acquéreur de bonne foi transmet lui-même le titre à un acquéreur de mauvaise foi, ce dernier se trouve à l'abri de la revendication.

Est de bonne foi l'acquéreur qui a ignoré les vices qui affectent le titre entre les mains de son auteur. La mauvaise foi est donc la connaissance de ces vices ; la négligence grossière n'est pas assimilée à la mauvaise foi.

Quant à la publicité qu'il est loisible au propriétaire dépossédé de donner, de la manière qu'il veut, à la perte ou au vol, elle ne fait pas obstacle à la bonne foi du porteur ; elle la rend seulement plus douteuse. Ainsi, dans le cas où le propriétaire dépossédé pourrait établir que le porteur contre lequel il réclame lit ou reçoit le journal dans lequel a été faite l'insertion, a mauvaise foi serait présumée.

Contre l'inventeur, le voleur ou l'acquéreur de mauvaise foi, le propriétaire a l'action « for trover » lorsqu'ils sont encore en possession ; s'ils ont aliéné le titre à prix d'argent, le propriétaire dépossédé a une action « for money had and received ».

Le voleur de titres au porteur est puni des peines criminelles ; mais il en est autrement du recéleur.

Un projet déjà ancien de codification de la *Common-Law* résumait en trois points la législation relative aux titres de crédit (1).

1° Si un titre de crédit négociable est perdu ou volé, l'inventeur ou le

---

(1) Nous empruntons ce résumé à l'excellent *Traité des titres au porteur* de M. Wahl, auquel nous avons eu déjà plus d'une fois recours pour cette partie de notre étude.

voleur ne peut le retirer à l'encontre du propriétaire, ni le recouvrer contre le possesseur.

2° Mais, si l'inventeur, le voleur ou la personne qui détient le titre pour le compte du propriétaire l'aliène ou l'engage à titre onéreux, l'acquéreur ou le détenteur peut le retenir contre le propriétaire et le revendiquer contre les tiers.

3° Toutefois, si au moment de l'entrée en possession, l'acquéreur ou le détenteur connait la perte ou le vol, ou sait que son auteur n'avait pas qualité pour aliéner ou engager le titre ou le prend pour une cause illicite, il ne peut ni le retenir, ni le revendiquer, même s'il en a été saisi à titre onéreux.

Sous réserve des droits du porteur de bonne foi, lorsqu'il se présente, le propriétaire dépossédé par perte ou vol peut obtenir le paiement au fur et à mesure des échéances des revenus, et même du capital à la date de son exigibilité. A cet effet, il agit en « cour d'équité » contre l'établissement débiteur en versant un cautionnement égal au montant du titre et des coupons, et en faisant la preuve de l'existence antérieure du titre entre ses mains et de sa disparition. Les tribunaux sont autorisés à se montrer très larges sur cette preuve.

La délivrance d'un duplicata ne parait être possible qu'autant que les statuts des sociétés la prévoient et sous les conditions qu'elles imposent.

Lorsque la disparition résulte d'une destruction, le propriétaire, en établissant le fait de cette disparition et l'identité du titre détruit, peut agir contre le débiteur en paiement de la somme due ou en délivrance d'un nouveau titre, sans même avoir à fournir un cautionnement. La perte de la moitié du titre est assimilée à la destruction.

Législation des États-Unis. — La législation des Etats-Unis se rapproche beaucoup de la législation anglaise. Nous nous bornerons donc à un simple renvoi à cette législation en ce qui concerne les droits du porteur de bonne foi, la notion de bonne foi et les effets de la publicité (1).

Le propriétaire dépossédé par perte ou vol conserve ses droits contre l'établissement débiteur en se conformant aux prescriptions suivantes :

Une certaine publicité est, en pratique, donnée à la perte ou au vol par des insertions dans les journaux et des circulaires aux diverses bourses, en même temps que les personnes ou les établissements, auxquels peut être demandé le paiement, sont informés par un « caveat » ou « affidavit ».

---

(1) La publicité, comme dans la législation anglaise, n'est pas légalement obligatoire. Cependant elle est parfois et exceptionnellement réglée soit en ce qui concerne sa forme, soit en ce qui concerne ses effets (Virginie, Louisiane).

Le propriétaire dépossédé s'adresse ensuite à une cour d'équité pour obtenir le paiement des intérêts et du capital au fur et à mesure des échéances. Il doit établir la preuve de l'existence antérieure du titre entre ses mains et de sa disparition ; pour cette preuve, les tribunaux sont autorisés à se contenter de simples présomptions. Il doit aussi fournir un cautionnement égal au montant du titre et des coupons, sauf au cas où il agit après les délais de la prescription. Cette caution garantit le débiteur contre les réclamations éventuelles du porteur du titre disparu.

Si le titre est présenté dans le délai de la prescription, le cautionnement est restitué. S'il est présenté avant l'expiration de ce délai, le débiteur refuse le paiement, retient le titre et attend le résultat du procès entre le dépossédé et le porteur actuel.

La législation des Etats-Unis, comme la législation anglaise, ne reconnaît pas au propriétaire dépossédé le droit à la délivrance d'un duplicata.

Si la disparition du titre provient d'une destruction, on observe les règles indiquées comme pratiquées en Angleterre ; cependant, lorsqu'il s'agit de titres de la Confédération, une caution fixée au double du capital du titre et des intérêts est exigée.

Législation russe. — D'après le Code général de l'empire, la prescription acquisitive des meubles ne s'opère qu'au bout de dix ans, sans distinction entre celle qui s'appuie à la fois sur un juste titre et sur la bonne foi et celle qui est dépourvue de ces deux caractères (1). En outre, lorsqu'un meuble a fait l'objet d'un prêt, d'un dépôt ou d'un nantissement et qu'un abus de confiance est commis par le prêteur, le dépositaire ou le créancier gagiste, le propriétaire dépossédé n'a pas de recours contre le détenteur de bonne foi.

Nous allons voir d'ailleurs que pour la plus importante partie des titres en circulation, c'est-à-dire les titres d'Etat ou garantis par l'Etat, la loi se préoccupe exclusivement de l'intérêt du Trésor qui se libère toujours valablement entre les mains du tiers porteur sans que les intérêts des propriétaires dépossédés soient sauvegardés.

Un arrêté ministériel rendu en exécution d'un oukase impérial du 27 janvier-8 février 1895 règle en effet les droits du porteur de fonds d'Etat ou garantis par l'Etat, dépossédé par destruction, vol ou perte.

Le porteur dépossédé doit faire à la Commission impériale d'amor-

---

(1) Il est à noter toutefois qu'en Pologne, le Code civil français est en vigueur et que, dans les provinces de la Baltique, par suite d'une dérogation spécialement applicable aux titres au porteur, ces titres s'acquièrent immédiatement par une possession de bonne foi.

tissement une déclaration précisant, entre autres choses, les titres perdus indiquant les dates de l'acquisition et de la disparition ainsi que les circonstances de cette disparition. Après examen, le ministre des finances autorise le remboursement du capital et le paiement des arrérages aux conditions suivantes.

Première hypothèse : le corps du titre a disparu et le déclarant a conservé la feuille de coupons.

Le paiement du capital ne peut avoir lieu qu'après la cessation du cours des intérêts.

A cette époque, le déclarant recevra la valeur des coupons dont il sera resté détenteur contre remise de ces coupons et la différence entre le montant nominal du titre et le montant total des coupons ainsi payés lui sera versée trente ans après le jour de la cessation des intérêts si, dans l'intervalle, le titre disparu n'a pas été présenté à l'encaissement.

Le déclarant veut-il toucher le capital dès que le titre est remboursable, il dépose un cautionnement en valeurs russes ou garanties par l'État, au moins égal à la différence du montant nominal du titre et du montant des coupons par lui remis. Ce cautionnement reste déposé trente ans à la Commission impériale d'amortissement à partir du jour de la cessation des intérêts sur le titre disparu, et les arrérages des valeurs constituant ce cautionnement sont payés au déposant aux échéances respectives.

Après trente ans, le cautionnement est restitué si dans l'intervalle le titre n'a pas été présenté à l'encaissement. S'il est présenté, le capital, moins le montant des coupons manquants, est payé au porteur du titre, et le Trésor se rembourse sur le cautionnement qui est vendu. — S'il y a un excédent résultant de cette vente, il fait retour au déposant.

Lorsque le propriétaire dépossédé ne verse pas de cautionnement, la somme à lui payer peut être employée en une autre valeur émise ou garantie par l'État et qui reste déposée à la Commission impériale pendant trente ans après la cessation du cours des intérêts sur le titre perdu. Les arrérages de cette valeur sont payés au déposant au fur et à mesure et, après trente ans, la valeur lui est remise si le titre déclaré disparu n'a pas été présenté à l'encaissement. Sinon, la personne qui produit le titre reçoit paiement du capital sous déduction de la valeur des coupons manquants et la valeur achetée devient la propriété du Trésor.

Quant aux arrérages du titre disparu, le propriétaire dépossédé les touche au fur et à mesure de leur échéance au moyen de la feuille de coupons qu'il a conservée et il peut obtenir contre remise du talon une nouvelle feuille de coupons à l'épuisement de l'ancienne.

Deuxième hypothèse : le corps du titre a disparu avec la feuille de coupons y annexée.

Le capital du titre est payé comme il est dit ci-dessus, mais sous déduction de la valeur des coupons compris dans la feuille perdue et dont l'échéance est postérieure au jour fixé pour le remboursement du capital.

Les arrérages ne peuvent être payés que pour les échéances postérieures à celle du dernier coupon de la feuille disparue.

Au premier renouvellement de la feuille de coupons qui suit la déclaration, la nouvelle feuille de coupons reste en garde à la Commission impériale d'amortissement. La valeur des coupons de cette feuille n'est payée au déclarant que dix ans après leur échéance respective et au cas seulement où ni le talon ni le titre n'ont été présentés.

Il est procédé de même pour les feuilles de coupons suivantes jusqu'à ce que le titre ait cessé de porter intérêts.

Moyennant un cautionnement en valeurs russes ou garanties par l'État, égal au moins à dix ans d'arrérages du titre disparu, la nouvelle feuille de coupons qui suit la déclaration reste déposée à la Commission impériale d'amortissement, mais les coupons sont délivrés au fur et à mesure des échéances au titulaire du cautionnement. On procède de même à l'épuisement de la feuille de coupons pour une nouvelle feuille, jusqu'à ce que le titre ait cessé de porter intérêts.

Le cautionnement reste déposé jusqu'à ce qu'il se soit écoulé un délai de dix ans depuis le jour où le titre a cessé de porter intérêts. Si, durant ce délai, le titre a été représenté pour obtenir une nouvelle feuille de coupons, le porteur reçoit tous les coupons non encore détachés et, en outre, la valeur de tous ceux qui n'ont pas été atteints par la prescription de dix ans et qui ont été délivrés à l'auteur de la déclaration. — Le Trésor se rembourse ensuite de la valeur de ces coupons sur le produit de la vente du cautionnement. Le solde, s'il y en a un, fait retour au titulaire du cautionnement.

Troisième hypothèse : le corps du titre a été conservé et la feuille de coupons et le talon ont disparu.

Le talon portant l'indication d'un délai de déchéance après lequel les feuilles de coupons ne peuvent plus être obtenues, la personne dépossédée pourra se faire délivrer, lors du premier renouvellement des feuilles de coupons, une feuille après l'expiration du terme mentionné sur ledit talon.

Ajoutons, pour mémoire, que l'oukase du 27 janvier-8 février 1895 a établi la prescription trentenaire pour le capital des titres de l'État et la prescription décennale pour les arrérages des mêmes valeurs.

Législation de la République Argentine. — La législation de la République Argentine présente cette particularité qu'elle parait un composé de législation allemande et de législation française. En fait, l'article 765 du Code de commerce de 1889 édictant que le propriétaire peut revendiquer son titre entre les mains du porteur de mauvaise foi dans un délai de deux ou quatre ans, suivant les cas, il semble en résulter que le porteur de bonne foi est à l'abri de la revendication de la part du propriétaire dépossédé.

A un autre point de vue, le Code de 1889 a organisé au profit du propriétaire dépossédé par quelque événement que ce soit une procédure unique, qui opère tout à la fois opposition au paiement et opposition à la négociation.

S'agit-il de titres ou de coupons dont la valeur ne dépasse pas mille pesos, le propriétaire dépossédé informe la caisse débitrice par une notification écrite dans laquelle il donne tous renseignements utiles. La disparition des titres est signalée aux bourses et aux marchés de la République pour y être publiée pendant un mois, dans leur local et dans leurs revues.

Toute négociation postérieure au dernier jour de la publication dans la place où l'avis a été publié, ou au seizième jour qui suit, dans les autres places, est nulle; l'acquéreur n'a de recours que contre son vendeur ou le courtier par l'intermédiaire de qui la négociation a été faite.

Récépissé de la dénonciation est immédiatement donné à l'intéressé et, de ce moment, les effets ordinaires du titre ou des coupons sont paralysés entre les mains du nouveau possesseur.

L'établissement émetteur, après avoir vérifié le droit de propriété du réclamant, publie dans les journaux locaux un avis faisant connaitre que, provisoirement, les titres sont frappés de nullité; il remet à l'intéressé un certificat provisoire et, après deux ans, si aucun tiers opposant ne s'est présenté, un certificat définitif qui produit les mêmes effets légaux et commerciaux que le titre originaire. — Si le titre est exigible, le capital est déposé jusqu'à l'expiration du terme ou jusqu'à la décision judiciaire à intervenir, suivant les cas.

S'agit-il de titres ou coupons d'une valeur supérieure à mille pesos, l'intéressé fait dresser par notaire un acte dans lequel sont précisés et spécifiés les titres disparus, les circonstances de l'acquisition et de la disparition, l'époque à laquelle ont été touchés les derniers revenus. Il y est aussi fait élection de domicile.

Cet acte est, dans les vingt-quatre heures de sa signature, notifié à la caisse débitrice, et cette notification suspend les effets du titre ou coupon au détriment du porteur.

Extrait de l'acte notifié est publié par les soins de la caisse débitrice pendant un mois dans deux journaux de la localité et avis est donné aux bourses et marchés pour être publié comme il a été dit ci-dessus, avec les mêmes effets.

Les revenus échus ou à échoir sont déposés au fur et à mesure à la Banque publique et si, dans les deux ans, un porteur ne s'est pas présenté, l'intéressé peut en réclamer le paiement, toucher les revenus à leur échéance, et le capital, s'il devient exigible.

L'établissement émetteur ne fait ces paiements que moyennant la prestation d'une garantie suffisante qui devient caduque deux ans après, s'il n'est pas survenu d'opposition dans ce délai.

Si, dans les quatre ans du jour de la notification à la caisse débitrice, le porteur ne se présente pas, les titres ou coupons disparus sont réputés ne plus exister, des duplicatas sont délivrés, après publication par l'établissement émetteur d'un avis annonçant que ces titres sont devenus caducs.

Les paiements, faits en conformité de ces règles par le débiteur, sont valables, et le porteur n'a d'action que contre le réclamant ou la caution.

Si, dans les deux ans, lorsqu'il s'agit de valeurs inférieures à mille *pesos,* dans les quatre ans, au cas contraire, un tiers porteur se présente, le débiteur avise immédiatement le réclamant et toutes choses restent en l'état jusqu'à la décision du tribunal compétent.

Notons deux points en terminant :

1° Les dispositions que nous venons d'analyser s'appliquent même aux titres de l'Etat;

2° Lorsque la preuve complète de la destruction du titre est rapportée, un duplicata doit être délivré, et le public en est informé par un avis.

On voit, d'après cet exposé, que trois législations étrangères seulement se sont inspirées de la pensée qui, en France, a dominé le législateur de 1872. Elles sont arrivées aux mêmes résultats par des procédés analogues.

Quant aux autres, loin de se préoccuper des intérêts du propriétaire dépossédé, elles les ont, au contraire, sacrifiés à ceux du tiers porteur de bonne foi ou de l'établissement débiteur.

III. — BASES D'UNE ENTENTE INTERNATIONALE.
PUBLICATION D'UN BULLETIN INTERNATIONAL DES OPPOSITIONS

Nous avons essayé de passer en revue les diverses législations relatives à la transmission des titres au porteur et nous avons été amené à constater leur grande variété.

Entre les divers régimes en vigueur, paraît s'élever une sorte de conflit ; ici on s'applique, tout d'abord, à garantir les propriétaires dépossédés ; là, l'intérêt de ces propriétaires est, sans hésitation, subordonné à celui de la libre circulation des titres sur le marché.

Cet état de choses n'est pas propice à la conclusion prochaine d'une entente internationale. Pour qu'une entente de ce genre se réalisât, il faudrait, sans parler de toutes les réformes de détail à introduire dans les lois propres à chaque Etat, amener, avant tout, la totalité de ces Etats à se mettre d'accord sur l'adoption de l'un ou de l'autre des deux grands principes dont nous avons signalé le conflit.

Est-il probable que, soit d'un côté, soit de l'autre, les systèmes présentement en vigueur deviennent l'objet d'un facile abandon. Cette hypothèse peut paraître désirable ; mais il serait téméraire ou tout au moins prématuré de la considérer comme vraisemblable.

Nous n'en voudrions d'autre preuve que l'exemple d'un pays situé à nos portes et dont les lois offrent avec les nôtres, non seulement des analogies, mais même, sur le plus grand nombre des questions, une complète identité : nous voulons parler de la Belgique. La Belgique a été soumise à l'épreuve dont nous parlions ; son Gouvernement lui a proposé de renoncer au système édicté par les articles 2279 et 2280 du Code civil pour se ranger à un système nouveau, très voisin de celui qu'a inauguré en France la loi de 1872. Le résultat de cette tentative, quoiqu'elle remonte déjà à plus de vingt années, n'autorise pas de conjectures fort encourageantes sur la probabilité d'une entente internationale.

C'est en 1876, trois années après la mise en vigueur de notre loi de 1872, que le Gouvernement belge présenta aux Chambres un projet de loi dans l'analyse duquel il est superflu d'entrer puisque, d'une part, il était, dans presque toutes ses dispositions, la réédition de la loi de 1872 et que, d'autre part, il n'a pas abouti. Après de longs délais, ce projet fit l'objet d'une enquête dont fut chargée une commission spéciale, nommée par les membres de la bourse de Bruxelles.

Voici dans quels termes cette commission appréciait le projet du gouvernement :

Examinons, disait-elle, ce projet au point de vue des conséquences qu'entraînerait son application : le droit de propriété légitime sera affaibli ; toute protection contre les revendications possibles disparaîtra pour ceux mêmes qui en acquérant des titres au porteur se seront entourés de toutes les précautions suggérées par la prudence. Longtemps après leur acquisition, ils se trouveront encore sous le coup de faits qu'il leur aura été impossible de vérifier ou de prévoir. Son application jettera la panique parmi les détenteurs de titres au porteur. Le nombre des transactions s'en trouvera considérablement réduit, les étrangers déserteront un marché où l'acheteur loyal et sincère sera exposé aux revendications d'un propriétaire de titres, coupable de légèreté ou d'imprudence.

Tout acquéreur d'un titre au porteur sera obligé de s'assurer au *Moniteur* si aucune opposition ne frappe le titre qu'il vient d'acheter.

Mais la possession des titres au porteur n'est plus aujourd'hui du domaine exclusif des riches propriétaires et l'acquisition de ces valeurs s'est bien vulgarisée. Qu'en résultera-t-il, sinon l'obligation pour des centaines de mille citoyens de s'abonner au *Moniteur* pour rechercher dans les fardes volumineuses de cette publication si, parmi les titres de rente sur l'État, les lots des villes, les obligations de chemins de fer, les actions de banques ou de sociétés anonymes ou les titres étrangers qu'ils auront achetés, il ne s'en trouve pas qui soient frappés d'opposition? — On objectera sans doute : l'acheteur a recours contre son vendeur. Mais qui garantira la solvabilité du vendeur pendant dix ans ? Tout citoyen, quel qu'il soit, commerçant, rentier, ouvrier, est dans le cas de placer une partie de sa fortune en valeurs au porteur ; si le banquier, l'agent de change ou le changeur qui lui aura vendu ces valeurs vient à péricliter, que deviendra le recours de l'acheteur ?

Et tout ce travail de vérification, cette perte inouïe d'un temps précieux pouvant s'évaluer à des sommes énormes tous les ans, tout cela pour garantir contre toute perte ceux qui par négligence, par imprudence ou par crédulité, ont été dépossédés de leurs titres !

Et cet état de possession précaire peut se continuer pendant dix ans sans que le détenteur de titres s'en doute aucunement. Est-il toujours certain que, lors du paiement des coupons, les oppositions pourront être constatées, en présence de la quantité énorme qui est à payer à chaque échéance !..

En somme, les articles 23 et 24 changent la nature du titre au porteur et sa raison d'être. La valeur d'un pareil titre ne dépendra plus de sa solvabilité, de l'honnêteté, de l'honorabilité de l'État, de la ville, de la corporation, de la société qui l'aura créé; elle dépendra également de l'honorabilité et de la solvabilité de ceux qui en auront été antérieurement les propriétaires.

Sous le coup d'une semblable loi, l'inquiétude et l'incertitude seront jetées parmi les détenteurs de titres au porteur, les transactions sur les fonds publics deviendront de plus en plus rares. Les Belges eux-mêmes préféreront acquérir au dehors du pays des titres étrangers dont la circulation ne serait pas soumise à de telles entraves, et, à plus forte raison, les étrangers s'abstiendront-ils à l'avenir d'acquérir aux bourses belges des titres étrangers et surtout des titres belges.

Il nous semble inutile d'insister pour démontrer combien cette législation nouvelle entravera, non seulement en Belgique, mais surtout à l'étranger, la négociation de nos valeurs. Dans le monde entier, on hésitera à faire des achats de titres belges, car il en résulterait, pour tous les banquiers, agents de change et changeurs, à Berlin, Paris, Londres, Amsterdam, Vienne, Milan, Pétersbourg, New-York, etc., la nécessité d'être abonnés au *Moniteur belge* pour prendre connaissance de toutes les oppositions existantes, sans que cette précaution les mette complètement à l'abri de toute revendication. De là, une entrave considérable aux affaires dans un pays qui, comme le nôtre, est forcé, par l'exiguïté de son territoire et par sa position géographique, d'appliquer son activité aux affaires internationales. Du reste, il est certain que l'existence d'un bulletin d'opposition en France est la cause de la défaveur qui frappe, à l'étranger, les valeurs françaises exposées à des revendications.

Après cette discussion, la commission terminait son rapport par les lignes suivantes :

Nous croyons avoir constaté que le projet de loi, dans sa forme actuelle, bien qu'il fût déposé depuis 1876, n'a trouvé aucun appui auprès des corporations financières, industrielles ou commerciales. Nous n'avons entendu aucune voix en faveur de la reprise de l'étude de ce projet et nous estimons que, s'il y a lieu d'introduire une réforme, elle devrait porter principalement sur le mode de reconstitution des titres détruits.

Conformément à ces conclusions, la commission présenta un contre-projet dont les articles s'écartaient sensiblement des propositions du gouvernement et supprimaient la plupart des mesures protectrices édictées en faveur des propriétaires dépossédés. En présence de cette opposition, le gouvernement belge ne donna pas suite au projet présenté par lui en 1876.

Tandis que se débattait en Belgique le sort de la tentative faite pour introduire, dans ce pays, une législation nouvelle s'inspirant des principes de la loi française, l'étude d'une législation internationale sur la transmission des titres au porteur était mise à l'ordre du jour par une association créée pour la réforme et la codification du droit international. — C'est dans une réunion tenue à Francfort, en 1878, que l'attention des membres de cette association fut appelée sur la législation des titres au porteur. L'avis des Chambres de commerce de plusieurs nations du Continent fut sollicité; des mémoires en réponse furent dressés et suivis de rapports communiqués à une commission de l'association, réunie à Berne en 1880. Enfin, un congrès convoqué à Amsterdam en 1883, à l'occasion de l'Exposition internationale tenue dans cette ville, reprit la question en s'entourant des renseignements fournis par l'enquête de 1878-1880.

Ce qui ressort de ces travaux, c'est que les commissions de l'association internationale, de même que le congrès de 1883, semblent avoir montré une préférence marquée pour les législations hollandaise ou allemande et témoigné sinon de l'aversion, tout au moins de l'indifférence pour les règles de la loi française. Le syndic de la corporation des marchands de Berlin, l'un des principaux orateurs du congrès, résumait son opinion, très peu favorable aux propriétaires dépossédés, en disant sous une forme humoristique que, contre les chances de vol ou de perte, il n'y a qu'un remède, à savoir: la précaution de faire transcrire les titres « au nominatif ». On voit, par l'expression de cette opinion, à quel point les jurisconsultes et les hommes d'affaires, réunis à Berne en 1880 et à Amsterdam en 1883, étaient peu disposés à s'inspirer, pour l'établissement d'une loi internationale, des principes posés par la législation française de 1872.

Les discussions et les travaux de ces deux réunions ne sont pas passés inaperçus en France. Au mois de juillet 1884, un savant magistrat qui s'est consacré spécialement à l'étude du droit des valeurs mobilières, M. le conseiller Buchère, rendait compte, dans le journal *La Loi*, des débats qui s'étaient produits à Berne et à Amsterdam ; il suggérait de son côté une solution sur la question ainsi posée d'une entente internationale portant sur la transmission des titres au porteur :

> Il n'existe peut-être, disait-il, qu'un seul moyen pratique d'accorder à tout détenteur de titres au porteur, à quelque nation qu'il appartienne, le droit de recouvrer la jouissance des valeurs perdues ou volées, en respectant la législation des différents pays où circulent ces titres. Des conventions diplomatiques ont reconnu qu'il était nécessaire, dans un intérêt public international, de rendre exécutoires les décisions des tribunaux étrangers, au moyen d'une ordonnance d'exequatur obtenue du tribunal du lieu où cette exécution est réclamée. Le plus souvent, la décision de ce tribunal doit être rendue sans examen du fond du litige si la sentence étrangère émane d'un tribunal compétent et n'est pas contraire à l'ordre public. Pourquoi n'admettrait-on point une procédure analogue pour permettre aux possesseurs de titres au porteur le recouvrement de leurs droits, sans distinction du pays où ces titres ont été émis ? Les formalités prescrites par les différentes législations exigent toujours une décision judiciaire émanée d'un magistrat chargé de vérifier si le réclamant s'est soumis à toutes les prescriptions légales. En France, d'après la loi de 1872, le possesseur dépouillé de ses titres ne peut élever aucune réclamation contre les sociétés françaises sans une ordonnance du président du tribunal civil, rendue dans les conditions prévues par la loi.
>
> Ne serait-il pas possible d'obtenir des différentes nations, à titre de réciprocité, le droit de rendre cette ordonnance exécutoire en pays étranger, au moyen d'une procédure d'exequatur analogue à celle prescrite pour les jugements des tribunaux étrangers. Une convention internationale de cette nature donnerait une plus grande sécurité à la possession des titres au porteur et serait ainsi favorable au placement de ces titres et au développement des grandes industries.

Nous devons constater que la proposition suggérée par M. Buchère, en 1884, est restée sans écho hors de France. Depuis lors, aucune tentative sérieuse ne paraît avoir été faite pour parvenir à une entente internationale. Cette entente se heurte, en effet, à deux séries de difficultés concernant les deux ordres de prescriptions que comporte nécessairement une loi complète sur la transmission des titres au porteur.

Une loi de ce genre doit régler, d'une part, les relations du propriétaire dépossédé avec l'établissement débiteur et, d'autre part, les relations des propriétaires dépossédés avec les tiers porteurs.

En ce qui concerne le premier ordre de prescriptions, la difficulté d'une entente internationale réside moins dans l'opposition des principes que dans la diversité des institutions judiciaires et des lois de procédure. La plupart des législations sont d'accord pour assurer aux propriétaires dépossédés les moyens de faire valoir leurs droits contre l'établissement débiteur; mais les procédures édictées à cet effet varient dans chaque Etat, suivant l'ordre des juridictions qui y est établi. Il est tout à fait improbable que, dans le but de créer une entente internationale sur une question aussi spéciale, les divers Etats modifient les règles générales de juridiction et de compétence en vigueur dans chacun d'eux. Au surplus, une convention diplomatique analogue à celle que proposait M. Buchère en 1884 suffirait sans doute pour parer à toutes les difficultés, en ce qui touche les prescriptions légales et réglementaires relatives aux droits respectifs des propriétaires dépossédés et des établissements débiteurs.

Mais ce qui serait d'une utilité bien plus grande et aussi d'une toute autre difficulté, c'est la réforme de la législation en ce qui concerne les relations des propriétaires dépossédés et des tiers porteurs, c'est la création d'un droit international empêchant la négociation des titres perdus et volés.

Toutes les nations de l'Europe et même de l'Amérique n'ont-elles pas cependant un intérêt commun à régulariser la situation des acheteurs de titres au porteur, soit qu'il s'agisse de ventes de valeurs étrangères sur les marchés de leur pays, soit qu'elles veuillent faciliter le commerce des titres émis par elles et dont il importe d'assurer la facile négociation chez les autres nations?

Quelle que soit l'autorité des considérations qui militent en faveur d'une loi uniforme sur la négociation des titres perdus ou volés, on ne peut guère se dissimuler qu'à l'heure actuelle, la divergence des systèmes apparaît, provisoirement au moins, comme irréductible. Les Etats qui, à l'exemple de la France, ont créé un régime de publicité légale, dont l'objet et le résultat sont l'indisponibilité des titres frappés d'une opposition régulièrement publiée, ne consentiront pas sans doute à diminuer la protection accordée aux propriétaires dépossédés. Par contre, les Etats auxquels le système de la publication légale et de ses effets obligatoires est demeuré étranger ne paraissent nullement enclins à se convertir à d'autres principes, ainsi qu'en témoigne suffisamment l'exemple de la Belgique.

Faudra-t-il conclure qu'il n'y ait rien à faire dans cet ordre d'idées, sinon pour assurer dès maintenant, tout au moins pour préparer, en vue de l'avenir, une entente internationale sur la négociation des titres au porteur perdus ou soustraits? Nous ne nous résignons pas à le penser.

Ne serait-il pas possible d'obtenir des différentes nations l'institution d'un bulletin international des oppositions, analogue à celui créé en France par le décret du 10 avril 1873? M. Buchère, que nous avons déjà cité plus haut, indiquait, dès 1884, cette innovation comme possible et utile. D'après lui, cette institution devrait être complétée par la création, dans chaque pays, d'un bureau officiel chargé de la transmission par voie télégraphique ou téléphonique et de la publication, dans le bulletin imprimé dans le pays, de toutes les oppositions signifiées à ce bureau ou transmises par un bureau étranger. Ainsi, l'opposition signifiée en France, par exemple, serait connue dans les vingt-quatre heures à Londres, à Berlin, à Saint-Pétersbourg, etc.., et les acheteurs de ces différents pays, en consultant le bulletin publié chez eux, seraient cer tains de ne point acquérir de titres de valeurs étrangères dont la possession les exposerait à des débats judiciaires.

Ce serait évidemment trop demander que de réclamer de suite, pour les insertions figurant à ces bulletins, les effets légaux que la loi française confère aux insertions du bulletin publié à Paris par la Chambre syndicale des agents de change. Dans le plus grand nombre des Etats, ces insertions seraient seulement des indications précieuses pour les intermédiaires et les acheteurs de bonne foi. Elles fourniraient, en outre, des éléments utiles aux magistrats lorsqu'il s'agirait, pour eux, de statuer, dans les procès entre les propriétaires dépossédés et les tiers porteurs, sur la bonne ou mauvaise foi de ces derniers. Dans plusieurs pays, notamment en Angleterre et aux Etats-Unis, les propriétaires dépossédés ont, nous l'avons vu plus haut, coutume de porter à la connaissance du public les numéros de leurs titres perdus ou volés. Cet usage n'est d'ailleurs pas limité à ces deux pays ; il existe notamment en Belgique, où se publie par les soins d'une agence privée un bulletin belge des oppositions. Ces publications dépourvues de caractère officiel peuvent cependant être prises en considération par les magistrats pour apprécier, le cas échéant, la bonne foi des tiers porteurs. Il est donc permis de penser que la publication d'un bulletin officiel donnerait à cette jurisprudence, encore restreinte dans ses effets, un caractère d'autorité et de généralité qui lui fait actuellement défaut. Peut-être verrait-on, en peu de temps, les tribunaux prendre pour règle habituelle de considérer l'achat des titres au porteur, dont les numéros seraient publiés au bulletin, effectué après cette publication, comme une présomption sinon absolue, tout au moins relative, de mauvaise foi ou de légèreté répréhensible de la part de l'acquéreur. Si l'institution de bulletins officiels dans chaque pays, telle que nous venons d'en décrire le mécanisme produisait de pareils effets — et c'est ce qu'il est permis d'espérer

saṅs un excès d'optimisme — on verrait, peu à peu, s'établir un régime
protecteur des droits des propriétaires dépossédés. Les objections ou
les préjugés qui s'attachent à toutes les entraves apportées à la libre circulation des titres diminueraient sans doute progressivement, et, après
une expérience suffisamment prolongée, il n'est pas interdit d'admettre
que la voie serait désormais ouverte à l'établissement d'une législation
internationale sur la transmission des titres au porteur, tentative qui,
dans le présent, serait certainement prématurée.

IV. — MODIFICATIONS A APPORTER EN FRANCE
A LA LÉGISLATION ACTUELLE

Une tâche, plus limitée et moins ambitieuse que celle dont l'objet
serait de jeter les bases d'une entente internationale, consiste à formuler certaines modifications dont, après une expérience de vingt-huit
ans, la loi de 1872 paraîtrait susceptible.

Nous avons examiné, au début de cette étude les effets de cette loi au
regard des diverses catégories d'intéressés. Nous avons indiqué au passage les points sur lesquels pourrait utilement porter l'intervention du
législateur. Il nous reste maintenant à proposer la formule de ces modifications éventuelles.

A cet effet, et pour donner à nos suggestions la plus grande précision
possible, nous croyons devoir reprendre, article par article, les dispositions de la loi de 1872, en notant au passage, sous forme soit d'addition,
soit de retranchement, soit de rédaction nouvelle, les changements qui
sera ient opportuns. L'ensemble de ces changements sera ensuite
condensé sous la forme d'un texte législatif. Ce texte sera la reproduction
d'un projet élaboré et préparé depuis plusieurs années déjà, sous les
auspices et par les soins de la chambre syndicale des agents de change
de Paris et soumis par elle à l'examen des ministères des finances et de
la justice.

L'article 1er de la loi de 1872 ne comporte aucune modification.

L'article 2 mentionne les formalités requises en ce qui concerne les
oppositions que le propriétaire dépossédé doit notifier à l'établissement
débiteur; quant aux formes de l'opposition à signifier au syndicat, c'est
par l'article 11 qu'elles sont réglées et l'article 2 ne dit rien de ces oppositions.

Rien n'oblige donc l'opposant à former opposition tant à la chambre
syndicale qu'à l'établissement débiteur. Il peut résulter de cet état de
choses des inconvénients sérieux tant pour l'opposant que pour les tiers:

acheteurs de titres. En effet, les valeurs frappées d'opposition à l'établissement débiteur seulement continuent à circuler sur le marché sans être signalées aux intermédiaires ou aux tiers porteurs qui se les transmettent jusqu'au jour où un acheteur se heurte à l'opposition notifiée à l'établissement débiteur.

Comme la négociation du titre non inséré au *Bulletin* est régulière, l'acheteur est obligé d'intenter un procès toujours gênant pour lui et, en même temps, l'absence de publication est nuisible à l'opposant puisqu'il est forcé de subir une mainlevée judiciaire s'il ne donne préalablement une mainlevée amiable.

Pour faire disparaître aussi l'inconvénient qui résulte de la circulation sur le marché de titres frappés d'oppositions occultes, il suffirait d'édicter une disposition interdisant à l'établissement débiteur de recevoir une opposition s'il n'est pas justifié que cette même opposition a été préalablement notifiée à la chambre syndicale.

Aux articles 3, 4 et 5 de la loi de 1872, on lit à plusieurs reprises les mots « opposition contredite. »

Certains établissements ont pensé que la présentation à l'encaissement, par un tiers quelconque, d'un coupon détaché du titre, constituait une opposition. A ce sujet, nous avons fait remarquer que les coupons détachés servent de monnaie courante ou sont fréquemment encaissés par des intermédiaires non propriétaires des titres. Aussi la jurisprudence a-t-elle généralement décidé que la contradiction, au sens de la loi de 1872, existait seulement si le coupon était présenté par un tiers prétendant à la propriété du titre; elle a voulu ainsi éviter les difficultés sans nombre que rencontreraient les opposants vis-à-vis de chacun des tiers qui aurait présenté des coupons à différentes échéances.

Pour couper court à toute controverse sur ce point, on pourrait introduire dans la loi de 1872 une interprétation du mot « contredite » conforme à l'opinion générale de la jurisprudence, et ajouter dans l'article 3, aux mots « sans qu'elle ait été contredite », les mots suivants: « par un tiers se prétendant propriétaire du titre frappé d'opposition ».

Cette addition à l'article 3 déterminerait le sens du mot « contredite » qui figure également aux articles 4 et 5.

De même à l'article 15, aux mots « sans que personne se soit présenté pour recevoir les intérêts ou dividendes » seraient substitués ceux-ci : « sans être contredite dans les termes de l'article 3 ».

Le même article 3 dispose que, lorsqu'il se sera écoulé une année et que, dans cet intervalle, deux termes au moins d'intérêts ou de dividendes auront été mis en distribution, l'opposant pourra se pourvoir auprès du président du tribunal civil du lieu de son domicile afin d'obtenir l'autorisation de toucher les intérêts ou même le capital, lorsque ce capital devient exigible.

L'obtention de cette ordonnance du président est très importante en ce sens qu'elle sert de point de départ aux dix ans de publication nécessaires pour la délivrance des duplicata (art. 15).

Or, la loi n'ayant pas prévu qu'il y aurait en circulation un grand nombre de valeurs comme les lots Panama, les Bons fonciers, ceux des Expositions, etc., qui ne produisent pas d'intérêts, il résulte d'une interprétation littérale du texte que les propriétaires dépossédés de titres de cette nature ne pourraient jamais obtenir d'ordonnance du président ni, par suite, des duplicata, ou le montant du capital en cas de remboursement.

Il n'y a pas de motif pour frapper d'interdit des valeurs de ce genre.

La même observation s'applique s'il s'agit de sociétés qui ont suspendu le paiement de leurs intérêts ou dividendes. Quoique dépréciés, les titres continuent souvent à être négociés en bourse ; ils ont encore une certaine valeur et plus tard même, retrouvent parfois leurs anciens cours ; il n'y a donc pas de motif pour empêcher les propriétaires de remplir les formalités afin d'obtenir des duplicata.

Les inconvénients résultant du silence actuel de la loi disparaîtraient si l'on ajoutait au texte actuel de l'article 3, ces mots : « Ou pour les titres qui ne portent aucun coupon d'intérêts et de dividendes, ou pour ceux des sociétés qui ont cessé de payer les intérêts ou dividendes lorsqu'il se sera écoulé trois ans à partir de l'opposition, etc., etc. »

Trois ans, c'est le délai actuellement fixé par l'article 4, §§ 2 et 3, pour la décharge de la caution ou le retrait de la caisse des dépôts.

Une dernière addition à l'article 3 pourrait y être utilement introduite en ce qui concerne la compétence juge u chargé de signer l'ordonnance autorisant l'opposant à toucher provisoirement les revenus. La loi n'ayant pas prévu le cas où l'opposant habiterait l'étranger, l'article recevrait l'addition suivante : « Ou s'il (l'opposant) habite hors de France, auprès du président du tribunal civil du domicile par lui élu dans son acte d'opposition ».

Sur les articles suivants jusqu'au dixième inclusivement, nous ne croyons pas qu'il y ait de modifications à suggérer.

L'article 11 donne à l'opposant la faculté de faire une notification au syndicat, sans d'ailleurs lui en imposer l'obligation. Si, comme nous le demandons plus haut, l'opposant est tenu de notifier son opposition tout à la fois à la chambre syndicale et à l'établissement débiteur, l'article 11 devrait recevoir la modification ci-après : « L'opposant, conformément à l'article 2, devra notifier au syndicat des agents de change de Paris une opposition renfermant les énonciations prescrites par ledit article ».

Dans le même ordre d'idées, afin que la simultanéité prescrite entre les deux notifications lors de la formation des oppositions, se continue lors de la radiation de ces mêmes oppositions, il serait bon que l'article 11 fût complété par une disposition additionnelle aux termes de laquelle la chambre syndicale serait tenue d'adresser aux établissements débiteurs des certificats de radiation dont ces établissements seraient obligés de tenir compte après les avoir contrôlés sur leur liste de titres frappés d'opposition. — Ainsi cesserait l'inconvénient signalé plus haut, résultant de la circulation sur le marché de titres frappés d'opposition aux établissements débiteurs et non insérés au *Bulletin*.

L'article 12 dit que toute négociation postérieure (à la négociation ou à la transmission) est sans effet vis-à-vis de l'opposant.

Nous avons indiqué les graves controverses qui se sont élevées sur la question de savoir quand étaient effectuées, pour les titres négociés par le ministère d'agent de change, la négociation et la transmission prévues par cet article 12. Il n'y a pas lieu de revenir sur l'exposé de ces controverses. Pour y couper court, il serait possible d'introduire une disposition complémentaire dans la loi de 1872.

Cette disposition trouverait sa place à la fin de l'article 13 qui prescrit aux agents de change d'inscrire sur leurs livres les numéros des titres qu'ils achètent ou qu'ils vendent. Il suffirait d'ajouter à cet article un deuxième paragraphe ainsi conçu : « L'inscription faite des titres vendus et reçus du donneur d'ordres constitue la négociation suivie de transmission qui rend sans effet la publication postérieure à cette inscription. »

A propos des modifications à apporter aux articles 3 et suivants, nous avons déjà proposé un changement dans la rédaction de l'article 15. Sur ce même article et dans le même ordre d'idées, à raison des additions proposées relativement aux titres dépourvus de coupons ou à ceux de sociétés ayant interrompu le service de leurs dividendes ou intérêts, il conviendrait de supprimer purement et simplement le § 3 de l'article 15.

Ce même article 15 comporte une modification plus importante qui touche à sa disposition finale.

Un duplicata du titre va être délivré à l'opposant qui a rempli toutes les formalités prescrites ; l'article 15, § 5, oblige celui-ci à faire publier, pendant une nouvelle période de dix ans après la délivrance du duplicata, sous la rubrique des valeurs frappées de déchéance, le numéro du titre remplacé. La loi de 1872 a ainsi voulu empêcher le primata frappé de déchéance de reparaître sur le marché. Mais cette mesure est-elle suffisante ? C'est ce que se demandait M. Grivart :

> Grâce à cette précaution, disait-il, le danger s'éloigne et devient plus rare. Mais nous n'oserions pas dire qu'il est entièrement conjuré. Pour le rendre impossible, il eût fallu grever les propriétaires dépossédés d'une publication indéfinie, ce que nous n'avons pas cru possible. Du reste, le plus souvent, après l'expiration des délais de publication, l'ancien titre ne pourra se présenter sur le marché que démuni de coupons ou avec des coupons échus depuis plus ou moins longtemps, c'est-à-dire dans un état matériel qui le signalera à la défiance des tiers. Il faut ajouter que l'éventualité qui a frappé notre attention ne peut pas se produire avant un délai de vingt et un ans à compter de la mise en application de la loi, et que, d'ici là, rien n'empêchera de mettre à l'étude, de concert avec les compagnies, le moyen d'y remédier.

Le délai prévu par M. Grivart est depuis plusieurs années expiré. Les premiers duplicata ont été délivrés en 1884 et les opposants entrés en possession de nouveaux titres ont payé jusqu'en 1894. Depuis ce temps le syndicat avait le droit de rayer les numéros, il ne l'a pas fait pour ne pas risquer de laisser remettre en circulation des primata, annulés en réalité, mais qu'aucune publication ne signalerait plus à l'attention.

« Les coupons encore attachés rendraient le titre suspect », disait M. Grivart : c'est vrai, mais si ceux que le détiennent sont de mauvaise foi, ils n'auraient qu'à détacher d'un coup de ciseau tous les coupons et ils créeraient sans difficulté un titre de jouissance courante.

Le cas serait peut-être assez rare ; il a préoccupé cependant certains établissements débiteurs, notamment la préfecture de la Seine et la compagnie des chemins de fer de Paris à Lyon et à la Méditerranée.

Voici, pour parer à l'inconvénient signalé, ce que nous proposerions : on sait qu'un titre cesse d'être négociable en bourse dès qu'il n'a plus de coupons attachés ; quand la feuille de coupons est épuisée, les tiers porteurs déposent leurs titres dans les compagnies qui rattachent de nouvelles feuilles ; tous les titres passent sous les yeux de la compagnie qui arrêtera au passage les primata frappés de déchéance et les retiendra contre récépissé.

Si donc le titre frappé de déchéance restait forcément publié au *Bulletin* jusqu'à l'échéance du dernier coupon attaché au titre inclusivement, peut-être le danger serait-il conjuré. Un règlement d'administration publique fixerait le coût de la somme à payer au syndicat pour la publication supplémentaire au delà des dix ans exigés actuellement.

Les termes *in fine* de l'article 15 devraient être, en ce cas, ainsi modifiés : « Il devra, de plus, verser le prix de la publication pour autant d'années que le comportera la feuille de coupons attachée au titre frappé de déchéance, sans que la durée de ce temps puisse, en aucun cas, être inférieure à dix ans ».

Quant aux titres qui ne portent aucun coupon, ils resteront, par application du paragraphe que nous proposons, soumis à une publication décennale à partir de la délivrance du duplicata.

Nous arrivons maintenant à une innovation plus importante et qui comporterait, non un simple remaniement des articles actuels de la loi de 1872, mais l'addition à cette loi d'articles nouveaux.

Cette innovation serait introduite en faveur d'une catégorie de personnes auxquelles le législateur de 1872 n'a peut-être pas assez songé. Nous voulons parler des acheteurs de bonne foi de titres non encore insérés au *Bulletin* à la date de leur achat. Ces acheteurs sont actuellement obligés, à défaut de mainlevées amiables données par les opposants, d'engager contre eux des procès toujours longs et relativement dispendieux. A supposer même que les titres litigieux ne subissent aucune baisse pendant la durée du procès, les frais et faux frais occasionnés par l'instance judiciaire en mainlevée sont assez considérables pour que souvent des personnes de modeste condition qui ont employé leurs économies à l'achat d'un titre au porteur aient intérêt à abandonner leur titre plutôt qu'à suivre jusqu'au bout devant la justice une réclamation pourtant bien légitime.

L'acheteur dont nous nous préoccupons ici n'est pas le tiers porteur quelconque qui se prévaut de la maxime : « En fait de meubles, possession vaut titre », car la possession claire, certaine, non équivoque prévue par l'article 2279 du Code civil soulève, dans les procès de dons manuels par exemple, des questions d'une appréciation très délicate. Celui en faveur duquel nous demandons une procédure spéciale, exceptionnellement rapide et presque sans frais, c'est l'acheteur qui a acquis un titre par ministère d'agent de change, avant toute publication d'opposition.

Cet opposant se présente à l'opposant muni : 1° de son bordereau d'achat, délivré par un officier public; 2° d'un certificat émanant de la Chambre syndicale et constatant que le titre ne figurait pas au *Bulletin* lors de son acquisition. Malgré ces justifications complètes, l'acheteur qui les représente est renvoyé par l'article 14 à se pourvoir conformément au droit commun, c'est-à-dire aux articles 2279 et 2280 du Code civil.

Est-il juste, en pareil cas, après que l'acheteur s'est ainsi révélé à l'opposant, que celui-ci puisse demeurer passif et obliger un tiers porteur de bonne foi à entamer une instance devant le tribunal civil?

On sait d'ailleurs combien d'oppositions sont formées sans motif sérieux. La preuve en est dans le nombre considérable de numéros rayés d'office par le syndicat, faute par l'opposant de faire, à l'échéance, le versement requis pour la continuation de l'insertion au *Bulletin*.

Il n'est personne, parmi ceux que l'expérience a initiés à l'application quotidienne de la loi de 1872, qui conteste l'opportunité d'une procédure rapide et peu coûteuse, organisée en faveur des tiers acquéreurs, lorsqu'il n'existe pas de contestation sur le fond du droit.

C'est de cette procédure que nous avons essayé de fixer les règles dans trois articles qui porteraient les numéros 17, 18 et 19 et que nous proposons d'ajouter à la loi de 1872.

Ainsi serait mis fin à un abus qui provoque chaque jour les plus vives et les plus légitimes réclamations.

Moyennant ces diverses dispositions complémentaires, jointes aux amendements que nous avons suggérés sous les divers articles, nous croyons que la loi de 1872 conserverait dans l'intérêt des propriétaires dépossédés toute son efficacité légitime, en même temps que la partie la plus considérable des inconvénients signalés par la pratique disparaîtrait, tant pour les tiers porteurs de bonne foi que pour les intermédiaires préposés aux négociations.

C'est avec cette espérance et dans ce but que la chambre syndicale des agents de change de Paris a procédé, comme nous l'avons dit au début de cette étude, à l'élaboration d'un texte que nous donnons en annexe, en mettant en regard de ce texte, ainsi amendé et complété, celui de la loi de 1872.

Georges LEBEL,
Avocat à la Cour d'appel de Paris.

Arthur SIMON,
Chef du contentieux à la Chambre syndicale
des agents de change de Paris.

[ANNEXE.]

Texte de la loi de 1872

ARTICLE PREMIER. — Le propriétaire de titres au porteur, qui en est dépossédé par quelque événement que ce soit, peut se faire restituer contre cette perte dans la mesure et sous les conditions déterminées dans la présente loi.

2. — Le propriétaire dépossédé fera notifier par huissier à l'établissement débiteur un acte indiquant : le nombre, la nature, la valeur nominale, le numéro, et, s'il y a lieu, la série des titres.

Il devra aussi, autant que possible, énoncer :

1° L'époque et le lieu où il est devenu propriétaire, ainsi que le mode de son acquisition ;

2° L'époque et le lieu où il a reçu les derniers intérêts ou dividendes ;

3° Les circonstances qui ont accompagné sa dépossession. Le même acte contiendra une élection de domicile dans la commune du siège de l'établissement débiteur.

Cette notification emportera opposition au paiement tant du capital que des intérêts ou dividendes échus ou à échoir.

3. — Lorsqu'il se sera écoulé une année depuis l'opposition sans qu'elle ait été contredite, et que, dans cet intervalle, deux termes au moins d'intérêts et de dividendes auront été mis en distribution,

Texte projeté

ARTICLE PREMIER. — Sans modification.

2. — Le propriétaire dépossédé fera notifier par huissier à l'établissement débiteur un acte indiquant : le nombre, la nature, la valeur nominale, le numéro et, s'il y a lieu, la série des titres.

Cet acte contiendra, à peine de nullité, une copie certifiée par l'huissier instrumentaire :

1° Du visa apposé par le syndicat des agents de change sur l'original de l'exploit d'huissier prévu par l'article 11 ci-après ;

2° De la quittance délivrée par le syndicat du prix de la publication prévue par l'article 11.

Il devra aussi, autant que possible, énoncer :

1° L'époque et le lieu où il est devenu propriétaire, ainsi que le mode de son acquisition ;

2° L'époque et le lieu où il a reçu les derniers intérêts ou dividendes ;

3° Les circonstances qui ont accompagné sa dépossession. Le même acte contiendra une élection de domicile dans la commune du siège de l'établissement débiteur.

Cette notification emportera opposition au paiement tant du capital que des intérêts ou dividendes échus ou à échoir, *jusqu'à ce que mainlevée en ait été donnée, soit par l'opposant, soit par justice, ou jusqu'à ce que déclaration ait été faite par le syndicat des agents de change à l'établissement débiteur de la radiation de l'opposition.*

3. — Lorsqu'il se sera écoulé une année depuis l'opposition sans qu'elle ait été contredite *par un tiers se prétendant propriétaire du titre frappé d'opposition, et que, dans cet intervalle, deux termes au*

Texte de la loi de 1872

l'opposant pourra se pourvoir auprès du président du tribunal civil du lieu de son domicile, afin d'obtenir l'autorisation de toucher les intérêts ou dividendes échus ou à échoir, au fur et à mesure de leur exigibilité, et même le capital des titres frappés d'opposition dans le cas où ledit capital serait ou deviendrait exigible.

4. — Si le président accorde l'autorisation, l'opposant devra, pour toucher les intérêts ou dividendes, fournir une caution solvable dont l'engagement s'étendra au montant des annuités exigibles ; et, de plus, à une valeur double de la dernière annuité échue.

Après deux ans écoulés depuis l'autorisation sans que l'opposition ait été contredite, la caution sera de plein droit déchargée.

Si l'opposant ne veut ou ne peut fournir la caution requise, il pourra, sur le vu de l'autorisation, exiger de la compagnie le dépôt à la Caisse des dépôts et consignations des intérêts ou dividendes échus et de ceux à échoir, au fur et à mesure de leur exigibilité.

5. — Si le capital des titres frappés d'opposition est devenu exigible, l'opposant qui aura obtenu l'autorisation ci-dessus pourra en toucher le montant, à charge de fournir caution. Il pourra, s'il le préfère, exiger de la compagnie que le montant dudit capital soit déposé à la Caisse des dépôts et consignations.

Lorsqu'il se sera écoulé dix ans depuis l'époque de l'exigibilité et cinq ans au moins à partir de l'autorisation sans que

Texte projeté

moins d'intérêts ou de dividendes auront été mis en distribution, *ou pour les titres de sociétés qui ont cessé de payer des intérêts ou dividendes ou qui ne portent aucun coupon d'intérêts ou dividendes, lorsqu'il se sera écoulé trois années depuis l'opposition sans qu'elle ait été contredite,* l'opposant pourra se pourvoir auprès du président du tribunal civil du lieu de son domicile, *ou, s'il habite hors de France, auprès du président du tribunal civil du domicile par lui élu dans son acte d'opposition,* afin d'obtenir l'autorisation de toucher les intérêts ou dividendes échus, ou même le capital des titres frappés d'opposition dans le cas où ledit capital serait ou deviendrait exigible.

4. — Si le président accorde l'autorisation, l'opposant devra, pour toucher les intérêts ou dividendes, fournir une caution solvable dont l'engagement s'étendra au montant des annuités exigibles ; et, de plus, à une valeur double de la dernière annuité échue.

Après deux ans écoulés depuis l'autorisation sans que l'opposition ait été contredite *dans les termes de l'article 3,* la caution sera de plein droit déchargée.

Si l'opposant ne veut ou ne peut fournir la caution requise, il pourra, sur le vu de l'autorisation, exiger de la compagnie le dépôt à la Caisse des dépôts et consignations des intérêts ou dividendes échus et de ceux à échoir, au fur et à mesure de leur exigibilité,

5. — Si le capital des titres frappés d'opposition est devenu exigible, l'opposant qui aura obtenu l'autorisation ci-dessus pourra en toucher le montant, à charge de fournir caution. Il pourra, s'il le préfère, exiger de la compagnie que le montant dudit capital soit déposé à la Caisse des dépôts et consignations.

Lorsqu'il se sera écoulé dix ans depuis l'époque de l'exigibilité et cinq ans au moins à partir de l'autorisation sans que

Texte de la loi de 1872

l'opposition ait été contredite, la caution sera déchargée, et, s'il y a un dépôt, l'opposant pourra retirer de la Caisse des dépôts et consignations les sommes en faisant l'objet.

6. — La solvabilité de la caution à fournir, en vertu des dispositions des articles précédents sera appréciée comme en matière commerciale. S'il s'élève des difficultés, il sera statué en référé par le président du tribunal du domicile de l'établissement débiteur.

Il sera loisible à l'opposant de fournir un nantissement aux lieu et place d'une caution. Ce nantissement pourra être constitué en titres de rentes sur l'Etat. Il sera restitué à l'expiration des délais fixés pour la libération de la caution.

7. — En cas de refus de l'autorisation dont il est parlé en l'article 3, l'opposant pourra saisir, par voie de requête, le tribunal civil de son domicile, lequel statuera après avoir entendu le ministère public. Le jugement obtenu dudit tribunal produira les effets attachés à l'ordonnance d'autorisation.

8. — Quand il s'agira de coupons au porteur détachés du titre, si l'opposition n'a pas été contredite, l'opposant pourra, après trois annés à compter de l'échéance et de l'oppostion, réclamer le montant desdits coupons de l'établissement débiteur, sans être tenu de se pourvoir d'autorisation.

9. — Les paiements faits à l'opposant suivant les règles ci-dessus posées libèrent l'établissement débiteur envers tout tiers porteur qui se présenterait ultérieurement. Le tiers porteur au préjudice duquel lesdits paiements auraient été faits conserve seulement une action personnelle

Texte projeté

l'opposition ait été contredite *dans les termes de l'article* 3, la caution sera déchargée, et, s'il y a un dépôt, l'opposant pourra retirer de la Caisse des dépôts et consignations les sommes en faisant l'objet.

6. — Sans modification.

7. — En cas de refus de l'autorisation dont il est parlé en l'article 3, l'opposant pourra saisir, par voie de requête, le tribunal civil de son domicile, *ou, s'il habite hors de France, le tribunal civil du domicile par lui élu dans son acte d'opposition,* lequel statuera après avoir entendu le ministère public. Le jugement obtenu dudit tribunal produira les effets attachés à l'ordonnance d'autorisation.

8. — Sans modification.

9. — Sans modification.

Téxte de la loi de 1872	**Texte projeté**

Téxte de la loi de 1872

contre l'opposant qui aurait formé son opposition sans cause.

10. — Si, avant que la libération de l'établissement débiteur ne soit accomplie, il se présente un tiers porteur des titres frappés d'opposition, ledit établissement doit, provisoirement, retenir ces titres contre un récépissé remis au tiers porteur; il doit, de plus, avertir l'opposant, par lettre chargée, de la présentation du titre en lui faisant connaître le nom et l'adresse du tiers porteur. Les effets de l'opposition restent alors suspendus jusqu'à ce que la justice ait prononcé entre l'opposant et le tiers porteur.

11. — L'opposant qui voudra prévenir la négociation ou la transmission des titres dont il a été dépossédé, devra notifier par exploit d'huissier au Syndicat des agents de change de Paris une opposition renfermant les énonciations prescrites par l'article 2 de la présente loi; l'exploit contiendra réquisition de faire publier les numéros des titres.

Cette publication sera faite un jour franc au plus tard par les soins et sous la responsabilité du Syndicat des agents de change de Paris dans un bulletin quotidien, établi et publié dans les formes et sous les conditions déterminées par un règlement d'administration publique.

Le même règlement fixera le coût de la rétribution annuelle due par l'opposant pour frais de publicité. Cette rétribution annuelle sera payée d'avance à la caisse du Syndicat, faute de quoi la dénonciation de l'opposition ne sera pas reçue, ou la publication ne sera pas continuée à l'expiration de l'année pour laquelle la rétribution aura été payée.

Texte projeté

10. — Sans modification.

11. — *L'opposant, pour prévenir la négociation ou la transmission des titres dont il a été dépossédé, notifiera, conformément à l'article 2, un exploit contenant les indications énoncées audit article et qui contiendra réquisition de publier les numéros des titres.*

Cette publication sera faite un jour franc au plus tard par les soins et sous la responsabilité du Syndicat des agents de change de Paris dans un bulletin quotidien, établi et publié dans les formes et sous les conditions déterminées par un règlement d'administration publique.

Le même règlement fixera le coût de la rétribution annuelle due par l'opposant pour frais de publicité. Cette rétribution annuelle sera payée d'avance à la caisse du Syndicat, faute de quoi la dénonciation de l'opposition ne sera pas reçue, ou la publication ne sera pas continuée à l'expiration de l'année pour laquelle la rétribution aura été payée.

Un mois après l'échéance de la publication ou dans les quinze jours qui suivront l'acceptation d'une mainlevée, le Syndicat fera parvenir à l'établissement débiteur un certificat de radiation des titres, lequel tiendra lieu de mainlevée à celui-ci pour tous paiements de coupons, remboursement de capital, conversions,

Texte de la loi de 1872

Texte projeté

transferts, etc., et lui donnera pleine et entière décharge, à condition que les numéros signalés comme rayés du bulletin concordent bien avec ceux inscrits sur les registres de la compagnie comme frappés d'opposition.

12. — Toute négociation ou transmission postérieure au jour où le bulletin est parvenu ou aurait pu parvenir, par la voie de la poste dans le lieu où elle a été faite, sera sans effet vis-à-vis de l'opposant, sauf le recours du tiers porteur contre son vendeur et contre l'agent de change, par l'intermédiaire duquel la négociation aura eu lieu. Le tiers porteur pourra également, au cas prévu par le présent article, contester l'opposition faite irrégulièrement ou sans droit.

Sauf le cas où la mauvaise foi serait démontrée, les agents de change ne seront responsables des négociations faites par leur entremise qu'autant que les oppositions leur auront été signifiées personnellement, ou qu'elles auront été publiées dans le Bulletin par les soins du Syndicat.

12. — Sans modification.

13. — Les agents de change doivent inscrire sur leurs livres les numéros des titres qu'ils achètent ou qu'ils vendent.

Ils mentionneront sur les bordereaux d'achat les numéros livrés. Un règlement d'administration publique déterminera le taux de la rémunération qui sera allouée à l'agent de change pour cette inscription de numéros.

13. — Les agents de change doivent inscrire sur leurs livres les numéros des titres qu'ils achètent ou qu'ils vendent.

Ils mentionneront sur les bordereaux d'achat les numéros livrés. Un règlement d'administration publique déterminera le taux de la rémunération qui sera allouée à l'agent de change pour cette inscription des numéros.

L'inscription faite sur les livres des agents de change des numéros des titres rendus et livrés par le donneur d'ordre constitue la négociation suivie de transmission qui rend sans effet la publication postérieure à cette inscription.

Par suite, l'agent de change détenteur des titres est fondé à demander à l'opposant la restitution du prix payé ou la mainlevée de l'opposition si la publication qui survient après cette inscription

Texte de la loi de 1872

Texte projeté

empêche la livraison ou l'attribution au donneur d'ordre.

14. — A l'égard des négociations ou transmissions de titres antérieurs à la publication de l'opposition, il n'est pas dérogé aux dispositions des articles 2279 et 2280 du Code civil.

14. — Sans modification.

15. — Lorsqu'il se sera écoulé dix ans depuis l'autorisation obtenue par l'opposant, conformément à l'article 3, et que, pendant le même laps de temps, l'opposition aura été publiée sans que personne se soit présenté pour recevoir les intérêts ou dividendes, l'opposant pourra exiger de l'établissement débiteur qu'il lui soit remis un titre semblable et subrogé au premier. Ce titre devra porter le même numéro que le titre originaire, avec la mention qu'il est délivré par duplicata.

Le titre délivré en duplicata conférera les mêmes droits que le titre primitif et sera négociable dans les mêmes conditions.

Le temps pendant lequel l'établissement n'aurait pas mis en distribution de dividendes ou d'intérêts ne sera pas compté dans le délai ci-dessus.

Dans le cas du présent article, le titre primitif sera frappé de déchéance, et le tiers porteur qui le représentera après la remise du nouveau titre à l'opposant n'aura qu'une action personnelle contre celui-ci, au cas où l'opposition aurait été faite sans droit.

L'opposant qui réclamera de l'établissement un duplicata paiera les frais qu'il occasionnera. Il devra, de plus, garantir par un dépôt ou par une caution, que le numéro du titre frappé de déchéance sera publié pendant dix ans avec une mention spéciale au bulletin quotidien.

15. — Lorsqu'il se sera écoulé dix ans depuis l'autorisation obtenue par l'opposant, et que pendant le même laps de temps l'opposition aura été publiée *sans être contredite dans les termes de l'article 3*, l'opposant pourra exiger de l'établissement débiteur qu'il lui soit remis un titre semblable et subrogé au premier. Ce titre devra porter le même numéro que le titre originaire, avec la mention qu'il est délivré par duplicata.

Le titre délivré en duplicata conférera les mêmes droits que le titre primitif et sera négociable dans les mêmes conditions.

Dans le cas du présent article, le titre primitif sera frappé de déchéance, et le tiers porteur qui le représentera après la remise du nouveau titre à l'opposant n'aura qu'une action personnelle contre celui-ci, au cas où l'opposition aurait été faite sans droit.

L'opposant qui réclamera de l'établissement un duplicata paiera les frais qu'il occasionnera.

Il devra de plus verser à l'avance le prix de la publication, à la rubrique des titres frappés de déchéance, pour autant d'années que le comportera la feuille des coupons attachée au titre sans que la durée de ce temps puisse, en aucun cas, être inférieure à dix ans.

Un règlement d'administration publique fixera le coût de la somme à payer au Syndicat pour la publication supplémentaire au delà de dix ans.

Pour les titres qui ne portent aucun coupon, l'opposant devra verser au Syndicat, à l'avance, le prix de la publica-

| **Texte de la loi de 1872** | **Texte projeté** |

Texte de la loi de 1872

16. — Les dispositions de la présente loi sont applicables aux titres au porteur émis par les départements, les communes et les établissements publics, mais elles ne sont pas applicables aux billets de la Banque de France, ni aux billets de même nature émis par des établissements légalement autorisés, ni aux rentes ni autres titres au porteur émis par l'Etat, lesquels continueront à être régis par les lois, décrets et règlements en vigueur.

Toutefois, les cautionnements exigés par l'administration des finances pour la délivrance des duplicata de titres perdus, volés ou détruits, seront restitués si, dans les vingt ans qui auront suivi, il n'a été formé aucune demande de la part des tiers porteurs, soit pour les arrérages, soit pour le capital. Le Trésor sera définitivement libéré envers le porteur des titres primitifs, sauf l'action personnelle de celui-ci contre la personne qui aura obtenu le duplicata.

Texte projeté

tion pendant dix ans à la rubrique des titres frappés de déchéance.

16. — Sans modification.

17. — L'acheteur de titres qui auront fait l'objet d'une négociation ou transmission régulièrement opérée en Bourse antérieurement à la publication pourra poursuivre la mainlevée de l'opposition de la manière suivante :

Il fera sommation à l'opposant de lui donner mainlevée ou de l'assigner dans le délai de quinze jours devant le juge de paix du domicile élu dans l'opposition.

Cette sommation contiendra une copie certifiée conforme du bordereau d'achat sur lequel seront inscrits les nom et adresse de l'intermédiaire chargé de la négociation, la date de l'achat, le cours auquel il a été fait, la nature et le numéro des titres, les frais de timbre et de courtage, les nom et adresse de l'acheteur. Le tout non soumis au droit d'enregistrement.

Elle contiendra, si elle est faite à la requête de l'agent de change par le minis-

Texte de la loi de 1872   **Texte projeté**

lère duquel a été effectuée la négociation des titres frappés d'opposition, un extrait certifié conforme des livres de cet agent de change constatant l'inscription sur ses livres des titres reçus conformément au § 3 de l'article 13.

La sommation contiendra également copie d'un certificat délivré par le Syndicat des agents de change de Paris constatant la date à laquelle le titre a paru pour la première fois au bulletin officiel, ledit certificat non soumis au droit d'enregistrement.

18. — Au cas où l'opposant assignerait le propriétaire actuel, dans le délai de quinzaine, devant le juge de paix compétent, celui-ci prononçant sans appel jusqu'à 1,500 francs, et à charge d'appel à quelque valeur que la demande puisse s'élever, statuera sur la validité ou la mainlevée de l'opposition.

19. — Si, dans les quinze jours de la sommation, non compris les délais de distance, le propriétaire dépossédé n'a pas cité, conformément à l'article 17, l'acheteur, ce dernier pourra prendre l'initiative d'assigner l'opposant devant le juge de paix.

Le juge de paix compétent sera celui de l'arrondissement du domicile élu dans l'acte d'opposition.

On se conformera, pour les délais, à l'article 5 du Code de procédure civile.

L'acheteur produira devant le juge de paix les pièces énoncées dans la sommation dont il est parlé à l'article 17.

Sur le vu de ces pièces ou de tous autres documents justificatifs, le juge de paix pourra rendre, si l'opposant fait défaut, un jugement par défaut qui sera signifié par l'huissier ou un des huissiers commis de la justice de paix.

Il n'est rien modifié pour les délais d'opposition ou d'appel aux dispositions des articles 16 et suivants du Code de procédure civile, et 13 de la loi du 25 mai 1838.

Texte de la loi de 1872	Texte projeté
	La signification du jugement du juge de paix à l'établissement débiteur et au Syndicat, accompagnée, s'il y a lieu, d'un certificat de non-opposition ni appel délivré par le greffier de la justice de paix tiendra lieu de mainlevée. L'établissement débiteur et le Syndicat devront considérer l'opposition comme nulle et non avenue ; ils seront quittes et déchargés sans pouvoir exiger d'autres pièces justificatives.

DE LA PERTE DES TITRES AU PORTEUR

ET DE LEUR RESTITUTION

I. — LÉGISLATION FRANÇAISE

La loi qui règle, en France, la situation des porteurs de titres perdus ou volés, porte la date du 15 juin 1872.

Cette loi dispose que le propriétaire de titres au porteur, qui en est dépossédé par quelque événement que ce soit, peut se faire restituer contre cette perte dans la mesure et dans les conditions qu'elle détermine.

Le propriétaire dépossédé doit à cet effet faire notifier par huissier à l'établissement débiteur un acte indiquant : le nombre, la nature, la valeur nominale, le numéro et, s'il y a lieu, la série des titres.

Cet acte doit mentionner autant que possible l'époque et le lieu où le requérant est devenu propriétaire, ainsi que le mode de son acquisition ; l'époque et le lieu où il a reçu les derniers intérêts ou dividendes, les circonstances qui ont accompagné sa dépossession.

Le porteur dépossédé peut ensuite, dans les délais permis par la loi et sous les conditions qu'elle impose, obtenir le paiement des arrérages des titres ; ultérieurement, leur remplacement.

La législation actuelle assure ainsi aux porteurs de valeurs mobilières dépossédés de leurs titres les garanties les plus nécessaires dès l'instant que ces porteurs ont eu le temps matériel de former opposition à la négociation de ces titres, tant entre les mains de la chambre syndicale des agents de change de Paris, que des compagnies ou sociétés qui les ont émis.

Cette double signification est essentielle. Signifiée uniquement à la société, l'opposition empêche, sans doute, le paiement des coupons, ainsi que celui des lots et des primes, et le remboursement des titres, mais elle est sans effet au point de vue de la négociation même de ces titres. Ce résultat ne peut être atteint que par la notification de l'opposition à la chambre syndicale des agents de change de Paris qui, seule, a qualité pour faire connaître, un jour franc après la signification, les numéros des titres frappés d'opposition.

C'est à tort qu'un grand nombre de porteurs se bornent à faire connaître seulement l'opposition mise sur leurs titres soit à la société qui les a émis, soit à la chambre syndicale. Ils s'exposent à être obligés de lever leur opposition, l'acheteur d'un titre, de bonne foi, étant considéré comme le possesseur légal de ce titre.

Telle est, en quelques mots, l'économie de la législation française.

II. — LÉGISLATIONS ÉTRANGÈRES

Lorsqu'il s'agit de valeurs françaises ou de valeurs étrangères se négociant en France, les porteurs dépossédés trouvent, on le voit, dans la législation existante, les moyens d'exercer toutes revendications utiles. L'intérêt n'est pas moindre pour les porteurs de valeurs étrangères qui se négocient seulement à l'étranger, à être garantis de la dépossession involontaire de leurs titres, le chiffre des valeurs étrangères introduites en France depuis trente ans étant considérable.

Nous étudierons donc utilement, croyons-nous, les garanties qui protègent, à l'étranger, les propriétaires de valeurs mobilières au porteur dépossédés de leurs titres. Nous ferons porter notre examen sur tous les marchés importants.

Allemagne. — Le Code civil allemand prévoit l'annulation éventuelle, au profit du propriétaire dépossédé, du titre perdu ou détruit. Ce propriétaire peut, par suite, faire valoir les droits résultant du titre dont il a été dépossédé et exiger la délivrance d'une nouvelle obligation au porteur à la place de celle qui a été annulée.

Il existe une publication officielle pour les titres frappés d'opposition, le *Reichsanzeiger.* Le *Berliner Kassenverein* publie aussi, quotidiennement, une liste des titres frappés d'opposition. Le *Reichsanzeiger* publie, en outre, les décisions des tribunaux allemands frappant les titres d'opposition ; les numéros des titres perdus ou volés, indiqués par les autorités compétentes ou signalés par la police berlinoise ; les titres frappés d'opposition à l'étranger et qui ne sont pas négociables en Allemagne.

En cas de perte, de vol ou de destruction d'un titre, la propriété peut en être revendiquée lorsqu'un avis de la perte a été inséré dans le *Reichsanzeiger* ou annoncé par les autorités compétentes.

Tout banquier qui achète des titres doit s'assurer qu'ils ne figurent pas au *Reichsanzeiger* depuis le 1er janvier de l'année précédente.

Les titres étrangers, frappés d'opposition à l'étranger, ne sont pas négociables en Allemagne.

Angleterre. — La législation anglaise ne contient aucune disposition spéciale relativement aux titres volés ou perdus.

D'après la législation générale et la jurisprudence, le propriétaire des titres a toujours le droit de les revendiquer, s'il ne s'agit pas toutefois de valeurs négociées dans des conditions où un acheteur de bonne foi ne pourrait être astreint à les restituer.

Il n'y a pas pour le propriétaire des titres de formalités légales à remplir. La seule précaution à prendre est de faire insérer dans les journaux, aussi bien pour les valeurs anglaises que pour les valeurs étrangères, la désignation des titres et leurs numéros. L'opposition légale n'existant pas en Angleterre, aucun journal n'est désigné pour l'insertion des oppositions. En dehors des insertions dans les journaux, les propriétaires dépossédés de leurs titres doivent en donner immédiatement avis aux compagnies, s'il s'agit d'actions ou d'obligations ; aux agents chargés du paiement des coupons, s'il s'agit d'emprunts étrangers.

Le Stock-Exchange admet l'affichage des titres perdus ou volés.

Nous ajouterons que les titres étrangers frappés d'opposition à l'étranger, ne sont pas négociables en Angleterre (1).

Par suite, lorsqu'il s'agit d'une valeur française frappée d'opposition en France, le propriétaire peut en revendiquer le prix sur l'acheteur de bonne foi, mais il n'a aucun droit de le faire s'il s'agit d'une valeur internationale.

Autriche. — Tout titre perdu ou volé peut être frappé d'opposition en Autriche, à la condition que l'opposant ne connaisse pas, à ce moment-là, le détenteur du titre. Un titre volé dont le voleur serait connu, ne pourrait être frappé d'opposition.

Les billets de banque, le papier-monnaie, les billets de loterie, les coupons des obligations de l'emprunt 1854, les parts d'obligations de 2 florins 1/2 et de 10 florins émises pour l'unification des dettes de l'Etat, les coupons des obligations hypothécaires, les talons des titres et les livrets de caisse d'épargne ne peuvent être frappés d'opposition.

L'opposition a pour objet de rechercher le détenteur du titre et d'annuler entièrement ce titre qui devient sans aucune valeur, même pour l'opposant. Elle peut être formée soit par le propriétaire du titre, soit par son mandataire.

---

(1) Des changeurs de Londres, ayant acheté un titre français volé, ont été condamnés à le rembourser au propriétaire légitime.

S'il s'agit d'un titre nominatif, il suffit, pour faire la preuve de la propriété du titre, que le nom de l'opposant soit conforme à celui inscrit sur le certificat.

L'opposition doit être demandée dans le ressort du tribunal où réside l'opposant.

Après recherches faites par le tribunal, s'il est reconnu que le titre a été présenté au paiement, l'opposition ne peut être admise.

S'il en est autrement, l'opposition est publiée trois fois dans le *Journal officiel* aux frais de l'opposant. Si le détenteur du titre ne se fait pas connaitre dans le délai imparti, le titre est déclaré nul. Mais l'opposition n'empêche pas, semble-t-il, l'encaissement des coupons par le détenteur du titre qui peut, en effectuant certaines opérations, annuler l'opposition. Cette dernière n'est donc valable que si personne ne fait valoir des droits sur le titre perdu et si ce titre n'a pas été remboursé.

Un nouveau titre ne peut être délivré à l'opposant qu'après un délai de trois mois.

Belgique. — Il n'existe en Belgique aucune loi spéciale s'appliquant aux titres perdus ou volés. La législation belge n'a pas prévu et, par suite, n'admet pas d'opposition sur ces titres.

Le propriétaire n'a, dans ce pays, aucun moyen légal d'action pour rentrer en possession de ses titres. En cas de vol, plainte peut être portée au procureur du roi qui fait rechercher le voleur par la police, mais les conséquences de cette action sont nulles au point de vue de la récupération des titres par leur propriétaire, si les titres ont été régulièrement négociés.

Le moyen le plus courant consiste à donner avis, à titre officieux, de la nomenclature et les numéros des titres, aux maisons de banque, mais sans que cet avis puisse entraîner pour elles aucune responsabilité.

On publie, à Bruxelles, un *Bulletin international des oppositions* et signalements des titres et valeurs, détruits, perdus, volés ou frappés de déchéance. Ce bulletin est purement officieux.

Brésil. — La loi brésilienne du 16 août 1893, n° 254, permet de mettre opposition à la négociation et au paiement des coupons des titres perdus, volés ou détruits, admis à la cote officielle. Cette opposition doit être signifiée aux compagnies débitrices et à la Chambre syndicale des agents de change.

Il n'existe pas de bulletin officiel des oppositions ; mais on peut exiger que le syndic des agents de change empêche la négociation des titres frappés d'opposition et que les compagnies qui les ont émis refusent le paiement des coupons.

La loi du 20 juillet 1893, N° 149 B, règle le mode de procéder à suivre pour la récupération des titres.

Le propriétaire dépossédé doit adresser une requête au tribunal du domicile du débiteur ; exposer les circonstances qui ont déterminé le vol ou la perte ; faire connaître la valeur, la nature, la série et les numéros des titres ; demander qu'il soit ordonné au débiteur de ne pas payer le capital où les intérêts, à la Chambre syndicale d'empêcher la négociation des titres.

Le détenteur des titres peut contester l'opposition dans le délai d'un an. Ce délai expiré sans contestation, le juge ordonne de payer au requérant les intérêts ou dividendes échus, moyennant caution. Cette caution peut être restituée deux ans après, mais elle est conservée pour le capital.

Dans un délai de neuf ans pour les obligations de la dette publique et de trois ans pour les autres valeurs, le juge ordonne, toujours s'il n'y a pas eu contestation, la remise de nouveaux titres.

Danemark. — On ne peut mettre opposition sur les titres perdus, détruits ou volés, négociés à la bourse de Copenhague ; il n'y existe aucun journal chargé des publications de cette nature.

En général, les titres au porteur ne peuvent être annulés. Si cependant des titres de cette nature venaient à être détruits, dans un incendie par exemple, il pourrait être fait exception à cette règle, mais les garanties réclamées dans ce cas, sont presque impossibles à produire. Si les titres sont nominatifs, une ordonnance royale ordonnant leur annulation peut être obtenue.

Egypte. — La législation égyptienne ne contient aucun texte ayant trait aux oppositions sur les titres perdus, volés ou détruits, mais les tribunaux mixtes avaient admis, sur ce point, la jurisprudence française. Ultérieurement, la Caisse de la dette publique égyptienne avait été autorisée, pour la dette unifiée et la dette privilégiée, à accepter les oppositions qui, pour avoir effet, devaient être signifiées à la commission par ministère d'huissier. Quant aux oppositions formées par lettres privées émanant des consulats, ou signifiées en Europe, elles n'étaient pas admises.

Tels étaient les errements suivis lorsque est intervenu un décret du 22 juin 1886 qui a refusé d'admettre, pour les titres de la dette égyptienne, les oppositions au paiement des coupons et au remboursement des titres. Le seul recours que possèdent, dès lors, les porteurs de titres de la dette unifiée et de la dette privilégiée dérobés ou perdus, est d'adresser à la commission de la dette, conformément aux instructions qu'elle a données à ce sujet les 4 août 1886 et 31 décembre 1899, une requête que celle-ci, par une décision souveraine, rejette ou admet, selon le cas. La commission se prononce également sur le remplacement des titres.

Espagne. — La législation espagnole admet les oppositions sur les titres perdus, volés ou détruits.

Les articles 559 et suivants du Code de commerce, indiquent la marche à suivre pour former opposition. Le propriétaire des titres doit s'adresser à la Chambre syndicale des agents de change de Madrid, en dénonçant le vol ou la perte des titres afin d'en empêcher la négociation. La dénonciation devant la Chambre syndicale doit, dans un délai de neuf jours, être ratifiée par un acte judiciaire. A défaut de notification du jugement dans ce délai, la dénonciation est considérée comme nulle. Le propriétaire dépossédé doit présenter à la Chambre syndicale le bordereau de l'agent de change par l'intermédiaire duquel le titre a été acheté. Le délai pour la signification du jugement ordonnant la rétention du titre est d'un mois, à peine de nullité.

Les oppositions sont publiées dans la *Gaceta de Madrid*, le *Boletin oficial de la provincia* et le *Diario des avisos.*

Ces prescriptions s'appliquent aux titres émis par l'État, les provinces et les municipalités d'Espagne et par les établissements, compagnies et entreprises du royaume, en conformité de leurs statuts ; par les gouvernements étrangers dont les titres sont admis à la cote de la bourse de Madrid, et par les entreprises étrangères constituées conformément à la loi de leur pays.

États-Unis. — Il n'y a pas, aux États-Unis, de loi permettant de mettre opposition à la négociation des titres et au paiement des coupons des valeurs admises sur le marché américain.

En cas de perte ou de vol de titres ou de coupons, un avis spécial doit être adressé par la presse aux maisons de banque ; mais cette mesure n'a pas d'effet légal, elle n'a d'autre but que de faire appel à la bonne volonté d'autrui pour retrouver les valeurs perdues. Quant aux coupons perdus ou volés, rien n'oblige les sociétés qui doivent en payer le montant à tenir compte de l'avis, et, s'ils font des difficultés pour les payer, ce n'est qu'à titre obligeant, car ils ne peuvent refuser le paiement de coupons au porteur.

Les compagnies ou sociétés qui ont émis des titres ne font généralement pas de trop grandes difficultés pour payer, à des maisons bien connues, le montant de coupons égarés ; mais une garantie, dont l'importance est laissée à l'appréciation des compagnies, doit être déposée. La prescription varie selon les différents États ; elle est de 20 ans dans celui de New-York.

La loi est également muette en ce qui touche le remplacement des titres perdus ou volés ; elle laisse aux sociétés qui les ont émis la faculté d'apprécier s'il y a lieu de consentir ce remplacement dont elles fixent les conditions.

En règle générale, les compagnies se refusent absolument à remettre des duplicata d'obligations au porteur perdues ou volées. L'intéressé n'a d'autre recours que de s'adresser aux tribunaux et il n'aura gain de cause que s'il peut prouver que ses titres ont été détruits. Dans ce cas, le tribunal peut ordonner la remise de duplicata. Mais ces duplicata diffèrent des titres réguliers et ne sont pas « a good delivery ».

La simple constatation du vol d'une obligation au porteur ne suffit pas pour en obtenir un duplicata. Si le titre original se trouve en la possession d'un débiteur de bonne foi, celui-ci en est propriétaire légitime.

Pour les obligations nominatives perdues ou volées, les facilités sont moins grandes. Le propriétaire légitime de ces titres peut en arrêter le transfert auprès des compagnies d'émission, s'il fournit la preuve suffisante de la perte. Il en obtient généralement des duplicata moyennant une garantie déposée à la compagnie. Mais par le fait seul que le nouveau certificat portera le mot « duplicata », il différera du titre primitif et ne sera pas « a good delivery ».

Tous les certificats d'actions étant nominatifs, le titulaire peut faire arrêter leur transfert en en donnant avis à la compagnie qui, sur preuve suffisante et moyennant garantie, délivre des duplicata qui sont « a good delivery ».

En résumé, on ne peut annuler absolument les titres perdus, et, lorsque les originaux se trouvent remplacés par des duplicata, ces derniers ne sont remis au réclamant que contre caution garantissant l'émetteur de ces duplicata.

Grèce. — D'après la loi hellénique, il n'est pas possible de mettre opposition à la négociation des titres de sociétés anonymes, négociés sur le marché d'Athènes, ou au paiement des coupons.

Aucune publication officielle n'est affectée à cet objet.

Le propriétaire de titres volés ou détruits doit, pour en obtenir des duplicata, prouver de quelle façon il en a été dépossédé, quelle en a été la cause et fournir une caution suffisante pour garantir tout porteur de bonne foi qui en réclamerait le paiement. Cette caution reste en dépôt jusqu'au terme fixé légalement.

Hollande. — L'opposition sur des titres perdus ou volés n'est pas admise en Hollande ; on ne peut davantage y mettre arrêt au paiement des coupons.

D'après la loi hollandaise, une personne qui a perdu ou à qui on a volé des titres, peut en réclamer la restitution au détenteur, trois ans après la date de la perte ou du vol, mais ce dernier a le droit d'en exiger le montant s'ils ont été régulièrement achetés en bourse, en séance publique, ou par l'entremise d'agents opérant sur fonds publics.

Suivant les usages de la bourse d'Amsterdam, les titres perdus ou volés dont on a publié les numéros, ne sont pas négociables ; mais aucune réglementation officielle ne se rattache à ce cas.

Italie. — La loi italienne n'admet pas d'opposition sur les titres au porteur pour quelque motif que ce soit. Tout porteur de titre en est réputé le propriétaire légitime.

Une seule distinction a été faite pour les obligations des chemins de fer italiens 3 %; et encore cette distinction qui fut introduite à la suite d'un jugement, exige-t-elle un examen approfondi des considérants qui l'ont motivée.

Le propriétaire d'un titre au porteur détruit, qui se trouve en mesure de fournir la preuve de la destruction, peut réclamer un duplicata du titre disparu. Les tribunaux désignent les pièces à produire à l'appui.

Norvège. — D'après la loi du 6 mars 1869, le possesseur de titres nominatifs qui s'en trouve dépossédé par suite de perte, vol, incendie ou de toute autre cause, peut faire opposition auprès de la société ou administration qui a émis les titres. Aucune forme spéciale n'est prescrite pour cette opposition. Le propriétaire dépossédé doit solliciter du Gouvernement l'autorisation d'intenter un procès en annulation. Cette autorisation n'est accordée que lorsque le porteur a prouvé que les titres lui appartenaient en toute propriété. Le tribunal prononce ensuite son jugement. Si l'arrêt est favorable, le titre ancien se trouve complètement annulé et un duplicata en est délivré au demandeur.

Pour les titres au porteur, l'opposition est en quelque sorte impossible, le détenteur d'un titre au porteur, qu'il ait été perdu ou volé, ayant le droit d'en exiger la négociation. La procédure est la même que celle employée pour les titres nominatifs, mais l'autorisation est très difficile à obtenir, parce que les justifications prescrites sont telles qu'il est impossible de les fournir.

Le propriétaire dépossédé n'a donc aucun moyen légal de mettre opposition, mais il peut utilement donner connaissance, par voie de publication dans les journaux et chez les agents de change, de la nature et des numéros des titres. L'acquéreur prouvera difficilement sa bonne foi et le propriétaire légitime pourra revendiquer ses titres par l'entremise des tribunaux.

Il n'existe en Norvège aucune publication officielle faisant connaître la nature et les numéros des titres frappés d'opposition.

Portugal. — Pour les titres au porteur perdus, on doit en fournir judiciairement la justification et déposer caution pour le montant du capital et des intérêts de la valeur égarée. Cette caution est remboursée, après 20 ans, pour le capital, après 5 ans pour les intérêts.

Quant aux titres détériorés au point de n'être plus négociables en bourse, caution est exigée si leurs feuilles de coupons manquent.

Il n'y a pas, en Portugal, de bulletin officiel des oppositions. Après avoir rempli les formalités que nous venons d'indiquer, la *Junta do credito publico* public, aux frais du requérant, dans le *Diario do Governo* un avis faisant connaître la nature et les numéros des titres perdus ou volés.

Roumanie. — La loi roumaine du 18 janvier 1883 admet les oppositions sur les titres perdus, volés ou détruits.

L'opposition doit être faite par huissier et sa notification publiée dans le *Moniteur officiel* et dans deux autres journaux.

Deux ans après cette publication, le tribunal dans le ressort duquel l'émetteur a son domicile, peut condamner celui-ci à payer à l'opposant les intérêts ou dividendes échus ou à échoir.

Pour obtenir la condamnation de l'émetteur, l'opposant est tenu de le citer devant les tribunaux et de déposer une caution à la caisse des consignations.

Dix ans après la publication de l'opposition, le tribunal peut ordonner qu'il sera délivré de nouveaux titres à l'opposant et à ses frais.

La délivrance des duplicata de titres, décharge l'émetteur de toute responsabilité à l'égard du détenteur des titres primitifs.

La caution n'est restituée qu'après dix ans révolus.

Chaque trimestre, outre l'insertion dans le premier numéro du *Moniteur officiel*, les émetteurs auxquels l'opposition a été notifiée, sont tenus de publier un bulletin mentionnant tous les titres dont le paiement et la négociation sont interdits, et cela pendant une période de dix ans.

L'opposition peut être levée à la demande de l'opposant ou par sentence judiciaire sans appel.

L'opposant qui rentre en possession des titres perdus ou volés, doit en informer l'émetteur sous peine de dommages-intérêts.

Toute opposition mal fondée peut entraîner une détention de 6 mois à 5 ans et une amende de 200 à 3.000 francs.

Les détenteurs de titres perdus ou volés ont le droit de ne les restituer que contre paiement de leur prix d'achat, s'ils les possèdent de bonne foi et en vertu de négociations faites par un agent de change ou une maison de banque, antérieurement à la publication au *Moniteur officiel*.

Les agents de change et maisons de banque qui ont servi d'intermédiaires, sont affranchis de toute responsabilité s'ils ont satisfait aux dispositions que nous venons d'indiquer et s'ils justifient avoir pris toutes les mesures nécessaires pour s'assurer de l'identité des personnes avec lesquelles ils ont traité.

Tous achats, ventes, échanges, nantissements, effectués postérieurement à la publication de l'opposition, sont nuls vis-à-vis de l'opposant. Les agents de change et maisons de banque sont responsables des opérations faites après la publication de l'opposition.

Russie. — La législation russe ne contient aucune disposition relative aux titres volés ou perdus.

D'après un article du Code des lois civiles, l'acquéreur d'un objet volé doit le restituer, s'il ne peut prouver, par deux témoins, que son vendeur en était le propriétaire légitime.

Il a été stipulé dans les oukases réglant les conditions d'émission de plusieurs emprunts d'Etat que le porteur des obligations de ces emprunts serait considéré comme leur possesseur légal. La jurisprudence a étendu cette stipulation à tous les titres au porteur.

On ne forme pas opposition, en Russie, entre les mains des établissements qui ont émis les titres. On peut uniquement mettre opposition sur des titres volés ou perdus si on découvre le détenteur.

Le propriétaire de titres perdus peut en donner avis à la police locale, en lui indiquant les numéros desdits titres. La police en donne communication aux banquiers et changeurs de l'endroit pour en empêcher la négociation. Mais ces mesures ne constituent pas une opposition légale et, après un certain temps, il n'en est plus tenu compte.

En général, il est impossible d'obtenir des duplicata de titres perdus ou volés, et il est fort difficile de les faire restituer si d'autres personnes les détiennent, il n'y a d'exception que pour les fonds d'Etat.

Des duplicata de titres détruits par suite d'incendie ou de tout autre sinistre peuvent être obtenus en remplissant certaines formalités, si l'accident a bien été constaté.

Un arrêté du ministre des finances, publié en 1895, règle, pour les emprunts d'Etat russes, les conditions de remboursement du capital et le paiement des arrérages des titres au porteur détruits, perdus ou volés. Une déclaration doit être faite à la commission impériale d'amortissement, le ministre des finances décide, ensuite, s'il y a lieu de rembourser les titres.

On peut faire insérer des annonces dans le *Messager officiel* lorsque des titres ont été perdus ou volés, mais ces annonces n'ont aucun caractère officiel ; elles n'ont pas de sanction légale.

Serbie. — Lorsque des titres négociés à la bourse de Belgrade ont été perdus, volés ou détruits, opposition peut être mise à leur négociation et au paiement des coupons ; cette opposition doit être faite par l'entremise d'un avocat. Après avoir été approuvée par le tribunal de commerce, elle doit être insérée dans le *Moniteur officiel de Serbie* et, cent un jours après, l'annulation des titres est acquise.

Il n'y a pas, en Serbie, de publication faisant connaître les numéros des titres frappés d'opposition. Les titres sont achetés aux risques et périls de l'acquéreur.

Suède. — Il n'existe, en Suède, aucune loi ni aucun règlement permettant de mettre opposition à la négociation ou au paiement des coupons des valeurs admises à la bourse de Stockholm, perdues, volées ou détruites. Aucun journal n'est affecté à la publication de ces titres et de leurs numéros.

Lorsqu'un porteur de titres les a perdus, il doit s'adresser aux tribunaux pour en obtenir l'annulation et doit, en même temps, faire insérer trois fois un avis dans le *Journal officiel*. Un an après, le tribunal rend un jugement autorisant la délivrance des duplicata des titres perdus.

Quand il s'agit de titres volés, une déclaration est faite à la police ; celle-ci adresse une circulaire aux banques et aux banquiers pour empêcher la négociation des valeurs dérobées.

Suisse. — Aux termes des articles 849 et suivants du Code fédéral, visant les titres au porteur perdus, le propriétaire des titres égarés doit faire au juge une déclaration de perte. Si la requête est admise, le détenteur inconnu des titres ou coupons est sommé de les produire dans un délai de trois ans, faute de quoi leur annulation sera prononcée. Le juge peut interdire le paiement du montant des titres perdus et de leurs coupons.

Si les titres perdus sont produits, leur propriétaire peut en vérifier l'authenticité et les revendiquer ou demander des poursuites pénales. S'il ne formule aucune conclusion tendant à provoquer d'ultérieures décisions de sa part, le juge peut ordonner la restitution des titres produits et lever toutes mesures les rendant non négociables.

Si les titres perdus n'ont pas été produits dans les délais fixés, le juge peut en ordonner l'annulation, annulation qui doit être rendue publique par voie d'insertion dans la *Feuille officielle suisse du commerce*.

L'annulation prononcée, celui qui l'a obtenue a le droit d'exiger qu'on lui délivre, à ses frais, de nouveaux titres ou de nouvelles feuilles de coupons selon le cas, ou bien encore que les titres lui soient remboursés s'ils se trouvent amortis.

Ces dispositions ne s'appliquent qu'aux titres suisses. Pour les titres étrangers, la procédure légale à suivre est celle adoptée dans le pays d'origine. La loi suisse admet seulement une exception en faveur des tiers porteurs de bonne foi pour les titres volés dans un pays où aucune revendication n'est admise, l'Italie, par exemple. Le titre au porteur est dans ce cas assimilé au billet de banque.

Turquie. — Le gouvernement ottoman ne reçoit pas d'opposition sur les fonds d'Etat. Aucune loi spéciale ne régit la matière.

Lorsqu'un titre a été perdu ou volé, il n'y a d'autre ressource que d'en prévenir la police et la Chambre syndicale de Constantinople, de faire afficher à la bourse de cette ville un avis contenant le numéro du titre perdu ou volé et de distribuer des copies de cet avis à tous les banquiers et établissements financiers de Constantinople. Mais ces mesures sont ordinairement peu efficaces et il n'en est pas suffisamment tenu compte dans les transactions ordinaires.

Il n'existe pas en Turquie de journal spécial pour la publication des oppositions.

III — BASES D'UNE ENTENTE INTERNATIONALE
PUBLICATION D'UN BULLETIN INTERNATIONAL DES OPPOSITIONS

L'examen, auquel nous venons de procéder, des différentes législations étrangères en ce qui a trait aux titres perdus, détruits ou volés, permet de constater combien les garanties accordées aux porteurs dépossédés de leurs titres sont généralement insuffisantes et quel effort il faudrait faire auprès des différents gouvernements pour amener une entente internationale en vue de l'adoption d'une législation uniforme qui fixerait sur toutes les bourses du monde les garanties à donner à cet égard aux porteurs de valeurs mobilières.

Cette entente internationale est-elle possible? Nous en sommes convaincu. Mais, pour obtenir un résultat utile, il faudrait que la France prît l'initiative des négociations et qu'elle s'occupât avec persévérance de les faire aboutir. Sans cela, la complexité de la question, l'opposition intéressée des uns aux mesures proposées, la force d'inertie des autres, empêcheraient, certainement, une solution d'intervenir.

On pourrait prendre, comme point de départ de la discussion, le texte de la loi française du 15 juin 1872.

Une mesure s'imposerait tout d'abord : la création immédiate d'un bulletin officieux international des oppositions. Nous disons « création immédiate », parce que ce bulletin, ne revêtant qu'une forme officieuse, pourrait être adopté presque sans étude approfondie.

La création et l'adoption par toutes les bourses étrangères de ce bulletin international aurait aussitôt pour conséquence de mettre fin à un genre d'industrie que l'on ne peut que réprouver : celui consistant à vendre dans un pays des titres volés dans un autre. Personne n'ignore les vols nombreux commis en France et ailleurs, et qui dénotent chez leurs auteurs une habileté et une hardiesse peu communes. Les titres ainsi volés sont envoyés ou transportés dans un pays voisin, d'où les voleurs préviennent le volé qu'ils sont disposés à entrer en pourparlers avec lui pour les lui restituer moyennant le versement d'une somme à déterminer et variant selon le nombre des titres dérobés. La somme exigée est ordinairement de 33 %. C'est là un fait inimaginable et qui se passe de tout commentaire. On peut se croire, en effet, sous l'influence d'un rêve lorsqu'on pense que de semblables transactions peuvent être faites impunément, en plein vingtième siècle, dans les pays les plus civilisés d'Europe et sous les yeux de la police qui connait fort bien ce genre d'industrie, mais qui est impuissante à le réprimer.

Le seul moyen pratique de le combattre réside dans la création d'un bulletin officieux international des oppositions et, en outre, dans la publication, dans chaque pays, d'un bulletin officiel des oppositions. De plus, on autoriserait le remplacement par les États, compagnies ou sociétés, des titres volés ou perdus, moyennant certaines conditions et formalités à déterminer. Enfin, on admettrait dans tous les pays contractants l'extradition des voleurs de titres.

Ces mesures mettraient immédiatement un terme aux opérations illicites que nous venons de signaler.

Ce ne serait là, au surplus, qu'un premier pas. Étant admis que les bourses étrangères adopteraient un système uniforme et que les mêmes règlements sur les oppositions existeraient dans chacune d'elles, il deviendrait facile de créer un bulletin international des oppositions.

Chaque bourse étrangère chargée de recevoir les oppositions publierait : 1° le bulletin officiel des oppositions formées entre ses mains; 2° un second bulletin officiel des oppositions formées aux bourses étrangères.

Pour ce qui est des oppositions formées entre leurs mains, la mesure demandée est des plus simples à réaliser. Le modèle du genre est certainement le *Bulletin officiel* publié par la Chambre syndicale des agents de change de Paris. Ce bulletin paraît tous les jours de l'année; il mentionne non seulement les valeurs françaises, mais encore les valeurs étrangères pour lesquelles des oppositions officielles ont été signifiées par ministère d'huissier. Les bourses étrangères adopteraient le même système.

Un échange de bulletins d'oppositions se ferait entre les diverses bourses qui s'enverraient chaque jour leur *Bulletin officiel*. Ces bulletins permettraient de confectionner le *Bulletin international* qui pourrait être établi d'une manière identique. Les valeurs y seraient classées de la même façon et dans le même ordre, mais le numéro de la valeur serait suivi de la désignation du marché où le titre aurait été frappé d'opposition.

Exemple :

Obligation Lombarde 3 %, ancienne, N° 240.543, S^{ie} D (*Londres*).

Cette méthode très simple permettrait aux banquiers, aux changeurs, aux établissements de crédit et de dépôts, de s'assurer d'une façon rapide que les titres qui leur sont présentés sont libres ou frappés d'opposition. Si le titre est libre, l'opération demandée pourra être effectuée; si, au contraire, il est frappé l'opposition, l'intermédiaire refusera soit de vendre, soit de faire une avance de fonds. Dans ces conditions, les intérêts du dépossédé seraient sauvegardés et les voleurs se trouveraient dans l'impossibilité d'écouler le produit de leur vol.

La publication de deux bulletins est absolument nécessaire :

1° *Bulletin officiel* des oppositions formées à la Chambre syndicale des agents de change de Paris, qui est seul officiel et sur lequel, d'après la loi de 1872, ne peuvent être inscrits que les numéros des titres frappés régulièrement d'opposition en France, suivant la loi française, et qui fait foi d'après la date de sa publication. Ce bulletin continuerait à avoir force de loi ;

2° *Bulletin international*, sur lequel seraient inscrits les titres frappés d'opposition à l'étranger et pour lesquels les propriétaires n'auraient rempli les formalités que dans leur pays et ne voudraient pas, pour des raisons particulières, les frapper d'opposition sur les marchés étrangers. Ce bulletin ne serait publié qu'à titre officieux, mais les intermédiaires n'en auraient pas moins le plus sérieux intérêt à ne pas négocier ou à faire une opération quelconque sur des titres qui figureraient à titre officieux au second bulletin, car ils sauraient encourir un risque en agissant autrement. Plus tard il serait toujours loisible au dépossédé de frapper régulièrement ses titres d'opposition sur les places étrangères.

RUINAT DE GOURNIER,
Fondé de pouvoirs au Crédit lyonnais.

DE LA PERTE DES TITRES AU PORTEUR

ET DE LEUR RESTITUTION, EN FRANCE

LES LACUNES DE LA LÉGISLATION ACTUELLE.

La loi du 15 juin 1872 dispose que le propriétaire de titres au porteur qui en est dépossédé, par quelque événement que ce soit, peut se faire restituer contre cette perte dans la mesure et sous les conditions qu'elle détermine.

· Le propriétaire dépossédé doit, à cet effet, faire notifier par huissier à l'établissement débiteur un acte indiquant : le nombre, la nature, la valeur nominale, le numéro et, s'il y a lieu, la série des titres.

Cet acte doit mentionner, autant que possible, l'époque et le lieu où le requérant est devenu propriétaire, ainsi que le mode de son acquisition; l'époque et le lieu où il a reçu les derniers intérêts ou dividendes; les circonstances qui ont accompagné sa dépossession.

Le porteur dépossédé peut ensuite, dans les délais prévus par la loi et sous les conditions qu'elle impose, obtenir le paiement des arrérages des titres ; ultérieurement, leur remplacement.

Cette loi donne ainsi toute satisfaction aux propriétaires de valeurs mobilières dépossédés de leurs titres, pour exercer leurs revendications. On peut affirmer que, depuis vingt-huit ans qu'elle a été promulguée, elle a rendu les plus grands services.

* * *

Mais si la loi de 1872 présente ainsi toutes les garanties désirables pour les porteurs de titres, elle n'en a pas moins certains inconvénients de nature à mettre dans l'embarras un porteur de bonne foi. Nous pensons qu'à ce point de vue, il y aurait lieu d'y apporter quelques modifications.

Celles de ces modifications que nous estimons indispensables et urgentes sont les suivantes :

L'article 2 de la loi porte que « le propriétaire... devra, autant que possible, indiquer : 1° l'époque et le lieu où il est devenu propriétaire, ainsi que le mode de son acquisition ; 2° l'époque et le lieu où il a reçu les derniers intérêts ou dividendes... »

La loi a donc prévu, dans ces deux paragraphes, la manière de prouver la propriété des titres; mais, dans la pratique, ces renseignements ne peuvent être fournis, nous devons même reconnaître qu'il n'est pas possible de les donner. En effet, pratiquement le dépossédé n'a pas le temps matériel voulu pour fournir ces renseignements ; souvent même il ne peut le faire parce qu'ils ne possède pas les éléments nécessaires. L'opposition est mise fréquemment soit à la suite d'un vol brutal, d'un abus de confiance, d'un détournement de succession ou d'une perte. Dans ces différents cas, il faut agir très rapidement. Si l'on était obligé de fournir tous les renseignements exigés, l'action du dépossédé perdrait de son efficacité puisque, dans l'intervalle, le voleur aurait le temps nécessaire pour négocier les titres. C'est pour obvier à cet inconvénient que les titres sont tout d'abord inscrits au *Bulletin des oppositions*, sans que les justifications demandées aient été fournies. Cela nous semble fort juste.

Mais, s'il est vrai qu'il est indispensable d'agir avec la plus grande célérité, il n'est pas moins certain qu'on devrait, d'un autre côté, exiger des opposants la justification de la propriété des titres dans un délai qui leur permettrait de se procurer les pièces nécessaires à cet objet. Un délai de six mois nous paraîtrait plus que suffisant. La loi pourrait être modifiée dans ce sens, en spécifiant que l'opposant qui ne se trouverait pas en mesure de fournir les justifications demandées dans le délai prescrit, verrait son opposition rayée d'office et serait même passible de dommages-intérêts envers le porteur de bonne foi, s'il était établi que l'opposant n'avait jamais été acquéreur des titres, ou n'avait aucun droit ni motif valable pouvant justifier son opposition.

Les raisons qui militent en faveur de cette légère modification sont fort simples : s'il arrive, en effet, qu'une personne mette opposition sur des titres qu'elle a perdus ou qui lui ont été dérobés, il se produit aussi ce fait que des titres sont frappés d'opposition sans motifs plausibles. Il n'est pas rare de voir des héritiers, déçus dans leurs espérances, faire des recherches dans les papiers du défunt, retrouver des numéros de titres que celui-ci avait possédés à un moment donné et, sans s'assurer au préalable s'il ne les a pas fait vendre, les frapper purement et simplement d'opposition.

Il en résulte donc un préjudice réel pour le porteur de bonne foi qui se voit refuser, en même temps, le paiement de ses coupons et la négociation de ses titres. Que peut-il faire dans ce cas ? Demander à la

Chambre syndicale des agents de change le nom et l'adresse de l'opposant (renseignement qui lui coûte 50 cent.) puis s'adresser à ce dernier. C'est alors que commence pour le porteur de bonne foi la série des démarches sans fin. L'opposant lui demande de prouver que les titres pour lesquels il exige mainlevée d'opposition sont bien sa propriété. Les rôles sont intervertis. Le porteur de bonne foi est mis en suspicion par l'opposant et, aux lieu et place de ce dernier, c'est lui qui doit établir que les titres sont bien sa propriété ! En somme tous les ennuis sont pour lui.

S'il obtient fréquemment la mainlevée demandée, il est parfois obligé d'intenter un procès, la plupart du temps fort long, et, dans l'intervalle, ses intérêts restent en souffrance. L'addition que nous proposons de faire à la loi mettrait fin à un abus de ce genre.

*
* *

Un autre cas se produit très souvent : des individus à la piste des valeurs remboursables avec lots, s'empressent de mettre opposition sur celles de ces valeurs dont le remboursement n'a pas encore été demandé. Le jour où le propriétaire s'aperçoit que ses titres sont remboursables avec une forte prime, il les présente à l'encaissement et apprend alors qu'ils sont frappés d'opposition. Il s'enquiert du nom de l'opposant et lui demande mainlevée. C'est à ce moment que ce dernier pose ses conditions et exige le versement d'une somme déterminée pour donner la mainlevée sollicitée. Afin d'éviter un procès et une importante perte de temps, le propriétaire des titres cède trop souvent et le tour est joué.

Nous pourrions citer d'autres faits, mais ils donneraient à cette étude un développement qu'elle ne doit pas comporter : *Res ipsâ loquitur*. Une solution conforme aux desiderata que nous exprimons s'impose donc.

*
* *

Nous allons maintenant examiner le cas où des oppositions sont mises simplement aux mains des compagnies et sociétés, ou seulement de la Chambre syndicale.

La loi de 1872 établit que les oppositions doivent être notifiées à l'établissement débiteur et au Syndicat des agents de change, mais il arrive fréquemment que l'opposant, pour une cause quelconque, omet de notifier son opposition à l'une des deux parties.

Si la notification est faite à la compagnie, à l'exclusion de la Chambre syndicale des agents de change, les coupons ne peuvent être payés ni les titres remboursés, mais ils ne cessent pas d'être négociables, ce qui met .'opposant dans l'obligation de lever son opposition. Si au contraire les titres n'ont été frappés d'opposition qu'à la Chambre syndicale des agents de change, ils ne peuvent plus être, il est vrai, négociés, mais la compagnie, qui n'a aucune connaissance de l'opposition, continue à payer les coupons et peut même rembourser les titres en cas d'amortissement. Il est de toute évidence que la loi de 1872 doit être également modifiée sous ce rapport et que l'opposant devra être obligé de notifier son opposition tant à la compagnie qu'à la Chambre syndicale des agents de change. L'huissier chargé de cette notification devra indiquer, dans l'exploit, qu'elle a été effectuée aux deux endroits indiqués.

* * *

Les différentes modifications que nous proposons amélioreraient, à n'en pas douter, les dispositions que contient la loi du 15 juin 1872. Elles sont faciles à réaliser. Nous ne pouvons qu'émettre le vœu qu'il soit donné, à bref délai, satisfaction aux desiderata que nous venons d'exprimer.

RUINAT DE GOURNIER,

Fondé de pouvoirs au Crédit Lyonnais.

DES DROITS DE L'INVENTEUR

SUR LES TITRES PERDUS, EN FRANCE

La question desavoir si l'inventeur a des droits sur les titres qu'il a trouvés doit être étudiée en se plaçant, tant au point de vue des rapports respectifs de l'inventeur et du propriétaire dépossédé, que des rapports de l'inventeur avec la société débitrice.

Au point de vue des rapports entre l'inventeur et le propriétaire dépossédé, nous ferons une distinction. On peut concevoir des circonstances dans lesquelles le propriétaire des titres les a volontairement délaissés et a ainsi entendu se dessaisir de la propriété (*derelictio*). Ce sont des titres qui depuis longtemps ont perdu toute valeur; le porteur s'en démunit. — En ce cas, l'inventeur pourra, sans doute, se prévaloir d'un droit d'occupation et être considéré comme ayant acquis la propriété avec les droits qu'elle confère (1).

Au contraire, lorsqu'il s'agit de titres non plus abandonnés, mais perdus (2), celui qui les perd n'est pas dessaisi de la propriété et celui qui les trouve ne peut plus invoquer un droit d'occupation; l'inventeur est donc soumis à l'action en revendication et il tombe sous le coup de la loi pénale si l'appréhension des titres a été frauduleuse (art. 379 du Code pénal).

L'inventeur, en sa seule qualité d'inventeur, n'acquiert donc aucun droit de propriété sur les titres qu'il trouve, mais il peut en acquérir par la voie de prescription, en raison de la détention prolongée du titre entre ses mains.

---

(1) Cette hypothèse se réalise plus fréquemment qu'on ne serait tenté de le croire. Pendant longtemps, il a été tenu, autour de la Bourse, ce que l'on appelait par dérision « *la Bourse des Pieds-Humides* ». C'était le marché des titres de sociétés dissoutes ou en faillite (actions des mines de la Mouzaïa et autres de même valeur). Beaucoup de ces titres devaient avoir été volontairement jetés dans la rue par les acquéreurs originaires. Actuellement, l'autorité administrative a interdit ce marché libre. Nul doute qu'il ne se réorganise.

(2) A moins qu'il ne s'agisse de titres sans aucune valeur, la présomption sera qu'ils ont été perdus.

On a soutenu, à cet égard, que l'inventeur devenait propriétaire définitif par le laps de trois ans. On invoquait l'article 2279, § 2, du Code civil, aux termes duquel celui qui a perdu une chose peut la revendiquer pendant trois ans à compter du jour de la perte.

Ce système est aujourd'hui abandonné. L'article 2279 ne concerne que le possesseur de bonne foi pourvu d'un juste titre. Or, l'inventeur n'a pas de titre et ne peut être considéré comme un possesseur de bonne foi. Il n'acquiert donc la propriété que par l'expiration d'un délai de trente ans.

Au bout de ce délai, l'inventeur ou ses ayants cause universels ou à titre universel auront donc un droit de propriété opposable au propriétaire dépossédé, mais à la condition que celui-ci n'ait pas usé du bénéfice que lui confère la loi de 1872. En effet, en cas de délivrance de duplicata, l'article 15, § 4, de la loi frappe de déchéance le titre primitif, et si le tiers porteur qui représente le titre originaire a une action personnelle contre l'opposant dont l'opposition aurait été faite sans droit, on ne conçoit pas comment l'inventeur pourrait soutenir que l'opposition du propriétaire dépossédé a été faite sans droit.

Le plus souvent, celui qui trouve des titres perdus en fait la déclaration à l'autorité administrative ou judiciaire (1) et lui dépose les titres. C'est là une pratique commune à tous les cas où un objet mobilier quelconque est trouvé sans que le propriétaire en soit connu, mais qui n'est prescrite par aucune loi (2). On s'accorde même à décider que des règlements municipaux qui suppléeraient sur ce point au silence de la loi, seraient entachés d'illégalité (3). Quoi qu'il en soit, l'autorité administrative a pour règle habituelle de restituer à l'inventeur les choses déposées à l'expiration du délai d'un an et un jour. Il est à peine utile, en constatant une coutume qui n'est fondée sur aucun texte législatif, de remarquer que la remise aux mains du déposant ne lui confère aucun droit de propriété avant l'expiration du délai de trente ans fixé plus haut.

Le seul droit que paraisse avoir l'inventeur contre le propriétaire, c'est le droit au remboursement des frais exposés pour l'entretien et la conservation des titres trouvés (arg. art. 2102, § 3 du Code civil), ce qui comprendra par exemple les droits de garde et tous autres perçus à raison de la déclaration faite au commissariat de police.

---

(1) On peut faire cette déclaration au greffe du tribunal civil. — Elle est faite ordinairement au commissariat de police.

(2) Elle est cependant tellement passée dans les mœurs que l'existence ou l'absence d'une déclaration sera en fait un des éléments qui formeront la conviction du juge répressif.

(3) Baudry-Lacantinerie, *Successions*, I, n° 115.

Au point de vue des rapports entre l'inventeur et la société débitrice, un mot nous suffira. A défaut d'une opposition pratiquée par le propriétaire dépossédé entre les mains de la société, l'inventeur, comme tout porteur, peut exiger le paiement des coupons d'intérêts au fur et à mesure des échéances et du capital lorsqu'il devient exigible, et, pour paralyser son droit, le propriétaire dépossédé n'a qu'à se pourvoir conformément aux dispositions de la loi de 1872.

Jehan FROISSART,
Avocat à la Cour d'appel de Paris.

DES COUPONS DE TITRES AMORTIS

PAYÉS PAR ERREUR

Les établissements débiteurs ont-ils le droit de retenir, au moment du remboursement du capital, le montant des coupons qu'ils ont payés sur des titres sortis à de précédents tirages?

Cette question a fait l'objet de nombreuses controverses et l'on peut dire, qu'à un moment donné, elle a passionné le monde des affaires. La Cour de cassation a eu à l'examiner; les auteurs qui étudient les questions de droit financier s'y sont intéressés.

On s'en est occupé au Congrès international des sociétés, réuni en août 1889 à l'occasion de l'exposition universelle; les chambres de commerce de la Seine et de certains départements, la chambre de l'Union des banquiers des départements, etc., ont adressé des pétitions à ce sujet.

On s'en est occupé également à la Chambre des députés, et enfin le Sénat, dans la loi du 1er août 1893 sur les sociétés, a adopté à cet égard une disposition dont nous parlerons plus loin.

Voyons où en est cette question en 1900.

On sait combien est considérable aujourd'hui le nombre des valeurs mobilières françaises ou étrangères dont le capital est remboursable dans un certain nombre d'années par voie de tirages au sort. Lorsque le titre est désigné par le sort, la compagnie le rembourse en payant la somme fixée lors de l'émission.

Des listes de tirages sont publiées dans la plupart des journaux financiers.

Or il arrive que, malgré cette publicité, beaucoup de personnes qui négligent de vérifier les listes, continuent à encaisser les coupons de titres sortis à ces tirages.

Certaines compagnies s'aperçoivent que la valeur est amortie et préviennent le tiers porteur; d'autres ne prennent pas cette peine et, plus tard, lorsqu'un tiers présente le titre au remboursement, elles déduisent de ce remboursement le montant des coupons payés par erreur.

Cette retenue des coupons sur le capital remboursé a amené des contestations et occasionné des procès.

Nous avons recueilli les principales décisions en cette matière (1).

Nous nous bornerons à résumer un important arrêt de la chambre civile de la Cour de cassation du 13 mai 1889, qui a fixé la jurisprudence. Voici quelle en est la doctrine : les articles 1235 et 1376 du Code civil, aux termes desquels celui qui a payé indûment une somme a droit de la répéter, s'appliquent à l'établissement de crédit chargé du service des intérêts et de l'amortissement et qui a payé par erreur des coupons afférents à des titres sortis au tirage.

Conformément à ce principe, le Comptoir d'escompte de Paris, chargé du service des obligations d'un emprunt du gouvernement russe, a été reconnu fondé à retenir le montant des coupons indûment payés sur le capital des obligations qu'il remboursait.

La Cour de cassation ajoute que l'arrêt a écarté, à bon droit, l'allégation de faute personnelle produite contre le Comptoir d'escompte et tirée de ce qu'il n'aurait pas dû payer sans vérifier si les obligations étaient échues, en constatant que le Comptoir, usant d'une précaution licite, a pris soin d'imposer au porteur, par des mentions aussi précises qu'apparentes, inscrites tant sur les bordereaux que sur les quittances, l'obligation de vérifier lui-même les listes de tirage et de restituer au gouvernement russe tous intérêts indûment perçus sur les obligations échues; que le porteur a souscrit à cette convention en connaissance de cause et en a librement accepté les conséquences.

Cet arrêt du 13 mai 1889 est contraire à la doctrine professée par la plupart des auteurs. En effet, ceux d'entre eux qui ont traité cette question sont presque tous d'avis de considérer comme mal fondé ce droit que s'arrogent les compagnies (2).

Nous devons signaler, en sens contraire, l'opinion de M. Wahl (3).

---

(1) Seine, 1re chambre, 26 janvier 1889; *Le Droit*, 1er février 1889 ; — Seine, 6e chambre, 15 mai 1885; *Gazette des Tribunaux*, 1-2 juin 1885 ; — Cassation, chambre civile, 29 juillet 1879.; *Dalloz*, 1880. 1, page 38; *Gazette des tribunaux*, 1er août 1879. — Tribunal de commerce de la Seine, 14 avril 1886; *Le Droit*, 30 avril 1886. — Cassation, chambre civile, 13 mai 1889; *La Loi*, 14 juillet 1889.

(2) Cf. Buchère : *Traité des valeurs mobilières*, nos 812 et suiv.; — Guillard, *Revue pratique du droit français*, 1860, p, 401 ; — de Folleville : *Traité des valeurs au porteur*, no 366 ; — *Revue des sociétés*, 1883, p. 331 ; — *Droit financier*, 1888, page. 11 ; — *Annales de droit commercial*, tome Ier, pages 75 et suivantes.

(3) *Des titres au porteur français et étrangers*, tome Ier, page 482.

D'après cet auteur, le système de la jurisprudence française est mieux fondé en principe qu'en équité. On peut se demander si les établissements débiteurs ne profitent pas des fonds qu'ils conservent et il propose d'obliger l'établissement débiteur à opérer le dépôt à la Caisse des consignations du montant du titre sorti.

M. Lyon-Caen incline à penser que le créancier a droit, pour l'époque postérieure à l'échéance, à la moitié des intérêts antérieurs, parce qu'il y a faute commune des parties ; il invoque en ce sens un arrêt de la Cour de cassation autrichienne (1).

Nous ne voulons pas entrer dans les détails d'une discussion juridique qui nous entraînerait trop loin. Nous nous bornerons, au point de vue pratique, à enregistrer les plaintes qu'a suscitées, dans le monde des affaires, la jurisprudence de la Cour de cassation.

Cette jurisprudence, a-t-on dit, donne une portée trop considérable aux clauses imprimées sur les bordereaux de coupons ; d'autre part, la vérification des listes, relativement facile pour les compagnies, est souvent difficile pour les encaisseurs, surtout s'il s'agit de tirages éloignés.

De plus, on sait très bien que de nombreux coupons sont encaissés chaque jour au nom de leurs clients par des intermédiaires, agents de change, banquiers, établissements de crédit, etc. Pense-t-on que ceux qui font toucher ces milliers de coupons connaissent les engagements pris par les garçons de recette sur les papiers imprimés présentés à leur signature ?

Les compagnies ont des listes de tirage sous la main et elles se garantissent contre leur propre négligence au moyen des clauses dont s'agit. Après quoi, elles n'ont qu'à laisser fructifier les capitaux non réclamés.

En vain les compagnies répondent-elles qu'il y a négligence de la part de l'obligataire dont le titre est amorti et qui, faute de vérifier les listes, continue à encaisser les coupons alors que le capital est tenu à sa disposition.

L'objection aurait une certaine valeur, en fait, si le titre restait toujours entre les mains du même propriétaire ; mais un numéro, quoique amorti précédemment, peut être transmis à des tiers porteurs qui continuent de toucher les coupons jusqu'à ce que le dernier d'entre eux se voie retenir sur le montant du remboursement le montant d'une longue série de coupons encaissés par les précédents propriétaires. — Ce dernier porteur a-t-il été imprudent ? Nullement. Peut-on lui reprocher de ne pas avoir vérifié les listes antérieures à son achat ? Nullement ; il

---

(1) *Journal de droit international,* 1882, page 374.

était encore en droit de penser qu'on lui avait délivré un titre régulier. N'est-ce pas là un cas où l'obligataire subit un préjudice considérable du fait des compagnies débitrices et sans avoir commis de négligence ? Il aura dans ce cas, dira-t-on, un recours contre le vendeur ; mais ce recours est illusoire si ce dernier est devenu insolvable ou s'il a disparu.

L'obligataire est donc lésé par cette retenue des coupons lors du remboursement du capital. La jurisprudence, dans son ensemble, peut bien sanctionner par des motifs de droit strict les procédés des compagnies. L'opinion générale n'en est pas moins demeurée hostile et a vu là un abus qu'il importait de faire cesser.

Aussi dès 1884, le Sénat avait-il inséré, dans son projet de loi sur les sociétés, un article qui obligeait les compagnies à payer, sans la moindre retenue, le capital des titres amortis, laissant à leur compte les coupons qu'elles auraient continué de payer par mégarde, malgré la sortie au tirage.

En 1889, M. le député de la Martinière et plusieurs de ses collègues ayant déposé sur le bureau de la Chambre une proposition de loi conçue dans le même sens, la commission d'initiative parlementaire avait conclu à sa prise en considération et le rapport de M. Laguerre, favorable à l'admission du projet de loi, avait été déposé (1).

La même disposition intercalée par voie d'amendement dans la loi du 1er août 1893 sur les sociétés a pris place dans l'article 70, qui est ainsi conçu :

« Dans le cas où les sociétés ont continué à payer les intérêts ou dividendes des actions, obligations ou tous autres titres remboursables par suite d'un tirage au sort, elles ne peuvent répéter ces sommes lorsque le titre est présenté au remboursement. »

A la séance du 3 juillet 1893, M. le sénateur Poirrier, auteur de l'amendement, déclarait trouver absolument injuste la solution donnée par la jurisprudence ; il estimait, suivant en cela l'opinion émise en 1884 au Sénat par M. Bozérian, que l'usage des compagnies, confirmé par les tribunaux, constituait un abus et qu'il y avait lieu d'y mettre ordre.

M. le commissaire du gouvernement Falcimaigne, tout en approuvant cette idée, non toutefois sans quelques réserves, fit remarquer que la proposition ne remédierait pas à la situation, si l'on n'ajoutait pas à l'article 70 ces mots : « Nonobstant toute stipulation contraire ». En effet, lors de la présentation des coupons, le bordereau dressé pour encaisser porte une mention de ce genre : « Je déclare avoir pris connaissance des

---

(1) Ce rapport a été publié par la *Revue des sociétés*, 1890, page 216.

listes de tirage et je m'engage à rembourser les intérêts qui m'auraient
été payés indûment. »

Pour arriver à un résultat utile, disait M. Falcimaigne, il conviendrait de mettre les mots « nonobstant, etc. ». Or, pour ajouter au texte de la loi les mots qui prohiberaient toute stipulation contraire, il faudrait reconnaître à cette stipulation un caractère contraire aux lois et aux bonnes mœurs. C'est, en effet, un principe inscrit dans l'article 6 du Code civil, qu'il n'est pas permis de déroger par des conventions particulières aux lois qui intéressent l'ordre public et les bonnes mœurs, tandis qu'on peut déroger par une convention particulière à toutes les autres. Or, il est impossible d'affirmer que la stipulation résultant de mentions imprimées sur les bordereaux présente un caractère qui permette de la déclarer illicite.

Dès lors, ajoutait M. Falcimaigne, si le Sénat ne se reconnait pas le droit de proscrire cette stipulation, comme elle deviendra pour ainsi dire de style, l'amendement ne produira aucune espèce d'effet.

L'article 70 fut cependant voté tel qu'il avait été proposé, sans aucune addition ; de sorte qu'il suffit aux sociétés de mentionner sur les bordereaux les clauses déjà citées pour que l'état de choses antérieur se perpétue, et il se perpétue en effet.

L'attention du Congrès international des sociétés par actions, réuni à Paris, en 1889, avait porté son attention sur ce point spécial. Dans sa séance du 17 août, le Congrès avait adopté, sans aucune contradiction, une résolution conçue dans des termes identiques à celle qui devait être votée quatre ans plus tard par le Sénat ; mais le Congrès avait ajouté les mots : « nonobstant toute stipulation contraire » (1).

Ces mots n'ayant pas été introduits dans la loi du 1er août 1893, il n'y a, en réalité, rien de changé à la situation à raison des clauses imprimées sur les bordereaux.

Nous n'avons pas connaissance que des procès aient été engagés à ce sujet depuis 1893 ; mais s'il en survenait, il est plus que probable que les obligataires succomberaient en vertu de la jurisprudence de la Cour de cassation qui conserverait toute sa force.

Disons, pour être exact, que s'il n'y a pas eu de procès depuis 1893 sur cette question, c'est que, pour les valeurs françaises, l'abus signalé n'existe pour ainsi dire pas. Dans la pratique, les compagnies françaises consultent les listes et préviennent les tiers porteurs que tel ou tel titre est sorti au tirage ; l'avis n'est pas immédiat, bien entendu, et il ne saurait l'être ; mais tout au plus deux ou trois échéances s'écoulent-elles

---

(1) Compte rendu du Congrès, page 317.

après la sortie au tirage avant que le créancier soit avisé. Dès lors les sommes en litige seraient trop peu considérables pour qu'un simple particulier engageât un procès de principe.

A un autre point de vue, l'article inséré dans la loi du 1er août 1893, est également insuffisant. La loi de 1893 étant une loi sur les sociétés, l'article ne vise que les titres des sociétés, or, il existe bien d'autres valeurs remboursables par voie de tirage au sort, telles que les titres des villes, départements, communes, etc., une disposition semblable à celle de l'article 70 devrait leur être appliquée, car si l'on faisait aux débiteurs de ces titres des procès fondés sur l'article 70, ces débiteurs pourraient bien répondre que la loi de 1893 ne les touche pas.

Au reste, qu'il s'agisse de Sociétés ou d'autres emprunteurs, la question présente peu d'intérêt pour les porteurs de titres français, car de la part des débiteurs français, l'abus est assez rare. Mais il n'en est plus de même lorsqu'il s'agit des valeurs étrangères, des valeurs russes notamment pour lesquelles il n'est pas rare de voir " plusieurs années " de coupons payés à tort et retenus lors du remboursement.

Nous trouvons sur les valeurs étrangères, sous la plume de M. le conseiller Buchère, dans une étude très complète sur cette question insérée dans *La Loi* du 21 juin 1890, les mêmes réflexions que faisait en 1862, M. le sénateur Bonjean, à l'occasion d'un projet de loi sur les titres au porteur perdus ou volés : « L'attention des capitalistes, dit M. Buchère, sera appelée sur les dangers que présente l'achat de certaines valeurs étrangères au point de vue de la diminution et de l'absorption possible de leur capital et les engagera souvent à préférer des valeurs françaises. Le crédit de notre pays profitera ainsi de l'adoption de la loi projetée. » (Il s'agissait du projet déposé à la Chambre des députés).

Ne discutons pas l'idée ainsi formulée, contentons-nous de dire qu'aujourd'hui tous les portefeuilles, même les plus modestes, contiennent des valeurs étrangères et il conviendrait de protéger dans la mesure du possible les porteurs de valeurs étrangères contre les prétentions injustes des établissements débiteurs.

Remarquons, au surplus, qu'en cette matière, la jurisprudence étrangère paraît plus équitable que la nôtre.

Nous lisons, en effet, dans l'ouvrage de M. Wahl (1) que, si la jurisprudence française a constamment permis au débiteur de déduire, lors du remboursement, le montant des coupons payés à tort, les jurisprudences allemande et autrichienne, anglaise et américaine rejettent ce système.

---

(1) *Des titres au porteur français et étrangers*, tome 1er, page 485.

Une entente à cet égard avec les établissements débiteurs étrangers ne nous paraît donc pas être une utopie irréalisable.

Nous sommes amenés à dire, en terminant, au sujet des titres étrangers amortis, un mot relatif non plus seulement aux coupons, mais au capital lui-même.

Certains établissements étrangers ne se bornent pas à déduire, sur le montant du remboursement, les coupons qu'ils ont payés après la sortie au tirage; quelques-uns ont établi une prescription portant sur le titre même, dont la date est de cinq ou dix ans à partir de la sortie au tirage. Le créancier touche alors ses coupons pendant cinq ou dix ans, quoique le titre soit amorti, et au bout de ce temps, le débiteur lui dit : « Je ne vous dois plus rien, vous n'avez plus entre les mains qu'un chiffon de papier sans valeur; si vous en doutez, lisez ce qui est écrit au dos de votre titre; vous y verrez cette mention : le titre est prescrit cinq ou dix ans après la sortie au tirage. »

Le public lit rarement ces mentions imprimées et il a certainement tort; mais, en bonne justice, n'est-il pas excessif que le débiteur puisse ruiner ainsi son créancier alors qu'il a sous la main les listes de tirage.

Nous répéterons ici ce que nous disions plus haut àpropos des coupons : si le titre amorti depuis longtemps déjà était resté dans les mains du propriétaire qui le détenait lors du tirage, on pourrait peut-être reprocher à celui-ci de ne jamais avoir vérifié les listes; mais il peut arriver qu'un tiers achète un titre ainsi sorti depuis neuf ans, par exemple; il touche un ou deux coupons, puis le voilà ruiné : ses titres sont prescrits!

Inutile d'insister sur le recours contre le vendeur; si ce dernier a disparu ou est devenu insolvable, à quoi servira ce recours?

Tel est l'état de choses actuel, et il semble bien qu'il y ait quelques mesures à prendre pour y remédier et apaiser les nombreuses plaintes qu'il a provoquées. Le seul remède qui ait été apporté est le suivant : certains États et quelques établissements étrangers ont porté à dix ans la prescription qui était de cinq ans après la sortie au tirage.

D'autre part, les acheteurs sont censés être prévenus, la Chambre syndicale des agents de change de Paris ayant pris soin de faire inscrire sur la Cote officielle les mots suivants : « Capital des titres amortis prescrit au bout de tant d'années » à côté de l'indication de la valeur.

Ces modestes résultats sont vraiment insuffisants pour garantir les droits des acheteurs de valeurs étrangères : ceux-ci mériteraient peut-être d'être sacrifiés moins complètement.

En résumé, depuis le dernier Congrès de 1889, la seule innovation dans cette matière consiste dans le vote de l'article 70 de la loi du

1er août 1893 sur les sociétés. C'est une disposition incomplète, puisqu'elle ne vise que les titres émis par des sociétés et non par d'autres emprunteurs.

C'est, de plus, une disposition insuffisante, puisqu'elle ne s'applique qu'aux valeurs françaises et que les abus proviennent surtout des procédés employés par les emprunteurs étrangers.

Arthur SIMON,
Chef du contentieux à la Chambre syndicale des agents de change.

Georges LEBEL,
Avocat à la Cour d'app el de Paris

DES DROITS DES OBLIGATAIRES

DANS LES SOCIÉTÉS FRANÇAISES

La loi française réglemente sévèrement, par des dispositions d'ordre public (Lois des 24 juillet 1867 et 1er août 1893), la création des actions dans les sociétés anonymes et en commandite. Mais elle ne contient aucune disposition (au point de vue du droit civil) en ce qui concerne l'émission des obligations (sauf celles à lots), le droit de surveillance et de contrôle des obligataires, leur représentation collective par des mandataires, les droits des obligataires en cas de cession de tout ou partie de l'actif social, de fusion, de liquidation amiable, etc.

Dans le silence de la loi, la situation des obligataires vis-à-vis de la société débitrice (1) est régie par les principes généraux du droit et la liberté des conventions.

CONTRÔLE

Pendant l'existence de la société, les obligataires ne peuvent exercer aucun contrôle, aucune surveillance sur les opérations de la société, ni prendre ou demander communication des documents sociaux, ni assister aux assemblées générales d'actionnaires. Ils ne peuvent que réclamer l'exécution des conditions de l'emprunt, notamment en ce qui concerne le service des intérêts et le remboursement des obligations. A défaut de paiement, ils ont seulement le droit d'exercer des poursuites individuelles, ou de provoquer la déclaration de faillite de la société si elle est commerciale.

CESSION PARTIELLE DE L'ACTIF SOCIAL

En cas de cession d'une partie de l'actif social, si cette cession n'est pas suivie de la répartition aux actionnaires d'une portion de l'actif qui

---

(1) Nous supposons que la société est anonyme, les émissions d'obligations étant faites ordinairement par cette sorte de société.

représente le capital social, si en un mot il n'y a pas réduction de ce capital, qui forme la garantie des créanciers sociaux, les obligataires ne sont fondés à élever aucune critique, à faire aucune réclamation tant que la société débitrice exécute ses engagements envers eux.

PERTES

Il en serait de même si la société venait à perdre une partie de son capital, comme résultat des opérations pour lesquelles elle a été constituée (nous raisonnons, bien entendu, dans l'hypothèse d'obligations émises sans garanties spéciales).

RÉDUCTION DU CAPITAL

La situation est différente lorsque la société décide la réduction de son capital, soit en exonérant les actionnaires de tout ou partie de ce qu'ils restent devoir sur leurs actions, soit en restituant aux actionnaires une partie des sommes par eux versées sur leurs titres, soit en remboursant par voie de tirage au sort ou en rachetant une partie des actions. Dans ces différents cas, la réduction du capital, même lorsqu'elle a lieu valablement au regard des actionnaires, n'est pas opposable aux créanciers antérieurs de la société, notamment aux obligataires. Ceux-ci peuvent, nonobstant la réduction, exercer leurs droits sur le capital originaire, qui forme la garantie des engagements pris envers eux, et, par suite, réclamer des actionnaires les versements complémentaires destinés à libérer effectivement leurs titres, ou la restitution des sommes qui leur auraient été remboursées ou payées (1).

MODIFICATIONS AUX STATUTS

Les modifications, autres que la réduction du capital social, qui seraient apportées au pacte social par l'assemblée générale des actionnaires, ne pourraient être critiquées par les obligataires et motiver une

---

(1) Voir notamment : Cassation, 3 janvier 1887, *Journal des sociétés*, 1889, 19 ; — Cassation, 30 novembre 1892, *Journal des sociétés*, 1893, 97 ; — Paris, 18 août 1883, 13 mars 1884, 13 janvier 1885, 11 janvier et 27 juillet 1888, 6 janvier, 6 février et 11 juin 1891, 19 janvier 1897, *Journal des sociétés*, 1884, 1 ; 1885, 441 et 611 ; 1889, 441 ; 1889, 441 ; 1890, 535 ; 1892, 16 ; 1894, 369 ; 1895, 465 ; — Lyon-Caen et Renault, *Traité de droit commercial*, t. II, n° 875 ; — Houpin, *Traité des sociétés*, 3ᵉ édit., n° 914.

réclamation de leur part, tant que la société exécute ses engagements et ne porte pas atteinte aux droits des obligataires.

FUSION

Il arrive souvent qu'une société, grevée d'un passif, veut se fusionner avec une autre société. Plusieurs combinaisons peuvent être employées pour arriver à la réalisation de la fusion et à l'extinction du passif : *1re combinaison*. L'ancienne société acquitte personnellement son passif, en réalisant une partie de son actif, et apporte ensuite le surplus de son actif à une société nouvelle ou déjà constituée. — *2me combinaison*. L'ancienne société fait apport de ses biens à l'autre société et reste personnellement chargée d'acquitter son passif. — *3me combinaison*. La société fait apport de ses biens à la nouvelle société, à charge par celle-ci de payer, en l'acquit de la première, le passif dont ces biens sont grevés. La jurisprudence a rendu un certain nombre de décisions, de l'ensemble desquelles il paraît résulter que, lorsque les statuts d'une société dissoute et en liquidation autorisent la fusion, les liquidateurs ne peuvent, même en vertu d'une délibération de l'assemblée générale des actionnaires, faire l'apport à une autre société de tout ou partie de l'actif social *avant l'extinction du passif* ; qu'il faut que le passif soit préalablement acquitté et que l'apport ait pour objet les biens restants après son extinction, ou que la société en liquidation apporte l'universalité de ses biens, à charge par la société nouvelle d'acquitter le passif (1).

Quelle est, en cas de fusion, la situation des créanciers de chacune des sociétés fusionnées ?

Voici la distinction qui a été faite par MM. Lyon-Caen et Renault dans leur *Traité de droit commercial* (2).

Si la fusion donne naissance à une société nouvelle, elle ne peut avoir d'effet à l'égard des créanciers. Un créancier ne peut être contraint à changer de débiteur ou à renoncer, en tout ou en partie, aux garanties attachées à sa créance. En conséquence, les créanciers de chaque société fusionnée ne peuvent pas être considérés comme ayant dorénavant pour débitrice la société résultant de la fusion. Ils conservent intact le droit de se faire payer sur les biens de la société

---

(1) Voir Paris, 9 novembre 1883, *Journal des sociétés*, 1884, 14 ; — Paris, 24 avril 1884, *Revue des sociétés*, 1884, 488 ; — Rouen, 7 avril 1886, *Journal des sociétés*, 1886, 520 ; — Seine, 7 avril 1884 ; 15 janvier 1885 et 7 juin 1887, *Journal des sociétés*, 1886, 478 ; 1890, 401 ; *Revue des sociétés*, 1889, 522 ; — Houpin, *Revue des sociétés*, n° 631.

(2) T. II, n°s 310 et 311.

obligée envers eux, sans avoir à subir le concours des créanciers dont l'autre société est débitrice. Il y a là une cause de complication qui peut mettre obstacle aux fusions des sociétés ou, tout au moins, les rendre difficiles. Les sociétés qui opèrent entre elles une fusion, ne peuvent y échapper qu'en désintéressant tous leurs créanciers, ou en obtenant leur consentement.

Au contraire, lorsqu'une société veut s'absorber dans une autre, les créanciers de la première ne sont pas tenus d'accepter la seconde comme débitrice. Mais les créanciers de la société qui subsiste dorénavant seule, ne peuvent, sauf le cas de fraude, se plaindre des dettes nouvelles résultant de la fusion à la charge de cette société. Ils n'auraient pas une sorte de séparation des patrimoines leur permettant de se faire payer sur les biens de cette société, dans leur état antérieur à la fusion, à l'exclusion des créanciers de la société absorbée.

FAILLITE — LIQUIDATION JUDICIAIRE

Si la société débitrice vient à être déclarée en faillite, ses dettes, et notamment les obligations émises par elle, deviennent de plein droit exigibles. L'actif est réalisé, dans l'intérêt commun des créanciers, par les syndics, qui font ensuite entre ces derniers la répartition du produit de cette réalisation (art. 437 et suivants du Code de commerce).

La liquidation judiciaire a aussi pour effet de rendre exigibles les dettes de la société (Loi du 4 mars 1889, art. 8). Les sommes provenant de l'actif réalisé sont réparties entre les créanciers.

DISSOLUTION — LIQUIDATION AMIABLE

La société débitrice peut être dissoute, soit par l'expiration de son terme, soit par une décision de l'assemblée générale des actionnaires, soit pour de justes motifs appréciés par les tribunaux.

Dans l'un ou l'autre de ces cas, il est nommé, soit par l'assemblée générale des actionnaires, soit par les tribunaux, un ou plusieurs liquidateurs, chargés de réaliser l'actif, de payer le passif et de répartir le surplus aux actionnaires.

Il existe des différences profondes entre la liquidation d'une société, même prononcée par jugement, et la faillite de cette société ou sa liquidation judiciaire ordonnée conformément à la loi du 4 mars 1889.

Et, tout d'abord, le liquidateur d'une société dissoute même judiciairement, est le mandataire des actionnaires, ou plutôt de la société ; c'est dans leur intérêt que la liquidation se fait ; en principe, il n'est pas le représentant des créanciers (à la différence du syndic de la faillite), et il n'a pas qualité pour agir au nom des créanciers contre la société ou les actionnaires (1).

Ensuite, la liquidation, à la différence de la faillite, ne rend pas exigibles les dettes de la société (2), tant que celle-ci remplit ses engagements (3).

Toutefois, on a considéré que la liquidation ayant pour résultat de diminuer les sûretés promises aux obligataires, en arrêtant le fonctionnement de la société et en faisant disparaître la chance des bénéfices de l'exploitation sur laquelle les obligataires pouvaient compter pour assurer le paiement de leurs créances, emporte déchéance du bénéfice du terme (art. 1188 du Code civil), et confère aux obligataires le droit d'exiger le remboursement immédiat des titres au taux nominal, notamment en cas de cession à l'État des lignes ferrées de la société (4).

Quoique le liquidateur ne représente pas les créanciers, il a le devoir de réaliser l'actif et d'en employer le produit à payer tout d'abord les créanciers sociaux, et notamment les obligataires. Il engagerait sa reponsabilité personnelle s'il répartissait aux actionnaires une partie quelconque de l'actif social avant le complet désintéressement des créanciers (5). Les sommes réparties devraient être rétablies dans la caisse sociale, et les actionnaires seraient exposés à l'action des créanciers à concurrence de la somme indûment retirée par chacun d'eux (6). Du reste, les créanciers ont le droit, pour empêcher toute répartition, de former opposition sur les sommes et valeurs que le liquidateur détient au compte de la société (7).

---

(1) Voir notamment, Cassation, 16 février 1874, 16 mai 1877 et 14 mars 1882, Dalloz, 1874, 1, 414 ; 1878, 1, 81 ; 1882, 1, 241 ; — Lyon-Caen et Renault, n°ˢ 318 et suiv. ; — Houpin, n° 209.

(2) Lyon-Caen et Renault, n° 409.

(3) Seine 25 juin 1883 ; Nantes, 26 mai 1883, *Journal des sociétés*, 1883, 707 et 724 ; — Buchère, *Journal des sociétés*, 1896, 246.

(4) Paris, 23 mars 1876, *Journal des tribunaux de commerce*, 1876, 511 ; — Cass. 6 janvier 1885, *Revue des sociétés*, 1885, 154 ; — Cass. 2 février et 10 mai 1887, Dalloz, 1887, 1, 97 et 334 : Sirey, 1888, 1, 57 ; — Seine, 28 novembre 1888, *Gazette du Palais*, 1889, 1, 28 ; — Renault et Valframbert, *Du droit des obligations sur le prix du rachat des chemins de fer* ; — Lechopié, *Revue des sociétés*, 1885, 213 ; — Grivet, p. 268 ; — Houpin, *Traité des sociétés*, n° 417.

(5) Voir les décisions citées *supra* pour le cas de fusion. *Adde*, Seine, 4 octobre 1883 ; Rouen, 25 juillet 1887 ; Seine, 26 décembre 1885, *Journal des sociétés*, 1888, 393 ; 1890, 404 ; 1896, 370.

(6) Cassation, 2 décembre 1891, *Journal des sociétés*, 1892, 203.

(7) Thaller, *Traité élémentaire de droit commercial*, n° 454.

RÉSUMÉ

En résumé, les obligataires d'une société sont, en droit français, dans la situation générale d'un créancier vis-à-vis de son débiteur. Pendant le cours de la société, ils ne peuvent exercer aucun acte de contrôle ou de surveillance sur les opérations de la société, et ils n'ont pas le droit d'assister aux assemblées générales des actionnaires. Le capital social ne peut être réduit au regard des créanciers sociaux ; et, malgré la réduction qui serait faite par la société, les obligataires conservent toujours un recours sur le capital originaire qui forme la garantie des engagements pris envers eux. En cas de fusion de la société débitrice avec une autre société, les représentants de la société ne peuvent faire apport de tout ou partie de son actif avant l'extinction de son passif ; il faut que ce passif soit préalablement acquitté, ou que la société apporte son actif à charge par la société à laquelle est fait l'apport de payer le passif : et même, dans ce dernier cas, les créanciers ne sont pas tenus d'accepter la nouvelle société comme débitrice. Enfin, en cas de dissolution et de liquidation de la société, aucune répartition de l'actif social ne peut être faite aux actionnaires avant que les créanciers soient complètement désintéressés.

LÉGISLATION

Le projet de loi adopté par le Sénat, en 1884, contient diverses dispositions (art. 75 à 87) relatives à l'émission des obligations, à la nomination de mandataires et de commissaires chargés de représenter les obligataires, notamment en cas de constitution de garanties hypothécaires. Il y est dit (art. 81) que « les commissaires ne peuvent s'immiscer dans la gestion des affaires sociales ; ils ont droit aux mêmes communications, délivrances de pièces ou de copies que les actionnaires et aux mêmes époques ; ils peuvent assister à toutes les assemblées générales quelconques des actionnaires, sans participer ni aux discussions ni aux votes ».

Le congrès international des sociétés par actions, tenu à Paris en 1889, a adopté notamment la résolution suivante, en ce qui concerne les émissions d'obligations : La loi ne doit pas organiser des assemblées générales d'obligataires ayant le pouvoir de délibérer sur les intérêts communs, mais il y a lieu de donner aux obligataires le droit de participer aux assemblées d'actionnaires, avec la faculté d'émettre des avis.

Il semble que, en édictant une réglementation pour les émissions

d'obligations, il y aurait lieu d'accorder législativement aux obligataires :
1° le droit aux mêmes communications, délivrances de pièces ou de
copies que les actionnaires ; 2° le droit d'assister aux assemblées générales d'actionnaires avec la faculté d'émettre des avis.

Mais, même en l'absence de toute réforme législative, les intérêts
des obligataires pourraient être sauvegardés, dans une certaine mesure,
par la constitution d'un syndicat et la nomination de mandataires chargés d'exercer les droits et de défendre les intérêts communs des obligataires contre la société débitrice. Un droit de contrôle ou de communication pourrait être accordé par celle-ci aux mandataires des obligataires (1).

C. HOUPIN,

Rédacteur en chef du " Journal des sociétés ".

---

(1) Voir HOUPIN, *Traité des sociétés*, n° 409.

Paris.-Imp. PAUL DUPONT (Cl.) 3.4.1900

LES MARCHÉS A TERME

ET

L'EXCEPTION DE JEU EN FRANCE

Dans le premier tiers du siècle qui finit, ou qui vient de finir — il ne faut mécontenter personne — les marchés à terme étaient admis « en principe » ; mais ils étaient déclarés nuls quand, en fait, ces marchés, n'ayant pas en réalité pour objet la livraison de titres, devaient simplement se traduire par le paiement de différences ; d'où la recherche, par le juge, de l'intention des parties lorsqu'elles avaient conclu le marché.

Après 1830, on constate dans la jurisprudence une évolution : les marchés à terme ne sont pas nuls par eux-mêmes : ils ne le sont pas, encore qu'ils ne doivent point aboutir à des livraisons de titres, mais seulement à des paiements de différences ; ils ne le deviennent que lorsque l'état de fortune des parties engagées dans la spéculation ne donne plus à apercevoir qu'une opération de jeu ; l'exception écrite dans l'article 1965 du Code civil devient applicable ; toute action est refusée pour le paiement des différences, d'où la nécessité pour le juge d'examiner la situation respective des deux spéculateurs, de décider si cette situation leur permettait ou non de se livrer à des opérations de la nature de celle qui se trouvait soumise à son appréciation.

En somme, conditions pitoyables pour tout le monde ; pour ceux qui étaient à juger, parce que la possibilité d'échapper à l'exécution d'engagements se traduisant par des pertes considérables pouvait provoquer et provoquait certainement, de leur part, des actes d'insigne mauvaise foi, comme pour ceux qui jugeaient, parce que la recherche des intentions, l'examen de ce que peut comporter de risques à courir une situation de fortune, sont questions dans lesquelles l'erreur est si facile qu'il faut, le plus possible, les écarter du prétoire.

C'est en vue de modifier un pareil état de choses qu'avait rendu plus mauvais encore le développement énorme pris par la spéculation à terme, avec ses gros incidents tels que le krack dit de l'Union générale, qu'a été entreprise l'élaboration de la loi du 28 mars 1885 qui se résume dans l'article 1er ainsi conçu : « Tous marchés à terme sur effets publics et autres, tous marchés à livrer sur denrées et marchandises sont reconnus légaux. Nul ne peut, pour se soustraire aux obligations qui en résultent, se prévaloir de l'article 1965 du Code civil, lors même qu'ils se résoudraient par le paiement d'une simple différence. »

Il semblait bien que, devant un texte si formel et si net, toutes difficultés dussent disparaître et que la situation fût devenue celle-ci :

Les marchés à terme sont valables, et on ne pourra pas leur opposer l'exception de jeu. Point. Voici que, dès le lendemain, se pose la question de savoir si on n'a pas légiféré seulement en vue des marchés « sérieux », et l'on soutient qu'il n'y a de marchés sérieux que ceux qui doivent s'exécuter par livraison de titres, ou, s'il s'agit de paiement de différences, que les marchés conclus entre gens en situation de les exécuter. Quand ces conditions ne se rencontrent pas, point de marchés sérieux, l'exception de l'article 1965 reprend toute sa force; elle reste opposable comme par le passé.

Là-dessus, la doctrine se divise, la jurisprudence fait comme la doctrine, si bien qu'à la place d'un état de choses qu'on avait cru heureusement modifié, on se trouve retombé, — il faut bien savoir appeler les choses par leur nom — en plein gâchis.

Les partisans de l'opinion qui soutenait supprimée l'exception de jeu disaient :

S'il en était autrement, à quoi bon légiférer ? Pour confirmer l'état de choses existant? Ce n'était vraiment pas la peine. Personne, depuis longtemps, ne contestait plus la validité des marchés à terme; à quoi bon alors la solennité d'un acte législatif pour aboutir seulement à dire qu'ils sont valables? C'est enfoncer une porte ouverte. Avant la loi de 1885, on ne considérait comme valables que les marchés sérieux, ceux qui ne masquaient pas des opérations de jeu à régler, non par la livraison des titres ou des marchandises, mais simplement par le paiement de différences, et les juges se croyaient autorisés à rechercher l'intention des parties contractantes dans un ensemble de circonstances, dont une des principales était leur situation de fortune, mettant ou non à leur disposition les ressources nécessaires pour répondre à toutes les éventualités de la spéculation entreprise.

Si l'on doit comprendre la loi de 1885 en ce sens qu'il n'y a de véritables marchés à terme que les marchés sérieux et si l'on est en droit de prouver que ceux sur lesquels on discute n'ont pas ce caractère, parce qu'étant en disproportion avec les ressources du spéculateur, ils ne constituent que des opérations de jeu qui autorisent l'exception de l'article 1965, quoi de changé? On aura discuté pendant des années, entassé commissions sur commissions, pour arriver à ce que le lendemain soit exactement ce qu'était la veille; la montagne n'aura rien enfanté, pas même le *ridiculus mus*.

Est-ce admissible?

Est-ce admissible, quand de tous les travaux qui ont précédé ou accompagné la loi, il résulte qu'on a voulu innover, dresser un monument législatif qui fût en concordance avec un état économique nouveau? Innovons, crie-t-on de tous côtés, enlevons les entraves qui, pour obéir à des idées économiques vieillies, gênaient la spéculation, et, pour cela, continuons le régime d'autrefois, cherchons le jeu sous la spéculation, fouillons, inquisitionnons, favorisons ces honnêtes financiers pour lesquels le krack de la loyauté et de la conscience est celui qu'ils redoutent le moins.

On répondait :

Il n'est pas exact de dire qu'en dehors de l'exception de jeu, la loi de 1885 n'ait rien fait. D'abord, elle a prévenu toute incertitude pour l'avenir en consacrant la jurisprudence qui, dans son dernier état, avait reconnu la validité des marchés à terme sur les effets publics ou autres.

Elle a, en outre, prescrit aux tribunaux de se montrer très circonspects dans l'admission de l'exception de jeu, puisque, en principe, elle reconnaît la validité des opérations conclues sous la forme de marchés à terme ou à livrer.

La loi de 1885 a fait plus encore; elle a exigé, pour que l'exception de jeu pût être admise, un accord initial entre les parties, entre le prétendu acheteur et le prétendu vendeur, refusant, par cela même, la faculté d'opposer l'article 1965 du Code civil à l'agent de change qui a servi simplement d'intermédiaire et qui n'a pu connaître l'intention de jouer que chez l'une des parties. En cela, elle a modifié la jurisprudence antérieure qui permettait d'opposer l'exception de jeu à l'agent de change, lorsque celui-ci avait connu l'intention de jouer de son client. Cette exception ne serait plus admissible sous l'empire de la loi nouvelle, à moins que l'agent de change, enfreignant ses devoirs professionnels, ne se fût fait la contre-partie de son client. La loi de 1885 donnera donc la sécurité aux agents de change et, en même temps, elle garantira l'exécution des opérations de bourse auxquelles ils auront prêté leur ministère. L'exception de jeu ne pourra plus être opposée que pour les opérations traitées sans intermédiaire ou avec un coulissier, un banquier ou un courtier qui se sera constitué la contre-partie de son client.

A l'appui de ces thèses contradictoires, chacun a prétendu trouver, dans les travaux préparatoires de la loi, des arguments en faveur de sa doctrine, et comme l'élaboration a duré plusieurs années, qu'on a beaucoup parlé et beaucoup écrit, chacun en a trouvé.

Aujourd'hui que la Cour suprême s'est prononcée et a départagé les combattants, il serait oiseux de rentrer dans un examen détaillé des débats qui se sont produits, tant au Sénat qu'à la Chambre des députés ; il suffira de citer quelques-unes des paroles prononcées, à la veille du vote définitif, par l'honorable M. Peulevey, rapporteur de la commission de la Chambre, pour montrer dans quel esprit la loi a été votée et quelle portée on a entendu lui donner.

Sur le paragraphe 2 de l'article 1er du projet de loi, à la rédaction proposée par le gouvernement : « Nul ne peut, pour se soustraire aux obligations qui en résultent (des marchés à terme ou à livrer) se prévaloir de l'article 1965 du Code civil, lorsque l'acheteur a le droit d'exiger la livraison ou que le vendeur a le droit de l'imposer », la Chambre des députés avait substitué ce texte : « Nul ne peut, pour se soustraire aux obligations qui en résultent, se prévaloir de l'article 1965 du Code civil, lors même que ces marchés devraient se résoudre par le paiement d'une différence. » Le Sénat remplaça, dans la formule de la Chambre des députés, les mots « devraient se résoudre » par les mots « se résoudraient ». Dans cette simple modification de texte, on avait voulu voir purement et simplement le retour à l'ancien état de choses, le triomphe de l'exception de jeu qui pourrait, comme par le passé, être opposée par les spéculateurs de mauvaise foi.

Voici comment M. Peulevey fait justice de cette prétention :

« Quelques esprits passionnés de dialectique, a-t-il dit, cherchent, dès à présent, à établir que, par cette substitution (se résoudraient, au lieu de devraient se résoudre) le Sénat a voulu bouleverser toute l'économie de la loi, et que les parties pourront, comme par le passé, demander à faire la preuve que le marché n'a été que fictif et qu'il n'a eu pour but que de dissimuler une opération de jeu. Mais que la Chambre se rassure ; il n'en est point ainsi. Nous ne sommes point en face de législateurs se donnant l'apparence d'adhérer à des réformes impérieusement réclamées et s'ingéniant, par des subtilités de rédaction, à échapper à toute réforme. Ce sont là des suppositions que le bon sens seul réprouve et nous croyons pouvoir affirmer, avant toute discussion, que la rédaction adoptée par le Sénat a exactement le même sens et la même portée que celle adoptée par la Chambre.

« ... Ainsi que nous l'avons déjà fait plusieurs fois remarquer, le texte voté dit expressément que nul ne peut, pour se soustraire... se prévaloir de l'article 1965 ; il est donc bien évident que, par une disposition aussi nette, aussi précise, et qui ne peut avoir pour objet que de couper court aux interprétations arbitraires de la jurisprudence, le législateur entend formellement dénier toute action en justice pour établir le contraire de ce qui résulte des termes du marché. C'est qu'en effet, ou la loi ne veut rien dire ou elle signifie que le marché constitue la présomption *juris et de jure* contre laquelle nulle preuve n'est admise, autrement elle ne dirait pas : « Nul ne peut se prévaloir de l'article 1965 pour se soustraire au marché. »

M. Peulevey termine ainsi :

« Ce que le Sénat n'a pas voulu, c'est maintenir l'état de choses actuel, c'est approuver et sanctionner cette jurisprudence qui fait dépendre la validité du marché de simples présomptions tirées, soit de l'importance des opérations comparée à la situation de fortune, non pas des contractants, mais de celui qui veut se soustraire à ses engagements, soit de l'intention des parties, quand cette présomption d'intention ne dérive que des résultats. Voilà ce que le Sénat n'a pas voulu, et sa volonté s'est traduite, nous ne saurions trop le répéter, en déniant toute action en justice pour faire la preuve du marché. « Nul ne pourra « se prévaloir de l'article 1965 pour se soustraire aux obligations du « marché. » Il proclame la présomption *juris et de jure* dont nous avons déjà parlé et contre laquelle aucune preuve n'est possible. Et, sur ce point encore, le rapport de l'honorable M. Naquet ne peut laisser aucun doute, car il s'exprime dans les termes les plus précis : « Le changement « de rédaction, dit-il, n'a aucune portée : le projet de loi admet, en dé- « finitive, une présomption légale en vertu de laquelle toute opération se « présentant sous la forme d'un marché à terme ou à livrer sera réputée « une vente sérieuse et non un jeu ou un pari sur les variations des cours. « Or, contre les présomptions légales nulle preuve n'est admise. On ne « pourra plus démontrer qu'une opération ayant la forme d'un marché à « terme ou à livrer est, en réalité, un jeu ou un pari. » Comment serait-il possible qu'après des déclarations aussi nettes, aussi formelles, que le Sénat s'est appropriées par son vote et que la Chambre ratifiera sans doute par le sien, comment serait-il possible, disons-nous, que les tribunaux eussent encore la velléité d'admettre qu'il n'y a qu'une présomption qui peut être détruite par une preuve contraire, que rien n'est changé dans la législation et que les parties pourront, comme par le passé, se prévaloir de l'article 1965 pour se soustraire à leurs engagements ? Votre commission ne le pense pas ; elle affirme de nouveau que tous les marchés à terme et à livrer, tels qu'ils sont connus et pratiqués dans le monde des affaires, constituent, par eux-mêmes, une preuve contre laquelle nulle preuve contraire ne peut être admise, et c'est sous le bénéfice de ces observations qu'elle vous propose d'adopter le projet de loi tel qu'il a été voté par le Sénat. »

Nulle protestation contre ces paroles du rapporteur ; la loi est votée par la Chambre comme le lui demandait sa commission. Ne doit-on pas dire qu'elle l'a votée dans l'esprit du rapport, que c'est dans ce rapport qu'il faut, avant tout, chercher la véritable portée de la loi et que cette loi doit être considérée comme supprimant d'une façon absolue l'exception de jeu quand il s'agit d'opérations se présentant sous la forme de marchés à terme ?

C'est ce qu'a pensé la Cour de cassation et c'est ce qu'elle a dit dans son arrêt du 22 juin 1898, ainsi conçu :

« Vu l'article 1er de la loi du 28 mars 1885.

« Attendu qu'en déclarant, en des termes essentiellement impératifs, que nul ne pourrait se soustraire aux obligations résultant de « tous » marchés à terme sur effets publics et autres, de tous marchés à livrer sur denrées et marchandises, lors même qu'ils se résoudraient par le paiement d'une simple différence, la loi du 28 mars 1885, lorsque les opérations sur effets et marchandises ont pris la forme de marchés à terme, a entendu interdire, aux parties, d'opposer l'exception de jeu ; aux juges, de rechercher l'intention des parties ; qu'en décidant le contraire, lorsque les opérations sur lesquelles il avait à statuer, avaient pris la forme de marchés à terme, l'arrêt attaqué a violé l'article de loi susvisé… Casse… »

Remarquons que les termes absolus de cet arrêt ne comportent aucune restriction. Dans son rapport au Sénat, M. Naquet avait écrit : « S'il s'agit d'un marché contracté suivant les règles, le marché est valable ; il est couvert par une présomption légale qui empêche les tribunaux de rechercher les intentions premières des parties ; mais, s'il s'agit d'une convention écrite, portant que les livraisons des titres ou des marchandises ne pourraient être ni exigées, ni imposées, les tribunaux apprécieront, comme aujourd'hui, s'il y a là une convention sérieuse que la société doive couvrir de sa protection, ou un simple jeu dont elle n'ait pas à connaître. »

Nous nous permettrons d'abord de demander quel est le financier qui ait jamais vu une convention écrite de la nature de celle imaginée par M. Naquet. Nous ajouterons ensuite, qu'existât-elle, elle devrait être considérée comme non avenue, parce qu'elle serait contraire à la loi qui veut que nul ne puisse, pour se soustraire aux obligations résultant de marchés à terme sur effets publics, se prévaloir de l'article 1965 du Code civil. Or, on ne pourrait soutenir nulle une convention écrite par laquelle les parties auraient stipulé que les livraisons de titres ne pourraient être ni exigées, ni imposées, qu'en invoquant l'article 1965; cette faculté est interdite par la loi; donc, la convention ne saurait produire effet.

En résumé, la loi du 28 mars 1885 a, non seulement déclaré valables les marchés à terme sur effets publics et autres, mais elle a complètement et absolument soustrait ces marchés aux incertitudes de l'exception de jeu, en même temps qu'elle enlevait aux spéculateurs de mauvaise foi le refuge que le Code lui-même leur avait ouvert.

T. CRÉPON,
Conseiller à la Cour de cassation.

LES OPÉRATIONS DE BOURSE

ET

L'EXCEPTION DE JEU

Anciennes sont les exceptions derrière lesquelles se retranchent les spéculateurs malheureux pour refuser l'exécution de leurs engagements. Au dix-septième siècle, les boursiers d'Amsterdam « faisaient Frédéric » (*hazer Federique*) : dès que le prince Frédéric Henri d'Orange eut défendu la vente à découvert, les joueurs invoquèrent la nouvelle interdiction pour nier l'existence de tout lien légal (1).

M. Richard Ehrenberg a même retrouvé, dans un formulaire de notariat remontant à 1682, le texte d'une requête à l'usage des personnes qui ne voudraient ni prendre livraison, ni payer de différences !

Mais ce n'était là qu'une sœur aînée de l'exception de coulisse et surtout de l'exception de non inscription au registre de bourse : l'intention des parties n'était point directement en cause ; il ne s'agissait que d'appliquer strictement une interdiction formelle.

L'exception de jeu, la plus fameuse de toutes les exceptions dilatoires de notre bourse moderne, a un caractère complètement opposé : elle est insinuante à l'extrême ; elle semble destinée à rester perpétuellement immanente. Si elle disparaît quelques instants, elle reparaît presque aussitôt : il suffit qu'un texte général interdise le « jeu », pour que des dispositions particulières ne puissent mettre aisément un terme aux anciennes hésitations.

Dans les pays où le législateur n'est point intervenu ou n'est intervenu que tardivement, les tribunaux ont essayé de déterminer en une formule les caractéristiques de l'acte de jeu. Ils l'ont identifié tantôt avec tel concours de circonstances particulières, tantôt avec telles intentions spéciales. Ils ont agi généralement avec la plus complète incons-

---

(1) Don Josseph de la Vega, *Confusio de Confusiones*, Amsterdam, 1688. p. 30 ; cf. également notre étude sur *Les origines de la bourse moderne*.

cience de la vie commerciale, de ses conditions et de ses nécessités légitimes.

Pour éviter des erreurs courantes et préciser notre point de départ, nous sommes donc obligés d'indiquer à grands traits la théorie juridique du jeu de bourse, telle qu'on peut la dégager: d'une part, des principes généraux de toute législation moderne qui interdit le jeu sans le définir positivement et sans parler expressément de jeu de bourse ou de marchés devant dans l'intention commune des parties se résoudre par le paiement de différences, et, de l'autre, d'une connaissance assez complète de la technique de nos bourses.

Nous devrons ensuite concentrer notre attention; aussi ne nous placerons-nous pas au point de vue plus ou moins particulier de tel ou tel Etat, mais au point de vue très général d'un législateur quelconque qui aurait à prendre une décision, en profitant des expériences faites et des exemples que lui fournit la vie de chaque jour.

Nous insisterons, dans une brève conclusion, sur les moyens qui permettraient de faire diminuer le jeu de bourse sans laisser dans le monde des affaires une cause de troubles perpétuels, et sans livrer des êtres faibles et imprévoyants à des commissionnaires qui se transforment parfois en de vrais vampires.

I

Pour la presque totalité des jurisconsultes, le type parfait, sinon exclusif, de l'opération de jeu est en bourse le marché différentiel (*Differenzgeschaeft*), le marché à terme devant dans l'intention commune des parties se résoudre par le paiement de différences à la suite d'une opération semblable et en sens inverse (couverture).

Or, que peut-on entendre par intention commune des parties?

Une intention formulée expressément, la seule que connaisse le droit des contrats? Mais, les bordereaux échangés ne portent aucune trace d'une telle convention; ils portent même que le vendeur devra livrer, et l'acheteur prendre livraison! On ne rencontre jamais que l'intention d'en arriver à un règlement pécuniaire (à la suite d'une opération semblable et en sens inverse, bien entendu). Une clause excluant franchement la livraison effective n'existe pas dans les relations ordinaires de deux personnes traitant entre elles à la bourse; et pourquoi y existerait-elle d'ailleurs? La technique actuelle n'est-elle pas assez perfectionnée pour rendre très aisés paiement et réception de différences! Or, l'intention des parties ne modifie pas la situation juridique ; une volonté commune ne suffit pas pour qu'il y ait convention ; il faut une expression formelle de cette volonté. Il n'y a qu'une exception à ce principe, dans le cas où il s'agit d'une conséquence tacite d'une activité plus générale ; et la conséquence tacite du marché conclu ne serait ici que la possibilité de tout régler sans recevoir personnellement de titres et sans payer la totalité du prix ! Il faut donc dire que, « la formule du contrat étant une, le contrat est un » (M. Léveillé).

Admettons, cependant, qu'on se place en dehors du domaine purement conventionnel, et qu'on parle d'intention présumable. Comme tous les acheteurs prendront livraison et que tous les vendeurs livreront sinon eux-mêmes, du moins par l'intermédiaire d'une personne qu'ils délégueront à cet effet, comment présumer un fait qui ne se présentera jamais ou presque jamais dans la réalité. Le mécanisme de la bourse moderne rend les échelons plus courts, mais il ne les supprime pas. Le règlement par différence est une conséquence si indirecte d'actes juridiques distincts, qu'un jurisconsulte attentif doit hésiter à établir des liens factices entre chacun d'entre eux.

Ces obstacles, si réels qu'ils puissent être, ne sont pas, tant s'en faut, insurmontables. Ce n'est point, comme on l'a pensé souvent et plus spécialement en Allemagne, dans le domaine des conventions entre parties qu'il faut se placer ici, bien que celui qui ignore les difficultés aperçues n'entrevoie pas la question dans toute son étendue. L'exception de jeu a un caractère essentiellement subtil ; elle atteint l'acte quelles que soient les conditions expresses du marché ; elle est, pour ainsi dire, le frein établi par la coutume ou par la loi à une certaine activité illégitime, et, toutes les fois que cette activité illégitime se présentera, le contrat sera entaché d'un vice grave, risquera d'être annulé ou sera privé du bénéfice d'une action en justice.

Admettons donc qu'on se place en dehors du domaine des conventions et que l'intention de tout régler par le paiement de différences puisse être présumée ; nous trouverons-nous nécessairement alors en face d'un acte de jeu ? Non ; d'ailleurs, les marchés devant se résoudre par le paiement de différences directement entre les parties contractantes n'ont pas non plus nécessairement ce caractère. Trois exemples, choisis l'un dans la vie courante de nos bourses de commerce, un autre parmi les opérations sur le change international, le troisième dans le trafic des valeurs mobilières, suffiront pour nous en persuader.

Un négociant, important de blé d'Amérique, veut s'assurer contre la baisse éventuelle des prix : il fait un marché à terme. Comme la qualité qu'il importe n'est pas livrable ou est très nettement supérieure à la qualité livrable à terme, il n'a pas l'intention de livrer, et sa contre-partie peut très bien le savoir. Y a-t-il là une opération de jeu ? Non certes, opération d'assurance ; et cela alors même que les parties auraient stipulé un règlement direct des différences, car cette stipulation ne modifierait en rien la nature du contrat, qui lui vient de son esprit et de sa fonction dans notre existence économique et non de sa forme plus ou moins particulière.

Il en est de même lorsqu'un spéculateur, opérant à terme en Russie, achète ou vend aussitôt des roubles pour la même époque, afin de ne pas se trouver exposé à des fluctuations défavorables du change. Son intention qui peut être connue de la contrepartie, est de s'assurer contre les fluctutions défavorables du cours de la valuta.

Un dernier exemple, emprunté à **M. R. G. Lévy**, nous laisse sur le même terrain : « Voici un banquier qui négocie avec une compagnie de chemins de fer pour acheter d'elle une certaine quantité de ses obligations, garanties par l'État. Depuis le moment où le banquier aura signé avec la compagnie le traité d'achat jusqu'à celui où il aura revendu les titres à ses clients, il s'écoulera un temps plus ou moins long, durant lequel le banquier courra tout le risque d'une baisse possible. Or... la rente française est une créance sur le débiteur qui a garanti les obligations de la compagnie de chemins de fer. Vendre de la rente, c'est donc diminuer l'engagement contracté par l'achat des obligations. Le banquier réaliserait, du chef de la baisse de la rente française, un profit qui viendrait compenser ou atténuer la perte résultant pour lui de la baisse des obligations ». Le financier qui fait un marché à terme dans de telles conditions a évidemment l'intention de tout régler par le paiement de différences ; et cependant, loin de faire acte de spéculation, il fait acte de prévoyance : il ne saurait donc jouer.

D'ailleurs, ne limite-t-on pas trop étroitement le champ de l'exception de jeu en ne l'appliquant qu'aux marché à terme? Un spéculateur, ne pouvant ou ne voulant pas opérer à terme, fait acheter par son banquier un certain nombre de titres ; il ne dépose qu'une fraction minime du prix, qui joue le rôle d'une couverture, et le reste du prix lui est avancé jusqu'au moment de la vente des titres et du règlement de la position prise. Dans une telle circonstance ne pourrait-il pas s'agir d'acte de jeu? Où rencontre-t-on un texte qui limite l'application de l'exception classique de jeu aux seuls marchés à terme? Nulle part ; eh bien, en quoi la spéculation ainsi conçue diffère-t-elle de la spéculation à terme? Par la forme seulement ; et nous avons vu que cette forme n'était nullement caractéristique !

Si les tribunaux ne sont pas tombés trop souvent en erreur dans leurs essais de construction juridique, c'est que l'exception de jeu ne

fut jamais invoquée par des personnes se trouvant dans une des positions indiquées ou dans quelque autre position voisine; et s'ils n'ont
pas saisi toutes ces difficultés, c'est qu'il ne s'est jamais rencontré d'avocat assez osé pour pousser aussi loin l'audace d'une défense.

L'exception de jeu peut-être appliquée à de nombreux marchés de
bourse, mais dans une série de circonstances particulières qu'il nous
est impossible de déterminer avec une certitude quelconque. Le jeu
suppose deux choses : un élément intentionel et un élément objectif.
D'une part, le désir de s'exposer à une chance de gains en participant à
un contrat aléatoire ; de l'autre, le désir d'arriver à un but nullement
légitime au point de vue économique.

Comment pourrait-on préciser une notion qui repose sur l'intention
d'un individu et le but d'un acte? Autant vaudrait se mettre en quête
du secret de la pierre philosophale ! Aussi devons-nous en rester et en
resterons-nous à cette indication très générale et très vague, après
avoir fait table rase de bien des préjugés.

II

Puisque l'intention des parties est directement en question, comment distinguer avec certitude une opération légitime d'une opération
de jeu? L'esprit le plus sûr, le plus maître de solides principes juridiques et économiques, sera très généralement dans le plus grand
embarras pour donner une solution franche dans chaque circonstance
de fait ! Nous irons même plus loin; nous dirons que, plus un esprit
sera sûr, maître de solides principes juridiques et économiques et plus
grand sera son embarras pour donner une solution franche dans chaque
circonstance de fait !

Comme toute jurisprudence ne saurait être que vacillante, et que
toute jurisprudence vacillante est, dans la vie commerciale plus encore
que dans la vie ordinaire, grosse de dangers, n'est-il pas préférable de
déclarer que l'exception de jeu ne s'applique pas aux marchés de bourse
pour donner aux transactions une plus grande sécurité?

Qui oserait dire que l'exception de jeu a diminué sensiblement le
nombre des joueurs ? Personne. Puisque l'intervention de l'État est
demeurée sans résultats, tout au moins sans résultats notables, l'État
ne doit-il pas renoncer à perdre son autorité en de vains efforts ?

Qui invoque l'exception de jeu ? Les hommes les plus malhonnêtes
et non pas ceux qui sont vraiment dignes de la protection du législateur ; les hommes qui refusent ici de payer des différences pour aller

les toucher dans quelque autre maison ! Triste remède à un mal, si grave qu'il puisse être, que celui qui, pour guérir de rares personnes, laisse entre les mains de tous un poison dont tout le monde craint la menace !

Lors de toutes crises économiques, après le krach qui suit une hausse insensée, les joueurs font entendre des plaintes stridentes devant les tribunaux et refusent le paiement de leurs soldes débiteurs. L'effondrement devient alors d'autant plus brusque et effrayant que les commissionnaires, momentanément prudents, ne prêtent point leur concours à tout acte aléatoire qui pourrait être un acte de jeu à la suite de quelque revirement prétorien de jurisprudence !

Enfin, l'exception de jeu n'atteint pas tous les actes de jeu. La spéculation au comptant, qui prend souvent de l'importance dans nos bourses et qui en a notamment à la bourse d'Amsterdam, peut très bien se pratiquer hors de toute atteinte. Supposons que l'on dissocie le pur marché de bourse (achat de titres) de ce que l'on peut appeler l'opération de banque (prêt sur titres), bien qu'elle ait lieu souvent à la bourse ; comment saurait-on formuler alors une exception de jeu ? — C'est donc un remède insuffisant aux abus de la spéculation, comme c'est un remède déplorable, même dangereux.

III

L'exception de jeu et l'exception différentielle doivent donc disparaître partout où elles laissent encore des traces sensibles.

Mais les législateurs ne sauraient, pour autant, renoncer à lutter contre les abus de la spéculation. Qu'ils reprennent les anciens combats contre une passion qui est directement néfaste à notre société et qui a indirectement les plus malheureuses conséquences ; seulement, qu'ils les reprennent avec une plus grande habileté.

Nous trouverions excellente une disposition pénale atteignant quiconque, dans son intérêt particulier, inciterait habituellement le public à spéculer, au delà de ses moyens, soit à terme, soit au comptant.

Une telle menace permanente ferait réfléchir bien des personnes indélicates ; et les honnêtes commerçants se trouveraient toujours à l'abri : depuis qu'un texte identique est en vigueur en Allemagne (1er janvier 1897), pas la moindre plainte n'est venue confirmer les craintes d'injustes délations, qu'on avait formulées tout d'abord, non sans apparence de raison, au sein du parti libéral et dans les milieux commerciaux.

Et nous devons nous en tenir, dans le trafic des valeurs, à cette seule mesure. L'institution du registre de bourse ne saurait être conseillée : ne spécule-t-on pas aussi facilement au comptant qu'à terme ? De même, il faut se garder de viser telle ou telle forme particulière, comme de se perdre dans des considérations plus spirituelles, plus fines que vraiment pratiques.

André E. Sayous.

LES VALEURS A LOTS

ÉMISSION, NÉGOCIATION, PUBLICATION DES TIRAGES

EN FRANCE

I

La loi française du 21 mai 1836 sur les loteries, loi surannée s'il en fut, est appliquée à toutes les publications de tirages de *valeurs à lots étrangères* non admises aux négociations officielles et à la cote de la bourse de Paris. Un arrêt du 19 mars 1876 a condamné plusieurs directeurs de journaux à l'amende pour publication d'articles, de cotes et de tirages concernant les obligations des chemins de fer ottomans et diverses autres valeurs à lots.

A l'heure où nous sommes, le directeur ou le gérant d'un journal quelconque, politique, financier ou littéraire, si ce journal a publié les annonces ou les résultats d'un tirage d'une valeur à lots étrangère, non cotée officiellement, encourt une condamnation qui, aussi légère qu'elle soit matériellement, entraîne, pendant plusieurs années, l'interdiction des droits civiques.

Aucun journaliste français ne peut, volontairement ou non, sciemment ou par inadvertance, insérer dans ses colonnes aucun tirage de valeurs à lots étrangères sans s'exposer à cette peine véritablement extraordinaire.

Le directeur ou le gérant du journal convaincu du fait incriminé n'est pas frappé en vertu du texte explicite d'une loi spéciale : il est atteint par une interprétation rigoureuse de la loi de 1836 sur les loteries, interprétation que le législateur ne pouvait certes pas prévoir à cette époque et que, sans nul doute, il n'eût pas admise.

Toute contravention à cette loi du 21 mai 1836 peut être punie des peines édictées par les articles 410 et 411 du Code pénal. Le deuxième paragraphe de l'article 410 dit textuellement que « les coupables peuvent être, de plus, à compter du jour où ils auront subi leur peine, interdits, pendant cinq ans au moins et dix ans au plus, des droits mentionnés en l'article 42 du Code pénal ». Or, l'article 42 du Code pénal indique quels sont les droits civiques, civils ou de famille qui peuvent être interdits.

Comme l'arrêt du 19 mars 1876 a reconnu que l'infraction existe indépendamment de toute intention délictueuse de gérants de journaux et par cela seul que ceux-ci ont la volonté de faire connaître l'existence de l'opération prohibée, on voit que tous les journaux sans exception, sont exposés, par simple oubli, a être atteints des peines les plus rigoureuses.

La question mérite donc, on le voit, d'être examinée de très près. Elle intéresse le public porteur de valeurs à lots tout entier; elle intéresse toute la presse française.

II

La loi du 21-25 mai 1836 prohibe-t-elle d'une manière absolue la *création*, l'*annonce* et la *mise en vente* de toutes valeurs à lots indistinctement, françaises ou étrangères?

Si telles sont réellement sa pensée et son but, faut-il la maintenir avec ce caractère de sévérité exagérée?

N'est-il pas, au contraire, conforme aux intérêts économiques et financiers, dans leurs conditions actuelles, d'en modifier les termes et d'en atténuer la rigueur par des tempéraments sans péril pour le crédit public et privé?

Telles sont les questions que nous allons examiner.

En 1870, ces questions étaient déjà soulevées à l'occasion d'un emprunt à primes des chemins de fer de la Turquie d'Europe, et une consultation à laquelle la presse donna une grande publicité, affirmait « qu'il n'y avait lieu, en aucune façon, à appliquer à une opération de cette nature la loi du 21-25 mai 1836.

Cette consultation était délibérée par MM. Sénard, Crémieux, Allou, Lachaud et Laurier, avocats à la Cour d'appel de Paris; Chambaraud, avocat au Conseil d'Etat et à la Cour de cassation.

Elle était revêtue des adhésions de MM. Jules Grévy, Odilon-Barrot, Le Blond et Plocque, avocats à la Cour d'appel.

M. Odilon-Barrot, vice-président du Conseil d'Etat, témoin de la loi de 1836 et l'un de ceux qui l'avaient votée et peut-être provoquée, y adhérait en ces termes expressifs et remarquables :

« J'adhère à la consultation. L'interprétation qu'elle donne à la loi du 21 mai 1836, prohibitive des loteries, est la seule qui soit conforme à l'intention du législateur et aux précédents hautement avoués et pratiqués par le Gouvernement; la seule d'ailleurs, qui soit conciliable avec les nécessités du commerce et de l'industrie. — S'il suffisait qu'une convention quelconque offrît une chance aléatoire pour être rangée dans la classe des loteries, toute spéculation deviendrait impossible. Ce n'est que dans le cas où l'*aléa* est la cause et le but principal de l'opération, que celle-ci constitue une loterie proprement dite ; lorsqu'elle n'est qu'un accessoire, elle est couverte et, en quelque sorte légitimée, par le caractère principal du contrat. »

On ne saurait mieux dire : et ces quelques lignes résument à merveille la consultation tout entière.

Sans doute, si l'on s'arrête à une vue superficielle, on peut être tenté d'induire du texte que, du moment où l'espérance d'un gain à acquérir par la voie du sort se mêle à une opération quelconque, cette opération est proscrite par la loi.

Mais le texte lui-même, quand on l'étudie sans passion, se refuse à cette interprétation extrême et ce qui la contredit mieux encore, c'est l'esprit de la loi, mis en lumière par son exécution.

III

Et d'abord, quelle a été l'occasion de la loi de 1836, quel but s'est-elle surtout proposé ?

La loi du 21 avril 1832 avait prononcé, par son article 48, l'abolition de la loterie dans toute la France, à partir du 1er janvier 1836.

Cette suppression avait provoqué la création d'un grand nombre de loteries clandestines et des combinaisons de librairie fort semblables, elles aussi, à de pures loteries.

D'un autre côté, des châteaux des bords du Rhin étaient mis en vente sous forme de loteries véritables, puisqu'un seul, favorisé par le sort, devait en être propriétaire, là où des millions de billets devaient ne trouver dans l'opération aucune compensation, si légère qu'elle fût.

Le capital représenté par les billets ainsi jetés dans la circulation, était double et triple de la valeur dont l'adjudication était livrée au sort ; les gouvernements étrangers percevaient sur les billets un droit qui, parfois, équivalait presque à la valeur des propriétés placées dans la dépendance de leur souveraineté.

C'est pour remédier à ces abus que la loi du 21 mai 1836, vint développer le principe posé par la loi du 21 avril 1832.

Que dit-elle ?

L'article premier porte : « Les loteries de toutes espèces sont prohibées. »

L'article 2 ajoute : « Les ventes d'immeubles, meubles ou marchandises effectuées par la voie du tirage au sort, ou auxquelles auraient été réunies des primes ou autres bénéfices dus au hasard, et généralement toutes opérations offertes au public pour faire naître l'espérance d'un gain qui serait acquis par la voie du sort. »

Quand on sait quelles circonstances déterminèrent la présentation et le vote de la loi, il est facile de se rendre compte de sa portée.

Ce qu'elle veut prohiber, ce sont les *loteries de toutes espèces...* L'article 2 n'a qu'un but : déterminer ce que le législateur entend par *loteries*, mais sans que, pour cela, l'article premier cesse de fixer le principe même de la loi.

Ceci entendu, il faut se demander uniquement à quels signes caractéristiques se reconnaît une loterie.

La consultation de 1870 en indiquait trois, et nous ne pouvons mieux faire que de lui emprunter sa définition :

1 — *Chance offerte de très gros bénéfices moyennant une très faible mise.* Un billet de 50 centimes, par exemple, en face d'un lot de 100.000 fr.

2 — *Perte totale de la mise pour le plus grand nombre des concurrents.*

3 — *Attribution à quelques contractants privilégiés d'un bénéfice qui a pour base la perte réalisée par tous les autres.*

Là où ces trois éléments ne se rencontrent pas, on peut dire, à coup sûr, qu'il n'y a pas loterie et que la loi de 1836 ne trouve pas son application.

Or, est-ce que les emprunts d'État, ceux mêmes des grandes compagnies industrielles ou financières, là où les obligations qui les expriment sont remboursables par voie de tirage au sort, avec des primes directes ou indirectes, est-ce que ces opérations, ces combinaisons constituent des loteries ?

Où est la chance offerte de très gros bénéfices, moyennant une très faible mise ?

Où est, pour le plus grand nombre des parties prenantes, la perte totale de leur mise ?

Où est l'attribution, à quelques privilégiés du sort, d'un bénéfice dont la base est la perte réalisée par tous les autres ?

Elles n'offrent rien de pareil.

Prenons pour exemple un emprunt fait par la Ville de Paris.

Qu'offre-t-on au public ?

Une obligation d'une valeur nominale de 400 francs, produisant 12 francs d'intérêt annuel, souscrite à un taux qui varie suivant les conditions du marché, remboursable au pair quelquefois, ou par voie de tirages annuels avec des lots ou des primes, plus ou moins nombreuses, plus ou moins considérables.

Quelle est la position de celui que le sort ne favorise pas ?

Il continue à percevoir son intérêt de 12 francs par an ; il garde son titre et, avec ce titre, il conserve la chance de gagner une prime ou un lot à un tirage ultérieur ; enfin, il possède la certitude, là même où le sort lui serait contraire, d'être remboursé soit au pair, soit à 400 francs, suivant les conditions de son contrat.

Il n'y a là ni chance offerte de très gros bénéfices, en échange d'une faible mise; ni perte totale de la mise pour le plus grand nombre; ni bénéfice réalisé par quelques privilégiés du hasard, et qui soit formé de la perte de tous les autres. Donc, il n'y a pas de loterie. Donc, il n'y a pas lieu à l'application de la loi de 1836.

Pour soutenir le contraire, il faudrait prétendre que l'espérance d'un gain à acquérir par la voie du sort, mêlée, même à titre purement accessoire, à une opération de bourse, suffit pour que, par cela seul, elle tombe sous le coup de la loi. Une telle interprétation va manifestement au delà, non seulement de la pensée, mais du texte même de la loi.

Ce que proscrit ce texte, ce sont les opérations qui seraient offertes au public pour faire naître l'espérance d'un gain qui serait acquis par la voie du sort ; mais induire de là que toute opération sérieuse en elle-même, doit être proscrite comme une loterie parce qu'il s'y mêle, à titre accessoire et secondaire, une combinaison offrant l'espérance d'un gain à acquérir par la voie du sort, c'est dépasser la mesure; la loi n'a pu vouloir, la loi n'a pas voulu aller jusque-là.

La preuve en réside dans l'exécution même qu'elle a reçue.

IV

Que sont les obligations émises par les Compagnies de chemins de fer, au capital nominal de 500 francs et à un taux inférieur ou supérieur suivant les conditions du marché ; remboursables, par voie de tirages annuels, au capital de 500 francs ?

Dira-t-on qu'elles sont des billets de loteries ?

Personne ne s'en avisera. Et cependant, il y a là l'espérance d'un gain à acquérir par la voie du sort. — Le gain c'est le remboursement un an après l'émission par exemple, là où il est possible, sous l'empire du sort, qu'il n'arrive qu'au bout de 20, 30, 40 ou 50 années.

Ceci est vrai, à plus forte raison, pour les obligations à lots de la Ville de Paris, du Crédit foncier et d'autres encore qu'il est inutile d'indiquer.

Dira-t-on que toutes ces créations ont été autorisées par des lois spéciales, dérogeant à la règle posée par la loi de 1836 ; que, loin de prouver en faveur de la thèse que nous soutenons, elles en sont la contradiction formelle; l'exception, là où le législateur a dû intervenir pour la formuler, confirmant le principe de la prohibition absolue ?

Tel n'a point été le caractère des lois d'autorisation ; il est facile de le démontrer.

V

Voici notamment ce que disait M. Rouher à la séance du Corps législatif du 10 juin 1866 :

« Que s'est-il passé depuis 1836? Comment cette loi a-t-elle été interprétée, comment a-t-elle été comprise dans tous les temps, par tous les pouvoirs, par tous les hommes d'Etat appelés à l'appliquer?

« Je ne cherche pas son esprit, il est dans la logique et dans la raison ; je ne veux chercher, quant à présent, que l'application qui en a été faite.

« Des emprunts ont été proposés par la Ville de Paris ; les emprunts ont été effectués... les lois qui les autorisaient n'avaient pas pour but de permettre la création de primes et de lots ; c'étaient des autorisations d'emprunts purs et simples.

« En votant ces lois, le Corps législatif et avant lui l'Assemblée constituante, ont-ils eu la pensée de déroger, comme le disait l'honorable M....., il n'y a qu'un instant, à la loi générale par des lois spéciales? Pas le moins du monde... J'ai lu moi-même tous les exposés des motifs, tous les rapports qui ont été faits sur les nombreux emprunts successivement effectués par la Ville de Paris, en 1848, en 1851, en 1855, en 1860 ; jamais on n'a vu dans les lots et primes attachés aux emprunts de la Ville de Paris, et qui représentent de 1/2 à 1 1/2 %, jamais on n'y a vu une dérogation volontaire à la loi de 1836.

« Il n'en a été dit un mot par personne ; on n'a pas considéré que cette opération sérieuse d'un capital emprunté avec un intérêt fixe, et un simple accessoire de primes et lots, constituait ce qu'on peut appeler une loterie. Lisez toutes ces lois spéciales faites sur ce sujet, vous n'y trouverez pas une seule mention indiquant qu'on ait volontairement dérogé à la loi de 1836.

« La loi a été appliquée par le Conseil d'Etat en 1852, en 1859, en 1860 ; en 1852 et 1859 au Crédit foncier ; en 1860 au Crédit colonial. — Lisez les statuts de toutes ces compagnies. — Je les ai entre les mains, on y stipule la faculté de créer des primes et des lots, jusqu'à concurrence de 1 % ; et ces primes et ces lots ont été créés par la Société du Crédit foncier, ont été créés par la Société du Crédit colonial, en vertu de décrets délibérés en Conseil d'Etat, et aucun des honorables conseillers d'Etat qui examinaient ces questions avec la sollicitude qu'ils y apportent toujours, n'a eu la pensée qu'il violait, en accordant cette faculté, la loi de 1836. — Vous avez autorisé des emprunts à Bordeaux, à Lille, à Tourcoing. Ces emprunts de 14 et de 15 millions ont été effectués; ils contiennent des primes et des lots, et les lois qui les autorisaient n'en parlaient pas. — C'étaient de simples autorisations données d'emprunter. »

VI

Qu'ajouter à cela ? N'est-il pas certain, comme le disait M. Rouher, que la loi n'atteint pas l'opération dans laquelle les primes et les lots sont un accessoire, non sa cause et son but principal.

S'il en est ainsi, dira-t-on, pourquoi en appeler au pouvoir législatif? Adressez-vous aux tribunaux et faites prévaloir cette doctrine.

C'est précisément parce que les tribunaux, par erreur mais obéissant à leur conscience, voient, eux, dans toute combinaison accessoire de primes et de lots, une loterie prohibée, qu'il est nécessaire de faire intervenir le pouvoir législatif pour décider, par une interprétation souveraine, ce qui a été, à l'origine, et ce qui devra être, pour l'avenir, le sens de la loi de 1836.

S'il fallait justifier par des considérations économiques et financières la nécessité de ramener à une formule moins exclusive la loi sur les loteries, rien ne serait plus facile.

Quand des faits se produisent et se généralisent dans un pays, quand ils s'étendent au monde entier, ils revêtent un caractère de nécessité qui les impose à la sagesse du législateur.

On peut, suivant que les idées de protection ou les idées de liberté triomphent dans une législation, les réglementer dans l'espoir d'en prévenir l'abus, ou les abandonner à l'initiative individuelle au risque de ces abus eux-mêmes, sous la seule garantie des lois générales. Mais les nier pour ainsi dire, les proscrire, en faire *a priori* des délits, c'est une tentative qui doit échouer, comme échoue tout ce qui est contraire à la nature même des choses.

Or, qui peut méconnaitre le mouvement qui, depuis 1836, en France et partout, a multiplié sous tous les noms et sous toutes les formes, l'emprunt par obligation à lots ou à primes? Comment appliquer à ces combinaisons ingénieuses, variées, instruments puissants du crédit, ignorées alors, une loi qui, par cela même, n'était pas faite pour elle ?

Comment maintenir cette inégalité choquante d'opérations, identiques au fond par leur mécanisme, et dont les unes, protégées par la loi, ressemblent à de grands privilèges financiers, tandis que les autres sont traquées comme si le fait seul de leur existence était une atteinte à la morale aussi bien qu'à la loi?

Que les magistrats préposés à la garde des lois et à la protéction des intérêts privés se montrent sévères pour la fraude ; qu'ils défèrent sans pitié à la justice criminelle tout ce qui, sous l'apparence d'un contrat sérieux, ne serait qu'illusion, leurre, moyens de s'emparer de la fortune d'autrui, nous le comprenons et nous y applaudirons.

Mais, par crainte de l'abus, proscrire l'usage ; frapper de suspicion des contrats excellents en eux-mêmes par cela seul qu'ils ne portent pas une estampille privilégiée, cela est contraire aux principes de la liberté économique.

VII

Ce que nous demandons, c'est qu'en maintenant la prohibition des loteries de toute espèce, la loi en détermine nettement les vrais caractères et ne permette plus de confondre avec ces loteries des opérations qui ; désormais, appartiennent, comme un rouage nécessaire, à notre mécanisme financier.

Notre but serait incomplètement atteint si, à côté du principe même de la loi, nous n'en signalions pas des conséquences accessoires et graves, nous voulons parler de l'interdiction de toute annonce de valeurs étrangères à lots ou à primes, de tous tirages, et même de la cote sur le marché libre.

Là où ces valeurs cesseraient d'être considérées comme équivalant à des loteries, il va de soi que leur annonce cesserait d'être proscrite.

Mais qu'arrive-t-il aujourd'hui sous l'empire de la loi, telle que les tribunaux l'interprètent, en face des notes comminatoires qui émanent du Parquet ?

Les journaux français, soucieux de leur repos et de leur considération, cèdent à la menace et gardent le silence, tandis qu'à côté d'eux, des journaux publiés en langue française au delà de notre frontière, font toutes les publications que les journaux français s'interdisent. En fait le mal qu'on pourrait éviter s'accomplit. Le résultat le plus certain de la prohibition et des menaces de poursuites est de créer une inégalité choquante entre les divers organes d'une publicité spéciale qui devraient, par esprit de justice, être placés sous l'empire d'une même règle.

La vérité, c'est qu'il est impossible d'assimiler à des *loteries* des opérations qui n'en ont, en aucune façon, le caractère et que la loi de 1836 doit être ou interprétée ou modifiée en ce sens.

ALFRED NEYMARCK,
Membre du Conseil supérieur de statistique.

DE L'INSAISISSABILITÉ DES RENTES

L'ÉTAT FRANÇAIS

———

Les rentes sur l'État français ont été déclarées insaisissables par la loi du 8 nivôse an VI, dont l'article 4 porte « qu'il ne sera plus reçu à l'avenir d'opposition sur le tiers conservé de la dette publique, inscrite ou à inscrire ».

L'insaisissabilité forme une exception à l'article 2092 du code civil, aux termes duquel les biens du débiteur répondent de tous les engagements qu'il a pu contracter ; et cette dérogation est d'autant plus grave que les rentes sur l'État ont pris à notre époque une extension considérable et qu'elles occupent une place importante dans le patrimoine privé des familles.

Aussi ce privilège, qui pendant longtemps n'avait pas été contesté, a-t-il commencé à être mis en discussion et vivement attaqué, lorsque la rente a pris un développement que le législateur n'avait certainement pas prévu.

A différentes reprises, on a cherché à restreindre les effets des dispositions de la loi de nivôse an VI, en les interprétant dans un sens favorable aux créanciers. On a prétendu que si la saisie était prohibée, si les créanciers ne pouvaient recourir directement à cette mesure d'exécution, les rentes n'échappaient pas complètement à leurs poursuites ; en un mot, que l'article 2092 du code civil n'était pas infirmé par la loi de nivôse an VI. On a voulu établir une distinction entre la saisie de la rente et l'attribution faite par jugement aux créanciers du titulaire : la première serait interdite, mais il n'en serait pas de même du transfert en paiement prononcé en vertu du principe général posé dans l'article 2092 du code civil.

A notre avis, cette théorie doit être repoussée ; car elle va manifestement à l'encontre de la pensée du législateur qui a voulu priver les créanciers de toute action sur cette sorte de propriété.

Il suffit de se reporter aux travaux préparatoires de la loi et aux circonstances dans lesquelles elle est intervenue pour en saisir toute la portée.

Historique du privilège. — Le Trésor à cette époque était dans une pénurie extrême, on avait épuisé toutes les ressources et l'on ne pouvait même pas tirer parti des biens nationaux qui trouvaient difficilement acquéreurs. L'État, dans l'impossibilité de tenir ses engagements, venait de faire banqueroute en décidant, par la loi du 9 vendémiaire an VI, que les deux tiers de la dette publique seraient remboursés en bons au porteur admissibles en paiement des domaines nationaux et que le dernier tiers, seul, serait conservé en inscriptions au Grand-Livre. Ce dernier tiers, qui prit le nom de « tiers consolidé », était exempt de toute retenue présente ou future.

Cette mesure avait porté une atteinte profonde au crédit public : il importait de relever le tiers consolidé du discrédit où il était tombé et de ramener sur cette valeur la confiance du rentier. On voulut faire des rentes sur l'État une valeur privilégiée échappant aux règles du droit commun : à l'immunité de tout impôt, on ajouta la garantie de l'insaisissabilité.

L'exposé des motifs qui précéda le vote de la loi du 8 nivôse an VI ne laisse subsister aucun doute à cet égard.

« Les rentes sont meubles par leur nature, dit Vernier au Conseil des Anciens, elles n'étaient réputées immeubles que par fiction et dans quelques coutumes seulement. Il convenait non seulement de rendre les rentes à leur première nature, mais encore de priver les créanciers pour l'avenir de toute espèce de droit, saisie ou opposition, soit sur le capital, soit sur les arrérages. Les créanciers prévenus et instruits qu'ils n'auront plus à compter sur cette ressource pour le paiement et la sûreté de leurs créances, régleront à l'avenir leurs transactions en conséquence et se ménageront d'autres sûretés moins sujettes à tromper leur attente. » En conséquence, la loi du 8 nivôse an VI dispose par son article 4 : il ne sera plus reçu à l'avenir d'opposition sur le tiers consolidé de la dette publique inscrite ou à inscrire.

Comme la loi s'exprimait en termes généraux, et comme on doutait que la prohibition s'étendît aux arrérages, on la compléta par la loi du 22 floréal an VII, dont l'article 7 est ainsi conçu : « Il ne sera plus reçu à l'avenir d'opposition au paiement des arrérages, à l'exception de celle qui serait formée par le propriétaire de l'inscription. »

Bien qu'à l'époque où ces deux textes ont été votés, il n'existât qu'une seule espèce de rente, le 5 % consolidé, on les considérait comme également applicables à tous les fonds composant la dette publique, quelle que fût leur nature.

Aujourd'hui, toute incertitude a disparu à cet égard, car lors de la création du fonds 3 % amortissable, le législateur a pris soin de rappeler dans l'article 3 de la loi du 1er juin 1878 que « tous les privilèges et

immunités attachés aux rentes sur l'État sont assurés aux rentes 3 %
amortissables : ces rentes sont *insaisissables*, conformément aux dispositions des lois du 6 nivôse, an VI et du 22 floréal, an VII ». La loi du
27 avril 1883, portant conversion des rentes 5 %, contient un article
analogue; la même disposition est reproduite dans l'article 3 de la loi
du 17 janvier 1894 qui autorise la conversion des rentes 4 1/2 %.

Jurisprudence administrative. — L'administration des finances a toujours eu pour règle de sauvegarder à l'encontre des créanciers le principe posé par la loi de nivôse an VI : non seulement elle se refuse à
l'exécution d'un jugement par lequel un créancier aurait obtenu l'autorisation de vendre tout ou partie d'une inscription de rente appartenant
à son débiteur, mais encore elle rejette toute opération de transfert qui
aurait pour effet de permettre à un créancier de saisir, par une voie
détournée, les rentes de son débiteur. L'instruction ministérielle du
1er mai 1819 (art. 27) prescrit d'ailleurs aux agents chargés de l'administration de la dette de veiller scrupuleusement à ce qu'il ne soit jamais
porté atteinte au privilège qui met la rente en dehors du droit commun.
Des conflits se sont parfois élevés à ce sujet entre des particuliers et le
Trésor ; l'administration des finances a été dans ces circonstances
constamment soutenue par le Conseil d'État, dont la jurisprudence est
demeurée invariable depuis le commencement du siècle.

Ainsi, par un avis du 17 thermidor an X, il a été décidé que la loi de
nivôse an VI peut être opposée aux créanciers ayant privilège et hypothèque sur la créance représentée par l'inscription.

Un arrêt du 3 janvier 1813 a rejeté la requête d'un créancier qui demandait au Trésor l'exécution d'un jugement l'autorisant à signer le transfert de la partie d'un titre de rente qui était nécessaire pour le désintéresser.
Le ministre avait refusé en ces termes de procéder au transfert du titre :
« L'autorité ne peut avoir aucun égard au jugement dont il est question,
attendu que les dispositions en sont formellement contraires à la législation de la dette publique et notamment à la loi du 8 nivôse an VI, qui
déclare insaisissables les rentes inscrites au livre des 5 % consolidés. »

Il a été jugé par un arrêt du 19 décembre 1839 que, même en présence
d'une succession vacante, il n'était pas au pouvoir des créanciers de se
payer sur les rentes ayant appartenu à leur débiteur, « attendu que les
rentes inscrites au grand-livre ne peuvent pas plus être saisies sur une
succession vacante que sur le titulaire de l'inscription même ».

Enfin, un arrêt du 6 août 1878 est venu prouver de nouveau que la
doctrine du Conseil d'Etat ne s'était pas modifiée au sujet du caractère
privilégié des inscriptions sur le grand-livre : il résulte de cet arrêt

qu'un créancier ne saurait contraindre son débiteur à céder la propriété de ses rentes et que le consentement du titulaire est indispensable pour que le transfert du titre soit régulièrement opéré.

Récemment, la question a été portée à la tribune de la Chambre des députés à l'occasion de deux arrêts de la Cour de cassation (2 et 16 juillet 1894) qui paraissaient en désaccord avec la législation spéciale qui régit la dette inscrite. Dans la séance du 9 novembre 1895, M. Bazille, député de la Vienne, a demandé au ministre des finances s'il exécuterait des décisions judiciaires qui, contrairement au principe de l'insaisissabilité, ordonneraient le transfert d'une rente sans le concours du propriétaire ou de son fondé de pouvoir.

La réponse du ministre fut très catégorique : « Les rentes sur l'Etat, dit-il, sont insaisissables; aucun créancier n'a le droit de faire un acte de saisie ou d'opposition, soit sur le capital, soit sur les arrérages. Les rentes ne tombent pas sous l'application de l'article 2092 du Code civil qui déclare que quiconque s'est obligé personnellement est tenu de remplir son engagement sur tous ses biens.

« Si des jugements attribuant des rentes à des créanciers étaient produits à l'agent comptable des transferts et mutations, celui-ci ne pourrait passer outre à l'opération et se retrancherait derrière les dispositions qui lui interdisent de procéder à un transfert en l'absence du titulaire ou du propriétaire régulier. »

Cette opinion est d'ailleurs conforme à celle des différents ministres qui se sont succédé au département des finances, notamment à celle du baron Louis, consignée dans un rapport du 29 avril 1831, qui explique et justifie la création des titres au porteur, et dans lequel il est dit que « la rente est insaisissable, en sorte que, excepté le cas de débet ou d'usurpation de titre, nul rentier ne peut être troublé dans la propriété que lui confère sa créance sur l'État ».

Dans une lettre adressée à M. de Sal, sénateur, le 20 novembre 1897, le ministre des finances a fait savoir qu'il partageait les idées émises à la tribune par son prédécesseur le 9 novembre 1895 : à son avis, la dérogation au droit commun résultant de la loi de nivôse an VI constitue une mesure d'ordre public prise dans l'intérêt national; elle a pour effet de mettre les rentes hors de toute atteinte des créanciers et interdit toute exécution forcée d'un propriétaire de ces valeurs.

Il convient toutefois de remarquer que l'administration des finances admet la dépossession du titulaire de la rente, lorsque l'action intentée contre la partie inscrite au grand-livre présente le caractère d'une revendication. La revendication est, en effet, l'exercice légitime du droit de propriété et ne saurait être considérée comme une atteinte au principe de l'insaisissabilité, car on ne peut opposer au véritable propriétaire de la rente les dispositions prohibitives de la loi du 8 nivôse an VI, qui n'ont été décrétées qu'à l'encontre des créanciers. La revendication n'est d'ailleurs proscrite par aucun texte ; elle est même implicitement autorisée par l'article 7 de la loi du 22 floréal an VII, qui réserve au propriétaire le droit de former opposition. Ce droit doit avoir une sanction : c'est celui d'agir en revendication contre le possesseur.

Ainsi, lorsque la rente a été inscrite au nom du titulaire à la suite d'un vol ou par fraude, lorsque la donation en vertu de laquelle elle avait été acquise a été révoquée ou dépasse la quotité disponible, une action en revendication peut être utilement exercée : de nombreuses décisions judiciaires ont été rendues en ce sens (1).

Dans ces diverses circonstances, le Trésor, sur le vu des pièces établissant les droits des véritables propriétaires, n'a pas hésité à déposséder le titulaire apparent de la rente, alors même que celui-ci ne concourait pas à l'opération de transfert.

Jurisprudence de la Cour de cassation. — La jurisprudence des tribunaux a été longtemps d'accord avec la jurisprudence du Trésor et du Conseil d'Etat sur le caractère et l'étendue du privilège dont jouissent les rentes sur l'Etat. Pendant plus d'un demi-siècle l'insaisissabilité des rentes a été admise par le pouvoir judiciaire comme une vérité incontestable ; il était reconnu que la prohibition édictée par la loi de nivôse an VI était générale et absolue et que, fondée sur les principes du crédit public et de l'intérêt de l'Etat, elle n'admettait aucune exception tirée de l'intérêt des parties ou de leurs droits particuliers, même pour cause alimentaire (2). Quelque rigoureuse que fût cette solution, on estimait que les termes formels de la loi n'autorisaient aucun tempérament.

Cette règle avait toujours été observée sans restriction ni réserve, dans les différents cas où les effets juridiques du privilège pouvaient prêter à discussion, tels que : partage de succession, séparation des patrimoines, faillite, etc. (3).

Une première atteinte fut portée au principe de l'insaisissabilité par un arrêt de la Cour de cassation du 8 mars 1859 rendu en matière de faillite (4). Dans cet arrêt, la Cour explique « qu'il ne faut pas confondre

---

(1) Cassation, 20 juin 1876. — Cour d'Amiens, 11 mars 1877. — Cour de Paris, 1ᵉʳ juillet 1881. — Cour de Lyon, 27 mars 1885. — Cour de Bordeaux, 27 avril 1887.

(2) Cour de Paris, 22 janvier 1837 ; Dalloz, 2, 132.

(3) Cour de Toulouse, 5 mai 1838 ; Sirey, 2, 456. — Cour de Paris, 14 avril 1849 ; Sirey, 2, 113. — Cassation, 8 mai 1851 ; Sirey, 1, 309.

(4) Sirey, 1860, 1, 118.

les saisies ou oppositions, dont les rentes sont affranchies, avec la mainmise qui succède à l'égard du failli à son dessaisissement de l'administration de tous ses biens sans exception, que cette mainmise peut être suivie de l'aliénation des rentes sur l'Etat dépendant de l'actif, mais qu'alors c'est au nom du failli et comme ses mandataires légaux que procèdent les syndics ».

Cette décision était encore conciliable avec les lois spéciales qui règlementent la dette publique. C'était un moyen ingénieux d'appliquer l'article 443 du Code de commerce et de respecter en même temps la prohibition de la loi de nivôse an VI ; la vente consentie par le syndic n'offrant pas les caractères d'une expropriation forcée, puisqu'elle est censée faite, non par les créanciers, mais par le failli lui-même dont le syndic est le mandataire légal.

Ce fut néanmoins un premier pas vers une nouvelle interprétation de l'article 7 de la loi de nivôse an VI, et l'on commença à soutenir que cette disposition législative n'avait pour objet que d'empêcher les saisies-arrêts ou oppositions entre les mains des agents du Trésor, dans le but de faciliter à la fois le service des rentes et le transfert des titres, mais qu'il ne fallait pas lui donner le sens absolu qu'on y avait d'abord attaché.

Certaines cours de justice accueillirent cette théorie et déclarèrent que les rentes sur l'État, comme les autres biens du débiteur, rentraient dans le gage général des créanciers qui ont le droit de les saisir et de les vendre toutes les fois que la réalisation peut en être faite sans opposition au Trésor (1).

La chambre civile de la Cour de cassation, dans un arrêt récent (23 novembre 1897), vient de consacrer cette doctrine. Aux termes de cet arrêt, les lois du 8 nivôse an VI, et du 23 floréal an VII, « en déclarant insaisissables les rentes sur l'État ont eu seulement pour objet d'interdire les saisies-arrêts de ces rentes pratiquées entre les mains du Trésor public, mais elles n'empêchent pas les créanciers de faire ordonner par justice la réalisation à leur profit des rentes sur l'Etat que leur débiteur est appelé à recueillir dans une succession, du moment qu'il n'y a pas lieu à saisie entre les mains du Trésor ».

Ainsi dans l'esprit de la Cour, les lois de nivôse et de floréal ont simplement abrogé les articles 185 et suivants de la loi du 24 août 1793, qui autorisaient les créanciers à faire opposition sur les rentes ; elles constituent de pures mesures administratives, prises uniquement dans

---

(1) Tribunal d'Orléans, 9 avril 1878. — Cour de Paris, 18 janvier 1886. — Tribunal de Bordeaux, 11 mars 1887. — Seine, 18 janvier 1888. — Tribunal du Mans, 10 janvier 1892.

l'intérêt de la comptabilité publique et en vue de la célérité des opérations de transfert.

S'il en est ainsi, on peut difficilement comprendre que, dès l'origine, on se soit mépris à ce point sur l'intention du législateur et que, pendant de si longues années, les pouvoirs administratif et judiciaire aient vu un principe aussi fondamental que celui de l'insaisissabilité dans un texte de loi où il n'était pas contenu.

Ce sont des considérations basées sur l'équité qui ont amené la Cour de cassation à modifier sa jurisprudence. Un éminent jurisconsulte, M. Glasson, en a du reste expliqué les motifs à la suite des deux arrêts rendus par la même Cour les 2 et 16 juillet 1894. Après avoir établi que la théorie de l'insaisissabilité absolue est seule conforme au texte de la loi, il ajoute : « On ne pouvait pas en l'an VI et en l'an VII, se rendre compte des scandales que produirait le système de l'insaisissabilité. Les rentes sur l'État et les autres valeurs similaires ne s'étaient pas multipliées au point d'exister comme aujourd'hui dans toutes les fortunes privées et de former parfois la partie la plus considérable du patrimoine. Depuis l'an VI, les conditions de la vie sociale se sont complètement transformées et les juges ont été témoins de fraudes qui les ont indignés : ils ont alors recouru à des procédés d'interprétation qui s'inspiraient de l'équité aux dépens de la loi. On ne saurait s'en plaindre .» (Note dans Dalloz, 1894, I, 497).

Mais l'autorité judiciaire, en agissant ainsi, ne sort-elle pas de ses attributions ? C'est un axiome, dans notre droit moderne, que le juge est fait pour appliquer la loi et non pour la modifier et que le principe de la séparation des pouvoirs lui interdit toute incursion sur le domaine du législateur.

On objecte que l'insaisissabilité des rentes est un encouragement à la mauvaise foi. Mais bien des dispositions de nos lois sont employées à des buts peu moraux ; elles n'en subsistent pas moins et continuent à être appliquées par les tribunaux, car elles sont fondées sur des raisons d'utilité générale. Ici, l'intérêt est le crédit de l'État et la faveur dont les rentes doivent jouir sur le marché.

Conclusion. — Nous comprenons toute la valeur des objections que l'on peut élever au nom de la morale contre le principe de l'insaisissabilité, et nous reconnaissons que ce privilège, dont les conséquences sont souvent si rigoureuses, se fait plus lourdement sentir aujourd'hui qu'à l'origine par suite de l'accroissement de la dette publique et de la diffusion de la rente dans toutes les classes de la société.

L'abolition de la contrainte par corps en matière civile et commerciale est venue en outre aggraver la situation des créanciers, qui trouvaient du moins dans cette mesure un moyen indirect de forcer un débiteur récalcitrant à vendre les rentes dont il était propriétaire et d'obtenir ainsi le paiement de leurs créances. Depuis que les mesures d'exécution sur la personne ont été supprimées, les créanciers qui ne peuvent plus s'attaquer qu'aux biens de leur débiteur restent parfois désarmés.

En présence d'un pareil résultat, on s'est demandé s'il ne convenait pas de soumettre les rentes sur l'Etat, comme les autres biens, au régime du droit commun, en faisant disparaître un privilège qui ne semblait plus justifié.

On a fait remarquer que les raisons d'intérêt général qui dominaient au moment du vote de la loi du 8 nivôse an VI ont cessé d'exister, et que l'état actuel du crédit public n'exigeait plus que les rentes fussent entourées de garanties exceptionnelles; on a cité l'exemple des actions et des obligations des grandes compagnies de chemin de fer qui ont atteint les hauts prix de la rente sans cependant jouir d'aucun privilège spécial.

Si l'on se place à ce point de vue, l'insaisissabilité est assurément discutable. Mais la question ne doit pas être posée en ces termes : elle est tout autre. Il s'agit de savoir si l'Etat est en droit de retirer les avantages qu'il a concédés au début pour attirer les capitaux et favoriser les placements en rentes; s'il peut, sans excès de pouvoir, modifier ainsi de sa seule autorité les termes du contrat qu'il a primitivement passé avec ses prêteurs.

Nous ne le croyons pas, surtout depuis que l'insaisissabilité des rentes a été successivement confirmée par les lois du 1er juin 1878, du 27 avril 1883 et du 17 janvier 1894, à une époque où le législateur avait pu se rendre compte de l'importance de cette immunité et des effets juridiques qu'elle entraînait à sa suite; les rentiers ont maintenant des droits acquis que l'État est tenu de respecter, quels que soient les inconvénients qu'ils présentent à l'égard des créanciers.

Toutefois, l'arrêt de la Cour de cassation du 23 novembre 1897 nous semble rendre nécessaire une intervention législative, non pour supprimer, mais au contraire pour affirmer de nouveau, par un texte de loi ne prêtant à aucune équivoque, le principe de l'insaisissabilité. La jurisprudence récemment inaugurée par la Cour peut amener des conflits regrettables avec le Trésor; les rentiers et les créanciers à la fois sont incertains sur leurs droits : une pareille situation ne saurait se prolonger plus longtemps sans nuire à la bonne administration de la justice et au respect que doivent rencontrer les décisions judiciaires.

Georges ROBIN,
Docteur en droit.

DE L'INSAISISSABILITÉ DES RENTES

SUR

L'ÉTAT FRANÇAIS

La loi du 24 août 1793, qui a constitué le grand-livre comme titre fondamental de tous les créanciers de la République, permettait de pratiquer des oppositions « entre les mains du Trésor public ».

L'expérience ne tarda pas à démontrer les graves inconvénients qui résultaient pour le crédit public de la multiplicité des oppositions ainsi pratiquées. L'article 4 de la loi du 8 nivôse, an VI, statua qu' « il ne serait plus reçu », à l'avenir, d'opposition sur le tiers consolidé, inscrit ou à inscrire.

La loi du 22 floréal an VII compléta ensuite cette disposition de la manière suivante: « Il ne sera plus reçu, à l'avenir, d'opposition au paiement des arrérages de rentes, à l'exception de celle qui serait formée par le propriétaire de l'inscription. »

Nous allons, en termes rapides, exposer les diverses applications faites de ces textes par le Trésor.

L'instruction du 1er mai 1819, relative à l'exécution de la loi et de l'ordonnance du 14 avril de la même année, rappelle les prescriptions de l'article 4 de la loi du 8 nivôse an VI. Elle ajoute : « Il est essentiel que les agents chargés de l'administration de la dette veillent scrupuleusement à ce qu'il n'y soit jamais porté atteinte.»

Les obligations des agents du Trésor résultent encore d'une décision du ministre des finances en date du 9 août 1816, rejetant un certificat de propriété délivré par le greffier en chef du tribunal civil de la Seine, en vertu d'un jugement qui avait attribué à un créancier la propriété des rentes appartenant à son débiteur. Le ministre basait sa décision sur les lois précitées des 8 nivôse an VI et 22 floréal an VII et sur les avis du Conseil d'État donnés les 17 thermidor an X et 27 fructidor an XIII.

Le premier de ces avis porte que les dispositions de la loi de nivôse peuvent être opposées même aux individus ayant privilège et hypothèque spéciale sur la créance représentée par l'inscription. Le second interdit aux créanciers des faillis la faculté de mettre opposition aux transferts des inscriptions appartenant à leurs débiteurs.

Cependant, le bureau des transferts admettait, aux termes de l'article 17 d'une ordonnance de mai 1819, la vente effectuée par le syndic provisoire ou définitif d'une faillite, en vertu d'une ordonnance rendue par le juge commissaire. Ce système fut sanctionné par la cour de Caen (17 janvier 1849) et, plus tard, par la Cour de cassation (8 mai 1859).

Mais un jugement du tribunal civil de la Seine du 8 juillet 1880 est venu modifier, de nouveau, les errements du bureau des transferts. Le tribunal déclarait que le syndic, mandataire des créanciers, ne saurait avoir un pouvoir plus étendu que celui qu'ils ont eux-mêmes et que la signature du failli était indispensable. Depuis cette décision, le Bureau des transferts refuse constamment au syndic le droit de disposer des rentes du failli, sans le concours de ce dernier.

Cependant l'article 443 du Code de commerce dispose expressément que le jugement déclaratif de la faillite emporte de plein droit dessaisissement de l'administration de ses biens pour le failli, et ce principe ne semble pas comporter d'exception. Ce jugement transporte d'ailleurs au syndic la personnalité juridique du failli.

La Cour de cassation a, du reste, reconnu que le jugement déclaratif de la faillite frappait les rentes du failli d'une mainmise au profit des créanciers. Le syndic est leur mandataire légal, il est en même temps le représentant du failli. En aliénant les rentes de ce dernier pour payer ses dettes, le syndic fait un acte d'administration qui rentre dans ses pouvoirs, alors qu'il y est autorisé.

L'insaisissabilité n'est donc que relative ; — les lois postérieures à celle de nivôse an VI et de floréal an VII n'ont rien innové ; — la saisissabilité hors des mains du Trésor est légale.

Nous avons fait remarquer que la loi du 24 août 1793 autorisait l'opposition aux mains du Trésor et que, seul, ce système était abrogé par les articles 4 de la loi du 8 nivôse an VI, et 7 de celle du 22 floréal an VII.

Reprenons et étudions les textes : « Il ne sera plus, à l'avenir, reçu d'opposition sur le tiers consolidé de la dette publique inscrite ou à inscrire (art. 4), ni d'opposition au paiement des arrérages, à l'exception de celle qui sera formée par le propriétaire de l'inscription (art. 7). »

Il semble évident que le législateur a simplement voulu prohiber, pour l'avenir, les oppositions qui avaient été autorisées par la loi de 1793, celles qui, jusque-là, étaient pratiquées entre les mains du Trésor, et nullement soustraire ces rentes à l'action des créanciers des titulaires.

Son but était de simplifier la comptabilité et d'éviter les complications qui résultaient inévitablement des oppositions qui se multipliaient.

Pourquoi le législateur, si telle était sa pensée, n'a-t-il point proclamé l'insaisissabilité absolue des rentes, au lieu de dire qu'il ne serait plus, à l'avenir, reçu d'opposition sur le tiers consolidé ? Il n'avait donc en vue que d'interdire la saisie-arrêt entre les mains du Trésor public.

Le rapporteur de la loi de nivôse déclare, il est vrai, dans son exposé, qu'il fallait priver les créanciers de toute espèce de droit, saisie ou opposition, soit sur le capital, soit sur les arrérages ; mais où trouve-t-on la preuve que le législateur a voulu adopter cette opinion et lui donner force de loi, alors que, plus loin, le même rapporteur dit que cette loi était destinée à constituer aux rentes la valeur et les effets du numéraire en circulation et à obvier aux inconvénients qui résultaient pour le crédit public des oppositions admises et des entraves apportées à leur circulation.

Non, les principes économiques, la morale, l'équité condamnent cette théorie. La jurisprudence des cours d'appel comme celle de la cour suprême la repousse également ; nous le verrons plus loin.

Les lois postérieures (14 juin 1878, 27 avril 1883, 17 janvier 1894) se sont bornées à déclarer que les rentes sont insaisissables, conformément aux dispositions de celles du 8 nivôse an VI et 22 floréal an VII.

Cette restriction est bien significative. Ces lois n'ont donc entendu nullement innover. Il s'agit de lois spéciales dont l'application doit être maintenue dans les termes fixés par leur teneur même.

« Tous les biens d'un débiteur, portent les articles 2092 et 2093 du Code civil, sont le gage commun de ses créanciers ; le prix s'en distribue entre eux par contribution. » Les rentes sur l'Etat ne peuvent échapper à cette loi commune ; il suffit que les créanciers puissent mettre le gage sous la main de la justice, sous forme d'opposition au Trésor.

La saisissabilité des rentes hors des mains du Trésor public est légale. L'article 4 de la loi de nivôse an VI, et l'article 7 de la loi du 22 floréal, an VII, en déclarant insaisissables les rentes sur l'Etat français ont eu simplement pour objet d'interdire les saisies-arrêts de ces rentes pratiquées entre les mains du Trésor ; ils n'empêchent pas les créanciers de se faire attribuer par les tribunaux la rente sur l'Etat que le débiteur est appelé à recueillir dans une succession, du moment que le transfert ne nécessite aucune saisie préalable (1).

« Ne commet pas d'excès de pouvoirs le tribunal qui autorise le

---

(1 Cour de cassation, 2 juillet 1894

Trésor public, en l'absence de toute saisie-arrêt pratiquée entre les mains de ses agents, à passer outre, d'office, au transfert des titres, ce transfert étant la seule mesure permettant de mener à bonne fin les opérations de partage d'une succession (1).

« Le ministre des finances, dit à son tour le Conseil d'Etat, n'est pas fondé à se prévaloir du principe de l'insaisissabilité des rentes sur l'Etat, pour refuser d'opérer un transfert de rentes au nom d'un particulier qui procède en vertu d'un droit établi par jugement et qui fournit un certificat de propriété délivré en conformité de ce jugement (2). »

« Les lois de nivôse et de floréal, dit enfin la cour de Riom, ne sauraient empêcher les créanciers, conformément aux principes des articles 2092 et 2093 du Code civil, de faire ordonner par justice la réalisation à leur profit des rentes sur l'Etat que leur débiteur est appelé à recueillir dans une succession, du moment qu'il n'y a pas lieu à saisie-arrêt entre les mains du Trésor public (3). »

On peut donc conclure que les rentes sur l'Etat ne doivent pas être insaisissables en cas de faillite ; à plus forte raison si le titre de rente provient d'un vol ou d'un détournement.

Les rentes sur l'Etat français devraient suivre la loi commune et pouvoir être frappées, au ministère des finances, d'oppositions insérées ensuite au *Bulletin officiel* des agents de change de Paris.

Si ces oppositions étaient admises, il en résulterait une sécurité beaucoup plus grande pour les porteurs de ces rentes toujours sous la menace d'un vol actuellement, sans avoir la possibilité de frapper d'opposition le titre volé.

Sans doute, le Trésor accepte les oppositions à titre officieux ; mais ces oppositions n'empêchent pas la négociation des titres volés. Si le législateur a entendu accorder, à l'origine, un privilège aux porteurs des rentes sur l'Etat, il n'avait certainement pas l'intention de favoriser le vol ou le détournement au préjudice de ces mêmes porteurs.

La plupart des Français possèdent des titres de rentes, ils devraient avoir les mêmes garanties que les porteurs d'autres valeurs nationales. La question mérite d'être étudiée d'urgence ; nous conservons l'espoir qu'une loi viendra prochainement tranquilliser les nombreux intéressés.

RUINAT DE GOURNIER,
Fondé de pouvoirs au Crédit lyonnais.

Augustin ALBERT,
Chef des transferts au Crédit lyonnais.

---

(1) Cour de cassation, 16 juillet 1894.
(2) Arrêt du Conseil d'Etat statuant au contentieux (Affaire Coudray-Deœur).
(3) Cour de Riom, 15 mai 1899.

DE L'INSAISISSABILITÉ DES RENTES

L'ÉTAT FRANÇAIS

I

Les rentes sur l'État français sont insaisissables : tel est le dogme absolu à l'abri duquel, depuis plus d'un siècle, florissent tant de fortunes bien ou mal acquises. Il est aujourd'hui fortement combattu; il a même été quelque peu entamé par la jurisprudence la plus récente de la Cour de cassation, en attendant le jour de son abolition totale par une intervention législative, nécessaire et inévitable.

Ce dogme, si bizarre qu'il paraisse aujourd'hui, s'explique par son origine. Il s'est introduit subrepticement, en quelque sorte, dans notre législation ; car la loi du 24 août 1793, qui a créé le grand-livre de la dette publique pour unifier toutes les anciennes dettes et les remplacer par une rente perpétuelle, autorisait formellement, par son article 185, n° 5, les saisies et les oppositions tant sur le capital que sur les arrérages des rentes inscrites au grand-livre.

Mais, quelques années plus tard, alors que la France succombait sous l'écrasant fardeau de ses charges financières, fut votée la loi du 8 nivôse, an VI, imposant aux rentiers le remboursement des deux tiers de la dette « en bons au porteur admissibles en paiement des domaines nationaux ». C'était une faillite partielle (1) et, en réalité, les rentes se trouvèrent réduites au tiers, les deux autres tiers étant considérés comme à peu près perdus, ainsi que le texte semble en faire l'aveu naïf, en qualifiant ce tiers de « tiers conservé ». Les contemporains résignés lui donnèrent le nom de « tiers consolidé » par opposition sans nul doute aux deux autres tiers, à leurs yeux fictivement remboursés.

Est-ce pour faire supporter plus facilement aux rentiers et pour essayer de justifier une épithète flatteuse que ce tiers, conservé ou consolidé, fut déclaré par la loi insaisissable? L'article 4 de la loi de l'an VI est en effet ainsi conçu : « Il ne sera plus reçu à l'avenir d'op-

---

(1) Thiers, *Histoire de la Révolution française*, tome IV, page 87.

positions sur le tiers conservé de la dette publique, inscrite ou à inscrire ». Et, pour qu'il n'y eût aucun doute sur l'étendue de la protection accordée aux rentiers aussi bien pour les arrérages que pour le capital, la loi du 22 floréal an VII vint déclarer qu'il ne serait plus reçu à l'avenir d'opposition au paiement des arrérages, à l'exception de celle qui serait formée par le propriétaire de l'inscription.

II

Le gouvernement ne marchandait pas sa faveur. Il espérait légitimer sa spoliation en permettant à ses créanciers de spolier les autres à leur tour ; procédé deux fois coupable, deux fois immoral et que le législateur de l'époque a vainement essayé de justifier. C'était, a-t-il dit non sans quelque naïveté, pour éviter à la comptabilité publique les complications provenant des oppositions. *Sancta simplicitas!* Mais cet argument de bureaucrate paresseux pouvant paraître insuffisant, le tribun Bernier, dans son rapport au Conseil des Anciens, s'empressait d'ajouter que c'était aussi pour favoriser le crédit de l'État, c'est-à-dire, à parler franc, pour assurer la sécurité de tous les fripons qui voudraient échapper à la poursuite de leurs créanciers, en cherchant dans le Trésor public, leur complice, un lieu d'asile d'où ils pourraient narguer les malheureux leur ayant fait confiance.

C'était une immunité frauduleuse qui ne pouvait naître qu'en un temps de morale relâchée, et qui trouva pour éclore le milieu propice de l'époque directoriale. L'orateur officiel s'ingénie à motiver la mesure par ce plaisant et détestable sophisme que nul alors, ni même depuis, n'a songé à contester : « Les créanciers, prévenus et instruits qu'ils n'auront point à compter sur cette ressource pour le paiement et la sûreté de leurs créances, régleront à l'avenir leurs transactions en conséquence, et se ménageront d'autres sûretés *moins sujettes à tromper leur attente.* » En vérité, si un tel péril parvenait à hanter l'opinion, ce serait la ruine du crédit privé, sacrifié à l'intérêt chimérique du crédit public.

Quoi qu'il en soit, nous sommes en présence d'un texte formel ; il faut bien en rechercher l'interprétation.

III

Une première question s'impose : Dans quelle mesure doit s'appliquer cette règle d'insaisissabilité consacrée par les deux lois de l'an VI et de l'an VII ? Est-ce seulement à la dette publique alors existante, au tiers que l'Etat a voulu ainsi conserver et consolider pour se faire absoudre, avons-nous dit, de la banqueroute partielle qu'il infligeait à ses créanciers ? Ou bien doit-on l'étendre aux nouvelles dettes que l'État a créées depuis, ou créera dans l'avenir jusqu'à la consommation des siècles ? En d'autres termes, l'immunité n'aura-t-elle été que partielle et temporaire ? ou doit-elle être totale et perpétuelle ? Logiquement et moralement, c'est la première solution qui devrait l'emporter. Il s'agit d'une disposition exceptionnelle, dérogatoire au droit commun, attentatoire à l'équité et à la bonne foi. N'est-ce pas le cas de s'incliner devant la vieille et respectable maxime *Odiosa restringenda* et d'adopter, en conséquence, l'interprétation restrictive ?

La question valait la peine d'être posée, du moins avant les lois récentes dont nous allons parler, et elle ne l'a jamais été. Elle mérite d'être examinée, ne serait-ce que pour rechercher l'esprit des lois anciennes, qui ont décrété l'insaisissabilité.

Remarquons d'abord que le texte de la première de ces lois, celle de nivôse an VI, est incorrect et ambigu : « Il ne sera plus reçu à l'avenir d'opposition sur le tiers conservé de la dette publique inscrite ou *à inscrire*. » Que signifie ce dernier mot, *à inscrire* ? Il ne saurait s'appliquer au tiers conservé, qui est inscrit et n'a plus à l'être. Faut-il donc l'étendre aux dettes futures de l'État, à toute la dette présente et à venir ; mais, grammaticalement, il est inséparable du tiers conservé qui domine la phrase entière, et ce tiers n'étant plus à inscrire, le mot est un non-sens. Voudra-t-on soutenir que, malgré son incorrection, il révèle la pensée du législateur ? Mais on reconnaitra que la révélation est bien obscure, que le sens en est caché ou, tout au moins, ambigu.

Lorsqu'un texte est ambigu, on doit, par analogie avec les règles édictées pour l'interprétation des contrats, lui donner le sens le plus conforme au droit commun et reconnaître, dès lors, que la loi de l'an VI n'a voulu rendre insaisissable que le tiers conservé de la dette publique alors existante. Mais, hâtons-nous de le dire, la question n'est plus entière ; elle a été résolue et brusquement tranchée sans avoir été discutée, sans qu'on parût même en soupçonner l'importance, par trois lois rendues, dans ces derniers temps, pour modifier le régime de notre dette publique.

La première, en date du 11 juin 1878, a créé une dette amortissable par annuités, et elle contient la disposition suivante : « Ces rentes sont insaisissables, conformément aux dispositions des lois du 28 nivôse an VI, et du 22 floréal an VII ». La rente nouvelle a donc été soumise au même régime que l'ancienne ; et en se référant aux lois de l'an VI et de l'an VII, le législateur leur a donné une interprétation souveraine qui, à compter de ce moment, a consacré le principe, même pour les autres rentes

Au surplus, deux autres lois, du 27 avril 1883 et du 17 janvier 1894, qui ont eu pour objet deux conversions successives de toutes nos rentes 5 %, ont reproduit la même disposition et ce n'est plus seulement une interprétation qui a été ainsi confirmée à deux reprises, c'est la volonté même du législateur qui s'est imposée. En admettant avec nous que la loi de l'an VI et celle de 1878 n'ont visé que des rentes spéciales, on doit reconnaître qu'à dater de 1883 la totalité de nos rentes s'est trouvée protégée par l'insaisissabilité.

<h3 style="text-align:center">IV</h3>

Donc, il faut désormais s'incliner. Mais il reste encore à rechercher quelle est l'étendue de ce régime protecteur ; s'il est absolu et universel, ou s'il n'y a pas certaines circonstances où il est impuissant à garantir le rentier contre l'action de ses créanciers.

Il s'est présenté plusieurs espèces, que nous allons parcourir successivement :

La plus ancienne est celle du « transfert forcé ». Un créancier, pour éviter la procédure de saisie-arrêt qui lui est défendue, assigne son débiteur, titulaire d'une rente sur l'État, pour voir dire que cette rente sera vendue pour servir à payer sa créance. Le Conseil d'État et la cour de Paris (1) ont rejeté cette prétention, qui ne semble pas avoir été depuis reproduite. Mais il en serait autrement si, le transfert ayant eu lieu volontairement par le titulaire, le produit en avait été laissé par lui dans les mains d'un tiers, ou encore si le prix n'en était pas payé par l'acheteur ; car ce qui est insaisissable, c'est la rente et non son produit (2).

Ainsi encore, le titulaire d'une rente décède ; les créanciers de la succession, ou d'un héritier, ou même un cohéritier, en demandent le transfert pour les nécessités de la liquidation. Leur demande doit être accueillie, surtout si la succession a été acceptée sous bénéfice d'inventaire, ou s'il a été formé une demande en séparation de patrimoine.

En cas de faillite du titulaire, le syndic, son mandataire légal, est aussi en droit de vendre la rente pour le paiement des dettes.

Il faut en effet éviter une confusion qui a été une source d'erreurs ;

---

(1) Conseil d'État, 5 janvier 1815 ; Paris, 24 août 1811 (Dalloz, V° *Trésor public*, N° 1158.)

(2) Cassation, 8 mai 1854 (Dalloz, 1854, 1, 146).

si les rentes sur l'État sont insaisissables, elles ne sont pas inaliénables.

Toutes ces solutions ont été l'objet de longues et vives controverses.
On a vu le Conseil d'État contre la Cour de cassation, la Cour de cassation elle-même incertaine et divisée, les cours d'appel partagées, les
unes en grand nombre résistant obstinément aux tendances nouvelles
et plus libérales de la cour suprême, quelques autres enfin se décidant
à s'incliner devant l'autorité de cette cour.

Seul, le Conseil d'État, gardien trop jaloux des droits du Trésor, se
montre invariable dans sa doctrine.

Mais la Cour de cassation paraît se ressaisir, après s'être prononcée
en sens contraire par deux arrêts en matière de faillite rendus, l'un
le 8 mai 1854, l'autre le 8 mars 1859 (1), dans le premier pour l'insaisissabilité absolue, et dans le second pour l'insaisissabilité relative, elle s'est
nettement et fermement ralliée à ce dernier principe par ses trois arrêts
les plus récents, rendus aux dates des 2 et 14 juillet 1894 (2) et 23 novembre 1897 (3).

A la cour de Paris, la 3ᵉ chambre a rendu une série d'arrêts témoignant d'une conviction inébranlable en faveur de la doctrine absolue.
Par un dernier arrêt, portant la date du 7 août 1896 (4), c'est-à-dire
postérieur à trois des nouveaux arrêts de la Cour de cassation, elle a
encore affirmé cette doctrine. Mais la 2ᵉ chambre s'est prononcée en
sens contraire, par deux arrêts du 20 novembre 1897 (5).

Enfin le tribunal civil de la Seine, qu'il faut citer aussi, parce qu'il
est loin d'être une autorité négligeable, est non moins divisé : la 2ᵉ et
la 5ᵉ chambre ont adopté la doctrine absolue, par trois jugements des
26 juin 1888, 22 janvier et 11 novembre 1896 (6) ; la 1ʳᵉ chambre, par
un arrêt postérieur de quelques jours à celui-ci et portant la date du 27 novembre 1896, s'est ralliée à la jurisprudence de la Cour de cassation (7).

La controverse est-elle finie ? Il serait téméraire de l'espérer ; la cour
dite régulatrice parviendra difficilement à ramener tous les dissidents.

D'ailleurs, elle est tout aussi ardente parmi nos jurisconsultes qu'au
sein des tribunaux (8). Nous n'en voulons citer qu'un seul, un éminent

---

(1) Dalloz, 1854, 1, 146 ; 1859, 1, 145.
(2) Dalloz, 1894, 1, 497. — *Revue des sociétés*, 1894. page 553.
(3) *Revue des sociétés* 1898, page 10 et 361.
(4) *Revue des sociétés*, 1896, page 7.
(5) *Revue des sociétés*, 1897, page 154.
(6) *Revue des sociétés*, 1897, page 153.
(7) *Revue des sociétés*, 1897, page 159.
(8) Dalloz, *répertoire*, Vᵒ *Trésor public*, nᵒ 1158 et 5.

professeur, M. Glasson, qui est dans un état d'hésitation singulier (1). Il déclare qu'à son avis les lois de l'an VI et de l'an VII ont voulu décréter l'insaisissabilité absolue des rentes sur l'État ; mais il ne méconnaît pas l'évolution qui se manifeste dans la jurisprudence et même il l'approuve ou du moins il l'excuse de très ingénieuse façon : « Les juges, dit-il, ont eu recours à des moyens d'interprétation qui s'inspiraient de l'équité aux dépens de la loi ; ils ont trouvé le moyen d'assouplir la loi et de la mettre au niveau des besoins du temps. Cette interprétation parfois hardie, se rapproche sensiblement d'une abrogation partielle et aura l'avantage de préparer l'abrogation totale et définitive. » Et il termine par cette conclusion très ferme : « Le principe de l'insaisissabilité a fait son temps et doit disparaître. »

V

Cette conclusion est aussi la nôtre. Nous demandons, en conséquence, l'abrogation totale du privilège d'insaisissabilité créé par les lois de l'an VI et VII, puis confirmé par celles de 1878, 1883 et 1894.

Les rentes sur l'Etat doivent rentrer sous l'empire du droit commun. « Qui s'oblige oblige le sien », c'est un principe de droit naturel (2) passé à l'état d'adage et que notre Code civil a consacré en termes formels dans son article 2092 : « Quiconque s'est obligé personnellement est tenu de remplir son engagement sur *tous* ses biens mobiliers et immobiliers, présents et à venir. »

Il n'y a, il ne peut y avoir d'autres exceptions que celles admises par le Code de procédure civile dans ses articles 580, 581, 582 et 592. Sauf deux, relatives aux choses déclarées insaisissables par la loi et par la volonté du donateur ou du testateur, elles sont toutes dictées par des sentiments d'humanité pure, de commisération envers les humbles et les faibles, les enfants, les artisans, les paysans pauvres.

Ainsi sont insaisissables : le coucher du débiteur et de ses enfants, ainsi que les habits « dont ils sont vêtus et couverts » (art. 592, n° 2) ; les livres et objets « servant à la profession jusqu'à la valeur » de 300 francs (n° 3) ; les outils des artisans (n° 4) ; les farines et menues denrées nécessaires à la consommation « pendant un mois » (n° 7) ; « une »vache, ou « trois » brebis, ou « deux » chèvres (n° 8).

Il y a quelque chose de touchant dans ces préoccupations tutélaires de la loi qui veut protéger le travail et le travailleur, garantir le vête-

---

(1) Note sur l'arrêt de la Cour de cassation du 2 juillet 1894 (Dalloz, 1894, 1, 497).
(2) Troplong, *Traité des privilèges et hypothèques*, n° 1.

ment du jour, le pain quotidien, mais qui cependant n'oublie pas son devoir social et limite sa protection au strict nécessaire, pour ne pas tenter l'improbité des débiteurs et garantir la sécurité des créanciers.

Ces dispositions sont essentiellement morales ; elles ont su concilier dans une juste mesure le sentiment et la raison, l'équité et le droit.

Dans ces derniers temps et en certains pays, on a voulu aller plus loin dans la voie de la protection et le homestead a été établi dans plusieurs Etats de l'Amérique du Nord. Le homestead, c'est l'habitation de la famille qui peut être déclarée insaisissable par son chef ; la valeur du foyer domestique avec ce qui l'entoure est évaluée par le déclarant et il est insaisissable jusqu'à concurrence de cette somme. En Californie, car les règles diffèrent selon les Etats, la valeur maxima est fixée à 5.000 dollars.

Nous avions, avant l'Amérique, découvert le homestead, mais un homestead illimité et arbitraire. Veut-on le conserver, en le corrigeant pour essayer d'acclimater en France le homestead américain ? Non, assurément. Il ne peut avoir sa raison d'être que dans les pays neufs, pour exciter l'esprit d'entreprise et permettre d'en risquer les aventures. Chez nous, il susciterait une répulsion certaine. Puis contre cette protection accordée au propriétaire foncier, vous entendriez s'élever les ardentes, et il faut bien le dire, les justes réclamations du salarié qui demanderait la même protection. Laissons donc le homestead, aussi bien pour le capital que pour le salaire, et rentrons dans la réalité des choses.

VI

Le privilège d'insaisissabilité des rentes a été basé, à son origine, sur deux raisons dont l'une, celle que nous avons nommée l'argument du bureaucrate, est d'une telle futilité qu'elle ne mérite pas d'être réfutée. La seconde, tirée de l'intérêt du crédit public, était-elle plus fondée ?

Il est permis de douter que même à l'origine, elle dût avoir une efficacité réelle. Bien rares devaient être les capitalistes qui songeaient à acheter de la rente pour se mettre à l'abri de leurs créanciers, présents ou futurs ; et le petit nombre de ces achats, s'il y en avait, devait avoir peu d'influence sur le cours.

En admettant que, dans ces temps troublés, les placements de ce genre aient été assez nombreux et importants pour soutenir le crédit de l'Etat, il est permis aujourd'hui d'affirmer qu'il n'en est plus de même ; et s'il n'y avait d'autre soutien pour le crédit public, il serait en périlleuse posture.

L'insaisissabilité de la rente est aujourd'hui un anachronisme. La loi de 1878, servilement imitée par celles de 1883 et 1894, a prouvé une fois de plus que la routine législative est à l'unisson de la routine administrative.

A notre époque d'ailleurs, il y a une raison qui doit primer toutes les autres. Le privilège d'insaisissabilité est malhonnête, donc immoral, et cela doit suffire pour commander son abrogation. Pour le salut de quelques aventuriers d'affaires, il ne faut plus que l'Etat s'offre comme un recéleur officiel et inviolable. Tous les magistrats, tous les jurisconsultes qui, dans ces derniers temps, ont eu à s'occuper de cette question, se sont élevés avec une véritable indignation contre les conséquences d'une législation spoliatrice. Un honorable conseiller à la Cour de cassation, M. Durand, dans son rapport sur l'arrêt du 27 novembre 1897, déclare qu'elle « blesse profondément la morale et l'équité ». Et M. Glasson, déjà cité plus haut, ne craint pas d'affirmer qu'elle constitue un « privilège odieux » donnant lieu ou pouvant donner lieu « à de scandaleux abus ».

Il est vraiment inutile d'insister : la question étant placée sur son vrai terrain, sur celui de la probité publique et privée, la solution proposée par nous doit nécessairement rallier tous les suffrages.

Ajoutons cependant que, dans ce congrès international, c'est le cas de remarquer que la législation française est la seule, à notre connaissance, qui soit coupable de l'odieux privilège stigmatisé par M. Glasson. L'Europe ne nous l'a pas envié jusqu'ici, et cette universelle abstention peut être, à bon droit, envisagée par nous comme un blâme implicite du monde civilisé.

A. VAVASSEUR,
Avocat à la Cour d'appel de Paris.

LE RÉGIME FISCAL

DES

VALEURS MOBILIÈRES FRANÇAISES EN FRANCE

Les titres des sociétés françaises, des départements, des communes et des établissements publics français supportent, en France, différentes taxations qui dérivent étroitement, dans leur ensemble, de l'organisation générale de notre régime fiscal.

Transmis à titre gratuit, ces titres sont assujettis aux droits de donation et de succession, qui frappent indistinctement les biens de toute nature, lors de ces transmissions.

C'est au contraire, sous des modalités particulières, qu'ils se trouvent soumis à l'impôt du timbre, aux droits de mutation à titre onéreux, à l'impôt sur le revenu.

Par les droits de timbre, ces titres acquittent, en réalité, l'impôt de consommation du papier timbré qui sert ou doit servir à la rédaction du contrat intervenu, soit entre la société et l'actionnaire, soit entre l'emprunteur et le créancier.

Avec les droits de transmission, ces titres paient le droit de mutation à titre onéreux que doivent également sous une autre forme, lorsque cette mutation se produit, les immeubles, les meubles, les fonds de commerce ou les créances.

Au moyen de la taxe sur le revenu, ils fournissent au fisc un prélèvement identique à celui qu'il effectue, sur le revenu des immeubles, par la contribution foncière.

L'impôt sur les opérations de bourse, exigible lors de la négociation de ces titres, — comme aussi lors de celle des rentes sur l'Etat et des autres valeurs négociables du Trésor — est seul un impôt de superposition qui vient s'ajouter, sous cette forme particulière, au droit de transmission qui affecte la mutation elle-même.

Ce sont ces quatre taxations spéciales : le *timbre* — les *droits de transmission* — la *taxe sur le revenu* — l'*impôt sur les opérations de bourse* — dont nous nous proposons d'examiner l'économie et de constater le rendement.

I. — TIMBRE

Considérés comme effets négociables, les titres émis antérieurement au 1er janvier 1851 s'étaient trouvés assujettis au timbre proportionnel dans les mêmes conditions que ces effets. A partir de cette date, le régime de ces titres a été réglé par la loi du 5 juin 1850, qui distingue, au point de vue de l'application du timbre, entre les actions et les obligations.

§ 1er. *Actions.*

Aux termes de l'article 14 de la loi du 5 juin 1850, chaque titre ou certificat d'action dans une société, compagnie ou entreprise quelconque, financière, commerciale, industrielle ou civile, que l'action soit d'une somme fixe ou d'une quotité, qu'elle soit libérée ou non libérée, est assujetti à un droit de timbre proportionnel de 50 centimes par 100 francs de capital nominal pour les sociétés, compagnies ou entreprises dont la durée ne doit pas excéder dix ans, et à 1 franc par 100 francs pour celles dont la durée doit dépasser dix années (1).

Ces quotités se sont trouvées respectivement portées à 60 centimes % et 1 fr. 20 % par suite de l'addition de deux décimes au principal de 'impôt par l'article 2 de la loi du 23 août 1871.

A défaut de capital nominal, le droit se calcule sur le capital réel, dont la valeur est déterminée d'après les règles établies par les lois sur l'enregistrement, c'est-à-dire d'après une déclaration estimative des parties, ainsi que le prévoit l'article 16 de la loi du 22 frimaire an VII.

L'avance de l'impôt est faite par la compagnie, quels que soient ses statuts.

La perception du droit suit les sommes de vingt francs en vingt francs, inclusivement et sans fraction.

Les titres ou certificats d'action délivrés par suite de transfert ou de renouvellement sont timbrés sans paiement d'un nouveau droit, lorsque les titres ou certificats primitifs ont acquitté l'impôt. Il en est de même des certificats donnés par les compagnies en représentation de titres au porteur, quand les titres qu'ils représentent ont été soumis également au timbre.

---

(1) Dans le cas de prorogation de sociétés constituées pour une durée de dix années, les titres doivent être timbrés à nouveau.

Mais le timbrage au comptant est rarement réclamé par les sociétés, compagnies ou entreprises, celles-ci pouvant s'affranchir des obligations que nous venons de noter en contractant, avec l'État, un abonnement pour toute la durée de la société.

Le droit d'abonnement est annuel ; sa quotité est de 5 centimes par 100 francs du capital réel, dont la valeur est déterminée par les règles établies par les lois sur l'enregistrement. Par suite de l'addition des décimes, cette quotité est de 6 centimes %, quelle que soit l'époque à laquelle l'abonnement ait été contracté.

Le paiement du droit est effectué, à la fin de chaque trimestre, au bureau de l'enregistrement du lieu où se trouve le siège de la société, de la compagnie ou de l'entreprise.

Les sociétés, compagnies ou entreprises qui, postérieurement à leur abonnement, n'ont, dans les deux dernières années, payé ni dividendes, ni intérêts, sont dispensées d'acquitter le droit d'abonnement tant qu'il n'y a pas de répartition de dividendes ou de paiements d'intérêts. Cette dispense cesse dès que la société répartit un dividende ou paie des intérêts ; elle doit alors reprendre le service de l'abonnement à compter de l'exercice qui a produit les bénéfices et acquitter le droit annuel en entier pour cet exercice. La société doit, dans tous les cas, l'impôt pour les deux années d'épreuve ; ce n'est qu'à l'expiration de ces deux années que la dispense lui est acquise.

Les sociétés qui, depuis leur abonnement, se sont mises ou ont été mises en liquidation, sont également dispensées du paiement du droit.

Les *Comptes définitifs des recettes,* rendus annuellement par le ministre des finances, mentionnent seulement, jusqu'en 1896, le chiffre global des droits de timbre perçus sur les valeurs mobilières ; ils ne distinguent ni suivant la nationalité des titres (français ou étrangers), ni suivant leur nature (actions ou obligations); ils ne font pas état séparément des droits selon que ces droits sont payés au comptant ou par abonnement.

Cependant, depuis 1875, les écritures du Trésor permettent d'effectuer à cet égard les ventilations nécessaires, ainsi qu'il appert des tableaux publiés à différentes reprises dans le *Bulletin de statistique et de législation comparée du ministère des finances.* C'est à ces tableaux que nous emprunterons les chiffres de détail nécessaires à nos comparaisons. Nous relèverons les résultats des périodes quinquennales complètes contenues dans le cycle de vingt années compris entre les deux années extrêmes connues, 1875 et 1898 (1). Nous rapprocherons également, afin de

---

(1) L'exercice 1899 est encore en cours au moment où nous écrivons ces lignes.

mieux fixer le mouvement des droits perçus et de la matière imposable, que nous en déduirons chaque fois que cette opération sera possible, les résultats de ces deux années extrêmes en prenant pour terme intermédiaire l'année 1882 qui fournit les chiffres les plus élevés au cours de la période examinée (1).

Nous grouperons les résultats réalisés, successivement pour les droits au comptant et les droits par abonnement ; ensuite, pour l'ensemble.

I. — Droits de timbre, au comptant, sur les actions des sociétés

| PÉRIODES | PRODUITS ENCAISSÉS PAR LE TRÉSOR | | ANNÉE DE CHAQUE PÉRIODE | | | |
| | | | LA PLUS FORTE | | LA PLUS FAIBLE | |
	PENDANT la période considérée.	MOYENNE annuelle.	ANNÉES	PRODUITS	ANNÉES	PRODUITS
	francs.	francs.		francs.		francs.
1876-1880................	447.100	89.400	1880	333.600	1878	21.400
1881-1885................	149.900	30.000	1881	41.100	1885	20.300
1886-1890................	166.300	33.300	1888	57.400	1890	22.200
1891-1895................	164.650	32.900	1894	43.000	1895	29.200

II. — Droits de timbre par abonnement sur les actions des sociétés

| PÉRIODES | PRODUITS ENCAISSÉS PAR LE TRÉSOR | | ANNÉE DE CHAQUE PÉRIODE | | | |
| | | | LA PLUS FORTE | | LA PLUS FAIBLE | |
	PENDANT la période considérée.	MOYENNE annuelle.	ANNÉES	PRODUITS	ANNÉES	PRODUITS
	francs.	francs.		francs.		francs.
1876-1880................	16.439.000	3.297.800	1880	3.982.600	1877	3.003.700
1881-1885................	27.214.700	5.442.900	1882	5.962.600	1885	4.970.100
1886-1890................	21.737.800	4.347.600	1886	4.702.200	1889	4.109.400
1891-1895................	22.907.300	4.581.600	1893	5.020.900	1891	4.225.400

(1) 1882 est, on le sait, l'année du krach de l'Union générale qui causa, dans les affaires, une secousse longuement ressentie. Le mouvement ascensionnel des capitaux taxés et des produits de l'impôt, constant depuis 1875, s'arrête brusquement ; l'année 1882 en demeure le point culminant.

III. — Droits de timbre de toute catégorie sur les actions des sociétés

| PÉRIODES | PRODUITS ENCAISSÉS PAR LE TRÉSOR | | ANNÉE DE CHAQUE PÉRIODE | | | |
| | PENDANT la période considérée. | MOYENNE annuelle. | LA PLUS FORTE | | LA PLUS FAIBLE | |
			ANNÉES	PRODUITS	ANNÉES	PRODUITS
	francs.	francs.		francs.		francs.
1876-1880.................	16.886.100	3.377.200	1880	4.316.200	1877	3 024.300
1881-1885.................	27.364.600	5.472.900	1882	6.633.200	1885	4.994.900
1886-1890.................	21.409.100	4.380.800	1886	4.726.500	1889	4.136.000
1891-1895.................	23.272.200	4.654.400	1893	5.053.200	1891	4.254.800

Comparées à 1882, les années extrêmes connues accusent les résultats suivants :

	DROITS au COMPTANT	DROITS par ABONNEMENT	TOTAUX
	francs.	francs.	francs.
1875......................	57.600	2.949.200	3.006.800
1882.....................	40.600	5.962.600	6.033.200
1898......................	32.500	4.885.000	4.918.500

Par suite de l'application de tarifs différents, les capitaux taxés ne peuvent être exactement calculés pour les actions qui ont acquitté l'impôt au comptant. C'est d'ailleurs, on le voit, le très petit nombre.

Les capitaux soumis à l'abonnement ressortent aux chiffres ci-après pour les trois années considérées :

	CAPITAUX TAXÉS millions de francs.
1875..	4.915.3
1882..	9.937.6
1898..	8.141.6

Ces chiffres démontrent que le capital-action a suivi, de 1875 à 1882, une marche ascensionnelle constante, se traduisant par un accroissement de 102.1 $^0/_0$ avec, toutefois, des fluctuations plus ou moins importantes. Cette avance n'est plus, en 1898, que de 65.6 $^0/_0$. Entre 1882 et 1898, le décroissement est de 18 $^0/_0$.

§ 2. *Obligations.*

L'article 27 de la loi du 5 juin 1850 assujettit les titres d'obligations souscrits, depuis le 1er janvier 1851, par les départements, les communes, les établissements publics ou d'utilité publique, ainsi que par les sociétés, sous quelque dénomination que ce soit, au timbre proportionnel de 1 % du montant du titre. Cette quotité est actuellement de 1 fr. 20 %, à raison de l'adjonction de deux décimes au principal de l'impôt par la loi de 1871, ainsi que nous l'avons vu à propos des actions.

Ces dispositions ne s'appliquent qu'aux obligations négociables, susceptibles d'être cotées à la bourse. Elles laissent en dehors de leur action, d'une part, les obligations dont la cession n'est parfaite à l'égard des tiers qu'au moyen des conditions déterminées par l'article 1690 du Code civil ; et, d'autre part, celles qui ont le caractère d'effets de commerce.

L'avance du droit est faite par les départements, communes, établissements publics et sociétés.

La perception suit les sommes de vingt francs en vingt francs inclusivement et sans fraction.

Le droit étant dû sur le montant des titres d'obligations doit être liquidé en prenant pour base, non le prix d'émission de ces titres, mais la somme qui y est portée comme devant être remboursée par le débiteur, quels que soient d'ailleurs le mode de remboursement et les chances aléatoires qui pourraient s'y rattacher.

Les départements, communes, établissements publics et sociétés peuvent s'affranchir du paiement des droits au comptant en contractant avec l'État un abonnement pour la durée des titres.

Le droit est annuel. Fixé à 5 centimes par 100 francs du montant de chaque titre par l'article 31 de la loi de 1850, il est aujourd'hui de 6 centimes % avec les décimes de 1871, quelle que soit l'époque à laquelle l'abonnement ait été contracté.

Le paiement de l'abonnement est effectué, à la fin de chaque trimestre, au bureau de l'enregistrement du lieu où les départements, communes, établissements publics ou d'utilité publique, et les sociétés ont le siège de leur administration.

Le droit est réglé par trimestre, d'après la durée réelle et le montant de chaque titre. Le droit est dû à l'expiration de chaque trimestre : pour le trimestre entier, sur les titres ayant existé du premier au dernier jour du trimestre ; du premier jour du trimestre à la date de l'extinction, sur les titres remboursés au cours du trimestre ; du jour de la souscription à la fin du trimestre, sur les titres souscrits pendant le trimestre et non remboursés.

La mise en liquidation ou en faillite d'une société n'éteint pas les obligations qu'elle a émises. Elle laisse par conséquent subsister le droit de timbre d'abonnement exigible sur ces obligations pendant toute leur durée. Ces titres ne bénéficient donc pas de la dispense d'impôt accordée aux actions, ainsi que nous l'avons vu plus haut, dans le cas d'improductivité.

L'abonnement peut être contracté pour les titres antérieurs à la loi de 1850 comme pour les titres postérieurs ; tous doivent le même droit annuel.

Nous procéderons pour les obligations aux mêmes constatations que pour les actions.

I. — Droits de timbre, au comptant, sur les obligations des départements, communes, établissements publics ou d'utilité publique et sociétés

PÉRIODES	PRODUITS ENCAISSÉS PAR LE TRÉSOR		ANNÉE DE CHAQUE PÉRIODE			
			LA PLUS FORTE		LA PLUS FAIBLE	
	PENDANT la période considérée.	MOYENNE annuelle.	ANNÉES	PRODUITS	ANNÉES	PRODUITS
	francs.	francs.		francs.		francs.
1876-1880..................	130.100	26.000	1877	33.700	1878	20.300
1881-1885..................	157.300	31.500	1885	53.700	1881	22.500
1886-1890..................	243.500	49.700	1887	146.500	1890	18.100
1891-1895..................	91.100	18.200	1895	53.800	1894	6.100

II. — Droits de timbre par abonnement sur les obligations des départements, communes, établissements publics ou d'utilité publique et sociétés

PÉRIODES	PRODUITS ENCAISSÉS PAR LE TRÉSOR		ANNÉE DE CHAQUE PÉRIODE			
			LA PLUS FORTE		LA PLUS FAIBLE	
	PENDANT la période considérée.	MOYENNE annuelle.	ANNÉES	PRODUITS	ANNÉES	PRODUITS
	francs.	francs.		francs.		francs.
1876-1880..................	47.442.500	9.488.500	1880	10.024.100	1876	8.943.600
1881-1885..................	54.062.000	10.812.400	1885	11.700.100	1881	10.226.300
1886-1890..................	61.098.800	12.419.800	1888	12.827.100	1886	11.876.100
1891-1895..................	62.650.400	12.530.100	1893	12.741.500	1895	12.280.900

III. — Droits de timbre de toute catégorie sur les obligations des départements, communes, établissements publics ou d'utilité publique et sociétés

| PÉRIODES | PRODUITS ENCAISSÉS PAR LE TRÉSOR | | ANNÉE DE CHAQUE PÉRIODE | | | |
| | PENDANT la période considérée. | MOYENNE annuelle. | LA PLUS FORTE | | LA PLUS FAIBLE | |
			ANNÉES	PRODUITS	ANNÉES	PRODUITS
	francs.	francs.		francs.		francs.
1876-1880............	47.572.700	9.514.600	1880	10.046.900	1876	8.976.500
1881-1885............	54.219 300	10.843.900	1885	11.753.800	1881	10.248.800
1886-1890............	62.342.300	12.468.500	1888	12.848.500	1886	11.904.700
1891-1895............	62.751.500	12.551.300	1893	12.748.800	1895	12.334.700

Comparées à 1882, les années extrêmes connues accusent les résultats suivants :

	DROITS au COMPTANT	DROITS par ABONNEMENT	TOTAUX
	francs.	francs.	francs.
1875........................	28.200	8.633.800	8.662.000
1882........................	26.800	10.407.700	10.434.600
1898........................	12.900	12.583.400	12.596.300

Les capitaux frappés du timbre au comptant constituent une proportion de plus en plus insignifiante dans l'ensemble de la circulation :

	CAPITAUX TAXÉS — millions de francs.
1875..	2.3
1882..	2.1
1898..	1.1

Les capitaux soumis à l'abonnement ressortent aux chiffres ci-après pour les trois années spécialement considérées :

	CAPITAUX TAXÉS — millions de francs.
1875..	14.389.6
1882..	17.346.2
1898..	20.972.4

Le capital-obligation accuse une augmentation rapide tant de 1875 à 1882 que de 1882 à 1898; de plus, cette augmentation s'élève d'une façon continue, moins accentuée cependant dans la seconde période que dans la première. L'accroissement est, en effet, de 20.5 %/0 entre 1875 et 1882; — 20.9 %/0 entre 1882 et 1898; — 45.7 %/0 entre 1875 et 1896.

§ 3. Lettres de gage du Crédit foncier.

Par dérogation aux prescriptions générales de la loi de 1850, les lettres de gage ou obligations du Crédit foncier n'acquittent, en vertu de la loi organique de cet établissement du 8 juillet 1852, que le tarif applicable aux effets de commerce, soit 50 centimes %/00.

Ce droit peut être perçu par voie d'abonnement annuel. Le droit est assis sur le total des lettres de gage en circulation, suivant le mode réglé pour les obligations en général par la loi de 1850; il est calculé, conformément à la loi du 30 mai 1872, à raison de 5 centimes %/00 sur les lettres de gage émises depuis le 24 du même mois, et à raison de 2 centimes %/00 sur celles émises antérieurement à cette date.

Par suite de l'application de tarifs différents, les capitaux taxés ne peuvent être exactement déduits du montant des droits perçus ni pour le timbre au comptant, ni pour l'abonnement. Nous nous bornerons à rappeler les encaissements du Trésor pour l'une et l'autre catégorie :

| PÉRIODES | PRODUITS ENCAISSÉS | | | ANNÉE DE CHAQUE PÉRIODE | | | |
| | PAR LE TRÉSOR | | | LA PLUS FORTE | | LA PLUS FAIBLE | |
	DROITS au comptant.	DROITS par abonnement.	TOTAL.	ANNÉES	PRODUITS	ANNÉES	PRODUITS
	francs.	francs.	francs.		francs.		francs.
1876–1880.........	»	173.700	173.700	1880	68.000	1876	16.400
1881–1885.........	250.000	297.200	547.200	1885	354.000	1882	97.500
1886–1890	326.500	213.100	539.600	1888	411.500	1890	105.900
1891–1895.........	465.000	105.400	570.405	1891	305.400	1894	5.000

Comparées à 1882, les années extrêmes connues accusent les résultats suivants :

	DROITS de toute CATÉGORIE francs.
1875..	38.800
1882..	97.500
1898..	43.000

Depuis quelques années, le Crédit foncier fait timbrer au comptant les nouvelles lettres de gage émises par lui. Ainsi s'expliquent les produits élevés constatés en 1885 (250.000 fr.), 1888 (303.800 fr.), 1891 (200.000 fr.) et 1896 (501.200 fr.). Les chiffres de 1875, 1882 et 1898 se trouvent représenter uniquement des droits au comptant.

§ 4. Résultats généraux.

Dans l'ensemble, les droits de timbre sur les valeurs mobilières françaises accusent les résultats ci-après, pour les trois années considérées :

	DROITS au COMPTANT	DROITS par ABONNEMENT	TOTAUX
	francs.	francs.	francs.
1875	85.800	11.621.800	11.707.600
1882	67.400	11.467.900	16.535.300
1898	45.400	17.508.600	17.554.000

L'accroissement est de 41.2 % entre 1882 et 1875 ; — de 6.1 % seulement, entre 1898 et 1882. — Il se fixe à 49.9 % entre 1875 et 1898, années extrêmes considérées.

II. — DROITS DE TRANSMISSION

En fixant le tarif des droits de timbre applicables aux actions et obligations, la loi du 5 juin 1850 avait statué qu'au moyen du paiement de ces droits, les cessions qui seraient faites de ces titres demeureraient exemptes de tout droit et de toute formalité d'enregistrement.

Ces titres ne devaient pas bénéficier longtemps de cette disposition et, dès 1857, intervenait la loi du 23 juin qui, faisant une première brèche au système de 1850, établissait à partir du 1er juillet de la même année un droit de transmission sur les valeurs des sociétés.

Aux termes de l'article 6 de la loi du 23 juin 1857, toute cession de titres ou promesses d'actions ou d'obligations dans une société, compagnie ou entreprise quelconque financière, industrielle, commerciale ou civile, quelle que soit la date de sa création, est assujettie à un droit de transmission calculé sur la valeur négociée. Cette formule exclut par cela même les cessions qui résultent non de mutations à titre onéreux, mais de donations ou de successions, qui demeurent assujetties au droit commun.

Cette disposition a été rendue applicable par l'article 11, § 2, de la loi du 16 juin 1871 aux obligations des départements, des communes et des établissements publics, ainsi qu'aux lettres de gage du Crédit foncier.

Dans ces conditions, non seulement tous les titres négociables d'actions ou d'obligations auxquels s'appliquait la loi de 1850 se sont trouvés assujettis au droit de transmission, mais ceux dont la cession s'opère dans la forme civile, et notamment par acte public ou sous-seing privé, ont été atteints par l'impôt, la loi de 1857 ne reproduisant pas les exceptions que contenait celle de 1850.

La loi fiscale distingue, au point de vue de l'application des droits de transmission, entre les titres nominatifs que ces droits atteignent lors du transfert qui en est opéré, et les titres au porteur pour lesquels ces droits sont remplacés par une taxe annuelle.

Nous examinerons successivement les dispositions qui régissent l'une et l'autre catégories.

§ 1er. *Titres nominatifs.*

Sont seuls assujettis au droit de transmission, lors du transfert qui en est effectué, les titres dont la mutation ne peut s'opérer que par une déclaration de transfert inscrite sur un registre tenu au siège social, ainsi que le prescrit, pour les actions, l'article 36 du Code de commerce et que le prévoit, pour les obligations, l'article 8 de la loi de 1857.

Fixé à 20 centimes par 100 francs de la valeur négociée par l'article 6 de ladite loi, puis à 50 centimes par l'article 11 de la loi du 16 septembre 1871, avec addition de décimes dans l'un et l'autre cas, le droit de transfert a été réglé, en dernier lieu, par l'article 3 de la loi du 29 juin 1872, à 50 centimes %, sans décimes.

Le droit est perçu pour le compte du Trésor, au moment du transfert, par les sociétés, compagnies ou entreprises, qui en sont constituées débitrices par le fait du transfert et en acquittent le montant, au bureau de l'enregistrement du siège social, après l'expiration de chaque trimestre et dans les vingt premiers jours du trimestre suivant.

Dans les sociétés qui admettent le titre au porteur, la conversion des titres nominatifs en titres au porteur ainsi que celle de ces derniers en titres nominatifs, donnent également lieu à la perception du droit de transfert qui est réglé à la même quotité et acquitté dans les mêmes conditions.

§ 2. *Titres au porteur.*

L'article 6 de la loi du 23 juin 1857 dispose, dans un deuxième paragraphe, que le droit de transmission est converti, pour les titres au porteur et pour ceux dont la transmission peut s'opérer sans un transfert sur les registres de la société, en une taxe annuelle et obligatoire calculée sur le capital desdites actions et obligations, évalué par leur cours moyen pendant l'année précédente, et, à défaut de cours pour cette année, conformément aux règles établies par les lois sur l'enregistrement, c'est-à-dire d'après la déclaration estimative des parties, ainsi que le veut l'article 16 de la loi du 22 frimaire an VII.

La taxe annuelle est donc exigible tant sur les titres au porteur que sur les titres nominatifs transmissibles par endossement, ou encore par acte public ou sous-seing privé, ou dont le mode de transmission n'a pas été déterminé par les statuts, les actions pouvant être cédées par tous les moyens usités en matière civile ou commerciale, par acte public, sous-seing privé, endossement, etc.

Fixée à 12 centimes $^0/_0$ en 1857, puis à 15 centimes $^0/_0$ en 1871, la taxe annuelle fut portée, toujours avec addition des décimes, à 25 centimes $^0/_0$ par la loi du 30 mars 1872. L'article 3 de la loi du 29 juin 1872 l'a réglée, en dernier lieu, à 20 centimes $^0/_0$, sans décimes.

Les *Comptes définitifs des recettes* mentionnent, pour chaque exercice, les encaissements du Trésor, d'une part pour les droits de transfert, d'autre part pour la taxe annuelle de transmission, en distinguant entre les actions et les obligations (1).

Nous procéderons, en suivant ces distinctions, aux mêmes constatations que celles que nous avons effectuées plus haut pour le timbre. Nous ferons porter les rapprochements sur les mêmes périodes et les mêmes années; nous demeurerons ainsi sous l'empire d'une législation uniforme.

I. — Droits de transmission sur les transferts et conversions d'actions nominatives

| PÉRIODES | PRODUITS ENCAISSÉS PAR LE TRÉSOR | | ANNÉE DE CHAQUE PÉRIODE | | | |
| | | | LA PLUS FORTE | | LA PLUS FAIBLE | |
	PENDANT la période considérée.	MOYENNE annuelle.	ANNÉES	PRODUITS	ANNÉES	PRODUITS
	francs.	francs.		francs.		francs.
1876-1880.	14.500.000	2.900.000	1880	5.359.900	1877	1.981.300
1881-1885.	25.181.500	5.036.300	1881	9.413.800	1885	2.134.000
1886-1890.	11.602.300	2.320.500	1890	2.862.200	1887	1.964.800
1891-1895.	12.625.800	2.525.200	1891	2.705.800	1895	2.315.100

(1) Dans certains *Comptes*, le produit des droits perçus sur les conversions de titres nominatifs en titres au porteur et, réciproquement, apparaît séparément. Il est regrettable que cette distinction n'ait pas été maintenue depuis 1872.

Comparées à 1882, les années déjà considérées accusent les résultats suivants :

	CAPITAUX TAXÉS	DROITS DE TRANSMISSION
	millions de francs	francs.
1875	434.3	2.171.300
1882	1.445.0	7.249.800
1898	520.8	2.603.800

Pour cette catégorie de titres, le maximum a été obtenu, en 1881, avec 9.413.800 francs, correspondant à 1.882 millions 8 de capitaux taxés. Les résultats de 1898 sont les plus élevés qui aient été obtenus depuis 1892; ils restent encore au-dessous de ceux de 1890 et de 1891.

Nous avons dû, ainsi que nous l'avons expliqué, prendre, pour toutes les taxes dont nous nous occupons, l'année 1875 comme terme de comparaison le plus éloigné; il ne paraît pas cependant sans intérêt, tout en continuant à procéder ainsi, aussi bien en ce qui concerne les droits de transmission que les autres droits, afin d'assurer les rapprochements d'ensemble, de choisir, dans la période ancienne, des termes de comparaison complémentaires permettant de mettre en évidence le mouvement de la matière imposable et de l'impôt depuis l'établissement des droits dont il s'agit.

Les années 1859 et 1869, première et dernière années normales d'application du régime de 1857, paraissent tout indiquées à cet effet.

Voici les chiffres pour les actions nominatives :

	CAPITAUX TAXÉS	DROITS DE TRANSMISSION
	millions de francs.	francs.
1859	274.8	604.500
1869	589.2	1.355.200
1875	434.3	2.171.300
1882	1.450.0	7.249.800
1898	520.8	6.424.900

L'augmentation du capital-action représenté par des titres nominatifs, se fixe en 1898, par rapport à 1859, à 89.5 % après avoir atteint, en 1882, jusqu'à 127.6 %.

Le rendement de l'impôt s'est accru, tant à raison de l'augmentation des capitaux taxés que de l'élévation du tarif, de 962.8 % en 1898, par rapport à 1859.

II. — DROITS DE TRANSMISSION SUR LES TRANSFERTS ET CONVERSIONS D'OBLIGATIONS NOMINATIVES

| PÉRIODES | PRODUITS ENCAISSÉS PAR LE TRÉSOR | | ANNÉE DE CHAQUE PÉRIODE | | | |
| | | | LA PLUS FORTE | | LA PLUS FAIBLE | |
	PENDANT la période considérée.	MOYENNE annuelle.	ANNÉES	PRODUITS	ANNÉES	PRODUITS
	francs.	francs.		francs.		francs.
1876-1880...........	12.723.900	2.544.800	1880	2.836.900	1876	2.169.100
1881-1885...........	13.349.800	2.670.000	1881	3.005.700	1882	2.342.800
1886-1890...........	17.560.900	3.512.200	1890	2.863.200	1887	1.964.800
1891-1895...........	20.050.900	4.010.200	1891	2.705.800	1895	2.315.100

Comparées à 1882, les années déjà considérées accusent les résultats ci-après :

	CAPITAUX TAXÉS millions de francs.	DROITS DE TRANSMISSION francs.
1875.............................	411.4	2.057.100
1882.............................	468.6	2.342.800
1898.............................	768.2	3.841.000

Comme pour les actions, le maximum a été obtenu en 1881 avec 3.005.700 francs correspondant à 601.1 millions de capitaux taxés. L'accroissement représente 86.7 % entre 1875 et 1898.

Si nous complétons notre examen par 1859 et 1869, nous obtenons les constatations suivantes :

	CAPITAUX TAXÉS millions de francs.	DROITS DE TRANSMISSION francs.
1859.............................	291.6	641.500
1869.............................	425.8	979.200
1875.............................	411.4	2.057.100
1882.............................	468.6	2.342.800
1898.............................	768.2	3.841.000

L'augmentation du capital-obligation représenté par les titres nominatifs, ressort ainsi à 163.4 % pour 1898, par rapport à 1859 ; mais, contrairement à ce qui s'est produit pour le capital-action, l'accroissement, sauf entre 1869 et 1875, a subi une marche ascensionnelle constante.

De 1859 à 1895, le rendement de l'impôt s'est accru de 498.7 %. Ces résultats sont dus bien plus à l'élévation du tarif qu'à l'augmentation de la matière imposable.

III. — Droits de transmission sur les transferts et conversions d'actions et d'obligations nominatives

| PÉRIODES | PRODUITS ENCAISSÉS PAR LE TRÉSOR | | ANNÉE DE CHAQUE PÉRIODE | | | |
| | | | LA PLUS FORTE | | LA PLUS FAIBLE | |
	PENDANT la période considérée.	MOYENNE annuelle.	ANNÉES	PRODUITS	ANNÉES	PRODUITS
	francs.	francs.		francs.		francs.
1876–1880.................	27.223.900	5.444.800	1880	8.196.800	1876	4.150.400
1881–1885.................	38.531.300	7.706.300	1881	12.419.500	1885	4.918.600
1886–1890.................	29.163.200	5.832.600	1890	6.634.600	1886	5.166.700
1891–1895.................	32.676.700	6.535.300	1891	6.766.100	1895	6.421.300

Actions et obligations réunies, les années déjà considérées, comparées à 1882, accusent les résultats ci-après :

	CAPITAUX TAXÉS — millions de francs.	DROITS DE TRANSMISSION — francs.
1875.........................	845.7	4.228.400
1882.........................	1.918.5	9.592.600
1898.........................	1.289.0	6.444.800

Ainsi que nous l'avons vu, le maximum a été obtenu en 1881 avec 12.419.500 francs correspondant à 4.909 millions 7 de capitaux taxés. L'accroissement est de 52.4 % pour 1898 par rapport à 1875, après avoir atteint, en 1882, jusqu'à 126.8 %.

En comprenant dans nos rapprochements 1859 et 1869, nous obtenons les constatations ci-après :

	CAPITAUX TAXÉS — millions de francs.	DROITS DE TRANSMISSION — francs.
1859.........................	566.8	1.246.000
1869.........................	1.015.0	2.334.500
1875.........................	845.7	4.228.400
1882.........................	1.918.5	9.592.600
1898.........................	1.289.0	6.444.800

Les résultats fournis par les obligations nominatives compensent, dans une large mesure, ceux donnés par les actions. Par suite, au total, voyons-nous les capitaux représentés par des titres nominatifs accuser seulement en 1898, par rapport à 1859, une augmentation de 127.4 % ; pour l'impôt, la plus value est de 417.2 % ; elle tient, ainsi que nous l'avons déjà fait remarquer, tant à l'élévation des tarifs qu'à une importance plus grande de la matière imposable.

IV. — Taxe annuelle de transmission sur les actions au porteur

PÉRIODES	PRODUITS ENCAISSÉS PAR LE TRÉSOR		ANNÉE DE CHAQUE PÉRIODE			
			LA PLUS FORTE		LA PLUS FAIBLE	
	PENDANT la période considérée.	MOYENNE annuelle.	ANNÉES	PRODUITS	ANNÉES	PRODUITS
	francs.	francs.		francs.		francs.
1876-1880.................	32.838.800	5.567.800	1880	8.229.400	1876	5.680.700
1881-1885.................	61.211.700	12.442.300	1883	14.941.800	1881	9.819.500
1886-1890.................	45.937.800	9.187.600	1887	9.285.700	1889	8.973.000
1891-1895.................	53.272.500	10.654.500	1895	10.905.000	1891	10.207.000

Comparées à 1882, les années déjà considérées accusent les résultats ci-après :

	CAPITAUX TAXÉS	DROITS DE TRANSMISSION
	millions de francs.	francs.
1875................................	2.589.5	5.179.000
1882................................	6.317.4	12.634.800
1898................................	6.424.9	12.849.900

Pour cette catégorie de titres, le maximum a été atteint en 1883 avec 72.634.800 francs correspondant à 7.420 millions 9 de capitaux taxés. L'augmentation se chiffre pour 1898, par rapport à 1875, à 148.1 %.

En complétant notre examen par 1859 et 1869, nous obtenons les constatations suivantes :

	CAPITAUX TAXÉS	DROITS DE TRANSMISSION
	millions de francs.	francs.
1859................................	2.220.1	2.930.500
1869................................	2.379.9	3.284.300
1875................................	2.589.5	5.179.000
1882................................	6.317.4	12.634.800
1898................................	6.424.9	12.849.900

Le capital-action représenté par des titres au porteur, accuse en 1898, par rapport à 1859, une augmentation qui ne se chiffre pas à moins de 189. 4 % pour les capitaux taxés et de 338.4 % pour la taxe annuelle. On retrouve ainsi, en les dépassant à peine, les résultats acquis dès 1882.

V. — Taxe annuelle de transmission sur les obligations au porteur.

PÉRIODES	PRODUITS ENCAISSÉS PAR LE TRÉSOR		ANNÉE DE CHAQUE PÉRIODE			
			LA PLUS FORTE		LA PLUS FAIBLE	
	PENDANT la période considérée.	MOYENNE annuelle.	ANNÉES	PRODUITS	ANNÉES	PRODUITS
	francs.	francs.		francs.		
1876-1880..............	65.722.400	13.144.500	1880	14.060.300	1876	11.915.500
1881-1885..............	72.382.800	14.476.600	1882	16.215.500	1885	13.331.300
1886-1890..............	95.835.800	19.167.200	1890	19.964.900	1886	17.915.600
1891-1895..............	98.681.200	19.736.200	1895	19.927.800	1891	19.449.500

Comparées à 1882, les années déjà considérées accusent les résultats ci-après :

	CAPITAUX TAXÉS	DROITS DE TRANSMISSION
	millions de francs.	francs.
1875..	5.607 3	11.214.600
1882..	8.107.7	16.215.500
1898..	10.515.1	21.030.200

L'augmentation, en faveur de 1898, se fixe à 87.5 % par rapport à 1859.

Si nous complétons notre examen par 1859 et 1869, nous obtenons les constatations suivantes :

	CAPITAUX TAXÉS	DROITS DE TRANSMISSION
	millions de francs.	francs.
1859..	1.077.9	1.422.900
1869..	2.797.8	3.860.900
1875..	5.607.3	11.214.600
1882..	8.107.7	16.215.500
1898..	10.515.1	21.030.200

Le capital-obligation représenté par des titres au porteur, accuse en 1898, par rapport aux autres années considérées, une augmentation de

29.6 % sur 1882 ; — 87.5 % sur 1875 ; — 275.8 % sur 1869 ; — et 875.5 % sur 1859.

Quant à la taxe, le rendement s'en est accru, de 1859 à 1898, dans la proportion de 1 à 20.

VI. — TAXE ANNUELLE DE TRANSMISSION SUR LES ACTIONS ET OBLIGATIONS AU PORTEUR

| PÉRIODES | PRODUITS ENCAISSÉS PAR LE TRÉSOR | | ANNÉE DE CHAQUE PÉRIODE | | | |
	PENDANT la période considérée.	MOYENNE annuelle.	LA PLUS FORTE ANNÉES	PRODUITS	LA PLUS FAIBLE ANNÉES	PRODUITS
	francs.	francs.		francs.		francs.
1876–1880.................	98.561.100	19.712.200	1880	22.289.700	1876	17.596.200
1881–1885.................	134.594.600	26.918.900	1882	28.850.300	1881	23.642.000
1886–1890.................	141.773.600	28.354.700	1890	29.124.300	1886	27.166.300
1891–1895.................	151.958.700	30.390.700	1895	30.832.900	1891	29.656.500

Actions et obligations réunies, les années déjà considérées, comparées à 1882, accusent les résultats ci-après :

	CAPITAUX TAXÉS (millions de francs.)	DROITS DE TRANSMISSION (francs.)
1875...................................	8.196.8	16.393.600
1885...................................	14.425.1	28.850.300
1898...................................	16.950.0	33.880.100

L'accroissement est de 106.6 % pour 1898, par rapport à 1875.

En comprenant dans nos rapprochements 1859 et 1869, nous obtenons les constatations ci-après :

	CAPITAUX TAXÉS (millions de francs.)	DROITS DE TRANSMISSION (francs.)
1859...................................	3.298.0	4.353.400
1869...................................	5.177.7	7.145.200
1875...................................	8.196.8	16.393.600
1882...................................	14.425.1	28.850.300
1898...................................	16.940.0	33.880.100

Le mouvement des titres au porteur accuse, dans ces conditions, un accroissement de 17.4 % sur 1882 ; — 106.6 % sur 1875 ; — 226.1 % sur 1869 ; — et 413.3 % sur 1859.

La plus-value fournie par la taxe s'élève au taux considérable de 678.4 %.

Nous résumerons dans un tableau d'ensemble, en les groupant par nature de titres, les droits encaissés par le Trésor, d'une part pour chacune des périodes examinées ; d'autre part, pour chacune des années déjà considérées.

I. — Droits de transmission répartis par catégorie de titres et par périodes quinquennales

PÉRIODES	ACTIONS			OBLIGATIONS			TOTAL GÉNÉRAL
	DROITS de transmission sur les transferts et conversions de titres nominatifs.	TAXE annuelle de transmission sur les titres au porteur.	TOTAL	DROITS de transmission sur les transferts et conversions de titres nominatifs.	TAXE annuelle de transmission sur les titres au porteur.	TOTAL	
	francs.	francs.	francs.	francs.	francs.	francs.	francs.
1876-1880	14.500.000	32.838.800	47.338.700	12.723.900	65.722.400	78.446.300	125.785.100
1881-1885	25.181.500	62.211.700	87.393.200	13.349.800	72.382.800	85.732.600	173.125.800
1886-1890	11.602.300	45.937.800	57.540.100	17.560.900	95.835.800	113.396.700	170.936.800
1891-1895	12.625.800	53.272.500	65.898.300	20.050.900	98.681.200	118.732.100	184.630.400

II. — Droits de transmission, répartis par catégorie de titres, pour chacune des années 1859, 1869, 1875, 1882 et 1898

PÉRIODES	ACTIONS			OBLIGATIONS			TOTAL GÉNÉRAL
	DROITS de transmission sur les transferts et conversions de titres nominatifs.	TAXE annuelle de transmission sur les titres au porteur.	TOTAL	DROITS de transmission sur les transferts et conversions de titres nominatifs.	TAXE annuelle de transmission sur les titres au porteur.	TOTAL	
	francs.	francs.	francs.	francs.	francs.	francs.	francs.
1859.....	604.500	2.930.500	3.535.000	641.500	1.422.900	2.064.400	5.599.400
1869.....	1.375.200	3.284.300	4.639.500	979.200	3.860.900	4.840.100	9.479.700
1875.....	2.171.300	5.179.000	7.350.300	2.057.100	11.214.600	13.271.700	20.622.000
1882.....	7.249.800	12.634.800	19.884.600	2.342.800	16.215.500	18.558.300	38.442.900
1898.....	2.603.800	12.849.900	15.453.700	3.841.000	21.030.200	24.871.200	40.324.900

Ces rapprochements de chiffres permettent de faire quelques constatations intéressantes :

Les actions concourent au produit total de l'impôt pour 63.1 % en 1859 ; — 49 % en 1869 ; — 35.6 % en 1875 ; — 51.7 % en 1882 ; — 38.4 %

en 1893 ; — les obligations, pour 36.9 % en 1859 ; — 51 % en 1869 ; — 64.4 % en 1875 ; — 48.3 % en 1882 ; — 61.6 % en 1898.

Les droits perçus sur les actions nominatives entrent dans l'ensemble des droits perçus sur cette catégorie de titres pour 17.1 % en 1859 ; — 29.2 % en 1869 ; — 29.5 % en 1875 ; — 36.5 % en 1882 ; — 16.9 % en 1898.

Les droits perçus sur les actions au porteur figurent dans le même total pour 82.9 % en 1859 ; — 70.8 % en 1869 ; — 70.5 % en 1875 ; — 63.5 % en 1882 ; — et 83.1 % en 1898.

Les droits perçus sur les obligations nominatives entrent dans l'ensemble des droits perçus sur cette catégorie de titres pour 68.9 % en 1859 ; — 20.2 % en 1869 ; — 15.5 % en 1875 ; — 12.6 % en 1882 ; — 15.5 % en 1898.

Les droits perçus sur les obligations au porteur figurent dans le même total pour 31.1 % en 1859 ; — 79.8 % en 1869 ; — 84.5 % en 1875 ; — 87.4 % en 1882 ; — 84.5 % en 1898.

Enfin le mouvement général de l'impôt se fixe pour les années considérées, ainsi qu'il suit pour l'ensemble des droits :

ANNÉES	DROITS de transmission sur les titres de toutes catégories. — RÉSULTATS GÉNÉRAUX	DIFFÉRENCES PAR RAPPORT A	
		L'ANNÉE CONSIDÉRÉE qui précède immédiatement.	1859
	francs.	%	%
1859............................	5.599.400	»	»
1869............................	9.479.700	⌐ 69,3	+ 69,3
1875............................	20.622.000	+ 117,5	+ 368.3
1882.................,..........	38.442.900	186,4	+ 686.6
1898............................	40.324.900	4,89	+ 620,5

III. — TAXE SUR LE REVENU

La taxe sur le revenu a été établie par la loi du 29 juin 1872. Elle atteint, aux termes de cette loi, les intérêts, dividendes, revenus et tous autres produits des actions de toute nature des sociétés, compagnies ou entreprises quelconques, financières, industrielles, commerciales ou civiles, quelle que soit l'époque de leur création ; — les arrérages et intérêts annuels des emprunts et obligations des départements, communes et établissements publics, ainsi que des compagnies ou entreprises quelconques, financières, industrielles, commerciales ou civiles ; — les intérêts, produits et bénéfices annuels des parts d'intérêt et commandites dans les sociétés, compagnies et entreprises dont le capital n'est pas divisé en actions.

La loi du 21 juin 1875 a ensuite étendu l'application de la taxe aux lots et aux primes de remboursement payés aux créanciers et aux porteurs d'obligations, effets publics, et tous autres titres d'emprunt; celles des 28 décembre 1880 et 29 décembre 1884, aux congrégations religieuses et aux associations dont l'objet n'est pas de distribuer leurs revenus.

La valeur passible de la taxe est déterminée : pour les actions, par le dividende fixé par les délibérations des assemblées générales d'actionnaires ou des conseils d'administration ; — pour les obligations ou emprunts, par l'intérêt ou le revenu distribué pour l'année ; — pour les lots, par leur montant ; — pour les primes, par la différence entre la somme remboursée et le taux d'émission.

Fixée à 3 % en 1872, la quotité de la taxe sur le revenu a été portée à 4 % par la loi du 26 décembre 1890, à partir du 1er janvier 1891. Le fait générateur de l'impôt consistant dans la mise en distribution du revenu, la surtaxe de 1 % a atteint tous les dividendes, produits et revenus mis à la disposition des ayants droit à partir de la date d'application de la loi.

La taxe est avancée par les sociétés, compagnies, entreprises, départements, communes et établissements publics, et payée au bureau de l'enregistrement du siège social ou administratif désigné à cet effet, en quatre termes égaux, dans les vingt premiers jours des mois de janvier, avril, juillet et octobre.

C'est, on le voit, le système déjà adopté en matière de timbre et de droits de transmission.

Les *Comptes définitifs des recettes* mentionnent, depuis 1872, les encaissements du Trésor en distinguant entre les actions, les obligations, les parts d'intérêt et commandites ; mais ils ne contiennent aucune indication jusqu'ici en ce qui touche les lots et primes groupés avec les obligations.

D'autre part, c'est seulement depuis 1897 que les droits acquittés par certaines collectivités, inscrits en bloc jusque là avec ceux auxquels donnent lieu les parts d'intérêt et les commandites, figurent distinctement.

Nous utiliserons ces indications comme nous l'avons fait plus haut pour le timbre et les droits de transmission, étant observé que nous n'avons à nous occuper que des actions, obligations, lots et primes, à l'exclusion tant des parts d'intérêt et des commandites que des revenus visés par les lois de 1880 et de 1884.

Sous cette réserve, voici les chiffres pour chacune des périodes quinquennales que nous avons déjà considérées :

I. — Taxe sur le revenu des actions des sociétés

| PÉRIODES | PRODUITS ENCAISSÉS | | ANNÉE DE CHAQUE PÉRIODE | | | |
| | PAR LE TRÉSOR | | LA PLUS FORTE | | LA PLUS FAIBLE | |
	PENDANT la période considérée.	MOYENNE annuelle.	ANNÉES	PRODUITS	ANNÉES	PRODUITS
	francs.	francs.		francs.		francs.
1876–1880................	69.055.300	18.811.100	1880	16.318.900	1878	12.397.800
1881–1885................	100.160.300	20.032.100	1882	22.569.500	1885	16.883.300
186–18890................	91.498.700	18.299.700	1890	19.090.800	1886	17.405.700
1891–1895................	124.565.600	24.913.100	1892	26.153.800	1894	24.020.000

Comparées à 1882, les années extrêmes connues accusent les résultats suivants :

	TAXE SUR LE REVENU
	francs.
1875..	14.143.700
1882..	22.569.500
1898..	26.531.800

L'augmentation dans le rendement de la taxe se chiffre, par suite, à 59 % de 1875 à 1882 ; — 17,8 % de 1882 à 1898 ; — et 87,5 % de 1875 à 1898. Mais il convient de ne pas perdre de vue que l'augmentation de 1898 est le résultat de la surélévation du tarif dont la quotité, ainsi que nous l'avons vu, a été portée de 3 à 4 % en 1890. A 3 % les produits encaissés en 1898 ne se seraient élevés qu'à 19.898.900 francs à raison du décroissement des revenus taxés.

Ces revenus sont en effet les suivants pour les années dont il s'agit :

	REVENUS TAXÉS
	millions de francs.
1875..	471.5
1882..	752.3
1898..	,663.3

L'augmentation de la matière imposable se chiffrait à 59 % en 1882 par rapport à 1875, elle n'est plus que de 40.6 % en 1898 ; la diminution entre cette dernière année et 1882 est de 11.8 %.

II. — TAXE SUR LE REVENU DES OBLIGATIONS DES SOCIÉTÉS ET DES TITRES D'EMPRUNT DES DÉPARTEMENTS, COMMUNES ET ÉTABLISSEMENTS PUBLICS

| PÉRIODES | PRODUITS ENCAISSÉS PAR LE TRÉSOR | | ANNÉE DE CHAQUE PÉRIODE | | | |
| | | | LA PLUS FORTE | | LA PLUS FAIBLE | |
	PENDANT la période considérée.	MOYENNE annuelle.	ANNÉES	PRODUITS	ANNÉES	PRODUITS
	francs.	francs.		francs.		francs.
1876-1880...............	90.376.800	18.075.400	1880	18.567.500	1876	17.316.600
1881-1885...............	102.188.500	20.437.700	1885	22.601.700	1881	18.212.900
1886-1890...............	121.486.200	24.297.200	1887	25.136.900	1886	23.028.100
1891-1895...............	165.425.700	33.085.100	1894	34.149.900	1891	32.332.800

Comparées à 1882, les années extrêmes considérées accusent les résultats ci-après :

	TAXE SUR LE REVENU
	francs.
1875..	16.707.900
1882..............	18.790.000
1898...	34.927.800

L'augmentation dans le rendement de la taxe se chiffre ainsi à 12,4 $^0/_0$ de 1875 à 1882; — 85.8 $^0/_0$ de 1882 à 1898 ; — 109 $^0/_0$ de 1875 à 1898. Elle serait seulement, pour cette dernière année, de 39.4 $^0/_0$ par rapport à 1882 et 56.8 $^0/_0$ par rapport à 1875, sans l'élévation du tarif.

Voici, en effet, les revenus taxés correspondants :

	REVENUS TAXÉS
	millions de francs.
1875..	556.9
1882...	626.3
1898...	873.2

Soit un accroissement de 12.4 $^0/_0$ de 1875 à 1882; — 39.4 $^0/_0$ de 1882 à 1898 ; — 56.8 $^0/_0$ de 1875 à 1898.

III. — Taxe sur le revenu des actions et des obligations réunies

| PÉRIODES | PRODUITS ENCAISSÉS PAR LE TRÉSOR | | ANNÉE DE CHAQUE PÉRIODE | | | |
| | | | LA PLUS FORTE | | LA PLUS FAIBLE | |
	PENDANT la période considérée.	MOYENNE annuelle.	ANNÉES	PRODUITS	ANNÉES	PRODUITS
	francs.	francs.		francs.		francs.
1876-1880.................	159.432.100	31.886.400	1880	34.886.400	1877	30.388.000
1881-1885.................	202.348.800	40.469.800	1882	41.359.500	1885	39.485.000
1886-1890.................	212.984.900	42.597.000	1888	43.881.700	1886	40.433.800
1891-1895.................	289.991.300	57.998.300	1892	59.677.600	1895	56.852.700

Comparées à 1882, les années extrêmes considérées accusent les résultats ci-après :

	TAXE SUR LE REVENU francs.
1875..	30.851.600
1882..	41.359.500
1898..	61.459.600

Dans l'ensemble, l'augmentation dans le rendement de la taxe se fixe donc à 34 % de 1875 à 1882 — et, conséquence de l'élévation du tarif en 1890, à 48.5 % de 1882 à 1898 ; — 99.2 % de 1875 à 1898.

Les revenus taxés (actions et obligations) se sont élevés, en effet, aux chiffres suivants pour les années dont il s'agit :

	REVENUS TAXÉS millions de francs.
1875..	1.208.4
1882..	1.378.7
1898..	1.536.5

Soit un accroissement de 34 % pour 1882, par rapport à 1875 ; — 11.4 % pour 1898, par rapport à 1882 ; — et 27.1 %, pour 1898, par rapport à 1875.

IV. — IMPOT SUR LES OPÉRATIONS DE BOURSE

L'impôt sur les opérations de bourse a été substitué, par la loi de finances du 28 avril 1893, au droit de timbre qui frappait les bordereaux des agents de change constatant ces opérations.

L'impôt atteint toutes les négociations de valeurs de bourse, soit que les opérations aient pour objet l'achat ou la vente de ces valeurs au comptant, ou qu'elles soient traitées à terme.

Fixé, sans distinction quant à la nature des titres négociés, à 5 centimes par 1.000 francs ou fraction de 1.000 francs du montant de l'opération calculé d'après le taux de la négociation pour les opérations autres que celles de report, et à 2 centimes 1/2 pour celles-ci, le taux de l'impôt a été réduit des trois quarts pour les négociations portant sur les rentes françaises, à partir du 1er janvier 1896, par la loi de finances du 29 décembre 1895, soit 1 centime 1/4 et 6 dixièmes de centime 1/4 par 1.000 francs de la valeur négociée.

D'après les *Comptes définitifs des recettes*, les produits de l'impôt sur les opérations de bourse se sont élevés, en 1898, à 5.101.100 francs pour les valeurs de toute catégorie.

On peut admettre, croyons-nous, que, dans ce total, les négociations de valeurs françaises entrent pour 3 millions, en chiffres ronds.

V. — RÉSUMÉ

Nous résumerons en terminant, pour chacune des années considérées, la charge globale de l'impôt sur l'ensemble des valeurs mobilières françaises :

DÉSIGNATION DES TAXES	ANNÉES		
	1875	1882	1898
	millions de francs.	millions de francs.	millions de francs.
Droits de timbre	11.7	16.5	17.6
Droits de transmission	20.6	38.4	40.3
Taxe sur le revenu	32.3	43.7	64.4
Impôt sur les opérations de bourse	»	»	3.0
Totaux	64.6	98.6	125.3

L'importance de cette charge par rapport soit aux revenus, soit aux capitaux taxés, ne saurait manquer de retenir sérieusement l'attention.

Léon SALEFRANQUE.

[Nous donnons, en annexe, cinq tableaux faisant connaître, pour chaque branche d'impôts et par année, les valeurs taxées et les droits versés au Trésor.]

DROITS DE TIMBRE
SUR LES VALEURS MOBILIÈRES FRANÇAISES

DROITS DE TOUTE CATÉGORIE

ANNÉES	PRODUITS DE L'IMPOT			
	ACTIONS	OBLIGATIONS	LETTRES de gage du Crédit foncier.	TOTAL
1	2	3	4	5
	francs.	francs.	francs.	francs.
1875.................	3.006.800	8.662.000	38.800	11.707.600
1876.................	3.053.800	8.975.500	16.400	12.045.700
1877.................	3.034.300	9.262.600	23.300	12.320.200
1878.................	3.106.500	9 567.200	30.500	12.704.200
1879.................	3.875.500	9.720.700	35.500	13.131.700
1880.................	4.316.200	10.046.900	68.000	14.431.100
1881.................	5.057.900	10.248.800	99.800	15.406.500
1882.................	6.033.200	10.484.600	97.500	16.535.300
1883.................	5.868.000	10.557.600	97.600	16.543.200
1884....	5.440.600	11.204.500	98.300	16.743.400
1885.................	4.994.900	11.753.800	354.000	17.102.700
1886.................	4.726.500	11.904 700	132.800	16.764.000
1887.................	4.519.000	12.751.800	109.100	17.379.900
1888.................	4.305.500	12.848.500	411.500	17.565.500
1889.................	4.138.000	12.107.400	106.800	16.352.200
1890.	4.215.200	12.729.800	105.900	17.050.900
1891.................	4.254.800	12.659.500	305.400	17.219.700
1892.................	4.546.800	12.592.600	125.000	17.264.400
1893.................	5.053.200	12.748.800	10.000	17.812.000
1894.................	4.889.600	12.415.900	5.000	17.310.500
1895.................	4.527.700	12.334.700	125.000	16.987.400
1896 (1).............	4.552.500	9.870.700 / 12.576.400	501.200	14.924.400 / 17.630.100
1897.................	4.630.900	13.196.900	43.000	17.870.800
1898.................	4.917.500	12.596.300	40.200	17.554.000

(1) Il a été imputé sur l'exercice 1896 une somme de 2.705.700 francs dont il convient de faire état pour déterminer les forces réelles de l'exercice et assurer une comparaison exacte des résultats.

DÉVELOPPEMENT DES DROITS DE TIMBRE
SUR LES VALEURS MOBILIÈRES FRANÇAISES

DROITS DE TIMBRE AU COMPTANT

ANNÉES	PRODUITS DE L'IMPOT			
	ACTIONS	OBLIGATIONS	LETTRES de gage du Crédit foncier.	TOTAL
1	2	3	4	5
	francs.	francs.	francs.	francs.
1875.........................	57.600	28.200	»	85.800
1876.........................	31.500	31.800	»	63.300
1877.........................	30.600	33.800	»	64.400
1878.........................	21.400	21.700	»	43.100
1879.........................	30.100	20.300	»	50.400
1880.........................	333.600	22.800	»	356.400
1881.........................	41.200	22.500	»	63.700
1882.........................	40.600	26.800	»	67.400
1883.........................	20.300	29.100	»	49.400
1884.........................	23.100	25.100	»	48.200
1885.........................	24.800	53.700	250.000	328.500
1886.........................	24.200	28.600	22.800	75.600
1887.........................	33.900	146.500	»	180.400
1888.........................	57.400	21.400	303.800	382.600
1889.........................	28.600	28.900	»	57.500
1890.........................	22.200	18.100	»	40.300
1891.........................	29.400	23.700	200.000	253.100
1892.........................	30.700	10.300	125.000	166.000
1893.........................	32.300	7.300	10.000	49.600
1894.........................	43.100	6.100	5.000	54.200
1895.........................	29.200	53.800	125.000	208.000
1896.........................	27.800	6.600	501.200	355.600
1897.........................	39.100	1.600	»	40.700
1898.........................	32.500	12.900	»	45.400

DÉVELOPPEMENT [

SUR LES VALE[

DROITS PE[

ANNÉES	CAPITAUX TAXÉS			
	ACTIONS	OBLIGATIONS	LETTRES DE GAGE du Crédit foncier (1).	TOTAL
1	2	3	4	5
	francs.	francs.	francs.	francs.
1875	4.915.320.000	14.389.591.700 .	776.400.000	20.081.311.70
1876	5.037.306.700	14.905.971.700	327.800.000	20.271.078.40
1877	5.006.111.700	15.881.445.000	465.180.000	20.852.736.70
1878	5.141.786.700	15.909.225.000	610.040.000	21.661.051.70
1879	5.575.525.000	16.167.376.700	710.760.000	22.453.661.70
1880	6.637.663.300	16.706.756.700	1.360.040.000	24.704.460.00
1881	8.361.263.300	17.043.810.000	1.995.960.000	27.401.033.30
1882	9.937.643.300	17.346.221.700	1.955.080.000	29.238.945.00
1883	9.746.290.000	17.580.705.000	1.951.620.000	29.278.615.00
1884	9.029.146.700	18.632.423.300	1.965.160.000	29.626.730.00
1885	8.283.451.700	19.500.120.000	2.080.620.000	29.864.191.70
1886	7.837.038.300	19.793.525.000	2.200.820.000	29.831.383.30
1887	7.475.178.300	21.008.881.700	2.181.000.000	30.665.060.00
1888	7.080.100.000	21.378.438.300	2.155.780.000	30.614.368.30
1889	6.848.981.700	20.130.860.000	2.136.140.000	29.115.981.70
1890	6.988.866.700	21.186.228.300	2.117.380.000	30.291.975.00
1891	7.042.280.000	21.059.770.000	2.107.760.000	30.209.810.00
1892	7.526.630.000	20.970.703.300	»	28.497.333.30
1893	8.368.120.000	21.235.861.700	»	29.603.981.70
1894	8.077.680.000	20.682.868.300	»	28.760.548.30
1895	7.497.538.100	20.468.120.400	»	27.965.658.50
1896 (2)	7.541.250.000	16.440.699.700 / 20.950.199.700	»	23.981.949.700 / 28.491.449.700
1897	7.653.100.000	21.992.224.000	859.003.800	28.504.327.800
1898	8.141.588.400	20.972.407.500	893.360.000	29.917.355.900

(1) En l'absence de résultats distincts par tarif (5 cent $^o/_{oo}$ pour les lettres de gage émises depuis le 24 mai 187[et à 2 cent. $^o/_{oo}$ pour celles émises antérieurement à cette date), nous avons uniformément capitalisé l'impôt au tar[actuel de 5 cent. $^o/_{oo}$. Ce mode de procéder a pour conséquence une certaine atténuation des capitaux imposabl[qu'il convient de noter.

PRODUITS DE L'IMPOT				ANNÉES
ACTIONS	OBLIGATIONS	LETTRES DE GAGE du Crédit foncier.	TOTAL	
6	7	8	9	10
francs.	francs.	francs.	francs.	
2.949.200	8.633.800	38.800	11.621.800	1875
3.022.400	8.943.600	16.400	11.982.400	1876
3.003.700	9.228.900	23.200	12.255.800	1877
3.085.100	9.545.500	30.500	12.661.100	1878
3.345.300	9.700.400	35.600	13.081.300	1879
3.982.600	10.024.100	68.000	14.074.700	1880
5.016.700	10.226.300	99.800	15.342.800	1881
5.962.600	10.407.700	97.600	16.467.900	1882
5.847.800	10.548.400	97.600	16.493.800	1883
5.417.500	11.179.400	98.300	16.695.200	1884
4.970.100	11.700.100	104.000	16.774.200	1885
4.702.200	11.876.100	110.100	16.688.400	1886
4.485.100	12.605.300	109.100	17.199.500	1887
4.248.000	12.827.100	107.800	17.182.900	1888
4.109.400	12.078.500	106.800	16.294.700	1889
4.193.000	12.711.700	105.900	17.010.600	1890
4.225.400	12.635.800	105.400	16.966.600	1891
4.516.000	12.582.400	»	17.098.400	1892
5.020.900	12.741.500	»	17.762.400	1893
4.846.600	12.409.700	»	17.256.300	1894
4.498.500	12.280.900	»	16.779.400	1895
4.524.700	9.864.100	»	14.398.800	1896
	12.569.800		17.104.500	
4.591.800	13.195.300	43.000	17.830.100	1897
4.885.000	12.583.400	40.200	17.508.600	1898

(2) Il a été imputé sur l'exercice 1896 une somme de 2.705.700 francs dont il convient de faire état pour détermi-
r les forces réelles de l'exercice et assurer une comparaison exacte des résultats. Cette somme correspond à un
pital imposable de 4.509.5 millions.

DROITS DE TRANSMISSION SUR I

	CAPITAUX TAXÉS					
ANNÉES	TITRES NOMINATIFS			TITRES AU PORTEUR		
	Actions.	Obligations.	TOTAL	Actions.	Obligations.	TOTAL
1	2	3	4	5	6	7
	francs.	francs.	francs.	francs.	francs.	francs.
1859	274.776.100	291.603.200	566.379.300	2.220.076.000	1.077.921.700	3.297.997.?
1869	589.219.600	425.752.200	1.014.971.800	2.379.907.200	2.797.808.900	5.177.711.?
1875	434.271.700	411.412.700	845.684.400	2.589.525.900	5.607.278.100	8.196.804.0
1876	396.259.300	433.823.200	830.082.500	2.840.362.300	5.957.756.900	8.798.119.?
1877	383.440.100	489.097.900	372.538.000	2.945.212.600	6.364.847.000	9.810.059.8
1878	427.634.600	491.468.000	919.102.600	3.101.839.400	6.634.891.100	9.736.730.8
1879	620.690.300	563.000.300	1.183.690.600	3.417.273.600	6.873.531.800	10.290.805.4
1880	1.071.983.500	567.386.600	1.639.370.100	4.114.683.600	7.030.199.000	11.144.857.6
1881	1.882.754.800	601.136.200	2.483.891.000	4.909.734.500	6.911.261.800	11.820.996.8
1882	1.449.958.600	468.557.800	1.918.516.400	6.317.382.900	8.107.747.500	14.425.130.4
1883	614.533.600	570.743.600	1.135.277.200	7.420.880.700	6.712.467.800	14.133.348.8
1884	662.241.700	522.605.500	1.184.847.300	5.495.284.700	7.794.280.400	13.289.565.1
1885	426.806.900	556.911.800	983.718.700	6.912.587.200	6.665.655.700	18.578.242.9
1886	417.840.400	615.493.300	1.033.333.700	4.625.336.000	8.957.822.200	13.583.158.2
1887	392.952.800	679.730.000	1.072.682.800	4.642.864.700	9.559.536.500	14.202.401.2
1888	449.851.000	710.081.200	1.159.932.200	4.634.497.800	9.896.225.800	14.530.723.6
1889	847.178.100	752.591.200	1.239.769.300	4.486.475.700	9.521.851.400	14.008.327.1
1890	572.616.500	754.294.400	1.326.910.900	4.579.730.600	9.982.444.700	14.662.175.3
1891	541.157.500	812.059.000	1.353.216.500	5.103.497.100	9.724.751.400	14.828.248.5
1892	505.167.600	788.055.900	1.293.223.500	5.323.479.400	9.795.327.200	15.118.806.7
1893	518.231.500	776.689.400	1.294.920.900	5.405.891.100	9.889.688.700	15.295.579.8
1894	497.594.200	812.123.300	1.309.717.500	5.350.841.300	9.966.933.600	15.317.774.9
1895	463.012.700	821.253.500	1.284.266.200	5.452.524.500	9.963.919.900	15.416.644.4
1896 (1)	403.430.700	712.081.400 763.461.400	1.115.512.100 1.166.892.100	5.572.426.300	10.207.567.000	15.779.993.8
1897	462.521.300	786.720.500	1.249.241.800	5.827.430.900	10.382.777.900	16.210.208.8
1898	520.761.800	768.193.400	1.288.955.200	6.424.948.300	10.515.105.900	16.940.054.2

(1) Il a été imputé sur l'exercice 1896 une somme de 251.900 francs dont il convient de faire état pour détermi

ALEURS MOBILIÈRES FRANÇAISES

PRODUITS DE L'IMPÔT						TOTAL GÉNÉRAL
DROITS DE TRANSFERT OU DE CONVERSION (Titres nominatifs.)			TAXE ANNUELLE DE TRANSMISSION (Titres au porteur.)			
Actions.	Obligations.	TOTAL	Actions.	Obligations.	TOTAL	
8	9	10	11	12	13	14
francs.	francs.	francs.	francs.	francs.	francs.	francs.
604.500	641.500	1.246.000	2.930.500	1.422.900	4.353.400	5.599.400
1.855.200	979.200	2.334.400	3.284.300	3.860.900	7.145.200	9.479.700
2.171.300	2.057.100	4.228.400	5.179.000	11.214.600	16.393.600	20.622.000
1.981.300	2.169.100	4.150.400	5.680.700	11.915.500	17.596.200	21.746.600
1.917.200	2.445.500	4.362.700	5.890.400	12.729.700	18.620.100	22.982.700
2.138.200	2.457.300	4.595.500	6.203.700	13.269.800	19.473.500	24.069.000
3.103.500	2.815.000	5.918.500	6.834.500	13.747.100	20.581.600	26.500.100
5.359.900	2.837.000	8.196.900	8.229.400	14.060.300	22.289.700	30.486.600
9.413.800	3.005.700	12.419.500	9.819.500	13.822.500	23.642.000	36.061.500
7.249.800	2.342.800	9.592.600	12.634.800	16.215.500	28.850.300	38.442.900
3.072.700	2.603.700	5.676.400	14.941.800	13.424.900	28.366.700	34.043.100
3.311.200	2.613.000	5.924.200	10.990.600	15.588.600	26.579.200	32.503.400
2.134.000	2.784.600	4.918.600	13.825.200	13.331.300	27.156.500	32.075.100
2.089.200	3.077.500	5.166.700	9.250.700	17.915.600	27.116.300	32.333.000
1.964.800	3.398.600	5.363.400	9.285.700	19.119.100	23.404.800	33.768.200
2.249.300	3.550.400	5.799.700	9.269.000	19.792.400	29.061.400	34.861.000
2.435.900	3.763.000	6.198.800	8.973.000	19.043.700	28.016.700	34.215.500
2.863.200	3.771.400	6.634.600	9.159.500	19.964.900	29.124.400	35.759.000
2.705.800	4.060.300	6.766.100	10.207.000	19.449.500	29.656.500	36.422.600
2.525.800	3.940.300	6.466.100	10.647.000	18.590.700	30.237.700	36.703.800
2.591.200	3.883.400	6.474.600	10.811.800	19.779.400	30.591.200	37.065.800
2.488.000	4.060.600	6.548.600	10.701.700	19.933.800	30.635.500	37.184.100
2.315.000	4.106.300	6.421.300	10.905.100	19.927.800	30.832.900	37.254.200
2.017.200	3.560.400	5.577.600	11.144.900	20.415.100	31.560.000	37.137.600
	3.812.300	5.829.500				37.389.500
2.312.600	3.933.600	6.246.200	11.654.900	20.765.500	32.420.400	38.666.600
2.603.800	3.841.000	6.444.800	12.849.900	21.030.200	33.885.100	40.324.900

s forces réelles de l'exercice et assurer une comparaison exacte des résultats.

TAXE SUR LE REVENU

DES VALEURS MOBILIÈRES FRANÇAISES

	REVENUS TAXÉS			DROITS CONSTATÉS AU PROFIT DU TRÉSOR		
ANNÉES	ACTIONS des sociétés.	OBLIGATIONS des sociétés, titres d'emprunts des départements, communes et établissements publics.	TOTAL	ACTIONS des sociétés.	OBLIGATIONS des sociétés, titres d'emprunts des départements, communes et établissements publics.	TOTAL.
1	2	3	4	5	6	7
	francs.	francs.	francs.	francs.	francs.	francs.
1872	80.044.700	104.344.100	184.388.800	2.401.400	3.130.300	5.531.700
1873	437.064.000	504.467.000	941.531.000	13.111.900	15.134.000	28.245.900
1874	509.907.700	514.114.700	1.024.022.400	15.297.200	15.423.500	30.720.700
1875	471.458.000	556.930.000	1.028.388.000	14.143.700	16.707.900	30.851.600
1876	455.863.200	577.221.200	1.033.084.400	13.675.939	17.316.600	30.992.500
1877	422.741.400	590.191.200	1.012.932.600	12.682.300	17.705.700	30.388.000
1878	413.245.300	608.343.300	1.021.588.600	12.397.300	18.250.300	30.647.600
1879	466.028.600	617.890.900	1.083.919.500	13.980.900	18.536.700	32.517.600
1880	543.964.200	618.915.700	1.162.879.900	16.318.900	18.567.500	34.886.400
1881	711.540.800	607.097.000	1.318.637.800	21.346.200	18.212.900	39.559.100
1882	752.318.500	626.332.200	1.378.650.700	22.569.500	18.790.000	41.359.500
1883	708.600.700	685.200.100	1.393.800.800	21.258.000	20.556.000	41.814.000
1884	603.442.300	734.262.800	1.337.705.100	18.103.300	22.027.900	40.131.200
1885	562.775.500	753.389.400	1.316.164.900	16.883.300	22.601.700	39.485.000
1886	580.190.000	767.605.400	1.347.795.400	17.405.700	23.028.100	40.433.800
1887	605.854.900	819.029.700	1.424.884.600	18.175.700	24.570.900	42.746.600
1888	624.858.700	837.865.500	1.462.724.200	18.745.700	25.136.000	43.881.700
1889	602.692.000	810.461.800	1.413.153.800	18.080.800	24.313.800	42.394.600
1890	636.360.700	814.577.700	1.450.938.400	19.090.800	24.437.400	43.528.200
1891 (1)	644.033.500	808.320.000	1.452.353.500	25.761.400	32.332.800	53.094.200
1892	653.844.800	838.095.800	1.491.940.600	26.153.800	33.523.800	59.677.600
1893	612.131.800	817.791.200	1.429.923.000	24.485.300	32.711.600	57.196.900
1894	600.501.100	853.747.500	1.454.248.600	24.020.000	34.149.900	58.169.900
1895	603.628.300	817.690.000	1.421.318.300	24.145.100	32.707.600	56.852.700
1896 (2)	628.388.500	742.029.200 (2)	1.370.417.700	25.135.500	29.681.200 (2)	54.816.700
		859.094.200	1.487.482.700		34.363.800	59.499.300
1797	636.522.100	853.977.800	1.490.499.000	25.460.900	34.159.100	59.620.000
1898	663.296.000	873.194.000	1.536.490.000	26.531.800	34.927.800	61.459.600

(1) Le taux de la taxe a été porté de 3 à 4 %, à partir de 1891, par la loi du 26 décembre 1890.

(2) Le décroissement de 1896 n'est qu'apparent. Il résulte d'une imputation de 4.682.600 francs, correspondant à un revenu imposable de 117.065.000 francs.

LE RÉGIME FISCAL

DES

VALEURS MOBILIÈRES ÉTRANGÈRES EN FRANCE

Intimement liées aux diverses manifestations de la vie civile dans notre pays, les valeurs étrangères sont, d'une manière générale, soumises aux règles applicables en matière de mutations et de contrats. Les questions spéciales de territorialité, de nationalité ou de domicile, que soulève notamment leur transmission, entre vifs ou par décès, à titre gratuit ou onéreux, font, d'autre part, l'objet de décisions administratives et judiciaires dans lesquelles on s'est efforcé de concilier les principes du droit international privé avec les prescriptions de nos diverses lois d'impôt.

Mais il existe en outre dans notre législation fiscale, en ce qui concerne les valeurs mobilières proprement dites, un ensemble de dispositions particulièrement importantes, tant en raison des difficultés qui naissent de leur application que du nombre des contribuables qu'elles intéressent, puisque, d'après les statistiques généralement admises, ces valeurs entreraient pour un quart environ, soit au moins 20 milliards, dans le chiffre global des valeurs mobilières existant en France.

Ce sont ces dispositions spéciales, inscrites dans les lois essentielles des 23 juin 1857 ; 13 mai 1863 : 30 mars, 25 mai et 29 juin 1872 ; 28 décembre 1895 et 13 avril 1898, complétées par les décrets des 17 juillet 1857, 24 mai et 6 décembre 1872, 2 janvier 1896 et 22 juin 1898, dont nous nous proposons d'exposer le fonctionnement, parfois un peu compliqué.

On remarquera, par la date des dernières lois énumérées, qu'après un quart de siècle de *statu quo*, l'intervention du législateur à l'égard des valeurs étrangères s'est manifestée deux fois en moins de trois ans.

Indépendamment des considérations d'ordre plutôt budgétaire, on s'est surtout préoccupé d'assurer la stricte application du principe d'équivalence, antérieurement posé, entre les titres des sociétés étrangères et ceux de nos propres sociétés au regard de la loi fiscale.

Les mesures prises à cet égard sont bonnes dans leur ensemble. Elles ont déterminé un nombre important de sociétés et compagnies étrangères à se mettre en règle avec la loi française, et l'élévation des tarifs n'a point provoqué l'exode qu'on paraissait craindre, notamment en ce qui concerne les fonds d'État étrangers. Mais il serait peut-être sage de s'en tenir là, au moins pendant un certain temps.

Il est évidemment superflu de rappeler les avantages que retire un pays de l'existence, dans les portefeuilles de ses nationaux, d'un stock important de bonnes valeurs étrangères. Quant aux mauvaises, celles qui ne reposent sur aucune base ou garantie vraiment sérieuse — il s'en crée même parfois en France, — qui sont en quelque sorte condamnées à mourir de faiblesse congénitale, après une existence aussi agitée qu'éphémère, ce serait folie de penser qu'une nouvelle majoration du droit de timbre par exemple, lors de leur négociation, aurait pour effet d'en empêcher l'introduction sur notre marché.

L'expérience a démontré, d'une part, que les sociétés étrangères les plus empressées à satisfaire aux prescriptions de la loi française sont parfois celles dont les titres n'ont qu'une médiocre valeur intrinsèque, et, d'autre part, que ce n'est pas une question de tarif plus ou moins élevé qui pourrait déterminer le spéculateur à s'abstenir d'acheter des titres sur lesquels il entrevoit la possibilité de réaliser un bénéfice.

Les divisions qu'il paraît utile de suivre dans cette étude sommaire sont celles que le législateur a lui-même créées, en instituant d'abord un régime différent selon qu'il s'agit de titres des sociétés ou de fonds d'État, en édictant ensuite des prescriptions spéciales à l'égard des titres des sociétés étrangères qui ne supportent pas les taxes annuelles d'abonnement et de celles de ces sociétés qui possèdent simplement des biens ou font des opérations dans notre pays.

Les règles de perception sont, en effet, essentiellement différentes, selon qu'il s'agit d'actions et d'obligations des sociétés, ou de fonds d'État. Pour la première catégorie de ces titres, le paiement d'un droit de timbre au comptant, constaté par l'apposition d'une empreinte, n'est prévu qu'à l'état d'exception, tandis qu'il constitue la règle pour la seconde. De là une distinction primordiale entre les titres des sociétés, compagnies ou entreprises étrangères et ceux des gouvernements étrangers.

Mais, d'autre part, les titres de la première catégorie sont eux-mêmes régis par des règles très différentes selon que les collectivités étrangères ont pris à leur charge, sauf recours contre les porteurs, les impôts dus au Trésor français, ou laissé à ceux-ci le soin de les acquitter lorsqu'il est procédé à leur négociation. La première partie de cette étude, consacrée aux sociétés, compagnies et entreprises, — la seconde concernant les fonds d'État, — comprend, dès lors, deux sections distinctes, l'une pour les titres de celles de ces collectivités qui ont rempli les formalités de l'abonnement, l'autre pour ceux qui supportent le droit de timbre au comptant. Une troisième subdivision, se rattachant à la première section, a pour objet les sociétés étrangères dont les titres ne circulent pas en France, mais qui possèdent des biens ou font des opérations dans notre pays, et qui sont, de ce chef, passibles de la seule taxe sur le revenu.

I. — TITRES ET BIENS EN FRANCE
DES SOCIÉTÉS, COMPAGNIES, ENTREPRISES, CORPORATIONS
VILLES, PROVINCES
ÉTABLISSEMENTS PUBLICS ÉTRANGERS

I. — Obligations incombant personnellement a ces collectivités
abonnement, taxes annuelles

§ 1ᵉʳ. *Principes généraux de la loi fiscale.*

Tandis que les titres français sont nécessairement soumis aux droits de timbre, de transmission et à la taxe sur le revenu, dont il sera question plus loin, par le seul fait de leur existence, la création des titres étrangers, au contraire, ne tombe pas par elle-même sous l'application des dispositions de notre système fiscal. Si les lois des 23 juin 1857, 29 juin 1872 et 21 juin 1875 les ont assujettis à des taxes équivalentes à celles qu'acquittent les valeurs françaises, ce n'est qu'autant que leur existence se manifeste dans notre pays ; le législateur n'aurait pu faire davantage sans violer le principe de la territorialité de l'impôt.

Les sociétés étrangères ne peuvent, d'autre part, le plus généralement, être atteintes que d'une manière indirecte, et le Trésor français doit se contenter de rattacher le paiement de l'impôt à des faits qu'il peut saisir, ou qu'il est en son pouvoir de permettre ou d'interdire.

On se rend compte, par l'examen sommaire des différentes lois qui se sont succédé, que le législateur est entré de plus en plus dans cette voie en s'efforçant, à mesure que l'expérience lui démontrait l'inefficacité de la réglementation existante, de soumettre à l'action de l'État et à son contrôle toutes les manifestations extérieures de la circulation en France des valeurs étrangères.

Antérieurement à 1857, les actions et obligations des sociétés étrangères n'étaient soumises qu'aux dispositions générales de la loi fiscale. En ce qui concerne notamment le droit de timbre, elles n'y étaient assujetties, même après la loi du 5 juin 1850, qui visait seulement les titres des sociétés françaises, que d'après les règles tracées par les articles 13 et 15 de la loi du 13 brumaire an VII, c'est-à-dire dans le cas où il en était fait usage en France. Remarquons en passant que cette disposition a été conservée par la loi italienne, qui exempte encore les titres étrangers, à leur entrée dans le royaume, de tout droit de timbre; s'il en est fait usage, par négociation ou énonciation, ils sont passibles du droit de timbre gradué « selon la dimension du papier » (1).

La loi du 23 juin 1857 est la première qui se soit préoccupée de faire cesser l'immunité à peu près complète dont jouissaient les valeurs étrangères circulant en France. L'article 9 de cette loi dispose que les titres des sociétés étrangères seront soumis à des droits équivalents à ceux que supportent les actions et obligations des sociétés françaises, tant en vertu de ladite loi qu'en exécution de celle du 5 juin 1850; il ajoute que ces titres ne pourront être « cotés et négociés » en France qu'en se soumettant à l'acquittement de ces droits, et que le mode d'établissement et de perception des taxes exigibles sera fixé par un règlement d'administration publique.

Mais, alors que ce texte prévoyait expressément deux faits générateurs de l'impôt, la cote et la négociation, les articles 10 et 11 du décret du 17 juillet 1857, rendu pour l'exécution de la loi du 23 juin précédent, ne visent plus que l'admission à la cote. On a prétendu qu'en comprenant dans la même disposition les titres cotés et les titres négociés la loi avait fait entendre, par ce rapprochement, qu'il ne s'agissait que des « négociations officielles », dont les titres cotés sont seuls susceptibles.

Cette interprétation restrictive de l'article 9 de la loi du 23 juin 1857 ayant prévalu, les titres des sociétés étrangères circulant en France ont, à l'exception de ceux dont l'admission à la cote avait été demandée, continué à échapper pendant une quinzaine d'années encore aux taxes annuelles de timbre et de transmission supportées par les titres des sociétés françaises.

En 1872, le législateur s'est préoccupé de cette situation, et il a nette-

---

(1) 60 centimes jusqu'à 14 décimètres carrés ; — 1 fr. 20 de 14 à 20 décimètres carrés ; — 2 fr. 40 de 20 à 30 décimètres carrés — et 3 fr. 60 au-dessus.

ment manifesté, à plusieurs reprises, sa volonté d'atteindre également
les négociations non officielles des titres étrangers.

Si l'on empêchait, disait **M. Mathieu Bodet** au nom de la commission du budget,
la négociation en coulisse des valeurs étrangères qui n'ont pas acquitté les droits
auxquels les titres français sont soumis, on arriverait évidemment à forcer toutes ces
valeurs à payer l'impôt. Ce remède, nous le cherchons, mais nous croyons être utilement entrés dans la voie par les dispositions de l'article 2 du projet de loi, dans lequel
nous avons indiqué certaines sanctions; si elles ne sont pas suffisantes, nous en cher-
cherons d'autres (1).

C'est sous l'empire de ces préoccupations que fut voté tout d'abord
l'article 2 de la loi du 30 mars 1872, qui assujettit au paiement d'un droit
de timbre de 1 % (1 fr. 20 avec les décimes) de sa valeur nominale tout
titre « non coté » faisant l'objet d'une négociation ou d'une énonciation
en France dans tout acte ou écrit autre qu'un inventaire. C'était là un
premier pas dans la voie d'une plus égale répartition des charges publiques et d'une application plus rigoureuse du principe d'équivalence de
l'impôt que doivent supporter les titres français ou étrangers.

Quelques mois plus tard, lorsque le législateur établit la taxe sur le
revenu des valeurs mobilières, l'occasion parut propice pour compléter
la règle d'assimilation entre toutes les valeurs, autres que les fonds
d'État, créées ou transmises sous la protection de la loi française. L'article 4 de la loi du 29 juin 1872 a incontestablement réalisé cette pensée.

Les titres des sociétés, compagnies, entreprises, corporations, villes, provinces
étrangères, ne pourront, d'après le paragraphe 3 de cet article, être cotés, négociés,
exposés en vente ou émis en France qu'en se soumettant au paiement des trois taxes
de timbre, de transmission et d'impôt sur le revenu, supportées par les titres des
sociétés françaises.

Cet article prévoit les faits extérieurs par lesquels se manifeste le plus
ordinairement la circulation des titres étrangers en France, et il en
résulte expressément que ces faits ne peuvent plus se produire sans qu'il
en découle l'obligation pour les titres (ou pour la société elle-même)
d'acquitter les trois taxes.

Avec le nouveau texte, on ne pouvait plus soutenir, comme sous
l'empire de la loi du 23 juin 1857, que les négociations officielles sont
seules susceptibles de rendre les taxes exigibles, puisque les faits
d'émission, de négociation et d'exposition en vente y sont nommément
désignés.

Il faut avouer cependant que le législateur de 1872 n'a pas été beaucoup plus heureux que celui de 1857, en ce sens que le règlement

---

(1) Séance de l'Assemblée nationale du 30 mars 1872.

d'administration publique du 6 décembre 1872 s'est borné à reproduire, avec moins de force peut-être, les dispositions de la loi du 29 juin précédent, sans leur donner de sanction efficace. Aussi les prescriptions de cette loi n'ont-elles été qu'imparfaitement exécutées.

En dehors des faits d'admission à la cote officielle et d'émission proprement dite, les sociétés étrangères dont les titres étaient manifestement l'objet de négociations ou d'exposition en vente en France ont continué à se soustraire au paiement de la triple taxe annuelle d'abonnement supportée par les sociétés françaises, laissant à leurs porteurs le soin d'acquitter le droit de timbre établi par la loi du 30 mars 1872 lors de la première négociation dans notre pays.

Ce n'est pas, au surplus, qu'il fût précisément aisé de réaliser, dans la pratique, l'application du principe d'équivalence de l'impôt, successivement posé en 1857 et en 1872, en ce qui concerne les titres des sociétés étrangères et ceux des sociétés françaises.

De nombreuses considérations doivent entrer en ligne de compte, au nombre desquelles la nécessité de sauvegarder les intérêts supérieurs qui procèdent du maintien, dans notre pays, d'un large marché international, ainsi que l'exposait M. Félix Faure dans la séance de la Chambre du 24 février 1893, lors de la discussion de la loi sur les opérations de bourse, et aussi la liberté du commerce et celle de la presse.

Après une étude approfondie de la situation, la commission extra-parlementaire de l'impôt sur les revenus n'a pu trouver elle-même le moyen d'obliger au paiement des taxes annuelles les sociétés étrangères dont les titres sont depuis longtemps l'objet de négociations actives en France, non plus que celles dont les titres sont introduits sur le marché d'une façon en quelque sorte ininterrompue par des intermédiaires agissant ou non pour leur propre compte (1).

Plus récemment encore, la commission du budget pour l'exercice 1896, jugeant inapplicable le système proposé par le gouvernement en vue de réaliser l'équivalence de l'impôt entre les valeurs françaises et étrangères, a déclaré par l'organe de son rapporteur général, M. Georges Cochery, qu'elle n'avait pas pour mission d'en rechercher un meilleur.

C'est dans ces conditions qu'a été voté l'article 3 de la loi de finances du 28 décembre 1895, élevant purement et simplement à 2 % sans décimes le droit de timbre au comptant établi par la loi du 30 mars 1872 pour les titres des sociétés étrangères non abonnées.

---

(1) Séances des 25 juillet et 19 octobre 1894 (*Revue politique et parlementaire*, octobre 1894).

Il est vrai que l'article 4 de la même loi, faisant application à l'espèce des prescriptions, spéciales aux fonds d'État, contenues dans l'article 2 de la loi du 25 mai 1872, imposait l'obligation de souscrire une déclaration dix jours avant d'annoncer, publier ou effectuer l'émission ou la souscription de ces titres dans notre pays. Mais cette disposition, virtuellement abrogée par l'article 12 de la loi de finances dont il va être question, n'aura eu qu'une durée éphémère, et son application ne paraît pas avoir produit de résultats appréciables.

Après avoir reconnu, dans un arrêt du 17 janvier 1888, à propos du décret susvisé du 6 décembre 1872, qu'il était évidemment inadmissible que le règlement d'administration publique rendu pour l'exécution d'une loi pût en restreindre la portée, la Cour de cassation avait décidé, par un arrêt du 12 avril 1897, que la loi du 29 juin 1872 n'est applicable qu'aux titres des sociétés étrangères admis aux négociations officielles ou circulant sur le marché français par suite d'un fait personnel à ces sociétés. Sont, en particulier, déclarés inopérants au point de vue de l'application de la loi du 29 juin 1872, les faits d'émission et d'admission à la cote officielle antérieurs à la publication de ladite loi.

En présence de la doctrine de cet arrêt une nouvelle intervention du législateur parut nécessaire. Les dispositions arrêtées à cet égard font l'objet de l'article 12 de la loi de finances du 13 avril 1898, dont nous reproduisons les termes pour plus d'exactitude.

L'amende prévue à l'article 3 de la loi du 25 mai 1872 est applicable à toute personne qui effectue en France l'émission, la mise en souscription, l'exposition en vente ou l'introduction sur le marché des titres étrangers désignés dans l'article 4 de la loi du 29 mai 1872, qui annonce ou publie les opérations ci-dessus, et à toute personne qui fait le service financier de ces mêmes titres, soit en opérant leur remboursement ou leur transfert, soit en faisant le paiement des coupons, tant qu'un représentant responsable des droits de timbre, de transmission et de l'impôt sur le revenu dont ces titres sont redevables, n'aura pas été agréé.

Cette amende ne pourra être inférieure à cinquante francs (50 fr.).

Des insertions périodiques au *Journal officiel* feront connaître la liste des valeurs pour lesquelles la formalité ci-dessus aura été remplie.

Un règlement d'administration publique déterminera les mesures d'application du présent article, notamment les conditions dans lesquelles la réalisation d'un cautionnement pourra être substituée à la désignation d'un représentant responsable. Chaque contravention aux dispositions de ce règlement sera punie d'une amende de cent francs à cinq mille francs (100 fr. à 5.000 fr.) en principal.

Les sociétés, compagnies et entreprises étrangères visées par les articles 4 de la loi du 29 juin 1872 et 3 du décret du 6 décembre suivant, sont tenues, préalablement à leur établissement en France, de déposer, au bureau de l'enregistrement dans le ressort duquel se manifeste pour la première fois leur existence, un exemplaire certifié de leur acte d'association, sous peine d'une amende de cent à cinq mille francs (100 fr. à 5.000 fr.).

Sont astreintes à la même obligation et sous la même peine, dans le délai de trois mois à partir de la promulgation de la présente loi, celles de ces sociétés, compagnies ou entreprises qui, pour une cause quelconque, n'ont pas actuellement de représentant responsable.

On remarquera que les faits de mise en souscription et d'introduction sont expressément visés dans le nouveau texte et que, par contre, le fait de négociation inscrit dans la loi du 29 juin 1872 n'y figure pas. On en doit conclure que la simple négociation, en tant qu'elle se distingue évidemment de l'introduction, ne constitue pas l'un des faits générateurs des taxes d'abonnement et rend uniquement le titre qui en est l'objet passible du droit de timbre au comptant, s'il ne l'a déjà supporté, de même que l'usage et l'énonciation en France. (Lois des 30 mars 1872, art. 2, et 28 décembre 1895, art. 5.)

Mais la caractéristique des dispositions inscrites dans la loi de finances du 13 avril 1898, c'est évidemment la collaboration effective imposée aux établissements de crédit et autres intermédiaires en France pour assurer, dans la mesure du possible, la stricte application du principe d'équivalence, depuis si longtemps posé entre les titres français et étrangers, au point de vue des taxes, ainsi que l'ont exposé MM. Krantz et Morel, rapporteurs généraux de la commission du budget et de la commission des finances du Sénat.

Il n'est plus possible aux intermédiaires, comme sous l'empire de la loi du 28 décembre 1895, de dégager leur responsabilité en souscrivant une déclaration purement platonique dix jours avant d'annoncer, publier ou effectuer la mise en souscription, l'émission ou l'introduction de titres d'une société étrangère n'ayant pas rempli les formalités de l'abonnement. Ils sont tenus, sous peine d'une amende de 5 % plus les décimes, de s'abstenir absolument de concourir à ces opérations, et aussi de faire le service financier de ces titres tant qu'un représentant responsable du paiement des taxes dont les titres sont redevables n'aura pas été proposé et agréé, ou qu'un cautionnement n'aura pas été versé.

Ces dispositions, qui avaient été énergiquement soutenues par M. Georges Cochery, ministre des finances, ont certainement donné de bons résultats. Le nombre des sociétés étrangères abonnées s'est considérablement accru, ainsi qu'on le verra plus loin, et le produit des taxes annuelles est, pour 1899 en particulier, supérieur de plus de 1.500.000 francs à celui de 1897, tandis que, par contre, le droit de timbre au comptant, qui doit être réduit à l'état d'exception, par application du principe d'équivalence, suit une progression descendante très marquée, en diminution de plus d'un million de 1897 à 1899, ainsi qu'on le verra par les statistiques qui terminent cette note.

§ 2. *Représentant responsable ou cautionnement.*

Les sociétés, compagnies, villes, provinces, corporations étrangères et établissements publics étrangers dont les titres doivent être admis à la cote officielle, émis, exposés en vente, mis en souscription, introduits, ou dont le service financier doit être fait en France, sont tenus, en vertu des textes précédemment analysés, de faire agréer au préalable par le ministre des finances, ou sur sa délégation par le directeur général de l'enregistrement, un représentant responsable du paiement des taxes dont ces titres sont redevables. Cette formalité primordiale et essentielle est l'équivalent de la déclaration d'existence à laquelle l'article 1er du décret précité du 17 juillet 1857 assujettit les sociétés françaises similaires.

L'obligation imposée aux sociétés et établissements étrangers de faire agréer un représentant responsable n'a pas eu précisément pour but de les contraindre à avoir un mandataire accrédité près du ministre des finances, ainsi qu'on est parfois tenté de le croire. Le représentant responsable est, en réalité, une caution qui garantit, sur ses biens personnels, le paiement des droits dus au Trésor par des collectivités ne possédant généralement pas en France de biens saisissables, et c'est contre lui que sont engagées, le cas échéant, les actions et poursuites. Il doit, dès lors, non seulement être Français, ainsi que le prescrit l'article 3 du décret du 6 décembre 1872, mais encore d'une honorabilité et d'une solvabilité notoires. Une société française présentant à cet égard les garanties nécessaires peut, d'ailleurs, être désignée comme représentant responsable.

La formalité consiste à remplir deux engagements dont le modèle est fourni par le service de l'enregistrement et revêtus d'un timbre de dimension de 60 centimes. On y joint un exemplaire des statuts avec la traduction sur papier libre et sans frais, le cas échéant, de la partie relative aux pouvoirs des administrateurs ou directeurs et, si les statuts sont muets à cet égard, une pièce justificative, extrait de délibération par exemple, établissant que les signatures apposées sur l'engagement lient véritablement la société.

Qu'elles aient été habilitées à agir en France dans la forme indiquée par l'article 2 de la loi du 30 mai 1857, c'est-à-dire par un décret rendu en Conseil d'État, ou bien en vertu d'une convention internationale,

conformément à l'article 5 de la Constitution de 1852, les sociétés
légalement constituées à l'étranger ont toujours été considérées comme
ayant toutes des droits identiques, et il n'a jamais été question, lors de
la discussion de nos nombreuses lois d'impôt depuis 1857, par exemple,
du privilège qu'une convention aurait conféré à l'une d'elles, à l'exclusion des autres.

La question de savoir si les sociétés étrangères de personnes ou par
actions ont une existence légale en France, et à quelles conditions elles
l'ont, est indifférente au point de vue de l'exigibilité de l'impôt. A ce
point de vue elles sont toutes soumises au droit commun.

Or, le droit commun, c'est, pour les personnes comme pour les
sociétés étrangères, l'obligation de se conformer aux lois de police ou
de sûreté, aux lois réelles, dans la catégorie desquelles sont rangées les
lois d'impôt et, notamment, aux lois édictées pour elles et qui les visent
spécialement. A ce titre, la prescription d'ordre fiscal qui, sans porter
atteinte d'ailleurs au libre exercice de leurs droits, oblige les sociétés
étrangères à faire agréer un représentant responsable des droits dus au
Trésor français, le plus souvent dépourvu de moyens d'action contre
elles, est incontestablement applicable sans distinction de nationalité.
La légitimité de cette prescription ne paraît pas, au surplus, avoir été
sérieusement contestée.

L'engagement du représentant responsable doit, comme celui de la
société étrangère, mentionner expressément le nombre et les numéros
des titres pour lesquels l'abonnement est demandé, c'est-à-dire, sauf de
rares exceptions déterminées par des circonstances particulières, la
totalité des titres émis ou à émettre, ce qui n'entraîne point, ainsi qu'on
le verra plus loin, l'obligation de payer les taxes françaises sur tous les
titres abonnés. La garantie du représentant responsable n'a pas, en
principe, d'autres limites que celles de l'engagement de la société étrangère elle-même, dont l'origine est dans la loi et lui sert de cause juridique. Ainsi le représentant responsable est tenu, comme la société, au
paiement des droits et amendes exigibles aussi longtemps que le fait
générateur des taxes subsiste lui-même.

Cependant, l'expérience ayant sans doute démontré qu'il était difficile
à la plupart des sociétés étrangères de se procurer une caution qui fût
disposée à garantir, en quelque sorte indéfiniment, le paiement des
taxes dues au Trésor français, on a admis que les représentants responsables pourraient faire cesser les effets de leur engagement à l'expiration
de chaque période triennale, en prévenant le service de l'enregistrement
six mois au moins à l'avance. Cet engagement a, d'ailleurs, pour point
de départ, non sa date ou celle de la décision ministérielle qui l'a accepté,

mais la date à laquelle s'est produit le fait générateur des taxes, qui fait l'objet d'une insertion au *Journal officiel*, c'est-à-dire que la période triennale commence à courir du jour de l'admission à la cote officielle, de l'émission, de la mise en souscription, de l'introduction ou de l'exposition en vente, selon que l'abonnement est contracté pour l'un ou l'autre de ces objets.

En cas de remplacement, par suite de décès ou autrement, du représentant responsable au cours d'une période triennale, il a été décidé que celui-ci (ou sa succession) se trouve dégagé, au moins pour les faits postérieurs, à partir de l'acceptation du nouveau représentant responsable.

Sauf la restriction admise relativement à la durée, l'engagement du représentant responsable doit être pur et simple et sans réserve ; il ne saurait, en particulier, être subordonné à cette condition que le nombre des titres assujettis aux impôts français ne sera pas supérieur à un nombre déterminé. Cette obligation, contraire aux usages de commerce, de contracter un engagement dont l'importance est inconnue, a été souvent critiquée, mais il n'a pas paru possible de modifier l'ordre établi. On a pensé, non sans raison peut-être, qu'en attendant que le placement des titres fût effectué, on pourrait bien déterminer l'importance de la garantie du représentant responsable, mais que la société étrangère serait parfois sans doute moins disposée à en désigner un, alors que son opération d'émission ou d'introduction en France serait terminée.

Cette question a d'ailleurs beaucoup perdu de son intérêt, le règlement d'administration publique du 22 juin 1898, rendu pour l'exécution de l'article 12 de la loi du 13 avril précédent autorisant les sociétés et autres collectivités étrangères à s'affranchir de l'obligation de faire agréer un représentant responsable en déposant à la Caisse des dépôts et consignations un cautionnement en numéraire dont le montant est déterminé par le ministre des finances, ou, en vertu de la délégation du ministre par le directeur général de l'enregistrement. Ce cautionnement ne peut être inférieur à la somme représentant approximativement le total des taxes annuelles exigibles pour une période de trois années et calculées à raison des cinq dixièmes des titres pour lesquels l'abonnement aura été demandé ; il pourra, toutefois, être réduit, s'il y a lieu, après la fixation par le ministre des finances du nombre des titres passibles des taxes.

Le versement est accompagné d'une copie de la décision qui aura fixé le cautionnement et d'une déclaration, visée par l'administration de l'enregistrement, indiquant l'affectation spéciale de la somme versée. Il est délivré par la Caisse au déposant un récépissé qui doit être remis

par lui, à titre de pièce justificative, au service de l'enregistrement; c'est
à partir de cette remise que l'amende prévue par l'article 3 de la loi du
25 mai 1872 cessera d'être applicable.

Le capital du cautionnement est affecté spécialement à la garantie du
paiement des taxes annuelles, amendes, frais et accessoires dus au
Trésor; il est productif de l'intérêt de 2 % fixé par l'article 60 de la loi
de finances du 26 juillet 1893 et ne peut être remboursé que sur une
autorisation du directeur général de l'enregistrement.

La substitution d'un cautionnement au représentant responsable déjà
agréé peut être autorisée, de même que le retrait du cautionnement versé,
à charge de faire agréer un représentant responsable.

La demande de constitution d'un cautionnement adressée au directeur
général de l'enregistrement doit être rédigée sur papier timbré (pétition).
Il en est de même, bien entendu, de l'acte d'affectation de cautionnement
visé par le décret du 22 juin 1898 précité.

La décision rendue par le ministre des finances ou son délégué est
notifiée à la société étrangère, au représentant responsable et, s'il y a
demande d'admission à la cote officielle, au Syndic de la Compagnie
des agents de change.

A partir de cette décision, constitutive de l'abonnement, les titres de
la société étrangère peuvent circuler en France, sans qu'il soit nécessaire
d'attendre la seconde décision ministérielle fixant la quotité imposable,
c'est-à-dire, ainsi qu'il sera expliqué ci-après, le nombre des titres passibles des taxes.

Ces titres ne portent d'ailleurs, à la différence de ceux des sociétés
françaises et des sociétés étrangères non abonnées, aucune empreinte ni
estampille, les tiers étant avisés au moyen de relevés insérés au *Journal
officiel*, en exécution de l'article 11 du décret du 17 juillet 1857 (1). Pour
suppléer à l'insuffisance de ces relevés qui, autrefois surtout, ne paraissaient qu'à de longs intervalles, l'administration est dans l'usage de
faire une insertion au *Journal officiel* dès que le point de départ de l'abonnement, c'est-à-dire le fait générateur des taxes, a été déterminé.

L'article 12 de la loi du 13 avril 1898 dispose, d'autre part, que des
insertions périodiques au *Journal officiel* feront connaître la liste des
valeurs pour lesquelles la formalité de l'abonnement aura été remplie.
Aux termes de l'article 8 du règlement d'administration publique du

---

(1) Les relevés officiels nᵒˢ 1 à 8 ont été insérés au *Moniteur* des 30 juin 1860 et 9 septembre 1865 et au *Journal officiel* des 30 avril 1875, 23 mars 1877, 24 août 1881, 3 octobre 1887, 19 décembre 1892 et 15 janvier 1897.

22 juin 1898, cette liste doit être publiée les 15 janvier et 15 juillet de chaque année (1).

Il a été entendu que les dispositions du premier paragraphe de l'article 12 de la loi de finances du 13 avril 1898 ne seraient pas applicables lorsqu'il s'agirait de titres d'actions ou d'obligations émis par une société étrangère en faillite ou en liquidation et n'ayant à distribuer aux actionnaires ou aux obligataires aucun dividende ni intérêt. Dans ce cas, mais dans ce cas seulement, la société n'aura pas à constituer un représentant responsable (2).

§ 3. *Quotité imposable.*

Nous avons dit que les sociétés étrangères n'acquittent la triple taxe d'abonnement supportée par tous les titres des sociétés françaises, et dont il sera question ci-après, que sur une fraction de leurs titres correspondant à l'importance de la circulation en France. Après le décret du 17 juillet 1857, dont l'article 10 prescrivait aux sociétés étrangères de remettre au ministre des finances une déclaration indiquant le nombre de leurs actions et obligations, qui devait servir de base à l'impôt, est intervenu le décret du 11 janvier 1862 imposant uniformément la moitié du capital actions et obligations et allant jusqu'à la totalité pour les sociétés étrangères dont il est notoire que les titres circulent particulièrement en France, puis celui du 11 décembre 1864 imposant la moitié du capital actions et la totalité des obligations.

Le nombre dés titres des sociétés étrangères abonnées passibles des taxes en France, ou quotité imposable, est actuellement déterminé d'après les règles tracées par le décret du 24 mai 1872, complétées par l'article 3 de celui du 6 décembre suivant.

Lorsque le représentant responsable a été agréé, ou le cautionnement versé, et le point de départ de l'abonnement inséré au *Journal officiel*, le service local de l'enregistrement procède à une enquête dont les conclusions sont soumises par l'administration centrale à une commission spéciale instituée au ministère des finances (3).

Cette commission doit se réunir toutes les fois que les affaires à exa-

---

(1) *Journal officiel* des 21 juillet 1898, 17 janvier et 23 juillet 1899, 24 janvier 1900.

(2) V. en ce sens la déclaration faite au Sénat par M. Georges Cochery, ministre des finances (*Journal officiel* du 2 avril 1898).

(3) Cette commission comprend : le président de la section des finances au Conseil d'Etat, président ; le Directeur général de l'enregistrement, des domaines et du timbre ; le Directeur du mouvement général des fonds au ministère des finances ; le Syndic des agents de change près la Bourse de Paris : un régent de la Banque de France.

miner l'exigent; en fait, elle tient généralement cinq ou six séances par an. Les sociétés étrangères sont admises, sur leur demande, à présenter les observations ou explications qu'elles jugent nécessaires.

L'avis exprimé par la commission des valeurs mobilières sur chacune des affaires qui lui sont soumises est transmis au ministre des finances, et généralement approuvé par lui. La quotité imposable ainsi fixée par la décision ministérielle, dont il est donné notification au représentant responsable par les soins du service de l'enregistrement, a effet pendant une période de trois années à partir du fait générateur de l'impôt, c'est-à-dire, s'il s'agit de titres, du jour du premier placement en France ou de l'admission à la cote officielle.

La commission des valeurs mobilières est, dans la limite de ses attributions, exclusivement compétente. Ses délibérations et la décision du ministre ne sont, sauf le cas très rare où il serait justifié d'une erreur purement matérielle, susceptibles d'aucun recours. Le ministre des finances exerce à cet égard un pouvoir discrétionnaire ; nous devons ajouter que les décisions, rendues en toute impartialité, ne donnent généralement lieu, en fait, à aucune critique sérieuse.

Le décret du 24 mai 1872, prévoit un minimum de 1/10 pour les actions, et de 2/10 pour les obligations, au-dessous duquel le ministre des finances ne peut descendre, alors même que les justifications fournies établiraient que le nombre des titres circulant en France est manifestement inférieur à ce minimum. C'est ainsi qu'une société étrangère désirant ouvrir le marché français à ses 50.000 actions et à ses 20.000 obligations par exemple, sera nécessairement imposée sur un minimum de 5.000 actions et de 4.000 obligations, alors même qu'il n'en aurait été introduit qu'une quantité sensiblement moindre. L'établissement d'un minimum, difficile à justifier en équité, ne peut s'expliquer que par la nécessité de sauvegarder les droits du Trésor français en une matière où les éléments précis d'appréciation font généralement défaut. Bien qu'elle constitue un sérieux progrès sur la fiscalité vraiment excessive des décrets des 11 janvier 1862 et 11 décembre 1864, la disposition insérée à cet égard dans le décret du 24 mai 1872 n'en produit pas moins parfois de fâcheuses conséquences.

La quotité est irrévocablement fixée par la décision ministérielle pour une période de trois années, quelles que soient les modifications qui peuvent survenir au cours de la période dans la répartition des titres pour lesquels l'abonnement a été contracté. Ainsi, lorsqu'une société ayant fait agréer un représentant responsable pour 50.000 actions a été imposée à concurrence de 10.000 titres à partir du 1er janvier 1893, peu importe que le nombre des dites actions circulant réellement en France soit passé à 20.000 ou descendu à 5.000 ; elle paiera les taxes sur 10.000 titres jusqu'au 31 décembre 1897. Il est procédé ensuite, au cours de la dernière année de la période, à une nouvelle enquête et, selon ses résultats, la quotité primitivement fixée est maintenue, augmentée ou réduite pour une nouvelle période triennale prenant cours le 1er janvier 1898.

Il est évident que les sociétés étrangères ont intérêt, en tout état de cause, à fournir, d'une manière aussi sincère que complète, les justifications qui sont jugées nécessaires pour l'assiette équitable des taxes. En cas de refus, elles ne seraient pas fondées à se plaindre de la fixation arbitraire qui serait faite par le ministre des finances. Parmi ces justifications, on peut citer, indépendamment des indications résultant des bilans et écritures commerciales, les listes d'émission ou de souscription, le nombre des coupons payés en France aux dernières échéances, le relevé, par nationalité de déposants, des actions représentées aux dernières assemblées générales.

Une demande en revision de la quotité imposable se produisant postérieurement à l'ouverture d'une période triennale ne peut avoir d'effet que pour la période subséquente. Le tribunal de la Seine, s'en tenant avec raison au texte étroit du décret du 24 mai 1872, a décidé, par un jugement du 13 mai 1892, que la décision intervenue lorsqu'une nouvelle période venait de commencer ne pouvait avoir d'effet pour cette période, alors même que la revision avait été demandée en temps utile.

§ 4. Liquidation et paiement des taxes.

Lorsque le ministre des finances a, sur l'avis de la commission des valeurs mobilières, fixé la quotité imposable, c'est-à-dire déterminé le nombre des titres d'une société étrangère passibles en France des taxes annuelles de timbre, de transmission et d'impôt sur le revenu, la perception de ces taxes est réglée d'après les mêmes principes que pour les titres des sociétés françaises (Lois des 23 juin 1857, art. 9, et 29 juin 1872, art. 4), avec cette différence que le droit de timbre est toujours perçu par abonnement et qu'au regard de l'impôt de transmission tous les titres des sociétés étrangères sont considérés comme étant au porteur. (Décret du 17 juillet 1857, art. 10 et 11.)

Le droit de timbre est de 6 centimes (décimes compris) par 100 francs du capital nominal pour les actions, et du montant du titre pour les obligations ; à défaut de valeur nominale, le droit est perçu sur la valeur réelle, d'après une déclaration estimative des parties. (Lois des 5 juin 1850, art. 22 et 31, et 23 juin 1857, art. 9.)

Le droit de transmission est de 20 centimes par 100 francs sans décimes. Il est calculé sur le cours moyen de l'année précédente, déduction faite des versements à effectuer sur les titres, et, à défaut de cours pendant cette année, d'après une évaluation. (Lois des 23 juin 1857, art. 6 et 9 ; 30 mars 1872, art. 1er ; 29 juin 1872, art. 3.)

Ces deux droits de timbre et de transmission doivent, de même que l'impôt sur le revenu dont il va être question, être acquittés par quart, dans les vingt premiers jours des mois de janvier, avril, juillet et octobre, sans avis préalable, sous peine d'une amende de 100 francs à 5.000 francs, plus les décimes. (Loi du 23 juin 1857, art. 10 ; décr. du 17 juillet 1857, art. 5 ; loi du 29 juin 1872, art. 5, et décr. du 6 décembre 1872, art. 2.) Lorsque le dernier jour du délai est férié, les taxes doivent être acquittées la veille.

L'impôt sur le revenu, qui était primitivement de 3 % (Loi du 29 juin 1872, art. 3), a été porté à 4 % à partir du 1er janvier 1891. (Loi du 26 novembre 1890, art. 4.)

Cette taxe est établie :

1° Sur les intérêts, dividendes, revenus et tous autres produits des actions de toute nature des sociétés ;

2° Sur les arrérages et intérêts annuels des emprunts et obligations des sociétés ;

3° Sur les lots et primes de remboursement payés aux créanciers et aux porteurs d'obligations, effets publics et tous autres titres d'emprunts. (Lois des 29 juin 1872, art. 1er, et 21 juin 1875, art. 5) (1).)

La valeur passible de la taxe est déterminée :

1° Pour les actions, par le dividende fixé par les délibérations des assemblées générales d'actionnaires ou des conseils d'administration, les comptes rendus ou tous autres documents analogues ;

2° Pour les obligations ou emprunts, par l'intérêt ou le revenu distribué pour l'année ;

3° Pour les lots, par le montant même du lot en valeur française ;

4° Pour les primes, par la différence entre la somme remboursée et le taux d'émission des emprunts. (Lois des 29 juin 1872, art. 2, et 21 juin 1875, art. 5.)

De même que pour les droits de timbre et de transmission, le montant de l'impôt sur le revenu à acquitter par trimestre est égal au quart de la somme totale en ce qui concerne les obligations, emprunts et autres valeurs dont le revenu est fixe et déterminé à l'avance.

Pour les actions et emprunts à revenu variable, chaque versement

---

(1) Le projet de loi portant réforme du régime fiscal des successions actuellement en discussion au Sénat (1re délibération, 2 mars 1900), porte cette taxe à 8 % sur les lots.

trimestriel ne comprend que le quart des 4/5 de la taxe afférente à l'exercice écoulé, ou, pour les sociétés nouvellement créées, de la taxe due sur le produit évalué à 5 %, du capital appelé. Il est procédé ensuite, après la clôture des écritures relatives à l'exercice, à une liquidation définitive de la taxe due pour l'exercice entier. Si, de cette liquidation, il résulte un complément de taxe au profit du Trésor, il est immédiatement acquitté ; dans le cas contraire, l'excédent versé est imputé sur l'exercice courant, ou remboursé si la société est arrivée à son terme ou si elle cesse de donner des revenus. (Décr. du 6 décembre 1872, art. 1, n° 2.) En vue de cette liquidation, les sociétés doivent déposer au bureau de l'enregistrement, dans les vingt jours de leur date, sous peine d'une amende de 100 à 5.000 francs en principal, un exemplaire (sur papier non timbré) des comptes rendus et délibérations des assemblées générales ou des conseils d'administration fixant le dividende. (Loi du 29 juin 1872, art. 2 et 5.)

Pour les lots et primes de remboursement, le paiement de la taxe sur le revenu est effectué en une seule fois, dans les vingt jours qui suivent la date fixée pour le paiement de ces lots et primes. (Décr. des 6 décembre 1872, art. 1 et 2, et 15 décembre 1875, art. 3.) Dans le même délai, et sous peine de l'amende ci-dessus, les sociétés sont tenues de déposer une copie certifiée du procès-verbal de tirage au sort, avec un état indiquant pour chaque tirage : 1° le nombre des titres amortis ; 2° le taux d'émission de ces titres, s'il s'agit de primes de remboursement ; 3° le montant des lots et des primes échus aux tirages sortis ; 4° la somme sur laquelle la taxe est exigible. Ces documents doivent être certifiés par les agents diplomatiques français. (Loi du 21 juin 1875, art. 5 ; déc. du 15 décembre 1875, art. 3 et 5.)

La situation des sociétés étrangères qui, après qu'un certain nombre de leurs titres ont été timbrés au comptant, remplissent les formalités prévues par la loi du 29 juin 1872 et le décret du 6 décembre suivant a été réglée par une décision ministérielle du 18 avril 1883. Cette décision porte que les droits de timbre versés antérieurement à l'agrément du représentant responsable ont été régulièrement perçus et sont, en conséquence, définitivement acquis au Trésor, sauf à retrancher les titres ainsi timbrés de la quotité fixée pour la taxe annuelle d'abonnement. Seuls, les droits perçus à partir de l'acceptation du représentant responsable (et de la date du fait générateur) sont restituables, à la condition que la société prenne l'engagement de désintéresser le Trésor, au cas où les porteurs de titres qui justifieraient avoir acquitté les droits dont il s'agit en réclameraient le remboursement.

Ces dispositions sont fondées sur le principe que les mêmes titres ne sauraient subir à la fois la perception du droit de timbre au comptant et de la taxe d'abonnement, et qu'en cas d'accomplissement de la double formalité la première en date produit seule des effets réguliers. Sans doute, l'abonnement résultant de la décision ministérielle qui agrée le représentant responsable rétroagit au jour de l'introduction des titres sur le marché français. Mais cette rétroactivité, dont le caractère est purement conventionnel, ne saurait prévaloir contre le fait matériel de la perception antérieurement opérée du droit de timbre au comptant. On doit donc reconnaître que les droits versés préalablement à l'agrément du représentant responsable sont définitivement acquis au Trésor, sous cette réserve, toutefois, que les titres ainsi timbrés seront déduits du nombre de ceux qui sont assujettis à la taxe d'abonnement. Aucune imputation de ces droits ne saurait, dès lors, être opérée sur les taxes dont la société est redevable.

Dans l'un et l'autre cas, d'ailleurs, la justification du timbrage au comptant doit été rapportée par les soins et aux frais de la société étrangère. Sauf le cas de justification régulière, l'amortissement semble devoir être imputé sur les titres timbrés au comptant ; il appartient à la société, pour se soustraire aux conséquences de cette imputation, de rapporter la preuve que l'amortissement a frappé, et dans quelles proportions, les titres assujettis à la taxe d'abonnement. Il est sans difficulté, d'ailleurs, que les titres d'une société étrangère qui, pour une cause quelconque, cesse d'être abonnée, redeviennent immédiatement passibles du droit de timbre au comptant, dont il sera question plus loin.

L'article 24 de la loi du 5 juin 1850 a dispensé du paiement du droit de timbre par abonnement sur leurs actions les sociétés, compagnies, ou entreprises mises en liquidation ou en faillite et, en outre, celles qui, postérieurement à leur abonnement, sont restées deux ans sans payer ni intérêts ni dividendes à leurs actionnaires. Après ces deux années, dites d'épreuve, le paiement de la taxe est suspendu tant que cette improductivité subsiste, et jusqu'à ce qu'il survienne une année productive, de sorte que la dispense n'a lieu que s'il s'écoule consécutivement trois années improductives, et pour la troisième seulement et les suivantes.

Le décret du 28 mars 1868 a étendu aux sociétés étrangères l'exemption édictée pour les sociétés françaises par l'article ci-dessus, mais en visant seulement les titres de ces sociétés cotés aux bourses françaises. Un décret du 25 janvier 1899 a fait cesser cette anomalie en attribuant le bénéfice de cette disposition à toutes les sociétés étrangères dont les titres, cotés officiellement ou non, acquittent les taxes d'abonnement. Mais les sociétés étrangères doivent justifier, au moyen de documents vérifiés et certifiés par les agents consulaires ou diplomatiques français, qu'elles n'ont pu payer ni dividendes ni intérêts, c'est-à-dire qu'elles n'ont réalisé aucun bénéfice pendant les deux dernières années. L'immunité en question est, d'ailleurs, spéciale aux actions et ne s'étend pas aux obligations.

Par application de l'article 76 de la loi du 28 avril 1816, les droits de timbre d'abonnement, ainsi que les amendes, jouissent, dans les faillites et tous autres cas, du privilège des contributions directes. Ces droits sont, d'autre part, exclusivement soumis à la prescription trentenaire (Cass. civ. 17 juillet 1895), sous réserve du droit qui appartient au ministre des finances d'opposer, le cas échéant, la déchéance quinquennale édictée par l'article 9 de la loi du 29 janvier 1831 pour toutes les créances de l'Etat.

A la différence de la taxe de transmission et de l'impôt sur le revenu, le droit de timbre par abonnement (ou au comptant) doit être considéré, au moins en ce qui concerne les titres émis sous la protection des lois françaises, comme une dette personnelle de la société ou de l'établissement débiteur, bien qu'aux termes des articles 14 et 27 de la loi du 5 juin 1850, ceux-ci soient tenus d'en faire « l'avance ». En réalité, le paiement effectué est un paiement définitif qui n'ouvre, à moins de convention contraire passée avec les actionnaires ou les obligataires, aucun recours contre ces derniers. Le droit de timbre dû, soit sur les titres d'actions, soit sur les titres d'obligations, fait partie, en effet, des frais du contrat constitutif de la société, ou du contrat de prêt passé avec les obligataires. Dans le premier cas, il entre parmi les frais généraux de premier établissement et, dans le second, il tombe de plein droit à la charge de l'emprunteur, c'est-à-dire de la société, par exemple, qui a émis les obligations. (Code civil, art. 1.248 ; Loi 22 frimaire an VII, art. 31.) Ajoutons qu'en fait les compagnies et établissements qui ont payé le droit de timbre au comptant ou la taxe d'abonnement se remboursent rarement sur les porteurs de titres.

Par une singulière antinomie, c'est, en matière de sociétés étrangères, le porteur du titre qui se trouve, au contraire, dans la nécessité d'acquitter le droit de timbre de son titre, pour le compte de la société qui n'a pas encore régularisé sa situation vis-à-vis du Trésor français, même s'il y a eu émission en France ; il semble naturel que la société étrangère soit au moins tenue d'en rembourser le montant, lorsqu'elle obtient ultérieurement la déduction de tous les titres timbrés au comptant pour la liquidation de la taxe d'abonnement.

On a vu qu'à la différence du droit de timbre par abonnement, qui est invariablement assis sur la valeur nominale inscrite, la taxe de transmission est calculée sur la valeur réelle des titres d'après leur cours moyen pendant l'année précédente et, à défaut de cet élément, conformément aux règles établies par les lois sur l'enregistrement, c'est-à-dire d'après une évaluation fournie par la société, déduction faite, pour les titres non libérés, des sommes restant à verser. (Loi du 30 mars 1872, art. 1ᵉʳ.)

La taxe de transmission étant un droit d'enregistrement, c'est la prescription biennale qui lui est applicable, alors que, jusqu'à la loi de finances du 26 juillet 1893, dont l'article 21 l'a réduite à cinq ans, la prescription trentenaire seulement était admise en matière d'impôt sur le revenu.

Par application de l'article 5 de la loi du 21 juin 1875, aux termes duquel, pour les obligations à lots, la taxe est due sur la valeur en monnaie française, lorsque le revenu distribué est déterminé en monnaie étrangère, la société doit indiquer, pour le paiement de la taxe, la valeur représentative du dividende en monnaie française. Sa déclaration est contrôlée, soit par les énonciations des décrets rendus en exécution de la loi du 13 mai 1863 sur les titres des gouvernements étrangers, soit par celles des bulletins authentiques des cours de la bourse ou d'autres moyens analogues.

Les sociétés, compagnies et entreprises sont tenues d'avancer la taxe de transmission et sur le revenu, sauf leur recours contre les porteurs de leurs actions, d'après les dispositions précises des articles 7 de la loi du 23 juin 1857 et 3 de celle du 29 juin 1872. Ces deux impôts constituent ainsi une dette qui doit être supportée par les actionnaires, et il y a lieu, lorsque la société les prend à sa charge, de les ajouter au montant des bénéfices distribués, pour la liquidation de la taxe sur le revenu elle-même. En ce qui concerne spécialement les sociétés étrangères, le tribunal de la Seine a décidé, par deux jugements des 18 décembre 1896 et 3 avril 1897, que le bénéfice supplémentaire représenté par le montant de la taxe sur le revenu et du droit de transmission payés à la décharge des actionnaires ne peut être réparti, pour le calcul de la taxe, qu'entre les actions qui sont réputées se trouver en France, à l'exclusion des titres considérés comme étant à l'étranger et auxquels la perception de ces impôts ne peut, dès lors, théoriquement être applicable.

Supposons, par exemple, une société étrangère abonnée pour les 100.000 actions de 1 £ composant son capital et imposée à concurrence du minimum légal de 1/10, soit 10.000 titres, le cours moyen s'étant élevé à 30 francs et le dividende ayant été de 20 %, soit 5 francs.

La triple taxe annuelle d'abonnement sera liquidée ainsi :

1° Droit de timbre à 6 centimes par 100 francs (5 centimes plus
2 décimes) sur 250.000 francs (10.000 × 25 fr.), ci.   150 fr. 00

2° Droit de transmission à 20 centimes par
100 francs sur 300.000 francs (10.000 × 30 fr.), ci..   600   00

3° Taxe sur le revenu, à 4 %/₀ sur 50.000 francs
(10.000 × 5 fr.), 2.000 francs. Mais si, selon le cas
le plus ordinaire, la société étrangère prend à sa
charge le droit de transmission (600 fr.) et l'impôt
sur le revenu (2.000 fr.), il y a lieu d'ajouter, ainsi
qu'on l'a vu, ces deux taxes, soit 1/24 de 2.600 francs
(108 fr. 34) ce qui donne ci......................   2.108   34

$$\text{Total.............}\quad 2.858 \text{ fr. } 34$$

*§ 5. Sociétés étrangères possédant des biens en France ou y faisant
des opérations. — Taxe sur le revenu.*

Alors que l'article 4 de la loi du 29 juin 1872 ne contenait aucune
disposition visant « expressément » ces collectivités, l'article 3 du règlement d'administration publique du 6 décembre suivant comporte une
disposition finale ainsi conçue :

Les sociétés, compagnies et entreprises étrangères dont les titres ne sont pas
cotés, mais qui ont pour objet des biens meubles ou immeubles situés en France,
doivent la taxe sur le revenu à raison des valeurs françaises qui en dépendent et acquittent cette taxe d'après une quotité du capital social fixée par le ministre des finances, sur l'avis préalable de la commission instituée par le décret du 24 mai 1872. Elles
doivent, à cet effet, faire agréer par le ministre des finances, avant le 1ᵉʳ décembre
1872, si elles existent actuellement, et, dans le cas contraire, avant toute opération en
France, un représentant français personnellement responsable des droits et amendes.

La légalité de cette disposition a, dès lors, été contestée, et le tribunal de la Seine, par un jugement en date du 5 juin 1885, s'était lui-
même rangé à cette opinion que, de ce chef, le décret du 6 décembre 1872 était inconstitutionnel, en ce qu'il avait excédé les limites
de la délégation consentie par la loi au pouvoir réglementaire.

Après s'être implicitement prononcée dans le sens du décret par un
premier arrêt du 22 avril 1879, rendu sur le rapport de M. Paul Pont,
la chambre civile de la Cour de cassation a nettement déclaré, par un

autre arrêt du 29 août 1884, que les sociétés ayant pour objet des biens situés en France sont assujetties à la taxe sur le revenu par la loi du 29 juin 1872. La chambre des requêtes a confirmé, à son tour, la jurisprudence résultant implicitement d'un premier arrêt du 13 mars 1882, en se prononçant nettement dans le même sens et par les mêmes motifs, par un arrêt du 2 août 1886, suivi d'un autre arrêt de la Chambre civile du 4 mai 1887. Enfin, le tribunal de Versailles, auquel la cause avait été renvoyée, a jugé de même le 2 février 1889, et sa décision sert de règle en la matière.

Les sociétés étrangères, autres que les sociétés commerciales en nom collectif ou de coopération (lois des 1er décembre 1875, art. 1er et 28 avril 1893, art. 36), qui possèdent des biens en France, au sens le plus large de cette expression, ou qui ont contracté des emprunts dans ce pays, doivent donc, indépendamment de toute circulation de leurs titres, faire agréer un représentant responsable du paiement de la taxe sur le revenu dont elles peuvent être redevables, ou constituer un cautionnement en garantie de ce paiement, dans les termes du règlement d'administration publique du 22 juin 1898.

Les formalités à accomplir à cet effet sont exactement les mêmes qu'en matière de titres ; les formules d'engagement sont également fournies par le service de l'enregistrement du département dans lequel se trouvent situés les biens, le siège administratif ou la première succursale établie.

Les règles sont aussi les mêmes en ce qui concerne la fixation et la revision de la quotité imposable, avec cette différence qu'il n'existe pas de minimum, ainsi que pour la liquidation et le paiement de la taxe sur le revenu, lorsqu'il y a eu des intérêts ou dividendes distribués.

Aux termes de la disposition finale de l'article 12 de la loi de finances du 13 avril 1898, sont passibles d'une amende de 100 francs à 5.000 francs en principal (125 fr. à 6.250 fr. avec les décimes) les sociétés étrangères possédant ou exploitant des biens en France qui, préalablement à leur établissement en notre pays, ne déposeraient pas au bureau de l'enregistrement dans le ressort duquel se manifeste pour la première fois leur existence, un exemplaire certifié de leur acte d'association (1).

Cette disposition a eu pour objet de restituer à l'administration de

---

(1) Un délai de trois mois, à partir de la promulgation de la loi précitée, a été accordé, pour effectuer ce dépôt, à celles de ces sociétés, compagnies ou entreprises qui, pour une cause quelconque, n'avaient pas de représentant responsable. Ce délai a pris fin le 14 juillet 1898.

l'enregistrement le droit qui lui appartient d'une façon absolue, et avait été méconnu en fait, d'apprécier, au vu de l'acte constitutif, si une société dont les titres ne circulent pas en France mais qui possède des biens dans ce pays, qui s'y livre à un commerce, à une industrie, est, ou non, passible de la taxe sur le revenu. Il arrivait fréquemment, en effet, que des sociétés étrangères de l'espèce, interprétant inexactement certaines dispositions de la loi fiscale, se considéraient comme dispensées de faire agréer un représentant responsable, alors qu'elles ne rentraient pas en réalité dans la catégorie des exceptions admises (sociétés en nom collectif, mutuelles, etc.). Elles sont tenues désormais, en tout état de cause, de déposer au bureau de l'enregistrement de leur premier établissement, un exemplaire certifié de leur acte d'association.

Ce dépôt a lieu sans frais, de même que lorsqu'il a pour objet la désignation d'un représentant responsable, et notamment sans qu'il soit prescrit de faire enregistrer l'acte d'association. Mais il est nécessaire de joindre, le cas échéant, une traduction, également sur papier libre, des dispositions relatives à la nature même de la société, à son mode de fonctionnement, et spécialement aux attributions des directeurs ou gérants, qui ont à certifier l'acte déposé, et dont la signature doit sans doute être légalisée, dans la forme ordinaire, par l'autorité française.

Aux termes d'un jugement du tribunal de la Seine du 29 juillet 1899, contre lequel il y a eu pourvoi en cassation, les sociétés étrangères (autres que les compagnies d'assurances) ne sont pas tenues, quant aux succursales et établissements qu'elles possèdent en France, aux communications auxquelles les sociétés françaises similaires sont assujetties à l'égard de l'administration de l'enregistrement.

§ 6. *Produits des taxes acquittées par les sociétés étrangères.*

326 sociétés étrangères étaient abonnées à raison de la circulation de leurs titres en France au 31 décembre 1899 contre 174 au 1er janvier 1898. Ce nombre est actuellement supérieur à 350 ; 150 sociétés étrangères environ acquittent la seule taxe de 4 $^{0}/_{0}$ sur le revenu à raison de leurs biens ou opérations en France.

---

(1) *Journal officiel* du 24 janvier 1900.

ANNÉES	DÉSIGNATION DES TAXES			TOTAL
	TIMBRE (6 cent. %).	TRANSMISSION (20 cent. %).	TAXE sur le revenu (4 %).	
	francs.	francs.	francs.	francs.
1896 (1)	1.928.600	5.401.300	5.503.400	12.833.300
1897	1.928.800	5.788.200	5.832.800	13.549.800
1898	1.975.400	5.867.000	5.722.800	13.565.200
1899 (2)	2.045.000	6.322.400	6.459.000 (3)	14.826.400

(1) Il n'a pas été possible de faire porter la statistique sur les années antérieures à 1896, le droit de timbre par abonnement étant, pour ces années, confondu dans la comptabilité avec le produit du droit de timbre au comptant perçu sur les titres des sociétés non abonnées.

(2) Les résultats complets de l'exercice n'étant pas encore publiés, les chiffres donnés ne comprennent que le produit des trois taxes pour le département de la Seine ; les autres départements ne donnent, au surplus, de ce chef, que des recettes relativement peu importantes.

(3) Les sociétés possédant des biens ou faisant des opérations en France entrent respectivement pour 661.400, 745.000, 649.300 et 414.200 francs dans le produit de l'impôt sur le revenu pour chacune des années 1896, 1897, 1898 et 1899 ; les départements figurent pour moitié environ dans les trois premiers chiffres.

II. — OBLIGATIONS INCOMBANT AUX PORTEURS DE TITRES

DES

SOCIÉTÉS ÉTRANGÈRES NON ABONNÉES

ET AUX INTERMÉDIAIRES

On a vu que, sous l'empire de la loi du 23 juin 1857, les taxes annuelles de timbre et de transmission n'étaient supportées en réalité que par les titres des sociétés étrangères faisant l'objet de négociations officielles.

C'est pour remédier dans une certaine mesure à cet état de choses, et récupérer au moins une partie des droits dus par ceux de ces titres qui se négociaient hors parquet, qu'intervint la loi du 30 mars 1872.

Quelques mois plus tard, le législateur ayant expressément déclaré passibles de la double taxe établie par la loi du 23 juin 1857, et de l'impôt sur le revenu créé par la loi du 29 juin 1872, les titres de sociétés étrangères cotés, négociés, exposés en vente ou émis en France, les dispositions purement transitoires de la loi du 30 mars 1862 sont devenues sans objet quant à ces titres. Cette dernière loi n'est, à proprement parler, à leur égard, qu'un trait d'union entre les lois fondamentales des 23 juin 1857 et 29 juin 1872, que nous venons d'étudier.

Le paragraphe premier de l'article 2 de la loi du 30 mars 1872 interdit la négociation, l'exposition en vente, ou l'énonciation dans des actes de prêt, de dépôt, de nantissement, ou dans tout autre acte ou écrit, à l'exception des inventaires, de titres étrangers qui n'auraient pas été admis à la cote, ou qui n'auraient pas été dûment timbrés au droit de 1 %. Le paragraphe 2 exige en outre, que tout acte, soit public, soit sous seing privé, qui énonce un titre étranger non soumis aux taxes annuelles, indique la date et le numéro du visa pour timbre apposé sur ce titre, en même temps que le montant du droit payé, à peine d'une amende de 5 % de la valeur nominale des titres avec minimum de 50 francs en principal.

C'est avec raison que le texte ci-dessus faisait de l'inscription à la cote officielle la condition essentielle de la non-exigibilité du droit de timbre édicté, les titres cotés étant d'après la jurisprudence admise lors de la discussion de la loi du 30 mars 1872, seuls passibles des taxes annuelles, et, d'autre part, leur inscription et leur maintien à la cote officielle constituant une preuve certaine de l'accomplissement des formalités prescrites (1).

Mais le *criterium* établi par cette loi ne pouvait plus être admis sous l'empire de celle du 29 juin 1872, en ce sens que, si les titres cotés devaient toujours être réputés en règle avec la loi fiscale, ils n'étaient plus désormais les seuls dans ce cas, l'admission à la cote officielle ne constituant plus que l'un des faits générateurs des taxes ; les prescriptions établies à cet égard par la loi du 30 mars 1872 étaient donc virtuellement abrogées sur ce point.

Aussi l'article 5 de la loi du 28 décembre 1895 déclare-t-il passibles du droit de timbre au comptant, élevé à 2 % sans décimes par l'article 2 de la même loi, préalablement à toute négociation, exposition en vente ou énonciation dans un acte ou écrit, public ou sous seing privé, autre qu'un inventaire, les titres des sociétés, compagnies ou entreprises étrangères, qui n'acquitteraient pas la taxe d'abonnement prévue par les articles 10 du décret du 17 juillet 1857 et 4 de ceux des 24 mai et 6 décembre 1872.

La rédaction de cet article a encore l'avantage de prévenir une confusion que les termes de l'article 2 de la loi du 30 mars 1872 ont trop souvent entretenue dans l'esprit des redevables, et qui les portait à croire que, par cela seul qu'un titre était inscrit à la cote officielle, il pouvait être énoncé dans un acte ou écrit sans les mentions relatives au

---

(1) Jugement Lyon, 13 février 1878.

paiement du droit de timbre. L'inscription à la cote n'impliquant le paicment de l'impôt par abonnement que pour les titres des sociétés, villes, etc., cette appréciation est inexacte en ce qui concerne les fonds d'État étrangers.

L'article 5 ci-dessus porte que, en cas d'énonciation dans un acte public ou sous seing privé, autre qu'un inventaire, soit de titres de rentes, emprunts et autres effets publics de gouvernements étrangers, soit de titres d'actions ou obligations de sociétés, villes, etc., qui n'acquittent pas la taxe d'abonnement, cet acte doit indiquer le lieu, la date et le numéro du visa pour timbre, ainsi que le montant du droit de timbre payé, ou, si la formalité a été donnée au moyen soit du timbre extraordinaire, soit de timbres mobiles, les mentions contenues dans l'empreinte du timbre apposé, sous peine d'une amende de 5 $^{o}/_{o}$ de la valeur nominale des titres, au minimum de 100 francs en principal. Cette disposition est conçue de manière à prévenir le retour des difficultés que rencontrait dans son application l'article 2 de la loi du 30 mars 1872.

En déclarant expressément passibles de la triple taxe d'abonnement les titres des sociétés étrangères « cotés, négociés, exposés en vente ou émis en France », l'article 4 de la loi du 29 juin 1872 avait incontestablement en vue de rendre l'abonnement obligatoire pour tous ceux de ces titres qui circulaient dans notre pays.

On devrait donc admettre, en théorie, que tous les titres étrangers dont la transmission est constatée en France supportent les taxes d'abonnement et, par suite, que le droit de timbre au comptant de 1 $^{o}/_{o}$ (plus deux décimes) établi par l'article 2 de la loi du 30 mars 1872, ne leur était pas applicable. En fait, cette conception serait très éloignée de la réalité, puisque les titres des sociétés étrangères non abonnées soumis annuellement au timbrage représentaient encore dans ces derniers temps une valeur supérieure à 100 millions.

Il est bien évident qu'un certain nombre de titres resteront toujours, quoi qu'on fasse, en dehors de l'abonnement. Nous ajouterons même qu'en droit strict, il pourrait sembler excessif de considérer les prescriptions de l'article 4 de la loi du 29 juin 1872 comme applicables en tout état de cause, surtout avec le minimum légal établi pour la fixation de la quotité imposable par le décret du 24 mai 1872, dans le cas de quelques titres isolés par exemple, qui ont même pu être acquis à l'étranger.

Aussi, s'il ne se fût agi que d'énonciations ou de négociations accidentelles, le gouvernement ne se serait vraisemblablement pas préoccupé de renforcer par des mesures spéciales les prescriptions de la loi de 1872 en ce qui concerne l'abonnement.

Mais il était devenu manifeste que les sociétés étrangères se croyaient autorisées à opter entre le paiement des taxes annuelles et le droit de timbre au comptant. Et, comme ce droit était supporté par le porteur de leurs titres tandis que les taxes d'abonnement restent le plus souvent à leur charge, au moins en partie, il est de toute évidence que les sociétés étrangères devaient montrer peu d'empressement à se conformer aux prescriptions de l'article 4 de la loi du 29 juin 1872, hors le cas d'admission à la cote officielle, ou d'émission publique, bien entendu.

Dépourvu, dans la plupart des cas, de moyens d'action vis-à-vis de sociétés qui ne possèdent rien en France, le gouvernement a cru pouvoir les atteindre, d'une part, en rehaussant le droit de timbre au comptant et, d'autre part, en édictant des prescriptions spéciales à l'égard des intermédiaires qui auraient coopéré au placement de titres non abonnés dans notre pays. S'il est vrai, en effet, que les sociétés étrangères n'en conservent pas moins la faculté de laisser supporter le droit de timbre rehaussé aux porteurs français, il n'en est pas moins très admissible que ceux-ci seront désormais moins tentés d'acquérir les titres des sociétés non abonnées, puisqu'ils sont exposés à supporter personnellement de ce chef un impôt assez lourd (sans préjudice peut-être de rehaussements ultérieurs), et que les maisons de banque elles-mêmes seront peu soucieuses d'encourir personnellement des pénalités pour avoir facilité l'introduction des titres dont il s'agit.

Tel est le but des articles 3 et 7 de la loi de finances du 28 décembre 1895, complétés par les dispositions de l'article 12 de celle du 13 avril 1898, dont l'économie a été exposée antérieurement.

En ce qui concerne spécialement la négociation, ainsi qu'on l'a vu par le commentaire donné, l'article 12 de la loi du 13 avril 1898 n'apporte aucune modification aux prescriptions antérieures, en tant, bien entendu, qu'il n'y aurait pas véritable introduction. Il en résulte que les intermédiaires n'encourent aucune pénalité en continuant à négocier comme par le passé les titres des sociétés étrangères non abonnées, sous la seule condition de les faire préalablement timbrer dans les conditions indiquées par les articles 3 et 5 de la loi du 28 décembre 1895, et sous réserve des obligations imposées aux sociétés étrangères elles-mêmes par les lois des 23 juin 1857 et 29 juin 1872.

Il n'en est pas de même en matière d'exposition en vente, l'article 12 de la loi du 13 avril 1898 infligeant une pénalité distincte à toute personne qui expose en vente en France des titres des sociétés étrangères, qui annonce ou publie cette opération, tant qu'un représentant responsable des droits de timbre, de transmission et de l'impôt sur le revenu dont ces titres sont redevables n'aura pas été agréé. On remarquera cependant qu'au sens de la loi nouvelle, l'exposition en vente émanerait toujours de la collectivité ou de son mandataire. Il semble qu'il n'y aurait pas lieu, en principe tout au moins, d'établir une distinction entre cette opération et le cas du changeur par exemple exposant dans sa vitrine quelques titres qui sont sa propriété personnelle, et d'ailleurs revêtus de l'empreinte justificative du paiement du droit de timbre au comptant, conformément à la législation antérieure.

En même temps qu'il subordonnait la négociation de ces titres et leur exposition en vente en France au paiement préalable du droit de timbre, l'article 2 de la loi du 30 mars 1872 ajoutait que les titres dont il s'agit ne pourraient, sans qu'il soit satisfait à la même prescription, être énoncés dans des actes de prêt, de dépôt, de nantissement, ou dans tout autre acte ou écrit, soit public, soit sous seing privé, à l'exception des inventaires. L'article 5 de la loi du 28 décembre 1895 n'apporte aucune dérogation à l'interprétation admise en matière d'énonciations et résultant de nombreuses décisions administratives ou judiciaires dans l'exposé desquelles on ne saurait entrer (partages, contrats de mariage, procès-verbaux de scellés, testaments, écritures domestiques, etc.).

L'article 3 de la loi du 28 décembre 1895 a élevé de 1 fr. 20, décimes compris (Loi du 30 mars 1872, art. 2) à 2 %/$_0$ sans décimes, le droit de timbre au comptant des titres d'actions et d'obligations des sociétés, compagnies, entreprises, villes, provinces et corporations étrangères, autres que ceux qui acquittent la taxe annuelle d'abonnement. Ce droit est perçu sur la valeur nominale de chaque titre ou coupure considéré isolément et, dans tous les cas, sur un minimum de 100 francs, c'est-à-dire que, pour un titre collectif de dix actions de 1 liv. sterl. chaque, ou 25 fr. 20 par exemple au cours du change du jour, le droit perçu sera de 20 francs, à raison de 2 francs par titre. De même, pour un certificat collectif de dix actions de 4 liv. sterl. chacune, ou 100 fr. 80 au change de 25 fr. 20, il sera perçu 24 francs (2 %/$_0$ sur dix fois 120 francs).

L'article 3 précité de la loi du 28 février 1895 ramène, en outre, sous l'application du nouveau tarif les titres étrangers qui ont été timbrés antérieurement, en autorisant l'imputation du droit déjà acquitté (1).

Lorsque le droit de timbre au comptant a été perçu sur les titres provisoires d'actions ou d'obligations émises par une société française, le titre définitif qui est délivré en remplacement du titre provisoire est exempt d'un nouveau droit par application de l'article 17 de la loi du 5 juin 1850 ; il en est de même des titres nouveaux délivrés par suite de transfert, de renouvellement ou de conversion.

---

(1) Nous donnons en annexe un tableau présentant le résultat des principaux calculs auxquels donne lieu cette imputation pour les titres dont la valeur nominale est exprimée en monnaies étrangères.

Cette règle, applicable aux titres des gouvernements étrangers, ainsi qu'on le verra plus loin, n'est pas suivie en ce qui concerne les actions et obligations des sociétés, provinces, villes et corporations étrangères. L'Administration invoque, à l'appui des décisions qu'elle a rendues en ce sens, le principe d'après lequel le droit de timbre est un impôt de consommation dû sur chaque titre créé, sans compensation possible avec les droits acquittés sur un autre titre, quelle que soit l'identité d'objet existant entre eux ; elle ajoute que, si l'article 17 de la loi du 5 juin 1850 a dérogé à cette règle en ce qui concerne les actions des sociétés françaises, sa disposition n'a pas été reproduite dans les lois et décrets qui régissent les titres des sociétés étrangères et que, par conséquent, ceux-ci ne peuvent en réclamer le bénéfice. (Cass. 13 nov. 1871 et 25 mars 1874 ; décis. 13 nov. 1884.)

A la différence des titres des sociétés étrangères abonnées qui ne sont revêtus d'aucune empreinte, l'avis d'abonnement inséré au *Journal officiel* en tenant lieu, les titres des sociétés non abonnées ayant supporté le droit de timbre au comptant, portent un visa de l'agent de perception ou, s'ils sont présentés à l'atelier général à Paris, une estampille à fond rouge avec mentions en blanc ; le mot « Paris » y est encadré à gauche par le quantième ; à droite, par le numéro du mois, et au-dessous par le millésime. (Décret du 2 janvier 1896.) Le droit perçu par suite de la présentation volontaire à la formalité n'est pas restituable, hors le cas de double emploi établi ; la prescription biennale est alors applicable. (Jug. Seine, 10 novembre 1894.)

L'article 5 de la loi du 28 décembre 1895, comme l'article 2 de celle du 30 mars 1872, s'est borné à exiger le paiement du droit de timbre avant toute négociation, exposition en vente ou énonciation dans les actes. En l'absence d'une disposition analogue en ce qui concerne le droit d'enregistrement, on doit décider que le simple usage des titres de sociétés étrangères non abonnées, même par acte public, donne ouverture au seul droit de timbre. Mais il n'en serait pas ainsi, si l'acte présenté à la formalité contenait, par exemple, une cession des titres moyennant un prix déterminé.

Dans l'hypothèse où il s'agirait d'actions ou d'obligations d'une société étrangère abonnée, le droit fixe (3 francs plus 2 décimes 1/2) serait seul dû, puisque ces valeurs supportent la taxe annuelle de transmission. Quant aux titres des sociétés non abonnées, leur cession donne ouverture au droit de 50 centimes ou 1 franc %, selon qu'il s'agit d'actions ou d'obligations (Loi du 22 frimaire an VII, §§ 2, 3 et 5), plus 2 décimes 1/2, contrairement à la jurisprudence admise en matière de sociétés françaises (Cass., 4 fév. 1895) ; le droit est perçu sur la valeur réelle des titres transmis. (Jug. Seine, 23 juin 1893 et Douai 22 avril 1896.)

Voici quel a été, depuis 1884, le produit des droits de timbre au comptant perçus sur les titres des sociétés étrangères non abonnées.

PREMIÈRE PÉRIODE : 1884-1895 (1).

(Au comptant : tarif de 1872, 1.20 $^{0}/_{0}$; abonnement : tarif de 1850, 6 c. $^{0}/_{0}$).

ANNÉES	PRODUITS	ANNÉES	PRODUITS
	francs.		francs.
1884	1.026.900	1890	4.497.900
1885	1.753.600	1891	2.986.400
1886	1.990.000	1892	2.677.100
1887	2.235.500	1893	2.455.500
1888	2.574.900	1894	3.102.300
1889	2.726.200	1895	3.908.600

DEUXIÈME PÉRIODE : 1896-1899.

(Au comptant : tarif de 1895, 2 $^{0}/_{0}$; abonnement : tarif de 1850, 6 c. $^{0}/_{0}$).

ANNÉES	DROITS AU COMPTANT			DROITS par ABONNEMENT	TOTAL GÉNÉRAL
	PLEIN TARIF	COMPLÉMENTS	TOTAL		
	francs.	francs.	francs.	francs.	francs.
1896	1.408.000	2.752.000	4.160.000	1.928.600	6.088.600
1897	2.190.400	708.100	2.898.600	1.928.800	4.827.400
1898	1.638.200	465.800	2.104.000	2.255.400	4.359.400
1899 (Paris seulement) (1)	1.115.500	427.200	1.542.700	2.045.000	5.130.400

(1) Les résultats des départements ne sont pas encore connus.

II. — TITRES DE RENTES ET EFFETS PUBLICS DES GOUVERNEMENTS ÉTRANGERS

§ 1er. *Exposé de la législation.*

Ni la loi du 23 juin 1857, qui a assujetti aux taxes annuelles de timbre et de transmission les actions et obligations des sociétés, com-

___

(1) Aucune distinction n'a été faite pour cette période, par la comptabilité publique, entre le produit des droits au comptant et celui de la taxe d'abonnement.

pagnies et entreprises étrangères, ni l'article 1er de la loi du 30 mars 1872, qui a étendu la perception de ces taxes aux titres émis par « les villes, provinces, corporations et établissements publics étrangers », ni enfin la loi du 29 juin 1872, qui, par son art. 4, a soumis à la taxe de 3 °/₀ sur le revenu, les actions, obligations et titres d'emprunts « des sociétés, compagnies, entreprises, corporations, villes, provinces étrangères et établissements publics étrangers », n'ont compris dans leurs dispositions les titres de rentes, emprunts et autres effets publics des gouvernements étrangers.

Il a paru difficile, disait M. Mathieu-Bodet au nom de la commission du budget dans son rapport sur le projet qui est devenu la loi du 23 mai 1872, de fixer conventionnellement une taxe annuelle sur tout ou partie du capital représenté par les titres de rente d'un État, parce qu'il a semblé que le Trésor français ne pouvait pas entrer, pour l'acquittement de l'impôt, en relation directe avec le gouvernement qui a émis ces rentes.

Mais, si ce motif s'opposait à l'établissement de taxes annuelles, dont le recouvrement eût pu, en effet, rencontrer parfois de sérieuses difficultés, l'assujettissement des titres des gouvernements étrangers au paiement d'un droit de timbre au comptant, avant tout usage en France, ne présentait pas le même inconvénient et pouvait aisément être obtenu par un ensemble de prescriptions visant directement les porteurs de ces titres, ou ceux qui coopèrent à leur émission sur le marché français.

En soumettant les titres de rentes, emprunts et autres effets publics des gouvernements étrangers à un droit de timbre de 0,50 °/₀ de leur valeur nominale, la loi du 13 mai 1863 (art. 6) a mis fin à l'immunité dont jouissaient ces titres, qui constituait, dans notre législation, suivant l'exposé des motifs de cette loi. « une véritable omission échappée à la sollicitude du législateur ». Leur transmission ne pouvait plus avoir lieu en France avant qu'ils n'eussent acquitté le droit de timbre, sous peine d'une amende personnelle de 10 °/₀, tant contre le propriétaire des titres que contre l'agent de change, ou tout autre officier public ayant concouru à la transmission (art. 7). La loi du 8 juin 1864 a rehaussé le tarif de ce droit et l'a porté à 1 °/₀ (art 7).

Sous ce régime fiscal, l'émission et la souscription des titres, leur exposition en vente et leur énonciation dans les actes non translatifs de propriété ne donnaient pas ouverture à la perception du droit de timbre. La taxe ne pouvait atteindre ces titres que lors de leur négociation sur le marché officiel. (Jugement Seine, 3 mars 1866.)

La loi du 30 mars 1872 est venue compléter ces dispositions, qui n'assuraient qu'imparfaitement la perception du droit de timbre, tant en matière de fonds d'État qu'en ce qui concerne les titres des sociétés étrangères non abonnées.

Enfin la loi du 23 mai 1872 a, d'une part, réduit sensiblement le tarif du droit de timbre applicable aux titres de rentes, emprunts et effets publics des gouvernements étrangers (0,75, sans décimes, pour les titres de 500 francs et au-dessous, 1 fr. 50 pour ceux de 1,000 francs et au-dessous, 3 francs pour ceux de 2,000 francs et au-dessous, etc.) et édicté d'autre part, un ensemble de mesures destinées à assurer plus strictement le paiement de cet impôt. Son article 2 dispose, à cet effet, qu'aucune émission de ces valeurs ne peut être annoncée, publiée ou effectuée en France, sans qu'il ait été fait, dix jours à l'avance au bureau de l'enregistrement dans la circonscription duquel l'émission ou la souscription a lieu, une déclaration dont la date doit être mentionnée dans les avis ou annonces. Cet article ajoute que les titres ne pourront être remis aux souscripteurs sans avoir été assujettis préalablement au timbre. D'après l'article 3, toute contravention est punie d'une amende de 5 % de la valeur des titres annoncés ou émis, et au minimum de 50 francs.

Ce sont les dispositions de ces deux dernières lois qui, avec celle du 29 juin 1881, autorisant l'apposition du timbre à l'extraordinaire, constituaient le régime fiscal en vigueur pour les titres de cette nature, la valeur des monnaies étrangères en monnaies françaises étant, en cette matière, annuellement fixée par décret. (Lois du 13 mai 1863, art. 6 et du 23 mai 1872, art. 1er.)

L'article 3 de la loi de finances du 28 décembre 1895, complété par le règlement d'administration publique du 2 janvier 1896, a substitué un droit proportionnel de 0.50 % au tarif gradué de la loi du 23 mai 1872. Il a été lui-même modifié par l'article 13 de la loi de finances du 13 avril 1898, qui est ainsi conçu :

A partir du 1er janvier 1899, le droit de timbre au comptant des titres étrangers désignés dans l'article 6 de la loi du 13 mai 1863 est fixé à un pour cent (1 %) sauf en ce qui concerne les titres déjà timbrés à cette date au tarif de 50 centimes %.

Ce droit n'est pas soumis aux décimes. Il sera perçu sur la valeur nominale de chaque titre ou coupure considéré isolément et, dans tous les cas, sur un minimum de cent francs (100 fr.).

Pour les titres déjà timbrés au 1er janvier 1899 au tarif antérieur à la loi du 28 décembre 1895, le droit de 1 % ne sera appliqué qu'imputation faite du montant de l'impôt déjà payé.

Resteront soumis au droit de 50 centimes % les fonds étrangers cotés à la bourse officielle, dont le cours, au moment où le droit devient exigible, sera tombé au-dessou de la moitié du pair par suite d'une diminution de l'intérêt imposée par l'Etat débiteur.

En raison même de son caractère exceptionnel, cette disposition doit être appliquée limitativement et ne saurait être étendue par voie d'analogie (1).

On entend par titres de gouvernement, ou fonds d'Etat, les valeurs dont le Trésor public se reconnait personnellement débiteur, et dont il s'oblige à effectuer le service.

Les lois des 30 mars et 25 mai 1872 visent « les titres de rentes, emprunts et tous autres effets publics des gouvernements étrangers ». Cette définition est générale ; elle embrasse non seulement les titres émis en représentation d'un emprunt proprement dit, mais encore les effets publics que peut souscrire un gouvernement étranger. Il faut bien remarquer, toutefois, que, pour tomber sous l'application de la loi, il est nécessaire que les effets présentent le caractère d'effets publics. Si les effets sont relatifs à une opération particulière, commerciale en quelque sorte, au règlement, par exemple, d'un engagement avec un créancier, ils revêtent un caractère privé et, à ce titre, ils rentrent dans la catégorie des effets de commerce ordinaires, passibles du droit de 0.50 cent. par 2.000 francs ou fraction de 2.000 francs, s'ils sont payables à l'étranger, ou du droit de 0.05 %, s'ils sont payables en France.

Il a été décidé, d'après cette distinction, que des billets à ordre souscrits par un gouvernement étranger à six mois d'échéance, et payables en France, constituent des effets assujettis seulement au droit de 0.05 %.

Le papier-monnaie est l'équivalent même de la monnaie métallique ; il n'est susceptible, par sa nature, ni de négociations dans le sens de la loi du 13 mai 1863, ni d'inscriptions à la cote de la bourse dans le sens de celle du 30 mars 1872. A défaut d'un texte précis et formel, il échappe à toute perception du droit de timbre. Les bons du Trésor, au contraire, sont, en principe, susceptibles d'être cotés et tombent, par suite, sous l'application des lois précitées des 30 mars et 25 mai 1872.

Les titres des provinces étrangères sont soumis à l'encontre des fonds d'Etat, au même régime fiscal que les valeurs des sociétés étrangères. (L. 30 mars 1872, art. 1.) Lorsque des titres ont été émis par des collectivités appartenant à une même nation, il y a donc lieu, pour l'application de l'impôt, de rechercher si ces collectivités constituent de

---

(1 Bénéficient actuellement de ces dispositions les emprunts Catamarca 6 %, 1888 , Cordoba 6 %, 1888 , Corrientes 6 %, 1888 ; ceux du gouvernement hellénique 5 %, 1881-1884 ; 4 %, 1887 , Honduras emprunt 1869 , Portugal 3 %, 4 1/2 %, 1885-1889 et 4 %, 1890), Turquie (Dette ottomane convertie 4 %, séries B. C. D. .

simples provinces ou de véritables Etats particuliers réunis sous un lien fédéral. La solution de la difficulté dépend du point de savoir si elles exercent, ou non, une souveraineté propre. Au cas de l'affirmative, les titres doivent être considérés comme des effets publics de gouvernements; dans l'hypothèse inverse, ce sont des titres de provinces étrangères (1).

C'est ainsi qu'il y a lieu de considérer comme des emprunts d'Etat, aux termes d'une décision du 22 juillet 1879, ceux qui sont contractés par les cantons suisses, les Etats particuliers des Etats-Unis ou de l'Allemagne, qui ont une autonomie particulière. Toutefois, les obligations des pays annexés à l'Empire d'Allemagne, et qui ne font pas partie des Etats confédérés, constituent des titres de provinces étrangères; il en est ainsi spécialement des obligations émises par la Caisse d'Alsace-Lorraine pour indemniser les anciens possesseurs des charges vénales. Peut-être pourrait-on considérer cette interprétation comme méconnaissant la Constitution de l'Alsace-Lorraine, qui est un Etat médiatisé, ayant sa souveraineté propre, laquelle ne semble pas infirmée par le régime dictatorial auquel il est soumis à certains égards.

L'Empire d'Autriche est composé de deux Etats distincts : l'Autriche et la Hongrie. Les titres d'emprunt qu'ils souscrivent sont des effets publics de gouvernements étrangers. Mais il n'en est pas de même des obligations émises par les autres provinces de l'Empire, qui n'ont pas de souveraineté propre; il a été décidé spécialement que les obligations du royaume de Galicie constituent des valeurs de provinces étrangères. (Décis. 30 octobre 1889.)

La question de savoir si des titres étrangers constituent des fonds d'Etat ne soulève aucune difficulté quand ils sont émis directement par l'Etat emprunteur. Mais il n'en est plus de même, lorsque l'émission est faite par l'intermédiaire d'une société, qui contracte un engagement personnel. En ce cas, le point à résoudre consiste à déterminer quel est le débiteur principal. En d'autres termes, il s'agit uniquement de rechercher si l'Etat est le débiteur direct de l'emprunt, la société ne fournis-

---

(1) Le caractère de fonds d'Etat a été reconnu, en conséquence, aux valeurs suivantes :

1° Aux titres d'emprunt émis par la province de Mendoza, qui forme un Etat particulier de la République argentine (Décis. 7 juillet 1888);

2° Aux titres d'emprunt souscrits par la province de Bahia, de la République du Brésil (Décis. 12 octobre 1888);

3° Aux titres émis par les colonies anglaises du Canada, du cap de Bonne-Espérance (Décis. 1879), par le gouvernement de Victoria (Décis. 30 août 1892);

4° Aux titres émis en représentation d'emprunts contractés par le vice-roi d'Egypte, notamment pour le service de la Daïra (Décis. min. fin., 19 octobre 1874).

sant qu'un complément de garantie, ou si, au contraire, c'est la société qui est débitrice, l'Etat étant alors simple garant. Effets publics étrangers dans la première hypothèse, les titres de l'emprunt ne peuvent être considérés que comme des titres de société étrangère dans la seconde. (Décis. 21 avril 1891 (1).)

---

(1) Il a été décidé, par application de ces principes, qu'il y a lieu de ranger dans la catégorie des fonds d'Etat :

1° Obligations domaniales d'Autriche. — Les obligations émises par le Crédit foncier d'Autriche, et qui sont garanties par hypothèque sur des domaines de l'État, lorsqu'elles sont revêtues de l'estampille suivante : « Fonds spécial d'État de l'Empire d'Autriche émis par le Crédit foncier de Vienne. Certifié, le commissaire impérial et royal » (Décis. 21 juillet 1871 et 19 novembre 1884) ;

2° Obligations du Chemin de fer russe Nicolas. — Les obligations du Chemin de fer russe Nicolas, de Saint-Pétersbourg à Moscou (émissions de 1867 et de 1869), qui ont, au fond comme en la forme, le caractère d'effets publics d'un gouvernement étranger, nonobstant la réserve faite par ce gouvernement de mettre le service de l'emprunt à la charge de la Compagnie (Décis. 20 juin 1869 et 18 décembre 1877) ;

3° Obligations des Chemins de fer Victor-Emmanuel. — Les obligations de la Compagnie des Chemins de fer Victor-Emmanuel, émises en 1863, qui, depuis la loi italienne du 28 avril 1870, sont reconnues comme titres de la dette publique d'Italie (Décis. 8 février 1877 et 20 janvier 1886). Il importe de noter qu'il existe deux sortes d'obligations Victor-Emmanuel : celles dont il vient d'être parlé, et d'autres, qui ont été émises en 1862 et qui, par suite du rachat effectué par la Compagnie du Chemin de fer de Paris-Lyon-Méditerranée, sont devenues des valeurs françaises cotées à la Bourse (Décis. 10 janvier 1885 et 28 janvier 1886) ;

4° Obligations du Chemin de fer transcaucasien. — Les obligations du Chemin de fer transcaucasien qui, suivant un ukase impérial du 20 avril-2 mai 1889, est devenu la propriété de l'Etat russe (Décis. min. fin. 7 septembre 1889). Avant cette date, elles étaient cotées à la Bourse de Paris comme valeurs de société étrangère ;

5° Obligations du Chemin de fer russe Koursk-Kharkow-Azow. — Les obligations du Chemin de fer russe de Koursk-Kharkow, qui sont devenues des titres de fonds d'État par suite du rachat de ce chemin de fer effectué par le gouvernement russe en vertu d'un ukase du 24 décembre 1890 (Décis. 17 mai 1892). Antérieurement, il avait été décidé que ces obligations constituaient des valeurs de société étrangère, l'État russe étant, à cette époque, uniquement garant de l'emprunt contracté par la Compagnie concessionnaire (Décis. minis. fin. 11 décembre 1889) ;

6° Tabacs portugais. — Les obligations émises en 1891 par la Société du monopole des Tabacs portugais, et qui sont contresignées par le directeur général de la Trésorerie au ministère des finances de Portugal (Décis. 29 avril 1891) ;

7° Obligations du Chemin de fer australien dit Victoria-Railway. — Les obligations du Chemin de fer australien Victoria-Railway, qui ne sont autres que des obligations du gouvernement de Victoria (Décis. 30 août 1892) ;

8° Obligations du Chemin de fer des Maremmes. — Les obligations du Chemin de fer des Maremmes, lesquelles présentent, dans leur forme même, le caractère de titres du gouvernement italien (Décis. 30 août 1892) ;

9° Obligations de la Banque hypothécaire nationale de la République Argentine. — Les obligations émises, sous le nom de cédules hypothécaires, par la Banque hypothécaire nationale de la République Argentine, qui n'est qu'une administration publique, une dépendance du ministère des finances de cet État (Décis. 17 février 1890) ;

10° Obligations de la Banque hypothécaire de la province de Buenos-Ayres. — Les obligations émises par la Banque hypothécaire de la province de Buenos-Ayres, cette province

Le droit de timbre, qui constitue un impôt de consommation, ne peut être dû qu'autant qu'il existe un écrit susceptible d'être timbré; les lois qui régissent les titres des gouvernements étrangers n'ont apporté aucune dérogation à cette règle. Il en résulte que, si des emprunts contractés par un gouvernement étranger ne sont pas représentés par un titre quelconque, le droit de timbre ne saurait être exigé.

Il a été décidé, dans cet ordre d'idées, en juin 1885, que les Consolidés anglais nominatifs ne tombent pas sous le coup de la loi du 30 mars 1872 et qu'ils peuvent être mentionnés dans un acte passé en France, sans donner ouverture à la perception d'aucun droit de timbre et sans énonciation des justifications prescrites par cette loi.

Il y a lieu d'appliquer la même règle en matière d'inscriptions de rentes hollandaises nominatives. (Décis. 9 mars 1888.)

Les règles ordinaires reprennent leur empire lorsqu'il s'agit de titres au porteur et, lorsqu'il n'est pas fait mention de la nature de l'inscription négociée ou énoncée, c'est aux intéressés qu'incombe le soin de fournir la preuve qu'elle est nominative. Tant que cette preuve n'est pas administrée, le service de l'enregistrement est fondé à réclamer le montant de l'impôt et, le cas échéant, les amendes encourues. (Décis. 14 mai 1886.)

§ 2. *Liquidation et paiement du droit de timbre.*

Fixé à 50 centimes $^{0}/_{0}$ par l'article 6 de la loi du 13 mai 1863, élevé

---

constituant un État particulier de la République Argentine, et la Banque hypothécaire n'étant qu'une administration publique de cet État (Décis. 4 juillet 1893);

11° Lettres de gage métalliques du Crédit foncier mutuel de Russie. — Les lettres de gage métalliques 5 $^{0}/_{0}$ et 4 1/2 $^{0}/_{0}$ émises par la société du Crédit foncier mutuel de Russie constituent, depuis l'ukase du 6 février 1895, de véritables titres de la dette publique russe, soumis aux droits de timbre applicable aux fonds d'État (Décis. 17 septembre 1895);

12° Obligations de 500 francs 3 $^{0}/_{0}$ des chemins de fer italiens (réseaux de la Méditerranée, de la Sicile et de l'Adriatique) portant la mention suivante : « I fundi per i pagamenti degli interessi semestriali et per il rimborso delle obligazioni estrate sono a carico del bilancio dello stato. » — Sont, au contraire, considérés comme des titres de sociétés, et passibles dès lors, du droit de 2 $^{0}/_{0}$, les groupes d'obligations ci-dessus portant cette autre mention : « I capitali, tutte la rendite della societa et la garanzia accordata del governo sono applicati con privilegio de priorita al pagamento degli interessi et del capitale delli obligazioni. » (Décis. 28 juin 1898).

Il a été reconnu, en sens inverse, qu'on doit, notamment, considérer comme des valeurs de société étrangère les titres de l'indemnité de Saint-Domingue (22 décembre 1863), les obligations émises par la Société financière de Roumanie, en représentation d'une avance faite à la Caisse des pensions de cet État (2 avril 1873) et les délégations émises par le gouvernement du Pérou sur la Compagnie du Pacifique (avril 1881).

Les titres de l'emprunt de Madagascar ne sont assujettis qu'au droit de 5 centimes $^{0}/_{0}$, sans décimes, frappant les effets de commerce; ce droit est dû sur les titres provisoires et définitifs (Décis. minis. fin. du 9 juillet 1897).

à 1 °/₀ par l'article 7 de celle du 8 juin 1864, le droit de timbre applicable aux titres des gouvernements étrangers avait été modifié ainsi qu'il suit par l'article 1ᵉʳ de la loi du 25 mai 1872 :

— 0 fr. 75 pour chaque titre de 500 francs et au-dessous ;

— 1   50 pour chaque titre de 500 francs à 1.000 francs ;

— 3   00 pour chaque titre au-dessus de 1.000 francs jusqu'à 2.000 francs, et ainsi de suite à raison de 1 fr. 50 par 1.000 francs ou fraction de cette somme.

Ce droit, à la différence de celui qu'il avait remplacé, n'était pas passible de décimes ; il était perçu sur la valeur nominale du titre, d'après les bases prévues par l'article 6 de la loi du 13 mai 1863.

L'article 3 de la loi du 28 décembre 1895 a élevé à 0 fr. 50 °/₀, sans décimes, le droit de timbre sur les fonds d'Etat étrangers ; la perception est établie sur la valeur nominale de chaque titre ou coupure considéré isolément, avec minimum de 100 francs, de même que pour les actions et obligations des sociétés étrangères non abonnées.

Ce droit a été enfin porté à 1 °/₀ sans décimes, à partir du 1ᵉʳ janvier 1899, par l'article 13 de la loi de finances du 13 avril 1898, sauf en ce qui concerne les titres timbrés à cette date au tarif de 0.50 °/₀, avec imputation du droit de timbre antérieur à la loi du 28 décembre 1895 (1).

Aux termes de l'article 2 de la loi du 25 mai 1872, si le droit a été payé sur le certificat provisoire, le titre définitif correspondant est timbré sans frais, sur la représentation de ce certificat. En principe, les titres définitifs ne peuvent être timbrés gratuitement que sur la représentation matérielle des certificats provisoires, dont l'empreinte doit être annulée.

Toutes les fois que le renouvellement des titres d'un gouvernement étranger est pur et simple (ce cas se produit particulièrement lorsque les titres sont renouvelés après épuisement de coupons), on admet, par une extension libérale des dispositions de l'article 17 de la loi du 5 juin 1850, relatives aux titres des actions des sociétés, que le nouveau titre peut être timbré sans paiement d'aucun droit, sur la représentation du titre primitif, dont le timbre doit être annulé. (Décis. min. fin. 20 juillet 1871 ; — 16 août 1879 ; — 18 mars 1880 ; — 14 février 1881 ; — et 21 juillet 1891.) Ces décisions, qui, en droit strict, prêteraient peut-être à la critique, sont motivées par des considérations de haute convenance internationale.

Mais si le renouvellement entraîne une modification quelconque

---

(1) Nous donnons en annexe un résumé des principaux calculs auxquels donne lieu cette imputation pour les titres dont la valeur nominale est exprimée en monnaies étrangères

des titres primitifs portant sur un ou plusieurs de leurs éléments essentiels, capital, intérêts, époques d'échéance, on doit décider, conformément à un avis fortement motivé émis par la section des finances du Conseil d'État, le 11 janvier 1883, à l'occasion des titres de la Dette espagnole convertie, que les nouveaux titres sont passibles d'un droit de timbre particulier. (Décis. min. fin. 20 janvier 1883.)

Les titres de fonds d'État étrangers convertis sont soumis au paiement d'un nouveau droit de timbre sur leur valeur intégrale, sans imputation des droits payés antérieurement. Les titres anciens estampillés ne peuvent être remis au porteur qu'après le paiement du nouveau droit de timbre. (Décis. min. fin. 30 octobre 1897).

Le paiement du droit de timbre établi sur les titres des gouvernements étrangers n'a lieu qu'au comptant. L'article 8 de la loi du 23 mai 1863 dispose que ce paiement sera constaté, soit au moyen du visa pour timbre, soit par l'apposition sur les titres de timbres mobiles qui n'ont pas, d'ailleurs, été créés. D'autre part, la loi du 29 juin 1881 porte que le visa pour timbre pourra être remplacé, sur les titres étrangers de toute nature, par l'application du timbre à l'extraordinaire à l'atelier général à Paris.

Le règlement d'administration publique du 2 janvier 1896 rendu en exécution de l'article 6 de la loi de finances du 28 décembre 1895, a autorisé la création de deux nouveaux types destinés au timbrage à l'extraordinaire, à l'atelier général à Paris; l'un, des titres de rentes, emprunts et autres effets publics des gouvernements étrangers non timbrés au jour de la mise à exécution de la loi nouvelle; l'autre, de ceux de ces titres qui étaient déjà timbrés lors de la mise en vigueur de ladite loi. Dans le nouveau titre, le fond est en rouge et les mentions en blanc. Le mot « Paris » y est encadré, à gauche par le quantième; à droite par le numéro du mois; au-dessous par le millésime.

Qu'il s'agisse de titres des sociétés étrangères ou de fonds d'État, les droits de timbre acquittés sur des titres qui ont été présentés par erreur à la formalité ne peuvent être l'objet d'une restitution; il est de principe, en effet, que l'impôt du timbre est définitivement acquis au Trésor par le fait seul de la présentation des papiers à la formalité. (Décis. 11 mai 1889.)

Quant aux droits de timbre qui auraient été perçus en trop sur des titres soumis à la formalité du visa ou du timbre à l'extraordinaire, les parties sont incontestablement fondées à en demander la restitution. Mais, si l'impôt a été exactement liquidé d'après les indications contenues dans la déclaration du déposant, la demande en restitution ne peut être admise que sur la représentation des titres eux-mêmes, à laquelle il ne saurait être valablement suppléé par la production de certificats ou attestations. (Décis. 6 mai 1872.)

Les titres de rentes, emprunts et autres effets publics des gouvernements étrangers sont soumis, en ce qui concerne l'enregistrement, aux règles précédemment exposées en matière de titres des sociétés étrangères.

C'est ainsi, notamment, que leur enregistrement ne devient pas nécessairement obligatoire par suite de l'usage qui en est fait en France, par acte public ou autrement, et que les négociations dont ces titres font l'objet échappent au droit de transfert établi par la loi du 23 juin 1857 sur les titres français. Mais le droit de cession *sui generis* (obligations 1 %, rentes 2 %) serait incontestablement exigible, si, au lieu d'une simple énonciation, il y avait transmission de fonds d'Etat étrangers, constatée dans un acte soumis à la formalité; il y aurait lieu, d'une manière générale, d'appliquer les principes et les règles de perception suivis en matière de valeurs françaises..

Par un jugement du 1er juillet 1893 confirmant sa jurisprudence antérieure (Jugement 16 avril 1886), le tribunal de la Seine a décidé que la cession d'un titre de rente étranger, constatée par un acte sous-seing privé produit ou soumis à l'enregistrement, donne ouverture au droit de 2 %.

Le même tribunal a reconnu le droit de 1 % exigible sur l'acte contenant cession d'obligations émises par un Etat étranger. (Jugement 3 juillet 1896.)

Quant aux actes constatant un emprunt contracté par un gouvernement étranger, dont il serait fait usage en France par acte public ou en justice, l'Administration en autorise, dans la pratique, l'enregistrement au droit fixe. Cette perception, conforme à celle qui est faite sur les actes français de même nature, se justifie principalement par ce motif que ce sont là des actes de souveraineté et de haute politique ; or, le principe de l'indépendance réciproque des Etats ne permet pas à l'un d'eux de taxer les actes politiques d'un autre.

§ 3. *Evaluations et produits de l'impôt.*

Voici maintenant quelles ont été les évaluations pour les fonds d'Etat étrangers (tarif de 1 % à partir du 1er janvier 1899) :

1° Titres non timbrés, négociés, exposés en vente ou énoncés dans des actes :
Capital taxé en 1896...................... 628.200.000 fr.
Au tarif de 50 centimes %............................... 3.141.000 fr.

A reporter...................... 3.141.000 fr.

Report............. 3.141.000 fr.

2° Titres déjà timbrés au tarif de 1872 :

Capital taxé en 1896.................... 1.739.400.000 fr.

D'après la diminution progressive des titres présentés au timbre dans les 24 mois de 1896 et 1897, on est amené à évaluer le capital des titres à timbrer pour 1898 au tiers de cette somme, soit............................ 579.800.000 fr.

Au droit complémentaire moyen de 0.35.................... 2.029.300

3° Titres déjà timbrés à 50 cent. %. (Exempts)............... »

3° Titres émis en 1898 :

Capital des fonds émis en 1896 et placés en France.................... 327.000.000 fr.

La totalité de l'émission au tarif de 1 %.................... 1.635.000

Ensemble..... 6.805.300 fr.

La prorogation du délai aura pour résultat d'amener au timbrage un grand nombre de titres, soit non timbrés, soit timbrés au tarif de 1872, dont les détenteurs voudront échapper à l'application ultérieure du tarif plein.

Si on suppose qu'un cinquième des titres non encore timbrés à 50 cent. % (dont le total est évalué à 10 milliards) viendront ainsi au timbrage, la recette exceptionnelle réalisée en 1898 atteindra 2 milliards $\times$ 0.35, soit........................ 7.000.000

Recette totale de 1898..... 13.805.300 fr.

Prévisions inscrites au projet de budget primitif............... 6.593.300

Plus-value probable..... 9.212.000 fr.

Exercices postérieurs.

1° Titres non timbrés, négociés, exposés en vente ou énoncés dans les actes : capital taxé en 1896, 628.200.000 francs, au tarif de 1 %........ 6.282.000 fr.

2° Titres déjà timbrés au tarif de 1872, capital probable taxé en 1898, 579.800.000 francs, au tarif moyen 0 fr. 85............ 4.928.000

3° Titres déjà timbrés à 50 cent. %.....................

Exempts.....

4° Titres émis en 1898, capital minimum, 327 millions, à 1 %.. 3.270.000

Total des recettes probables..... 14.480.300 fr.

Prévisions primitives de 1898..... 6.593.300

Plus-value..... 7.887.000 fr.

soit sensiblement la même recette qu'en 1898.

Les différences se trouveraient d'ailleurs sans doute compensées par l'augmentation des émissions nouvelles, la moyenne des dernières années (qu'il n'a pas encore été possible d'établir nettement) étant supérieure au chiffre de 1896, pris comme base de calcul. (Rapport complémentaire de M. Krantz au nom de la Commission du budget et rapport de M. More au nom de la Commission des finances du Sénat.)

Voici quel a été, depuis 1884, le produit des droits de timbre sur les titres des gouvernements étrangers.

1re Période (1884-1895). — Tarif de 1872 : 1 fr. 50 $^0/_{00}$.

ANNÉES	PRODUITS	ANNÉES	PRODUITS
	francs.		francs.
1884	1.026.900	1890	2.326.600
1885	1.753.600	1891	2.566.300
1886	967.800	1892	1.351.200
1887	1.222.500	1893	1.210.420
1888	2.122.800	1894	2.647.300
1889	3.379.100	1895	2.282.500

2e Période (1895-1898). — Tarif de 1895 : 50 cent. $^0/_0$.

ANNÉES	PRODUITS		
	PLEIN TARIF	COMPLÉMENTS	TOTAL
	francs.	francs.	francs.
1896	4.450.500	6.296.100	10.746.600
1897	4.300.200	3.295.100	7.595.300
1898	5.519.700	19.031.500	24.551.200

3e Période (1899). — Tarif de 1898 : 1 $^0/_0$ et 50 cent. $^0/_0$.
(Les résultats de Paris, seuls, sont actuellement connus.)

CATÉGORIES DE PERCEPTIONS	PRODUITS
	francs.
Plein tarif............ { à 1 $^0/_0$	8.011.200
{ à 50 cent. $^0/_0$	21.400
Ensemble.	8.032.600
Compléments.	1.553.900
Total.	9.586.500

Les statistiques fiscales ne permettent pas d'établir, pour la France entière, le mouvement des titres de gouvernements étrangers, timbrés pendant la période 1884-1898, correspondant aux perceptions dont nous venons de faire connaître le chiffre. Nous devons, par suite, nous borner à donner ces indications pour Paris seulement.

RENTES DES GOUVER

APERÇU DU ·MOUVEMENT DES TITRES

DÉSIGNATION DES PAYS	NOMBRE DE TITRES	CAPITAL NOMINAL DES TITRES
1	2	3
		francs.
Allemagne (Empire et Etats)..	15.501	22.077.017
Angleterre (Métropole et colonies).	13.624	99.117.650
Canada.	140.926	78.940.000
— Indes.	785	2.451.850
Annam et Tonkin.	919.500	91.950.000
République Argentine.	385.364	281.512.950
Autriche-Hongrie	585.969	702.960.576
Belgique	115.428	178.159.429
Brésil	275.187	406.471.786
Bulgarie.	71.709	43.046.725
Chili	860	7.355.500
Chine	451.999	394.039.250
Colombie	288	75.500
Congo.	356.384	35.638.400
Costa-Rica.	4	10.000
Danemark.	210.370	169.123.640
Principautés danubiennes.	129	157.250
République dominicaine.	10.162	. 6.382.000
Egypte.	350.817	703.569.625
Espagne et Cuba.	498.835	645.445.377
Etats-Unis.	3.287	16.741.700
Grèce	289.363	183.726.340
Guatemala.	119	63.500
A reporter.	4.696.600	4.069.016.065

NEMENTS ÉTRANGERS

TIMBRÉS A PARIS, DE 1884 A 1898

DÉSIGNATION DES PAYS	NOMBRE DE TITRES	CAPITAL NOMINAL DES TITRES
1	2	3
Report............................	4.696.600	4.069.016.065
République d'Haïti..................	102.443	50.918.600
Hollande..........................	59.026	110.327.994
Honduras..........................	4.296	1.467.600
Italie..............................	281.215	728.182.315
Japon.............................	56	192.500
Luxembourg........................	36	31.000
Madagascar........................	28.279	14.139.500
Mexique...........................	5.685	9.889.850
Nicaragua.........................	4	10.000
Pérou.............................	704	1.730.000
Portugal...........................	1.053.000	932.072.800
Roumanie.........................	205.738	231.990.900
Russie (y compris la Pologne et la Finlande)...............	9.096.386	5.821.981.009
Serbie.............................	281.251	196.428.120
Suède.............................	56.885	69.031.856
Norvége...........................	177.430	169.902.670
Suisse (Gouvernement fédéral et cantons).............	263.125	183.692.930
Tunisie............................	1.055.708	526.818.475
Turquie...........................	2.171.682	1.715.257.865
Uruguay...........................	16.595	43.980.250
Venezuela.........................	4.417	22.660.269
TOTAUX...........................	19.560.561	14.899.712.568

Nous nous étions proposé de terminer cette monographie par une analyse rapide des législations fiscales relatives aux différents impôts, qui frappent spécialement, dans les principaux pays, les valeurs mobilières étrangères.

Les renseignements que nous avons réunis ne sont pas encore suffisamment complets pour nous permettre de procéder, dès maintenant, à cette analyse et aux rapprochements intéressants qui en seraient la conclusion logique.

Nous trouverons vraisemblablement dans les travaux qui seront fournis ultérieurement au Congrès par des adhérents étrangers, les éléments qui nous font encore défaut.

Maurice JOBIT,

Sous-inspecteur de l'enregistrement à Paris,
chargé du service des sociétés étrangères
à la direction de la Seine.

[TABLEAUX]

TABLEAU I

BARÈME

POUR LE CALCUL DES DROITS COMPLÉMENTAIRES EXIGIBLES SUR LES ACTIONS DES SOCIÉTÉS TIMBRÉES AU TARIF DE 1872

NATURE DES TITRES	DROIT dû	DROIT perçu	SUPPLÉ- MENT
1	2	3	4
	fr. c.	fr. c.	fr. c.
Actions de 1 liv. st. Coupure de 1 action	2 »	» 48	1 52
— — — 2 actions	4 »	» 72	3 28
— — — 3 —	6 »	» 96	5 04
— — — 4 —	8 »	1 44	6 56
— — — 5 —	10 »	1 68	8 32
— — — 10 —	20 »	3 12	16 88
— — — 20 —	40 »	6 24	33 76
— — — 25 —	50 »	7 68	· 42 32
Actions de 2 liv. st. — 1 —	2 »	» 72	1 28
— — — 2 —	4 »	1 44	2 56
— — — 3 —	6 »	1 92	4 08
— — — 4 —	8 »	2 64	5 36
— — — 5 —	10 »	3 12	6 88
— — — 10 —	20 »	6 24	13 76
— — — 20 —	40 »	12 24	27 76
— — — 25 —	50 »	15 12	34 88
Actions de 5 liv. st. — 1 —	2 80	1 68	1 12
— — — 2 —	5 60	3 12	2 48
— — — 3 —	8 40	4 56	3 84
— — — 4 —	11 20	6 24	4 96
— — — 5 —	14 »	7 68	6 32
— — — 10 —	28 »	15 12	12 88
— — — 20 —	56 »	30 24	25 76
— — — 25 —	70 »	37 92	32 08
Actions de 5 dollars. — 1 —	2 »	» 48	1 52
— — — 2 —	4 »	» 72	3 28
— — — 3 —	6 »	» 96	5 04
— — — 4 —	8 »	1 44	6 56
— — — 5 —	10 »	1 68	8 32
— — — 10 —	20 »	3 12	16 88
— — — 20 —	40 »	6 24	33 76
— — — 25 —	50 »	7 68	42 32

(Titres de sociétés : le florin 2,096).

BARÈME

POUR LE CALCUL DES DROITS COMPLÉMENTAIRES EXIGIBLES SUR LES TITRES
DE GOUVERNEMENTS ÉTRANGERS TIMBRÉS AU TARIF DE 1872.

NATURE DU TITRE	TARIF DE 0.50 %			TARIF DE 1 %		
	DROIT dû.	DROIT perçu.	SUPPLÉ-MENT	DROIT dû.	DROIT perçu.	SUPPLÉ-MENT
1	2	3	4	5	6	7
Consolidés anglais 2 1/2 1853 et 2 3/4 % 1888.	fr. c.	fr. c.	fr. c.	fr. c.	fr. c.	fr. c.
Titre de liv. st. 100 à 25.175	12 60	4 50	8 10	25 20	4 50	20 70
— — 200	25 20	9 »	16 20	50 40	9 »	41 40
— — 500	63 »	19 50	43 50	126 »	19 50	106 50
— 1.000 —	125 90	39 »	86 90	251 80	39 »	212 80
Autriche-Hongrie. Emprunts divers.						
Titre de 100 fl. à 2.50	1 30	» 75	» 55	2 60	» 75	» 85
— 200 fl. —	2 50	» 75	1 75	5 »	» 75	4 25
— 500 fl. —	6 30	3 »	3 30	12 60	3 »	9 60
— 1.000 fl. —	12 50	4 50	8 »	25 »	4 50	20 60
— 5.000 fl. —	62 50	19 50	43 »	125 »	19 50	105 50
— 10.000 fl.	125 »	37 50	87 50	250 »	37 50	212 50
Brésil. Emprunts 4 1/2 % 1883 et 1888 et 4 % 1889.						
Titre de liv. st. 100 à 25.175	12 60	4 50	8 10	25 20	4 50	20 70
— — 500 —	63 »	19 50	43 50	126 »	19 50	106 50
— 1000 —	125 90	39 »	86 90	251 80	39 »	212 80
Danemark. Emprunts 3 1/2 % 1886 et 3 % 1894.						
Titre de 200 Cour. à 1.40	1 40	» 75	» 65	2 80	» 75	2 05
— 500 — —	3 50	1 50	2 »	7 »	1 50	5 50
— 1.000 —	7 »	3 »	4 »	14 »	3 »	11 »
— 2.000 — —	14 »	4 50	9 50	28 »	4 50	23 50
— 5.000 — —	35 »	10 50	24 50	70 »	10 50	59 50
Domaniales d'Egypte 4 1/2 %.						
Titre de liv. st. 20 à 25.25	2 60	1 50	1 10	5 20	1 50	3 70
— 40 — (2 obl. de 50)	5 20	3 »	2 20	10 40	3 »	7 40
— 100 — (5 obl.)	13 »	4 50	8 50	26 »	4 50	21 50
— 200 — (10 obl. —)	26 »	9 »	17 »	52 »	9 »	43 »
— 1.000 — (50 obl. —)	130 »	39 »	91 »	260 »	39 »	221 »
États-Unis. Consolidés 4 %. (République Mexicaine, le dollar 5, 15, 25)						
Titre de 50 dollars à 5 fr	1 30	» 75	» 55	2 65	» 75	1 85
— 100 —	2 50	» 75	1 75	3 »	» 75	4 25
— 500 —	12 50	4 50	8 »	25 »	4 50	20 50
— 1.000 —	25 »	7 50	17 50	50 »	7 50	42 50
Hollande. Emprunts 3 1/2 % 1886 et 1892.						
Titre de 100 florins à 2.083	1 10	» 75	» 35	2 20	» 75	1 45
— 500 —	5 30	3 »	2 30	10 60	3 »	7 60
— 1.000 —	10 50	4 50	6 »	21 »	4 50	16 50
— 1.200 —	12 50	4 50	8 »	25 »	4 50	20 50
— 6.000 —	62 50	19 50	43 »	125 »	19 50	105 50
— 12.000 —	125 »	39 »	86 »	250 »	39 »	211 »

BARÈME

POUR LE CALCUL DES DROITS COMPLÉMENTAIRES EXIGIBLES SUR LES TITRES DE GOUVERNEMENTS ÉTRANGERS TIMBRÉS AU TARIF DE 1872.

	TARIF DE 0.50 %			TARIF DE 1 %		
NATURE DU TITRE	DROIT dû.	DROIT perçu.	SUPPLÉMENT	DROIT dû.	DROIT perçu.	SUPPLÉMENT
1	2	3	4	5	6	7
	fr. c.	fr. c.	fr. c.	fr. c.	fr. c.	fr. c.
Norvège. Emprunts divers.						
Titre de liv. st. 20 à 25.175	2 60	1 50	1 10	5 20	1 50	3 70
— — 100	12 60	4 50	8 10	25 20	4 50	20 70
— — 500	63 »	19 50	43 50	126 »	19 50	106 50
— — 1.000	125 90	39 »	86 90	251 80	39 »	212 80
Portugal. Emprunts 3 0/0.						
Titre de liv. st. 20 à 25.25	2 60	1 50	1 10	5 20	1 50	3 70
— — 50 —	6 40	3 »	3 40	12 80	3 »	9 80
— — 100	12 70	4 50	8 20	25 40	4 50	20 90
— — 200	25 30	9 »	16 30	50 60	9 »	41 60
— — 500 —	63 20	19 50	43 70	126 40	19 50	106 90
Russie. Emprunt 1822.						
Tit. de liv. st. 111 à 25.175 ou 720 R. à 4...	14 »	4 50	9 50	28 »	4 50	23 50
— — 148 — 960 — ...	18 70	6 »	12 70	37 40	6 »	31 40
— — 518 — 3360 — ...	65 30	21 »	44 30	130 60	21 »	109 60
— — 1.036 — 6720 — ...	130 60	40 50	90 10	261 20	40 50	220 70
Russie. Emprunts intérieurs 4 1/2 et 4 %.						
Titre de 100 R. à 2.666	1 40	» 75	» 65	2 80	» 75	2 05
— 200 R. —	2 70	1 50	1 20	5 40	1 50	3 90
— 500 R. —	6 70	3 »	3 70	13 40	3 »	10 40
— 1.000 R. —	13 40	4 50	8 90	26 80	4 50	22 30
— 5.000 R. —	66 70	21 »	45 70	133 40	21 »	112 40
— 10.000 R. —	133 30	40 50	92 80	266 60	40 50	226 10
— 25.000 R. —	333 30	102 »	231 30	666 60	102 »	564 60
Suède. Emprunt 3 1/2 % 1895.						
Titre de liv. st. 20 à 25.175	2 60	1 50	1 10	5 20	1 50	3 70
— 100 —	12 60	4 50	8 10	25 20	4 50	20 70
— 500 —	63 »	19 50	43 50	126 »	19 50	106 50
— 1.000 —	125 90	39 »	86 90	251 80	39 »	212 80
Turquie. Tribut ott. 4 % 1891 et 3 1/2 % 1894.						
Titre de liv. st. 20 à 25.175	2 60	1 50	1 10	5 20	1 50	3 70
— — 100 —	12 60	4 50	8 10	25 20	4 50	20 70
— — 500 —	63 »	19 50	43 50	126 »	19 50	106 50
— — 1.000 —	125 90	39 »	86 90	251 80	39 »	212 80
Uruguay. 3 1/2 % 1891.						
Titre de liv. st. 20 à 25.25	2 60	1 50	1 10	5 20	1 50	3 70
— — 100 —	12 70	4 50	8 20	25 40	4 50	20 90
— — 500 —	63 20	19 50	43 70	126 40	19 50	106 90
— — 1 000 —	126 30	39 »	87 30	252 60	39 »	213 60
Finlande.						
Titre de 1 coup. (617 f.) mark à 1 fr	3 10	1 50	1 60	6 20	1 50	4 70
— 4 — (2.468 f.) — —	12 40	4 50	7 90	24 80	4 50	20 30
— 10 — (6.170 f.) — —	30 90	10 50	20 40	61 80	10 50	51 30

Valeurs de quelques monnaies étrangères.....

Mark (Allemagne)....... 1 f. 235
Milreis................. 3 f. 812
Peseta................. 0 f. 776
Rouble or............. 4 f.

L'IMPOT SUR LES OPÉRATIONS DE BOURSE
EN AUTRICHE

L'impôt sur les opérations de bourse avait été, pendant plus de dix ans, l'objet de longues discussions au Parlement autrichien, avant d'aboutir à la loi du 18 septembre 1892 qui a soumis, pour la première fois, à cet impôt toutes les négociations de valeurs mobilières.

La loi de 1892 tire son origine, non d'un projet du gouvernement, mais d'une série de propositions de loi émanées de l'initiative parlementaire. C'est exactement ce qui s'est passé en France, quelques mois plus tard.

Il suffit de jeter un coup d'œil sur la loi de 1892 pour constater qu'en établissant le nouvel impôt, le législateur n'a pas cherché à distinguer les opérations de jeu portant sur un simple règlement de différences, des opérations réelles. La loi traite sur le même pied toutes les opérations sur les valeurs mobilières, sans distinction. Ce n'est donc pas une loi répressive pour les opérations de bourse, mais une loi d'imposition de la circulation des valeurs mobilières.

Le législateur soumet à l'impôt toutes les affaires conclues à la bourse ou hors de la bourse, ainsi que toutes les opérations de report (*Prolongationsgeschaefte*). Il ne fait aucune différence entre les opérations au comptant (*per Cassa*) et celles à quelques jours ou à terme fixe ; entre celles effectuées directement et celles réalisées par l'intermediaire d'agents de change ou de courtiers ; entre les ventes et les achats ; entre les opérations à prime et les opérations de report, que ceux-ci soient faits par des banquiers ou par des particuliers et à échéance plus ou moins prochaine. Il ne fait pas davantage de distinction, quant aux affaires conclues hors bourse, entre celles qui sont faites conformément aux usances de la bourse et celles effectuées sans tenir compte de ces usances, qu'il s'agisse d'opérations d'achat ou d'opérations de vente, d'opérations à terme (*Fiefercongsgesschaefte*) ou d'opérations de report.

L'assiette de l'impôt est déterminée par unité d'opération, chaque opération simple correspondant à une valeur nominale de 5.000 florins

La quotité de l'impôt est fixée à 10 kreutzers (25 centimes) pour chaque opération simple ; toutefois, les opérations sur obligations d'Etat d'une valeur nominale ne dépassant pas 500 florins sont taxées seulement à 5 kreutzers. Pour les titres étrangers, le droit est porté au double, soit 20 kreutzers (50 centimes).

Ce sont ces prescriptions qui ont été reprises, complétées et remaniées par la loi du 9 mars 1897.

Cette loi, ainsi que l'ordonnance du 21 septembre de la même année prise pour son exécution, sont entrées en vigueur le 1er novembre 1897. Les opérations conclues avant cette date sont demeurées soumises à l'impôt dans les conditions prévues par la loi de 1892, alors même qu'elles n'ont pu être réalisées que postérieurement.

I. — Objet de l'impôt

Aux termes de l'article 1er de la loi du 9 mars 1897, l'impôt sur les opérations de bourse atteint la « négociation des valeurs mobilières » (*Westpapieren*).

Sont, en conséquence, assujetties à l'impôt :

1° Toutes les opérations d'achat et de vente, d'échange, de report ou de livraison, primitives ou prolongées (opérations au comptant, par arrangement, livraison à quelques jours, à terme fixe), conclues dans une bourse autrichienne. — Conclues hors bourse, ces opérations ne sont assujetties à l'impôt que lorsqu'un agent de change, ou un commerçant qui s'occupe par profession de la négociation des valeurs mobilières (*Effectenhändler*), y intervient ;

2° Les opérations de report conclues hors bourse, y compris les prolongations convenues hors bourse entre les contractants primitifs et ayant pour objet des négociations conclues en bourse ou hors bourse.

Il n'y a pas à distinguer, en ce qui concerne l'imposition des opérations de report (*Kostgeschafte*), si le reporteur est autorisé ou non à disposer des titres reçus.

Dans les opérations à primes, l'abandon de la prime ou la contrepassation (*Stornirung*) de l'opération, qui n'a pas lieu le jour même de la conclusion du marché, est, quant à l'exigibilité de l'impôt, assimilé à la livraison des titres.

Dans les opérations de commission (art. 360 du Code de commerce), l'impôt est dû non pas seulement pour l'opération intervenue entre le commissionnaire et le tiers, mais aussi pour celle effectuée entre le commissionnaire et le commettant.

Les opérations d'échange de valeurs de bourse contre des valeurs d'une autre espèce, avec ou sans retour, sont traitées comme deux négociations.

Toutefois, lorsque des titres de même espèce sont échangés (grosses coupures contre de plus petites, numéros différents de valeurs à lots non encore sorties, titres revêtus d'un timbre étranger contre des titres non timbrés, etc.), ces opérations ne sont pas taxées, si elles ne donnent lieu à aucun mouvement d'argent ou si elles ne motivent que la perception d'une rétribution n'excédant pas le taux de 1 %/o de la valeur nominale des titres échangés. Mais l'échange de titres sortis contre d'autres non sortis constitue une opération imposable.

II. — Opérations exemptes de l'impôt ·

La négociation de lettres de change, de billets de commerce et, en général, de valeurs autrichiennes payables à terme fixe et pour une somme ferme (traites, coupons d'intérêts et de dividendes dont le montant est déterminé, bons de caisse, bons du Trésor public, etc.), ainsi que la négociation de métaux précieux monnayés et non monnayés, de lettres de change et autres instruments de paiement étrangers, sont exemptes de l'impôt.

Les dispositions de la loi ne sont pas non plus applicables :

A l'échange de titres de même espèce, si cette opération ne donne pas lieu à un déplacement d'argent ou motive seulement la perception d'une rétribution n'excédant pas le maximum fixé par l'ordonnance réglementaire ;

Au prêt de valeurs mobilières contre restitution de titres de même espèce, s'il ne s'opère à ce sujet ni mouvement d'argent ni paiement d'indemnité et si la restitution doit être faite dans le délai d'une semaine au plus ;

A la relivraison au reporté de valeurs ayant fait l'objet d'une opération de report, si cette relivraison ne doit pas être réalisée par un bureau officiel d'arrangement d'une bourse autrichienne. L'échange des valeurs données en report contre des valeurs d'une autre espèce, effectué pendant la durée d'une opération de cette catégorie, doit être considéré comme une relivraison, jointe à une nouvelle opération de report imposable ;

A la délivrance de valeurs nouvelles par l'émetteur aux premiers acquéreurs et à l'échange de valeurs à convertir contre les titres nouveaux. Lorsque des établissements de crédit hypothécaire réalisent un prêt par la délivrance de lettres de gage aux emprunteurs, l'immunité d'impôt s'applique, en même temps qu'à cette délivrance, à l'acquisition de ces lettres de gage qui peut être faite simultanément par l'établissement dont il s'agit;

Au remboursement de prêts réalisés en lettres de gage par des établissements de crédit hypothécaire, lorsqu'il est effectué en lettres gage de même nature.

La négociation de livrets de caisses d'épargne, ainsi que les échanges de titres contre des certificats provisoires, ne sont pas soumis à l'impôt.

Lorsque la délivrance de valeurs nouvelles par l'émetteur aux premiers acquéreurs s'effectue par l'entremise d'un commissionnaire, il se produit une double opération, d'abord entre l'émetteur et le commissionnaire, puis entre le commissionnaire et le commettant; la première de ces opérations doit être considérée comme exempte des droits; la seconde, au contraire, est imposable.

Opérations avec des contractants à l'étranger. — Les opérations visées par la loi, effectuées avec un contractant qui se trouve à l'étranger, ne sont imposables que si la personne obligée directement au paiement de l'impôt se trouve dans l'intérieur du pays (1), ou bien si elle y possède un établissement commercial ou un fondé de pouvoirs permanent (remisier), par lesquels l'opération est faite.

Opérations pour compte de l'administration publique. — Les opérations conclues par l'administration publique en qualité de contractante ne sont passibles que de l'impôt à la charge de l'autre contractant.

Les opérations conclues entre l'administration publique et la banque d'Autriche-Hongrie sont complètement exemptées de l'impôt sur les opérations de bourse, pour toute la durée des privilèges de cette banque (Voir *infrà*).

III. — BASE DE LIQUIDATION DE L'IMPÔT

L'impôt est liquidé à un taux fixe pour chaque unité d'opération.

L'unité d'opération se compose:

1° Pour les valeurs cotées à la bourse de Vienne à l'époque de l'entrée en vigueur de la loi, d'un capital nominal de 5,000 florins (12,500 francs), si ces valeurs ont été négociées en pour cent, ou d'un nombre de 25 titres, si elles ont été négociées par titres; ou bien du capital nominal ou du nombre de titres qui sont fixés, d'après les conditions de négociations de la bourse de Vienne à cette époque, comme constituant une unité d'opération pour certaines valeurs particulières.

---

(1) On doit, au sens de la loi, comprendre exclusivement comme « intérieur du pays » le territoire où cette loi est en vigueur. Les provinces du royaume de Hongrie, la Bosnie et l'Herzégovine, sont, par suite, considérées comme territoires étrangers.

Cette disposition s'applique aux négociations faites à la bourse de Vienne, comme à une autre bourse autrichienne ou hors bourse;

2° Pour les valeurs cotées à une autre bourse autrichienne, d'un capital nominal de 5,000 florins, ou bien du capital nominal ou du nombre de titres qui sont fixés, d'après les conditions de négociation de cette bourse comme constituant une unité d'opération pour certaines valeurs particulières.

Cette prescription vise les négociations faites à la bourse dont il s'agit, comme aux autres bourses autrichiennes ou hors bourse, sans préjudice toutefois de la disposition exceptionnelle relative aux reports conclus hors bourse (voir *infrà* 4°).

Si, après l'entrée en vigueur de la loi, des valeurs ont été cotées dans une bourse, ou si les conditions relatives à l'unité d'opération ont été modifiées pour des valeurs déjà cotées, le gouvernement édicte, par voie d'ordonnance, au sujet de la liquidation de l'impôt les prescriptions nécessaires;

3° Pour les titres qui, à l'époque de l'entrée en vigueur de la loi n'étaient cotés à aucune bourse autrichienne, l'unité d'opération se compose d'une valeur nominale de 5,000 florins; sauf pour les valeurs qui n'ont pas un capital nominal déterminé, le déplacement d'argent sert alors de base au calcul de l'unité d'opération, qui demeure à l'égard de ces valeurs égale à 5,000 florins;

4° Pour toutes les opérations de report conclues hors bourse, l'unité d'opération est calculée d'après le déplacement d'argent, la somme de 5,000 florins constituant l'unité d'opération.

Si, dans ce cas, la négociation a pour objet des valeurs soumises à des taux d'impôt différents, l'impôt est liquidé d'après le taux le plus élevé.

Les fractions d'une unité d'opération sont comptées comme une unité entière.

Si, à l'exception des reports conclus hors bourse, des valeurs de diverses natures sont comprises dans une négociation, l'unité d'opération est calculée séparément pour chaque espèce de valeurs.

Lorsque, dans ce cas, des articles, pris isolément, n'atteignent pas le chiffre d'une unité d'opération, le déplacement d'argent sert de base à la liquidation de l'impôt, chaque somme de 5.000 florins constituant l'unité d'opération. Si la négociation a pour objet des valeurs soumises à des taux d'impôt différents, l'impôt est liquidé d'après le taux le plus élevé.

L'indemnité pour les intérêts en cours ou pour les coupons d'intérêts ou de dividendes déjà échus, mais non encore détachés des titres, la prime acquittée dans les opérations à primes et le prix du report payé dans les opérations de report, n'entrent pas en compte pour le calcul du déplacement d'argent.

Si la somme servant de base à la liquidation de l'impôt est exprimée en monnaie étrangère, la conversion en monnaie autrichienne se fait d'après un change fixe, conformément au tableau suivant :

	Florins.	Kreutzers.
1 mark allemand...............................	»	60
1 franc, lire, peseta, drachme, dinar, lei, lewa......	»	50
1 livre sterling anglaise ou souverain..............	12	»
1 rouble russe...............................	1	30
1 rouble d'or russe (au titre de la loi du 17 décembre 1885)................................	1	90
1 livre turque.................................	11	»
1 dollar d'or américain..........................	2	50
1 couronne suédoise ou norvégienne....	»	70
1 florin (gulden) hollandais.......................	1	»
1 florin d'or autrichien doit être compté pour........	1	20

Si la valeur nominale est exprimée en monnaies différentes dans le texte d'un titre, la monnaie indiquée la première sur ce titre doit être prise pour base de conversion de la valeur nominale.

Les honoraires des agents de change (*Makler*), les droits de courtage, de commission, etc., n'entrent pas en compte pour le calcul de l'impôt.

Les conditions de négociation fixées par l'ordonnance réglementaire doivent, jusqu'à ce qu'elles aient été modifiées par une nouvelle ordonnance, servir de base à la liquidation de l'impôt pour les négociations des valeurs qui s'y trouvent désignées, toutes les fois que l'impôt doit être calculé sur la valeur nominale ou d'après le nombre des titres et non d'après le mouvement d'argent qui s'est réellement produit (prix) (1).

---

(1) L'ordonnance réglementaire contient, en annexes, les conditions de négociation des bourses de Vienne, Prague et Trieste.

Bourse de Vienne. — L'annexe A relative aux conditions de négociation de la bourse de Vienne au sujet de l'unité d'opération des valeurs cotées à cette bourse, comprend l'énumération des diverses valeurs classées avec l'indication, pour chacune d'elles, de l'unité d'opération : dette publique générale ; — dette publique des royaumes et provinces représentés au Reichsrath ; — dette publique des provinces de la couronne hongroise ; — obligations de dégrèvement foncier ; — autres emprunts publics ; — lettres de gage ; — obligations de priorité ; — obligations à lots ; — actions de banques ; — actions d'entreprises de transport ; — actions d'entreprises industrielles et de compagnies d'assurances.

IV. — Tarif de l'impôt

L'impôt sur les opérations de bourse s'élève, pour chaque unité d'opération, à 50 kreutzers dans les négociations de valeurs à dividendes (actions) et d'obligations à primes, à l'exception des titres d'emprunts d'Etat à primes, et à 20 kreutzers dans toutes les autres.

Dans les opérations, dont le montant n'excède pas 500 florins de capital nominal, l'impôt est réduit à 5 kreutzers pour les valeurs autrichiennes soumises au taux ci-dessus indiqué de 20 kreutzers et, dans les opérations de même nature dont le montant n'excède pas 100 florins, à 10 kreutzers pour les obligations autrichiennes à primes soumises au taux de 50 kreutzers. Les valeurs hongroises sont, en ce qui concerne cette réduction, traitées comme les valeurs autrichiennes.

Ce tarif réduit s'applique à toutes les valeurs autrichiennes soumises au tarif de 20 kreutzers, lorsque la négociation n'excède pas 500 florins de capital nominal. Il en est de même du tarif réduit de 10 kreutzers pour les négociations portant sur des obligations à primes soumises au taux de 50 kreutzers et dont le montant n'excède pas 100 florins de capital nominal. Cette réduction est également appliquée aux opérations sur les valeurs à lots de diverses natures. Si la négociation a pour objet des certificats de primes de valeurs à lots déjà sorties, la valeur nominale de l'obligation à lots à laquelle s'applique le certificat doit être prise

---

Sur 541 valeurs cotées, 308 ont l'unité d'opération calculée d'après la valeur nominale, et 233 par nombre de titres :

199 par 5.000 florins ; — 58 par 10.000 couronnes ; — 18 par 5.100 florins ; — 18 par 2.500 florins ; — 9 par 10.000 marks ; — 7 par 10.200 marks ; — 4 par 500 livres sterling — 1 par 1.200 couronnes ; — 1 par 10.000 lires ; — 1 par 12.500 francs.

233 valeurs non cotées se négocient, savoir : 2 par 50 titres ; — 212 par 25 titres ; — 10 par 10 titres ; — 9 par 5 titres.

Bourse de Prague. — L'annexe B relative aux conditions de la bourse de Prague, au sujet de l'unité d'opération des valeurs cotées à cette bourse mais non à celle de Vienne, comprend l'énumération de onze valeurs, actions de banques et actions d'entreprises industrielles, classées avec l'indication de l'unité d'opération pour chacune d'elles, par nombre de titres.

Ces 11 valeurs se négocient : 10 par 25 titres ; — 1 par 5 titres.

Banque de Trieste. — L'annexe C relative aux conditions de négociation de la bourse de Trieste, au sujet de l'unité d'opération des valeurs cotées à cette bourse mais non à celle de Vienne, comprend l'énumération de neuf valeurs classées, avec l'indication de l'unité d'opération pour chacune d'elles : emprunt public ; — actions de banques ; — actions d'entreprises industrielles.

Ces 9 valeurs se négocient : 1 par 5.000 florins ; — 3 par 50 titres ; — 1 par 35 titres ; 3 par 10 titres.

pour base. Le tarif de faveur de 5 ou de 10 kreutzers n'est pas applicable aux valeurs étrangères, telles que les rentes italiennes, les lots turcs, etc.

V. — Mode de payement de l'impot

L'impôt sur les opérations de bourse est acquitté, en principe, au moyen de timbres mobiles spéciaux (1). L'emploi de timbres autres que ceux prescrits n'est pas valable (2).

Il appartient au Gouvernement d'autoriser le payement direct de l'impôt. Dans le cas où un établissement de crédit est désigné en vue de la livraison des titres, il peut également permettre que l'impôt soit acquitté par cet établissement.

Opérations à réaliser par un bureau officiel d'arrangement. — Pour les opérations de bourse visées dans l'article 1er de la loi et qui doivent être effectuées par l'intermédiaire d'un bureau officiel d'arrangement d'une bourse autrichienne, l'impôt est acquitté par chacun des deux contractants au moyen de l'apposition de timbres de 25 ou de 10 kreutzers pour chaque unité d'opération, sur le relevé des négociations à arranger qui doit être produit au bureau d'arrangement (feuille d'arrangement).

Si, dans ces opérations, des agents de change paraissent comme remetteurs (*Aufgeber*), leurs remises (*Aufgaben*) sont exemptes d'impôt, si, par ce moyen, une quantité égale de valeurs de même espèce est prise et livrée aux mêmes cours et si ces remises sont produites sur des feuilles portant un signe distinctif.

L'autorité chargée de l'arrangement est obligée de veiller, sous sa responsabilité, au paiement exact de l'impôt et de faire connaître aux autorités fiscales de première instance, dans le délai de trente jours, toutes les fraudes constatées. Le ministre des finances peut accorder une indemnité pour le travail et les dépenses nécessitées pour cette surveillance.

Les feuilles d'arrangement, revêtues d'un numéro d'ordre, doivent

---

(1) La perception de l'impôt au moyen de timbres mobiles apposés, selon les cas, soit sur les bordereaux eux-mêmes, soit sur les répertoires, est certainement de beaucoup préférable au mode de paiement sur extraits du répertoire, admis en France.

Aussi ne serait-il pas sans intérêt de suivre dans la législation autrichienne les hypothèses nombreuses et complexes que le législateur a dû prévoir pour assurer, dans tous les cas, le paiment de l'impôt au moyen de timbres mobiles. Le cadre réduit de cette étude ne nous le permet pas.

(2) Depuis la mise en vigueur de la loi nouvelle, l'impôt ne peut plus être acquitté au moyen du timbrage à l'extraordinaire.

être conservées par le bureau d'arrangement pendant deux ans et communiquées aux autorités fiscales sur leur réquisition. Il appartient en tout temps à ces autorités de prendre connaissance des feuilles d'arrangement conservées, en présence d'un représentant du bureau. Les autorités fiscales et leurs agents sont tenus, sauf le cas de découverte d'une fraude, de garder, sous serment administratif, le secret des opérations.

L'impôt ne peut faire l'objet d'aucune transaction, ni d'aucun abonnement.

Opérations de bourse directes. — Pour les opérations de la nature de celles qui sont visées par l'article 1ᵉʳ de la loi et effectuées en dehors de l'intervention d'un bureau officiel d'arrangement (opérations directes), la personne obligée à livrer les titres est tenue, en général, de remettre à l'autre contractant, au moment même de l'exécution de l'opération, une note sur laquelle l'impôt doit être acquitté, au moyen de l'apposition des timbres nécessaires, par celui qui la délivre.

Pour les opérations à primes de la nature de celles également désignées à l'article 1ᵉʳ et qui sont conclues en bourse, l'impôt doit être acquitté par la personne obligée à livrer les titres par l'apposition de timbres sur le répertoire ; dans les opérations à primes conclues en bourse, pour lesquelles l'impôt est dû sans livraison des titres, celui qui retire les primes doit acquitter l'impôt par l'apposition de timbres sur le répertoire.

Opérations de report hors bourse. — Les opérations d'avances (*Vorschussgeschäfte*) ne sont pas soumises à l'impôt sur les opérations de bourse. Ces opérations sont demeurées assujetties aux droits édictés par la loi du 13 décembre 1862.

Pour toutes les opérations de report conclues hors bourse, y compris les prolongations convenues hors bourse entre les contractants primitifs et ayant pour objet des négociations conclues en bourse ou hors bourse, l'impôt doit être acquitté soit par le débiteur (reporté) au moyen de l'apposition des timbres nécessaires sur le bordereau qu'il doit délivrer, ou, si ce bordereau n'est pas dressé, par le créancier (reporteur) au moyen de l'apposition des timbres nécessaires sur la pièce constatant la remise des titres.

Dans ce cas, il n'y a pas à distinguer, quant à l'exigibilité de l'impôt, si les titres sont pris en report au cours du jour ou au-dessous de ce cours.

Le reporteur est en première ligne responsable du paiement de l'impôt. Il est obligé, lors de la conclusion, ainsi que lors de chaque prolongation intervenue avant l'échéance de l'opération initiale, d'exiger du reporté un bordereau dûment timbré, ou de lui délivrer une pièce, également timbrée, constatant la remise des titres (reconnaissance de gage, de dépôt, etc.).

Autres opérations hors bourse. — Pour les autres opérations conclues hors bourse, qui ne sont soumises à l'impôt que dans le cas d'intervention d'un agent de change, ou lorsqu'un commerçant qui s'occupe par profession de la négociation des valeurs mobilières (*Effectenhändler*) y participe, l'impôt doit être acquitté par le commissionnaire en valeurs mobilières (établissement commercial, fondé de pouvoirs permanent, remisier) au moyen de l'apposition des timbres nécessaires sur le répertoire.

Si l'autre contractant est également un commissionnaire en valeurs mobilières, l'impôt doit être acquitté par celui qui fait la livraison, et, lorsqu'il s'agit d'opérations à primes pour lesquelles l'impôt est dû sans livraison des titres, par celui-là seul qui retire les primes.

Si les opérations sont conclues par l'intermédiaire d'un agent de change, l'impôt doit être acquitté, au moyen de l'apposition de timbres sur le bordereau destiné aux contractants, par l'agent de change. Celui-ci a, pour s'en récupérer, un recours légal contre les parties.

Le gouvernement a tous pouvoirs pour autoriser individuellement des établissements de crédit ou d'autres maisons de commerce officiellement reconnues, à acquitter l'impôt, par apposition de timbres mobiles sur le répertoire, pour les opérations dont les droits devraient être acquittés par l'autre contractant.

Délégation pour la livraison ou le retrait des titres. — Lorsque dans les opérations de bourse directes ou hors bourse, celui qui est obligé de livrer ou de retirer les valeurs délègue, pour cette livraison ou pour ce retrait, une tierce personne, juridiquement distincte de lui, l'opération conclue entre les contractants primitifs, aussi bien que celle intervenue entre celui qui délègue et le tiers délégué, sont assujetties à l'impôt d'après les dispositions qui leur sont applicables.

Opérations de la Banque d'Autriche-Hongrie. — La loi dispose que, pendant la durée des privilèges de la Banque d'Autriche-Hongrie, les opérations imposables conclues par cette banque en qualité de contractante seront soumises à l'impôt dans des conditions particulières (1).

---

(1) Dans les opérations imposables effectuées par l'intermédiaire d'un bureau officiel d'arrangement, la feuille d'arrangement produite par la Banque d'Autriche-Hongrie est

VI. — Obligation du répertoire

Quiconque fait en bourse des opérations à primes et, en général, quiconque s'occupe par profession de négocier des valeurs mobilières est obligé de tenir, pour l'inscription de ses opérations, un ou plusieurs répertoires, visés par les autorités fiscales. Doivent également figurer au répertoire les opérations imposables effectuées hors bourse. Les négociations doivent être portées sur ces répertoires au plus tard le troisième jour ouvrable après la conclusion des affaires et l'impôt régulièrement acquitté, — excepté pour les opérations à primes qui doivent être réalisées par un bureau officiel d'arrangement d'une bourse et imposées en conséquence — au plus tard le .troisième jour après l'exécution de l'opération, ou, dans les opérations à primes qui sont imposables sans livraison des titres, au plus tard le troisième jour après l'abandon des primes ou après la contrepassation de l'opération (1).

---

exempte de timbre; mais l'autre contractant doit apposer, sur sa feuille d'arrangement, des timbres correspondant à la moitié de l'impôt.

Pour les opérations diverses imposables, le bordereau de la Banque est exempt de timbre; mais la personne obligée à retirer les titres doit délivrer une reconnaissance (ou quittance) mentionnant les titres ou valeurs reçus de la Banque. Cette reconnaissance doit être timbrée au droit plein.

Pour les opérations de reports imposables, conclues avec la Banque, le reporté doit remettre un bordereau timbré au droit plein.

Pour les autres opérations hors bourse, la Banque n'est pas obligée de tenir et de timbrer des répertoires; mais les personnes qui ont contracté avec elle doivent délivrer une quittance portant sur les titres ou sur les valeurs reçus de la Banque et timbrée au droit plein.

Si la Banque a conclu une opération hors bourse par l'intermédiaire d'un agent de change, celui-ci doit délivrer pour la Banque un bordereau exempt de timbre; mais l'autre contractant reçoit un bordereau régulièrement timbré.

(1) Le répertoire doit contenir :

Le numéro d'ordre de l'année courante, sous lequel est inscrite l'opération d'achat, de vente ou de livraison, ou l'opération à prime conclue par le commerçant de valeurs mobilières; — la date (jour, mois et année): a. De l'inscription au répertoire; b. De la conclusion de l'opération; c. De l'exécution de l'opération.

L'indication des valeurs négociées, leur nature, leur nombre et leur capital nominal, lorsque ce nombre et ce capital doivent servir de base au calcul de l'unité d'opération, enfin les conditions de la négociation pour les opérations à primes; — le prix d'achat ou de vente (cette colonne n'est remplie que si le mouvement d'argent doit être pris pour base de la liquidation de l'impôt); — le nombre des unités d'opération comprises dans les négociations.

Deux colonnes sont respectivement ouvertes ensuite, l'une pour l'apposition, s'il y a lieu, des timbres mobiles représentant le montant des droits; l'autre, pour l'inscription des observations éventuelles.

Les timbres mobiles sont oblitérés soit par l'inscription du nom ou de la raison sociale, soit au moyen d'une griffe.

La colonne relative à l'exécution des opérations ne doit être remplie que lors des opé-

Comme en France, les assujettis sont astreints à la déclaration préalable, avant de commencer leurs opérations. Cette déclaration est imposée particulièrement à ceux qui, négociant exclusivement des opérations en bourse, ne sont obligés de tenir le répertoire que parce qu'ils concluent en bourse des opérations à primes (opérations à primes simples, doubles, à lever et à livrer, reports, primes) ; et aussi aux établissements commerciaux et aux fondés de pouvoirs permanents (remisiers) de maisons de commerce et de personnes étrangères, qui se trouvent en Autriche.

Mais, en ce qui concerne le répertoire, les prescriptions de la législation autrichienne sont plus libérales. Le gouvernement a la faculté non seulement d'accorder, aux commissionnaires en valeurs mobilières qui ont un cercle d'affaires restreint, des facilités pour la tenue de ce document, mais même d'en dispenser complètement ceux dont les opérations hors bourse sont limitées aux délégations de livraison ou de retrait de titres qui se règlent (*Saldiren*), pour celui qui délègue, au moyen d'une feuille d'arrangement produite par lui à la suite de cet arrangement.

Nous noterons, en passant, une prescription particulièrement intéressante à propos du répertoire et qui doit singulièrement faciliter le contrôle de l'impôt. Les assujettis sont tenus d'organiser leurs écritures commerciales « de telle sorte que, par leur comparaison avec ce répertoire, l'exacte imposition de toute opération, qui y est soumise et inscrite, puisse être facilement et clairement constatée. »

Le droit d'investigation des autorités fiscales est beaucoup plus étendu qu'en France. Ces autorités ont, en tout temps, la faculté de prendre connaissance des répertoires des deux dernières années écoulées, ainsi que de ceux de l'année courante, et aussi des premières écritures relatives aux négociations de valeurs mobilières (main-courante, brouillard, livre-journal), en présence de l'assujetti ou de son représentant. Elles peuvent encore imposer à l'assujetti, dans un but de contrôle, la production d'extraits certifiés de ses répertoires.

Nous rencontrons, dans la législation qui nous occupe, une disposition qui semble calquée sur la loi française en ce qui touche l'usage que peuvent faire les autorités fiscales des renseignements que leur fournit le contrôle de l'impôt sur les opérations de bourse. On sait qu'en France ces renseignements ne peuvent être utilisés pour la recherche des droits

---

rations de livraison. Il est permis de tenir des répertoires spéciaux pour ces dernières opérations et, dans ce cas, la colonne est supprimée dans les répertoires destinés aux opérations d'achat ou de vente.

célés én matière d'enregistrement, de timbre ou de taxe sur le revenu. En Autriche, les mêmes indications ne peuvent davantage servir à la liquidation de l'impôt industriel et de l'impôt sur le revenu dont pourraient être passibles les parties en cause ou leurs correspondants.

VII. — Pénalités

La loi de 1897 a édicté des pénalités singulièrement rigoureuses dans le cas de contravention, tant à ses prescriptions qu'aux dispositions de l'ordonnance réglementaire à prendre pour son exécution.

L'application d'une amende égale à 150 fois le montant du droit non acquitté atteint la plupart des contraventions (1).

---

(1) La loi frappe d'une amende égale à 150 fois le montant du droit non acquitté, à la charge de la partie obligée au paiement de l'impôt, les contraventions suivantes :

Omission totale ou partielle d'inscription, sur les feuilles d'arrangement, d'une opération qui, d'après les usages de la bourse, doit être réalisée par le bureau d'arrangement; — omission totale ou partielle d'inscription au répertoire d'une opération imposable; — omission de délivrance du bordereau nécessaire pour une opération imposable effectuée hors bourse par ministère d'agent de change, ou une inscription incomplète de l'opération sur ce bordereau; — omission de délivrance d'une pièce soumise au timbre, dans le cas d'opérations directes ou de reports hors bourse, ou inscription incomplète de l'opération; — omission d'apposition des timbres prescrits, ou timbrage d'une pièce ou d'un répertoire avec des timbres insuffisants, impropres ou irrégulièrement employés; — toutes contraventions aux obligations qui incombent aux personnes et autorités autorisées à payer directement l'impôt, lorsque, pour une opération imposable, il en résulte qu'aucun droit n'a été acquitté ou mentionné dans la pièce sur laquelle l'impôt devait être perçu, ou qu'un droit insuffisant a été acquitté ou mentionné.

Toutefois, si le timbrage des pièces ou répertoires est conforme à la véritable nature de l'opération et si l'on ne relève qu'une simple inexactitude dans l'inscription de cette opération sur ces pièces ou répertoires, cette inexactitude n'est pas considérée comme une fraude.

Les contraventions à la loi ou aux ordonnances édictées pour son exécution qui ne rentrent pas dans les catégories que nous venons d'énumérer, sont frappées d'une amende de 25 à 500 florins.

L'agent de change qui conclut, d'une manière illégale, une opération pour son propre compte ou comme commissionnaire, encourt une amende de 500 à 1,000 florins, sans préjudice du montant d'impôt dont il est tenu en pareil cas et des conséquences supplémentaires du défaut de paiement des droits, en dehors même des peines disciplinaires qui peuvent lui être appliquées (loi du 4 avril 1875).

Dans le cas d'omission d'inscription au répertoire ou de délivrance soit du bordereau, soit d'une pièce assujettie à l'impôt, ou de non-apposition des timbres mobiles, ainsi que pour les contraventions punies de l'amende de 25 à 500 florins, les pénalités ne sont pas encourues si le contrevenant en fait la déclaration aux autorités fiscales, dans les huit jours qui suivent la contravention, et si, dans le cas de non-paiement de l'impôt, il acquitte en même temps les droits exigibles.

Quiconque reçoit les pièces soumises au timbre prévues par la loi, est responsable de leur timbrage régulier et encourt une amende égale à 50 fois le montant de l'impôt, à moins

La liquidation des droits non acquittés et des pénalités sur simple rapport administratif constatant la contravention.

Le droit en sus de 150 fois le montant de l'impôt peut, dans les cas particulièrement dignes d'intérêt, être réduit des deux tiers, mais sans pouvoir être réduit au-dessous de 15 florins. Une réduction plus forte ou la remise du droit en sus ne peut être faite que s'il n'existe aucune fraude intentionnelle.

S'il y a lieu d'application de la loi pénale des taxes (*Gefallstrafgesetz*), la peine ne doit pas, même en cas de désistement de cette procédure, être liquidée à une somme inférieure à celle de l'impôt non payé.

Les indicateurs reçoivent 1/12 des droits en sus perçus. Les attributions doivent être touchées par les intéressés dans les trois mois du jour où elles sont mandatées. Ce délai passé, leur droit est considéré comme éteint.

VIII. — Degrés de juridiction

C'est aux autorités fiscales du premier degré (direction des finances de district, bureau de liquidation des taxes) qu'il appartient d'émettre des ordres de paiement, des arrêtés et des décisions en vertu de la loi du 9 mars 1897 sans préjudice toutefois de l'application des dispositions de la loi pénale des taxes, s'il y a lieu.

Le recours est recevable contre ces décisions, à l'exclusion de la procédure ordinaire, devant la direction des finances de la province et, en dernier ressort, devant le ministre des finances. Ces recours n'ont pas d'effet suspensif.

Les tribunaux ordinaires ne sont pas compétents pour prononcer sur l'exigibilité ou la liquidation de l'impôt sur les opérations de bourse.

Les droits non payés sont recouvrés comme en matière d'impôts directs.

IX. — Prescription

Les droits simples se prescrivent par cinq ans. Le délai court de l'époque de clôture de l'exercice pendant lequel l'Administration s'est

que, dans les trente jours qui suivent la réception de la pièce irrégulièrement timbrée, il n'effectue le timbrage complémentaire de ses deniers personnels, ou ne porte la fraude à la connaissance des autorités fiscales. La charge de faire la preuve du point de départ du délai de trente jours incombe à celui qui a reçu la pièce incriminée.

trouvée en mesure de réclamer l'impôt, si l'écrit qui y est assujetti n'a pas été rédigé, ou pendant lequel l'Administration a eu connaissance de la contravention, si l'écrit imposable a été rédigé mais n'a pas supporté les droits exigibles. La prescription est acquise, au surplus, trente ans après la clôture de l'exercice au cours duquel la dette d'impôt a pris naissance.

Les pénalités se prescrivent par cinq ans, à partir du jour où la contravention a été commise.

X. — Produit de l'impôt

Telle est dans ses grandes lignes l'économie de la législation fiscale de l'Autriche en matière d'impôt sur les opérations de bourse.

Sous l'empire de cette législation, l'impôt sur les opérations de bourse procure au Trésor autrichien un produit annuel d'environ 1.200.000 florins, soit au pair 3 millions de francs.

Léon SALEFRANQUE.

Produits de l'impôt sur les opérations de bo[urse]

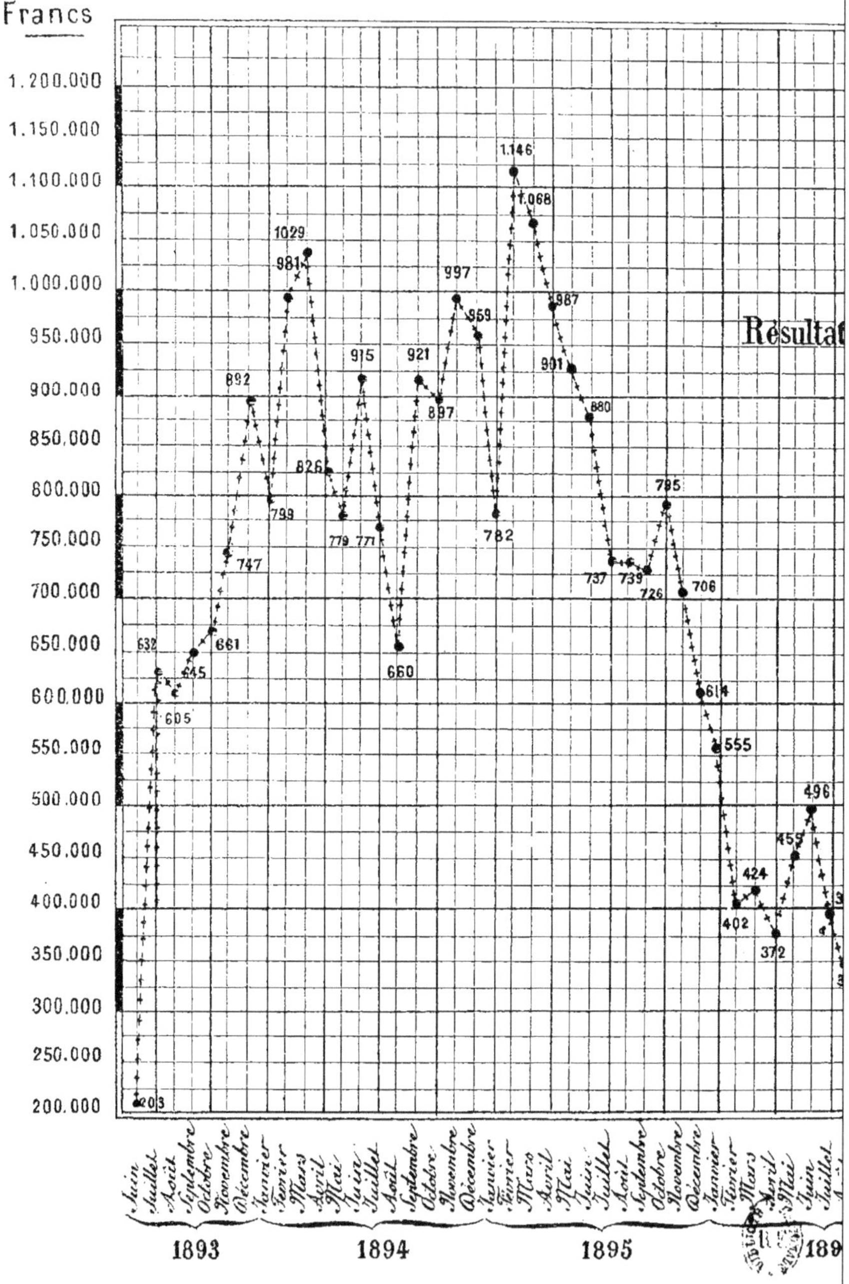

depuis son établissement (1er Juin 1893)

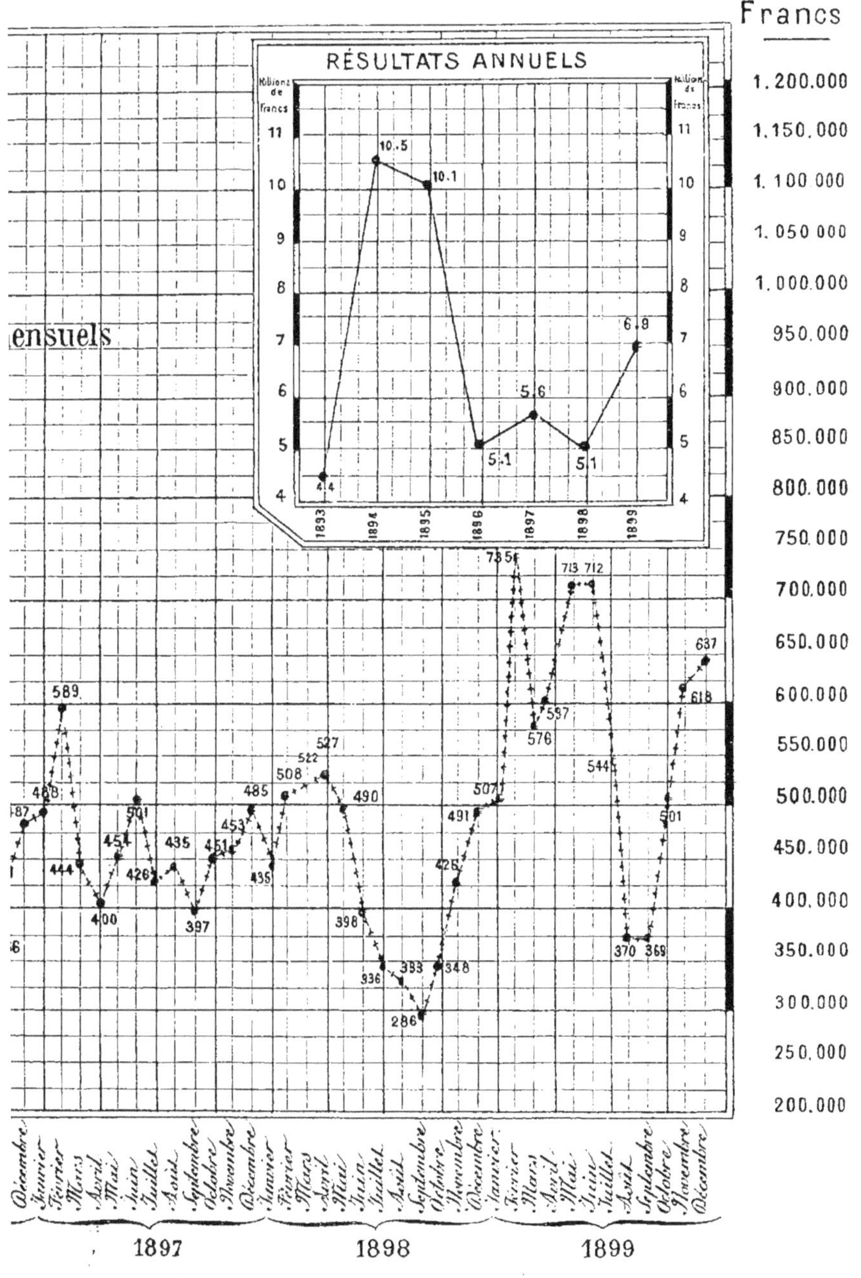

L'IMPOT SUR LES OPÉRATIONS DE BOURSE

EN FRANCE

Destinés à faire titre, les bordereaux d'agents de change étaient soumis, sans désignation particulière, au timbre de dimension, conformément aux règles générales inscrites dans les articles 1 et 12 de la loi organique du 13 brumaire an VII. Néanmoins, la rédaction de bordereaux sur papier non timbré ayant été fréquemment constatée, la loi du 5 juin 1850 vint affirmer l'exigibilité de l'impôt sur ces documents et édicter, en cas de contravention, une pénalité plus élevée.

Dès cette époque, l'idée de frapper d'un droit gradué les opérations constatées par ces bordereaux s'était fait jour et une proposition dans ce sens avait été soumise à l'Assemblée législative, au cours de la session de 1849. Cette proposition ne fut pas accueillie.

Reprise en 1862, elle aboutit à l'insertion, dans la loi de finances du 2 juillet (art. 19), d'une disposition taxant les bordereaux d'agents de change et de courtiers : à 50 centimes, lorsque les opérations qui y sont constatées ne dépassent pas 10.000 francs ; à 1 fr. 50, dans le cas contraire. L'article 2 de la loi du 23 août 1871 porta ces droits à 60 centimes et à 1 fr. 80, par l'adjonction de deux décimes au principal de l'impôt.

En 1873, un projet de réforme fut élaboré par le conseil d'État. La délivrance des bordereaux serait devenue obligatoire et il aurait été rédigé autant de bordereaux que d'opérations intéressant des personnes distinctes. La taxe devait être ainsi graduée : 5.000 francs et au-dessous, 50 centimes ; — 5.000 à 10.000 francs, 1 franc ; — 10.000 à 20.000 francs, 2 francs ; — 20.000 à 40.000 francs, 4 francs ; — 40.000 à 60.000 francs, 6 francs ; — au-dessus de 60.000 francs, 10 francs. Il ne fut pas donné suite à ce projet.

En 1882, M. Bozérian, sénateur, demande que les droits réglés par la loi de 1862 soient convertis en un abonnement de 5 centimes % acquis au Trésor sur le montant des opérations faites par les intéressés. Cette proposition n'est pas adoptée.

En 1887, M. Boric, député de la Corrèze, dépose une proposition tendant, d'une part à porter le timbre à 50 centimes $^{o}/_{oo}$, d'autre part à créer une taxe spéciale qui se serait superposée à ce droit. Cette proposition, comprise dans un projet d'ensemble sur les droits d'enregistrement et de timbre, ne fut pas rapportée.

Le parlement est de nouveau saisi de la question, en 1888, par une proposition due à l'initiative de M. Calvinhac, député de la Haute-Garonne. Cette proposition frappe les opérations de bourse d'un droit de 25 francs par unité de 3.000 francs de rente française 3 $^{o}/_{o}$, ou de 4.500 francs de rente 4 1/2 $^{o}/_{o}$; les unités équivalentes de rentes étrangères paient 50 francs; le droit sur les autres valeurs est de 50 centimes pour les titres au-dessus de 1.000 francs.

D'un autre côté, M. Gillet, député de la Meuse, réclame qu'on prenne le courtage des agents de change pour base de la taxe et qu'on fixe celle-ci à la moitié de ce courtage pour les opérations à terme, au quart pour les opérations au comptant.

Enfin, la commission du budget de 1890 vote l'insertion, dans le projet de loi de finances soumis à son examen, d'une disposition réglant le tarif gradué auquel il convient de soumettre les opérations de l'espèce, savoir : 5.000 francs et au-dessous, 75 centimes; — 5.000 à 10.000 francs, 3 francs; — 10.000 à 20.000 francs, 4 fr. 50; — 20.000 à 40.000 francs, 9 francs; — 40.000 à 60.000 francs, 15 francs; — 60.000 à 100.000 francs, 24 francs; — au-dessus de 100.000 francs, 45 francs.

Cette tarification est reconnue contradictoire, irrégulière et injuste. Elle est abandonnée par la commission et rayée du projet. La Chambre n'est pas appelée à se prononcer (1).

Ces propositions successives démontrent l'existence d'un courant dans le sens de la taxation proportionnelle des affaires de bourse, déjà admise d'ailleurs dans plusieurs pays étrangers. M. Cornudet, député de la Creuse, revient à la charge au cours de la discussion du budget de 1892, et réclame de rechef une taxe graduée qu'il propose de fixer : à 5 centimes pour 1.000 francs sur les opérations n'excédant pas 5.000 francs; — à 10 centimes par 1.000 pour celles de 5.000 à 10.000 francs; — et à 50 centimes par 1.000 pour celles au-dessus de cette dernière somme. Le produit de cette taxe, que M. Cornudet évalue à dix millions, doit avoir pour contre-partie une détaxe de même importance sur les droits de mutation à titre onéreux auxquels sont assujettis les immeubles ruraux.

(1) Chambre, *Documents parlementaires*, 1889, n° 3.645 (rapport de M. Burdeau).

Présentée comme amendement au budget, au moment même où on achève de voter celui-ci avec un retard sérieux et, en même temps, insuffisamment étudiée pour y être insérée sans discussion, la proposition de M. Cornudet, très visiblement accueillie avec faveur par la Chambre, n'en a pas moins contre elle, dans le moment, un manque réel d'opportunité. C'est sans doute à cette circonstance qu'il faut attribuer la véhémente opposition du rapporteur général, M. Cavaignac, et du ministre, M. Rouvier, qui, pressés d'en finir avec la loi de finances, présentent des objections très vives, suffisamment spécieuses peut-être pour obtenir un ajournement, certainement insuffisantes à entraîner le parlement dans un vote contraire, si on eût abordé le fond. A la suite de cet échange d'observations, l'amendement est transformé d'un commun accord en proposition de loi et renvoyé à la commission du budget pour qu'elle en fasse, à bref délai, un rapport spécial, sans d'ailleurs l'incorporer au budget de 1892 (1).

Enfin, pour déférer aux indications qui résultent nettement du vote de la Chambre sur la proposition de M. Cornudet, le ministre des finances, M. Tirard, qui vient de succéder à M. Rouvier, dépose, le 14 janvier 1893, un projet de loi au nom du gouvernement (2).

Un bordereau individuel constatant l'opération doit être obligatoirement établi par l'agent de change lorsqu'il s'agit de la négociation à terme des valeurs cotées en bourse. Ce même bordereau doit être établi par tous les autres intermédiaires pour les opérations de même nature sur les valeurs non cotées au marché officiel.

Le droit de timbre de ces bordereaux est fixé : à 10 centimes par 1.000 francs ou fraction de 1.000 francs, lorsque la valeur totale des titres n'excède pas 5.000 francs ; — 50 centimes par 5.000 francs ou fraction de 5.000 francs, lorsque la valeur des titres est supérieure à 5.000 francs, mais n'excède pas 50.000 francs ; — 5 francs par 50.000 francs ou fraction de 50.000 francs, lorsque la valeur totale des titres est supérieure à 50.000 francs, mais n'excède pas 500.000 francs ; — 10 francs par 100.000 francs ou fraction de 100.000 francs, lorsque la valeur totale des titres est supérieure à 500.000 francs. — Cette taxe n'est pas soumise aux décimes.

Le projet impose aux intermédiaires la tenue d'un répertoire. Chaque opération sur des valeurs inscrites à la cote y est émargée du nom et du domicile de l'agent de change par l'intermédiaire duquel l'opération a été effectuée.

---

(1) Chambre, *Débats parlementaires*, 12 décembre 1892.
(2) Chambre, *Documents parlementaires*, 1893, n° 2515.

En vue d'assurer l'exécution de la loi, les dispositions de l'article 22 de la loi du 23 août 1871, qui obligent toutes les personnes assujetties aux vérifications de l'administration de l'enregistrement à représenter à ses agents leurs livres, registres, pièces de recette, de dépenses et de comptabilité, sont rendues applicables aux agents de change, banquiers, changeurs et autres intermédiaires.

Les opérations au comptant demeurent régies par la loi de 1862. Le délai de prescription n'est pas prévu. Le mode de perception de l'impôt et les mesures d'exécution doivent être l'objet d'un règlement d'administration publique.

La Chambre syndicale des agents de change de Paris, qui avait, tout d'abord, fait distribuer au parlement un mémoire dans lequel elle combattait le principe même d'un impôt sur les opérations de bourse, se rallie au projet ministériel. Les agents de change de Nantes, de Lille et de Toulouse se prononcent dans le même sens.

Les coulissiers, au contraire, protestent vivement contre le projet. Ils objectent que son adoption entraînera la suppression complète de la coulisse des rentes françaises, qu'elle amoindrira considérablement le marché international de Paris et ne donnera d'ailleurs qu'un rendement très inférieur aux prévisions.

Ne voulant pas porter atteinte à la situation de fait existant au profit de la coulisse, la commission du budget rejette le projet du gouvernement et en élabore un nouveau. Aux termes de celui-ci, toute opération de bourse à terme doit-être consignée, par le négociateur direct ou le mandataire, sur un registre à souche revêtu des formes prescrites par l'article 11 du Code de commerce et inscrite par ordre de numéros le jour même où elle est effectuée. Ce registre, ainsi que le livre tenu par les agents de change en exécution de l'article 76 du Code de commerce, sont régis, au point de vue de la communication aux agents de l'administration de l'enregistrement, par l'article 22 de la loi du 23 août 1871. L'impôt est acquitté au moyen d'un timbre mobile d'une valeur correspondante à la quotité du droit, fixé aux mêmes chiffres que dans le projet ministériel.

Le ministre des finances refusant de se rallier au texte de la commission, celle-ci délibère de conclure au rejet du projet du gouvernement (1).

Néanmoins, et malgré l'opposition de la commission, ce projet est voté avec cette seule modification que le nouveau régime sera applicable tant aux opérations au comptant qu'aux opérations à terme (2).

---

(1) Chambre, *Documents parlementaires*, 1893, n° 2572 (rapport de M. Poincaré).
(2) Chambre, *Débats parlementaires*, 23 février 1893.

Porté au Sénat, le projet reçoit de la commission des finances un accueil non moins défavorable que celui de la commission du budget de la Chambre. La commission reprend, en partie, le projet qu'elle avait élaboré et propose une nouvelle rédaction.

Le droit de timbre établi par les lois existantes pour les bordereaux, arrêtés ou actes en tenant lieu, délivrés en matière d'opération de bourse, est converti en une taxe obligatoire calculée sur la valeur totale des titres de toute nature, cotés ou non, négociés, au comptant ou à terme, par les agents de change, courtiers, banquiers, établissements de crédit ou autres intermédiaires, soit pour leur compte, soit pour le compte d'autrui.

Un seul droit est dû pour l'ensemble de la négociation. Il est liquidé sur la valeur des titres négociés déterminée par le taux de la négociation, à raison de 10 centimes par 1.000 francs ou fraction de 1.000 francs, sauf pour les reports taxés seulement à 5 centimes par 1.000 francs ou fraction de 1.000 francs.

L'impôt, exigible les 5 et 20 de chaque mois, est acquitté sur la remise d'une déclaration fournissant, pour chaque opération, les indications nécessaires à la liquidation des droits (1).

En présence du désaccord persistant entre sa commission des finances et le gouvernement, le Sénat se refuse à discuter immédiatement la question et prononce la disjonction des dispositions relatives aux opérations de bourse du projet de loi de finances, afin de donner au ministre le moyen d'étudier la réglementation nécessaire du marché (2).

La Chambre n'accepte pas la disjonction. Elle rétablit, à la demande même du ministre, M. Peytral, qui vient de prendre le portefeuille des finances, les dispositions votées par elle une première fois (3).

Le budget revient dans ces conditions devant le Sénat, saisi en même temps par le ministre d'un projet nouveau qui trouve bon accueil devant la commission des finances. Ce projet est devenu, avec quelques additions de détail, la loi du 28 avril 1893 (4).

La loi nouvelle atteint en réalité la négociation même des valeurs mobilières ; mais, afin de ne pas apporter, par l'établissement de l'impôt, de modification à la situation respective des intermédiaires qui se partagent le marché et de laisser entière la question de sa réorganisation ultérieure, le législateur frappe, en principe, l'instrument officiel de cette négociation, le bordereau d'agent de change.

La loi envisage toutes les personnes qui interviennent, par profes-

---

(1) Sénat, *Documents parlementaires*, 1893, n° 887 (rapport de M. Boulanger).

(2) Sénat, *Débats parlementaires*, 28 mars 1893.

(3) Chambre, *Débats parlementaires*, 6 avril 1893.

(4) Sénat, *Débats parlementaires*, 6 avril 1893.

sion, dans les opérations d'achat ou de vente de valeurs de bourse, parce que c'est chez elles qu'il est facile de saisir ce que. l'on pourrait appeler les étapes de la circulation de la matière imposable. Elle les oblige à justifier de l'acquittement du droit par la représentation du bordereau de l'agent de change, qu'elle suppose être nécessairement intervenu pour consommer l'opération et qui doit effectuer le versement de l'impôt. Faute de représenter le bordereau d'agent de change, ces intermédiaires sont tenus d'acquitter eux-mêmes le montant du droit, à l'exemple d'un débiteur ordinaire qui, faute de pouvoir justifier de sa libération, se trouverait obligé au paiement de la créance existant contre lui.

En conséquence, toute opération de bourse ayant pour objet l'achat ou la vente, au comptant ou à terme, de valeurs de toute nature, françaises ou étrangères, donne lieu depuis le 1er juin 1893, aux termes de la loi de finances du 28 avril précédent, à la rédaction d'un bordereau soumis au nouvel impôt.

Cette disposition atteint dans sa généralité toutes les opérations relatives aux titres ou promesses de titres de la catégorie de ceux qui se négocient soit sur le marché officiel, soit sur le marché en banque. Ces opérations comprennent notamment la négociation en bourse ou en banque des fonds d'État français, rentes sur l'État, bons du Trésor, promesses d'inscription de rente ; — des titres de rentes, emprunts ou autres effets publics des gouvernements étrangers ; — des actions et obligations des sociétés, compagnies ou entreprises quelconques françaises ou étrangères ; — des titres d'obligations ou d'emprunts émis, sous quelque dénomination que ce soit, par les départements, communes et établissements publics français et par les villes, provinces et corporations étrangères ou établissements publics étrangers.

Toutefois, en ce qui concerne les bons du Trésor, il convient de distinguer entre les diverses catégories de ces bons. Les uns, en effet, désignés sous le nom d'obligations sexennaires ou à court terme, sont représentés par des titres munis de coupons d'intérêt et dont le taux est uniforme pour chaque émission ; les autres, au contraire, délivrés aux souscripteurs en échange de versements dont ceux-ci déterminent eux-mêmes le chiffre, sont de quotité essentiellement variable, dépourvus de coupons, transférables par voie d'endossement. Les premiers, seuls, ont le caractère de valeurs de bourse et tombent sous l'application de la loi, tandis que les seconds, qui participent de la nature des effets de commerce, ne sauraient être atteints par elle, quel que soit le mode suivant lequel le transfert en est opéré.

Les mêmes distinctions doivent être faites en ce qui concerne certains titres assimilables aux effets de commerce ; nous citerons, par exemple, les opérations en roubles qui se résument en achats et en ventes de billets émis par la Banque de l'État russe.

Conçue en termes généraux et absolus, non seulement la loi ne comporte aucune exception, mais elle a implicitement abrogé les dispositions anciennes qui avaient, dans certains cas, exonéré de l'impôt les bordereaux d'agents de change. Par suite, les achats de rentes faits pour le compte de la Caisse nationale d'épargne, des Caisses d'épargne ordinaires, des Caisses d'assurances en cas de décès et en cas d'accidents et de la Caisse nationale de retraites pour la vieillesse sont maintenant assujettis à l'impôt.

Il n'y a pas à distinguer, au regard de la taxe, entre les affaires effectuées en France et celles effectuées à l'étranger, sauf dans le cas où ces dernières opérations sont faites par un assujetti pour son propre compte. Faites pour le compte de clients, elles doivent l'impôt comme si elles avaient été réalisées en France.

L'article 29 de la loi de 1893 ne faisait aucune distinction entre les valeurs cotées et les valeurs non cotées au point de vue du paiement de l'impôt(1). Les prescriptions qui y étaient contenues ont été remplacées par un texte nouveau qui a pris place dans la loi de finances du 13 avril 1898 (art. 14).

« Quiconque fait commerce habituel de recueillir des offres et des demandes de valeurs de bourse, porte cet article, doit, à toute réquisition des agents de l'enregistrement : s'il s'agit de valeurs admises à la cote officielle, représenter des bordereaux d'agents de change ou faire connaître les numéros et les dates des bordereaux ainsi que les noms des agents de change de qui ils émanent; s'il s'agit de valeurs non admises à la cote officielle, acquitter personnellement le montant des droits. »

Quand est-on « assujetti? » Telle est la question qui s'est immédiatement posée. Elle a été résolue en ce sens qu'on est soumis aux obligations inscrites dans la loi de 1893 dès le moment où on accomplit habituellement, sur une échelle plus ou moins grande, les opérations prévues et tarifées par la loi. Il n'est pas nécessaire qu'on fasse de la transmission des ordres de bourse l'objet exclusif de ses opérations : il suffit qu'on se livre habituellement à ce commerce. L'importance des affaires engagées, la pensée à laquelle on obéit en déférant aux désirs des clients, demeurent indifférentes. Ce que la loi a voulu atteindre, c'est

---

(1) Cet article était ainsi conçu : « Quiconque fait commerce habituel de recueillir des offres et des demandes de valeurs de bourse doit, à toute réquisition des agents de l'enregistrement, soit représenter des bordereaux d'agents de change ou faire connaître les numéros et les dates des bordereaux ainsi que les noms des agents de change de qui ils émanent, soit, faute de ce faire, acquitter personnellement le montant des droits. »

« la négociation même des valeurs mobilières ». En exigeant, en effet, l'impôt en l'absence de toute représentation de bordereau d'agent de change, le législateur a affirmé d'une manière indiscutable que la perception atteint en réalité les éléments essentiels et constitutifs de la négociation et non plus, comme dans le système auquel la réglementation nouvelle a justement mis fin, le titre seul de cette négociation.

La loi atteint, sans distinction de nationalité, toute personne faisant en France le commerce habituel qu'elle prévoit. Les établissements étrangers qui possèdent en France des agences ou succursales destinées à recevoir des ordres de bourse sont tenus de se conformer à toutes les obligations qui s'y trouvent inscrites.

La loi du 28 avril est étrangère aux transmissions des titres négociables qui s'effectuent par acte notarié, soit à l'amiable, soit par voie d'adjudication publique (1).

La quotité de l'impôt avait été uniformément fixée, par l'article 28 de la loi du 28 avril 1893, au taux de 5 centimes par 1.000 francs ou fraction de 1.000 francs du montant de l'opération, quelle que fut la nature des titres sur lesquels portait la négociation, les opérations de report supportant seulement le demi-droit, soit 2 centimes et demi (2).

Ces quotités ont été réduites des trois quarts au profit des négociations effectuées sur les rentes françaises, à partir du 1er janvier 1896, par l'article 8 de la loi de finances du 28 décembre 1895 (3).

Ces droits sont liquidés sur le montant de l'opération calculée d'après le taux de la négociation. Les affaires traitées sur les places étrangères qui se liquident par la remise de comptes chiffrés en monnaies étrangères, sont, en conséquence, calculées, pour le paiement de

---

(1) Les fonctions dont les notaires sont investis leur interdisent de se livrer au commerce, par suite de recueillir soit des offres, soit des demandes de valeurs de bourse. Lorsque ces officiers publics s'entremettent accidentellement entre leurs clients et un agent de change ou tout autre assujetti, ils ne font que rendre un service qui se rattache accessoirement à la gestion et à l'administration des intérêts qui leur sont confiés. Les dispositions de la loi du 28 avril 1893 ne leur sont donc pas applicables en principe. Toutefois si, contrairement aux règlements de leur corporation, des notaires faisaient le commerce habituel qu'elle prévoit, ils auraient à se soumettre à ses prescriptions.

(2) Envisagé comme un achat et une vente simultanés de titres de même nature à des termes différents, le report donnerait lieu à l'application du tarif de 2 centimes $^{1}/_{2}$ sur le montant : 1° de l'achat ; 2° de la vente ; 3° du rachat ; 4° de la revente. Mais, dans la pratique financière, le report constitue, en fait, une opération unique tendant à différer l'exécution d'un marché à terme par voie de prêt de titres ou d'espèces et il ne doit, envisagé à ce point de vue, donner lieu qu'à un droit à la charge de chaque partie contractante, soit, au total, 5 centimes °/₀ pour l'ensemble de l'opération. Cette interprétation, conforme aux intentions du législateur, a été sanctionnée par le ministre des finances le 19 juin 1893.

(3) Soit 1 centime et quart (0 fr. 01.25) pour les affaires ordinaires et 6/10 de centime 1/4 (0 fr. 00.62.50) pour les reports.

l'impôt, d'après le change au pair adopté pour le règlement même de l'opération. On ne saurait substituer, en aucun cas, au change véritable, un change fixe, moyen ou autre (1).

Les assujettis sont tenus de faire, avant de commencer leurs opérations, une déclaration préalable à l'administration de l'enregistrement. Cette déclaration est remplacée, pour les agents de change, par la notification des décrets de nomination.

L'organisation de fait du marché a eu pour conséquence l'adoption, pour le recouvrement de l'impôt, d'un système particulièrement compliqué qui impose aux assujettis, qu'ils exécutent ou transmettent seulement les ordres, une manutention considérable, des écritures sans nombre, des frais excessifs.

Les assujettis doivent, en effet, aux termes de l'article 30 de la loi, tenir un répertoire visé et paraphé par le président ou par l'un des juges du tribunal de commerce et sur lequel ils inscrivent chaque opération jour par jour, sans blanc ni interligne et par ordre de numéros (2).

---

(1) L'impôt sur les opérations de bourse atteint exclusivement la négociation des titres, négociation indépendante du règlement de compte, en titres ou numéraire, qui intervient ultérieurement entre l'agent et son client. Les mentions libératives inscrites sur les bordereaux de l'espèce ne sont pas couvertes par la taxe nouvelle. Par suite, les décharges de titres ou quittances de sommes, renfermées dans les bordereaux, demeurent passibles du droit de timbre de 10 centimes édicté par l'article 18 de la loi du 23 août 1871.

(2) Aux termes de l'article 2 du décret du 20 mai 1893, les mentions à porter sur le répertoire sont les suivantes :

1° Numéro d'ordre ; — 2° date de l'opération ; — 3° nom du donneur d'ordre ; — 4° catégorie à laquelle appartient l'opération, savoir : achat ou vente au comptant ; achat ou vente à terme ferme ; achat ou vente à prime ; report ; opération d'ordre ayant pour objet de compenser entre elles, au point de vue du règlement des comptes, deux ou plusieurs opérations antérieures ; — 5° lorsqu'il s'agit d'une opération à terme, date de l'échéance ; — 6° nature des titres ; — 7° nombre ou montant des titres ; — 8° taux de l'opération ; — 9° valeur totale des titres sur lesquels a porté l'opération ; — 10° valeur totale des titres, déduction faite des versements restant à effectuer sur les titres non entièrement libérés ; — 11° s'il y a lieu, soit le nom de l'agent de change qui a concouru à l'opération ; soit le nom et le domicile du mandataire substitué par l'intermédiaire duquel l'opération a été faite, soit le nom et le domicile de la personne qui en a fait la contre-partie lorsque ces deux derniers sont au nombre des personnes désignées dans l'article 29 de la loi du 28 avril 1893 ; — 12° montant du droit afférent à l'opération, sauf en ce qui concerne : les opérations à prime ; les opérations d'ordre prévues au n° 4 ; les opérations qui donnent lieu à la désignation de l'agent de change qui a effectué l'opération ou du mandataire substitué.

Aucune dérogation à ces prescriptions n'est admise. Toutefois, les assujettis ont la faculté d'ajouter aux indications voulues par le règlement et maintenues dans leur intégralité, tous renseignements complémentaires utiles.

Les agents de change font, en conséquence, usage d'un répertoire d'un modèle spécial qui, tout en présentant les renseignements exigés, répond en même temps au vœu de l'article 84 du Code de commerce. Le répertoire et le livre prescrit par le code ont été ainsi fusionnés.

Certaines colonnes du répertoire peuvent être dédoublées ; en vue, par exemple, de présenter séparément dans le répertoire les ordres de vente et les ordres d'achat, avec leurs

La perception de l'impôt s'effectue au vu d'extraits de ce répertoire, déposés périodiquement au bureau désigné par l'administration. Ces extraits mentionnent, indépendamment du numéro du répertoire, la date et le montant des opérations (1).

Toute inexactitude ou omission, soit au répertoire, soit à l'extrait, est punie d'une amende du vingtième des valeurs sur lesquelles a porté l'inexactitude ou l'omission, sans que cette amende puisse être inférieure à 3.000 francs en principal (3.750 francs décimes compris).

Le défaut de représentation du répertoire, à toute réquisition, aux agents de l'administration de l'enregistrement est puni d'une amende de 100 à 1.000 francs en principal (125 à 1.250 francs décimes compris).

Toute autre infraction, tant aux dispositions de la loi qu'aux prescriptions du règlement d'administration publique rendu, pour son exécution, le 20 mai 1893, en conformité de l'article 34, est punie d'une amende de 100 à 5.000 francs en principal (125 à 6.250 francs décimes compris).

---

contre-parties respectives. Ce mode de procéder est certainement préférable au modèle officiel.

Le répertoire peut être divisé en deux volumes, l'un destiné à l'inscription des opérations au comptant, l'autre destiné à l'inscription des opérations à terme et des reports.

De plus, les assujettis dont les opérations sont trop nombreuses po.r être consignées en temps utile sur un volume unique, sont admis à ouvrir plusieurs séries de volumes, à la condition que ces volumes soient tenus d'une manière permanente. Chaque registre doit remplir toutes les conditions prescrites pour le répertoire unique au point de vue de l'authenticité et des garanties que doit offrir ce document.

On peut, sous ces réserves, tenir soit plusieurs volumes pour une même catégorie d'opérations, soit plusieurs volumes correspondant à des catégories d'opérations différentes (opérations fermes, reports, primes, opérations à l'étranger), soit encore en ce qui concerne les opérations à terme (rentes françaises) un volume pour celles négociées fin courant, un autre pour celles effectuées fin prochain. Dans ce dernier cas, chaque répertoire mensuel doit être revêtu, après l'inscription de la dernière opération, d'une mention d'arrêté pour fin de répertoire.

(1) Si l'une des deux parties concourant à une opération est seule assujettie à la déclaration préalable, le total des droits applicables à cette opération est payé par elle, sauf son recours contre l'autre partie.

Cette disposition qui paraît déplacer la charge de l'impôt, est parfaitement justifiée en fait. Dans l'économie de la loi, en effet, il n'y a pas de solidarité pour le paiement de l'impôt entre les deux parties concourant à une opération. En principe, lorsque deux agents, deux personnes assujetties à la déclaration et à la tenue du répertoire concourent à une opération, chacune d'elles doit payer le droit afférent à la négociation dont elle est chargée ; mais, dans la pratique, on se serait souvent trouvé en présence d'opérations faites entre personnes dont l'une seulement rentrait dans la catégorie de celles auxquelles la loi impose la déclaration préalable et la tenue d'un répertoire.

Dans ce cas, la division de l'impôt aurait rendu fort difficile, très aléatoire même, le recouvrement de la taxe afférente à la partie de l'opération concernant l'autre contractant. Il a paru plus simple de ne pas obliger ce contribuable à des dérangements qui ne seraient pas en rapport avec la somme à payer (et qui auraient imprimé à l'impôt un caractère en quelque sorte vexatoire) et de décider qu'en pareil cas, celle des deux parties assujetties à la tenue du répertoire ferait au Trésor l'avance de la taxe due par l'autre partie.

Les contraventions peuvent être constatées par tous les agents ayant qualité pour verbaliser en matière de timbre.

Ces pénalités nécessaires, mais qu'il est trop facile d'encourir, sont la conséquence du mode de recouvrement de l'impôt, adopté en 1893. La substitution du texte de l'article 14 de la loi du 13 avril 1898 à celui de l'article 29 de la loi du 28 avril 1893 ne devrait-elle pas entraîner une modification des règles établies à cette époque ?

Les seuls exécuteurs d'ordre seraient soumis à des obligations particulières ; seuls, ils seraient assujettis au contrôle de l'administration de l'enregistrement, contrôle qui pourrait, dès lors, s'exercer dans les termes de l'article 9 de la loi du 21 juin 1875. Dans ces conditions, toutes les écritures prévues par le règlement du 20 mai deviendraient sans objet et l'impôt pourrait être perçu au moyen de *timbres mobiles*, apposés tant sur la souche que sur le talon des bordereaux, engagements ou arrêtés de comptes en tenant lieu, détachés d'un registre ad hoc.

C'est là, nous n'en doutons pas, le régime qui finira par prévaloir, ainsi qu'il a prévalu déjà dans plusieurs législations étrangères. Il conviendrait de ne pas s'attarder davantage et de supprimer, sans plus attendre, les lisières dans lesquelles les intermédiaires se trouvent actuellement enserrés.

Notons, en terminant, que l'action de l'administration pour le recouvrement des droits et amendes est prescrite par un délai de deux ans (1).

Telle est dans ses grandes lignes, l'économie de la législation française en matière d'impôt sur les opérations de bourse. Il nous reste à faire connaître les résultats financiers qui ont été obtenus.

Les deux tableaux que nous donnons ci-après ont pour objet de faire ressortir ces résultats.

Le premier présente les résultats mensuels de chacune des années 1893 à 1899, en distinguant, pour les recettes effectuées à Paris, entre les versements des agents de change et ceux des autres assujettis : il devient ainsi possible d'apprécier les conditions dans lesquelles se sont réalisées, dans la pratique, les hypothèses prévues par le législateur.

Le deuxième mentionne les résultats généraux : il montre que l'impôt sur les opérations de bourse a procuré jusqu'ici au Trésor un encaissement total de 47 millions et demi.

Deux diagrammes permettent de saisir, dans son ensemble et dans ses détails, le mouvement de l'impôt.

Léon SALEFRANQUE.

---

(1) Ce délai était de cinq ans dans le projet adopté par la Chambre. La commission des finances du Sénat proposait deux ans dans celui élaboré par M. Boulanger.

PRODUITS DE L'IMPOT SUR LES OPÉRATIONS DE BOURSE DEPUIS

NUMÉROS D'ORDRE	DÉSIGNATION DES PRODUITS			RÉSULTATS			
				JANVIER	FÉVRIER	MARS	AVRIL
1	2			3	4	5	6
				francs.	francs.	francs.	francs.
				ANNÉE			
1	Droits acquittés	à Paris.	par les agents de change	»	»	»	»
2			par les autres assujettis	»	»	»	»
3			Ensemble	»	»	»	»
4		ailleurs qu'à Paris		»	»	»	»
5		Totaux		»	»	»	»
				ANNÉE			
6	Droits acquittés	à Paris.	par les agents de change	273.777	359.938	335.002	272.992
7			par les autres assujettis	478.736	574.477	650.352	514.383
8			Ensemble	752.513	934.415	985.354	787.375
9		ailleurs qu'à Paris		46.487	46.585	43.646	38.625
10		Totaux		799.000	981.000	1.029.000	826.000
				ANNÉE			
11	Droits acquittés	à Paris.	par les agents de change	254.090	330.018	317.806	271.154
12			par les autres assujettis	495.230	768.321	751.271	666.189
13			Ensemble	749.320	1.098.339	1.019.077	937.343
14		ailleurs qu'à Paris		33.180	48.161	48.923	50.157
15		Totaux		782.500	1.146.500	1.068.000	987.500
				ANNÉE			
16	Droits acquittés	à Paris.	par les agents de change	196.095	158.894	169.702	147.378
17			par les autres assujettis	337.767	220.412	231.220	201.737
18			Ensemble	533.862	379.306	400.922	349.115
19		ailleurs qu'à Paris		21.638	23.194	23.078	23.385
20		Totaux		555.500	402.500	424.000	372.500

MENSUELS								RÉSULTATS	RAPPEL des NUMÉROS d'ordre.
MAI	JUIN	JUILLET	AOUT	SEPTEMBRE	OCTOBRE	NOVEMBRE	DÉCEMBRE	ANNUELS	
7	8	9	10	11	12	13	14	15	16
francs.	francs.	francs.	francs.	francs.	francs.	francs.	francs.	francs.	
.893									
»	69.879	190.824	199.262	214.390	237.112	258.913	275.034	1.445.414	1
»	125.852	414.051	377.377	406.562	392.562	451.399	577.293	2.745.096	2
»	195.731	604.875	576.639	620.952	629.674	710.312	852.327	4.190.510	3
»	7.269	27.125	28.861	25.548	31.826	36.688	39.673	196.990	4
»	203.000	632.000	605.500	646.500	661.500	747.000	892.000	4.387.500	5
894									
268.266	284.417	238.516	237.163	277.035	257.179	278.780	276.395	3.359.460	6
482.792	593.061	499.031	401.228	607.044	585.403	687.373	631.939	6.705.819	7
751.058	877.478	737.547	638.391	884.079	842.582	966.153	908.334	10.065.279	8
28.442	38.022	33.453	22.109	36.921	54.918	30.847	51.166	471.221	9
779.500	915.500	771.000	660.500	921.000	897.500	997.000	959.500	10.536.500	10
895									
274.971	239.476	218.948	206.630	186.898	198.985	237.651	211.187	2.947.814	11
587.057	604.303	486.554	499.874	510.570	555.116	436.512	377.142	6.688.139	12
862.028	843.779	705.502	706.504	697.468	754.101	674.163	588.329	9.635.953	13
39.472	36.221	31.498	30.496	29.032	41.399	31.837	25.671	446.047	14
901.500	880.000	737.000	737.000	726.500	795.500	706.000	614.000	10.082.000	15
896									
173.424	183.174	152.886	125.686	124.716	129.179	156.191	192.802	1.910.127	16
260.891	289.642	219.498	192.047	199.038	218.308	253.497	265.885	2.889.942	17
434.315	472.816	372.384	317.733	323.754	347.487	409.688	458.687	4.800.069	18
21.185	23.684	20.116	20.767	18.246	18.513	21.812	28.313	263.931	19
455.500	496.500	392.500	338.500	342.000	366.000	431.500	487.000	5.064.000	20

PRODUITS DE L'IMPOT SUR LES OPÉRATIONS DE BOURSE DEPUIS

NUMÉROS D'ORDRE	DÉSIGNATION DES PRODUITS			RÉSULTATS			
				JANVIER	FÉVRIER	MARS	AVRIL
1	2			3	4	5	6
				francs.	francs.	francs.	francs.
							ANNÉ[
21	Droits acquittés.	à Paris.	par les agents de change.......	178.655	221.032	168.455	149.909
22			par les autres assujettis........	284.587	325.832	250.972	223.686
23			Ensemble..............	463.242	549.864	419.427	373.595
24			ailleurs qu'à Paris.....................	26.258	39.136	25.073	26.314
25			Totaux........................	489.500	589.000	444.500	399.909
							ANNÉ[
26	Droits acquittés.	à Paris.	par les agents de change.......	171.292	183.951	201.377	188.406
27			par les autres assujettis........	235.766	298.102	293.413	306.780
28			Ensemble..............	407.058	482.053	494.790	495.186
29			ailleurs qu'à Paris.....................	28.442	26.447	27.210	32.314
30			Totaux........................	435.500	508.500	522.000	527.500
							ANNÉ[
31	Droits acquittés.	à Paris.	par les agents de change	289.461	419.300	348.911	414.327
32			par les autres assujettis........	189.653	282.363	189.964	149.394
33			Ensemble..............	479.114	701.663	538.875	563.721
34			ailleurs qu'à Paris.....................	27.886	33.837	37.625	33.779
35			Totaux........................	507.000	735.500	576.500	597.500

(1) Les différences qu'on constate, à partir du deuxième semestre de 1898, dans la répartition des droits
des dispositions nouvelles réglant l'organisation du marché financier, inscrites dans les décrets du 29 juin

...MENSUELS

MAI	JUIN	JUILLET	AOUT	SEPTEMBRE	OCTOBRE	NOVEMBRE	DÉCEMBRE	RÉSULTATS ANNUELS	RAPPEL des NUMÉROS d'ordre.
7	8	9	10	11	12	13	14	15	16
francs.	francs.	francs.	francs.	francs.	francs.	francs.	francs.	francs.	
...97									
174.293	191.889	169.556	180.154	152.260	155.917	174.218	179.439	2.095.427	21
258.836	277.830	243.547	227.530	224.440	264.861	251.797	264.253	3.101.171	22
433.129	469.719	413.053	407.684	376.700	420.778	426.015	443.692	5.196.898	23
21.371	31.281	12.947	27.316	20.300	30.222	27.185	41.699	329.102	24
464.500	501.000	426.000	435.000	397.000	451.000	453.200	485.391	5.526.000	25
...98 (1)									
193.280	174.903	182.611	237.569	167.743	189.362	247.581	271.097	2.409.171	26
266.315	203.729	131.671	74.259	102.078	139.040	156.452	197.361	2.404.966	27
459.595	378.632	314.282	311.828	269.821	328.402	404.033	468.458	4.814.138	28
30.905	19.868	21.718	21.672	16.679	19.598	22.467	23.042	290.362	29
490.500	398.500	336.000	333.000	286.500	348.000	426.500	491.500	5.104.500	30
...99									
472.575	481.042	350.844	229.465	215.071	303.842	380.271	419.736	4.324.845	31
197.917	192.895	163.652	121.367	136.532	171.258	203.564	182.801	2.181.360	32
670.492	673.937	514.496	350.832	351.603	475.100	583.835	602.537	6.506.205	33
43.008	38.563	30.004	19.168	17.397	26.400	34.665	34.963	377.295	34
718.500	712.500	544.500	370.000	369.000	501.500	618.500	637.500	6.883.500	35

...yés à Paris soit par les agents de change, soit par les autres assujettis, sont évidemment la conséquence ...398.

PRODUITS DE L'IMPOT
SUR LES OPÉRATIONS DE BOURSE
(1er juin 1893 — 31 décembre 1899)

RÉSULTATS ANNUELS

	DROITS ACQUITTÉS				
	A PARIS			AILLEURS	
PÉRIODES	par les agents de change.	par les autres assujettis.	Ensemble.	qu'à Paris.	TOTAL GÉNÉRAL
1	2	3	4	5	6
	francs.	francs.	francs.	francs.	francs.
1893 (1)....................	1.445.414	2.745.096	4.190.510	196.990	4.387.500
1894....................	3.259.460	6.705.819	10.065.279	471.221	10.556.500
1895....................	2.947.814	6.688.139	9.635.953	446.047	10.082.000
1896....................	1.910.127	2.889.942	4.800.069	263.931	5.c64.000
1897....................	2.095.727	3.101.171	5.196.898	329.102	5.526.000
1898	2.409.172	2.404.966	4.814.138	290.362	5.104.500
1899....................	4.324.845	2.181.360	6.506.205	377.295	6.883.500
TOTAUX..............	18.492.559	26.716.493	45.209.052	2.374.948	47.584.000

(1) 7 derniers mois.

LES IMPOTS SUR LES VALEURS MOBILIÈRES

EN FRANCE ET A L'ÉTRANGER

I. — Impôt sur les coupons

Allemagne. — L'Allemagne ne prélève aucun impôt sur les coupons. (Voir *infrà*, impôt sur le revenu.)

Autriche. — A part les obligations des chemins Lombards 3 % qui supportent une retenue annuelle de 2 francs et les obligations de la ville de Vienne une retenue de 2 % sur le montant des coupons, tous les autres revenus sont payés nets, les impôts gouvernementaux étant supportés directement par les sociétés qui ont émis les titres.

Belgique. — La Belgique ne perçoit aucun impôt sur les coupons. L'impôt sur le revenu n'y est pas davantage en vigueur.

France. — Les rentes françaises sont exemptes de tous impôts.

Les actions et les obligations des sociétés supportent la taxe de 4 % sur le revenu ; — la taxe annuelle de transmission de 20 centimes % sur les titres au porteur qui remplace, pour cette catégorie de titres, les droits de transfert ou de conversion acquittés, pour les titres nominatifs lors de ces opérations ; — enfin, lorsque les sociétés sont abonnées, ce qui est d'ailleurs presque toujours le cas, le droit d'abonnement au timbre de 6 centimes %.

Les coupons ne supportent aucun droit particulier.

(Pour les obligations 2 % de la Ville de Paris 1898, au porteur, ces différentes taxes représentent 12.80 % du revenu.)

Grande-Bretagne. — Les étrangers ne sont pas taxés au-dessous de 400 £ de revenu ; les Anglais, au-dessous de 160 £ (income tax 8 pence par £). Pour les revenus supérieurs, la franchise est toujours acquise pour les mêmes sommes.

Italie. — Les fonds publics payent 20 %. En réalité, la rente a été réduite, par ce fait, de 5 à 4 %.

Pour les obligations garanties par l'État, il est également dû 20 % et une taxe de circulation de 1.80 %₀₀ calculée sur le cours moyen de la bourse.

Les coupons des actions ne sont pas taxés.

Pays-Bas. — Les Pays-Bas ne perçoivent pas de droits sur les coupons : mais, ainsi qu'on le verra plus loin, ils ont l'impôt sur le revenu et l'impôt professionnel.

Russie. — Aucune règle n'est établie, en Russie, pour l'application de l'impôt.

Le gouvernement russe décide, au moment de l'émission, si la valeur sera assujettie à l'impôt ou si elle en sera exempte (1).

Pour les actions, les intérêts sont payés nets. Les sociétés versent directement l'impôt au gouvernement ; elles en tiennent compte lorsqu'elles fixent les dividendes mis en paiement.

Suisse. — La Suisse ne perçoit pas d'impôt sur les coupons, mais elle a l'impôt sur le capital, qui est payé sur déclaration par chaque contribuable.

II. — Impôt sur le revenu

Allemagne. — La perception de l'impôt sur le revenu entraîne, pour chaque contribuable, l'obligation de la déclaration ; c'est sur cette déclaration qu'il est taxé.

En Prusse, l'impôt est de 3 % jusqu'à 100.000 marks et de 4 % au-dessus de ce chiffre.

Les communes perçoivent également un impôt sur le revenu qui varie entre 1 % et 3 % (Le taux de 3 % est perçu à Berlin).

Il existe, en outre, un impôt annuel de 1/2 %₀₀ sur le capital, au-dessus de 6.000 marks.

Autriche. — Impôt sur les rendements. — Toutes les sociétés par actions sont assujetties à cet impôt qui est perçu sur les bénéfices nets, à raison de 10 1/2 % ; il s'y ajoute des centimes additionnels au profit

---

(1) Lors de l'établissement de l'impôt, en 1884, le Gouvernement russe a pris une décision, à cet égard, pour les valeurs déjà existantes.

des villes et communes. La charge de l'impôt se trouve ainsi augmentée en moyenne de 50 %.

Impôt du timbre sur les quittances. — Les coupons des actions et des obligations y sont soumis annuellement, il s'élève à environ 5/16 % de leur montant.

Cet impôt grève le compte des profits et pertes.

Impôt sur les rentes. — Les lettres de gage, les obligations des communes, les rentes étrangères y sont soumises, il s'élève à 2 % et 1 1/2 % du montant des coupons.

Cet impôt est déduit lors du paiement des coupons; toutefois, certains établissements l'acquittent sur leurs bénéfices.

Impôt sur la cote des valeurs publiques. — Chaque année, les sociétés industrielles, commerciales ou de crédit payent 1/10 %₀₀ et les compagnies de transports 1/20 %₀₀ sur la totalité des titres, cotés dans le *Bulletin officiel de la bourse*, qu'elles ont émis.

Impôt sur les primes des valeurs à lots. — L'impôt est de 20 % du montant des primes, il est perçu directement par le fisc sur les sociétés et les communes qui ont émis des obligations à lots.

Impôt sur les revenus. — L'impôt sur les revenus atteint toutes les fortunes mobilières et immobilières.

Tous les habitants de l'Autriche dont les revenus dépassent 600 florins y sont assujettis (1).

L'impôt est progressif, la quotité la plus élevée est 5 %.

Belgique. — Nous avons vu plus haut qu'il n'y a en Belgique ni impôt sur les coupons, ni impôt sur le revenu.

Les titres au porteur supportent, lors de leur émission, les mêmes droits de timbre que les effets de commerce (2).

---

(1) 600 florins = 1200 couronnes.

(2) On sait que les droits de timbre des effets de commerce sont les suivants

QUOTITÉ DES EFFETS	EFFETS créés ou payables en Belgique.	EFFETS créés et payables à l'étranger.
	fr. c.	fr. c.
De 200 francs et au-dessous.............	0.10	0.05
De 200 francs à 500 francs.............	0.25	0.13
De 500 francs à 1.000 francs...........	0.50	0.25
De 1.000 francs à 2.000 francs.........	1.00	0.50
De 2.000 francs à 3.000 francs....	1.50	0.75
De 3.000 francs à 4.000 francs..........	2.00	1.00

Et ainsi de suite, en augmentant : pour les effets de la première catégorie, de 50 cent.; pour ceux de la seconde, de 25 cent. par 1.000 francs ou fraction de 1.000 francs.

France. — Nous donnons en tableau pour quelques valeurs — comparaison faite avec les rentes sur l'Etat qui ne supportent aucun impôt — l'indication des charges fiscales que supportent ces valeurs du fait des différentes taxations effectuées.

DÉSIGNATION des VALEURS	REVENU BRUT	TAXE sur LE REVENU (4 %).	DROITS de TRANSMISSION (20 cent. %).	DROITS de TIMBRE par abonnement (6 cent. %).	REVENU NET
	fr. c.	fr. c.	fr. c.	fr. c.	fr. c.
Rente française 3 %......	3.00	»	»	»	3.00
Rente française 3 1/2 %..	3.5o	»	»	»	3.5o
Obligations 3 % Paris-Lyon-Méditerranée.....	7.5o	o.8o	o.478	Supporté par la Cⁱᵉ.	6.722
Obligations 5 % Paris-Lyon-Méditerranée.....	12.5o	o.5o	o.663	dᵒ	11.337
Banque de Paris et Pays-Bas.................	20.00 (acompte).	o.8o	o.85	dᵒ	18.85
	3o.oo (solde).	1.20	o.85	dᵒ	27.95
Département de la Haute-Marne. Oblig. 4 %.....	10.00	o.4o	o.52	Par les porteurs, 15 c.	8.93
Obligations 2 1/2. Chemins de fer P.-L.-M........	6.25	o.25	o.446	Supporté par la Cⁱᵉ.	5.554
Obligations 2 %. Ville de Paris 1898............	5.00	o.20	o.44	Supporté par la Ville.	4.36

Grande-Bretagne. — L'income-tax est de 8 pence par £.

Les étrangers ne sont pas taxés au dessous de 400 £ de revenu; les Anglais, au dessous de 160 £. Pour les revenus supérieurs, la franchise est toujours acquise pour les mêmes sommes.

Italie. — Nous comparons, ainsi que nous l'avons fait pour la France, le revenu brut et le revenu net des valeurs qui supportent l'impôt :

DÉSIGNATION DES VALEURS	REVENU BRUT	IMPOT SUR LE REVENU (4 %)	TAXE DE CIRCULATION (1.80 %₀₀)	REVENU NET
	lires.	lires.	lires.	lires.
Rente nationale.................	5·	1	»	4.00
Obligations de chemins de fer garanties par l'Etat (Obligations des chemins de fer italiens).............	15	3	39	11.61

D'une manière générale les banques et sociétés industrielles non garanties par l'État acquittent directement l'impôt ; elles paient les coupons nets.

Pays-Bas. — Il n'existe pas d'impôts frappant les fonds publics, soit sur le capital, soit sur les coupons ou dividendes.

Les fonds publics supportent un droit de timbre de $1^0/_{00}$ qui est payé lors de l'émission des titres. Les obligations de l'État néerlandais en sont exemptes.

L'État perçoit, en outre, un impôt sur le capital.

Cet impôt est perçu au-delà de 13.000 florins.

De 13.000 à 14.000 florins, il est dû 2 florins ; de 14.000 à 15.000 florins, 4 florins.

Au-dessus de 15.000 florins jusqu'à 200.000 on paie 1 florin 25 pour chaque mille florins au-dessous de 10.000.

Si la fortune dépasse 200.000 florins on paie un chiffre fixe de 237 florins et demi et, de plus, 2 florins pour chaque mille florins au-dessus de 200.000.

Cet impôt frappe tous ceux qui habitent le pays.

Nous avons vu qu'il n'existait pas d'impôt sur les coupons aux Pays-Bas, mais les sociétés anonymes et celles en commandite supportent un impôt professionnel égal à environ 5/7 de l'impôt sur le capital.

Russie. — Toutes les sociétés et compagnies financières, commerciales et industrielles (anonymes et autres) par actions ou parts d'intérêt, toutes les institutions non gouvernementales de crédit soit à court terme, soit à long terme, sont assujetties à la taxe de 5 % sur le produit net de la dernière année (1).

Sont exemptes de la taxe :

Les obligations non garanties par le gouvernement, émises par les sociétés par actions russes et introduites sur les marchés étrangers ;

Les obligations émises à l'étranger par les sociétés anonymes étrangères autorisées à fonctionner en Russie.

La valeur du titre doit être libellée, dans ce cas, en monnaie étrangères et non en monnaie russe.

Ces valeurs ne sont pas admises aux bourses russes.

____

(1) Avant 1892, la taxe n'était que de 3 %.

Suisse. — Voici quels sont les impôts sur la fortune mobilière qui, en Suisse, remplacent l'impôt sur les coupons.

CAPITAL	REVENU	IMPOT CANTONAL	IMPOT COMMUNAL	TOTAL
francs.	francs.	francs.	francs.	francs.
1.000	40	—	—	—
10.000	400	7	—	7
20.000	800	17	—	17
25.000	1.000	22	5	27
50.000	2.000	47	5	52
100.000	4.000	147	15	162
150.000	6.000	247	25	272
200.000	8.000	347	40	887
250.000	10.000	447	60	507
500.000	20.000	1.197	210	1.407
1.000.000	40.000	2.697	500	3.197
2.500.000	100.000	7.197	1.800	8.997
5.000.000	200.000	14.697	2.000	16.697
10.000.000	400.000	29.697	2.000	31.697

III. — Impôt sur les opérations de bourse

Allemagne. — L'impôt sur les opérations de bourse est de 20 pfennigs par 1.000 marks de capital. Les fractions comptent pour 1.000 marks.

Autriche. — Une taxe de 10 kreutzers est imposée à toute transaction de valeurs, soit à la bourse, soit hors de la bourse.

Pour les opérations portant sur des titres de la dette de l'État (à intérêts) dont l'importance ne dépasse pas 500 florins, l'impôt est réduit à 5 kreutzers.

Dans les transactions faites en bourse par l'entremise du bureau officiel ainsi que pour celles faites directement, chacunes des parties contractantes doit apposer sur les bordereaux un timbre de 5 kreutzers. De même, dans les marchés passés en dehors de la bourse, le timbre doit être appliqué soit par l'acheteur, soit par le vendeur.

Les pénalités en cas d'infraction à la loi, équivalent à une somme représentant 150 fois la valeur du timbre et à une amende variant de 25 à 200 florins.

Pour les clients à l'étranger et pour les valeurs autrichiennes et hongroises les droits sont ainsi fixés :

	POUR LES ACHETEURS	POUR LES VENDEURS
	kreutzers.	kreutzers.
En général, par transaction	15 "	7 1/2
Pour transactions jusqu'à 1.000 florins valeur nominale.................................	10 "	5 "
Pour transactions en valeurs d'État jusqu'à 500 fl.	5 "	2 1/2
Pour les reports, par transaction	20 "	10 "

Pour les valeurs étrangères, le droit est double.

France — L'impôt sur les opérations de bourse varie selon qu'il s'agit de négociations effectuées sur des rentes sur l'État français ou sur d'autres valeurs. Les reports ne paient qu'un demi-droit.

Voici, par suite, quelles sont les quotités de l'impôt :

	AFFAIRES ORDINAIRES	REPORTS
	centimes.	centimes.
Négociations de rentes sur l'État..............	1.25 $^0/_{00}$	0.625 $^0/_{00}$
Négociations portant sur toutes autres valeurs..	5.00 $^0/_{00}$	2.50 $^0/_{00}$

Les droits sont liquidés sur la valeur négociée, sans fraction.

Grande-Bretagne. — L'impôt d'État, perçu au moyen du timbre, est de

1 shilling (1 fr. 25) pour toute transaction de bourse séparée de 100 £ ou plus, pour lesquelles les courtiers émettent des bordereaux.

De même lorsque l'on opère sur des titres enregistrés, titres « non au porteur » il existe un droit de 10 shillings $^0/_0$ (12 fr. 50) sur le montant de la négociation. Ces titres enregistrés sont les suivants : actions et obligations de chemins de fer, entreprises commerciales et actions de mines qui sont transférables au moyen de pouvoirs du vendeur à l'acheteur et qui doivent porter le dit timbre du Gouvernement de 10 shillings pour chaque 100 £ de la valeur mentionnée dans le pouvoir.

Il s'ensuit naturellement que les frais ci-dessus sont tout à fait à part de la commission régulière des courtiers.

Le timbre de 1 shilling frappe toute opération de vente ou d'achat, effectuée par un courtier; le timbre de 10 shillings $^0/_0$ est payé seulement par l'acheteur.

Italie. — Les bordereaux supportent un droit de timbre fixe de 1 lire 20 pour chaque affaire au comptant, et de 4 lires 80 pour chaque affaire à terme.

Suisse. — Les bordereaux supportent les droits de timbre suivants :

A Bâle :

MONTANT DES OPÉRATIONS	DROIT DE TIMBRE
francs.	francs.
1.100 (maximum)	0.10
1.100 à 5.500	0.20
5.500 à 11.000	0.50
Pour chaque 10.000 francs en sus	0.50

Pour les opérations à terme et à prime, le droit de timbre est fixé au double.

A Genève :

MONTANT DES OPÉRATIONS	DROIT DE TIMBRE
francs.	francs.
1 à 1.000	0.10
1.001 à 2.500	0.25
2.501 à 5.000	0.50
5.001 à 10.000	0.75
10.001 à 20.000	1.25
20.001 à 30.000	1.75
30.001 à 40.000	2.25
40.001 à 50.000	2.75

et ainsi de suite en augmentant toujours de 50 centimes pour chaque somme de 10.000 francs ou fraction de 10.000 francs.

L'impôt sur les opérations de bourse n'est établi ni en Belgique, ni aux Pays-Bas, ni en Russie.

IV. — DROITS DE TRANSMISSION.

Allemagne. — Les titres qui peuvent être convertis du porteur au nominatif et inversement sont très peu nombreux.

Ces transmissions sont exemptes de droits à Berlin.

A Francfort, les transferts de valeurs frappées du timbre allemand sont également effectués sans frais; celles endossées en Prusse supportent 1/50 %, au minimum de 1 mark par action,

Autriche. — Les titres qui peuvent être mis au nominatif sont également peu nombreux en Autriche. Les droits varient avec la nature des valeurs.

Belgique. — La conversion des titres nominatifs en titres au porteur et inversement ne donnent pas lieu à la perception de droits de transmission, quelques sociétés prélèvent, pour ces opérations, une commission généralement peu élevée.

France. — Les droits de transmission revêtent, en France, deux formes très distinctes.

Pour les titres nominatifs, il est perçu un droit, une fois payé, de 50 centimes % de la valeur des titres lors de leur transfert ou de leur conversion.

Pour les titres au porteur, il est dû une taxe annuelle de 20 centimes % qui est liquidée sur le cours moyen des titres en circulation.

Grande-Bretagne. — Les transferts de titres nominatifs donnent lieu, au profit des compagnies qui effectuent sur leurs livres la formalité matérielle du transfert, à une commission qui est de 2 sh. 6 d. par transfert, ou exceptionnellement 2 sh. 6 d. par transfert et par 100 actions ou fraction de 100 actions.

Ils supportent, d'un autre côté, au profit du fisc anglais, un droit proportionnel de 1/2 % du montant de la négociation, au moyen de l'apposition de timbres sur les feuilles de transferts.

Ce droit est liquidé, conformément au tableau suivant :

MONTANT DES OPÉRATIONS	VALEUR en MONNAIE ANGLAISE			VALEUR CORRESPONDANTE en monnaie française.	
	liv. st.	s.	d.	fr.	c.
5 liv. st. et au-dessous.........................	o	o	6	o	6o
De............ 5 liv. st. à............ 10 liv. st.	o	1	o	1	25
De............ 10 lii. st. à............ 16 liv. st.	o	1	6	1	85
De.........., 15 liv. st. à............ 20 liv. st.	o	2	o	2	5o
De............ 20 liv. st. à............ 25 liv. st.	o	2	6	3	10
De............ 25 liv. st. à............ 5o liv. st.	o	5	o	6	25
De............ 5o liv. st. à............ 75 liv. st.	o	7	6	9	35
De............ 75 liu. st. à............ 100 liv. st.	o	1o	o	12	5o
De............ 100 liv. st. à............ 125 liv. st.	o	12	6	15	6o
De............ 125 liv. st. à............ 15o liv. st.	o	15	o	18	75
De............ 15o liu. st. à............ 175 liv st.	o	17	6	21	85
De............ 175 liv. st. à............ 200 liv. st.	1	o	o	25	»
De............ 200 liv. st. à............ 225 liv. st.	1	2	6	28	10
De............ 225 liv. st. à............ 25o liv. st.	1	5	o	31	25
De............ 25o liv. st. à............ 275 liv. st.	1	7	6	34	35
De............ 275 liv. st. à............ 3oo liv. st.	1	10	o	37	5o
Au-dessus de 3oo liv. st., 5 s. (6 fr. 25) en plus pour chaque 5o liv. st. ou fraction de 5o liv. st.					

Ces droits sont acquittés par les acheteurs. — Les brokers les font figurer sur leurs bordereaux sous la dénomination de : « Stamp and fee » (1).

Italie. — Les droits de transmission sur la rente italienne (conversion de titres nominatifs en titre au porteur) sont de 1/2 $^0/_0$ du montant

---

(1) Voici un exemple de liquidation des droits dont il s'agit dans le cas d'une conversion du nominatif au porteur d'actions de la Robinson Bank :

IMPORTANCE DES CERTIFICATS	COMMISSION PRÉLEVÉE par la compagnie lors de la délivrance du certificat.	DROIT DE TIMBRE PERÇU par le fisc anglais.	TOTAL
Certificat d'une action de 4 liv. st.	1 shilling	1 shilling 6 pence.	Liv. st. 0.2.6.
Certificat de 5 actions de 4 liv. st.	1 shilling 6 pence.	6 shilling.	Liv. st. 0.7.6.
Certificat de 10 actions de 4 liv. st.	2 shillings.	15 shilling.	Liv. st. 0.17.0.
Certificat de 25 actions de 4 liv. st.	2 shilling 6 pence.	Liv. st. 1.10.	Liv. st. 1.12.6.

de la rente. Il est perçu, d'un autre côté, des droits de timbre qui sont de 0 l. 60 pour chaque titre au porteur à recevoir; 1 l. 60 pour chaque titre nominatif à convertir, et 0 l. 60 pour chaque titre nominatif converti du porteur au nominatif.

Les actions de la Banque d'Italie sont nominatives. Les droits de transmission sont à la charge du vendeur; ils s'élèvent à 0 l. 25 par action, avec maximum de 10 lires et minimum d'une lire. Le timbre du certificat de transfert est de 0 l. 60.

Les autres valeurs pouvant donner lieu à des transferts sont très rares; elles n'ont pas de droits particuliers à payer.

Pays-Bas. — Les transferts d'actions des sociétés n'entraînent le paiement d'aucuns frais : pas de commission au profit des sociétés ; pas d'impôt au profit du Trésor.

Russie. — Les titres supportent un droit de timbre lors de leur création ; mais il n'est perçu aucun droit pour la transmission effective des titres nominatifs, ou la transmission présumée des titres au porteur.

Suisse. — Les formalités de transfert ou de conversion ne sont soumis à aucune taxe.

Paul Dubois,

Administrateur du Crédit foncier colonial.

LES DROITS DE COURTAGES

SUR LES

OPÉRATIONS DE BOURSE, EN FRANCE ET A L'ÉTRANGER

Allemagne. — Il existe en Allemagne deux catégories d'agents : les courtiers assermentés et les courtiers libres.

Le courtage se règle d'après la nature des titres ; il est généralement de 1,2 $^0/_{00}$ du capital nominal.

Les ordres de l'étranger acquittent, en outre, le timbre allemand de 2 10 $^0/_{00}$.

Autriche. — Les bourses autrichiennes sont pourvues d'un parquet avec agents officiels jurés nommés par la chambre de la bourse et confirmés par le gouvernement. Des courtiers libres opèrent en dehors des agents sur les valeurs non admises à la cote.

Le courtage à la bourse de Vienne n'est pas fixé comme celui de la bourse de Paris ; il faut traiter avec l'intermédiaire avant de faire l'opération. Si on a affaire directement aux courtiers, on paie, au minimum, 20 hellers par titre de peu d'importance et 1 2 $^0/_{00}$ sur les rentes et sur les titres dont le prix est plus élevé. Si, au contraire, on s'adresse à un banquier, on paie jusqu'à 50 hellers par titre (puisque lui-même est obligé de payer 10 hellers à son intermédiaire), et 1 2 $^0/_{00}$ sur les rentes et les titres importants, plus une commission de 1/2 $^0/_{00}$.

En résumé, les conditions de l'opération doivent être réglées d'avance, entre le donneur d'ordres et celui chargé de les exécuter.

Belgique. — Les bourses de Belgique sont sous le régime du marché libre.

Le courtage est de 1 $^0/_{00}$ pour les valeurs cotées à 100 francs et au-dessus. Les agents de change consentent parfois à le réduire à 1/2 $^0/_{00}$.

Pour les valeurs cotées au-dessous de 100 francs, il est prélevé un courtage fixe de 10 centimes par titre.

France. — Nous avons à peine besoin de noter qu'en France la loi ne reconnaît que le marché officiel. Les agents de change sont nommés par décret du président de la République, sur la proposition du ministre des finances.

Il existe, en outre, un marché en banque. Ce marché a reçu, dans la pratique la dénomination de « coulisse ».

Les admissions sont prononcées par le Syndicat des banquiers.

Voici quels sont les courtages :

Comptant. — Négociations sur toutes valeurs y compris les rentes françaises 10 centimes %, avec minimum de 50 centimes par bordereau.

Terme. — Rentes françaises (négociations et reports), tarif spécial : 12 fr. 50 par 1.500 francs de rente 3 %, perpétuelle ou amortissable, et par 1.750 francs de rentes 3 1/2 %.

Pour toutes les autres valeurs, y compris les fonds d'Etat étrangers, 10 centimes %.

Lorsque le cours des fonds d'Etat étrangers est supérieur à 50 francs, le minimum du courtage est de 25 francs pour la plus petite coupure négociable à terme.

Primes pour le lendemain : sans courtage si la prime est abandonnée ; si elle est levée, courtage franco en cas de liquidation.

Reports. — Sur toutes valeurs, à l'exception des rentes françaises : le droit est de 1/20 % pour les valeurs soumises à la double liquidation ; de 1/12 % pour les valeurs à liquidation mensuelle.

A titre exceptionnel, sur les fonds d'Etat étrangers dont le cours est supérieur à 60 francs, le minimum de courtage est de 15 francs pour la plus petite coupure négociable à terme.

Pour les reports pratiqués avec par-contre en sens inverse sur la même valeur le courtage est réduit de moitié.

Grande-Bretagne. — Le nombre des agents n'est pas limité. Tout nouveau membre doit être présenté et nommé par trois membres du Stock-Exchange élus par le comité.

Les courtages reconnus de la commission du Stock-Exchange sont les suivants, toutefois dans le cas où les opérations portent sur de grosses sommes, les commissions sont souvent réduites et, dans le cas d'achat et de vente simultanés de valeurs par le même donneur d'ordres, une seule commission est habituellement prélevée.

Rentes anglaises et étrangères	1/8 %
Valeurs coloniales et de sociétés	1/4 %

Certificats et obligations américaines; actions enregistrées
et scripts...... .... 1/4 °/₀
Fonds publics............................ 1/2 °/₀

PAR ACTION

Actions au-dessous de £ 0.10.0.............. .	£ 0.0.3
£ 0.10.0 et au-dessous de 2.10.0............	£ 0.0.6
£ 2.10.0 — 5.0.0.	£ 0.1.0
£ 5.0.0 -- 10.0.0........	£ 0.1.6
£ 10.0.0 -- 20.0.0..............	£ 0.2.0

Au-dessus de £ 20.0.0, 1/2 °/₀ sur le capital produit.

Frais minimum £ 0.10.0.

Dans le cas où les fonds publics sont au-dessous de £ 50.0.0, la commission prélevée est de 1/4 °/₀.

Italie. — Marché libre : le nombre des agents n'est pas limité.

Pour la Rente, le courtage est de 2 centimes 1/2 °/₀, soit 25 lires par 100.000 lires de capital nominal.

Pour les autres valeurs, quel que soit le cours, les courtages sont ainsi fixés :

	lires.
Actions de la Banque d'Italie........................	1.00
Autres (au-dessus de 1.000 lires..............	1.00
actions) au-dessous de 1.000 lires....................	0.30
Obligations...............................	0.25

Pays-Bas. — Marché libre, comprenant à la fois des courtiers et des commissionnaires en fonds publics.

Les courtiers sont nommés par la municipalité; ils ont seuls qualité pour procéder aux opérations de bourse en matière judiciaire.

Ces courtiers peuvent être, en même temps, commissionnaires et faire, à ce titre, le commerce des fonds publics à la bourse.

Il est d'usage de porter en compte, en dehors de la commission qui est, en général, de 1 °/₀₀ :

1/4 °/₀₀ du capital nominal des valeurs d'État, de chemins de fer, de banques hypothécaires, d'entreprises industrielles, etc.

1/2 °/₀₀ du capital nominal des actions des chemins de fer américains.

Sur les actions des sociétés de pétrole et de tabacs — dont les cours sont considérablement au-dessus du pair — le courtage qu'on prélève varie de 3/4 à 1 °/₀₀.

Russie. — Il existe en Russie un courtier de la Cour chargé de surveiller l'inscription des cours à la cote officielle ; il préside le comité des courtiers-jurés.

Tous ces agents sont nommés par l'empereur, sur la proposition du ministre des finances et après avoir prêté serment.

Le courtage sur les achats et ventes de titres est de 1 $^o/_{oo}$, sans minimum.

Suisse. — Les bourses comprennent, en Suisse, deux groupes d'agents :

1° Agents de change réglementés. On doit, pour être admis dans ce groupe, justifier d'un capital de 200.000 francs et déposer un cautionnement de 50.000 francs ;

2° Agents non réglementés qui négocient les valeurs ne figurant pas à la cote.

Le courtage est de 1-2 $^o/_{oo}$, avec un minimum de 25 centimes par titre.

Paul DUBOIS,
Administrateur du Crédit foncier colonial.

TABLE DES MATIÈRES

DU

PREMIER FASCICULE

TABLE DES AUTEURS

DES

MÉMOIRES, NOTES ET MONOGRAPHIES

CONTENUS

DANS LE PREMIER FASCICULE